Jahrbuch

der

Hafenbautechnischen Gesellschaft

Fünfundzwanzigster und sechsundzwanzigster Band
1958/61

Mit 2 Bildnissen und 158 Abbildungen

Springer-Verlag
Berlin/Göttingen/Heidelberg
1962

Schriftleitungsausschuß

Erster Baudirektor Prof. Dr.-Ing. A. Bolle, Hamburg

Baudirektor Dr.-Ing. H. Neumann, Hamburg

Ministerialrat Dipl.-Ing. H. Wegner, Bonn

ISBN-13: 978-3-642-45992-4   e-ISBN-13: 978-3-642-45991-7
DOI: 10.1007/978-3-642-45991-7

Inhaltsverzeichnis

Verzeichnisse

Ehrenmitglieder

Am 9. Mai 1961 wurden anläßlich der 27. ordentlichen Hauptversammlung in Köln

**Herr Hafenbaudirektor
Dr.-Ing. E. h. Friedrich Mühlradt**

in Anerkennung seiner langjährigen Tätigkeit als stellvertretender Vorsitzender der Gesellschaft, in Würdigung seiner großen Verdienste um den Wiederaufbau des Hafens Hamburg sowie seiner Arbeiten auf dem Gebiete des Verkehrswesens und der Gestaltung von Seehäfen

sowie das langjährige Vorstandsmitglied

Herr Reedereidirektor i. R. Kurt Hartwig

in Anerkennung seiner Verdienste um die Gesellschaft und um die Entwicklung und den Betrieb der Binnenhäfen

zu Ehrenmitgliedern der Gesellschaft ernannt.

Erster Baudirektor i. R. Erich Bunnies †

Als am 10. Dezember 1958 der frühere Erste Baudirektor vom Strom- und Hafenbau Hamburg, Erich Bunnies, im Alter von 84 Jahren seine Augen für immer schloß, verlor mit ihm die Hafenbautechnische Gesellschaft ihr um die Geschicke der Gesellschaft hochverdientes Ehrenmitglied. 40 Jahre lang gehörte er seit 1919 der Hafenbautechnischen Gesellschaft an und war in der Zeit zwischen den beiden Weltkriegen Vorsitzender des Schriftleitungsausschusses und Mitglied des kleinen Vorstandsrates. Am 23. Januar 1944 verlieh die Gesellschaft ihm aus Anlaß seines 70. Geburtstages in Anerkennung seiner großen Verdienste um den Ausbau des Hafens Hamburg und die Entwicklung der Hafenbautechnischen Gesellschaft, insbesondere die Herausgabe der Jahrbücher, die Ehrenmitgliedschaft. Wir Mitglieder der Gesellschaft schätzten in dem Verstorbenen nicht nur den großen Meister der Wasserbaukunst, sondern auch den Menschen, der sich durch seinen unverwüstlichen Humor auch in den schwersten Zeiten, durch seine Liebenswürdigkeit und seine persönliche Bescheidenheit nicht nur die Achtung, sondern auch die Liebe aller derer erwarb, die mit ihm dienstlich und außerdienstlich in Berührung kamen. Unvergeßlich bleibt den Teilnehmern an der 25jährigen Jubiläumstagung der Gesellschaft in Lübeck-Travemünde seine mit kundiger Hand in Verse gekleidete Rede, die in ihrer humorvollen Art in einem ganz besonderen Maße zu der frohen Feststimmung beitrug.

Erich Bunnies wurde am 23. Januar 1874 in Wüstenfelde am Ukleisee (Schleswig-Holstein) geboren und studierte nach Ablegung der Reifeprüfung Bauingenieurwesen an den Technischen Hochschulen München und Hannover. Nach Beendigung des Studiums war er kurze Zeit in der Privatwirtschaft tätig und trat am 1. Mai 1898 als Diplom-Ingenieur in die Dienste der Hansestadt Hamburg. Seit dem 1. Dezember jenes Jahres gehörte er der damaligen „Sektion Strom- und Hafenbau" an, wurde dort 1901 als Baumeister in das Beamtenverhältnis übernommen, 1911 zum Wasserbauinspektor, 1919 zum Baurat, 1920 zum Oberbaurat und 1922 zum Baudirektor befördert. Nachdem Bunnies 1930 zum Ersten Baudirektor ernannt worden war, übernahm er von 1931 bis zur Versetzung in den Ruhestand im Jahre 1937 die Leitung des Strom- und Hafenbaus.

In seiner langen Dienstzeit bei der Hansestadt hat er die stürmische Entwicklung des Hafens Hamburg zum Welthafen mitgemacht und in schwierigen Zeiten die Leitung der gesamten Bauaufgaben in seiner Hand vereinigt. Seine großen Erfahrungen als Hafenbauer, die sich auf Planung, Konstruktion und Ausführung erstreckten, machten ihn auch außerhalb der Grenzen Deutschlands bekannt.

Seine unermüdliche Arbeitskraft ließ Bunnies nach dem Ausscheiden aus hamburgischen Diensten nicht ruhen, und so übernahm er Anfang 1938 die Leitung der „Marinebaudirektion Helgoland" in Hamburg. Auch hier hat er es durch seine Persönlichkeit verstanden, seinen Mitarbeiterstab zu einem geschlossenen Ganzen zusammenzufügen und bis 1945 mit ihm die großen Ingenieurbau-Aufgaben der Marine in Helgoland und Hamburg in die Tat umzusetzen.

So wird uns allen unser verstorbenes Ehrenmitglied Erich Bunnies als tatkräftiger, hervorragender Ingenieur mit hohen Charaktereigenschaften in der Erinnerung stets ein Vorbild bleiben.

Dr.-Ing. E. h. Rudolf Christiani †

Am 12. Dezember 1960 schied mit Dr.-Ing. E. h. Rudolf Christiani ein Altmeister der Ingenieurbaukunst aus dem Leben.

Bereits sein Studium an den Technischen Hochschulen in Dänemark und Frankreich wies ihm den Weg, die aus dem vorigen Jahrhundert übernommenen Konstruktionsformen und Bauweisen mit neuen Ideen zu befruchten. Folgerichtig eignete er sich, in Diensten dänischer, französischer und deutscher Firmen stehend, die Grundlagen neuzeitlicher Ingenieurbaukunst an. Diese Erfahrungen zeigten ihm die Lücke, die er mit der Gründung seiner Firma Christiani & Nielsen zusammen mit seinem Partner Aage Nielsen auszufüllen gedachte. Mit der ihm angeborenen Tatkraft festigte er zuerst in seinem Heimatland Dänemark die junge Firma und siedelte 1908, 31 Jahre alt, nach Hamburg über, um hier die erste ausländische Niederlassung aufzubauen. Die von

ihm für die Häfen Hamburg und Stettin entworfenen ersten Kaimauern in Stahlbeton mit Gründung auf Stahlbetonpfählen und Stahlbetonspundwänden wiesen eine hervorragende konstruktive Eleganz auf, auf Grund derer es ihm möglich war, den Ruf dieser von ihm geleiteten Niederlassung innerhalb weniger Jahre so zu festigen, daß er alsdann, an den Stammsitz seiner Firma zurückkehrend, weitere Niederlassungen im Ausland gründen konnte. Der im Jahre 1917 durchgeführten Gründung einer Tochtergesellschaft in Brasilien folgten in den nächsten Jahrzehnten weitere Niederlassungen an den Brennpunkten unseres Erdballes, wo große Ingenieuraufgaben zu lösen waren. Seine Umsicht und Tatkraft als Zivilingenieur wie auch als leistungsfähiger Bauunternehmer begründeten den Welterfolg seines Stammhauses. Die von seiner Firma ausgeführten Ingenieurbauten auf fast allen Gebieten des Bauingenieurwesens legten Zeugnis ab von seiner hohen Ingenieurkunst. Immer wieder bewies er bei der Durchführung dieser großen Aufgaben, daß auch in den fernsten Ländern der Welt sein Ruf als tatkräftiger und fairer Unternehmer anerkannt wurde. Auf seinen vielen Auslandsreisen war er unermüdlich darauf bedacht, daß auf Grund seines eigenen Weitblicks auch seine Mitarbeiter die modernsten Konstruktionsformen und Bauweisen zur Anwendung brachten, die den Erfolg bei vielen internationalen Ausschreibungen sicherten.

Über fünf Jahrzehnte leitete er seine Firma, im letzten Jahrzehnt mit Erfolg von seinem Sohn unterstützt. Seinen Mitarbeitern gegenüber war er ein Chef, der von ihnen genau so viel verlangte wie von sich selbst, aber in allen seinen Entschlüssen ließ er seine große Menschlichkeit nie vermissen.

Seine bahnbrechenden Leistungen wurden im In- und Ausland anerkannt und brachten ihm zahlreiche Ehrungen ein. In Deutschland verlieh ihm 1927 die Technische Hochschule Braunschweig die Würde eines Doktor-Ingenieur E. h. und ernannte ihn 1952 zum Ehrensenator.

Die Jahre seiner Tätigkeit in Hamburg führten ihn in den Architekten- und Ingenieur-Verein, wo er nicht nur Anregungen empfing, sondern seine unternehmerischen und Ingenieurfähigkeiten mit Erfolg ausstrahlte. Der Architekten- und Ingenieur-Verein dankte ihm 1952 für seine unermüdliche Mitarbeit mit der Ehrenmitgliedschaft.

Als der damalige Oberbaudirektor Wendemuth vom Strom- und Hafenbau Hamburg zusammen mit dem damaligen Generaldirektor der Duisburger Maschinenbau AG, Kauermann, und dem ordentlichen Professor für Grund- und Wasserbau, Geheimrat de Thierry (Berlin), den Gedanken der Gründung einer deutschen Hafenbautechnischen Gesellschaft diskutierten, erkannte er mit seinem Weitblick die vorhandene Lücke im deutschen Seehafenbau und gründete alsdann zusammen mit anderen deutschen Kollegen die Hafenbautechnische Gesellschaft, der er sein Leben lang treu geblieben ist. Sie ernannte ihn 1939 in Anerkennung seiner langjährigen Verdienste auf dem Gebiet des Hafenbaues und um den Ausbau und die Entwicklung der Hafenbautechnischen Gesellschaft zum Ehrenmitglied.

So war das Leben von Dr. Christiani mit unendlicher Arbeit erfüllt und mit den größten beruflichen Erfolgen gesegnet. Alle, die mit ihm zusammen arbeiteten oder zusammen sein konnten, werden ihn nicht vergessen.

Ministerialdirektor i. R. Alfred Eckhardt †

Am 10. Februar 1960 verstarb an seinem Ruhesitz Bad Wiessee in Oberbayern der ehemalige Chef der Marinebauverwaltung, Ministerialdirektor i. R. Alfred Eckhardt, im 88. Lebensjahr. Mit ihm verliert der See- und Hafenbau einen Kollegen, dem das seltene Glück zuteil wurde, innerhalb seiner 50jährigen Tätigkeit als Mitglied, dann als Leiter der Marinehafenbauverwaltung auf dem Gebiet des Marinehafenbaues und des Seebaues Anlagen großen Ausmaßes erstellen zu können. Er hat es verstanden, unter weitgehendster Einschaltung der privaten Wirtschaft des Stahl-, Beton- und Tiefbaues sich die rasante Entwicklung in der Technik für seine Aufgaben nutzbar zu machen und dafür einen ihm mit Begeisterung folgenden großen Mitarbeiterkreis um sich zu sammeln.

Am 30. Mai 1872 in Kassel geboren, studierte Eckhardt nach Besuch des Realgymnasiums an der Technischen Hochschule Hannover Bauingenieurwesen und trat nach der ersten Staatsprüfung 1896 in den Dienst der Eisenbahndirektion Hannover. Bei der Eisenbahn legte er auch die zweite Staatsprüfung ab und wurde zum Regierungsbaumeister ernannt. 1901 trat er jedoch in das Hafenbauressort der Kaiserlichen Werft in Wilhelmshaven über und stieg in schneller Folge in verschiedenen Positionen zum Marineoberbaurat auf (1910). Nach dem ersten Weltkriege war Eckhardt zunächst Strombaudirektor in Wilhelmshaven, übernahm 1933 die oberste Leitung des Marinehafenbaues in Berlin, wurde 1938 zum Ministerialdirigenten und 1942 zum Ministerialdirektor und Amtschef befördert.

Von seiner umfangreichen Bautätigkeit auf dem Gebiet des Seebaues seien hier nur die folgenden Großbauten genannt:

Aufbau eines Kriegshafens in Helgoland;

Wiederaufbau und Erweiterung des Hafens Helgoland nach seiner Zerstörung im ersten Weltkrieg;

Ausbau und Neubau der Marinehafenanlagen in Pillau, Memel, Warnemünde, Swinemünde und der Staatswerften in Kiel und Wilhelmshaven;

die zu den großen Bauten auf diesem Spezialgebiet gehörenden Seeschleusen der III. und IV. Einfahrt in Wilhelmshaven;

Bau- und Reparaturdocke VII und VIII in Wilhelmshaven;

Baudock Kap Horn in Bremen;

Bau von großräumigen, gegen Luftangriffe geschützten Unterständen für U-Boote und Schnellboote während des zweiten Weltkrieges;

Bau des größten U-Boot-Werftbunkers in der Nähe von Bremen.

Der Hafenbautechnischen Gesellschaft gehörte Eckhardt seit der Gründung der Gesellschaft an und war jahrelang auch in ihrem Vorstand vertreten. In Anerkennung seiner großen Verdienste auf dem Gebiet des Marinehafenbaues und um den Aufbau und die Entwicklung der Hafenbautechnischen Gesellschaft von ihrer Gründung an ernannte ihn die Gesellschaft 1942 zu ihrem Ehrenmitglied.

Auf literarischem Gebiet hat sich Eckhardt besonders dem Problem des Angriffs der Wellen auf Seebauten und technischen Berichten über die verschiedenen Großbauten der Marine gewidmet. Ein großer Teil seiner Veröffentlichungen ist auch in den Jahrbüchern der Hafenbautechnischen Gesellschaft erschienen.

Am Schluß des zweiten Weltkrieges mußte Eckhardt zum zweitenmal erleben, wie auf Veranlassung der Besatzungsmächte nahezu sämtliche seiner Großbauten der Zerstörung anheimfielen.

Nachdem er sich noch einige Jahre in der Bauindustrie betätigt hatte, zog er sich nach Bad Wiessee zurück, wo er zusammen mit seiner Gattin noch mehr als zehn glückliche Jahre verbringen konnte. Hier suchten ihn seine alten Freunde und Mitarbeiter des öfteren auf, um mit ihm der vergangenen Zeiten zu gedenken.

In den letzten Jahren war es ihm dann vergönnt, noch den Beginn des Wiederaufbaues seiner zerstörten IV. Einfahrt in Wilhelmshaven zu erleben.

Viele Orden und Ehrenzeichen sind ihm als äußerer Beweis der Anerkennung seiner großen Leistungen verliehen worden. Am 4. Juli 1957 erhielt Eckhardt für seine Verdienste um den Wiederaufbau der Marinehäfen das Große Verdienstkreuz des Verdienstordens der Bundesrepublik Deutschland.

So ist Alfred Eckhardt aus einem erfüllten und mit Erfolgen gesegneten, arbeitsreichen Leben geschieden. Wir Kollegen und Mitglieder der Hafenbautechnischen Gesellschaft werden ihn nicht vergessen.

Hermann Tigler †

Am 25. Oktober 1960 verstarb kurz vor Vollendung seines 79. Lebensjahres unser Ehrenmitglied Hermann Tigler. Dem Vorstand der Hafenbautechnischen Gesellschaft gehörte er von der Mitte der dreißiger Jahre bis 1958 an, und am 28. Mai 1954 wurde er anläßlich der 22. ordentlichen Hauptversammlung in Kiel in Anerkennung seiner großen Verdienste um die Gesellschaft und seiner erfolgreichen Entwicklungsarbeit auf dem Gebiet der Kaikrane zum Ehrenmitglied der Gesellschaft ernannt.

Hermann Tigler wurde am 22. Dezember 1881 in Gelsenkirchen geboren. Nach Abitur und kaufmännischer Ausbildung trat er im Jahre 1904 in die von seinem Vater gegründete Maschinenbau-Aktiengesellschaft Tigler in Duisburg-Meiderich ein. In Anbetracht seiner hervorragenden Leistungen wurde er bereits 1906, also mit 24 Jahren, Direktor und kurz darauf alleiniges Vorstandsmitglied dieser Gesellschaft. Die Firma beschäftigte sich hauptsächlich mit dem Kranbau, und diesem Fabrikationsgebiet ist Tigler bis in sein hohes Lebensalter treu geblieben. Im Jahre 1926 wurde die Firma Tigler von der DEMAG AG. Duisburg übernommen. „Tigler siedelte mit seinen Angestellten zur DEMAG über. Er selbst wurde Vorstandsmitglied für die Abteilung Kranbau. Im Laufe der Jahre dehnte sich seine Vorstandstätigkeit unter anderem auch auf die Tochtergesellschaften DEMAG-Baggerfabrik, DEMAG-Zug GmbH., DEMAG-Greiferfabrik und DEMAG-Stahlbau aus. Unter seiner Leitung wurde kurz vor dem Kriege die neue Spezialfabrik

der DEMAG für den Baggerbau in Düsseldorf-Benrath gebaut.

Neben diesen zahlreichen und vielseitigen Aufgaben leitete er noch das ihm gehörende Grafenberger Walzwerk in Düsseldorf. Dieses Werk erzeugt Qualitätsfeinbleche und hat 1921 erstmalig auf dem europäischen Kontinent kaltgewalzte Feinbleche für die Automobilindustrie hergestellt. 1950 schied Tigler bei der DEMAG aus, um sich nunmehr bis zu seinem Tode ausschließlich als allein zeichnungsberechtigter Geschäftsführer seinem Grafenberger Walzwerk zu widmen.

Hermann Tigler verstand es durch seinen Schwung, seinen Fleiß, seine Energie, insbesondere aber durch sein warmherziges Mitfühlen seine Mitarbeiter zu höchsten Leistungen anzuspornen. Obwohl von Hause aus Kaufmann, hat er auch den Ingenieuren laufend wertvolle Anregungen gegeben. Seine Mitarbeiter gingen begeistert für ihn durchs Feuer, und auch die ältesten von ihnen erinnern sich heute noch seiner mit großer Dankbarkeit und Zuneigung. In seinem Grafenberger Walzwerk hat er vorbildlich und anerkannt in sozialem Sinne gewirkt. Er war Unternehmer im besten Sinne mit Fingerspitzengefühl für den erfolgreichen Weg.

Seine besondere Liebe galt in seinen langen Berufsjahren dem Kranbau. Unter seiner Leitung sind die größten Giganten auf diesem Gebiete gebaut worden. Sein besonderes Interesse galt aber stets der Entwicklung der Kaikrane. In seinem Werk wurde das bekannte Doppellenker-Wippsystem entwickelt, welches jahrzehntelang auch für die Kaikrane Gültigkeit hatte und für Massengut-Umschlagkrane heute noch Verwendung findet. Die nach dem Kriege notwendig gewordene Modernisierung der Kaikrane in Richtung auf leichtere Gewichte, billigere Preise und formschönes Aussehen ist von ihm in Zusammenarbeit insbesondere mit den Häfen Hamburg und Bremen eingeleitet worden. Seine Nachfolger haben diese Entwicklung bis zu den heutigen Erkenntnissen und Formen fortgesetzt. Für diese seine Bemühungen um den Kaikran hat ihm, wie einleitend erwähnt, die Hafenbautechnische Gesellschaft die Ehrenmitgliedschaft verliehen.

Seit seiner militärischen Dienstzeit bei den Düsseldorfer 11. Husaren galt dem Reitpferd seine besondere außerberufliche Zuneigung. Vor dem zweiten Weltkriege fehlte er auf keinem Reitturnier. Ebenso wie seine Frau hat er als Springreiter wertvolle Preise errungen und ist dem Reitsport fast bis in seine letzten Tage treu geblieben.

Als Fachmann und Freund wird Hermann Tigler uns stets unvergessen bleiben.

Die Hafenbautechnische Gesellschaft 1958/1961

Dem Bericht über den zurückliegenden Zeitraum sind zwei Daten aus dem Leben und Wirken des Mannes voranzustellen, dem die Gesellschaft und der Hafenbau schlechthin zu hohem Dank verpflichtet sind: Am 23. August 1961 vollendete der Vorsitzende der Hafenbautechnischen Gesellschaft, Prof. Dr.-Ing. E. h. Dr.-Ing. Agatz, Bremen, das siebzigste Lebensjahr, nachdem er bereits 1959 auf eine 25jährige Amtszeit als Vorsitzender der HTG hatte zurückblicken können. Es war überwiegend sein Verdienst, wenn es gelang, der HTG in der Zeit des Dritten Reichs ihre fachliche und organisatorische Selbständigkeit zu erhalten, und seiner Initiative ist es zu danken, daß diese nach Zusammenbruch und Verbot in dem alten Geiste kollegialer fachlicher Zusammenarbeit und persönlicher Verbundenheit wieder erstand. Möge dem rastlos Tätigen weiterhin die körperliche und geistige Frische erhalten bleiben, die sein umfangreiches Schaffen und die zahlreichen Ehrenämter verlangen. Seine Verdienste um den Wiederaufbau der Häfen nach dem Kriege und sein erfolgreiches fachliches Wirken im In- und Auslande wurden durch die Verleihung des Großen Verdienstkreuzes des Verdienstordens der Bundesrepublik Deutschland gewürdigt.

Fachausschüsse:

Der Schwerpunkt der technisch-wissenschaftlichen Tätigkeit in der HTG lag während der vergangenen Jahre wie stets bei den Fachausschüssen, deren Arbeit erstmals durch die Gesellschaft auch finanziell gefördert werden konnte, indem teils Zuschüsse für Veröffentlichungen gewährt. teils besondere Untersuchungen durch Dritte finanziert wurden.

In Zusammenarbeit mit dem Schiffahrtsverlag „Hansa" sorgte der Schriftleitungsausschuß für laufende Unterrichtung der Hafenfachleute durch das Zeitschriftenorgan der Gesellschaft. Die monatlich herausgegebenen „Hafenbautechnischen Hefte" der „Hansa" reichten mehrfach nicht aus, um die Fülle des angebotenen Stoffs zeitgerecht unterzubringen, so daß gelegentlich auch Aufsätze in den der Schiffahrt und dem Schiffbau vorbehaltenen Heften der „Hansa" erschienen. Das „Handbuch für Hafenbau und Umschlagstechnik", das nunmehr in sechs Bänden vorliegt (Bd. III 1957; IV 1959; V 1960; VI 1961), enthält seit 1960 nicht mehr zwei Jahrgänge, sondern nur einen Jahrgang einschlägiger Veröffentlichungen der „Hansa" und wird demzufolge in jährlicher Folge herausgegeben. Auf diese Weise wird es seinen Zweck, dem Planer und Erbauer von Hafenanlagen ebenso wie dem Betriebsmann Fortschritte, Auffassungen und Erfahrungen in den See- und Binnenhäfen gesammelt zur Verfügung zu stellen, noch besser erfüllen. Aufsätze grundlegender Art, wie wissenschaftliche Untersuchungen oder Beschreibungen ausgeführter Maßnahmen von dokumentarischem Wert sollen jedoch wie bisher der Veröffentlichung in dem Jahrbuch der HTG vorbehalten bleiben.

In besonderen Arbeitsgruppen befaßte sich der Ausschuß für Hafenumschlagstechnik u. a. weiterhin mit dem Einsatz von Flurfördergeräten, namentlich der Frage des Elektro- oder Dieselantriebs für Gabelstapler im Stückgutumschlag, ferner mit der Auswertung langfristiger Versuche über geeignete Querschnitte und die Ablegereife von Kranseilen, mit Überlastsicherungen und dem hydraulischen Antrieb für Hafenkrane. Der verdiente Leiter des Ausschusses, Baudirektor i. R. Wundram, der diesem seit seiner Gründung 1926 angehörte und mehr als 25 Jahre den Vorsitz innehatte, legte diesen aus Gesundheitsgründen nieder. Zu seinem Nachfolger wurde 1958 der bisherige Schriftführer des Ausschusses, Baudirektor Dr.-Ing. Hans Neumann, Strom- und Hafenbau, Hamburg, berufen. Gleichzeitig gab Direktor Dr.-Ing. Berghaus das Amt des stellvertretenden Vorsitzenden ab, an seine Stelle trat Oberbaurat Naß, Hafenbauamt Bremen, während Oberbaurat Mannitz, Hamburg, Schriftführer wurde.

Im Ausschuß für Hafenverkehrswege wurden die Untersuchungen über den LKW-Verkehr in den Häfen durch umfangreiche Beobachtungen im Hafen Bremen und deren Auswertung fortgeführt.

Eine Fülle von Problemen der Berechnung und Gestaltung von Ufereinfassungen wurde von dem Ausschuß für Ufereinfassungen bearbeitet. Von den 1955 in einem Sammelband herausgegebenen „Empfehlungen" erschien Anfang 1961 eine zweite Auflage, erweitert mit den bis Ende 1960 abgeschlossenen Arbeitsergebnissen. Ferner werden die in der Fachzeitschrift „Die Bautechnik" veröffentlichten Jahresberichte des Ausschusses künftig als Sonderdruck im Format des Sammelbandes herausgebracht, so daß sie diesem beigefügt werden können.

Der Ausschuß für Korrosionsfragen hat ein langfristiges Versuchsprogramm zur Ermittlung des Einflusses von verschiedenen Hafenwässern auf die Korrosion von ungeschütztem Stahl erarbeitet und in den Häfen Kiel, Cuxhaven, Hamburg, Bremerhaven in Gang gesetzt. Das vom Bund und den Hafenverwaltungen unterstützte Vorhaben läßt wichtige Erkenntnisse grundlegender Art erwarten. Aus den Arbeiten des Ausschusses ist ferner die Vorbereitung und Mitwirkung bei einer Fachtagung hervorzuheben, die mit dem Thema „Korrosion und Korrosionsschutz am Schiff und im Hafen" als neunte Veranstaltung der „Europäischen Föderation Korrosion" im Auftrage der Arbeitsgemeinschaft Korrosion von der HTG gemeinsam mit der Schiffbautechnischen Gesellschaft, dem Verein Deutscher Eisenhüttenleute und dem Deutschen Ausschuß für Stahlbau vom 23. bis 25. Juni 1960 in Hamburg durchgeführt wurde. Die zahlreichen Referate und Diskussionsbeiträge wurden in einem Sonderheft der Fachzeitschrift „Schiff und Hafen" zusammengefaßt und veröffentlicht[1]. Im einzelnen berichteten die Vorsitzenden der Fachausschüsse jeweils anläßlich der Tagungen der HTG über die Tätigkeit dieser[2].

Hauptversammlungen:

Die Hauptversammlungen, die der fachlichen Unterrichtung der Teilnehmer durch Vorträge und Besichtigungen, aber auch der persönlichen Fühlungnahme, dem zwanglosen Meinungs- und Gedankenaustausch unter den Mitgliedern dienen, fanden in bewährter Weise abwechselnd in einem See- und einem Binnenhafen statt.

Wenige Wochen nach der feierlichen Eröffnung des Hafens Stuttgart folgte die HTG der Einladung der Stadt, vom 15. bis 17. Mai 1958 ihre 25. ordentliche Hauptversammlung dort abzuhalten. Vorträge und gesellige Veranstaltungen, die Besichtigung des Hafens und eine Fahrt auf dem kanalisierten Neckar bis Marbach führten etwa 450 Teilnehmer zusammen, die der Vorsitzende Prof. Dr. Dr. Agatz begrüßen konnte. Mit Ausführungen über die zukünftige Entwicklung der Binnenhäfen[3] leitete er das Vortragsprogramm ein, das im übrigen folgende Themen umfaßte[3]:

Hafendirektor Dr. Ullrich, Stuttgart: **„Die wirtschaftlichen Grundlagen des Hafens Stuttgart"**,

Stadtbaudirektor Heeb, Tiefbauamt Stuttgart: **„Planung und Bau des Hafens Stuttgart"**,

Ministerialrat Bormann, Bundesverkehrsministerium, Bonn: **„Ausbau des Oberrheins zwischen Basel und Straßburg"**,

Prof. Dr. Carl Schneider, Speyer: **„Binnenschiffahrt und Binnenhäfen im Imperium Romanum"**,

M. Amiot, Communauté de Navigation Française Rhénane, Strasbourg: **„Der neue Binnenhafen von Paris und die Schiffahrt auf der Seine"**,

Prof. Otto Cranz, Technische Hochschule Stuttgart: **„Sicherungsanlagen zur Verhinderung des Zusammenstoßes von Kran und Eisenbahn"**.

Die 26. ordentliche Hauptversammlung fand vom 10. bis 12. September 1959 in Lübeck/Travemünde statt und erhielt durch die Teilnahme und die Ausführungen des Bundesministers für Verkehr, Dr.-Ing. E. h. Dr.-Ing. H. Chr. Seebohm, über **„Verkehrspolitische Wandlungen im Ostseeraum"**[4] eine besondere Note für die fast 600 Mitglieder und Gäste der HTG aus Dänemark, den Niederlanden, aus Norwegen, Österreich und Schweden. Der Ansprache des Vorsitzenden mit Betrachtungen zum Wandel und zur Abhängigkeit der Hauptseehäfen Mitteleuropas von der politischen und wirtschaftlichen Weltstruktur in Vergangenheit und Zukunft schlossen sich folgende Vorträge an[4]:

Präsident Dr.-Ing. E. h. Helberg, Bundesbahndirektion Hamburg: **„Die Vogelfluglinie und ihre Anlagen"**,

Hafendirektor Ch. J. Winfred Neumann, Lübeck: **„Lübecks Hafenprobleme"**,

Ministerialrat Dr.-Ing. Wiedemann, Bundesverkehrsministerium, Bonn: **„Sicherungsradar auf deutschen Wasserstraßen"**,

Bundesbahnoberrat Ciesielski, Bundesbahndirektion Hamburg: **„Bautechnische Erfahrungen an der Fähranlage Großenbrode-Kai"**.

Während ein Tonfilm über die Kohlenschiffsbeladeanlage Presque Isle in Toledo/USA die Vortragsveranstaltung abschloß, wurde das Tagungsprogramm mit Besichtigungen des Hafens, der Stadt, der Werksanlagen der Orenstein-Koppel und Lübecker Maschinenbau AG. sowie einer Studienfahrt von Travemünde nach Gedser abgerundet.

---

[1] Vgl. auch Handbuch für Hafenbau und Umschlagstechnik, Bd. VI 1961, Seite 132—135.
[2] Handbuch für Hafenbau und Umschlagstechnik, Bd. IV 1959 und Bd. V 1960.
[3] Handbuch für Hafenbau und Umschlagstechnik, Bd. IV 1959.
[4] Handbuch für Hafenbau und Umschlagstechnik, Bd. V 1960.

Die Mitgliederversammlung hatte als nächsten Tagungsort erstmals einen der ältesten Hafenplätze Deutschlands, Köln, gewählt, wo die HTG vom 8. bis 10. Mai 1961 die 27. ordentliche Hauptversammlung abhielt. Etwa 500 Mitglieder und Freunde waren der Einladung der HTG gefolgt. Das Vortragsprogramm wurde ergänzt durch Besichtigungen der Kölner Häfen und eine Rheinfahrt zum Studium der Niederrheinhäfen von Köln nach Emmerich. In seiner Festansprache erörterte Prof. Dr. Dr. Agatz „Stellung und Gliederung der Binnenhäfen"[1]. Weitere Vorträge[1] hielten:

Prof. Dr. Seidenfus, Gießen: „Binnenhäfen und Binnenverkehr",

Prof. Dr. Carl Schneider, Speyer: „Verkehrswege Mitteleuropas vom 12. bis 15. Jahrhundert",

Hafendirektor Causemann, Köln: „Neue Anlagen und Betriebseinrichtungen im Kölner Hafen Niehl I",

Reg. Baurat a. D. Dr.-Ing. Finke, Duisburg: „Uferbau in Binnenhäfen",

Dipl. Ing. Czichon, Bremen: „Der Einfluß von Bahnunebenheiten auf den Raddruck fahrbarer Hafenkrane".

Vorstand und Mitgliederbewegung:

Die Mitgliederversammlung hatte 1959 in Lübeck nach Ablauf seiner Amtsperiode den Vorstand für fünf Jahre zu wählen und entschied sich im wesentlichen für eine Wiederwahl des bisherigen. Er setzt sich nach dem Rücktritt von Prof. Dr. Dr. Schnadel, Hamburg, an dessen Stelle 1961 Dr.-Ing. Huchzermeier, Vorstandsmitglied des Bremer Vulkan, gewählt wurde, folgendermaßen zusammen:

Prof. Dr.-Ing. E. h. Dr.-Ing. Agatz, Bremen, Vorsitzender;

Hafenbaudirektor Dr.-Ing. E. h. Mühlradt, Hamburg, stellv. Vorsitzender;

Oberstadtdirektor i. R. Dr. Nagel, Neuß, stellvertr. Vorsitzender;

Dip.-Ing. Goedhart, Lübeck, stellvertr. Vorsitzender;

Reedereidirektor i. R. Etterich, Düsseldorf, Schatzmeister;

Oberbaurat Feuerhake, Hamburg, geschäftsführendes Vorstandsmitglied;

Erster Baudirektor Prof. Dr.-Ing. Bolle, Hamburg;

Hafendirektor Dipl.-Ing. Bumm, Duisburg;

Reedereidirektor i. R. Hartwig. Weinheim;

Direktor H. C. Helms, Bremen;

Direktor Dr.-Ing. Huchzermeier, Bremen;

Direktor Dr.-Ing. Kemna, Duisburg;

Reg.-Baumeister a. D. Linsenhoff, Frankfurt (Main);

Dipl.-Ing. von Oswald, Hamburg;

Ministerialrat Wegner, Bonn.

Ferner beschloß die Mitgliederversammlung 1961, zwei verdienten Mitgliedern der Gesellschaft, Hafenbaudirektor Dr. Mühlradt und Reedereidirektor i. R. Hartwig, die Ehrenmitgliedschaft zu verleihen.

Leben und Wirken der verstorbenen Ehrenmitglieder Bunnies, Dr. Christiani, Eckhardt und Tigler wurde bereits an anderer Stelle gewürdigt. Die HTG hatte in den Jahren 1958 bis 1961 darüber hinaus eine große Anzahl von Toten zu beklagen, derer in den Mitgliederversammlungen in ehrender Weise gedacht wurde:

Ahrens, Walter, Dr.-Ing. E. h., Düsseldorf;

Arens, Martin, Dr.-Ing., Oberreg.-Baurat, Münster;

Breden, Carl, Ziviling., Hamburg;

Bruns, Richard, Oberbaudirektor a. D., Oldenburg;

Bunnies, Erich, Erster Baudirektor i. R., Hamburg;

Cranz, Otto, Prof., Stuttgart;

Christiani, Rudolf, Dr.-Ing. E. h., Kopenhagen;

Denison, Charles, Ziviling., Silver Spring, Maryland (USA);

Detig, Wilhelm, Prof., Darmstadt;

Dörnen, Albert, Prof. Dr.-Ing. E. h. Dr.-Ing., Dortmund;

Dohr, Matthias, Baurat a. D., Hamburg;

Dubbers, August, Generalkonsul, Bremen;

Ebeling, Heinrich, Dr.-Ing., Hamburg;

Eckhardt, Alfred, Ministerialdirektor i. R., Bad Wiessee;

Essberger, John, Reeder, Hamburg;

Hahn, Adolf, Regierungsbaudirektor, Cuxhaven;

Hansen, Friedrich, Oberregierungsbaurat, Kiel;

Krautter, Alfred, Dipl.-Ing., Stuttgart;

Kressner, Bernhard, Dr.-Ing., Baudirektor, Hamburg;

Leichtweiß, Ludwig, Prof. Dr.-Ing. E. h., Braunschweig;

Malbranc, Rolf-Herbert, Dipl.-Ing., Hamburg;

Mörck, Max, Kaufmann, Hamburg;

Paffenholz, Hans, Baurat, Hamburg;

Parizot, Adalbert, Dr. rer pol., Bremen;

Pohle, Wolfgang, Baudirektor i. R., Hamburg;

---

[1] Die Vorträge werden teils im Auszug, teils im Wortlaut im Handbuch für Hafenbau und Umschlagstechnik, Bd. VII 1962, veröffentlicht werden.

Rathjens, Joachim, Dr.-Ing., Hamburg;
Schaack, August, Oberingenieur, Esch-Alzette (Luxemburg);
Schaller, Karl, Dr.-Ing. E. h., Düsseldorf;
Schiffers, Erich, Dr., Hafendirektor, Düsseldorf;
Schinkel, Max, Dr.-Ing., Hafenbaudirektor a. D., Badenweiler;

Schuller, Fritz, Dipl.-Ing., Direktor, Hamburg;
Sieveking, Wilhelm, Erster Baudirektor i. R., Hamburg;
Stein, Leonhard, Marinebaurat a. D., Großgündlach;
Tigler, Hermann, Fabrikant, Angermund;
Wetcke, Kurt, Prokurist, Nürnberg.

Die Mitgliederzahl überschritt 1958 700 und hielt sich seitdem auf dieser Höhe, die dem Stande der Vorkriegszeit entspricht. Im Mai 1961 setzte sich der Bestand von insgesamt 712 Mitgliedern folgendermaßen zusammen:

Ehrenmitglieder	4	Ordentliche Mitglieder	513	Gegenseitige Mitgliedschaften	14
Förderer	147	Jungmitglieder	22	Schriftenaustausch	12

Hierhin sind 64 im Auslande ansässige Mitglieder eingeschlossen.

Tätigkeit in anderen Verbänden:

Die Zusammenarbeit mit in- und ausländischen Verbänden, die unmittelbare Mitwirkung der HTG als solcher oder von Mitgliedern bei besonderen Untersuchungen oder Fachveranstaltungen und in Ausschüssen, ist in der Berichtszeit umfangreicher und enger geworden.

So wurde gemeinsam mit dem Zentralverein für deutsche Binnenschiffahrt bei der Sitzung des Großen Ausschusses am 13. Juni 1961 in Konstanz die Rationalisierung des Umschlags in der Binnenschiffahrt behandelt. Hierzu lieferten Beiträge:

Direktor Dr. Geile, Wesseling: **„Laden und Löschen im Rahmen der Rationalisierung in der Binnenschiffahrt''**;

Direktor Dr.-Ing. Kemna, Duisburg: **„Die Rationalisierung des Umschlagsvorganges in gerätemäßiger Hinsicht unter besonderer Berücksichtigung der Bedürfnisse des Binnenschiffsverkehrs''**;

Hafendirektor Dipl.-Ing. Bumm, Duisburg: **„Rationalisierung des Umschlagsvorganges aus der Sicht des Hafenbaues und Hafenbetriebs''**;

Prof. Dr. Dr. Agatz, Bremen, faßte die Ergebnisse der Diskussionen, die sich an die Vorträge anschlossen, zusammen in dem Schlußreferat: **„Grundsätze und Wege einer Rationalisierung in den Binnenhäfen''**.[1]

Die Verbindung zur „Deutschen Gesellschaft für Erd- und Grundbau'' hielt in bewährter Weise der beiden Vereinen gemeinsame Arbeitsausschuß „Ufereinfassungen'' unter Leitung von Dr.-Ing. Lackner, Bremen.

Der Deutsche Verband technisch-wissenschaftlicher Vereine, dessen Vorsitz 1961 von Staatssekretär Prof. Dr.-Ing. Herz auf Bundesminister Prof. Dr.-Ing. Balke wechselte, hat Prof. Dr. Dr. Agatz für die Wahlperiode 1960/63 erneut in den Vorstand gewählt. Der Verband vertritt jetzt 64 wissenschaftliche Vereinigungen.

Bei dem XX. Internationalen Schiffahrtskongreß, den der Internationale Ständige Verband im September 1961 in Baltimore (USA) veranstaltete, war die HTG durch eine Reihe von Mitgliedern und Angehörigen des Vorstands vertreten. Zu den Themen, die hierbei behandelt wurden, lieferten Mitglieder der Gesellschaft Beiträge.

Die J. C. H. C. A. hielt kurz vor dem Schiffahrtskongreß in New York ihre 5. Hauptversammlung und Technische Konferenz ab, an der der Vorsitzende des Ausschusses für Hafenumschlagstechnik in seiner Eigenschaft als Geschäftsführer des Deutschen Nationalen Komitees der J.C.H.C.A. teilnahm.

Es zeigt sich, daß in aller Welt wie in Deutschland Neubau und Erweiterung von See- und Binnenhäfen, die Rationalisierung ihrer Betriebseinrichtungen sowie Gestaltung und Ausbau der Zufahrtwege ständig neue Fragen aufwerfen, die aufzugreifen, zu untersuchen und zu erörtern satzungsgemäße Aufgabe der HTG ist. Diesem Zweck dienen wiederum die Beiträge des vorliegenden Bandes, sei es, daß sie sich mit Verkehrsbeziehungen in Vergangenheit und Gegenwart oder mit der Beschreibung ausgeführter Anlagen befassen, sei es mit der Untersuchung von Sonderfragen.

Möge der neue Band der Jahrbücher dem Fachmann von Nutzen sein!

---

[1] Wird im Handbuch für Hafenbau und Umschlagstechnik, Bd. VII 1962, veröffentlicht werden.

Die mitteleuropäischen Verkehrswege von 1200 - 1500 [1]

Von Professor Dr. Carl Schneider, Speyer

Die Besonderheit des mitteleuropäischen Verkehrswesens und die Lage und Eigenart der
Verkehrswege des Spätmittelalters verstehen sich aus dem Zusammenspiel vieler Faktoren.
Sie sind politischer und wirtschaftlicher, nur zum Teil geopolitischer oder geographischer Art,
haben aber alle zusammengewirkt, um eine eigene Epoche der Verkehrsgeschichte zwischen dem
eigentlichen Mittelalter und dem mit den Fahrten der Portugiesen und Spanier beginnenden
modernen Verkehrswesen zu erbauen.

Die allmähliche Auflösung der Kreuzzüge in fast ausschließliche Wirtschaftsunternehmungen
brachte eine ungeheure Belebung der Straßen und Wasserwge, vor allem aber den Aufstieg neuer
Verkehrs- und Wirtschaftsknotenpunkte mit sich. Allein die Tatsache, daß an die Stelle des
Ritters und Mönchs der Kaufmann trat, bedeutete eine Umwälzung. Mit dem vierten Kreuzzug
begann die dominierende Stellung Venedigs und ihr folgend die von Genua und Florenz. Damit
entstand ein Großraumverkehr, der über diese italienischen Städte den Südosten Europas mit
seinem Norden, Nordwesten und Nordosten verband. Dazu kam die Aufgeschlossenheit der
Tatarenreiche für den Verkehr mit Italien und darüber hinaus. Einige Zahlen mögen genügen,
um die Entwicklung zu charakterisieren:

1204: sechs venetianische Kaufleute wählen mit sechs Kreuzrittern zusammen den lateinischen
   Kaiser in Byzanz; damit wird der ungestörte Seeweg Venedig—Schwarzes Meer gesichert
   und allmählich durch venetianischen Kolonialbesitz befestigt.

1224: erstes Zeugnis für eine direkte Seeverbindung Genua—Flandern durch die Straße von
   Gibraltar.

1246: erste westliche Gesandtschaft nach der Mongolei.

1261: venetianische Besitzungen auf der Krim und an allen Küsten des Schwarzen Meeres.

1273/74: Marco Polo zieht auf der alten Seidenstraße nach China.

Um 1300: Gründung des Fondaco dei Tedeschi in Venedig.

1305: erste venetianische Kurierordnungen.

Seit 1313: Beginn der dauernden Kämpfe zwischen Venedig und Genua, allmählicher Rückgang
   der Kolonien beider Städte im Ostmittelmeerraum.

1368: Erster venetianisch-türkischer Handelsvertrag.

1381: Friede zwischen Genua und Venedig, der aber den Zusammenbruch nicht mehr aufhalten
   kann.

1461: Venedig verliert seine letzten Kolonien am Schwarzen Meere.

1462: Genua verliert Lesbos und Venedig 1470 das wichtige Euböa. Um 1500 ist alles vorbei;
   die Portugiesen entdecken den Seeweg nach Indien, und die Osmanen erobern Ägypten.
   Für Verkehrswege wurden jetzt ganz neue Aufgaben gestellt.

Dem raschen Vorrücken der Deutschen in den mitteleuropäischen Osten durch die Sachsen-
kaiser folgte ein stetiger kultureller und damit verkehrstechnischer Ausbau durch die Ostkoloni-
sation, die auch die Abkehr der kaiserlichen Politik vom Osten durch die Salier und Staufer
nicht verhindern konnte. Zwei Mächte, die Hansa und der Deutsche Ritterorden, haben sie in
derselben Weise durchgeführt und gefördert, wie die Venetianer und die andern Ritterorden
im Ostmittelmeerraum vorgegangen waren. Hat die Hansa in erster Linie Häfen und Seerouten
ausgebaut, so hat der Orden als erster im Osten Straßen angelegt, die für die ganze Zeit vorbildlich
waren. Damit entstand auch hier ein neuer Verkehrsgroßraum, der die bisherige Randlage Deutsch-

---

[1] Nach einem auf der Hauptversammlung der Hafenbautechnischen Gesellschaft 1961 in Köln gehaltenen Vortrag

lands und Mitteleuropas überhaupt völlig veränderte: es entstand jetzt ein Bindeglied zwischen den alten Rhein-Rhone-Straßen im Westen und der Bernsteinstraße im Osten, zugleich aber auch zwischen dem Ostseeraum im Norden und dem Mittelmeerraum im Süden. Nur die politischen Verhältnisse haben verhindert, daß das glänzende Verkehrszentrum Mitteleuropa zu der überragenden Bedeutung kam, die ihm gebührt hätte.[1]

Auch dies sollen einige Zahlen unterstreichen, und zwar die der deutschen Städtegründungen oder -erneuerungen. Folgende Verkehrspunkte schließen den Raum auf: 1201 Riga, 1219 Reval, 1223 (1250) Narwa, 1224 (1300) Danzig, 1224 Dorpat, 1229 Wismar, 1230 Altstadt Prag, um 1240 Berlin, 1243 Stettin, 1249 Iglau, 1253 Frankfurt a. d. O. und Posen, 1256 Königsberg, 1257 Krakau, 1261 Breslau.

Diese neuen städtischen Verkehrspunkte fanden rasch Anschluß an das gesamteuropäische Verkehrsnetz: der Orden hatte rege Verbindungen nach allen Teilen Süddeutschlands, Oberitaliens und Burgunds: um 1400 waren seine Verkehrsverbindungen zwischen der Marienburg und den Ordensballeien auf dem linken Ufer des Oberrheins besonders rege. Die Hansa aber hatte seit dem 13. Jahrhundert den Verkehr nach dem gesamten Norden, Skandinavien und England in bisher ungeahnter Weise ausgebaut.

Der nächste wichtige Faktor war der Aufschwung des Märktewesens, der sich sowohl durch das neue Warenangebot aus den neuerschlossenen Teilen des Südostens und Nordostens als auch durch die neuen Bedürfnisse der sich aus mittelalterlicher Enge allmählich befreienden Städte erklärt. Immer neue Marktrechte wurden verliehen, wobei freilich die alten Märkte oft durch die neuen und glänzenderen verdrängt wurden. So sanken die alten berühmten internationalen Märkte der Champagne, Troyes, Bar-sur-Aube und Langny zum Teil durch die schlechte Zollpolitik langsam ab und wurden durch die neuen in Lyon, Gent, Brügge, Antwerpen, Köln und Frankfurt a. M. seit dem 13. Jahrhundert verdrängt und reichlich ersetzt. Auch hier rückte der Verkehr allmählich weiter nach Osten und gipfelte in dem großen Aufschwung der Leipziger Messe durch die kaiserliche Bestätigung von 1497. Lübeck bekam seine einmalige Sonderstellung schon nach der Überwindung Bardowicks, die alten ottonischen Märkte von Dortmund, Goslar, Magdeburg, Würzburg, Bamberg und vor allem der Großmarkt von Bremen bildeten in diesen Jahrhunderten Verkehrsmittelpunkte mit immer neuen Verkehrsproblemen. Naturgemäß zog der Markt die Kaufleute am meisten an, der die günstigsten Verkehrsverbindungen hatte, und da alle Märkte gute Einnahmequellen für Städte, Territorialherren und sogar die Kaiser waren, die selbst gern zu Markte zogen und den Markt eröffneten, ergab sich oft ein gesunder Wettbewerb, der sich auch auf die Straßen und Binnenwasserstraßen nicht ungünstig auswirkte.

Zu den Messen und Märkten kamen die Handelsniederlassungen von Kaufleuten im Ausland, die mit ihrem Heimatort in dauernder Verbindung bleiben mußten. Die Venetianer und Lombarden in den deutschen und flandrischen Städten, die deutsche Kaufmannsniederlassung in Venedig, die fünfzehn deutschen Kaufhäuser in Barcelona im 14. und 15. Jahrhundert, die zahlreichen Niederlassungen der Fugger, Welser und anderer, die sogar ihre Silber- und Kupfergruben in Österreich und ihre Quecksilberminen in Spanien von Augsburg aus regierten, waren für die mitteleuropäischen Verkehrsverbindungen von eminenter Wichtigkeit.

Auch hierfür mögen einige Zahlen das chronologische Gerüst geben[2]:
1203: Neuordnung der Kölner Großmärkte und Ausdehnung des St.-Severinsmarktes auf 4 Wochen.
1212: Einsetzung von sechs Agoranomen für die Märkte von Enns a. D.
1213: Marktrecht von Hamm i. Westf.
1220: Kaiserliches Schutzprivileg für die Märkte in Gelnhausen.
1226: Kaiserliche Marktprivilegien für Hildesheim.
1227: Kaiserliche Ordnung für die Verlegbarkeit von Märkten an andere Orte; Privilegien für den Allerheiligenmarkt in Würzburg; Übergang der gräflichen Marktrechte in Stendal an die Stadt.

Alle diese Faktoren wirkten dahin, daß der Fernverkehr möglichst erleichtert wurde, zunächst allerdings nicht durch großzügige technische Verbesserungen der Straßen- und Wasserwege, sondern nur durch Schutzgesetze für die Straßen- und Wasserstraßenbenutzer. Heinrich VI. verbot 1196 die bis dahin übliche Grundruhr auf den Wasserstraßen, und Philipp von Schwaben 1207 jeden Raub vom Gut Schiffbrüchiger bei Strafe der Acht. Durchgangsstraßen und vor allem die wichtigen Leinpfade wurden wenigstens de iure für öffentliche Kaiserstraßen erklärt, Geleitschutzgesetze und Zollvergünstigungen wurden häufig erlassen.[3] Rechtsgleichheit auf Märkten und Straßen und ein oft ausgezeichnetes Verkehrsrecht innerhalb der Städte entstanden; das

---

[1] Stein S. 167. [2] Stein S. 187ff. [3] Stein S. 212.

beste Beispiel ist das Soester Stadtrecht, das für die Hansa maßgebend wurde[1]. Die Unzahl von Verträgen und Rechtsentscheidungen auf diesen Gebieten seit dem 13. Jahrhundert ist nicht mehr übersehbar.

Aber es mußten auch Instanzen da sein, die diesen Rechten Nachdruck verliehen, die für die durch Zollschikanen unrecht Geplagten eintraten, die adligen Straßen- und Flußräuber bekämpften und Geleit stellen konnten. Die sinkende Kaisermacht vermochte es nicht mehr, und die kleinen Territorialherren wollten es oft gar nicht. Wirklich wirksam wurde ein Schutz erst durch die Städtebünde, die jetzt entstanden und deren wichtigster neben der Hansa der 1254 gegründete Rheinische Städtebund von etwa 70 Städten unter der Führung von Frankfurt a. M., Worms und Speyer war und seine höchste Blüte zwischen 1320 und 1500 erreichte.

Technische Verbesserungen der Straßen und Flußläufe, selbst Bau von Kanälen, sind nicht zu bestreiten, wenn sie auch dürftig blieben. Immerhin ist einiges bemerkenswert. Einige ausgegrabene Straßen dieser Jahrhunderte waren so gut, daß man sie lange für Römerstraßen gehalten hat und im Volksmund noch heute dafür hält. Die besten Beispiele sind die in Thüringen in der Gegend von Erfurt aufgedeckten Straßen, die auch für schwere Wagen benutzbar waren, und seit dem 15. Jahrhundert die ganz ausgezeichneten Straßen des Kantons Bern. In den Alpenländern ist schon seit dem dreizehnten Jahrhundert das Sprengpulver zur Straßenverbesserung verwandt worden. Die Schwierigkeit lag wie heute fast immer bei der Finanzierung: die Territorialherren wollten zwar auf den Straßen verdienen, aber nichts für sie bezahlen. Das originellste Gesetz zur Finanzierung des Straßenbaus ist wohl das des Kaisers Sigismund, welches bestimmte, daß die Strafgelder für Dirnen und Kuppler zum Straßenbau zu verwenden seien, denn „was aus schmutzigen Quellen gewonnen sei, müsse auch auf Kot, Pfützen und Schmutzlachen geworfen werden"[2]. Für die Binnenschiffahrt war die erste Verwendung von einfachen Kistenschleusen seit 1253 von einiger Bedeutung und ermöglichte in Deutschland wenigstens einen sehr wichtigen, noch zu nennenden Kanalbau.

Vermehrt hat sich die Zahl und Art der Herbergen und Unterkünfte, wenn sie auch mangelhaft genug blieben. Zu den alten Klosterherbergen, die in erster Linie Pilgern und Wallfahrern gedient hatten, kamen in diesen Jahrhunderten die Hospize, meist private Stiftungen oder Unternehmungen. Sie standen jedem offen; „damit sich jeder wärmen kann", heißt es im Statut eines Hospizes bei Mals in Tirol von 1489. Bequemer, aber nur offiziellen Reisenden zugänglich, waren die schon 1388 nachweisbaren königlichen Kuriergasthöfe (Hosterias de Correos) in Spanien.

Endlich ist die Entwicklung des Boten- und Postwesens in dieser Epoche aufs engste mit der Geschichte der mitteleuropäischen Verkehrswege verbunden. Seit dem Anfang des 14. Jahrhunderts gibt es feste venetianische Kurierordnungen[3]; im gleichen Jahrhundert entstand eine Strecke von Relaisstationen der Deutschen Ritter von ihren Balleien nach Venedig und ein wöchentlicher Kurierverkehr zwischen Florenz und Avignon. Schon um 1400 gab es staatliche Posten der Sforzas in Mailand und staatliche und private Kurierposten in Aragon. Um 1450 erschienen zuerst die Taxis' als Postunternehmer in Innsbruck. Am 19. Juni 1464 erließ Louis XI. das bekannte Postedikt zur Errichtung eines Relaissystems auf den Hauptstraßen Frankreichs; 1474 ist ein regelmäßiger reitender Postverkehr zwischen Rom und Venedig nachweisbar, und am 11. Dezember 1489 wurde Johannes Taxis, der vielleicht aus venetianischen Kurierdiensten übernommen war, zum Obristen-Postmeister im Habsburgischen Reich ernannt. Damit begann eine neue Zeit des mitteleuropäischen Verkehrs, der, wie die Seilersche Itinerarrolle ausweist, sich schon im 16. Jahrhundert rasch aufwärts entwickelte. Wenn aber noch in der spätmittelalterlichen Epoche die ersten Relaisstationen auf den Straßen es möglich machten, daß ein sächsischer Staatsbote 1494 die 510 km lange Strecke Nürnberg—Venedig in vier Tagen ritt, so ist das doch wohl ein Anzeichen dafür, daß wenigstens für den Reitverkehr die großen Durchgangsstraßen nicht allzu schlecht gewesen sein dürften.

Auf der andern Seite aber ist diese Epoche auch eine Zeit der Verkehrsminderung. Zunächst waren die politischen Zusammenbrüche daran schuld. Der unmotivierte Wechsel der Reichspolitik von Preisgabe des Ostens zur erfolglosen Verlagerung nach Süden, das Interregnum, die territoriale Zersplitterung Mitteleuropas waren ebenso hemmend, wie der Zusammenbruch der Kreuzfahrerstaaten, das Anwachsen der Seeräuberei auf allen Meeren, die Donquichotterie des lateinischen Kaiserreichs und die unersättlichen Ansprüche, Prozesse, Fehden und blutigen Auseinandersetzungen zwischen den einzelnen Dynastien, zwischen Rittern und Städten, und die ständige Veränderung der Territorien durch Heiraten und Erbteilungen. Dies alles zwang zu einer beständigen Unruhe und Verlegung des Verkehrs. Wenn man einander die Straßen und Flüsse sperrte,

---

[1] Weise S. 335.   [2] Wolff S. 69.   [3] Ohmann S. 75.

wenn die Zölle sich ständig änderten, wenn Zwangsumleitungen oft genug gefordert wurden, war an eine Normalisierung des Verkehrs und der Verkehrswege in diesen Jahrhunderten gar nicht zu denken. Nur gelegentlich hat sich diese Lage auch einmal positiv ausgewirkt: die an sich nachteilige Trennung der Habsburger Erblande von ihren südwestdeutschen, niederländischen und spanischen Besitzungen hat verkehrsfördernd gewirkt, aber auch nur so lange, als Kaiser wie Maximilian Macht, Autorität und vor allem Geld genug hatten, die weiten Verbindungswege zu erhalten und zu sichern. Vor allem fehlte eins, das nämlich, was das römische Verkehrswesen einst so groß gemacht hatte, ein zentraler Mittelpunkt, nach dem alle Straßen hin führten und von dem sie ausgingen. Alles war dezentralisiert, es gab unendlich viel Knotenpunkte, aber keinen Mittelpunkt mehr. Im besten Falle blieben ein paar größere, nur lose miteinander in Verbindung stehende Verkehrssysteme, aber es war sogar, besonders seit dem Aufstieg Frankreichs, die ganz unnatürliche Situation eingetreten, daß ein großer Teil des Verkehrs um Mitteleuropa herum geleitet werden konnte.

Dazu kam die Zunahme der Unsicherheit. Wie die Küstenstraßen am Mittelmeer früher schon durch die normannischen Seeräuber so bedroht waren, daß sie kaum noch benutzt werden konnten, waren es jetzt viele mitteleuropäische Straßen, besonders in den süddeutschen Mittelgebirgen, durch das absinkende Rittertum und durch andere Räuber. Von wie vielen unberechtigten oder nur fiktiv berechtigten Raubüberfällen oder Wegnahmen von Gütern wissen allein die Kölner Verkehrsakten, die Kuske so musterhaft gesammelt hat, zu erzählen. Auch die wichtigsten Straßen waren nicht sicher; so wird auf der vielbereisten Straße von Konstanz nach Basel 1322 sogar der päpstliche Legat Peter Durandi trotz großen Geleites überfallen und seiner Gelder beraubt. Selbst die Städtebünde oder Schutzverträge, wie die zwischen Köln, Lothringen, Geldern und Kleve[1], gewährten keinen absoluten Schutz.

Schlimmer waren die beständigen Zollforderungen, die sich häufig änderten, so daß der Reisende vielfach nicht wußte, wo und wann er zu zahlen hatte, zumal nachdem das Reichsgesetz, daß alle Zollprivilegien vom Kaiser zu vergeben seien, nur noch in der Theorie bestand. Die dauernden Streitigkeiten um Zollrechte, besonders während des Interregnums, erschwerten den Verkehr trostlos, und auch die hohen Zölle garantierten nicht immer Sicherheit für die Reisenden.

Aus dem allen geht hervor, daß man sich davor hüten muß, das Problem der spätmittelalterlichen Verkehrswege nur von geophysikalischen Gesichtspunkten her lösen zu wollen. Natürlich vermied man versumpfte Flußniederungen und allzu zeitraubende Stromwindungen und liebte nicht zu hohe und nicht allzu gegliederte Gebirgsränder, natürlich zwangen Erdbeben, Bergstürze, Veränderung oder Versandung von Wasserläufen zu häufigen Verlegungen der Verkehrswege — ein berühmter Fall ist das Erdbeben von Villach 1348 —, natürlich bevorzugte man Wege auf Felsboden vor solchen durch Sand, Sumpf und Überschwemmungsgebiet: die norddeutschen Straßen durch sandiges Gelände wurden für schwieriger gehalten als die Alpenstraßen, zumal da man Steigungen nicht fürchtete. Es ist auch bekannt, daß der Große St. Bernhard durch Geländeveränderungen verkehrsgünstiger als heute, die Südseite des Brenners aber wesentlich schwieriger als heute war. Die beiden Comersee-Straßen, ja sogar die beiden Rheinstraßen sind innerhalb der drei Jahrhunderte sehr verschieden benutzbar gewesen. Es bedarf kaum der Erwähnung, daß seit vorgeschichtlichen Zeiten bis heute die Verkehrswege alte tertiäre oder diluviale Wasserläufe, vor allem die langen Urstromtäler Norddeutschlands, und ideale Paßländer wie Tirol und Graubünden mit Vorrang benutzen.

Aber man darf das nicht übertreiben. Zwei andere Faktoren waren mindestens ebenso wichtig wie die geophysischen: die Lage der Siedlungen und die politische Situation. Aus welchen Gründen Siedlungen auch entstanden sein mögen, sie lagen nicht immer an der für den Verkehr günstigsten Stelle. Städte wie Straßburg, Köln oder Magdeburg bilden in dieser Zeit fast Ausnahmen: hier traf sich Strom und Straße. Aber Augsburg lag abseits von der Donau, Nürnberg abseits vom Main, Leipzig abseits von der Elbe, Marseille abseits von der Rhone, alle wichtigen oberitalienischen Städte abseits vom Po, Mailand und Florenz abseits von den Küstenhäfen[2]. Oft hat nicht der Verkehr die Siedlung begründet, sondern er hat sich ihr trotz geophysischer Schwierigkeiten beugen und ihr folgen müssen.

Schlimm waren für diese Jahrhunderte die Verkehrshinderungen durch die politischen Verhältnisse, alle die territorialen Zersplitterungen mit ihren Zöllen, Grenz- und Straßensperren, Wege- und Geleitgeldern, ständigen Fehden und Unruhen. Was bedeutete es allein für den Verkehr, daß 1318 der Markgraf von Meißen verfügte, daß kein aus Sachsen nach Böhmen fahrender Wagen anders als über Freiberg fahren dürfe oder daß die österreichischen Herzöge die Donau für

---

[1] Kuske I Nr. 45. [2] Blum S. 59.

jeden Verkehr über Wien hinaus einfach sperrten, ganz abgesehen von zahlreichen anderen Fällen.

Endlich ist eine Frage wenigstens noch zu stellen, wenn auch nicht befriedigend zu beantworten. Wo sind alle die prachtvollen Römerstraßen, wo sind insbesondere alle antiken Geleisestraßen hin? Im allgemeinen ist man sich heute darüber klar, daß sie tatsächlich im großen und ganzen seit der Völkerwanderung in Mitteleuropa, aber auch darüber hinaus, in Vergessenheit gerieten. Vieles, was heute noch unter dem Namen der Römer geht, ist in Wirklichkeit erst mittelalterlich[1]. So, wie vielfach die mittelalterlichen Siedlungen nicht mehr an der Stelle der römischen liegen — bekannte Beispiele sind die Städte des Saar- und Nahetales —, so stehen auch die Wege oft in keinem Verhältnis mehr zu den alten Straßen, und seit der Karolingerzeit hat sich allmählich das Siedlungs- und Wegesystem selbst der alten römischen Provinzen wesentlich verändert, zumal da auch wichtige römische Siedlungen verschwunden waren. Nur in Spanien, Südgallien und Italien wurden einige Römerstraßen weiter benutzt, aber nicht einmal die Via Appia behielt auch nur im entferntesten ihre alte Bedeutung. In dieser Zeit verschwanden die guten römischen Alpenübergänge über den Splügen, Julier, Mont Genèvre und den Kleinen St. Bernhard[2]; es blieb wenigstens teilweise Verkehr auf der Via Aemilia, der Via Postumia, der Via Aurelia, der Via Flaminina und der Via Domitiana, auf dem sizilischen Straßensystem, auf der Rhonetal-Straße Marseille—Arles—Valence—Vienne—Lyon, auf der Strecke von Arles und von Bordeaux nach Spanien und in Deutschland auf Teilen der rechtsrheinischen römischen Straße mit ihrem Anschluß an die Neckartalstraße. Die Gründe zum Rückgang sind nicht immer einzusehen, zumal da, wo an Stelle der geringen römischen Steigungen Wege mit viel stärkerer Steigung traten. Zu den Hauptursachen gehörte neben der Verlegung der Siedlungen die stärkere Verlagerung des Verkehrs nach dem Norden und Osten hin.

Schließlich noch ein Wort über die Quellen, die zur Erforschung der spätmittelalterlichen Verkehrswege zur Verfügung stehen. Sie sind außerordentlich zahlreich, ja unübersehbar, aber auch sehr zersplittert, nur teilweise zusammenhängend publiziert und vielfach sehr schwer zugänglich. Vor allem fehlen große archäologische Untersuchungen. Im folgenden sind nur die wichtigsten Gruppen aufzuführen.

Dürftig ist das erhaltene Kartenmaterial. Die römische Weltkarte des Castorius ist zwar in dieser Zeit noch kopiert worden, ergibt aber für die Zeit selbst nichts. Erst vom 14. Jahrhundert an entstand eine verbesserte Kartographie, deren Zeugnisse etwa die Karten der Brüder Pizzigani in Venedig, die katalanische Karte von 1375, die Karte des Bartolomeo Pareto und die etwa gleichzeitige des Fra Mauro, die Arbeiten des Johannes Müller von Regensburg, des Martin Behaim und des Erhard Etzlau sind.

Zahlreich sind die Reisebeschreibungen von Reisenden; allerdings sind viele am Orient interessierter als an Mitteleuropa[3]. Zu den wichtigsten gehören die Peregrinatio des Wilbrand von Oldenburg (1211), die Reisebriefe des Albert von Stade (1236) und die des Giovanni da Pian del Carpine (de Plano Carpini), der als Gesandter 1245 von Rom über Krakau und Kiew mit tatarischen Führern nach dem Schwarzen Meer und über Astrachan bis zum Karakorum ritt. Ihm folgte das Itinerar von Wilhelm von Rubruk, der 1252 als Gesandter Henri IX. ebenfalls zum Großkhan der Tataren zog. Die Reiseberichte Marco Polos ergeben für Mitteleuropa nichts außer den Anschlußstrecken nach Asien. Am Ende des 13. Jahrhunderts steht die detaillierte Reisekostenrechnung und der Gesandtschaftsbericht des Galfried von Langele, der 1291—93 als Gesandter Edwards I. von England über Genua und Trapezunt nach Persien reiste. Aus dem 14. Jahrhundert stammen viele Berichte von Reisen aus dem Nahen Osten, aber sie werfen für unsere Probleme wenig ab. Erst mit Johannes Schiltbergers Reisen in Europa, Asien und Afrika (1394—1427) und der Beschreibung des Bremer Domherrn Token von einer Reise aus Erfurt nach Basel (1431) beginnen wieder wichtige Quellen. Am ausführlichsten und zugleich amüsantesten sind die Berichte des Peter Tafur. Dieser kastilianische Edelmann reiste von 1435—1439 von Sevilla aus durch ganz Europa und hat in seinen ,,andanças y viajes" geradezu klassische Beschreibungen der mitteleuropäischen Verkehrswege auf Grund eigener Anschauung verfaßt. Hierzu gesellen sich die Reiseberichte des böhmischen Diplomaten Schaschek, der von 1465—67 Böhmen, Süddeutschland, die Niederlande, Frankreich, Spanien und England mit Hilfe von 22 königlichen Geleitbriefen bereiste. Zeitweise ritt mit ihm der Nürnberger Kaufmann Gabriel Tetzel von Grafenberg, dessen Tagebücher eine willkommene Ergänzung dazu bieten. Ein leidenschaftlicher Reisender und guter Beschreiber ist Felix Schmidgen (Fabri) aus Zürich, dessen dickleibiges Ergatorium in den

---

[1] Eine wirklich klare Scheidung ist allerdings besonders in den Gebieten hinter dem Limes nicht möglich.
[2] Scheffel S. 175 ff.
[3] Ein fast vollständiges Verzeichnis bei Heyd-Raynaud I.

Jahren 1480—1486 von Ulm aus nach dem ganzen Südosten und in den Nahen Orient führt. Den Abschluß dieser Serie bildet der ebenfalls sehr amüsante Breslauer Niklas Poppel, der im Auftrag des Kaisers zwischen 1483 und 1490 Österreich, Süddeutschland, Burgund, die Pyrenäen, Frankreich, England und dreimal Rußland besuchte und prächtige Tagebücher hinterließ. Endlich kommt dazu noch das hochbedeutsame Wallfahrtsbuch des Herrn Hermannus Kunig von Einsiedeln von 1495.

Wo die Reiseberichte versagen, helfen die Urkunden und Dokumente der Archive weiter. Ein ungeheures Material hängt mit den Zöllen zusammen, Zollsätze, Zollverträge, Zollprivilegien, Zollquittungen. Es geht bis ins frühe 13. Jahrhundert zurück und erlaubt viele Rückschlüsse auf Verkehrswege. Dazu kommen die Verkehrs- und Zunftordnungen, wie etwa das Artikelbuch der Straßburger Enckerzunft, das über die Binnenwasserstraßen wertvolle Aufschlüsse gibt[1]. Die städtischen, klösterlichen und fürstlichen Urkundenbücher brauchen ebenso nur erwähnt zu werden wie die Kammerrechnungen und die Handelsbücher. Vieles werfen die städtischen Chroniken ab, einiges sogar die Heiligenleben des Spätmittelalters, wie etwa das Wunderbuch des Bernhard von Clairvaux, und selbst die Dichtung ist von Bedeutung: dem Nibelungenlied verdanken wir wichtige verkehrskundliche Einzelheiten dieser Epoche. Noch kaum ausgeschöpft sind die Zehntausende mittelalterlicher Briefe und Briefbücher.

Spezifische Quellen für die Verkehrswege sind die Boten- und Läuferordnungen, Raitbücher, Botenitinerare und Poststundenpässe. Vor dem 14. Jahrhundert ist nicht viel vorhanden: einige Anhaltspunkte für Klosterboten und einige Reiserechnungen städtischer Boten. Aber seit 1385 liegen die Frankfurter Botenbücher mit recht genauen Angaben über Wege und Löhne vor, und aus derselben Zeit gibt es ähnliche Urkunden aus Köln und einigen andern Städten. Eigentliche Poststundenpässe mit genauer Angabe von Wege- und Brückenverhältnissen wurden zuerst im 14. Jahrhundert in Italien und Spanien ausgegeben. In Deutschland gehen die Straßburger Läuferordnung von 1443 und die Raitbücher von Innsbruck seit 1479 voran, dann folgt der älteste vollständige Poststundenpaß von Mailand bis Innsbruck vom Februar 1495. Leider ist keine dieser Quellen ideal; Lücken und Fehler finden sich in allen[2]. Mit dem ältesten Postkursbuch des Giovanni da L'Herba von 1563 beginnt dann eine neue Zeit; es ist interessant, daß es noch immer neben den rein sachlichen Itinerarangaben aufzählt, wo große und dunkle Wälder zu durchqueren sind und wo es schwierige Flußübergänge gibt.

Die Binnenwasserstraßen

Die Trennung von Fluß und Straße war nirgends vollständig. Schon die Römer reisten gern abwechselnd einen Teil der Strecke zu Schiff, besonders bei Nacht, den anderen Teil zu Lande. Im Mitteleuropa des Spätmittelalters benutzten Reisende sehr häufig stromabwärts das Schiff, stromaufwärts die Straße.

Aber der Binnenwasserverkehr war vielfach schwieriger als der Straßenverkehr. Abgesehen davon, daß außer dem Rhein, der Rhone, der Donau und dem Po die Wasserverhältnisse nirgends sicher waren, machten vor den Regulierungen der Flüsse die zahlreichen Windungen, die Felsen- und Sandbänke viel Mühe, und die Strömung war oft so gering, daß bei widrigem Wind selbst talwärts nur mit aller Anstrengung oder gar nicht gefahren werden konnte. Ruderer, Treidler und Treideltiere waren teuer, wenn man nicht gerade wie das Kloster Lorsch Leibeigene dazu pressen konnte. Bernhard von Clairvaux brauchte zu Schiff auf der Talfahrt einen ganzen Tag von Straßburg bis Hagenbach und einen weiteren ganzen Tag von Hagenbach bis Speyer.

Immerhin ist der Binnenwasserverkehr selbst auf kleinen Flüssen sehr lebhaft gewesen, und viele Wasserläufe, die schon längst nicht mehr befahren werden, trugen freilich oft sehr kleine Schiffe. Die größeren Gewässer waren einesteils belebt durch die großen internationalen Transporte, andererseits durch das Aufkommen regelmäßiger Marktschiffe für den mittleren und kleinen Verkehr. Da, wo die Lage der Wirtschaftsgebiete den Vorteil der beladenen Talfahrt ausnutzen konnte[3], und da, wo die Stromlinie an den Mündungen in die Seeschiffahrt übergehen konnte, waren Schiffe aller Art besonders zahlreich.

Der wichtigste europäische Wasserweg des Spätmittelalters war der Rhein, und seine beiden Hauptverkehrs- und Knotenpunkte waren Straßburg und Köln. Der Frachtverkehr, besonders für Wein und Obst aus dem Süden und Seefische aus dem Norden, war größer als der Personenverkehr, doch zogen Reisende stromabwärts das Schiff der Straße vielfach vor: „Hier (in Basel) schone

---

[1] Texte bei Löper im Anhang. [2] Texte bei Ohmann, Beilagen. [3] Löffler S. 30.

deine Füße und nimm ein Schiff", heißt es in einem Reisebericht nach Überschreitung der Alpen[1]. Der Rhein hatte mehr Übergangspunkte vom Fluß- zum Landverkehr als irgendein anderer Strom Europas, dazu bessere Landeplätze und ständig genügend Wasser. Soweit wir sehen können, ist der Wasserweg in den drei Jahrhunderten im allgemeinen beiden Rheinstraßen vorgezogen worden. Die Rheinschiffahrt hat sich auch seit dem 13. Jahrhundert schon dadurch organisiert, daß sich Schiffer, Flößer und Stapelknechte zu festen Zünften zusammenschlossen. Freilich hemmten auch hier die Zoll- und Territorialverhältnisse sehr: nach den Forschungen Löfflers gab es im 13. Jahrhundert allein zwischen Laufenburg und Mainz 50 Zölle, und allein zwischen Straßburg und Mainz 10 und noch im 15. Jahrhundert zwischen Basel und Köln zeitweise 40[2]. Die Schikanen der Anliegerstaaten hörten nicht auf: Landezwang und Landeverbote wechselten miteinander ab, Monopole und Sperrungen lähmten den Verkehr selbst auf wichtigsten Strecken. So sperrte Straßburg von 1349 bis 1351 den Rhein mit Ketten, und 1489 der Pfalzgraf den Niederrhein, um Zollforderungen durchzudrücken. Allerdings wird auch die Sicherheit vielfach garantiert: 1413 übernahmen Speyer, die Pfalz und Baden den Schutz für alle Rheinfahrer, 1469 stellten die rheinischen Kurfürsten Geleit zu Wasser und Lande, da die „Genfer, Venediger und Mailänder Kaufleute eine Zeitlang wegen Unsicherheit und anderer Beschwerden den Rheinstrom und die Rheinstraße gemieden haben"[3]. Der Schutz war aber nicht immer einfach, wie man etwa aus den jahrelangen Kämpfen zwischen Köln und dem Herzog von Geldern sieht, der bei günstiger Gelegenheit Schiffe unmittelbar vom Kölner Kran wegnehmen ließ und den Kölnern die Durchfahrt auf Rhein und Waal verbot[4]. 1473 wurden Schweizer Schiffe bei Straßburg von dem Junker Diebolt von Geroltzeck überfallen, so daß die Straßburger eine seiner Burgen erobern mußten, um die gefangenen Schiffs- und Kaufleute wieder frei zu bekommen[5]. Auf dem Oberrhein wirkten die jahrhundertelangen Streitigkeiten zwischen Straßburg und Basel sehr störend.

Die Rheinschiffahrt begann in Chur, wo Lorsch schon im 11. Jahrhundert eine Verschiffungsstelle für Graubündener Weine unterhielt. Erster großer Landeplatz war das aufstrebende Konstanz, dann folgten Schaffhausen und Laufenburg. Seit 1390 ist eine regelmäßige Schiffahrt von Konstanz nach Schaffhausen bezeugt, hier erfolgte der Anschluß an die Straße nach Schwaben. Die Laufenburger Schifferzunft hatte aber lange Streitigkeiten mit Basel, die sie erst durch einen Vertrag 1438 beendete. Für die Überwindung der Stromschnellen sorgten die „Lauffen-Knechte", deren Zunftordnung von 1401 einige Einblicke gewährt; entweder wurden die Schiffslasten auf Wagen umgeladen oder kleinere Schiffe um die Fälle herumgetragen; Peter Tafur hat sogar gesehen, daß man Schiffe an Seilen über die Schnellen herabließ. In Basel, das den Rheinfahrern als lustigste Stadt am Rhein galt, stiegen die aus Italien, Südostfrankreich und der Schweiz nach Norden Reisenden gern auf das Schiff, soweit sie das nicht in Straßburg erst taten; Basel war die südlichste Stadt mit Stapelrecht, das außerdem noch Straßburg, Speyer, Worms, Mainz und Köln besaßen. Nicht weniger als sechs Straßen aus allen Richtungen hatten hier Anschluß an den Stromverkehr, und der Rhein wurde von hier an eine wirklich internationale Wasserstraße: wir wissen z. B. von einer Weinladung, die 1418 von Basel nach London verschifft, allerdings in Brabant weggenommen wurde[6]. Auf der Weiterfahrt beobachtete Peter Tafur die Goldwäscher am Oberrhein und die blühenden Orte an seinen Ufern. Breisach, das zeitweise den Johannitern gehörte, erhob nach der Zollordnung von 1397 recht hohe Zölle.

Die Bedeutung Straßburgs für die Rheinschiffahrt läßt sich ebensowenig übertreiben wie die später zu besprechende für den Landverkehr. Seine Schiffe hatten für Transporte nach Frankfurt fast das Monopol, fuhren aber auch weit darüber hinaus nach Köln, nach den Niederlanden[7] und den Rheinmündungen[8]; stromaufwärts nach Basel bestand schon 1416 eine regelmäßige Linie. Die Schifferzunft der Stadt war schwer bewaffnet, kein Schiffergeselle durfte ohne Eisenhut, Panzer mit allem Zubehör, eiserne Handschuhe, Beinschienen, ohne Spieß oder Hellebarde oder Streitaxt und Schwert auf das Schiff gehen; seit 1350 war sie im Besitz weitreichender Privilegien[9].

Zwischen Straßburg und Speyer sind noch Spuren der Treidelpfade erhalten, auf denen die Treidelknechte die Schiffe rheinaufwärts zogen; im Gegensatz zu den weiter nördlichen waren sie nicht für das Treideln durch Pferde geeignet, was wohl wegen des langsamen, gefällelosen Rheinlaufes auch kaum nötig war. Zollstelle für den Speyerer Bischof, dem Karl IV. für eine große Summe den Rheinzoll verpfändet hatte, war Philippsburg[10]. Die Freie Reichsstadt Speyer hatte schon 1224 mit dem Bischof einen Zollvertrag geschlossen und bereits 1207 mit Worms den Anteil am Rheinverkehr geregelt. Worms war seit 858 Freihafen für das benachbarte Lorsch, dessen Schiffe auf dem Rhein häufig zu sehen waren, da das Kloster sehr viele Zollprivilegien

---

[1] Albert von Stade 1236.   [2] Löffler S. 31 A. 95.   [3] Löffler S. 32 A. 98.   [4] Kuske Nr. 239; 261f; 311.   [5] Straßburger Chronik von 1473, dazu Ammann, Elsaß S. 14f.   [6] Ammann, Elsaß S. 53.   [7] Nigellinus eleg. 1, 115ff.   [8] Löffler S. 26 A. 84.   [9] Löper Anhang 1.   [10] Löffler S. 27 A. 86.

hatte. Mainz trat im Schiffsverkehr zurück, da ein Teil der Schiffahrt nach Frankfurt abbog, aber es unterhielt weitgehende Schutz- und Geleitverträge mit Köln und Straßburg[1].

Die Fahrt durch den Rheingau bis Koblenz hat Peter Tafur wieder begeistert geschildert. Doch häuften sich jetzt die Zollstellen: für den kurpfälzischen Zoll Bacharach und Kaub, für den kurmainzischen Ehrenfels und Lahnstein, für den kurtrierischen Boppart, wo allerdings die Kölner Schiffer besondere Zollvorrechte besaßen, und Koblenz[2]. Zeitweise hatte auch das Kloster Himmerode Zollrechte auf dem Rhein in Geisenheim; von hier schickte es seine alten Klosterschiffe bis Köln, Brabant und Flandern[3]. Gegen die Erhebung unberechtigter Zölle durch den Ritter Dietrich von Katzenellenbogen auf Schloß Rheinfels hatte sich der Rheinische Städtebund 1255 mit Erfolg gewehrt. Eine große Rolle spielten hier natürlich die Weinschiffe, die in direkter Linie von Rüdesheim bis Köln seit 1419 bezeugt sind[4].

Aus Koblenz besitzen wir als verkehrsgeschichtlich einmalige Zeugnisse die Zolltarife, aus denen wir erfahren, welche Schiffe im 13. Jahrhundert an der Zollstelle anlegten; es ist ein stattlicher Katalog: Schiffe aus Zürich, Konstanz, Straßburg, Speyer, Worms, Lorsch, Mainz, Bingen, Koblenz, Bonn, Köln, Deutz, Neuß, Duisburg, Deventer, Utrecht, Tiel, Heerewaden, Nijmegen, Zaltbommel, Antwerpen, dazu vom Main Schiffe aus Würzburg, von der Mosel aus Toul, Metz und Trier, von der Maas aus Dinant, Namur, Huy und Lüttich, dazu Schiffe aus Regensburg; wie sie in den Rhein kamen, wissen wir nicht[5].

Über die Bedeutung von Köln und Deutz für die Rheinwasserstraßen braucht nicht gesprochen zu werden. Die abgebildete Karte Ammanns (Abb. 1) über den Kölner Weinhandel gibt ein anschauliches Bild auch für die Binnenwasserverbindungen der Stadt, die ihren ungeheuer wachsenden Reichtum in diesen Jahrhunderten vor allem dem Verhältnis seiner Rheinlage zu den kreuzenden Straßen dankte. Es gab nur wenige mittel- und nordeuropäische Orte von wirtschaftlicher Bedeutung, die von Köln aus nicht bequem zu Schiff zu erreichen gewesen wären, wie die Verkehrsakten bezeugen. Köln ist Umschlageplatz für Wein, Waffen, Textilien, Pelzwaren; das Stapelrecht von 1259 verbot allen Kaufleuten aus Ungarn, Böhmen, Polen, Bayern, Schwaben, Sachsen, Thüringen, Hessen, Flandern, Brabant und den Niederlanden, Köln zu umgehen. Kölns Schiffahrts- und Handelsverträge mit ziemlich allen Rheinhäfen, die Stellung der Stadt in der Hansa und seine Verbindungen nach England und den skandinavischen Ländern, sein finanzielles und sogar militärisches Ansehen sicherten der Schiffahrt Ruhe und Ungestörtheit, abgesehen von einigen Auseinandersetzungen besonders mit den Grafen von Geldern, die 1465 zu vorübergehenden Rhein- und Handelssperren führen konnten[6]. Auch für die Passagierschiffahrt war Köln ein beliebter Aufenthalts- und Ausruheplatz; Peter Tafur erzählt die ergötzliche Geschichte, daß er sich dort von den Mühen der Rheinreise im Palais einer reichen Dame, die er auf der Reise kennengelernt hatte, länger erholt habe, und entschuldigt sich damit, daß auch der prachtliebende Erzbischof von Köln die Kölner Damen nicht verachte[7].

Neuß hatte von Köln große Vorteile. Hier war die erzbischöfliche Rheinzollstation, ein bedeutender Umschlagehafen nach Holland und vor allem ein Freihafen für Klosterschiffe mit Wachs, Bier und Wein; so bezog Corvey seine Weine über Neuß und sandte seine Produkte über Neuß zu Schiff bis Trier. Zwischen Köln und Neuß hatten Schifferfamilien erbliche Rechte auf die Rheinbenutzung, die beide Städte wiederholt bestätigten[8].

Düsseldorfs Versuche, unberechtigte Zölle zu erheben, scheiterten am Widerspruch Kölns[9]. Dagegen waren Kaiserswerth und Duisburg kaiserliche Zollstationen für alle Hollandfahrer[10]. Orsay versuchte einmal ein Kölner Schiff aufzuhalten, um Zölle zu erpressen (1423), aber es hatte damit keinen Erfolg[11]. Wesel, ebenfalls ein wichtiger Handelsplatz für Hollandfahrer und immer in guten Beziehungen zu Köln, hatte direkte Verbindungen zu Straßburg, das hier einen Teil seiner Waren zur Weiterfahrt bis Reval umlud. Emmerich war eine der Zollstationen für deutsche Waren, die nach England gingen[12]; dann folgten die Geldener Zölle in Lobith und Tiel.

Regen Schiffsverkehr wiesen alle Rheinmündungsarme auf. An der Waal war Nijmegen Hauptumschlageplatz für den aus dem Norden kommenden Stockfisch[13]; Passagiere verließen hier meist das Schiff und ritten nach Flandern oder Frankreich weiter. In Dortrecht trafen Rhein-, Maas- und Überseeverkehr zusammen; um 1380 sind dort jährlich mehr als 10 000 hl Wein nach England, Skandinavien und den Ostseehäfen umgeladen worden[14]. Am Lek tritt Arnhem hervor, am Altrhein hinter der Zollstation Gein der Hafen von Utrecht und der von Leiden, Mündungshafen

---

[1] Kuske Nr. 202.   [2] Kuske Nr. 8; 954.   [3] Kuske Nr. 947.   [4] Kuske Nr. 628.   [5] Stein S. 249.
[6] Stein S. 242ff.   [7] Häbler S. 517.   [8] Kuske Nr. 246.   [9] Kuske Nr. 347.   [10] Kuske Nr. 362 u. o.
[11] Kuske Nr. 702.   [12] Kuske Nr. 584; 851; 1141.   [13] Kuske Nr. 584; 632.   [14] Ammann S. 48.

war Katwijk, von dem aus direkter Schiffsverkehr bis Straßburg nachgewiesen ist[1]. Endlich sind die Ijsselstädte Zutfen, Deventer und vor allem der Mündungshafen Kampen Umschlagepunkte und Landungsplätze ersten Ranges. Kampen ist lange Zeit der wichtigste Übergangshafen für den Rhein-Nordsee- und Rhein-Ostseeverkehr gewesen.

Auf den Nebenflüssen des Rheines begann der Binnenverkehr in der Schweiz. Vom Neuenburger See über den Bieler See ging die Schiffahrt aareabwärts bis zum Rhein; die Reuß brachte ihm

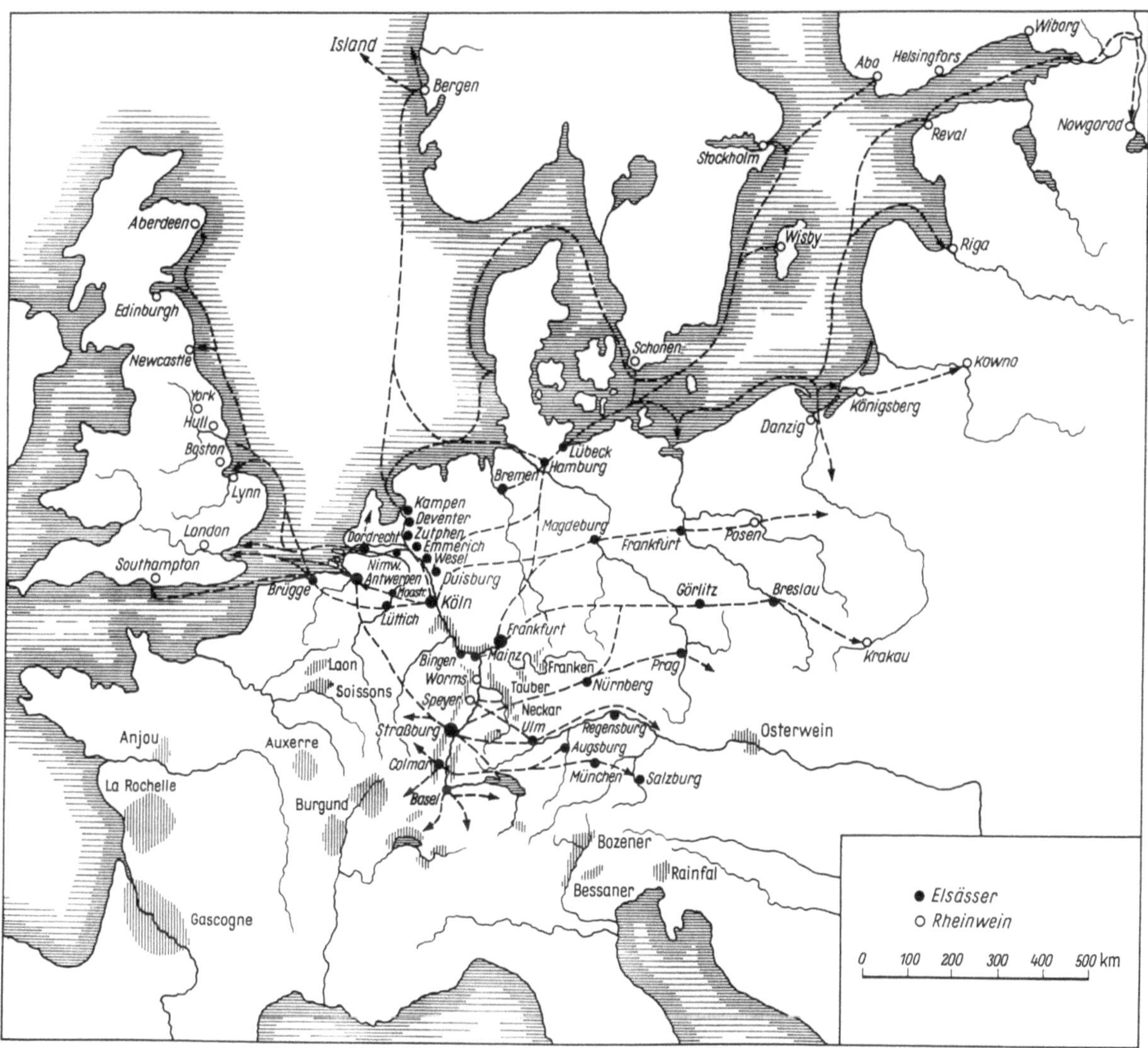

Abb. 1. Der Vertrieb von Elsässer- und Rheinwein. (Aus: H. Ammann, Von der Wirtschaftsgestaltung des Elsaß im Mittelalter. 1955.)

weitere Schiffe aus Luzern und die Limmat aus Zürich zu. Die berühmte Züricher Breitopfgeschichte spielt zwar erst im 16. Jahrhundert, aber direkter Schiffsverkehr zwischen Zürich und Straßburg ist schon in unseren Jahrhunderten nicht selten. Von den Elsässer Nebenflüssen verdient einer die besondere Beachtung der Hafenbauingenieure: am 9. Dezember 1402 beschloß der Rat von Straßburg, die Breusch zu regulieren, „daß man mit Flößen, Schiffen und andern Dingen die Brysche uffe und abe varen müge, mit Wahren und andern Dingen, die dazu nötig sind". Der Rat will dafür keine Kosten scheuen und verspricht sich davon viel Nutzen für den Verkehr zwischen Rhein und Hinterland, zumal da fleißige Orte wie Molsheim, Mutzig und Schirmeck an den Rheinverkehr angeschlossen wurden[2].

Der Neckar ist besonders von Heilbronn abwärts viel befahren worden; wir kennen direkten Verkehr von Speyer bis Heilbronn, seit 1217 Zollprivilegien für Schiffe des Klosters Schönau

---

[1] Löffler S. 26 A. 84. [2] Text: Löper Anhang 3. S. 208f.

und eine Neckarschifferzunft in Heidelberg, wo auch die Hauptzollstelle war, und wo, ebenso wie in Heilbronn, Übergang auf den Landverkehr erfolgte.

Auf dem Main war durch die Frankfurter Messen ein reger Schiffsverkehr entstanden; vom 12. bis zum 16. Jahrhundert sind die meisten Waren zur Frankfurter Messe auf dem Main herangeführt worden. Ammann hat wertvolle Einzelheiten zusammengestellt: Schiffe gingen von Frankfurt nach Straßburg und Basel im Süden, nach nahezu allen Hansahäfen im Norden; 1406 fuhren Frankfurter Weinschiffe in die Zuidersee, 1423 wurden in Frankfurt so große Weinfässer angefahren, daß die Kräne nicht in der Lage waren, sie auszuladen[1]. Oberhalb Frankfurts waren sowohl die Mainkrümmungen als auch die unabsehbare Zahl und Höhe der Zölle, gegen die die Kaiser vergeblich einzuschreiten versuchten, der Schiffahrt hinderlich. Doch war Wertheim ein größerer Umschlageplatz für die Tauber. Würzburg hatte viel Schiffsverkehr, und die Regnitz war über Bamberg Zufahrtsweg nach Nürnberg.

Auf der Mosel spielte sich ein großer Teil des Verkehrs von Lothringen nach Norden und Osten ab. Der Oberlauf hatte die französischen Märkte als Hinterland, und in Nancy und Metz gab es gute Straßenanschlüsse in der Ostwestrichtung. Trier bekam seit dem Geleitschutzversprechen Ottos IV. (1212) größere Bedeutung; Hauptzollstätten waren Toul, Konzerbrück und Pfalzel bei Trier.

Im westlichen Mitteleuropa sind die großen Binnenwasserstraßen das Rhone-Loire-System und das Rhone-Saône-Maas-System. Ausgangspunkt für den Rhoneverkehr waren im Süden Aigues Mortes, Marseille und Montpellier, die großen Umschlageplätze für alle aus dem Mittelmeer gekommenen Waren, die schon hier gegen Güter aus Flandern eingetauscht wurden. Genuesische und venetianische Schiffe, die außerdem noch Narbonne und St. Gilles anliefen, waren die Hauptzubringer, und über die Rhone wurden mit diesen Waren die Champagnemärkte beliefert, wobei nur zwei kurze Landbrücken entweder über St. Etienne oder über Chalon-sur-Saône zur Loire zu überwinden waren. Erster Knotenpunkt nach dem Rhonedelta war Beaucaire, das die Straße nach Nîmes im Westen, nach Tarascon und dem Durancetal im Osten eröffnete; hier trafen sich Griechen mit Spaniern und Deutsche mit Italienern. Der Hauptknotenpunkt des Rhonesystems war Lyon, das durch die Gründung der Märkte unter Louis XI. (1444) wirtschaftlich aufblühte. Die Rhoneschiffahrt ging zwar noch bis Genf und dem Genfer See weiter, aber der Hauptverkehr führte nordwärts über die Saône. Wenn nicht nach der Loire hin umgeladen wurde, was vor allem bei Mâcon geschah, fuhren die Schiffe den Doubs hinauf, wenigstens bis Besançon, andere folgten der Saône bis zur kürzesten Landbrücke nach der Maas und Mosel über Epinal.

An der Loire war Orléans Mittelpunkt des Binnenschiffsverkehrs. Hier traf er sich mit den Straßen nach Spanien, nach der Champagne, nach Flandern, Lothringen und Paris und zum Seineweg. Der Seeanschluß ging entweder von der Seine her über Rouen oder vor allem über La Rochelle.

Ein mitteleuropäischer Verkehrsweg ersten Ranges war schließlich die Maas, die Flandern und Brabant über den Rhoneanschluß mit dem Mittelmeer verband. Schutz und Geleit der Schiffe waren hier durch Verträge vielfach gesichert, und die Zollforderungen waren geringer als auf dem Rhein[2]. Der Hauptverkehr begann in Toul, wo Anschluß an die Mosel und an zwei wichtige Straßen vorhanden war. Verdun war Knotenpunkt für die Straße Metz—Paris, Dinant erste Zollstation für Niederlothringen, in Maastricht und Venlo kreuzten die Hauptstraßen von Köln nach Flandern und Brabant. Mündungshafen war, wie gesagt, Dortrecht, doch gingen auch unmittelbare Verbindungen zur Schelde über Antwerpen und Gent ins innere Flandern und über die Nordsee.

Von den Binnenwasserstraßen östlich des Rheins kommt der Ems nur wenig, der Weser mehr Bedeutung zu. In Höxter wurden aus Westfalen, zum Teil mit Benutzung der Ruhr und Lippe, gekommene Waren auf den Fluß hinübergeführt. Hier begannen die Klosterschiffe von Corvey ihre Fahrt. Hameln und Minden stellten die Verbindung mit den Oststraßen her. Hauptplatz war natürlich Bremen, nicht nur wegen der Seeanschlüsse, sondern auch wegen der Straßenverbindungen nach Lüneburg, Hamburg und zur Elbe.

Erst durch die Ottonen war die Elbe zu einem europäischen Verkehrsweg geworden, aber schon im 13. Jahrhundert hatte sie eine zentrale Stelle vor allem dadurch gewonnen, daß sie leicht von den andern Binnenwasserwegen Rhein, Donau und Oder her zu erreichen war.

Der Tüchtigkeit der Markgrafen von Meißen ist es zu danken, daß sich der Wasserweg nach Böhmen belebte. In Melnik und Leitmeritz wurden Schiffe aus Prag mitgenommen. Lande- und

---

[1] Ammann S. 31f. [2] Kuske Nr. 45; 542.

Zollstationen wurden Leitmeritz, Aussig, Pirna und Dresden; Meißen wurde Zubringerhafen für Leipzig. Hauptknotenpunkt und eigentlicher Verkehrsmittelpunkt des Ostens blieb aber Magdeburg; allein die weite Verbreitung des Magdeburger Rechtes bis Danzig und Budapest ist ein genügender Beweis. Bei der Behandlung der Landwege muß noch einmal darauf zurückgekommen werden.

Brandenburgische Zollstelle war Tangermünde, die Hansestadt Havelberg war Umladestation zur unteren Oder und Ostsee. Die Ilmenau brachte die Salzschiffe aus Lüneburg. Seit dem Anfang des 13. Jahrhunderts begann der unaufhaltsame Aufstieg von Hamburg, vor allem durch den Anschluß der Elbe an die Nordseewege nach Brügge und dem Niederrhein. Es verdrängte in unserer Epoche den früheren Mündungshafen Stade durch seine wesentlich kürzere Landverbindung nach Lübeck und der Ostsee.

Die Verbindung Elbe—Ostsee wurde aber auch durch den 1390 bis 1398 erbauten Elbe-Trave-Kanal hergestellt, ein für seine Zeit großartiges Werk, das vor allem Lübeck zugute kam. Zwar faßte der etwa 70 km lange, die Stecknitz benutzende Kanal nur Schiffe bis zu 37 Tonnen, ermöglichte aber den Transport von Lüneburger Salz, Getreide, Holz, Wein und Heringen und ist zwischen Lüneburg und Lübeck reichlich benutzt worden.

Von den Nebenflüssen der Elbe haben die Moldau ab Prag und die Eger Schiffahrt gehabt; von Eger ging eine Landbrücke im 13. Jahrhundert nach Bamberg und damit zum Main. Auf der Saale fuhren Salzschiffe von Halle nach Magdeburg und bis Havelberg; größter Umschlageplatz war Nienburg, wo die Nordharzstraße die Saale kreuzte, und von wo aus der Saale-Elbeverkehr rentabel wurde. Für die Erschließung Brandenburgs und die Verbindung zur Oder bekam vom 14. Jahrhundert an die Havel zunehmende Bedeutung.

Die großen Nordsüdströme Ostdeutschlands haben noch geringe Bedeutung. Aber der alte Oderweg ist benutzt worden, und der Übergang von der Oder zur Donau auf der Linie Wien—Breslau ist nachweisbar. Mit den Breslauer Märkten hob sich auch die Oderschiffahrt, Hauptumschlageplatz war Frankfurt a. d. O., das Straßenverbindung nach der Havel und nach Magdeburg hatte. Von Stettin aus, das über Havelberg mit der Elbe in Verbindung stand, ging ein großer Teil der Fischtransporte oderaufwärts.

Der uralte Weichselweg mit seinen Verbindungen über Bug und San zum Dnjester und Schwarzen Meer ist wohl mehr benutzt worden als wir wissen, nur waren die Kämpfe zwischen Polen, Litauen und dem Orden hinderlich. Aber wir kennen Schiffe von Krakau stromabwärts, wissen von Dobrschin als Umschlageplatz, von Thorn als Zollstelle und vom regen Schiffsverkehr im Ordensland mit den Haupthäfen Kulm und Danzig. Auf der Memel fuhren die Ordensritter die berühmte Kauenfahrt bis Kowno.

Endlich ist nur ganz kurz der Düna-Dnjeprweg zwischen Ostsee und Schwarzem Meer zu erwähnen, der auf der Dünalinie von Riga her, auf der Dnjeprlinie von den Schwarzmeerkolonien und -häfen der Genuesen, Venetianer und Ragusaer betrieben wurde. Doch gehört er schon nicht mehr zum mitteleuropäischen Raum.

Der einzige große West-Ostwasserweg ist natürlich die Donau, aber auch er ist von den politischen Verhältnissen abhängig gewesen, was sich vor allen darin auswirkte, daß er über Ungarn hinaus kaum mehr benutzbar war.

Ausgangspunkt der Donauschiffahrt, erste Zollstätte und Umschlageplatz zu wichtigen Nord-Südstraßen war Ulm. Donauwörth war Salzhafen für das österreichische Salz; Salzschiffe kamen mit vierzig Pferden Vorspann von Passau bis hierher, wo dann das Salz zu Lande weitertransportiert wurde[1].

Hauptknotenpunkt für den Donauverkehr war Regensburg. Hierher führte die Landbrücke zum Main und vor allem die Nürnberger Straße. Friedrich II. hatte 1219 den Nürnberger Kaufleuten auf der Donaustrecke Regensburg—Passau volle Zollfreiheit gewährt, und Regensburger Kaufleute besuchten die Würzburger Märkte seit 1227. Ob aber die seit dem 13. Jahrhundert nachweisbaren Regensburger Exporte nach Skandinavien und England über Ulm-Straßburg oder über den Main gegangen sind, wissen wir nicht; jedenfalls fuhren Regensburger Schiffe, wie wir sahen, auf dem Rhein. Nach Osten ist der Regensburger Donauverkehr durch die Privilegien Leopolds von Österreich 1192 eröffnet worden; er ging zeitweise bis Ungarn. Ob aber die im 12. Jahrhundert bestehende Handelsverbindung Regensburg-Kiew die Donau benutzte oder wenigstens vorwiegend die Straßen, ist unsicher.

Passau war der nächste wichtige Durchgangshafen mit Zollstätte, durch die um 1400 jährlich rund 100 000 hl Wein gingen[2]. Der Zolltarif beweist Umschlaghandel nach Böhmen; Tragpferde brachten Lasten aus der Gegend von Pilsen und Taus.

---

[1] Weise S. 59.   [2] Ammann S. 62.

Die erste österreichische Zollstelle mit großen Märkten war Enns, und der faktische Endpunkt des Donauverkehrs war seit 1221 Wien, das den gesamten Handel an sich ziehen wollte und daher die Schiffahrt über Wien hinaus sperrte, doch ging wohl der Passagierverkehr besonders für Auswanderer aus Westdeutschland nach Ungarn auch nach der Sperre noch weiter bis Ofen und Pest. Zoll- und Grenzhafen nach Ungarn war Hainburg.

Über Budapest hinaus haben wir in diesen Jahrhunderten keine Kenntnis mehr vom Donauverkehr, wir wissen nur, daß der Donauweg selbst für die großen Kreuzfahrerheere äußerst verlustreich, also keine übliche Straße war. Jedoch sind vom Schwarzen Meer her die Donaumündungen von Schiffen aus Venedig, Genua und Ragusa häufig aufgesucht worden, wie weit sie aber donauaufwärts gefahren sind, ist unbekannt.

Von den Nebenflüssen der Donau sind Altmühl, Inn und Enns die wichtigsten Zubringer. Die Altmühl nahm wenigstens einen Teil des Nürnberg-Regensburg-Verkehrs auf, Beilngries war Umschlageplatz. Der Inn gewann u. a. dadurch neue Bedeutung, daß viele vom Brenner kommende Reisende in Innsbruck das Schiff bestiegen und über Hall nach Passau fuhren[1].

Die Nord-Südstraßen

Das Straßenwesen ist viel komplizierter und auch sehr viel schwieriger nachzuzeichnen als die Schiffswege, da es zwar sehr viele, aber nur wenige sich als Großwege heraushebende Straßen gab, und zwar aus allen schon genannten Gründen. Schon die eigentliche mitteleuropäische Nordsüdachse zeigt viele verschiedene Möglichkeiten und Verzweigungen. Wollte man von Mittelitalien oder Venedig nach Flandern, konnte man den Weg über die Schweiz oder den über Tirol wählen, aber dazwischen gab es noch alle möglichen Variationen. Immerhin bildeten die Rheinstraßen ein gewisses Rückgrat, zumal seitdem die vier rheinischen Kurfürsten 1349 den Durchgangsverkehr auf anderen Straßen verboten und seitdem der Rheinische Städtebund für ausreichenden Schutz gesorgt hatte. Aber die ständigen Veränderungen des Rheinlaufes, die politischen Verhältnisse, die Bedürfnisse und Erzeugnisse der Anlieger ließen bald die linksrheinische, bald die rechtsrheinische Straße in den Vordergrund treten, die eine oder die andere mehr oder weniger dem Flußlauf folgen; zuweilen ändert sich das Bild in einem Jahrzehnt. Ein einigermaßen festes Gerüst gibt erst die Poststraße Kaiser Maximilians von 1490 von Innsbruck nach Mecheln, die aber die Freien Reichsstädte umging, da diese nachts den kaiserlichen durchreitenden Boten die Tore nicht öffneten.

Mit dem Rhein als allgemeiner Richtlinie sind zunächst drei Straßen zu verfolgen, die jedoch teilweise sehr weit vom Rheinufer selbst abliegen. Sie nehmen ihre Ausgangspunkte in Innsbruck, Konstanz oder Basel, je nachdem, wo von Süden her der Alpenübergang erfolgte. (Abb. 2).

Von Innsbruck aus führte der Weg nach Norden über Füssen — die Alpenstrecke ist erst später zu besprechen. Hier gab es zwei Möglichkeiten: entweder konnte man über Bern-Beuren und Spättingen nach Augsburg, dann am südlichen Donauufer über Leipheim nach Ulm reiten oder aber direkt über Kempten-Memmingen-Pless nach Ulm[2]. In Söflingen bei Ulm trafen die beiden Straßen wieder zusammen und setzten sich in der Straße über Gingen-Cannstatt nach Knittlingen fort[3]. Sie verlief nun auch weiterhin im allgemeinen wie die heutige Bundesstraße 35. Bretten war Knotenpunkt für eine Straße in der Richtung des Nagoldtales im Süden und Heilbronns im Norden; zwischen Knittlingen und Bruchsal vereinigte sie sich mit der rechtsrheinischen Uferstraße und strebte Rheinhausen zu, der Fähre für Speyer[4].

Die rechtsrheinische Uferstraße brachte den Verkehr von Zürich, Konstanz und zum Teil von Basel her. Ihr folgen in der Hauptsache die Bundesstraßen 3 und 36, besonders auf der Strecke von Freiburg bis Herbolzheim und Bühl. Dann aber bog sie in der Richtung der heutigen Straße 293 aus und führte über Graben-Philippsburg nach Rheinhausen. Ob der südliche Teil nicht zeitweise westlich des Kaiserstuhls über Breisach gegangen ist, ist nicht ganz sicher. Diese Straße galt von Speyer bis in die Schweiz als süddeutsche Reichsstraße schlechthin. Ihre drei wichtigsten Anschlüsse waren die von Offenburg über Kehl nach Straßburg, von Sinsheim über Wimpfen nach Nürnberg, die kürzeste Verbindung Nürnbergs zum Rhein, und der Anschluß an die Bergstraße im Norden.

Endlich der südliche Teil der linksrheinischen Straße. Sie vermied die sumpfigen Rheinniederungen und weiten Rheinschleifen und hielt sich ungefähr in der Mitte zwischen Strom und Gebirge. Sie war weniger belebt als die rechtsrheinische, diente aber dem Verkehr des Elsaß.

---

[1] Codogno S. 132 ff.   [2] l'Herba Stationen 58—69.   [3] l'Herba Stationen 69—75.   [4] l'Herba Stationen 75 f.

Von Basel bis Mülhausen verlief sie etwa wie die heutige französische Straße 66, dann führte sie unmittelbar über Kolmar nach Schlettstadt und mit nicht ganz sicherem, wohl auch wechselndem Verlauf nach Straßburg.

Straßburg war der große Knotenpunkt zu allen süddeutschen Ostwestverbindungen, zugleich Anschlußstelle an die Rheinschiffahrt und die elsässischen Nebenflüsse. Die berühmte Rheinbrücke mit dem Privileg König Wenzels von 1393, ,,dieselbe Brucke dem Riche und dem Lande

Abb. 2. Bayerische Verkehrskarte von 1490. Aus: A. Korzendorfer, Bayerischer Verkehrsgeschichtsatlas 1931.

Nutz ist", mußte die Stadt erhalten, aber sie war auch als großes westöstliches Bindeglied eine gute Einnahmequelle durch hohe Brückenzölle[1]. Nach Osten führten nicht nur die genannte Straße nach Ulm, sondern auch Straßen nach Pforzheim und dem Schwarzwald, nach Westen vor allem die Straße über die Zaberner Steige. Die viel gerühmten guten Wirtshäuser der Stadt trugen der Lage durchaus Rechnung.

Die linksrheinische Straße bog dann zunächst weiter vom Rhein ab und ging über Hagenau-Weissenburg-Landau nach Speyer, hatte aber wegen des Hagenauer Forstes nur wenig Verkehr.

Ging bis Rheinhausen der Hauptverkehr rechtsrheinisch, so wechselte er dort meist auf das linksrheinische Ufer über. Das gab der berühmten Fähre von Rheinhausen, deren Fährmeister wir z. T. sogar namentlich kennen und die sich als Kuriosum bis heute erhalten hat und schon einige Rheinbrücken überstand, ihre internationale Bedeutung. Zwar ging auch die rechtsrheinische Straße sogar über aufgeschüttete Erddämme weiter mit Anschlüssen nach Heidelberg und der Neckarstraße und setzte sich in der Bergstraße fort. Aber abgesehen davon, daß die wichtigsten

___
[1] Löper Anhang 2 S. 207.

Städte links des Rheines lagen, hatte die Bergstraße, die bis zum Beginn unserer Zeit als via regia die Hauptrolle gespielt hatte, einen sehr schlechten Ruf bekommen, da vor allem die Odenwaldstrecke zu den unsichersten Straßen in Deutschland gehörte. Außerdem ging der Verkehr nach Frankfurt in der Hauptsache den Wasserweg.

Die linksrheinische Straße verlief weiter über Maudach und Bobenheim[1], also etwa wie die Bundesstraße 9, und gelangte nach Worms. Hier kreuzte eine Straße nach Ladenburg und zum Neckar. Die 46 km von Rheinhausen nach Worms ritt der Fährmeister von Rheinhausen 1495 in einem Tag, machte es sich also sehr bequem.

Von Worms aus gab es mehrere Möglichkeiten. Entweder man folgte der Straße längs des Stromes über Oppenheim—Mainz—Bingen—Andernach—Köln. Dann hatte man in Mainz Anschluß an die Mainstraße nach Frankfurt und an die der späteren Kaiserstraße zugrundeliegende Verbindung

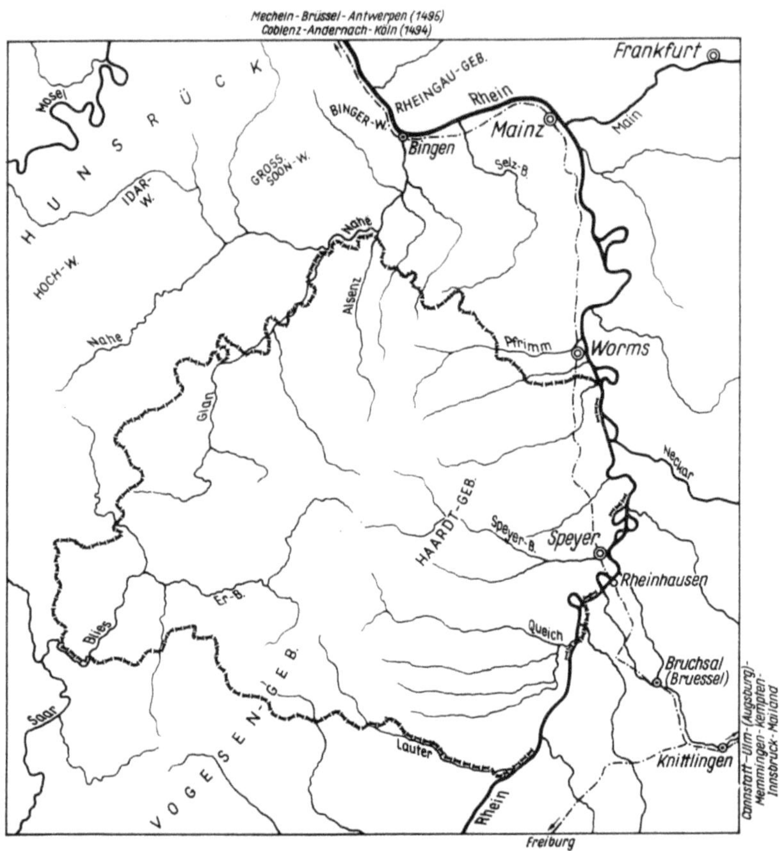

Abb. 3. Der mittlere Teil der Rheinstraße im 15. Jahrhundert. Aus: Pfälzischer Geschichtsatlas. 1935.

nach Frankreich. Oder aber man umging Mainz und das enge Rheintal und schnitt wesentlich ab, indem man den Nibelungenweg über Flomborn, Alzey-Wöllstein nach Kreuznach wählte. Von da überschritt man die Nahe auf der alten Nahebrücke und kam durch den Hunsrück über Rheinböllen und bei Hatzenport an die Mosel. Nun gab es wieder zwei Möglichkeiten. Man konnte am Eifelrand entlang über Bittburg ins Maastal hinab nach Namur, Huy oder Lüttich kommen. Die direkte Hunsrückstraße von Wöllstein nach Lieser ist erst in der zweiten Hälfte des 16. Jahrhunderts nachzuweisen, kommt also für unsere Epoche nicht in Frage. Oder aber man zog von Hatzenport irgendwie über die Eifel und entweder westlich über Eschweiler in die Niederlande oder östlich nach Köln, sofern man nicht moselabwärts zur linken Rheinstraße ritt (Abb. 3).

Von Köln aus ging der Hauptweg nach Flandern für die meisten Reisenden, die von Basel, Konstanz und überhaupt von Süden herkamen. Die Hauptstraße führte über Maastrich nach Mecheln und teilte sich in einen südlichen Zweig nach Brüssel, einen mittleren nach Gent und Brügge und einen nördlichen nach Antwerpen. Zwischen Köln und Maastricht verlief sie über

---

[1] l'Herba Stationen 78f.

Düren—Aachen—Gülpen[1], entsprach also etwa der Eisenbahn oder der Bundesstraße 264. Von Brügge, dessen Märkte zu den großartigsten des 14. Jahrhunderts gehörten, war durch den Seekanal, der mit einfachen Schleusen reguliert worden war, hervorragender Seeanschluß; Tafur nennt die Stadt großartiger als Venedig und erzählt, vermutlich übertreibend, daß an einem Tag 700 Schiffe ausliefen. Er ritt von hier die Straße über Lille nach Arras, die bis Amiens führte und erzählt wieder eine amüsante Geschichte: Da er auf dieser Straße für sich und seine Begleiter keinen Wein habe bekommen können, seien sie in einem Nonnenkloster eingekehrt, wo sie „sehr lustig empfangen" worden seien, sehr viel Wein erhalten hätten und die Äbtissin sie gar nicht habe wieder fortlassen wollen. Um Lille bewunderte er die Windmühlen, die Torfstiche, das gute Bier, in Arras aber auch die schönen Gobelins.

An der mittleren Straße war Brüssel Verkehrsmittelpunkt. Für die Habsburger galt es als genaue Mitte der Strecke Neapel—Madrid; die älteste kaiserliche Kurierpostlinie hatte hier eine ihrer wichtigsten Poststationen.

Die Straße Mecheln—Antwerpen wurde im 15. Jahrhundert einmal durch die wachsenden Märkte von Antwerpen, dann aber auch durch den seit 1444 stark anwachsenden Schiffverkehr von Antwerpen nach den Ostseeländern von zunehmender Bedeutung.

Die Straßen von Köln nach den Niederlanden liefen entweder über Jülich—Venlo[2] oder über Geldern—Kleve nach Nijmegen oder Herzogenbusch[3], doch konnten sie sich mit den Wasserwegen in keiner Weise vergleichen.

Dieses ganze Straßensystem war für den mitteleuropäischen Nord-Süd-Verkehr das Wichtigste, es stand aber durch beständige Querverbindungen in reger Beziehung zu dem französischen Nord-Süd-System. Dessen westliche Linie ging von Perpignan über Toulouse mit Anschluß zur Biscaya nach Nordspanien und Portugal nach Nordwesten. In Bordeaux überschritt man auf einer berühmten Brücke die Garonne, reiste weiter über Angoulême nach Tours mit Anschluß nach Nantes, dann nach Orléans—Paris—Rouen oder nach Flandern über Amiens oder St. Quentin. Im einzelnen kreuzte in Angoulême die wichtige Ostwestverbindung La Rochelle—Limoges; zwischen Tours und Orléans folgte die Straße der Loire über Blois. Sehr sicher war sie nicht; zwischen St. Quentin und Paris wurden 1385 Kölner Kaufleute, die über Aachen—Namur gekommen waren und über Paris reisen wollten, mit drei Wagen und acht Pferden überfallen und beraubt[4]. Eine viel benutzte Abkürzung war die Strecke von Bordeaux über Limoges nach Bourges und zur Loire, dann weiter nach der Champagne, Troyes, Bar-sur-Aube, Lagny-sur-Marne, und schließlich nach Nancy und Metz und damit zum Anschluß an das Maas- und Rheinstraßensystem.

Die Rhonestraße, soweit sie noch nicht mit ihren Anschlüssen besprochen ist, folgte noch vielfach den alten Römerstraßen auf beiden Seiten der Rhone. Die wichtigere verlief östlich und entsprach etwa der heutigen Eisenbahnlinie von Marseille nach Lyon. Aber der Aufschwung von Nîmes seit der Privilegierung durch Philipp den Kühnen 1278 hatte auch eine stärkere Betonung des westlichen Rhoneufers im Gefolge.

Hauptknotenpunkt war Lyon. Hier zweigte die Straße nach Genf und dem Jura ab, die Nordstraße aber teilte sich. Der weniger benutzte Zweig ging am Gebirgsrande entlang nach Besançon und durch das Doubstal zur Burgundischen Pforte, aber diese Linie zum Rhein trat hinter den Vogesenpässen zurück, die schon anfangs des 13. Jahrhunderts den Hauptverkehr zwischen dem Westen nach Straßburg vermittelten.

Die Hauptstraße verlief westlich der Saône nach Chalon s. S. mit im 14. Jahrhundert vielbesuchten Märkten, dann weiter bis Epinal, wo der Paß von Schlettstadt her einmündete, und schließlich nach Nancy, der Einmündungsstelle der Zaberner Steige. Schon Mitte des 15. Jahrhunderts gab es wöchentlichen und regelmäßigen Rollwagenverkehr von Straßburg bis Zabern, der pro Person oder pro Zentner Fracht 10 Pfennige für die ganze Strecke kostete[5]. Über Metz ging die Straße weiter ins Moseltal oder nach Luxemburg.

Östlich des Rheinsystems gab es in dieser Zeit keine eigentliche große durchgehende mitteleuropäische Nordsüdachse. Zu nennen ist immerhin die Straße Frankfurt a. M.—Gelnhausen—Fulda—Hersfeld—Kassel—Münden—Hildesheim—Hamburg—Lübeck. Wichtiger war die südwestlich-nordöstliche Verbindung, die zunächst etwa in der Richtung der Bundesstraße 300 und 16 folgte. Sie ging von Augsburg über Vaithofen—Obersaal nach Regensburg. Hier überschritt sie die Donau auf der berühmten, aber von den Schiffern wegen ihrer engen Bogen gefürchteten Brücke, benutzte das Regental, ging über Bruck und den Böhmerwaldpaß bei Waldmünchen nach Pilsen, dann durch eine sehr gefürchtete Waldstrecke nach Prag über Rokycany[6].

---

[1] Kuske Nr. 853; 1255. [2] Ohmann Beilage 4. [3] Kuske Nr. 182; 211; 269.
[4] Kuske Nr. 206. [5] Löper S. 35. [6] Codogno S. 132ff.

Der Bundesstraße 37 entsprach etwa eine Straße nach Donauwörth, die hier auf der bis 1220 zurückgehenden Holzbrücke die Donau überschritt und durch die Fränkische Alb nach Nürnberg weiterführte.

Am meisten benutzt wurde aber wohl die Tauberstraße von Donauwörth über Nördlingen und Dinkelsbühl nach Mergentheim und Tauberbischofsheim. Dies war Knotenpunkt nach Nürnberg im Osten, nach dem Rhein-Main-System im Westen und nach Würzburg im Norden.

Weiter im Osten stehen folgende Verbindungen fest: Iglau—Prag—Pirna, die sächsische Hauptzollstätte, — Freiberg—Leipzig—Halle—Magdeburg. Die Straße hatte viel Salzverkehr und umging die Elbniederungen. Ferner kennen wir ungefähr die Straße von Prag über Melnik und die Rumburger Pässe nach „einer Stadt des Markgrafen von Meißen", vermutlich Zittau, nach Görlitz und Breslau. Endlich bestand von Wien aus an der ungarisch-mährischen Grenze entlang eine Verbindung nach Krakau und Breslau, aber der zwölftägige Ritt galt besonders im Winter als fast unmöglich.

Im weiteren Osten Europas wurden die alten, keineswegs gut bekannten Bernsteinwege noch benutzt, erhielten aber in Kiew einen neuen Knotenpunkt. Die Verbindung Kiew—Konstantinopel haben die Palaiologen in jeder Weise gefördert; von Kiew ging die Straße dann nach Norden weiter über den Wolchowweg nach Nowgorod. Zahlreiche Querverbindungen nach Bessarabien, der Ukraine und Polen waren vorhanden.

Die Alpenpässe

Die Geschichte der Alpenübergänge in dieser Epoche ist durch die Forschungen P. H. Scheffels im wesentlichen geschrieben worden, und wir werden uns in der Hauptsache daran halten, jedoch nur die wichtigsten berücksichtigen.

Im Westen war die alte Römerstraße von Genua nach Marseille am Meere entlang verlassen worden, die mittelalterliche Straße lief ungefähr in der Linie der heutigen mittleren Corniche. Sie blieb bis kurz vor Nizza auf genuesischem Gebiet, ging dann über Cannes den Argent aufwärts, dann zur Durance hinab und von da zur Rhone. Auf dieser Straße floh 1244 Innozenz IV. von Genua bis Lyon.

Der erste westliche Alpenpaß des Mittelalters, der den Mont Genèvre der Römer verdrängt hatte, war der Mont Cenis. Der alte Weg wurde nur noch bis Briançon benutzt, da die Durance für den Weg nach Norden zu unpraktisch war. Dagegen entsprach der Mont Cenis ideal den Anforderungen einer mitteleuropäischen Hauptverkehrsader, noch heute folgt die Mont-Cenis-Bahn zu einem großen Teil der mittelalterlichen Straße. Der Italienverkehr sammelte sich von allen Seiten her in Alessandria, das ebenso wie das auf dem Wege folgende Asti seinen Aufschwung dem Passe verdankte. Man überschritt den Po bei Turin und zog das bequeme Tal der Dora Riparia aufwärts. Susa war Rastplatz vor dem letzten Aufstieg und beliebter Treffpunkt der Reisenden aus allen Ländern. Der Abstieg ging ins Tal der Arc bis zur Isère und dann entweder über Grenoble ins Rhonetal oder durch Savoyen über Chambéry und am Lac du Bourget entlang zur Rhone, dann entweder nach Lyon oder über Bourg nach Chalon.[1] Diese Straße war nicht nur die beste Verbindung zwischen dem westlichen Italien und den flandrischen und niederländischen Märkten und Häfen, sie war auch die Straße vieler Kaiser, Touristen und Pilger. Heinrich IV., Barbarossa und noch Heinrich VII. sind sie gezogen, und in den Reiseberichten ist sie oft beschrieben.

Der Mont-Cenis-Weg hatte auch den Kleinen St. Bernhard überflüssig gemacht. Dagegen verband der Große St. Bernhard trotz seiner Paßhöhe von fast 2500 Metern Italien sehr günstig mit dem westlichen und nordwestlichen Europa. Italienische Ausgangspunkte waren Piacenza und Pavia. Die Straße folgte der Dora Baltia und stieg von Ivrea durch die engen Schluchten bei Châtillon bis Aosta. Hier begann der mühseligste Teil des Aufstiegs über Etroubles, St. Remy und St. Pierre, alles Orte mit Hospizen und Unterkunftsstätten für die zahlreichen Reisenden und Pferdetransporte. Der Abstieg ins Wallis erfolgte über Bourg, dann rechts der Rhone nach Aigle, und man kam bei Villeneuve, einer wichtigen Zollstation, an den Genfer See.[2]

Der Simplon ist nicht vor der ersten Hälfte des 13. Jahrhunderts benutzt worden, dann interessierte sich Mailand für ihn. 1254 ist eine Reise von Rouen nach Mailand über den Simplon bezeugt, doch ist das Hospiz früher erbaut. Günstigster Ausgangspunkt in Italien war Pavia und die Straße längs des Ticino und westlich des Lago Maggiore. Der Aufstieg benutzte das

---

[1] Codogno S. 122ff; 146; Ohmann S. 267; Scheffel S. 175ff.   [2] Scheffel S. 179.

Tossatal bis Domodossola, stieg dann auf sehr schwierigem Weg bis zur Paßhöhe von über 2000 Meter, der Abstieg führte nach Brieg im Oberen Wallis und folgte dann der Rhone über Sitten bis zum Genfer See. Die Straße ist nicht sehr viel benutzt worden, hat aber 1331 wenigstens einmal als kaiserlicher Weg von Luxemburg nach Pavia gedient[1].

Um 1300 wurde auch der direkte Übergang vom Oberen Rhonetal nach Bern über den Gemmi, dessen Hospiz 1318 erbaut ist, erschlossen. Eine internationale Bedeutung bekam diese Straße aber ebensowenig wie die Grimsel, doch gehörte zu den ersten berühmten Reisenden, die durch das obere Rhonetal über die Grimsel nach Luzern zogen, der Buchdrucker Thomas Platter.

Der Gotthard spielte fast keine Rolle, obwohl seit 1231 nachweisbar ein schlechter Saumpfad über ihn führte; im 14. Jahrhundert haben ihn einige Züricher Kaufleute neben anderen Pässen benutzt[2].

Der Hauptpaß des Spätmittelalters war der Septimer. Ausgangspunkt war Como; über die Seestraße wurde schon gesprochen, doch fuhr man auch zu Schiff über den See. Die Paßstraße führte von Chiavenna durchs Bergell und dann durch nicht ganz leicht zu überwindende Steigungen und Senkungen über die Lenzerheide nach Chur und von dort ohne Mühe das Rheintal abwärts zum Bodensee. Schon im 9. Jahrhundert war der Septimer der Lieblingspaß der deutschen Italienfahrer; seit dem 13. Jahrhundert war er im Gegensatz zu den meisten Alpenpässen befahrbar. Auf der schwierigsten Strecke von Castasegna bis Bivio hatte er sogar einen Belag aus Plattenpflaster[3]. Heute ist er durch den Maloja und Julier völlig verdrängt.

Von Chiavenna zog man auch unmittelbar nordwärts über den Splügen durch Schams und die Via Mala nach Chur. Von Chur aus sind im 13. Jahrhundert der Julier und die Albula gangbar gemacht worden, haben aber wenig Verkehr an sich gezogen. Hinderlich für alle durchs Bergell führenden Wege waren die unsicheren Verhältnisse und die zahlreichen Zollstationen.

Eine viel benutzte, dann lange vergessene und erst heute wieder durch die Autostraße nach dem Stilfser Joch bekannt gewordene Paßstraße des Spätmittelalters ist die über das Wormser Joch. Sie führte von Mailand am östlichen Comer Seeufer entlang durch das Veltlin und das Addatal aufwärts nach Bormio, Zwischenstationen waren San Pietro und Tirano[4]. Der Steilaufstieg von 1224 bis über 2500 Meter führte über die Stationen Scale-san-Giacomo und Desradont. Der Abstieg nach dem Vintschgau ging nach Mals, hier war Anschluß nach Meran und dem Osten oder nach der Reschenscheideck und über das Engadin und Landeck nach Norden.

Die Reschenscheideck hat durch diesen doppelten Anschluß die Bedeutung einer der großen internationalen Straßen gewonnen und als „obere Straße" einen guten Ruf erlangt; auch heute ist sie eine der beliebtesten Autostraßen. Der Aufstieg erfolgte durchs obere Etschtal von Mals aus, der Abstieg ins Inntal über Nauders, das neben Pfunds Zollstelle war, und über Prutz nach Landeck; der Paß hat nur eine Höhe von 1500 Metern[5]. Von hier konnte man über den Arlberg nach Bludenz und zum Bodensee kommen, doch geschah das selten und nicht viel vor 1400, denn der Hauptverkehr ging über den Fernpaß weiter.

Erst der moderne Autoverkehr hat dem Fernpaß die Bedeutung wiedergegeben, die er im Spätmittelalter hatte. Er war eines der wichtigsten Bindeglieder zwischen Nord und Süd überhaupt. Schon in Schluders trafen sich die von der Reschenscheideck kommenden Reisenden mit den von Meran her aus Südtirol kommenden, in Nauders stießen die aus dem Engadin kommenden hinzu und in Imst oder Nassereit kamen auch noch die von Innsbruck und der Brennerstraße nach Norden ziehenden vielfach auf die Fernpaßstraße; ihr Weg ging über Telfs, also wie die heutige Straße 1 oder 189[6]. Imst war der große Umladeplatz für Waren venetianischer Kaufleute an schwäbische und bayerische Fuhrleute. Durch die Ehrenberger Klause ging die Straße nach Lermos und über Reutte nach Füssen.

Dies war, wie gesagt, die Hauptverbindung von Meran nach dem Norden, doch wurde seit dem Beginn des 13. Jahrhunderts auch das Passeiertal und der Jauffen mit dem Abstieg nach Sterzing benutzt, allerdings mehr für Tiroler Weintransporte als für Durchgangsverkehr.

Die Bedeutung des Brenners ist trotz einiger schwieriger Stellen immer die gleiche geblieben, und zwar sowohl wegen seiner niedrigen Paßhöhe als auch wegen seiner günstigen Verkehrslage zu Venedig, den mittelitalienischen und fast allen süddeutschen Städten. Bis Rovereto kam man entweder durch die Berner Klause von Verona her oder man umging sie von Mantua her auf dem allerdings schwierigen Gardaseeweg. In Trient war die Sprachgrenze, und Fabri ist schon tief erschüttert über die schweren Sprachenkämpfe zwischen der deutschen und welschen Bevölkerung. Über St. Michele und Egna ging es nach Bozen, das seit 1202 Knotenpunkt nach Meran

[1] Scheffel S. 27.   [2] Ammann, Schweiz. Schultesfestschrift 113. 131.   [3] Scheffel S. 206 ff.
[4] Ohmann Beilagen 5—9, S. 319—325; dazu Text S. 127.   [5] Ohmann Beilage 6.   [6] Ohmann Beilage 3 S. 317

und dem Fernpaß war. In Bozen tadelt Fabri das lasterhafte Volk, lobt aber die sehr gute Straße von Bozen bis Brixen, die der Herzog Sigismund von Tirol (1446—1496) mit Geschützpulver ausgesprengt hatte. Sie verlief aber nicht wie die heutige Bahnlinie, sondern ging über den Ritten. Brixen war Knotenpunkt für das Pustertal und die Verbindung nach Villach—Graz—Wien, auch nach Venedig über die Dolomitenstraße. In Sterzing war seit 1254 eine Niederlassung des Deutschordens mit großem Hospital für die Reisenden. Der Abstieg erfolgte über Matrei und Kloster Wilten nach Innsbruck.

Innsbruck war auch abgesehen davon, daß hier die Innschiffahrt begann, Hauptknotenpunkt. Man konnte entweder nach dem Fernpaß weiterziehen oder den Scharnitzpaß über Zirl, Seefeld, Mittenwald, Partenkirchen benutzen, die kürzeste Verbindung nach Augsburg. Man konnte aber auch unmittelbar nach Reutte gehen und hier Anschluß nach Memmingen—Ulm finden. Man bevorzugte diese Straßen vor dem Inntal, da dies einen zu großen Bogen machte und zu viele Zollstationen, nämlich Hall, Schwaz, Rattenberg und Kufstein hatte, so daß es sich nur für den Verkehr nach Regensburg rentierte[1].

In Wörgl zweigte die „Kaserstraße" nach Salzburg ab, sie ging über Lofer und Schneizelreit, doch gab es auch eine südlichere Verbindung über St. Johann, die schon hinter Schwaz die Innstraße verließ und das Zillertal benutzte[2].

Die wichtigste Ost-Westverbindung in den Alpen war die Pustertalstraße, die wie gesagt in Brixen die Brennerstraße verließ. Sie hat aber auch eine traurige Erinnerung hinterlassen: auf ihr wurde 1348 die große Pest eingeschleppt. Die Straße ging über Bruneck nach Toblach und stieß in Lienz auf die Draustraße.

Von den Ostalpenstraßen war die Pontebbastraße ein internationaler Weg. Sie begann in Udine mit Anschluß von Venedig und Görz, verlief etwa wie die heutige Straße über Gemona— Chiusaforte—Pontebba nach Tarvis und stieg hinab nach Villach. Von Görz nach Tarvis bestand direkte Verbindung über die „Canalestraße", die heutige Isonzostraße. In diesen Gegenden war das Reisen durch die Dreisprachigkeit der Bevölkerung sehr erschwert.

Von Villach aus hätte nur noch die Straße nach Wien größere Bedeutung, sie verlief über St. Veit-Friesach ins Murtal, dann über Knittelfeld—Leoben—Bruck ins Mürztal, über den Semmering nach Wiener Neustadt und Wien. Es ist die Straße, die Walther von der Vogelweide 1217 zog.

Die West-Ostverbindungen

Der wichtigste europäische West-Ostverkehr ging seit dem Aufblühen der Hansa über die ganz oder teilweise befahrene Seelinie Flandern—Nordsee—Ostsee. In diesen Seeweg mündeten schließlich alle Süd-Nordstraßen und südnördlichen Binnenwasserwege ein. Die Gesamtausdehnung reichte etwa von Bordeaux und La Rochelle bis Reval.; doch ist seit dem 14. Jahrhundert im Westen auch der Verkehr weiter bis Lissabon und durch die Straße von Gibraltar nach Genua und Venedig angeschlossen. Wichtigste in diesen Jahrhunderten nachweisbare Verbindungen sind u. a. Antwerpen-Riga mit Waren aus Köln auf Kölner Schiffen, Kampen-Hamburg-Lübeck (dieses Stück meist über Land)—Danzig-Königsberg-Riga-Reval, Kampen-Wisby-Stockholm-Turku. Seit 1227 nach Überwindung der dänischen Ostseeherrschaft bildete Lübeck den Mittel- und Hauptknotenpunkt. Es lag in der Mitte zwischen London und Riga, hatte durch die gute Land-Seebrücke Fehmarn-Schweden besten Anschluß nach Skandinavien, stand mit allen Straßen nach dem Süden in guten Verbindungen, — schon 1410 hat ein Lübecker Bankier eine ständige Zweigniederlassung in Basel; und die Verbindungen der Lübecker Kaufmannschaft nach Frankfurt, die Kopper ausgezeichnet untersucht hat, rissen nie ab. Die Einflüsse der Stadt im Osten lassen sich nur mit denen Magdeburgs vergleichen, die Zollrolle beweist schon 1227, daß der Hafen von Schiffen aller Nationen aufgesucht wurde.

Alle anderen Häfen dieser Ostwestlinie haben ebenso mehr oder weniger gute Verbindungen zu den mitteleuropäischen Straßen- und Binnenwassersystemen: die französischen, flandrischen und niederländischen nach Rhein, Rhone und England, den westdeutschen und französischen Nordsüdstraßen und den westlichen Alpenübergängen, Bremen nach dem gesamten Rheinsystem, Hamburg nach Elbe und Rhein, Danzig nach der Weichsel und in die Ordensländer, Königsberg nach Litauen, Riga über Nowgorod bis Kiew und Reval nach Finnland.

Von den Straßenverbindungen zwischen West und Ost ist im Norden zunächst die von Köln über Osnabrück-Bremen-Hamburg nach Lübeck zu nennen, die Napoleon wieder erneuert hat und die heute noch zum großen Teil verwendet wird. Es folgt die große norddeutsche Durchgangs-

---

[1] l'Herba Stationen 33—52; Codogno S. 132ff.   [2] Ohmann S. 142.

linie, die aber anders verläuft als der heutige Hauptverkehr: Köln-Dortmund-Soest-Goslar-
Halberstadt-Magdeburg-Frankfurt a. d. O.-Posen. Die Nord-Südanschlüsse waren auf der ganzen
Linie zahlreich, und die nördliche Umgehung des Harzes nicht unbequem. Kaufleute, die von
Goslar oder über Goslar aus dem Osten auf dieser Straße gekommen waren, erhielten in Köln
schon 1203 große Privilegien: „Si vero de Goslaria vel undecumque trans Renum (sic) Coloniam
venerint, si cuprum vel quicquid aliud afferant onera sua vendentes vel ibidem debonentes (sic),
nihil dabunt“[1]. Man sieht, daß auf dieser Straße besonders die Harzer Kupfertransporte zogen,
die über Köln weiter nach Huy und Lüttich umgeladen wurden oder auch zu Schiff nach Niederrhein und Maas bis Dinant gingen, wie schon die Kölner Zollordnung von 1203 beweist. Kaiserliche Zollstellen der Straße waren Dortmund und Goslar.

Eine belebte Verbindung zwischen Köln und Sachsen, die im 14. und 15. Jahrhundert rasch
aufblühte, ging durch Nordthüringen über Eisenach-Erfurt mit einer berühmten Brücke über
die Gera und über Weimar entweder nach Leipzig oder, der ältere Weg, über Weida nach dem
Erzgebirge. Dies war der Haupttransportweg für die erzgebirgischen Metalle, soweit sie nicht
die oben genannte Linie über Freiberg gingen. Nach Eisenach führte auch noch eine alte, viel-
benutzte Straße von Köln oder Koblenz aus nördlich der Lahn über Herborn—Alsfeld und Berka.
Nach Osten führte von Eisenach aus überdies die alte Gebirgsstraße des Rennstieges über Ruhla
ins Saaletal, in unserer Epoche eine die großen Zollstationen vermeidende Ost-Westverbindung,
besonders für Erz- und Holztransporte, heute nur noch den wenigen nachgebliebenen Fußwanderern
bekannt.

Die eigentliche „Sachsenstraße“, die in ottonische Zeit zurückgeht, verlief südlich von Rhön
und Thüringer Wald. Als Ausgangspunkt gilt meist Bruchsal, wo viele Anschlüsse zusammen-
liefen. Die Straße stimmt ungefähr mit der Bundesstraße 221 und 27 überein und führt über
Sinsheim-Neckarelz-Mosbach bis Würzburg; die Strecke hinter Mosbach wurde verschieden
gewählt. Weniger benutzt wurde bis Würzburg die Odenwaldstraße von Frankfurt-Darmstadt-
Hering-Mömlingen (heute unbenutzt) ins Maintal, die alte „Birkenhainer Straße“ über Hanau-
Gemünden und die Spessart-Straße über Rohrbrunn—Remlingen nach Würzburg (etwa Bundesstraße 8). Diese Straßen waren vielen zu unsicher, erforderten großes und teures Geleit und
hatten außerdem noch sehr viele Zollstellen. Von Würzburg ging der Hauptverkehr über Schwein-
furt nach Hof, wo der Verkehr von Nürnberg einmündete, und durch das Vogtland nord- und
nordostwärts weiter.

Von den süddeutschen West-Ostlinien ist eine der wichtigsten die anfangs der Bundesstraße 28
entsprechende Straße von Straßburg nach Oberkirch. Von hier an über Freudenstadt bis Dorn-
stetten hatte Eberhard der Greiner 1464 die Straße „geräumt und sauber gehalten“[2]. Sie führte
über Stuttgart auf mehreren Linien nach dem Osten weiter. Überhaupt sind die Kreuz- und Querverbindungen kleinerer Art in Süddeutschland so zahlreich, daß sie hier übergangen werden
müssen. Erwähnt sei nur noch die Zubringerstraße zur Donau von Ladenburg am Neckar über
Wiesloch—Sinsheim—Wimpfen—Nassenfels nach Pförring mit guten Anschlüssen nach den
süddeutschen Städten. Nur kleine Teile von ihr sind heute noch in Gebrauch.

Die östlichen Anschlußstrecken an die mitteldeutschen West-Oststraßen sind zunächst im
Norden die Straßen von Angermünde über Pyritz und Bütow nach der Marienburg, für den
Orden gleich wichtig wie für die Hansa. Südlich davon war die von Korzendorfer erschlossene
Straße Leipzig—Görlitz—Liegnitz—Breslau—Krakau die Hauptader[3] mit Anschluß nach Posen
und Frankfurt a. d. O. Sie wurde vor allem von den Kaufleuten aus Süddeutschland, besonders
aus Nürnberg, benutzt. Im Süden war dann noch die alte Straße des Nibelungenliedes Passau—
Enns—Pöchlarn—Melk—Mautern—Tulln—Wien eine der wichtigsten Straßenverbindungen nördlich der Alpen. Tafur, der von Norden gekommen war, ritt noch drei Tage über Wien hinaus
nach Laxenburg und Budapest, das er nicht so sauber fand wie die deutschen Städte. Endlich
noch ein Wort über die Horizontalverbindungen nach dem Westen, soweit sie nicht schon in
anderm Zusammenhang genannt sind. Als Beispiel genügt die Straße, auf der Herr Künig von
Einsiedeln in der Schweiz nach Santiago de Compostella in Spanien gereist ist, und die auf der
beigegebenen Karte nach Korzendorfer etwas vereinfacht wiedergegeben ist (Abb. 4). Der Weg
umgeht die Alpen, führt über Bern—Fribourg nach Lausanne, dann am See entlang und auf der
schon beschriebenen Straße ins Isèretal bis Valence, folgt der Rhone, biegt aber bei Bagnoles nach
Aigues Mortes ab. Es gab auch noch eine andere Route, die von Lausanne aus nördlich bei Lyon
über die Rhone ging und über Limoges auf Bordeaux stieß. Beide Straßen trafen sich westlich
von Bayonne, wohin die Südstraße über Toulouse gelangte. Der Pyrenäenübergang erfolgte im

---

[1] Kuske Nr. 8. [2] Löffler S. 38 Anmerkung 118.
[3] A. Korzendorfer, Ein Briefbund aus dem Jahre 1444. Archiv für Postgeschichte in Bayern 1928. S. 99ff.

äußersten Westen über Pamplona; in Logrono überschritt man den Ebro auf einer Brücke, in Burgos zweigte die Hauptstraße nach Madrid ab[1]. Den Rückweg nahm Herr Künig auf der französischen Süd-Nordstraße über Orléans—Paris nach Amiens und zog von dort über Brüssel nach Aachen.

Ein vollständiges Bild der spätmittelalterlichen Verkehrswege zu geben, ist unmöglich. Die einfachen Verkehrsmittel — war doch selbst der Fahrverkehr noch selten, und stellten Reiter, Tragtiere und Fußgänger die Hauptmasse der Verkehrsteilnehmer — ermöglichten die Benutzung

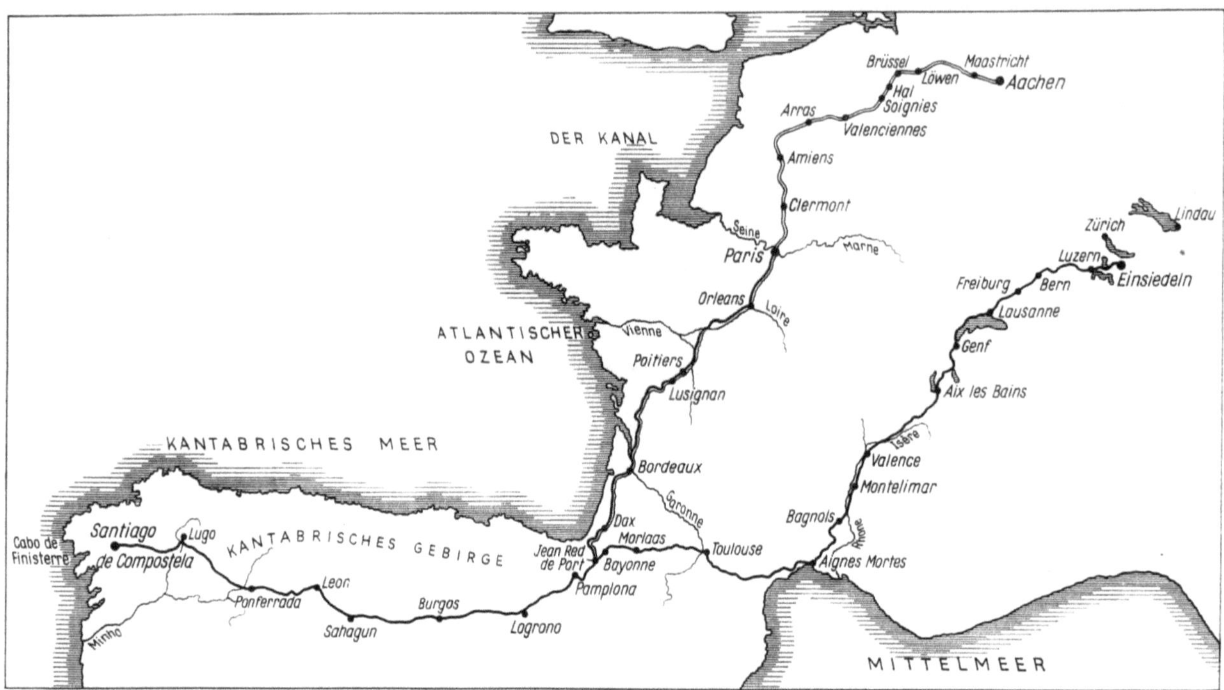

Abb. 4. Die Wallfahrt des Herrn Künig von Einsiedeln nach Santiago di Compostella. Aus: Archiv für Postgeschichte in Bayern. 1931.

von Pfaden und Umgehungsstrecken, wo immer man es für nötig hielt. Freilich hat man im Interesse der Zölle immer wieder durch gesetzliche Maßnahmen zu verhindern gesucht, die alten Straßen zu umgehen, andererseits aber hat man ebenso nach einer Vermehrung der Straßen gesucht, um neue Zölle erheben zu können. So wird das Bild allmählich ganz undurchsichtig. Der flutende Verkehr hat sich noch kaum an eine wirkliche Ordnung gehalten und deshalb müßte eine Darstellung der Verkehrswege auch dann unvollkommen sein, wenn man die Unsumme der Quellen vollständig übersehen könnte.

Schrifttum.

Agatz, A.: Europäische Wasserstraßen und deutsche Seehäfen. 1949.
Ammann, H.: Von der Wirtschaftsgestaltung des Elsaß im Mittelalter. 1955.
Ammann, H.: Die wirtschaftliche Bedeutung der Schweiz im Mittelalter. Schulte-Festschrift 1927. S. 113—131
Ammann, H.: Genfer Handelsbücher des 15. Jahrhunderts. Anzeiger für Schweizer Geschichte. 1920.
Ammann, H.: Deutschland und die Messen der Champagne. Jahrbuch der Arbeitsgemeinschaft der Rheinischen Geschichtsvereine II (1936) S. 61—75.
Birk, A.: Die Straße. 1934.
Blum, O.: Die Entwicklung des Verkehrs. 1941.
Codogno, O.: Nuovo Itinerario delle Poste per tutto il mondo. 1608.
Dove, K.: Allgemeine Verkehrsgeographie. 1921.
Ehrenberg, R.: Das Zeitalter der Fugger. 1896.
Eunen, L.: Geschichte des Postwesens in der Reichsstadt Köln. Zeitschrift für deutsche Kulturgeschichte N. F. II (1873) S. 286—302.

---

[1] Codogno S. 122ff; 146.

Freytag, R.: Die Pilgerfahrt des Hans v. Waltheym im Jahre 1474. Archiv für Postgeschichte in Bayern. 1927. S. 1—4.
Fockler-Hanke, G.: Verkehrsgeographie. 1957.
Gerhard, H.: Das Steuerwesen der Grafschaft Saarbrücken. 1961.
Häbler, K.: Peter Tafurs Reisen. Zeitschrift für allgemeine Geschichte IV (1887) S. 502—529.
l'Herba, G. Da: Itinerario delle Poste dei diversi parti del mondo. 1563.
Hering, E.: Wege und Straßen der Welt. 1939.
Heyd, W. und Raynaud, F.: Histoire du Commerce du Levant au moyen-âge. II. 1923.
Korzendorfer, A.: Die ersten hundert Jahre Taxipost in Deutschland. Archiv für Postgeschichte in Bayern. 1930. S. 38—53.
Korzendorfer, A.: Bayerischer Verkehrsgeschichtsatlas. 1931.
Krones, F. v.: Land und Leute Westeuropas am Schlusse des Mittelalters nach gleichzeitigen Reiseberichten. Zeitschrift für Allgemeine Geschichte IV (1887) S. 678—690; 737—768.
Kunkler, H.: Die Entwicklung des Verkehrs am Niederrhein. 1937.
Kuske, B.: Quellen zur Geschichte des Kölner Handels und Verkehrs im Mittelalter. I. 1917, II und III 1923.
Lehr, A.: Die alte Poststraße von München über Mittenwald nach Innsbruck. Archiv für Postgeschichte. 1940 S. 1—17.
Löffler, K.: Geschichte des Verkehrs in Baden. 1910.
Löper, C.: Zur Geschichte des Verkehrs in Elsaß-Lothringen. 1873.
Obst, E.: Allgemeine Wirtschafts-und Verkehrsgeographie. 1959.
Ohmann, F.: Die Anfänge des Postwesens und die Taxis. 1909.
Reuter, L.: Alte Hydrographie und moderne Verkehrswege. 1925.
Sapper, K.: Allgemeine Wirtschafts- und Verkehrsgeographie. 1930.
Scheffel, P. H.: Verkehrsgeschichte der Alpen. II. Das Mittelalter. 1914.
Stein, W.: Handels- und Verkehrsgeschichte der deutschen Kaiserzeit. 1922.
Weise, A.: Vom Wildpfad zur Motorstraße. 1933.
Wiel, P.: Die verkehrswirtschaftlichen Zusammenhänge Europas. 1949.
Wolff, Th.: Vom Ochsenwagen zum Automobil. 1909.

Binnenhäfen und Binnenverkehr

Professor Dr. **H. St. Seidenfus**, Gießen

Verkehrsstationen sind ein organischer Bestandteil jeglichen Verkehrsvorganges. Die räumliche Übertragung von Menschen, Gütern und Nachrichten erfordert nicht nur Verkehrswege, Transportgefäße und Energien zur Fortbewegung; die Funktionen des Verkehrs in der menschlichen Gesellschaft, seine Leistungen und seine Bedeutung werden vielmehr erst in den Verkehrsstationen sichtbar, die Ausgangs- oder Endpunkte der Verkehrsströme sind.

Bedenkt man dies, so erkennt man eine erste Eigenschaft, die allen Verkehrsstationen gemeinsam ist: Sie sind Quelle und Ziel der Verkehrsströme; in ihnen findet der Verkehr seine Vollendung, seinen letzten Sinn.

Ein zweites, allgemeines Kriterium, das die Verkehrsstationen auszeichnet, ist darin zu sehen, daß sich in ihnen die Linien des Verkehrs, mithin die Verkehrswege, schneiden. Als Kreuzpunkte des Verkehrs werden die Verkehrsstationen zu einem unerschöpflichen Reservoir zentripedaler Kräfte, die die Grenzen der menschlichen Siedlungsräume fixieren und formen helfen. Sie üben auf diese Weise eine unverkennbare raumgestaltende Wirkung aus. Das gilt ganz besonders vom Binnenhafen, und Böttger stellt durchaus zutreffend fest, daß „sein Wirkungsbereich ... erheblich über die Örtlichkeit in die weite Landschaft hinaus" geht[1].

Da nun vor allem Güter, aber auch Nachrichten, beim Übergang von einer Verkehrslinie auf eine andere innerhalb der Verkehrsstation häufig das Verkehrsgefäß wechseln, bedürfen die Verkehrsstationen besonderer technischer Vorrichtungen, um diese Umladevorgänge zu bewältigen. Nahezu alle Verkehrsstationen sind daher mit Umladeeinrichtungen ausgestattet, mit deren Hilfe — ökonomisch interpretiert — laufend ein Prozeß der Güterveredelung erfolgt. Durch den Umschlag der Güter von einem Verkehrsmittel auf ein anderes geschieht ja im Grunde nichts anderes, als daß sie — genau wie durch den reinen Transportvorgang — ein Stück näher an ihren endgültigen Verwendungszweck herangebracht werden. Damit aber werden sie wertvoller. Aus diesem dritten, wiederum allen Verkehrsstationen gemeinsamen Wesenszug ergibt sich ein Gutteil der produktiven Kräfte, die den Verkehrsstationen innewohnen.

Vollender der verkehrswirtschaftlichen Vorgänge, Faktoren der Raumordnung und Quellen produktiver Kräfte — das sind die drei Gemeinsamkeiten der Verkehrsstationen.

Die soziale Bedeutung und speziell das ökonomische Gewicht dieser drei Wesenszüge hängt in entscheidendem Maße von der Struktur der Verkehrsnetze und der Leistungsfähigkeit der Verkehrsunternehmungen ab. Der Zusammenhang zwischen Verkehrsstation, Verkehrsweg und reinem Transportvorgang ist unauflöslich. In ihrer wechselseitigen Abhängigkeit bilden diese drei Faktoren zwar nicht unbedingt im Sinne der Technik, so doch, ökonomisch gesehen, eine Einheit.

Neben den erwähnten drei Gemeinsamkeiten fallen nun bei den Binnenhäfen, im übrigen auch bei den Seehäfen, eine Reihe von Eigenheiten auf, die sie gegenüber den Güterbahnhöfen der Eisenbahnen, den Umladestationen des Straßenverkehrs und den Häfen des Luftverkehrs in besonderer Weise auszeichnen. Da gerade diese Besonderheiten die Beziehungen zwischen Binnenhäfen und dem Binnenverkehr formen, seien sie kurz herausgestellt. Dabei muß man sich darüber im klaren sein, daß nicht jede Umschlagstelle an den Wasserstraßen diese besonderen Wesenszüge aufweist. Sowohl die Werkshäfen als auch die sogenannten Ladestellen sind ihrer Funktion nach mit den Verkehrsstationen der übrigen Verkehrszweige nicht gleichzusetzen. Es kann sich daher bei unseren Überlegungen nur um die öffentlichen Binnenhäfen und ihre Wirtschaft handeln, wobei wir — in etwa Nagel folgend — unter der Hafenwirtschaft im engeren Sinne den wirtschaftlichen,

---

[1] Böttger, W., Grundfragen öffentlicher Binnenhafenwirtschaft, in: Archiv für Eisenbahnwesen, 68. Jg. (1959), S. 72.

technischen und organisatorischen Ablauf aller wirtschaftlichen Vorgänge innerhalb des Hafenbetriebs verstehen, im weiteren Sinne jedoch jegliche wirtschaftliche Tätigkeit im Hafengebiet einbeziehen müssen[1].

Als erstes differenzierendes Merkmal erweist sich die Tatsache, daß im Binnenhafen alle drei klassischen Binnenverkehrszweige vertreten sind. Daneben taucht neuerdings eine mittelbare Beziehung zur Rohrleitung überall da auf, wo im Hafengebiet eine Raffinerie zu finden ist. Das bedeutet, daß der Binnenhafen als Verkehrsstation eine wesentlich höhere Universalität seiner technischen Einrichtungen und organisatorischen Maßnahmen aufweisen muß als — ausgenommen die Seehäfen — jeder Güterbahnhof der Eisenbahn und jeder Flughafen, von den Verladestationen des Straßenverkehrs ganz zu schweigen. Da in den Binnenhäfen praktisch alle Binnenverkehrsmittel Zu- und Abfuhraufgaben erfüllen, hat die Binnenhafenwirtschaft eine Vielfalt von technischen und organisatorischen Vorkehrungen zu treffen, ein Umstand, der von ihr große Anpassungsfähigkeit und unermüdliche Suche nach immer neuen Wegen der Bewältigung von ihr kaum beeinflußbaren Hafenproblemen verlangt, die von seiten der Verkehrsmittel, aber auch des Speditionsgewerbes an sie herangetragen werden.

Aus der Funktion des Verkehrsknotenpunkts folgt im Falle der Binnenhäfen die des Verkehrsschwerpunkts. Analysiert man die amtliche Verkehrsbezirksstatistik, so wird man unschwer feststellen, daß die Verkehrsbezirke, in denen Binnenhäfen beheimatet sind, hinsichtlich der Menge des Verkehrsaufkommens aus der Gesamtheit der Verkehrsbezirke beträchtlich herausragen, so als sei der Binnenhafen einem Brennspiegel gleichzusetzen, der die Verkehrsströme seines Einzugsbereiches bündelt und an die Wasserstraße weitergibt.

Weiter: Binnenhäfen haben sich von altersher eine Reihe wirtschaftlicher Tätigkeiten assimiliert, die nicht unmittelbar mit dem Verkehrsvollzug zusammenhängen. Binnenhafenstädte waren früher eindeutig zugleich Handelsstädte. Es versteht sich dies nicht zuletzt aus der Tatsache, daß der Händler häufig sein eigenes Transportunternehmen hatte. Und wo dies — wie z. B. auf dem Rhein — nicht immer der Fall war, legten die zentralen Märkte, die sich freiwillig oder durch Stapelrechte erzwungen in den Binnenhäfen bildeten, die Errichtung von Handelshäusern nahe. Der reine Binnenumschlagshafen, den es heute nicht mehr gibt, ist erst zur Zeit der Hochindustrialisierung entstanden. — Der Handel der Güter in den Hafenstädten forderte ausreichende Lagermöglichkeiten. Die Lagerei ist also eine Folge der Handelstätigkeit, und zu ihr gesellte sich später schließlich die Bearbeitung der gelagerten Ware zum Zwecke der Qualitätserhaltung. So finden wir in den Binnenhäfen heute eine ganze Reihe spezieller Stufen in der langen Produktionskette, die die Wirtschaft durchzieht. — Gewissermaßen die Krönung dieser langen Entwicklung aber bringt schließlich die Ansiedlung von Unternehmungen der gewerblichen Wirtschaft. Es entsteht der sogenannte Industriehafen, dessen Unternehmungen Nutznießer niedrigerer Verkehrskosten beim Bezug und Absatz ihrer Waren werden.

Aus all diesem folgt, daß die Binnenhäfen kein Bestandteil eines Verkehrszweiges sind, so wie etwa die großen Verschiebe- und Verladebahnhöfe oder Ladestellen des Straßenverkehrs und die Flughäfen ökonomisch eindeutig einem Verkehrszweig zuzuordnen wären. Ein Binnenhafen ist vielmehr ein durchaus originelles, selbständiges Gebilde, dessen Charakterisierung etwa als „Güterbahnhof der Binnenschiffahrt" seinem Wesen nicht gerecht wird. Die Vielfalt seiner Funktionen erzwingt eine Vielfalt der Formen, wie wir sie bei anderen Verkehrsstationen nicht antreffen.

Auf ein letztes sei in diesem Zusammenhang verwiesen: die Siedlungsaktivität, die die Binnenhafenwirtschaft im weiteren Sinne nach sich zieht. Binnenhäfen prägen das Stadtbild und sind zugleich abhängig von dem Geist der Bürgerschaft. „Wichtig war überall der wache Bürgersinn alter Familien, wichtig wohl auch das Nachwirken einer großen Vergangenheit, wichtig vielerorts die durch große Oberbürgermeister geweckte, stolze Verbundenheit mit der neu aufblühenden Stadtgemeinde" stellt Salin im Zusammenhang mit der Entwicklung der Städte Basel, Frankfurt, Köln und anderer Hansestädte fest, in denen „Humanismus" und eine „fruchtbare Mischung der Kulturen ihrer Tradition" urbane Gesinnung zur schönsten Blüte brachten[2]. Eine Wechselbeziehung tut sich hier auf: Einerseits fördert die urbane Gesinnung die Entwicklung des Binnenhafens, andererseits erfordern die vielen speziellen Tätigkeiten im Binnenhafen ein ausreichendes Reservoir an Arbeitskräften und Unternehmern, deren getreuliche Arbeit und unternehmerischer Geist erst dem Binnenhafen ein gesichertes Fundament geben können. Die großen Güterbahnhöfe der Eisenbahnen dagegen haben — soweit sie sich nicht ohnehin an menschliche Siedlungen anlehnten — keinerlei Attraktionskraft auf die Siedlungstätigkeit ausüben können.

---

[1] Vgl. Nagel, H., Häfen und Umschlagseinrichtungen, in: Die deutsche Binnenschiffahrt, hg. v. O. Most, Düsseldorf, 1957, S. 55.

[2] Salin, E., Urbanität, in: Erneuerung unserer Städte, Stuttgart und Köln 1960, S. 21 (i. Orig. z. T. gesp.).

Aus diesen Besonderheiten der Binnenhäfen erhellt ihre Beziehung zum Binnenverkehr. Die Statistik der Umladungen von und zu den Binnenwasserstraßen zeigt für das Jahr 1952 folgendes Bild: Von den mit dem Binnenschiff angekommenen Gütern sind unmittelbar auf die Eisenbahn umgeschlagen worden 20%, auf den Lastkraftwagen 11%, auf das Binnenschiff 6%. 59% der angekommenen Güter gingen auf Lager oder in Industriebetriebe mit Wasseranschluß.

1959 ist der Anteil der Abfuhr per Waggon auf 9% zusammengeschrumpft, der des Lastkraftwagens dagegen auf 17% und der Umladungen auf Lager oder Fabrik auf 64% gestiegen.

In der Zufuhr zu den Binnenhäfen ist der Anteil der Direktumladungen Waggon/Schiff im gleichen Zeitraum von 24% auf 19% zurückgegangen, der des Lastkraftwagens von 4% auf 9% gestiegen. Die Verladungen ab Lager oder Fabrik sind mit 56% bzw. 54% etwa gleich geblieben. Diese Gegenüberstellung gibt nur einen groben und ersten Anhalt für die Beurteilung der Bedeutung der Binnenhäfen für die Binnenverkehrsmittel. Ein beträchtliches Ausmaß des gebrochenen Verkehrs zwischen Wasserstraße, Landstraße und Schiene verbirgt sich hinter den Direktumladungen, bei denen das Lagerhaus oder der im Hafen ansässige Industriebetrieb als Empfänger oder Versender der Güter in Aktion treten. Dieser Verkehr beträgt, wie gesagt, reichlich die Hälfte des Gesamtverkehrs der Binnenhäfen. Da die Hafenstatistiken hierüber jedoch keinen Aufschluß geben, muß man sich mit den genannten Gegenüberstellungen begnügen. Und da zeigt sich nun mit aller Deutlichkeit, daß die relative und absolute Bedeutung des traditionellen An- und Abfuhr-Verkehrsmittels in den Binnenhäfen beim Direktumschlag beträchtlich abnimmt. Die 30,8 Mill. t an Gütern, die 1952 im Zubringer- oder Verteilerverkehr über die Schienen liefen, sind 1959 auf 28,8 Mill. t zurückgegangen, wogegen die steigende Wichtigkeit des Lastkraftwagens sich in einem Verkehrszuwachs von rund zwei Dritteln der im Jahr 1952 beförderten Mengen dokumentiert. Der Anteil des Straßenverkehrs ist kontinuierlich im Steigen begriffen. In der Abfuhr hat er den Schienenweg seit 1957 überflügelt; in der Anfuhr zu den Binnenhäfen ist seine Bedeutung geringer, was vor allem in der Güterstruktur der deutschen Ausfuhr eine Begründung finden mag. Es sei schließlich darauf hingewiesen, daß 1960 rund 30% des gesamten Verkehrsaufkommens im Fernverkehr der Straße auf den Direktumladungen in den Binnenhäfen beruht, bei den Eisenbahnen waren es im vergangenen Jahr noch knapp 10%... Werte, die sich um das nicht faßbare Ausmaß der Zubringer- und Verteilerleistungen zu und ab Lager erhöhen.

Ausgangspunkt für diese schnelle Entwicklung des Straßenverkehrs in den Binnenhäfen war ohne Frage zunächst der Hinterlandverkehr in der Nahzone und innerhalb dieser Zone der Transport hoch- und mittelwertiger Güter. Hier wurde dieser junge und aufstrebende Verkehrszweig überall da tätig, wo die Führung der Verkehrslinien auf der Straße die kürzeste Verbindung zwischen Umschlagplatz und Versender oder Empfänger erlaubte. Schließlich bot sich dieses den differenzierten und aufgesplitterten Verkehrsbedürfnissen adäquate Verkehrsmittel für den Sammel- und Verteilerverkehr der im Binnenhafen zur Verschiffung gelangenden bzw. ankommenden geballten Gütermengen an, wobei man nicht übersehen sollte, daß gerade die Zwischenschaltung des Lagers und die lagermäßige Behandlung des Transportguts, die Kombination Lastkraftwagen/Binnenschiff im gebrochenen Verkehr förderten.

Nicht zuletzt sei darauf verwiesen, daß gerade in jüngerer Zeit die Gestaltung der Wettbewerbsverhältnisse zwischen Eisenbahn und Binnenschiffahrt im gebrochenen Verkehr Veranlassung gegeben haben, das Straßenfahrzeug im Verteiler- und Zubringerverkehr der Binnenhäfen stärker als bisher einzusetzen.

Aus diesen wenigen statistischen Darlegungen erhellt die Tatsache, daß den Binnenhäfen eine Art Schlüsselstellung in der Verkehrsteilung zukommt. Nagel bemerkt sehr zu Recht, daß „das Problem der Zusammenarbeit und des Aufeinanderangewiesenseins der Verkehrsmittel... an keinem Punkte des Verkehrslebens lebendiger und wichtiger" werde, als gerade in den Binnenhäfen[1]. Die aktive Rolle, die die Binnenhäfen bei der Verkehrsteilung spielen, ergibt sich aus der Tatsache, daß sie durch ihre im Laufe der Entwicklung durchgeführten Änderungen der Binnenhafenwirtschaft in technischer, ökonomischer und organisatorischer Hinsicht die Wettbewerbsformen und — dies vor allem! — die Wettbewerbsmöglichkeiten zwischen den Binnenverkehrszweigen beeinflußt. Damit aber ist das Problem der Dynamik der Binnenhäfen und ihrer Wirtschaft angeschnitten, dem nun einige Erörterungen gewidmet sein sollen.

Umschlagsmodernisierung und Anpassung an veränderte Anfuhr- und Abfuhrbedürfnisse sind es auf der einen Seite, Wandlungen in der Struktur des Verkehrswegenetzes und den Wettbewerbsbeziehungen zwischen den Verkehrszweigen auf der anderen Seite, die die Probleme stellen.

Bleiben wir zunächst beim ersten Ursachenkomplex dynamischer Entwicklung, so zeigt sich die besonders schwierige Lage der Binnenhäfen im Vergleich zu den übrigen Verkehrsstationen in

---

[1] Nagel, J., Die niederrheinische Hafenwirtschaft, Düsseldorf 1951, S. 5.

dem Umstand, daß sie sich an die Veränderungen aller drei Binnenverkehrsmittel anpassen müssen. Die Aufgabe, die es zu lösen gilt, ist eine doppelte: sie ist technischer und ökonomischer Natur.

Was den technischen Aspekt dieser dynamischen Entwicklung anlangt, so hat ja gerade das Straßenfahrzeug besonders drastische Anpassungsprozesse erzwungen[1]. Die Schaffung von Standplätzen im Bereich der Hebewerkzeuge, der Bau ausreichender Verbindungsstraßen zu den Bundesstraßen und -autobahnen, die Lösung des Problems des gemischten Verkehrs auf der Kaistraße sind Aufgaben, die — dem Hafensachverständigen nur allzu bekannt — Zeugnis davon ablegen, welch komplizierte und schwierig zu bewältigende Anpassungsprozesse die Dynamik eines Verkehrsmittels, hier des Lastkraftwagens, für den Binnenhafen heraufbeschwören kann.

Nicht anders, wenn auch auf der Wasserseite des Hafens liegend, stellen sich die Aufgaben in Verbindung mit der Binnenschiffahrt. Schon die Schubschiffahrt läßt hier — je nach Größe der verwendeten Leichter — gewisse technische Änderungen möglicherweise als notwendig erscheinen, ganz zu schweigen von den Problemen, die Gliederflöße, Gelenkschiffe und gar Nylonflöße dem Hafen stellen müßten.

Der Trend zum Großraumwagen im Schienenverkehr schließlich zieht den Bau moderner Entladungsvorrichtungen nach sich.

Man kann insgesamt wohl eindeutig feststellen, daß die technische Entwicklung des modernen Verkehrs beträchtliche Aufwendungen in den Binnenhäfen erzwingt, wenn der Binnenhafen das bleiben will, was er geworden ist: ein Integrationsfaktor der Volkswirtschaft, ja z. T. gar der Weltwirtschaft.

Daneben sollte die ökonomische Seite des Problems nicht unbeachtet bleiben. Technische Entwicklungen sind ja nur dann als technischer Fortschritt zu werten, wenn sie sinkende Kosten je Leistungseinheit bewirken. Das gilt — wie überall in der Wirtschaft — auch für die Modernisierung des Hafenumschlags, wobei nun freilich nicht ausschließlich an leistungsfähigere Umschlagsgeräte zu denken wäre und eine Verbesserung der Verkehrswege im Hafen. Die organisatorische Aufgabe ist gleich wichtig, und eine bessere Organisation der Hafenwirtschaft kann u. U. eine wesentlich höhere Wirtschaftlichkeit herbeiführen als etwa ein neuer Kran.

Die Aufgabe, die es zu bewältigen gibt, lautet nach allgemeiner Auffassung: größere Schnelligkeit der Belade- und Entladevorgänge. Sie scheint bei vordergründiger Betrachtung verständlich, wenn man bedenkt, daß kompliziertere, d. h. kostspieligere Verkehrsgefäße, wie etwa das Binnenmotorschiff, eine Verkürzung der — vom reinen Transportvorgang her gesehen — „unproduktiven" Lade- und Löschzeiten fordern. Andererseits stellt man jedoch gerade im Hinblick auf die Lade- und Löschvorgänge kostensparende technische Entwicklungen fest, etwa den Sattelschlepper oder die Schubschiffeinheit, so daß von daher gesehen die Beschleunigung des Umschlags heute weniger dringend erscheint, als vielmehr die Anpassung der Umschlagsprozesse an diese neuen Verkehrsmittel. Bei allem scheint nun jedoch, wie bereits angedeutet, eine wesentliche Möglichkeit der Verbilligung des Umschlags in einer besseren Organisation des Hafenbetriebs zu liegen, in einem umfassenden Meldesystem der ankommenden Güter, in einer sachgerechten Disposition des Umschlags.

Es sind jedoch nicht nur die technischen Forderungen der Binnenverkehrswirtschaft und die ökonomischen Wünsche der Verlader, die den Binnenhafen in die Dynamik wirtschaftlicher Entwicklung hineinziehen. Auf der anderen Seite beeinflussen in nicht minderer Weise der Bau der Verkehrswege, hier insbesondere der Binnenwasserstraßen, und schließlich die allgemeine Wettbewerbslage zwischen den Binnenverkehrsmitteln die Stellung der Häfen.

Die Duisburg-Ruhrorter Häfen und die Häfen von Mannheim mußten in besonders krasser Weise diese Abhängigkeit vom Verkehrswegebau erfahren. Einst Ausgangs- und Endpunkt vor allem gewaltiger Kohlenverkehrsströme haben sie mit dem Bau des Rhein-Herne-Kanals, der Anlage von Zechenhäfen und der Kanalisierung des Neckars einen wesentlichen Teil ihrer traditionellen Funktionen eingebüßt. Gerade diese beiden Häfen sind aber auch ein glänzendes Beispiel für die Anpassungsfähigkeit einer umsichtigen Hafenwirtschaft, der es — angesichts der vielfältigen Aufgaben, die ein Binnenhafen erfüllen kann — gelingt, sich neue Funktionen zu assimilieren.

Die Veränderungen der Wettbewerbsbeziehungen zwischen den Verkehrszweigen schließlich, wobei insbesondere an Eisenbahn und Binnenschiffahrt zu denken ist, haben natürlich tiefgreifende Auswirkungen auf die Beschäftigungslage der Binnenhäfen, die gegenüber diesen Einflüssen relativ machtlos sind; denn die Gestaltung der Hafenfazilitäten spielen beim Wettbewerb der Binnenhäfen untereinander eine wesentlich geringere Rolle als im Seehafenwettbewerb, wie noch zu zeigen sein wird.

Fragt man sich kritisch, inwieweit die Binnenhäfen heute die Dynamik der Verkehrsentwicklung ökonomisch bewältigen, so wird man feststellen müssen, daß dies überall da nicht der Fall ist, wo

---

[1] Vgl. Seidenfus, H. St., Binnenschiffahrt und Kraftwagen, in: Die deutsche Binnenschiffahrt, a. a. O., S. 203 ff.

das „gemeinwirtschaftliche Finanzprinzip der Häfen" eine mangelnde Eigenwirtschaftlichkeit zur Folge hat, und dies ist bedauerlicherweise weithin der Fall.

Eine der Hauptursachen für diese mangelnde Eigenwirtschaftlichkeit ist ohne Frage der Wettbewerb unter den Binnenhäfen. Das Problem des unregelmäßigen Beschäftigungsanfalls ist dagegen durchaus sekundärer Natur und ließe sich überdies durch entsprechende, zeitlich begrenzte Zuschläge zu den Hafen- und Umschlagsgebühren neutralisieren. Im Wettbewerb untereinander jedoch geraten die Binnenhäfen in eine schwierige Lage, weil — wie Predöhl zutreffend bemerkt — „die Nachfrage nach Verkehrsleistungen viel stärker von den Transportkosten des Verkehrs auf den Anschluß strecken und seinem Wettbewerb bestimmt" ist „als von dem Preis ihrer Umschlagsleistungen"[1]. Im Unterschied zu den Seehäfen sind ihre Möglichkeiten der Preisdifferenzierung beschränkt, wenn man nicht erhebliche Preisnachlässe einzuräumen gewillt ist, die dann allerdings zu der chronischen Kostenunterdeckung der Binnenhäfen führen. Aus diesem Grunde hat es denn auch nicht an Versuchen gefehlt, den Wettbewerb seit dem Beginn der zwanziger Jahre mit dem Instrument der Hafentarifgemeinschaften zu begegnen, Versuche, die selten für längere Zeit von Erfolg gekrönt waren. Grundsätzlich sind jedoch „keine gewichtigen Gründe zu finden, die eine mangelnde Eigenwirtschaftlichkeit rechtfertigen könnten, selbst wenn wir den zusätzlichen Nutzen in Rechnung stellen, den die Häfen... als tragende Glieder ganzer Stadtgemeinschaften stiften. Auch dieses Argument hat außer als Erziehungsargument wenig Gewicht, wie stark es auch an die öffentliche Meinung appellieren mag. Selbst wenn es sich um Häfen handelt, die in scharfem Wettbewerb mit anderen Häfen stehen, wäre die Aufhebung des ruinösen Wettbewerbs... volkswirtschaftlich geboten, zumal... die Hafengebühren", wie bereits bemerkt, „nur ein Faktor unter vielen im Wettbewerb des Hafens sind"[2].

Wäre, diese Frage taucht zwangsläufig im Anschluß an diese Kritik auf, diese mangelhafte Bewältigung der ökonomischen Seite des Anpassungsproblems besser zu lösen, wenn man die öffentlichen Häfen der Einwirkung der Gemeinden entzöge und ihnen damit ein privatwirtschaftliches Verhalten aufzwingen würde? Man muß diese Frage nach unserem Dafürhalten eindeutig mit „Nein" beantworten. Denn einmal ist ein öffentlicher Binnenhafen in seiner Totalität ein ungemein kostspieliges Gebilde, die Finanzierung von Erweiterungsinvestitionen, etwa eines neuen Hafenbeckens, erfordert so große Summen, daß die private Wirtschaft kaum Interesse an einer Beteiligung haben dürfte, zumal — was hinzukommt — das Risiko dieser Investitionen ungleich höher zu veranschlagen ist, als in den meisten Bereichen der privaten Wirtschaft. Die vielen, vom Binnenhafen nicht oder kaum zu beeinflussenden Einwirkungen von außen sind die Ursache hierfür, und so kommt es, daß die Privatwirtschaft bestenfalls geneigt ist, Umschlagsgeräte und Lagerhäuser in den Binnenhäfen zu errichten, so ihr diese nicht vom Hafen selbst zur Verfügung gestellt werden.

Aber selbst wenn die Privatwirtschaft bereit wäre, dieses Risiko einzugehen, so wäre dies dennoch nicht erwünscht. Die Planung und Investition von Verkehrswegen und Verkehrsstationen muß der aktuellen Verkehrssituation vorauseilen, ein alter Grundsatz, der schon im vorigen Jahrhundert von Emil Sax formuliert worden ist. Die Gründe, die zur Aufstellung dieser unbestreitbar richtigen Maxime führten, sind technischer und ökonomischer Natur. Technische Minimalgröße der Verkehrsinvestitionen und ökonomischer Anreiz auf die Siedlungs- und Wirtschaftstätigkeit, so wie er z. B. im Augenblick an der mittleren Weser zu beobachten ist, fordern eine Überdimensionierung der Verkehrsinvestitionen, in denen auf diese Weise ein Teil der zukünftigen Entwicklung vorweggenommen wird. Das aber ist eine Aufgabe, die eine Koordination der Investitionspläne in den Binnenhäfen notwendig macht. Der Wettbewerb des Marktes kann diese Koordination offensichtlich nicht befriedigend durchführen angesichts der Über- und Reservekapazitäten, die hier zunächst einmal vorzuhalten sind; sie muß vielmehr institutionell gesichert sein. Und hier liegt eben eine wichtige Aufgabe der Gemeinden. Sie kann, wenn überhaupt, nur durch die öffentliche Verwaltung und Betriebsführung der Häfen erfüllt werden, so sehr diese Koordination der gemeindlichen Hafeninvestitionspläne auch in der Vergangenheit zu wünschen übrig ließ.

Die Binnenhäfen stehen nicht wie die Seehäfen im Scheinwerferlicht der Weltwirtschaft. Sie wirken im Stillen vorwiegend für die Nationalwirtschaften, wenn sie auch für den interkontinentalen Verkehr steigende Bedeutung gewinnen. Dennoch sollte man nicht übersehen, daß sich zwischen ihnen verkehrsökonomische Kraftfelder gebildet haben, die — mag man die Spannungen zwischen den Polen, als die die Binnenhäfen in diesem Bild zu deuten wären, auch gelegentlich als negativ empfinden — eine ungemein positive Ausstrahlung auf den Binnenverkehr und die menschliche und gewerbliche Siedlungstätigkeit hervorbringen.

---

[1] Predöhl, A., Verkehrspolitik, Göttingen, 1958, S. 208.
[2] Predöhl, a. a. O., S. 299.

Planung, Bau und Betriebseinrichtung des Hafens Greenville - Liberia

Von Professor Dr. Ing. E. h. Dr. Ing. Agatz

Inhaltsverzeichnis

Vorbemerkung

Der Auftrag zum Bau des Hafens Greenville wurde im Jahre 1954 von der Regierung der Republik Liberia durch den zuständigen Minister Herrn Buchanan, dem Chef des Department of Public Works and Utilities, an die Afrikanische Frucht-Compagnie Laeisz & Co., Hamburg, erteilt.

Für die Afrikanische Frucht-Compagnie übernahm Herr Baudirektor Dr. Ing. Kressner die Voruntersuchungen, die Vorplanung und den ersten Plan für die Bauausführung. Vom September 1956 an wurde wegen des schlechten Gesundheitszustandes des Herrn Dr. Kressner auf seinen Vorschlag der Verfasser hinzugezogen und alsdann ein endgültiger Plan für die weitere Bauausführung mit den zugehörigen Detailzeichnungen gemeinsam aufgestellt. Nach dem Tode von Herrn Dr. Kressner am 8. 2. 1958 übernahm der Verfasser die alleinige Beratung der Afrikanischen Frucht-Compagnie und die Fertigstellung der Detailpläne und die Überwachung der Bauausführung. Als örtlichen Bauleiter hatte die Afrikanische Frucht-Compagnie vom Beginn der Arbeiten bis zum Schluß Herrn Dipl.-Ing. Schütz eingesetzt.

Im Jahre 1955 übertrug die Afrikanische Frucht-Compagnie den Firmen Lenz-Bau AG, Hamburg und August Prien, Hamburg, die Bauausführung, nachdem sich beide Firmen zu einer Arbeitsgemeinschaft Sinoe für diesen Auftrag zusammengeschlossen hatten. Herr Direktor Hennings von der Lenz-Bau AG und Herr Dipl. Ing. Bross von der Firma August Prien überwachten gemeinsam die Arbeiten ihrer Firmen in Greenville.

Von seiten der Afrikanischen Frucht-Compagnie unterstützten den Verfasser weitgehend Herr Ad. Bundies mit seinen umfassenden Kenntnissen der liberianischen Verhältnisse und Herr von Mitzlaff. Auf den gemeinsamen Reisen konnten in erfreulicher Weise die entscheidenden Entschlüsse der Afrikanischen Frucht-Compagnie ohne irgendwelche Verzögerung erfolgen.

Für die technische Überwachung der Bauausführung hatte die liberianische Regierung die Stanley Engineering Company, Monrovia, eingesetzt. Nach Fertigstellung des Hafens 1959 entschloß sich die liberianische Regierung, denselben technisch so auszurüsten, daß er für die Schiffahrt in Benutzung genommen werden konnte. Im September 1959 übertrug daher Secretary Buchanan dem Verfasser die Aufgabe, einen Generalplan für den Hafenausbau auszuarbeiten und dem Department of Public Works and Utilities als Berater für die Überprüfung des Angebotes der Arge Sinoe zur Verfügung zu stehen und die örtliche Bauaufsicht zu übernehmen.

Wegen Erkrankung von Secretary Buchanan wurden dann die weiteren Verhandlungen von seinen Vertretern, Acting-Secretary Borland, Acting-Secretary Boayue, der im März 1961 die Nachfolge von Secretary Buchanan antrat, und Undersecretary Nelson gemeinsam mit den Vertretern der Arge Sinoe geführt. Die Ausführung der technischen Ausrüstung des Hafens Greenville wird erfolgen, sobald die Finanzierungsfrage mit den zuständigen deutschen Regierungsstellen geklärt worden ist.

I. Die Generalplanung

1. Allgemeines

Die Republik Liberia verdankt ihr Entstehen dem Beschluß mehrerer amerikanischer Vereine, befreite amerikanische Sklaven für dauernd in einer Kolonie an der westafrikanischen Küste anzusiedeln. So entstand im Jahre 1822 in der Nähe des heutigen Monrovia eine Siedlung. Am 26. 7. 1847 wurde mit amerikanischer Unterstützung die Republik Liberia gegründet, deren Nationalflagge ähnlich ist wie die Amerikas, aber nur mit einem Stern. Auf Grund der Initiative der aus Amerika zugewanderten Neger entwickelte sich die Republik Liberia im vorigen Jahrhundert, anfangs langsam, nahm jedoch in den letzten zwei Jahrzehnten dieses Jahrhunderts dank des Weitblickes des jetzigen Präsidenten Tubman einen starken Aufschwung.

Die vollziehende Gewalt liegt in den Händen des Präsidenten mit seinem Kabinett. Staatssekretäre leiten die einzelnen Abteilungen. Die gesetzgebende Gewalt liegt beim Senat und dem Abgeordnetenhaus. Der Präsident wird auf acht Jahre, das Abgeordnetenhaus auf vier und der Senat auf sechs Jahre gewählt. Der Präsident kann jeweils auf vier Jahre wiedergewählt werden. Präsident Tubman wurde 1959 durch Wahl erneut für die nächsten vier Jahre bestätigt.

Die Republik Liberia liegt in dem von Südosten nach Nordwesten verlaufenden Teil der westafrikanischen Küste. Die Gesamtgröße des Landes beträgt rund 100000 qkm mit einer Küstenlänge von rund 570 km und einer Tiefe des Landes, die sich zwischen 150 und 280 km erstreckt (Abb. 1). Die Schätzung der Gesamteinwohnerzahl schwankt zwischen 1,8 bis 2,0 Mill.

Bodenschätze, landwirtschaftliche Produkte. An Bodenschätzen ist Liberia besonders reich an hochwertigen Erzen bis zu 65% Eisengehalt. In den Bomi-Hills, rund 65 km nördlich von Monrovia, liegt ein großes Erzlager, das durch eine amerikanische Gesellschaft bereits abgebaut wird und von wo über den Hafen Monrovia jährlich rund 2,5 Mill. t Eisenerz exportiert werden; eine Steigerung auf 4 Mill. t pro Jahr wird erwartet.

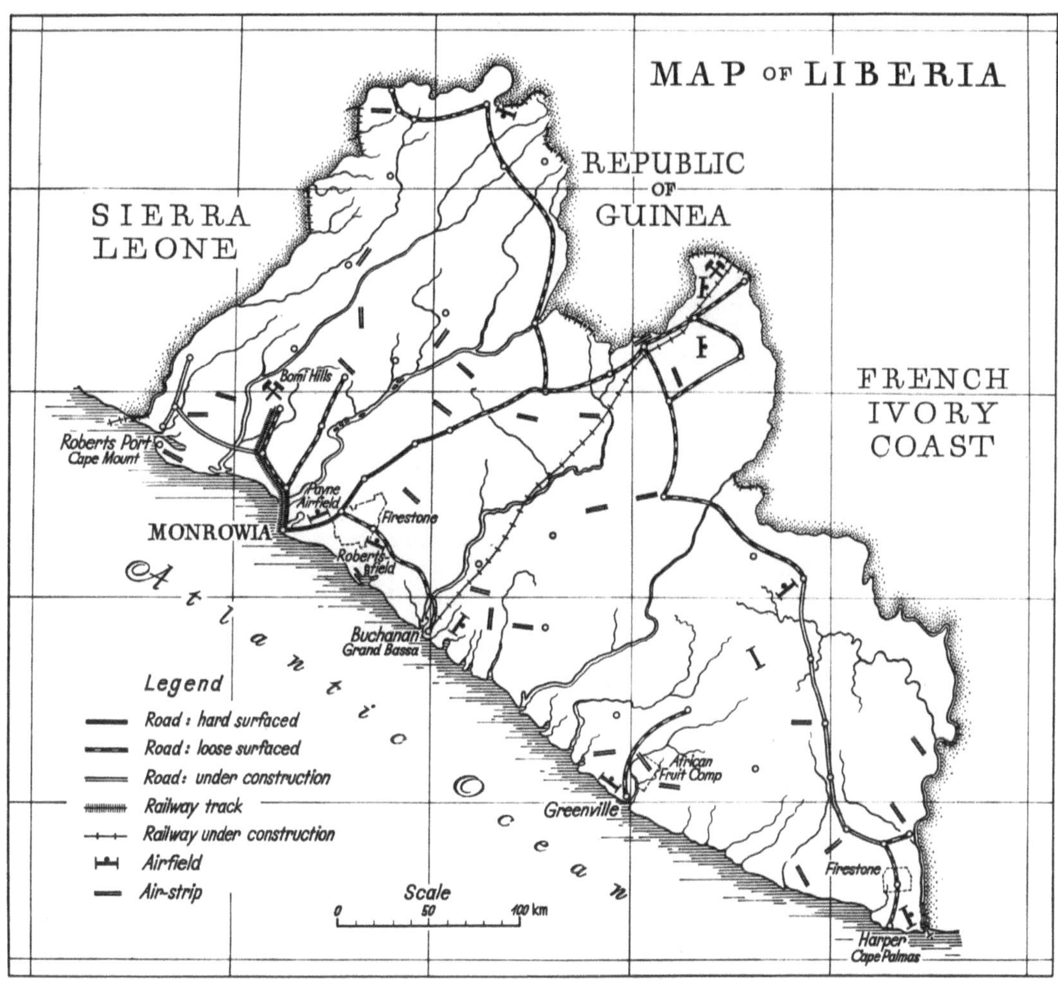

Abb. 1. Plan von Liberia   (Map of Liberia)

Ein weiteres Gebiet am Mano-River an der Grenze nach Sierra Leone wird z. Z. erschlossen. Dieses Erz soll dann ebenfalls nach dem Ausbau der Erzverschiffungsanlagen im Hafen von Monrovia mit jährlich rund 2 Mill. t zum Export gelangen.

Die Deutsch-liberianische Mining Co. (Delimco) wird das Erzgebiet in den Bong Ranges, rund 80 km von Monrovia entfernt, abbauen und das auf rund 65% angereicherte Erz mit einer Eisenbahn über eine neue Erzpier im Hafen Monrovia ab 1963 mit 3 Mill. t und später mit 5 Mill. t zur Verladung bringen.

Ein anderes Erzgebiet wird von der Lamco, einer liberianisch-schwedisch-amerikanischen Gesellschaft, im nordöstlichen Teil des Landes, nahe der Grenze nach der Republik Französisch Guinea, aufgeschlossen. Das Erz soll mit Hilfe einer rund 200 km langen Erzbahn zu dem für 40 bis 50000 t Erzfrachter im Ausbau begriffenen Hafen Gran Bassa-Buchanan transportiert und von dort ab 1963 mit 3 Mill. t und später mit 5 Mill. t exportiert werden.

An weiteren Bodenschätzen ist noch das Diamantenvorkommen im Innern des Landes zu erwähnen, das z. Z. ausgebaut wird und in der Ausfuhrstatistik des Landes ebenfalls eine Rolle spielt.

An landwirtschaftlichen Produkten wird Gummi, Kakao, Palmöl, Palmkerne, Kaffee und Piasava gewonnen, die ebenfalls zu den Hauptexportartikeln Liberias gehören.

Gummi hat seine große Bedeutung durch die Firestone-Plantagen-Gesellschaft erlangt, die in der Nähe von Monrovia die größte zusammenhängende Gummiplantage und eine weitere kleinere

Gummiplantage im Südosten des Landes im Hinterland von Cape Palmas besitzt. Der hier gewonnene Latex wird in einer Fabrik zu Rohgummi verarbeitet und neuerdings auch als kondensierter Latex in Behältern zum Export gebracht. Das Personal der Firestone-Plantage beziffert sich auf rund 25 bis 27000 einheimische Arbeiter zuzüglich der Familienangehörigen und rund 300 Amerikaner und Europäer. Für die einheimischen Arbeiter mit ihren Familien hat die Firestone besondere mustergültige Dorfsiedlungen angelegt. Ein Großmarkt gibt den Einheimischen die Möglichkeit des Einkaufs aller notwendigen Dinge für den täglichen Bedarf. Ein besonderer ärztlicher Dienst mit einem modernen Hospital sorgt für den Gesundheitszustand der Arbeiter und Angestellten.

Neben dem Gummi hat auch die Banane für den Einwohner besondere Bedeutung. Die von der liberianischen Regierung angestrebte Möglichkeit, Bananen in einer besonderen Großplantage zu ziehen, hat auf Einladung der liberianischen Regierung die Afrikanische Frucht-Compagnie Laeisz & Co., Hamburg, durch den Erwerb und die Bebauung eines großen Plantagengebietes in der Sinoe County zu verwirklichen versucht. Nach anfänglichen Erfolgen hat jedoch die Panamakrankheit die Bananenanlagen vernichtet. Die Gesellschaft ist seit fünf Jahren dabei, die Pflanzung auf Gummi umzustellen, so daß dieses Erzeugnis in weiteren zwei Jahren zum Export kommen wird. Mit dem Bau einer Rohgummifabrik zur Aufbereitung des Latex wird in diesem Jahr begonnen.

In ihrem Gebiet hat die Afrikanische Frucht-Compagnie für die einheimischen Arbeiter mit ihren Familienangehörigen mustergültige Siedlungen angelegt und ein modern eingerichtetes Krankenhaus errichtet.

Straßen und Eisenbahnen. Von den Küstenplätzen aus ziehen sich immer weiter im Ausbau begriffene Straßen in das Innere des Landes, wobei die Straßen von der Hauptstadt Monrovia ausgehend z. Z. am besten ausgebaut sind und sich nach Nordosten und Norden bis zu einer Länge von 300 km erstrecken. Im übrigen zieht sich das Straßennetz von den bedeutenden Küstensiedlungen beginnend in Richtung auf das Binnenland. Die derzeitig einzige Eisenbahn von rund 65 km Länge führt von Monrovia nach dem Erzlager Bomi-Hills und dient fast ausschließlich dem Erztransport. Weitere Eisenbahnstrecken zu den anderen Erzlagern sind bereits geplant bzw. befinden sich im Bau.

Von den Flüssen wird der St. Pauls-River von kleineren Fahrzeugen auf einer Länge von rund 50 km benutzt. Auf dem Sinoe-River unterhält die Afrikanische Frucht-Compagnie Laeisz & Co. für ihre Pflanzungszwecke einen eigenen motorisierten Bootsverkehr. Die übrigen Flüsse sind für den Warenverkehr noch ohne größere Bedeutung.

Flugverkehr. Neben einem Küstenschiffsverkehr besteht für die Verbindung zum Binnenland und entlang der Küste ein engmaschiges liberianisches Flugnetz. Diese Flugplätze werden regelmäßig mit zweimotorigen Flugzeugen von der staatlichen Fluggesellschaft bedient. Für den internationalen Flugverkehr besitzt Liberia den während des Krieges von den Amerikanern gebauten Flugplatz Robertsfield in einer Entfernung von rund 80 km von Monrovia, wo die internationalen Fluggesellschaften, die die Westküste Afrikas von Norden nach Süden befliegen, zwischenlanden, ferner einen Flugplatz dicht bei der Hauptstadt Monrovia. Er ist in den letzten Jahren weiter ausgebaut worden, wird jedoch jetzt schon von einzelnen ausländischen Fluggesellschaften angeflogen. Einfache Lande- und Startbahnen bei den Verwaltungszentren im Innern sowie auf den Plantagen- und Minenkonzessionen ermöglichen schnelle Luftverbindungen durch kleinere Flugzeuge.

Häfen. Der Haupthafen Liberias ist Monrovia, der als Freihafen nach dem letzten Weltkriege von den Amerikanern gebaut worden ist und im Schutz von zwei rund 2,4 km langen Wellenbrechern liegt. Im inneren Hafengebiet befinden sich ein gut ausgestatteter rund 400 m langer Stückgutkai mit Schuppen und Kranausrüstung und daneben die Erzverladeanlage in einer Länge von rund 300 m. Der Hafen kann von Schiffen bis zu 9 m Tiefgang angelaufen werden. Er wird z. Z. um weitere 2 m vertieft. Vor den Molen befindet sich eine ausgedehnte Reede, wo bis zu 15 Frachter ankern können. Monrovia wird von den verschiedenen internationalen Afrikalinien angelaufen.

Außer diesem Haupthafen bestehen z. Z. noch zwei kleinere Küstenhäfen. In Cape Palmas ist in den letzten Jahren ein kleiner Küstenhafen gebaut worden und in Greenville ein Hafen für die Dampfer der Afrikafahrt. Der letztere ist im Jahre 1959 fertiggestellt worden.

In Bran Bassa-Buchanan wird bis 1963 ein neuer großer Hafen für Erzverladung in Schiffe bis zu 50000 tdw mit einem Tiefgang bis zu 11,5 m und ein Stückgutkai geschaffen.

Auch im Hafen von Monrovia sind weitere Ausbaupläne für die Bewältigung des immer stärker anwachsenden Stückgutverkehrs in Aussicht genommen. Für die Erzverladung werden z. Z. zwei neue Piers gebaut.

2. Die Planung des Hafens

a) Das Ergebnis der Erkundung für die Auswahl des Hafens Greenville

Als sich die Afrikanische Frucht-Compagnie Laeisz & Co. entschloß, im Verwaltungsbezirk Sinoe County, rund 30 km von der Provinzhauptstadt Greenville entfernt, eine Bananenpflanzung anzulegen, deckte sich diese Absicht mit dem Entschluß der liberianischen Regierung, für die künftige Entwicklung der Sinoe County an der Mündung des Sinoe bei Greenville einen Seehafen anzulegen. Für die weitere Erschließung dieser Provinz ist neben dem Straßenbau auch der Sinoe-Fluß selbst von besonderer Bedeutung.

Auf Grund der örtlichen Erkundung durch den damaligen technischen Berater der Afrikanischen Frucht-Compagnie, Herrn Baudirektor Dr. Ing. Kressner, wurde folgendes festgestellt:

„Die Küste der Republik Liberia verläuft sehr gleichförmig in der Richtung SO—NW. Ein-buchtungen, die für die Anlage eines Hafens geeignet sind, befinden sich nur an wenigen Stellen. Bei Greenville befinden sich zwei solche Buchten (Abb. 2). Die erste nach NW geöffnete Bucht befindet sich unmittelbar nördlich des Felsens North-Point vor der Mündung des Sinoe-River. Sie

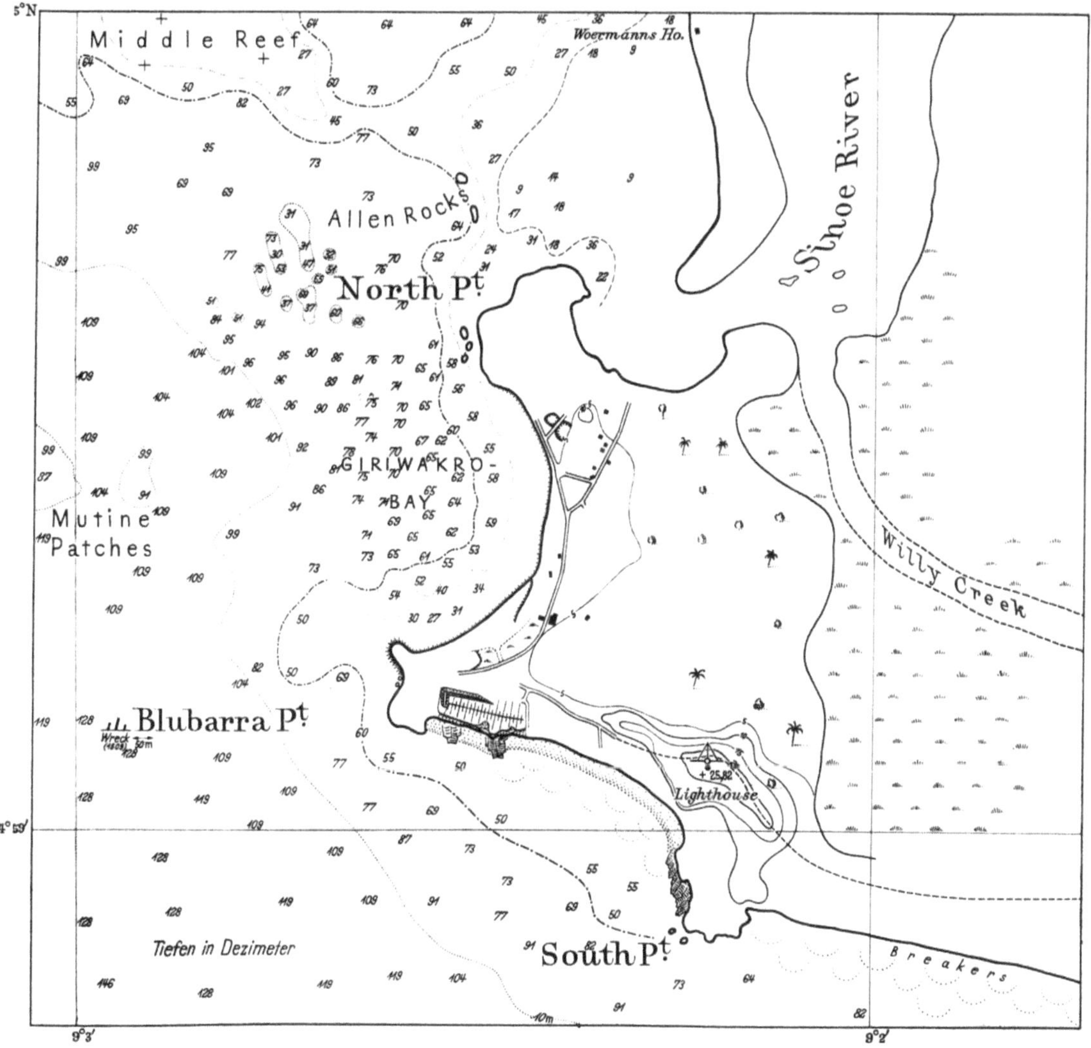

Abb. 2. Seekarte des Küstengebietes Greenville   (Seamap of Greenville coastarea)

kommt für einen Hafenbau nicht in Betracht. Die Wassertiefen sind hier so gering, daß eine Zu-fahrtsrinne gebaggert und der Hafen selbst vertieft werden müßte. Durch Baggerungen allein läßt sich jedoch der Seeboden nicht vertiefen, weil unter einer Sandschicht von wechselnder Stärke harter Felsboden vorhanden ist. Es müßten zur Beseitigung des Felsbodens umfangreiche und kostspielige Sprengungen vorgenommen werden. Dadurch würde aber das gewünschte Ziel nur vorübergehend zu erreichen sein, die vertieften Rinnen und die Schiffsliegeplätze im Hafen würden sehr schnell wieder versanden. Günstige Verhältnisse lagen dagegen in der Giriwakrobucht vor. Sie bot die einzige Möglichkeit für den Bau eines Hafens. Die Bucht ist für Seeschiffe erreichbar. Im Bereich der Zufahrt nördlich der Unterwasserfelsen Mutine Patches beträgt die Wassertiefe mindestens 5 Faden = 30'. Die Giriwakrobucht erstreckt sich von der Felsgruppe North-Point im Norden bis zur Felsgruppe Blue-Barra-Point im Süden. Die geradlinige Entfernung zwischen den beiden Ufervorsprüngen beträgt rd. 620 m.

Da die Bucht nach Nordwesten offen ist, müßte sie durch das Vorziehen eines Molenwellenbrechers gegen den Atlantikswell aus südwestlicher Richtung geschützt werden. Durch den stark gekrümmten Verlauf der Sinoemündung, die nach Norden durch die Allen-Rocks und nach Süden durch die Mutine Patches begrenzt wird, und durch die in der Strömung mitgeführten Sinkstoffmengen wäre die Gefahr der Versandung bzw. der Verschlickung dieses neuen Hafens zu vermeiden, wenn der Molenwellenbrecher die südliche Grenze des Strömungsverlaufes des Sinoe in das Meer nicht überschreiten würde.

Der Meeresboden besteht an der Oberfläche aus feinem Sand, der wenig Verunreinigungen aufweist. Unterwasserbohrungen sind nicht vorgenommen worden, doch lassen die Felsgruppen am Küstensaum und unterseeische Felsen vor North-Point den Schluß zu, daß unter dem Sand des Meeresbodens Fels in wechselnder Höhe ansteht.

Da die vorhandenen Seekarten Tiefenangaben in der Giriwakrobucht zwischen Blue-Barra und North-Point kaum enthielten, entschloß sich die Afrikanische Frucht-Compagnie, die von der liberianischen Regierung den Auftrag für die Durchführung des Hafenbaues erhielt, Anfang 1953 die Wassertiefen in engem Abstand in der Giriwakrobucht durch Handlotungen festzustellen. Es wurden im Bereich der zukünftigen Mole und des Hafens Tiefen von 7,2 bis 8 m unter Seekartennull festgestellt. Die Bodenfläche der Giriwakrobucht besteht aus Sand. Hindernisse wurden in der Bucht innerhalb der 7 m Tiefenlinie nicht angetroffen. Außerhalb der 6,5 m Tiefenlinie nach Land zu sind bei den Peilarbeiten auf dem Meeresgrund liegende grobe Steine festgestellt worden.

Der Zustand der Küste läßt an der Strommündung deutlich die Einwirkungen des Küstenstromes erkennen. Der Küstenstrom verläuft von NW nach SO (Guinea-Strom).

In dieser Richtung wird auch der Sand, den die schräg auf das Ufer zulaufenden Brandungswellen im Bereich des Unterwasserstrandes aufwühlen, bewegt. Das zeigt sich deutlich in der aus Sand bestehenden Nehrung, die den Fluß nach Süden abgedrängt hat, so daß seine Mündung sich unmittelbar an die festen Felsgruppen Sinora, Bell-Rock und North-Point herangezogen hat. Die Nehrung verändert ständig ihren Sandbestand.

In der Giriwakrobucht war keine Sandwanderung festzustellen, weil die dem North-Point vorgelagerten Unterwasserriffe Allen Rocks und Middle Reef die Bucht im Norden abschirmen und das ausströmende Flußwasser nach NW in Richtung auf North Reef abdrängen.

Aus der Küstenformation und der Lage der Strandstrecken ließ sich eindeutig auf die Richtigkeit der Annahme schließen, daß der Sand an der Küste von NW nach SO verfrachtet wird. Daß die Geschwindigkeit des Küstenstromes gering ist und das Wasser des Sinoe-Rivers die North-Point vorgelagerten Felsen Allen Rocks nicht umströmt und daher die Giriwakrobucht nicht erreicht, ließ sich schon vom Flugzeug aus gut beobachten. Diese Erkenntnis wurde einwandfrei bestätigt durch die Tatsache, daß die Sinkstoffe des Flusses sich am Strande vor dem Ort Greenville absetzen, nicht aber in der Giriwakrobucht. Da also die nach SO gerichtete Meeresströmung außerhalb der Felsengruppe Allen Rocks bleibt, besteht keine Versandungsgefahr für den geplanten Hafen, solange die Mole nicht weiter seewärts errichtet wird als vorgesehen ist. Dadurch fand sich auch die schon früher betonte Schlußfolgerung als bestätigt, daß die Anlage eines größeren Hafens mit weiter in die See vorgebauter Mole an dieser Stelle auf keinen Fall zu empfehlen ist. Ein großer Hafen würde erheblichen Versandungsgefahren ausgesetzt sein.

Im Innern der Bucht zwischen den felsigen Ufervorsprüngen und südlich Blue-Barra-Point sind Strandstrecken vorhanden, die scharfen Seesand aufweisen.

Der Küstensaum besteht aus welligem begrünten Gelände von mäßiger Höhe, aus dem die Felsgruppen North-Point, Blue-Barra-North-Point und etwa 1000 m weiter ostwärts South-Point bis zu rd. 20 m Höhe hervorragen (Abb. 3).

Blue-Barra-Point mußte als Ansatz und Schutz für die Molenwurzel erhalten und nur in geringem Maße planiert werden. Steinbrüche für die Gewinnung von Bruchsteinen sollten in North-Point und South-Point angelegt werden. Der Leuchtturm auf South-Point mußte jedoch erhalten bleiben.

Der etwas erhöhte Küstensaum ist etwa 300 m breit. Dahinter liegt niedriges, zum Teil sumpfiges, von Wasserläufen durchschnittenes Gelände.

Grundwasser könnte ohne Schwierigkeiten erbohrt werden.

Nördlich von North-Point mündet der Sinoe-River. In der Mündungsstrecke liegt eine Barre, die mit Brandungsbooten befahren werden kann. Die geringste Fahrwassertiefe auf der Barre beträgt 1,7 m. Das Schleppen von Fahrzeugen über die Barre ist wegen der dort ständig auftretenden Dünungswellen oft sehr schwierig.

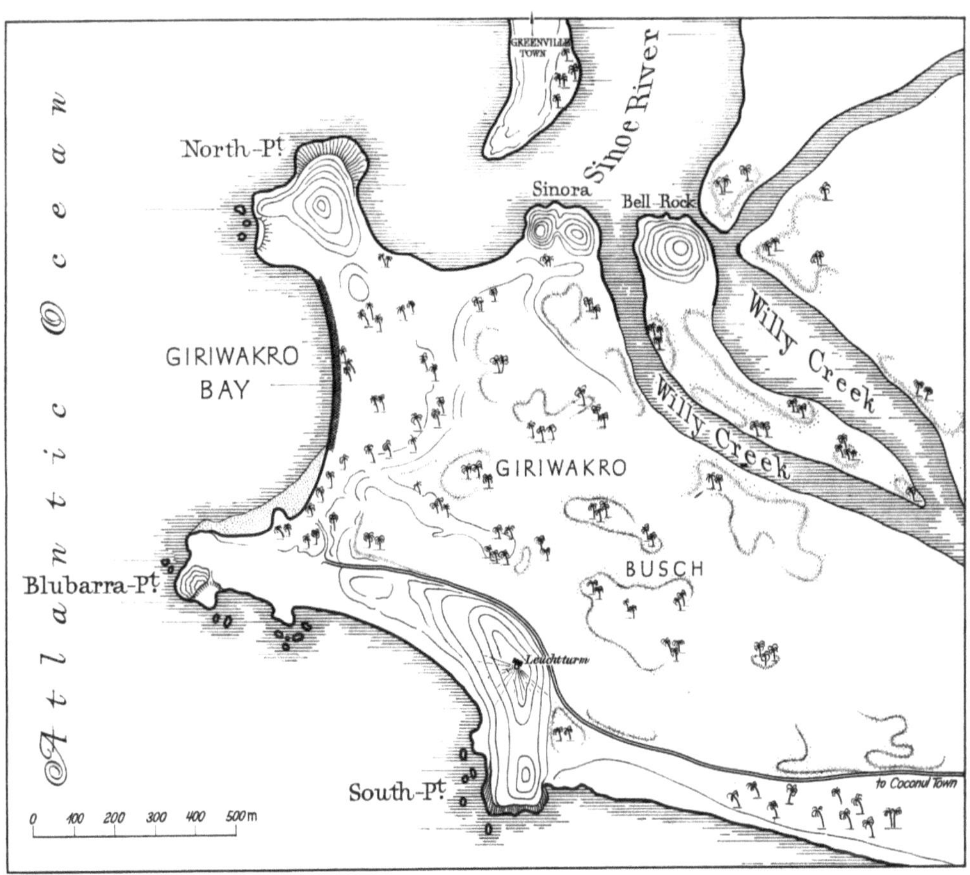

Abb. 3. Lageplan des Hafengeländes   (Situation plan of Harbour Area)

Es würde sich daher empfehlen, eine behelfsmäßige Löschanlage für das Anlanden der Baugeräte nicht in der Flußmündung, sondern im südlichen Teil der Giriwakrobucht selbst, etwa im Schutze der dort in das Wasser vorspringenden Felsnase, die wie eine natürliche Buhne wirkt, anzulegen.

b) Klimatische und hydrologische Verhältnisse

Allgemeine Wetterlage. In Liberia herrscht von Juni bis Oktober Regenzeit, vom November bis Mai eine Schönwetterzeit, in der jedoch häufig ebenfalls Niederschläge fallen. Das Klima ist tropisch.

Windverhältnisse. Vom Juni bis Oktober (Regenzeit) herrschen eindeutig Winde aus den Quadranten von Süd bis West vor; sie erreichen Geschwindigkeiten bis zu etwa 20 m/sec, wehen überwiegend auch nachts und in den frühen Morgenstunden aus diesen Richtungen und schwächen sich nur zur Nachtzeit ab. Winde, die über Stärke 7 nach der Beaufort-Skala hinausgehen, dürften kaum jemals auftreten.

Anders liegen die Verhältnisse in den Monaten November bis Mai. In dieser Zeit sind die Winde im allgemeinen schwächer. Tagsüber, meist aber erst von den Mittagsstunden ab, weht der Wind ebenfalls überwiegend aus Südost bis Südwest und West. In den Abendstunden flauen diese Winde ab, und nachts setzen sich Winde aus nordöstlicher und östlicher Richtung durch, die jedoch nur geringe Geschwindigkeiten, nur in einzelnen Fällen auf kurze Zeit bis 12 m/sec, erreichen.

Soweit festgestellt werden konnte, sind an der Küste Liberias stürmische oder gar orkanartige Winde zu keiner Zeit, auch nicht auf kurze Dauer aufgetreten.

Die Monate November bis Mai sind daher für die Ausführung von Seebauten die günstigsten.

Niederschläge. Nach Niederschlagsmessungen liegt die jährliche Niederschlagshöhe zwischen 3000 und 4000 mm; davon fallen rd. 70% während der Regenzeit. Die regenärmsten Monate sind Dezember bis April.

Küstenstrom. Die Küste von Liberia wird vom Guineastrom bespült, der hier von NW nach SO gerichtet ist. Im allgemeinen ist die Geschwindigkeit des Küstenstromes gering, sie beträgt selten mehr als 20 cm/sec.

Im Bereich der Baustelle sind die Strömungen durch Tiefen- und Oberflächenschwimmer untersucht worden. Bei Ebbe strömt das Wasser in der Tiefe von der Küste seewärts nach Westen ab und an der Oberfläche mehr parallel zur Küste nach Nordwesten. Die Strömungsgeschwindigkeiten sind gering. Strömungen in Richtung auf die Giriwakrobucht treten nicht auf. Das aus dem Sinoe-River ausströmende Süßwasser wird vom Landvorsprung North-Point nach Süden abgelenkt und von der Bucht ferngehalten.

Bei Flut läuft ein Küstenstrom mit mäßiger Geschwindigkeit, der vom Landvorsprung Blue-Barra-Point nach Nordwesten gelenkt und klar an der Giriwakrobucht vorbeigeführt wird. In der Bucht selbst treten nur schwache Nehrströmungen auf.

Sinkstoffe. Das Wasser in der Giriwakrobucht ist frei von Schweb- und Sinkstoffen, wie durch Trübemessungen festgestellt wurde. Das Flußwasser erreicht die Bucht nicht.

Sandwanderung. Durch Untersuchungen mit einer Sandfalle konnte festgestellt werden, daß keine Sandwanderung längs der Küste auftritt. Das erklärt sich aus den geringen Geschwindigkeiten des Küstenstromes.

Lediglich der Seegang führt zu geringen Sandverfrachtungen. Er wühlt den Sand auf und befördert ihn bei Ebbe in größerer Menge seewärts als bei Flut landwärts, weil die Strömung am Grunde bei Ebbe stärker ist als bei Flut.

Sandwanderungen können daher beim Hafenbau unberücksichtigt bleiben.

Gezeiten. Der Tidehub überschreitet an der freien Küste Liberias im allgemeinen nicht das Maß von 1,50 m. Durch Pegelbeobachtungen an der Sinoe-River-Mündung, die sich allerdings bisher nur über kurze Zeiträume erstreckt haben, ist ein größter Tidehub bei einer Springtide von 1,45 m gemessen worden.

Erkundungen über langjährige Beobachtungen lassen den Schluß zu, daß Sturmfluten, deren Höhe wesentlich über die Höhe der gewöhnlichen Springtide hinausgeht, an der liberianischen Küste nicht auftreten.

Wellen. Die unmittelbar an der Küste auftretenden Winde sind im allgemeinen zu schwach, um hohe Wellen entwickeln zu können. Trotzdem tritt fast ständig starker Seegang auf, weil durch Stürme über dem Atlantischen Ozean weitab von der Küste eine Dünung erzeugt wird. Die Dünungswellen erreichen häufig 2,0 m Höhe. Bei Sturmwetterlage auf dem Ozean muß mit Dünungswellen bis zu 4,0 m Höhe gerechnet werden. Die Hauptwellenrichtung ist überwiegend die südwestliche."

c) Die Vorplanung

Auf Grund dieser Erkundungsergebnisse wurde alsdann von Herrn Baudirektor Dr. Kressner ein Vorentwurf für den Hafen aufgestellt.

Die Lage und Linienführung der geplanten Mole sind aus dem Lageplan zu ersehen. Abweichend von diesem ersten Vorentwurf wurde jedoch die Mole um 20 m verkürzt (Abb. 4). Diese 20 lfdm Molenstrecke wurde am Nordende der Kaistrecke eingespart, so daß sich der Molenkopf um dieses Maß nach Süden verschob. In der Detailzeichnung der Mole ist diese Änderung bereits berücksichtigt. Die Mole von rd. 400 m Länge sollte einem Seeschiff von rd. 120 m Länge und rd. 20′ = 6,0 m Tiefgang einen gegen Seegang geschützten Liegeplatz mit 7,5 m Wassertiefe bei MTnw bieten. Außerdem sollten ein oder zwei Seeleichter an der Mole und einige Kleinfahrzeuge an einem Landungsponton liegen können. An der Binnenseite der Mole sollte eine Kaimauer von 150 m Länge in etwa gerader Flucht liegen, damit auch Schiffe von mehr als 120 m Länge den Kai aufsuchen können.

Die Liegeplätze für Leichterfahrzeuge sollten in einer Krümmung des Molenkais liegen.

Auf dem Molenkopf sollte der Unterbau (Betonturm, Stahlbetongerüst oder Stahlgerüst) für ein elektrisch zu betreibendes Leuchtfeuer, dessen Laterne 4,0 m über Kronenhöhe der Mole angebracht werden soll, errichtet werden.

Für die Beleuchtung der Fahrbahn auf der Mole sind Lichtmasten vorzusehen.

Die Bauweise der Mole ergibt sich aus dem dargestellten Schnitt (Abb. 5).

Der Dammkörper der Mole sollte aus Bruchsteinen hergestellt werden, und zwar im inneren Teil mit Stückgewichten von 10 bis 500 kg, im äußeren seeseitigen Teil von 500 bis 2000 kg. Diese Stückgewichte sollten möglichst genau eingehalten und beim Einbau darauf geachtet werden, daß in den Lagen der verschiedenen Stückgrößen die schwersten Steine nach außen und oben gelegt werden. Besonders an der 1 : 2 geneigten Unterwasserböschung der Molenaußenseite sollten 2000 kg schwere Steine als Abdecksteine an der Oberfläche liegen. Für die Gewinnung geeigneter Bruchsteine waren die Felsgruppen North-Point und South-Point vorgesehen. Das Material besteht aus

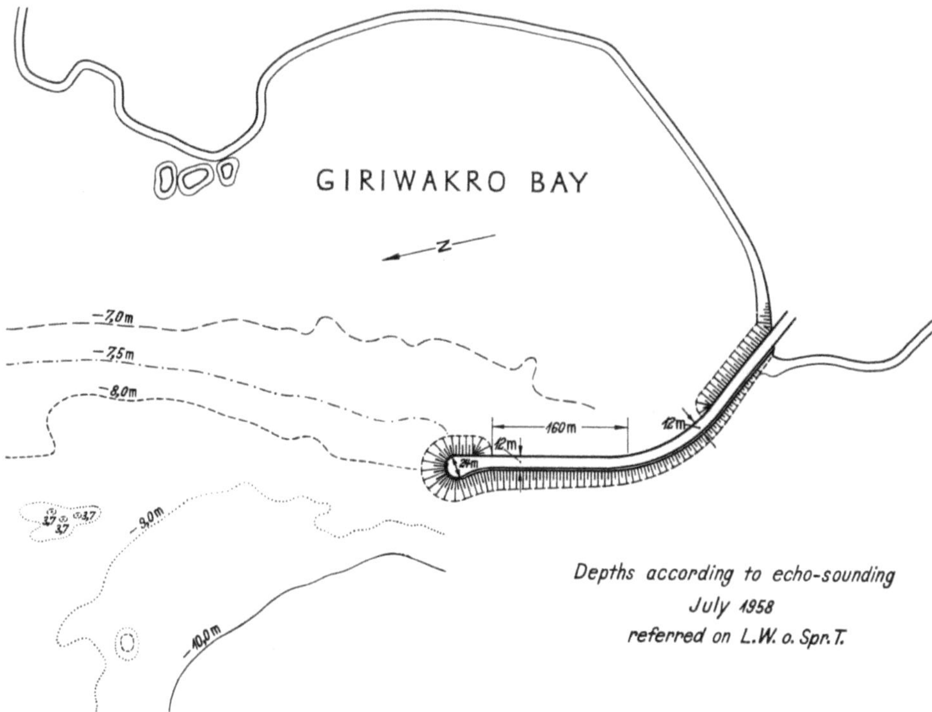

Abb. 4. Verlauf der Mole nach dem ersten Entwurf　(Lay out of mole according to first design)

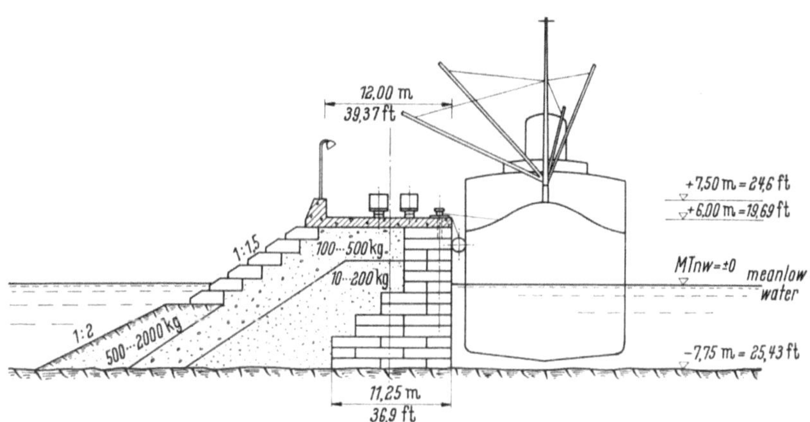

Abb. 5. Vorentwurf: Querschnitt durch die Mole mit Kai　(first design: crosssection of mole with quay)

Diorit, einem granitartigen Tiefengestein. Bei Abräumung der Felskuppen bis auf 6 m über dem Meeresspiegel als untere Grenze würden sich nach einer Schätzung in North-Point rd. 120 000 cbm und aus South-Point rd. 550 000 cbm feste Gesteinsmasse gewinnen lassen. Die letztgenannte Menge würde jedoch nicht voll ausgeschöpft werden können, da der Leuchtfeuerfelsen unangetastet bleiben sollte.

Der obere Teil der Böschung an der Außenseite der Mole und rings um den Molenkopf war mit 20 t schweren Betonblöcken zeichnungsgemäß abzudecken. Während in der Molenaußenböschung in den Krümmungsstrecken mit 150 bzw. 120 m Krummungshalbmesser für die Blöcke normale Form mit parallelen Seitenflächen vorgesehen war, sollten die in der Krümmung des Molenkopfes verlegten Blöcke dem Krümmungshalbmesser durch konische Grundrißgestaltung angepaßt werden. Der Beton sollte dicht sein und auf feste Masse umgerechnet 300 kg Zement/cbm enthalten. Beim Verlegen der Betonblöcke sollte sorgfältig darauf geachtet werden, daß die Auflageflächen der Bruchsteinschüttung gut abgeglichen werden, so daß unter den Betonblöcken keine größeren Hohlräume verbleiben.

Die Kaimauer mit Oberkante auf + 6,0 über SpTnw war aus Betonblöcken, deren Stückgewicht ebenfalls 20 t beträgt, geplant. Die Blöcke mit lotrecht durchgehenden Hohlschächten sollten in ganzer Höhe der Mauerkonstruktion nach Einführung einer Stahlbewehrung vergossen werden. Die Kaimauerblocksteine sollten in einwandfreiem Verband mit waagerecht verlaufenden Schichten versetzt werden. Unebenheiten im Meeresgrund wären vor dem Verlegen der untersten Schicht erforderlichenfalls mit Taucherhilfe auszugleichen.

Die Brüstungsmauer auf der Molenkrone sollte abweichend von der Darstellung auf der Zeichnung mit lotrechter Außenwand versehen werden.

Für die Betonfahrbahn auf der Molenkrone in rd. 12 m Breite war eine durchgehende Bewehrung aus Baustahlgewebe mit Trennfugen und für die Fahrbahndecke ein Gefälle nach der Binnenseite vorgesehen, so daß Regen- und Spritzwasser abfließen können. Schmalspurgleise aus Rillenschienen würden in die Betondecke der Fahrbahn eingebettet werden. Im Bereich der Weichen wären die Schienen zwischen Holzstreifen zu verlegen.

Sand für die Betonbereitung ist an der Küste in unmittelbarer Nähe der Baustelle in ausreichenden Mengen vorhanden.

Splitt verschiedener Korngröße und Schotter für die Betonbereitung ist durch Brecheranlagen in den Steinbrüchen bei der Gewinnung der Bruchsteine als Nebenprodukt aus dem Felsvorkommen zu beschaffen.

Die Landeanlage für Kleinfahrzeuge an der Innenböschung der Molenwurzel sollte einfachen Ansprüchen genügen und entsprechend einfach konstruiert sein.

Auf Grund dieser Vorplanung wurden alsdann Ende 1953 die Arbeiten beschränkt ausgeschrieben. Der Zuschlag wurde im August 1954 an die billigst anbietende Firmengemeinschaft Lenz-Bau-AG/ Aug. Prien, Hamburg, (Arge Sinoe) erteilt, nachdem der technische Berater, Herr Baudirektor Dr. Kressner, im August 1954 noch einmal eingehend mit den maßgebenden Herren der Firmengemeinschaft das Hafengelände besichtigt hatte. Diese Besichtigung bestätigte die bisherigen Erkundungsergebnisse und ergab noch folgende ergänzende Feststellungen:

„Die Planung eines Hafens vor der Giriwakrobucht muß auf eine bestimmte Größe beschränkt bleiben. Die Ausdehnung der Hafenanlagen ist abhängig von folgenden Überlegungen:

Die von Blue-Barra-Point zum Schutze der Bucht vorzustreckende Mole darf die Linie Blue-Barra-Point—Allen Rocks seewärts nicht wesentlich überschreiten. Sie darf also nicht in nordwestlicher Richtung auf die Felsengruppe Mutine Patches geführt werden, weil sie in diesem Falle die am Küstensaum entlang wandernden Sandmengen auffangen würde. Der von der Mole aufgefangene Sand würde sich im Hafen ablagern und seine Benutzbarkeit unmöglich machen. Es muß unbedingt dafür gesorgt werden, daß der wandernde Sand zwischen der Unterwasserfelsengruppe Mutine Patches und Blue-Barra-Point nach SO abtreiben kann. Die Hafenmole kann also nur von Blue-Barra-Point ausgehend in einem Bogen nach Norden geführt werden. Dadurch ergibt sich eine Begrenzung der Wasserfläche, die für den Hafenausbau zur Verfügung steht.

Der von der Afrikanischen Frucht-Compagnie geplante Molenbau sichert die maximale Ausnutzbarkeit der Giriwakrobucht als Seeschiffhafen. An der Innenseite dieser Mole kann ein Schiffsliegeplatz für ein 150 m langes Schiff mit 24′ Tiefgang geschaffen werden. Ein weiterer Liegeplatz für ein gleich großes Schiff läßt sich an der Westseite eines im Innern des Hafens und im Schutze der Mole nach Norden vorgestreckten Piers ausbauen. An der Ostseite dieses Piers ließe sich ein dritter Schiffsliegeplatz schaffen, der für ein Schiff von 120 m Länge und 21′ Tiefgang ausreicht.

Da die Wassertiefen in der Zufahrt zum Hafen nördlich Mutine Patches von See her auf 30′ unter MTnw abnehmen und ein- oder auslaufende Schiffe bei herrschendem Seegang mindestens 6′ Wasser unter dem Kiel brauchen, um vor Grundberührungen sicher zu sein, können zu jeder Tageszeit nur Schiffe mit maximal 24′ Tiefgang den Hafen erreichen. Bei mittlerem Tidehochwasser beträgt die Wassertiefe 3 bis 4′ mehr. Eine durch Baggerung vertiefte Zufahrtsrinne würde sich nicht halten, sie würde sehr schnell wieder versanden.

Schlußfolgerung. Der von der Afrikanischen Frucht-Compagnie geplante Molenbau läßt sich aus wasserbautechnischen Gründen nicht wesentlich seewärts verschieben. Damit ist die zu schaffende Hafenfläche in ihrer Größenausdehnung bestimmt. Durch den Bau eines Piers im Schutze der Mole und im Innern des Hafens würde die Ausbaumöglichkeit erschöpft sein.“

d) Der erste grundlegende Plan für die Bauausführung

Im November 1954 wurde alsdann nochmals von Herrn Baudirektor Dr. Kressner zusammen mit den Vertretern der Arbeitsgemeinschaft eine örtliche Besichtigung vorgenommen. Das Ziel der Reise war ein zweifaches:

„1. festzustellen, ob sich der Molenbau wie geplant durchführen läßt, oder ob auf Grund von Feststellungen an Ort und Stelle Änderungen des Entwurfs grundsätzlicher Art oder konstruktiver Einzelheiten wünschenswert oder notwendig sind;

2. den Baubeginn vorzubereiten und über die Baustelleneinrichtung, die Bauverfahren, die Beschaffenheit der an Ort und Stelle zu gewinnenden Baustoffe, die Wetterbedingungen, die Einsatzmöglichkeiten einheimischer Arbeiter und die Arbeitsbedingungen Klarheit zu gewinnen sowie mit den maßgebenden Regierungsstellen der Republik Liberia Fühlung aufzunehmen.

Besonders eingehend wurde dabei die Beschaffenheit der Felsvorkommen untersucht. Es ergaben sich keine Anhaltspunkte, daß dem Entwurf des Molenbauwerkes irgendwelche irrigen Annahmen zugrundegelegt worden sind. Alle von der Afrikanischen Frucht-Compagnie angestellten oder veranlaßten Voruntersuchungen sowie die von der liberianischen Regierung gelieferten Planungsgrundlagen wurden durch die örtlichen Feststellungen bestätigt gefunden.

Die genannten Beobachtungen lassen den sicheren Schluß zu, daß in grundsätzlicher Beziehung an dem aufgestellten und der Vergabe zugrunde gelegten Bauentwurf nichts geändert werden sollte. Linienführung und Länge der Mole sind richtig gewählt und stellen die optimale Lösungsmöglichkeit dar. Auch der Ansatzpunkt der Molenwurzel ist günstig gewählt, weil an dieser Stelle die vorhandenen festen Felsvorsprünge der Gruppe Blue-Barra-Point einen sehr willkommenen natürlichen Schutz gewähren.

Am Strande in der Giriwakrobucht und zwischen Blue-Barra- und South-Point wurden Sandproben und im Bereich der Baustelle Süßwasser- und Seewasserproben entnommen. Die Proben wurden von der Arge Sinoe zur Untersuchung gegeben, von deren Ergebnis geeignete Maßnahmen zur Herstellung eines dichten seewasserbeständigen Betons abhängig sein werden.

Die eingehend besichtigten Felsgruppen in North-Point und Blue-Barra-Point zeigen ein sehr festes Gestein mit nur wenigen Quarzadern und Verwerfungsfugen. Der Leuchtturmhügel bei South-Point ist von Boden und Vegetation bedeckt, so daß an dieser Stelle das Gestein nicht zutage tritt und deshalb noch nicht genauer untersucht werden konnte. Es ist aber anzunehmen, daß auch hier nach Abräumung der weichen Bodenschicht Gestein von gleicher Güte zur Verfügung steht. Der Befund über die Beschaffenheit und Struktur des Felsvorkommens ist erheblich günstiger als bei der Entwurfsaufstellung angenommen werden konnte. Während bei der Entwurfsaufstellung von der Annahme ausgegangen wurde, daß sich Felsblöcke von mehr als 2 bis 3 t Gewicht beim Sprengen nicht gewinnen lassen würden, hat die Besichtigung zu der Er-

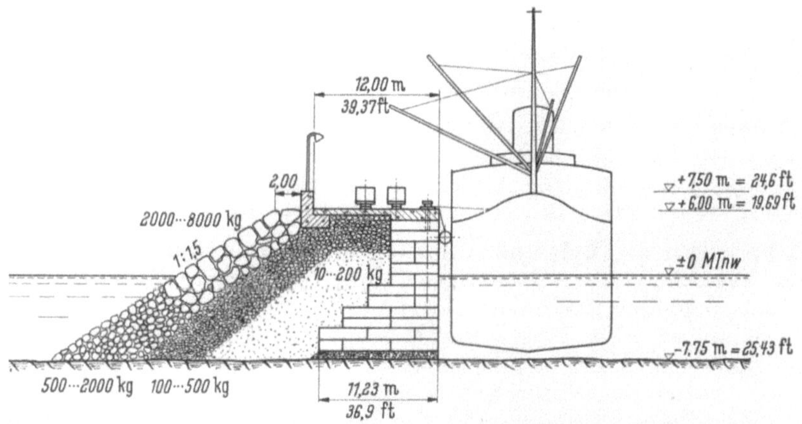

Abb. 6. Der erste grundlegende Entwurf: Querschnitt durch die Mole mit Kai
(Second design: cross-section of mole with quay)

kenntnis geführt, daß aus dem einheitlichen Felsen Stücke von mehreren Kubikmetern Volumen mit 8 oder 10 t Gewicht herausgesprengt werden können.

Dieser Befund ermöglicht eine Änderung des bisher geplanten Molenquerschnittes. Vorgesehen war eine Schutzschicht an der Außenböschung unter Wasser aus Felsen von 0,5 bis 2 t Gewicht und über Wasser aus 20 t schweren Betonblöcken mit geneigten Außenflächen. Zu dieser Lösung hatte die Überlegung geführt, daß in Ermangelung von Felsen, die den Wellen durch ihr Gewicht ausreichenden Widerstand zu leisten vermögen, die Energie der Wellen durch Auflaufen auf eine glatte Böschungsfläche vernichtet werden müsse. Dabei mußte in Kauf genommen werden, daß bei schwerem Seegang gewisse Wassermengen über die Brüstungsmauer der Mole schlagen würden.

Der günstige Befund über die Felsvorkommen ermöglichte eine bessere Lösung (Abb. 6). Die Mole an der Seeseite sollte mit einer starken Schutzschicht aus 2 bis 8 t schweren Felsen abgedeckt werden. Diese Schutzschicht sollte bis auf 3 m unter den Wasserspiegel des Meeres heruntergeführt werden, damit der starke Sog der zurückfließenden Wellen im Bereich der schweren Blöcke bleibt. Das Neigungsverhältnis der Schutzschicht sollte 1 : 1,25 betragen. Unter der Höhe — 3,0 m sollte der Fuß der äußeren Schutzschicht aus kleineren Blöcken von 0,5 bis 2,0 t Gewicht mit einer Böschungsneigung 1 : 2 geschüttet werden.

Bei dieser Bauweise wird die Energie der Wellen in der Weise vernichtet, daß die auflaufenden Wassermassen von den Hohlräumen der Schutzschicht verschluckt werden. Ein hohes Auflaufen der Wellen wird dadurch verhindert. Andererseits gewährleistet die Belastung der schweren Blöcke durch die darüberliegenden ihre sichere Lage, so daß sie von den anprallenden Wassermassen nicht verschoben oder herausgerissen werden.

Auf Grund dieser Feststellungen war der Querschnitt der Mole insofern geändert worden, als anstelle der an der Außenböschung einzubauenden schweren Betonblöcke das genügend anstehende Felsmaterial verwendet wurde."

e) Das Ergebnis der Erfahrungen beim Beginn der Molenschüttung

Anfang des Jahres 1955 wurde mit der Baustelleneinrichtung begonnen und alsdann die vorbereitenden Arbeiten für den Straßenbau, Felssprengungen und Transport der Felsblöcke zur späteren Mole aufgenommen. Als rd. 100 m Mole geschüttet waren, wurden im April durch hohe Dünungswellen rd. 1360 cbm Schüttgestein, im Mai wiederum 1200 cbm und im Juli erneut 2750 cbm Schüttung aus dem Molenbauwerk fortgerissen. Diese Erfahrungen zeigten daher, daß man mit dem leichteren Felsmaterial seewärts der Wellenbrecher nicht zur Durchführung gelangen konnte.

Infolge des überaus schlechten Gesundheitszustandes des Herrn Baudirektor Dr.-Ing. Kressner wurde alsdann auf dessen Empfehlung der Verfasser von der Afrikanischen Frucht-Compagnie Mitte September 1956 für die weiteren Arbeiten hinzugezogen.

Die Verhandlungen mit Herrn Dr. Kressner, den maßgebenden Herren der Afrikanischen Frucht-Compagnie und der Arge Sinoe ergaben dann die Notwendigkeit, nochmals eine eingehende Besichtigung der Baustelle durchzuführen, um sich über folgende Punkte der weiteren Baudurchführung Klarheit zu verschaffen:

1. Änderung der Arbeitsweise beim Vortrieb der Mole und Änderung in der Anordnung von schwereren und leichteren Felsblöcken;

2. Überprüfung der Felsvorkommen;

3. Molenführung und Kaimauerbauweise;

4. Tiefenverhältnisse im Hafen.

Die Besichtigung der Baustelle und des Geländes wurde alsdann vom Verfasser gemeinsam mit den maßgebenden Vertretern der Afrikanischen Frucht-Compagnie und der Arge Sinoe im Oktober 1956 durchgeführt. Diese Besichtigung hatte folgendes Ergebnis:

Änderung des Vortriebes der Mole und Änderung in der Anordnung von schwereren und leichteren Felsblöcken. Bei dem starken Atlantikswell war eine sichere Baudurchführung der an der Innenseite der Mole liegenden Kaimauer mit 25 t Betonblöcken nur gewährleistet, wenn ein Wellenbrechervordamm rd. 60 m jeweils vorgetrieben wurde (s. auch Abb. 11). Dieser Wellenbrechervordamm mußte eine Kronenbreite von rd. 7 m erhalten und mindestens auf + 4,5 m über SpTnw liegen, damit die schweren Felskipper aneinander vorbeifahren konnten, um ein ungestörtes Vortreiben dieses Vordammes zu ermöglichen. Das hierfür erforderliche Felsmaterial mußte beim Kippen so verteilt werden, daß die 6 bis 8 t schweren Felsblöcke auf der seeseitigen Hälfte und die rd. 2 t schweren Felsblöcke auf der binnenseitigen Hälfte zu liegen kamen. Die seeseitige Böschung sollte möglichst eine Neigung von 1 : 1,5 bis 1 : 2 erhalten und später durchgehend von der Meeressohle aus auf 1:2 abgeglichen werden. Diese Maßnahme hatte später zur Folge, daß sich innerhalb dieser 60-m-Strecke eine Abschwächung der schweren Dünung für die Arbeiten auf der Innenseite auf nur 50 bis 80 cm Höhe ergab.

Überprüfung der Felsvorkommen. Die im Laufe des Jahres 1956 von der Arge Sinoe durchgeführte Prüfung der Felsvorkommen mit Hilfe von Schachtabtäufungen führte dann auf Grund der eingehenden Besichtigungen im Oktober 1956 zu folgendem Ergebnis:

Im Westteil des South-Point war das Felsvorkommen in sehr hohem Maße von Laterit überdeckt, so daß an dieser Stelle genügender Fels nicht anstand.

Der begonnene Abbruch des Blue-Barra-Felsens wurde eingestellt, da diese Felsengruppe bestehen bleiben mußte, um die Molenwurzel und die hinter diesem Felsen später anzuordnenden

Speicher vor dem Wellengang und den Wellenspitzen zu schützen. Das Felsvorkommen am North-Point ergab nicht die genügende Menge an Fels, da diese Felsengruppe im mittleren Teil ebenfalls von starken Lateritschichten überdeckt war. Außerdem war durch die erforderlich werdende größere Breite der Mole für die endgültige Ausführung eine größere Felsmenge notwendig (s. auch Abb. 3).

Es mußten daher die in einer Entfernung von rd. 1,5 bis 2 km von der Molenbaustelle entfernt liegenden Felsgruppen am Sinora und am Bell-Rock hinzugezogen werden. Um den Fels am Bell-Rock zu gewinnen, mußte die breitere Mündung des Willy-Creek mit Hilfe eines Felsschüttdammes überquert werden. Eine Stauung bzw. Überflutung dieses Dammes war nicht zu befürchten, da die ein- und ausströmenden Wassermengen durch die seinerzeit nur schmale zweite Mündung diese erheblich verbreitern und vertiefen würde. Eine Annahme, die sich später als richtig herausstellte. Diese neuen Felsvorkommen gewährleisteten, daß in genügendem Umfange 6 bis 8 t schwere Felsblöcke gewonnen werden konnten.

Molenführung und Kaimauerbauweise. Um hinsichtlich der Molenführung sicherzugehen, wurde auf Empfehlung des Verfassers mit Zustimmung der liberianischen Regierung ein Modellversuch angeordnet, über den im nächsten Kapitel noch berichtet wird. Nach eingehenden Verhandlungen mit der liberianischen Regierung wurde von dem bislang vorgesehenen Güterabtransport von der Mole mit einer Schmalspurbahn Abstand genommen und nur Lkw-Verkehr vorgesehen, zumal auch die spätere Erschließung der Sinoe County nur durch Straßen erfolgen sollte.

Die einzige Möglichkeit, bei den schweren Niederschlägen die Güter während des Umschlags vom und zum Schiff vor Witterungseinflüssen zu schützen, bildete der Bau eines rd. 10 m breiten Stückgutschuppens auf der Mole selbst hinter dem Seeschiffskai. Da sich allein schon aus der neuen Vortriebsweise Wellenbrecherschutzdamm und Kaimauer die Verbreiterung des Molenkais von bisher 12 m auf rd. 27 m ergab, bestand für die spätere Anordnung eines Stückgutschuppens keine Schwierigkeit. Der Seeschiffskai wurde in gerader Flucht auf rd. 180 m verlängert und der nach der Molenwurzel im stumpfen Winkel sich anschließende Leichterkai wurde in gerader Flucht mit einer Länge von rd. 65 m angeordnet, statt bisher in einer Krümmung (s. auch Abb. 9). Die Oberkante der Mole wurde auf $+ 5,50$ m über SpTnw gelegt, weil diese Höhe wegen des Abfangens der schweren Dünungswellen unbedingt notwendig war und außerdem diese Kaihöhe den Vorteil hatte, daß der Kranführer des für den Umschlag vorgesehenen Straßenkranes auch bei hochbordigen Schiffen in die Luken der Seeschiffe Einsicht behält.

Um die Molenfläche vor überkommenden Wellenspritzern zu schützen, war auf der schar liegenden Strecke des Wellenbrechers in etwa 1 m Entfernung von Oberkante auf $+ 5$ m eine schwere Schutzmauer aus den 25 t-Blöcken in 3 m Höhe vorzusehen. Sie fiel dann auf dem Rest der Molenstrecke, wo die Wellen mehr tangential auflaufen, auf 2 m ab.

Tiefenverhältnisse im Hafen. Da die Tiefenverhältnisse in der Giriwakrobucht und in der späteren Hafenfläche bislang nur durch Handlotungen ermittelt wurden, wobei die Bezugnahme auf SpTnw immerhin ungenau blieb, wurde der Vorschlag angenommen, dieses Gebiet einschließlich des vor dem Hafen liegenden Wendekreises mit Hilfe eines Echolotes genau zu überprüfen (s. auch Abb. 8).

Diese Ergebnisse wurden dann zusammen mit Herrn Baudirektor Dr. Kressner, der Leitung der Afrikanischen Frucht-Compagnie und der Arge Sinoe eingehend wegen der finanziellen Folgen erörtert und auf Grund der positiv verlaufenden Modellversuche die Zustimmung erteilt. Die neuen für die Bauausführung maßgebenden Pläne wurden alsdann im Büro des Verfassers aufgestellt, von den beiden technischen Beratern der Afrikanischen Frucht-Compagnie unterschrieben und vom Verfasser dem Department of Public Works and Utilities in Monrovia vorgelegt und eingehend begründet. Daraufhin erteilte die liberianische Regierung ihre Genehmigung.

f) Das Ergebnis der Modellversuche

Die obigen Vorschläge wurden alsdann durch einen eingehenden Modellversuch im Franzius-Institut für Wasserbau und Grundbau, Hannover, durch Herrn Professor Dr.-Ing. Hensen Ende des Jahres 1956 überprüft und hierfür die neue Lage der Mole mit dem verbreiterten Molenquerschnitt und der geänderten Felsschüttung zugrunde gelegt.

1. Umfang der Modellversuche

Im einzelnen sollten folgende Fragen durch die Modellversuche geklärt werden:

A. Welche Wellenhöhen entstehen bei der vorherrschenden Wellenrichtung aus Süd bis Südwest hinter der Mole an den Schiffsliegeplätzen?

B. Welche Form des Molenkopfes ist bezüglich der Wellendämpfung unter Berücksichtigung nautischer Gesichtspunkte am günstigsten?

C. Ist die seeseitige Böschung der Mole in ihrer geplanten Form standfest oder bedarf sie einer Fußsicherung?

D. Reicht eine 1,50 bis 2 m starke Schotterlage unter dem Seeschiffs- und Leichterkai aus, wobei diese Schotterlage nur um 1 m vor den Kai vorgezogen wird und dann in einer Böschung von etwa 1 : 1,25 auf eine Stärke von 0,75 bis 1 m ausläuft?

E. Wie groß wird der Wasserüberdruck hinter der Blockpackung am Liegeplatz der Seeschiffe (an der Hafenseite der Mole) bei schwerer Brandung seeseitig und Dünung am Liegeplatz?

F. Besteht die Gefahr einer Versandung oder Kolkung während der Bauzeit und nach Fertigstellung der Mole?

G. Besteht durch den Bau der Mole die Gefahr eines auch nur teilweisen Abfangens der Sinkstoffe des an der Küste entlangstreichenden Wassers aus dem Sinoe-River und muß gegebenenfalls eine Gegenleitmole errichtet werden, um das Eindringen von Sinkstoffen in den Hafen zu verhindern?

Die Modellversuche sowie ihre Aufgaben und Ergebnisse wurden laufend zwischen Professor Dr. Hensen und dem Verfasser erörtert.

2. Ergebnis der Modellversuche

In dem obigen mit Herrn Professor Dr. Hensen gemeinsam erarbeiteten Versuchsprogramm gehören die Fragen A und B ursächlich zusammen, ihnen sind die Fragen F und G angehängt worden. Von den drei in Abb. 7 gezeigten Molenformen ist der Grundkörper bis Station 350 in

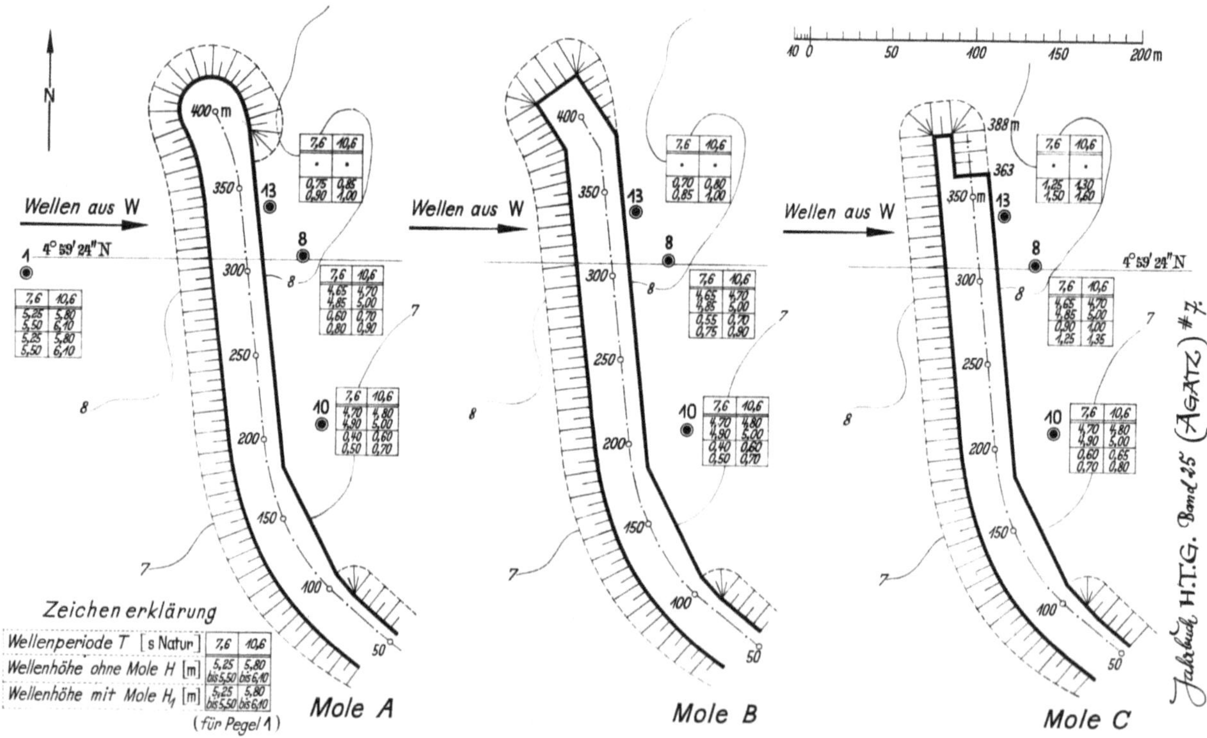

Abb. 7. Die drei Molenkopfausbildungen für den Modellversuch mit Wellenhöhen bei verschiedener Ausbildung
(Three types of mole head)

allen drei Fällen gleich, unterschiedlich ist die Ausbildung der Kopfform. Mole „A" mit dem nach See hinaus abgeknickten und sich verbreiternden halbrunden Kopf entspricht dem ersten Entwurf.

Wellenhöhen im Hafen. Die Versuche ergaben im Wesentlichen: Die Molenform „A" stellt für beide Wellenrichtungen (Südwest und West) mit einer maximalen Wellenhöhe von 4,5 m vor dem Molenkopf einen guten Hafenschutz dar. Für Wellen aus Südwest ergeben sich am Seeschiffskai Restwellen zwischen 7 und 8% der Ausgangswellen.

Entscheidend war folgende Feststellung: Der runde Kopf gestattet den Wellen ein Hineinlaufen in den Hafen, er wirkt als Ausgangspunkt der Wellenbeugung im Hafen nicht so stark wie es ein eckiger Kopf tun würde.

Aus dieser Feststellung heraus wurde die Mole „B" entwickelt, und zwar mit folgendem Versuchsergebnis: Bezogen auf die Wellenunruhe im Hafen ist die Mole „B", ohne länger zu sein, der Mole „A" gleichwertig. Der Kopf ist eckig ausgebildet worden, wodurch die Wellenbeugung abrupter gestaltet und das Hineinlaufen der Wellen in den Hafen verhindert wird.

Es sei darauf hingewiesen, daß durch eine flachere Böschungsneigung am Kopf der Mole „B" etwa ab Station 350 als weitere Verbesserung erreicht wurde, daß die bei Südwestwellen auftretende Konzentration der Wellen infolge des Knicks in der Außenflucht vermindert wurde und die Menge des über die Mole schlagenden Wassers auf ein Minimum gebracht werden konnte.

Die aus den Versuchen an den Molen „A" und „B" sich ergebenden Erkenntnisse gaben Veranlassung, noch einen weiteren Typ, die Mole „C", untersuchen zu lassen. Idee dieses dritten Vorschlags war die offensichtlich mögliche Ersparnis an Schüttgut im Kopf bei Wassertiefen von — 8 bis — 8,5 m und die geringere Gefährdung des Kopfes bei geradliniger Führung der seeseitigen Böschung, denn die Feststellung überschlagender Wassermengen bedeutet vom Bauwerk her gesehen, ja eine stärkere Belastung und somit Gefährdung gegenüber den ersten 350 m der Mole.

Hinsichtlich der Mole „C" stellt der Versuchsbericht fest: „Die Mole wird in der alten Form bis Station 360 geführt, um dann auf eine Kronenbreite von 10 m zurückzuspringen. Der schmale Molenteil ist für die Untersuchungen 25 m lang gebaut worden, die Mole „C" entspricht dem letzten Vorschlage von Professor Dr. Agatz; sie ist nautisch einwandfrei und außerdem die wirtschaftlichste Lösung.

Durch das Zurückspringen der Molenspitze wird sowohl der Knick in der Außenböschung und die zu seiner Beseitigung höhere Menge an Natursteinblöcken als auch die über die Kailinie hinaustretende Innenböschung vermieden.

Die Wellendämpfung hinter der Mole ist allerdings wegen der Verkürzung der Mole um rd. 30 m nicht so gut wie die bei den Molen „A" und „B". Die Wellenhöhen an den Kais liegen um rd. 50% höher als bei den Molen „A" und „B". Wenn auch die Untersuchungen für Wellen aus West durchgeführt worden sind, so ist es doch leicht möglich, die Beziehungen zu Wellen aus Südwest herzustellen.

Damit wären die Wellenhöhen bei Wellen aus Südwest am

<table>
<tr><td>Pegel 8</td><td>Pegel 10</td></tr>
<tr><td>T = 7,6 sec : 62 bis 85 cm</td><td>T = 7,6 sec : 53 bis 62 cm</td></tr>
<tr><td>T = 10,6 sec : 44 bis 60 cm</td><td>T = 10,6 sec : 40 bis 50 cm</td></tr>
</table>

Eine weitere Verbesserung wird später bei einer Verlängerung der Molenspitze erreicht werden.

Kolkungen und Versandungen. Im Modellversuch wurden Kolkungen und Versandungen festgestellt, die nach kritischer Überprüfung ihre Ursachen vor allem in der begrenzten Maßstäblichkeit der Versuche finden:

Der baustellenseitig entnommene Sand weist einen ziemlich hohen Grobsandanteil auf, der der Fortbewegung durch die Wellen einen größeren Widerstand entgegensetzt als der feine Modellsand. Es werden daher in der Natur die im Modell festgestellten Entwicklungen nicht mit gleicher Intensität eintreten. Der in der Natur von Nordwest nach Südost setzende Küstenstrom, die Drehung des Windes und der Wechsel in den Wellenhöhen und Wellenlängen wird auf die im Modell beobachtete Sandanhäufung und Sandwanderung von großem Einfluß sein. Nach den geographischen Gegebenheiten und den Modelluntersuchungen zu urteilen, besteht die Gefahr einer Kolkung nicht, die einer Versandung nur in sehr extremen Fällen, wie sie in der Natur jedoch wahrscheinlich nicht auftreten werden. Für den endgültig geplanten Zustand (Molenkopf bei Station 400) traten bei Wellen aus West geringfügige Auflandungen sowohl an der Molenwurzel als auch an der Krümmung bei Station 150 auf.

Mögliche Verschlickung des Hafens durch den Sinoe-River. Die Versuche ergaben eindeutig folgende Tendenz: Kleine Oberwassermengen und große Küstenstromgeschwindigkeiten lassen geringe Oberwassermengen in den Hafen gelangen. Da bei geringem Oberwasser der Strom aber auch kaum nennenswerte Mengen an Sinkstoffen mitführen wird, ist dieses Wasser auch in größeren Mengen unschädlich. Bei großen Wassermengen aus dem Sinoe-River besteht keine Gefahr, daß sinkstofführendes Wasser unmittelbar in den Hafen gelangt, selbst nicht bei hohen Geschwindigkeiten des Küstenstromes, da das Flußwasser weit nach Nordwesten in See hinausläuft. Durch die (sehr langsam drehenden) Primär- und Sekundärwalzen gelangt wohl von Süden her Flußwasser in den Hafen, dieses wird aber nach den langen Wegen, die es zurückgelegt hat, keine nennenswerten Sinkstoffmengen mehr mitführen. Eine Gegenleitmole ist unter den gegebenen Umständen nicht notwendig, sie würde auch keine Verbesserung der an sich befriedigenden Verhältnisse bringen, vielmehr eher die Schiffahrt behindern.

Untersuchungen der Standfestigkeit der Mole. Die Standsicherheitsuntersuchungen wurden mit Wellen von einer Periode T = 7,67 und 10,7 sec durchgeführt. Die Wellenlängen L schwanken dabei zwischen 73 und 81 bzw. 99 und 112 m. Es wurden Wellenhöhen H von 0,50 bis 4 m am Fuße der Böschung untersucht. Diese Wellen steilten sich beim Auflaufen auf die Böschung — ohne zu brechen — bis 5,75 m auf, entsprechen also dem Wellenhöhenbereich, wie er nach Angaben im Gebiet des Hafens gelegentlich auftritt. Die seeseitige Böschungsneigung der Molenschüttung betrug 1 : 1,5. Für Wellen von 81 m Länge und 5,75 m Höhe über der Böschung und Wellen von 112 m Länge und 4,95 m Höhe über der Böschung wurde die Molenkrone zerschlagen und es stellte sich ein Böschungsprofil von rd. 1 : 2 ein. Die Betonbrüstungsblöcke wurden verschoben und deren obere Blocklage nach innen gekippt. Es zeigte sich, daß als erste die leichteren Felsblöcke aus dem Verband gerissen wurden, die schwereren Blöcke rutschten dann nur durch die Schwerkraft nach, Kolkungen am Böschungsfuß wurden nicht festgestellt. Für Wellen kleinerer Höhe (aufgesteilte Wellenhöhen 4,70 m bei 78 m Länge und 4,60 m bei 108 m Länge) war die Böschung stabil. Kleine Bewegungen der leichteren Blöcke waren allerdings zu beobachten. Eine Zurücksetzung der Brüstung um 1 m ist zu empfehlen, damit die Energie der Wellen durch vorgelagerte Natursteinblöcke stärker vernichtet werden kann.

Wasserüberdruck hinter der Kaimauer. Für die Untersuchung des Wasserüberdruckes wurden Wellen gleicher Merkmale wie für die Standsicherheitsuntersuchungen verwendet.

Es zeigte sich, daß der Höhenunterschied der durch die Mole hindurchlaufenden Wellen stark von der Wellenlänge, dagegen weniger von der Wellenhöhe abhängig ist. Die maximale Hebung des Wasserspiegels ist dagegen von beiden Werten stark abhängig. Die Werte sind gegenüber den in der Natur auftretenden Werten zu ungünstig, da an der Glasscheibe, wo diese Werte beobachtet worden sind, durch die glatte Wand das Porenvolumen etwas vergrößert wird. Es ist gerechtfertigt, mit einem Unterschied von 60 cm gegen den jeweiligen Ruhewasserspiegel bei langperiodischen Wellen und von 50 cm bei kurzperiodischen Wellen zu rechnen, wobei zur Ermittlung des Gesamtüberdruckes noch der ungünstigste Dünungsfall (der tiefste Wasserstand in einem Wellental) an der Kaimauer hinzuzurechnen ist. Unter Berücksichtigung des Hafenstaus und der größten Dünungswelle ist ein Gesamtüberdruck von 1,30 m (+ 70 und − 60 cm Ruhewasserspiegel) als hinreichend anzusehen.

Zusammenfassung. Die Modellversuche für die geplante Lage der Mole bei Greenville haben zu folgenden Ergebnissen geführt:

A. Die Mole ist in ihrer geplanten Form „C" für die am Kai liegenden Schiffe ein wirksamer Schutz gegen Wellen aus dem Sektor Süd bis Südwest. Ihre Wirkung kann bei einer späteren Verlängerung der Molenspitze noch verbessert werden.

B. Eine Versandung der Mole und des Hafens sowie Kolkungen, die den Bestand des Bauwerkes gefährden, sind nicht zu erwarten.

C. Außer bei extrem ungünstigen Wetterlagen sind Kolke am Molenkopfe und Versandungen während des Baues der Mole nicht zu erwarten.

D. Die im Hafen und an den Liegeplätzen auftretenden Wellenhöhen lassen eine Fußsicherung in der geplanten Form als ausreichend erscheinen. Ob Schäden durch Schraubentätigkeit der Seeschiffe eintreten können, konnte nicht untersucht werden.

E. Die vorgesehene Bauart der Mole ist bei den auftretenden Wellen als hinreichend anzusehen, wenn beim Schütten der Mole darauf geachtet wird, daß die schwersten Blöcke als Außenlage den Kern sichern.

F. Die seeseitige Molenbrüstung aus Betonblöcken sollte noch um einen weiteren Meter zum Hafen hin versetzt werden und der entstehende Zwickel mit schwersten Blöcken gefüllt werden.

G. Mit überschlagender Gischt muß bei schwerem Seegang gerechnet werden.

H. Eine besondere Fußsicherung der Außenböschung ist nicht erforderlich, mit kleinen Setzungen der Außenböschung muß gerechnet werden.

J. Der Wasserüberdruck an der Rückseite der Blockpackung der Kaiwand wird 1,30 m nicht überschreiten.

K. Eine Verschlickung des Hafens durch das Oberwasser des Sinoe-River ist nicht zu erwarten.

L. Vom Bau einer Gegenleitmole kann abgesehen werden.

g) Der endgültige Plan (Abb. 8)

Auf Grund der Ergebnisse dieser Modellversuche wurden alsdann die endgültigen Pläne für die Bauausführung aufgestellt:

1. Molenführung und Wassertiefen

Die auf Grund der Modellversuche ermittelte zweckmäßigste Form der Molenführung und des Molenkopfes wurde beibehalten, die Kaimauer für Seeschiffe auf 181 m verlängert und der 67 m

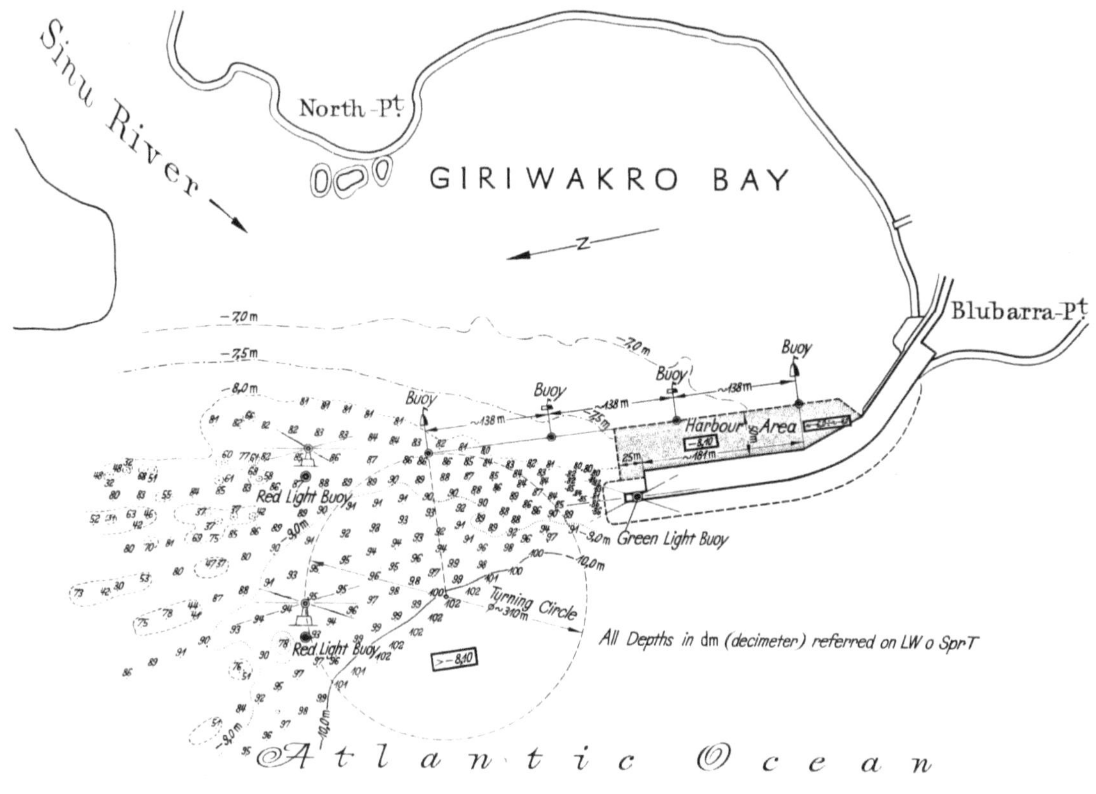

Abb. 8. Endgültiger Lageplan der Mole   (Final design of mole)

lange Leichterkai in gerader Linie geführt. Damit ergaben sich folgende Änderungen in den Abmessungen (Abb. 9):

	1. Entwurf	endgültiger Entwurf
Gesamtlänge der Mole	420 m	387 m
Davon:		
Länge des Molenkopfes	63 m	25 m
Länge Seeschiffskai	150 m	181 m
Tiefe am Kai	— 7,75 m	— 8,10 m
Nutzbare Molenbreite	12 m	27 m
Nutzbare Kaifläche hinter dem Seeschiffskai	1800 m²	4700 m²
Länge des Leichterkais	71 m in gekrümmter Form	67 m in gerader Flucht

Die durchgeführten Echolotungen hatten folgendes Ergebnis (s. auch Abb. 8):

Die Wassertiefen in der Einfahrtsrichtung zum Wendekreis betragen 10 bis 10,5 m, innerhalb des rd. 310 m Wendekreises 8,5 m bis 10 m. Daraus ergibt sich, daß bei einer Dünung von 3 m bei Thw Schiffe bis zu 7,20 m Tiefgang den Hafen ohne Schwierigkeiten anlaufen können, bei niedrigerer Dünung auch bei Tnw. Um diesen Schiffsgrößen auch das Einlaufen in den Hafen selbst und das Liegen am Kai auch bei Tnw zu gewährleisten, wurde in den Verhandlungen mit dem zuständigen Department of Public Works and Utilities vorgeschlagen, die Hafentiefe auf — 8,10 m zu bringen, also um rd. 1 m zu vertiefen, damit die Seeschiffe bis zu 23,5′ Ladetiefgang im Hafen liegen können. Dem Vorschlag wurde zugestimmt. Dazu mußte die Kaimauer entsprechend tiefer gegründet werden. Die Hafenbreite wurde auf rd. 50 m belassen. Falls es später erforderlich werden sollte, könnte diese durch Baggerung bis zu 70 m erweitert werden. Vor dem Hafen und der Molenspitze wurde ein rd. 310 m großer Wendekreis für die Seeschiffe angeordnet, der ein sicheres Ein- und Auslaufen der Seeschiffe mit Schlepperassistenz gewährleistet. Da mit einer Dünung in der freien See von immerhin bis zu 4 m Höhe gerechnet werden muß, werden

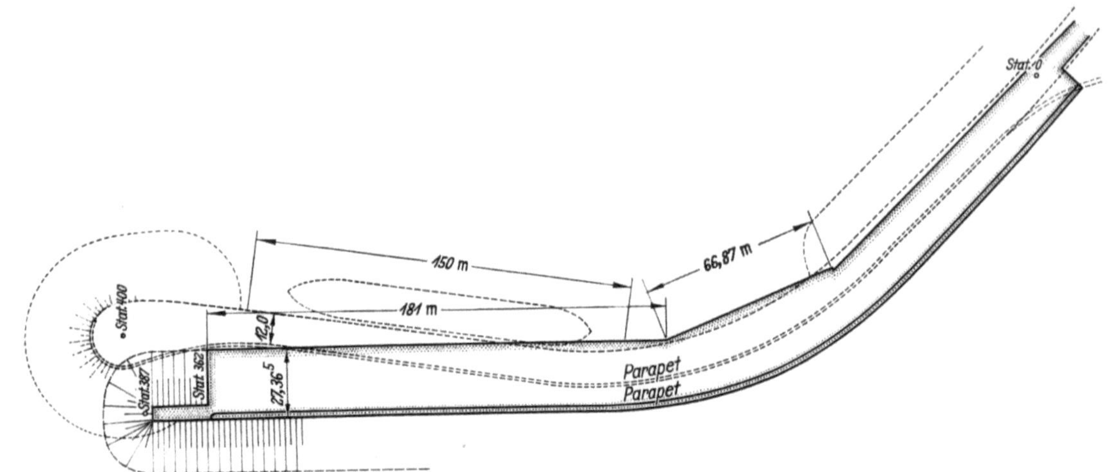

Abb. 9. Lageplan der Mole nach dem ersten und endgültigen Entwurf
(Lay out of mole according to first and definite design)

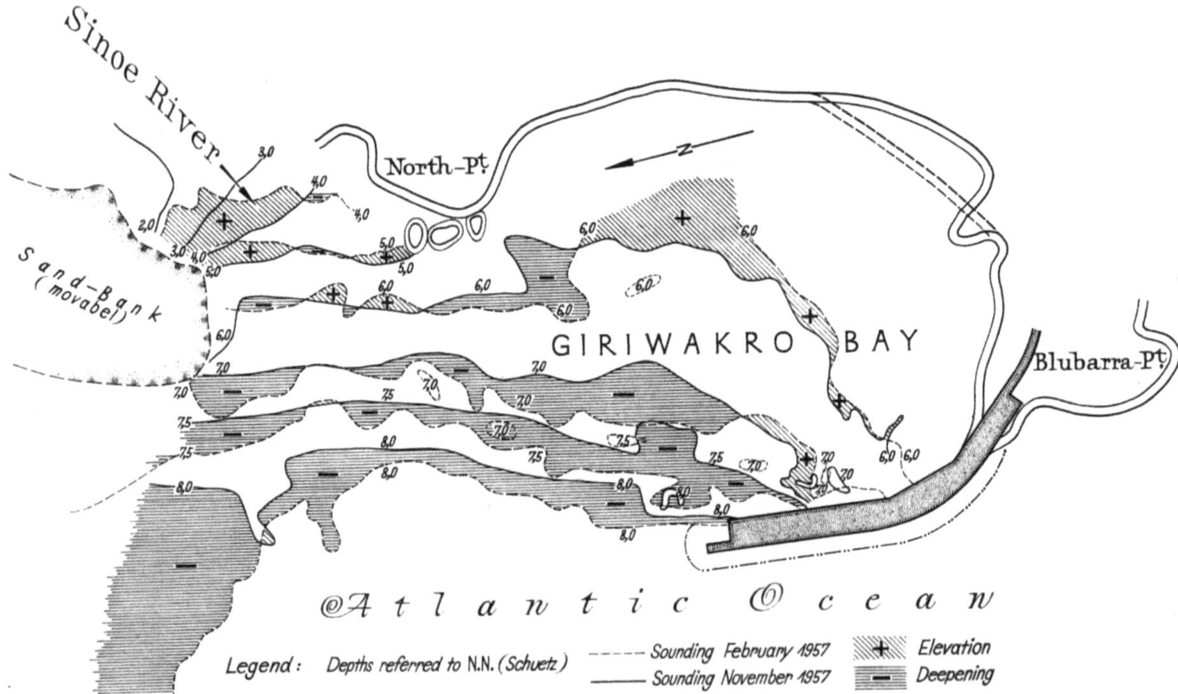

Abb. 10. Veränderungen in den Tiefen der Giriwakrobucht auf Grund der Echolotungen Februar und November 1957
(Echo soundings February and November 1957)

Seeschiffe mit einem Ladetiefgang von mehr als 23,5′ den Hafen nicht anlaufen können, da die Zufahrt von See größere Tiefen nicht aufweist.

Um über mögliche Veränderungen in den Wassertiefen in der Giriwakrobucht und in der Sinoe-mündung infolge außergewöhnlich hoher Atlantikdünung und hoher Oberwässer des Sinoe Klarheit zu gewinnen, ließ der Verfasser im Februar und November 1957 nochmals Echolotungen in beiden Bereichen durchführen. Ihr Ergebnis ist in der Tiefenkarte dargestellt. Erfreulicherweise hatten sich die 7-m- und 8-m-Linien weiter landwärts verschoben (Abb. 10).

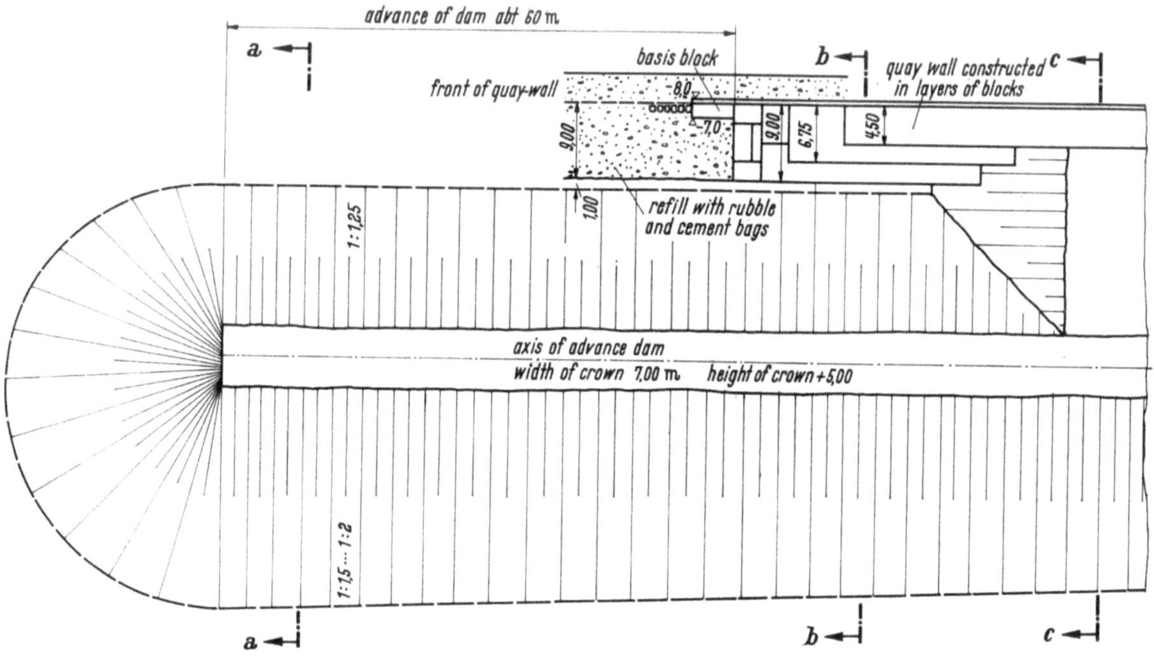

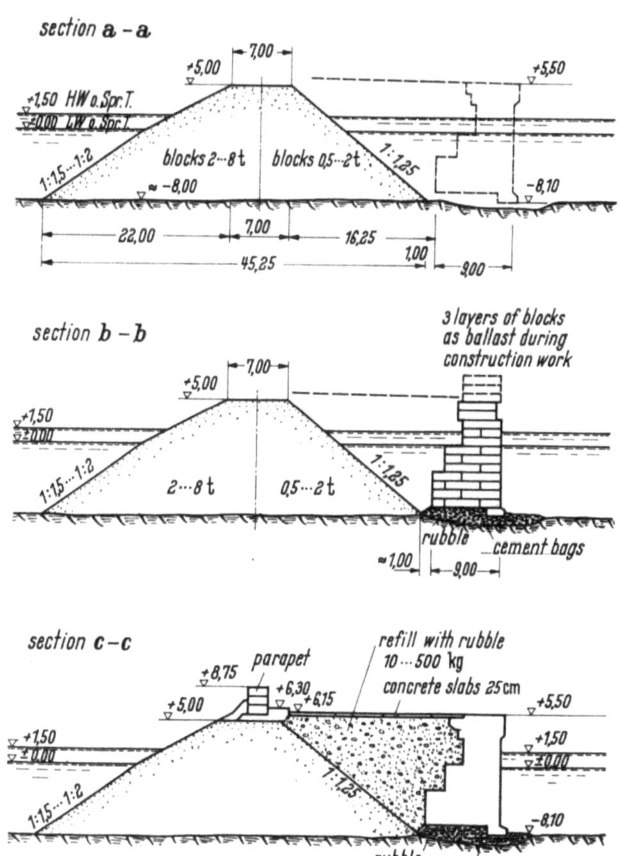

Abb. 11. Bau des Wellenbrechers und der Kaimauer, Bauzustände
(Construction of dam and quay wall, stages of construction)

Von See aus gesehen hatten sich die 4-m- und 5-m-Linien infolge der hohen Oberwässer mit Sandvertriftung in der Sinoemündung nach See zu verschoben und die Barrentiefe auf 1,50 m verringert, aber auf der rechten Seite bis zu 10 m tiefe Kolke gerissen.

Im großen und ganzen gesehen ergaben also diese Wiederholungsecholotungen ein erfreuliches Bild.

2. Wellenbrechervordammquerschnitt (Abb. 11)

Da sich die erste Durchführungsart der Mole, nämlich dieselbe in voller Breite in die See vorzuschütten, wegen der teilweise schweren Atlantikdünung auch für die spätere Errichtung des Kais als nicht durchführbar erwies, wurde beschlossen, einen Wellenbrecher, der Bestandteil der späteren Mole werden sollte, in 7 m Kronenbreite mit einer Außenböschung 1 : 1,5 bis 1 : 2 und einer inneren Böschung von 1 : 1,5 vorzuschütten.

Das für die Schüttung verwendete Felsgestein hat in der seeseitigen Hälfte dieses Wellenbrechervordammes Stückgewichte von 6 bis 8 t. Für den inneren Teil nach dem späteren Hafen zu, der von den Wellen nicht angegriffen werden konnte, wurde Felsgestein mit Stückgewichten von 0,5 bis 2 t benutzt. Wie sich bei der Ausführung herausstellte, war dieser Wellenbrecherquerschnitt für schwere Dünung bis zu 4 m Höhe der kleinste Wellenbrecherquerschnitt, der für diese Wellenhöhe eine Standsicherheit gerade noch gewährleistete. Die Länge dieses Wellenbrechervordammes von rd. 60 m genügte, um den Bau der binnenseitigen Kaimauer in Blockbauweise im ruhigen Wasser zu ermöglichen. Trotz mehrfachen Übersturzes von Wellenspitzen bei außergewöhnlicher Dünung blieben die Böschungen unversehrt.

3. Querschnitt von Wellenbrecher, Seeschiffskai und Leichterkai

Der Wellenbrechervordamm mußte wegen der schweren Dünung mit Oberkante auf rd. $+5,0$ gelegt werden, um ein Überspülen durch Wellen zu verhindern. Der Gesamtquerschnitt von Wellenbrecher und Kai ergab in dieser Höhe von $+5,0$ eine Gesamtbreite von 32 m, da erst am Fußpunkt der Innenböschung beginnend die Kaimauer errichtet werden konnte (Abb. 12). Die

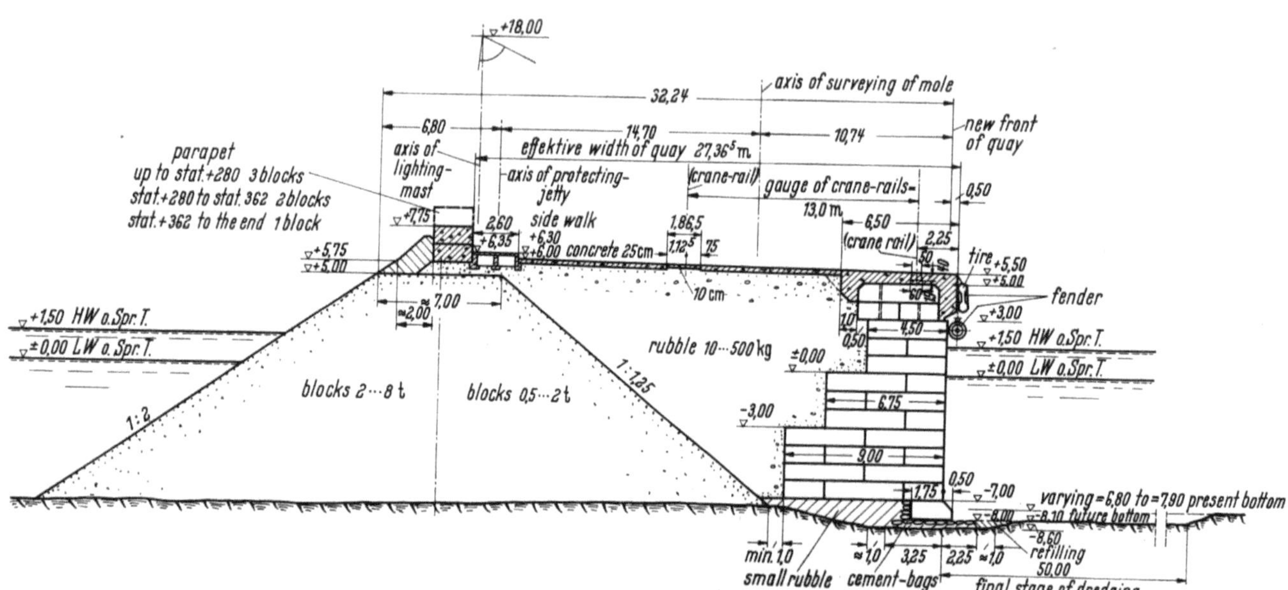

Abb. 12. Querschnitt durch Seeschiffskai und Wellenbrecher   (Cross-section of freighter quay)

Oberkante Kaifläche wurde auf rd. $+5,50$ gelegt. Die gesamte Nutzungsbreite von Wellenbrecheroberfläche plus Kai wurde auf rd. 27 m gebracht.

Die Höhenlage der Kaioberkante auf $+5,50$ hat den Vorteil, daß die Be- und Entladung mit Hilfe von Straßenkranen in der Form erfolgen kann, daß der Kranführer noch die Lukenöffnungen einsieht, da auch die größeren Seeschiffe mit ihrer Schanzverkleidung nur etwa 1 m über die Kaioberkante hinausragen.

Gewiß hätte man die Oberkante Kai um rd. 2 bis 2,50 m tiefer legen können, jedoch wäre alsdann die Nutzungsbreite um rd. 40% verringert, da der Wellenbrecher auf jeden Fall auf Oberkante $+5,50$ plus zusätzlicher Schutzmauer auf rd. 10 m Breite hätte gebracht werden müssen.

Um für die Zukunft die Möglichkeit zu haben, auch Schienenlaufkrane auf der Mole zu verwenden, ist in dem vorderen Teil des Kopfbetons auf dem Seeschiffskai eine Aussparung vorgesehen, die vorerst mit einem mageren Beton nachträglich verfüllt ist und daher bei Bedarf später jederzeit für die Verlegung der Kranschiene wieder ausgestemmt werden kann. Für die hintere Kranschiene ist im Bereich des Straßenpflasters ein rd. 1,86 m breiter Streifen nur mit einer 10 cm starken Betonplatte versehen. Der Kranschienenabstand ist mit 13 m angenommen.

Die Kaimauer selbst besteht aus 25 t Betonblöcken, die mit Hilfe eines Molenderricks im Blockverband auf ein rd. 0,50 bis 1 m starkes Schotterbett aufgesetzt wurden. Damit dieses Schotterbett später nicht durch das Schraubenwasser der Schiffe weggespült werden konnte, wurde es am Fuß mit einem um rd. 50 cm vor die Kaiflucht vorgezogenen Betonfußblock mit Abschrägung, auf Sackbetonlage über der Schotterverschüttung gegründet, gesichert. Der Unterwasserteil der Betonblöcke wurde mit Hilfe von zwei bis drei Tauchern im Verband versetzt. Wie ich später noch näher ausführen werde, hat sich diese Bauweise ausgezeichnet bewährt und sich vor allen Dingen gegen Setzungen unempfindlich erwiesen.

Der Zwischenraum zwischen Wellenbrechervordamm, innerer Böschung und Hinterkante Kai wurde mit kleinerem Felsmaterial von 10 bis 500 kg Gewicht ausgefüllt, um das Durchdringen der schweren Dünung von der Außenböschung her auf die Hinterkante Kaimauer auf ein Minimum

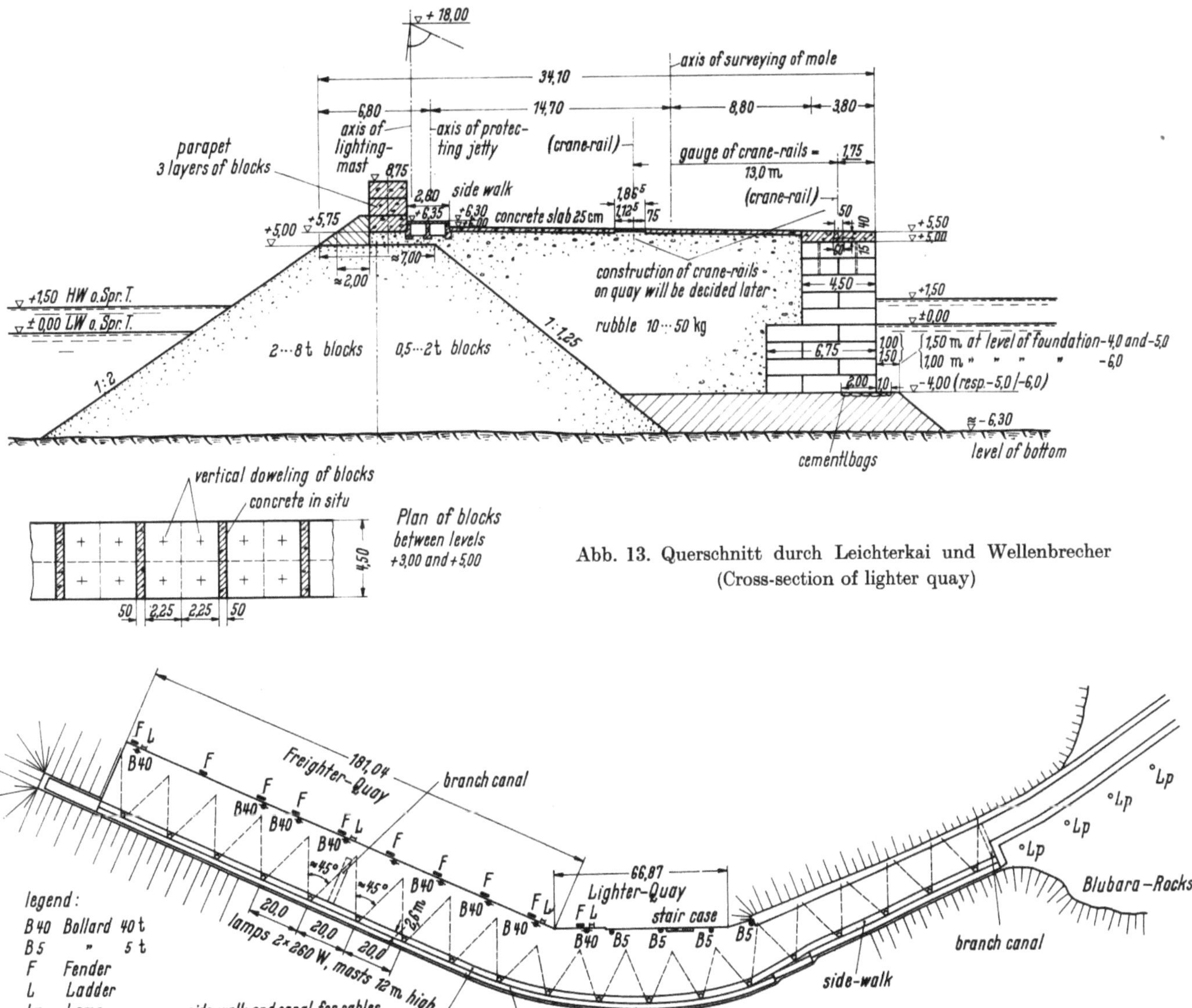

Abb. 13. Querschnitt durch Leichterkai und Wellenbrecher (Cross-section of lighter quay)

Abb. 14. Molenbeleuchtung und Kaiausrüstung (Technical equipment of quay and mole)

zu verringern. Die Horizontalfugen der Einzelblöcke betrugen 1 bis 2 cm, die Vertikalfugen 2 bis 4 cm.

Um auf jeden Fall ein Verschieben der Blöcke durch Anlegen der Seeschiffe zu verhindern, wurden die zwei oberen Blocklagen durch Stahlbeton in den Aussparungsschlitzen der Blöcke miteinander verdübelt und von einem schweren Stahlbetonkopf umhüllt, der nach der Wasserseite um 50 cm vor die Blockflucht ragte. Auf diese Weise kommt das Seeschiff mit den Betonblöcken und den um 50 cm vorgezogenen Fußblöcken der Kaimauer auf keinen Fall in Berührung.

Bei einer Blocklänge von rd. 20,30 m (Abstand der Dehnungsfugen im Kopfbeton) wurde durch diese gewählte Konstruktion eine Betonmasse von rd. 700 t Eigengewicht zur Sicherung gegen Schiffsstöße in einem Block zusammengefügt. Ein solcher Betonblock erhielt in der Mitte an der Kopfbetonkante je einen 40 t Stahlgußpoller und einen Fender.

Als Abschluß der Kaimauer zur Molenspitze hin wurde die Blocksteinmauer senkrecht zur Mauerflucht auf Sackbeton über der innenseitigen Böschung gegründet.

Da für die Leichter und kleinen Küstenschiffe nur eine Wassertiefe von maximal 4 m unter SpTnw erforderlich war, wurde auf der Leichterkaistrecke die Schotterschüttung der vorhandenen Meeressohle angepaßt (Abb. 13). Sie betrug bis zu 2,50 m Stärke. Unter der vorderen Hälfte der untersten Blocklage und rd. 1 m darüber hinaus wurde eine Lage Sackbeton angeordnet und die Schotterschüttung rd. 2 m vor die Vorderkante Mauer gezogen und mit einer Böschung von 1 : 1,25 versehen. Die Außenböschung selbst wurde nach Fertigstellung einheitlich auf eine Böschungsneigung von rd. 1 : 2 gebracht. Die Böschung des Molenkopfes wurde auf Grund der Modellversuche nicht in abgerundete, sondern in rechteckige Form gebracht. Dies erwies sich als richtig, da schwere Dünungswellen unverhältnismäßig rasch innerhalb einer Strecke von rd. 30 m von Vorderkante Böschung des Molenkopfes gerechnet auf rd. 0,50 m Wellenhöhe herabgemindert werden konnten. Es ergab sich also eine gute Übereinstimmung mit den Modellversuchen.

<h3 align="center">4. Wellenschutzmauer</h3>

Um auf jeden Fall größere Wassermengen der Wellenspitzen nicht auf die Kaifläche fallen zu lassen, wurde aus den 25 t Blöcken eine Schutzmauer von rd. 2,25 m Breite im Abstand von 2 m von Vorderkante Außenböschung auf Ordinate + 5,75 m in der Form errichtet, daß diese Schutzmauer auf der ersten Strecke, wo die Wellen die Mole nahezu frontal treffen, 3 m hoch war, um dann auf 2 m Höhe im Bereich der Seeschiffskaistrecke, wo die Wellen mehr tangential an der Außenböschung der Mole verlaufen, zu fallen. Die Erfahrung hat gezeigt, daß sich die Schutzmauer für die tangential verlaufende Molenstrecke, also hinter dem Leichter- und Seeschiffskai, als genügend hoch erwies. Auf der frontal dem Wellenangriff ausgesetzten Strecke kommen bei schwerster Dünung außer Spritzwasser noch Wellenspitzen auf die Kaifläche, weil die Wellen trotz der vor dem Fuß der Böschung liegenden Felsriffe in ihrer Wirkung nicht mehr genügend stark vermindert werden konnten. Da diese Fälle schwerster Dünung nur sehr selten auftreten, werden diese wenigen Fälle den Längsverkehr auf der Mole nicht behindern. Wenn es sich als notwendig erweisen sollte, besteht jedoch später jederzeit die Möglichkeit, diese schar liegende Strecke der Wellenschutzmauer noch entsprechend zu erhöhen.

<h3 align="center">5. Kaiausrüstung (s. auch Abb. 14)</h3>

Auf der Seeschiffskaistrecke wurden im Abstand von rd. 25 m einköpfige 40 t Stahlgußpoller angeordnet. Auf der Leichterkaistrecke dienen Stahlrohre mit Stahlbetonverfüllung als Poller. Die Steigeleitern wurden am Anfang, in der Mitte und am Ende des Seeschiffskais angebracht und durch Fenderhölzer gesichert. Für Schlepper wurden Halteeisen in der Höhe von + 1,50 und + 2,50 angeordnet, so daß diese bei Ebbe bzw. Flut in erreichbarer Höhe lagen. Am Ende des Leichterkais wurde eine Leichtertreppe in die Vorderkante Mauer eingeschnitten.

Vor den Pollern hingen anfangs Tauwerksfender mit innerem Rohrgeflecht (Abb. 15). Da diese sich bei der feuchten Witterung mit den schweren Regenfällen und gegen Salzwasser als nicht genügend dauerhaft erwiesen hatten, — sie verrotteten innerhalb von zwei Jahren — wurde eine neue Form der Fender an ihre Stelle gesetzt. Wie die Zeichnung darstellt, handelt es sich um horizontal liegende Rundfender, deren innerer Kern aus Greenhartholz bestand, auf den schwere Flugzeugreifen aufgezogen und mit Hilfe von Stahlscheiben zusammengepreßt wurden. Sie wurden so hoch aufgehängt, daß sie mit dem Salzwasser nicht mehr in Berührung kommen. Auf Grund der inzwischen vorliegenden Erfahrungen ist bei derartigen Reifenfendern damit zu rechnen, daß sie gegen Witterungseinflüsse unempfindlich sind (s. auch Abb. 15).

Zur späteren Versorgung der Seeschiffe mit Bunkeröl und Trinkwasser dient ein zweispuriger Kanal mit 2 × 0,65 × 1 m Querschnitt hinter der Wellenschutzmauer. Dieser Kanal liegt rd. 0,30 m über Kaioberfläche und wurde mit Stahlbetonplatten abgedeckt, die jederzeit leicht für das Verlegen der Rohre und Reparaturarbeiten abgehoben werden können. Am Anfang der Mole und in der Mitte des Seeschiffskais wurden zwei Stichkanäle bis Hinterkante Kaimauer angelegt.

<h3 align="center">6. Molenbeleuchtung (Abb. 14)</h3>

Um auch das sichere Be- und Entladen von Seeschiffen und Leichtern bei Dunkelheit zu gewährleisten, wurde auf die Molenbeleuchtung besonderer Wert gelegt. 23 Lichtmasten aus Stahlrohr wurden dicht vor der Schutzmauer im Abstand von 20 m mit je zwei Mischlichtlampen,

Osram HWA 500, mit je 260 Watt, in Hängeisolatoren an Doppelauslegern angeordnet. Die Reflektoren schirmen das Licht nach See zu völlig ab und begrenzen den Lichtkegel zum Kai hin so, daß die Blendung für Schiffe vermieden wird.

Bei einer Nutzbreite der Mole von 27 m, einem Mastabstand von 20 m und einer Lichtpunkthöhe von 12 m sowie einem Verstellwinkel der Reflektoren von 23 bis 25° ließ sich eine hohe Gleichmäßigkeit der Molenflächenbeleuchtung erzielen.

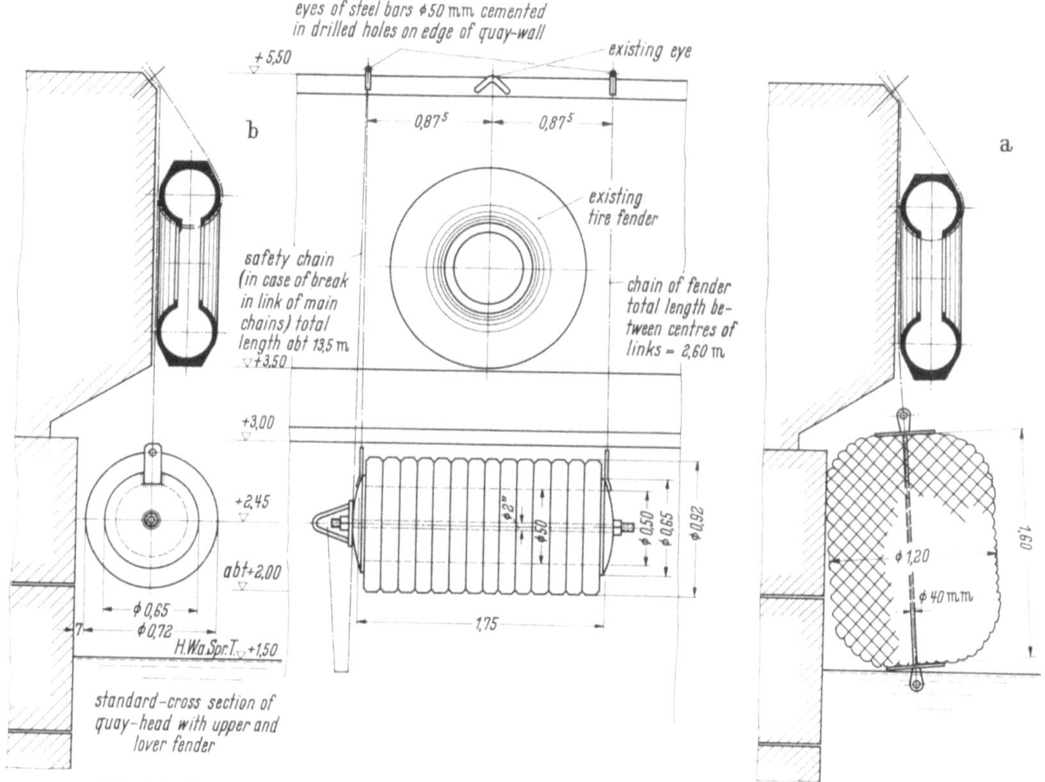

Abb. 15. Erste und zweite Fenderkonstruktion (First and final construction of fender)

7. Hafenbefeuerung und Betonnung (s. auch Abb. 8)

Auf der Molenspitze wurde ein festes grünes Hafenfeuer, auf der gegenüberliegenden Seite und auf der landseitigen Begrenzung des Drehkreises von rd. 310 m Durchmesser je eine rote Lichtboje angeordnet. Zur Begrenzung des Hafenbeckens selbst nach der Landseite zu wurden Hafenbegrenzungsbojen im Abstand von rd. 200 m auf der —8.10 m Tiefenlinie verlegt. Die Hafenbefeuerung und Betonnung erfolgte im Einvernehmen mit Herrn Oberregierungsbaurat Rollmann als Seezeichenexperte. Sein Vorschlag ist darauf abgestimmt, daß sich später die Befeuerung von See her organisch einfügt.

8. Molenabdeckung

Bei der Wahl der Abdeckung der Oberfläche von Mole und Kai kamen drei Hauptgesichtspunkte in Frage:

1. eine möglichst dauerhafte Abdeckung ohne spätere Unterhaltungsarbeiten.
2. eine einwandfreie Abführung von Regen- und Spritzwasser nach der Hafenseite.
3. eine möglichst ebene Kaioberfläche für den Lastwagen-, Straßenkran- und Gabelstapler-verkehr.

Die Oberfläche der Mole wurde daher mit rd. 25 cm starken, an Ort und Stelle betonierten Platten mit eingelegter Stahlmatte in der Größenordnung von im Durchschnitt 3.75 × 7.50 m befestigt. Sie erhielt eine Neigung von rd. 2% zur Vorderkante Kaimauer, damit Regen und Spritzwasser nach der Hafenseite zu ablaufen können.

II. Die Bauausführung (Abb. 16)

Die Bauausführung des Hafenprojektes Greenville erfolgte durch die Arbeitsgemeinschaft Sinoe, bestehend aus den Firmen Lenz-Bau AG. und Aug. Prien, Hamburg.

1. Baustelleneinrichtung

Die Baustelleneinrichtung der Arge Sinoe gliederte sich in fünf Hauptgruppen und diente folgenden Zwecken (Abb. 17):

Allgemeine Einrichtungen für die Unterbringung der deutschen Führungskräfte, Bau von Versorgungsanlagen usw.,

Erschließung von Steinbrüchen, Felsgewinnung, Transport und Einbau der Felsblöcke für die Molenschüttung,

Aufbereitungsanlage zur Herstellung von Schotter und Betonzuschlagstoffen,

Betonierungseinrichtung nebst Transportanlage für die 25-t-Molenblöcke und die allgemeinen Betonarbeiten,

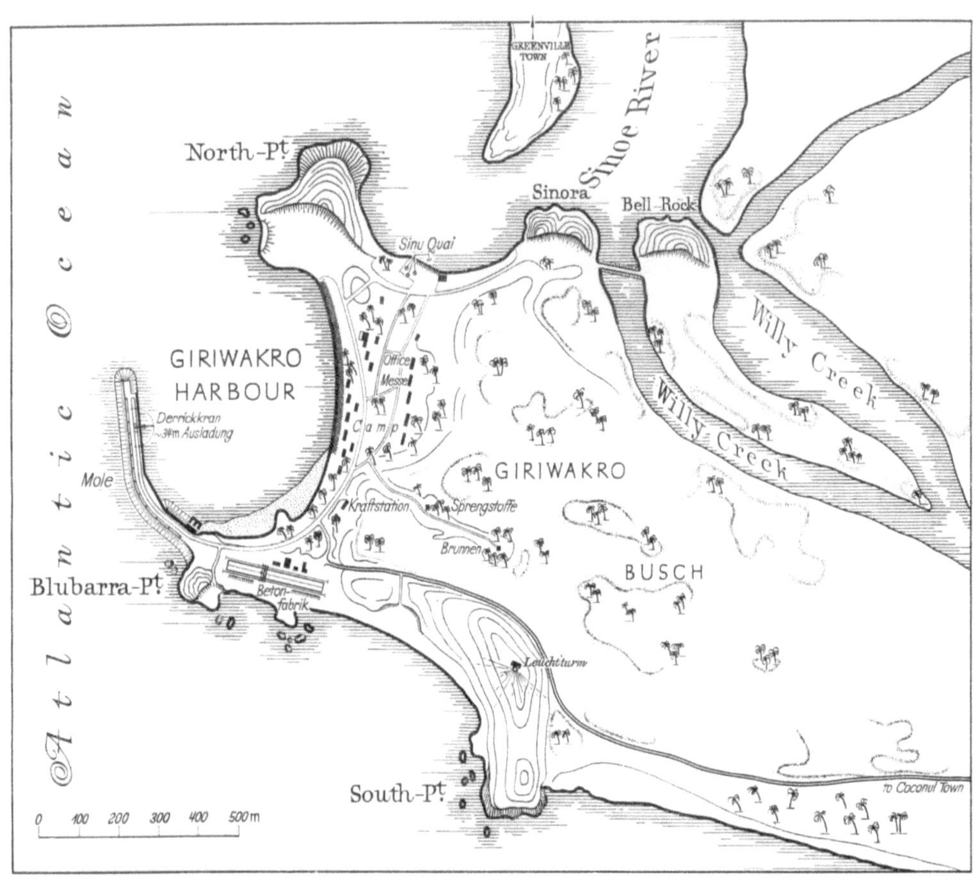

Abb. 16. Baueinrichtungsplan der Arge Sinoe   (Installation of building site)

Abb. 17. Der Molenbau mit Giriwakrobucht
(View of mole under construction)

Versetzen der Molenblöcke und Herstellung der Kaimauer, des Kopfbetons und der Molenabdeckung.

Die Baustelle lag an dem Ufer der einsamen Giriwakrobucht. Da keine Möglichkeit bestand, die deutschen Führungskräfte in der benachbarten Stadt Greenville unterzubringen, mußte ein Camp für 40 bis 45 deutsche Führungskräfte errichtet werden. Dieses Camp bestand aus Unterkunftshäusern mit Gästezimmern und Büroräumen, Gemeinschaftseinrichtungen: Messe, Küche, sanitäre Anlagen, Wäscherei, Kranken- und Unfallstation. Diese Einrichtungen waren in 16 in Massivbauweise errichteten flachen Bungalows untergebracht.

Die gesamte Versorgung der Baustelle mit Baugeräten, Zement usw. erfolgte aus Deutschland durch Schiffe, die auf der Reede geleichtert wurden. Es mußte daher an der Sinoe-Mündung eine leistungsfähige Pieranlage geschaffen werden. Der Umschlag der in Leichtern antransportierten Güter erfolgte durch einen festen Derrickkran von 10 t Tragfähigkeit. Für die Versorgung der Baustelle mit Betriebsstoffen wurde ein eigenes Tanklager mit einer Kapazität von 200 000 l errichtet.

Außerdem mußten neben den Werkstätten und Pumpenhäusern noch die Bunker für die Lagerung von Sprengstoff und Zündern abseits von dem eigentlichen Camp erstellt werden. Eine Slipanlage diente für die Reparatur des schwimmenden Geräteparks.

Für die Versorgung der Baustelle mit Kraftstrom wurde ein eigenes Baustellen-Kraftwerk mit einer Leistung von 450 kVA errichtet.

2. Erschließung von Steinbrüchen, Felsgewinnung, Transport und Einbau der Felsblöcke für die Mole

Felsvorkommen. Eingehende Untersuchungen ergaben, daß die erforderlichen rd. 230 000 cbm gewachsenes Felsmaterial in drei verschiedenen Gewinnungsstellen aber in ausreichendem Maße anstanden. Für den Abbau des Felsens wurden der North-Point, der Sinora und der Inselfelsen Bell-Rock gewählt. Besonders im Sinora und im Bell-Rock stand verhältnismäßig gutes grobkörniges Granitgestein mit einem spezifischen Gewicht von 2,8 bis 3,0 t je cbm an.

Benötigte Felsmengen und Steingrößen. Für die gesamte Konstruktion (Felsschüttung, Fundamentschotter, Kaimauerblöcke, Zufahrtsdamm zum Bell-Rock, Uferschutz, Baustraße, Kopfbeton, Straßenbeton, Kanäle, Mastfundamente, Sackbeton, Bungalows) wurden rd. 230 000 cbm feste Masse Fels, das sind rd. 700 000 t Fels, gebraucht.

Für die eigentliche Felsschüttung des Molendammes wurde Felsmaterial in den Gesteinsgrößen von 10 kg bis 8 t verwendet. Ferner wurde Felsmaterial von etwa 30 bis 40 cm Kantenlänge für die Aufbereitung in der Brecheranlage zu Betonzuschlagstoffen und für die Fahrwegabdeckung gebraucht. Bei der natürlichen Lagerung des Gesteinmaterials in den Steinbrüchen fielen im Durchschnitt 40% Felsblöcke mit einem Einzelgewicht von über 2 t und 60% mit einem Einzelgewicht unter 2 t an.

Für die Gewinnung, das Lösen und das Laden der Felsblöcke waren zwei Raupenbagger M 152 und ein Raupenbagger Mc mit Spezialgreiferkörben sowie zwei schwere Schaufellader eingesetzt. Für das Verladen der großen Felsblöcke von 4 bis 8 t hat sich die Verwendung von Steinzangen und Steinketten nicht bewährt.

Die Steinbrüche North-Point und Sinora wurden mit der für den Betrieb der Bohrhämmer notwendigen Preßluft von einer zentralen Kompressoranlage versorgt, während für die Preßluftversorgung im Bell-Rock fahrbare Dieselkompressoren eingesetzt waren.

Molenschüttung. Die Schüttung der Mole erfolgte in gleislosem Betrieb durch Autoschütter mit einer Tragfähigkeit von rd. 10 t, die auf dem rd. 60 m vorauslaufenden, 7 m breiten Molenschutzdamm aneinander vorbeifahren konnten. Zur Sicherung der Fahrzeuge beim Abkippen der Steine gegen Abstürzen in die See wurden lange Drahtseile, die mit Zugfedern an den Autoschüttern befestigt waren, verwendet. Das Felsmaterial wurde teilweise am Kopf des Molendammes und teilweise an den Seiten gekippt.

Wenn auch die Fahrzeuge durch die schweren Felsbrocken sehr stark beansprucht wurden, so kann doch festgestellt werden, daß sie sich im allgemeinen sehr gut bewährt haben. Voraussetzung für diesen Transport waren entsprechend stabile Baustraßen. Die Herstellung dieser Baustraßen erfolgte nach einer Auskofferung durch eine abgerammte Schüttpacklage von 25 bis 30 cm Stärke, die mit Schottersand sowie Feinsplitt abgestampft und abgewalzt wurde.

3. Aufbereitungsanlage zur Herstellung von Schotter und Betonzuschlagstoffen

An Betonzuschlagstoffen und Grobschotter für die Fundierung der Kaimauer wurden insgesamt rd. 17 000 cbm gebraucht. Die Schottermengen für die Herstellung der Baustraßen sowie die Zuschlagstoffe für die Baustelleneinrichtung sind in dieser Menge nicht enthalten. Das notwendige Felsmaterial mit einer größten Kantenlänge von etwa 35 cm fiel zum Teil beim Sprengen und Gewinnen der großen Felssteine für die Molenschüttung an. Da dieses kleinere Material jedoch nicht ausreichte, mußte größeres Felsgestein durch Knäppern zerkleinert werden. Dieses kleinere Material wurde mit Spezialkübelfahrzeugen zur Aufbereitungsanlage transportiert.

In der Aufbereitungsanlage waren ein Grobbrecher (Maulweite 500 × 320 mm), ein Feinbrecher (Maulweite 600 × 110 mm) sowie die erforderlichen Schwingsiebe und Becherwerke installiert.

Es wurden Betonzuschlagstoffe in den Korngrößen 0 bis 3, 3 bis 7, 7 bis 30 mm und durch besondere Einstellung der Brecher Grobschotter von 30 bis 70 bzw. 100 mm Kantenlänge gebrochen. Die Beschickung der Brecheranlage erfolgte über ein Aufgabesilo, aus dem das Gesteinsmaterial durch Stoßaufgabe mit beweglichem Siloboden auf ein Transportband abgezogen wurde. Die Aufbereitungsanlage hatte eine Leistung von 10 bis 15 cbm je Stunde. Die Anlage war zeitweise in mehrschichtigem Betrieb.

Der für die Betonherstellung erforderliche Sand konnte aus dem Dünengelände in einwandfreier Qualität entnommen werden.

4. Betonierungseinrichtung nebst Transportanlage für die 25-t-Molenblöcke und die allgemeinen Betonarbeiten (Abb. 18)

Die Herstellung des gesamten für den Molenbau erforderlichen Betons, insbesondere für die 25-t-Molenblöcke, den Kopfbeton der Kaimauer und die Betonabdeckung der Molenschüttung erfolgte in einer zentralen Betonmischanlage, die neben der Aufbereitungsanlage angeordnet war. Die Mischanlage bestand aus zwei 750-l-Freifall-Mischern. Die Dosierung der Zuschlagstoffe erfolgte über ein Rundwiegesilo, das mit Elektro-Schrappern aus radial angeordneten Lagerboxen bedient wurde. Neben der Mischanlage war ein Zementschuppen angeordnet, der die Einlagerung des Zementbedarfs für vier bis sechs Wochen erlaubte. In einem kleinen Betonlaboratorium waren die notwendigen technischen Einrichtungen vorhanden, um laufend Eignungs- und Güteprüfungen des Zements, der Zuschlagstoffe und des Betons durchführen zu können.

Vor der Aufbereitungs- und Betonmischanlage wurde eine etwa 150 m lane und 15 m breite Betonbahn angelegt, auf der die 25-t-Molenblöcke in Spezialstahlschalungen in vier Lagen aufeinander betoniert wurden. Die einzelnen Lagen wurden durch Ölpapier getrennt. Über diese Betonbahn lief ein fahrbarer Portalkran von 30 t Tragfähigkeit, an dem an mehreren Laufkatzen die schweren Innenrüttler und zwei Demagzüge für das Versetzen der Stahlschalung, das Einbringen des Grobzuschlages und des Betons aufgehängt waren. Die fertigen Betonblöcke wurden nach der Erhärtung mit dem Portalkran auf einen normalspurigen Plattformwagen geladen und zum Molenderrick gefahren. Die Molenblocksteine wurden im Bereich des Molenderricks vor dem endgültigen Versetzen in drei Lagen übereinander auf der Kaimauer gelagert, um durch diese Vorbelastung einen Teil der endgültigen Setzung vorwegzunehmen.

Die 25-t-Blöcke wurden in Grobbeton mit Betonmörtel nach DIN 1045 mit mindestens 330 kg Hochofenzement je cbm hergestellt. Der Grobbeton setzte sich aus etwa 45% Füllstoff (Granit steine) und 55% Feinbeton zusammen. Die Verdichtung der lagenweise eingebrachten Füllsteine und des Feinbetons erfolgte durch schwere Wacker-Innenrüttler. Die Betonblöcke erhielten je zwei Aussparungsschlitze für das Hebegeschirr zum Versetzen

Abb. 18. Betonierungseinrichtung und Herstellen der 25-t-Blöcke (Manufacturing of 25-to-concrete-blocks)

Der erforderliche Ortbeton, Betongüte B 225, für den massiven Kopfbeton der Kaimauer und die Molenabdeckung wurde von der Mischanlage teils im Gleisbetrieb, teils mit Autoschüttern und Schaufelladern antransportiert und eingebaut. Da Süßwasser als Anmachwasser für die Betonherstellung nicht in genügender Menge und Qualität in der Nähe der Baustelle gewonnen werden konnte, wurde auf Grund eingehender Untersuchungen und Eignungsprüfungen Seewasser verwendet, was sich sehr gut bewährt hat. An Betonprobestücken wurde der Einfluß der starken Sonnenstrahlung auf den Abbindeprozeß des Betons beobachtet. Es konnte kein Verbrennen des Betons festgestellt werden; dies ist auf die große dämpfende Wirkung der Luftfeuchtigkeit zurückzuführen. Trotzdem wurden die frisch betonierten Straßen und Kopfbetonteile mit fahrbaren Zeltplanen abgedeckt. Diese Abdeckung war auch notwendig, um den Frischbeton gegen die starken tropischen Regenfälle zu schützen.

Im Jahre 1958 wurde das Mischungsverhältnis auf Wunsch des Department of Public Works and Utilities auf die amerikanischen Normen umgestellt, wobei eine Druckfestigkeit von mindestens 3500 lbs/sq. inch Zylinderfestigkeit nach 28 Tagen verlangt wurde; entspr. etwa 245 kg pro qcm.

5. Versetzen der Molenblöcke und Herstellung der Kaimauer, des Kopfbetons und der Molenabdeckung

Versetzen der Molenblöcke und Herstellung der Kaimauer. Für den Aufbau der Kaimauer, insbesondere das Versetzen der 25-t-Blöcke war ein schwerer Molenderrick eingesetzt, der auf zwei Normalbahngleisen fahrbar war (Abb. 19). Dieser Molenderrick hatte bei einer Ausladung von 30 m eine Tragkraft von 25 t am Haupthaken, sowie bei einer Ausladung von 36 m über zwei weitere Haken mit schnellaufenden Hubzügen eine Tragkraft von je 10 t. Die Kraftversorgung des Molenderricks erfolgte über ein eigenes fahrbares diesel-elektrisches-Aggregat von 125 kVA, das an dem Molenderrick angehängt war.

Die notwendigen Erdarbeiten für die Erreichung der Gründungssohle wurden mit einem auf Pontons montierten Greifbagger ausgeführt. Auf dieser Gründungssohle wurde eine rd. 1 m starke Grobschotterschicht aufgebracht und mit Sackbeton im vorderen Teil abgeglichen. Das Einbringen des Schotters und des Sackbetons erfolgten mit Kübeln von rd. 3 cbm Inhalt durch den Molenderrick. Dadurch war ein dosiertes Abkippen des Schotters und des Sackbetons möglich. Der Einbau des Schotters und des Sackbetons und das Versetzen der Blöcke unter Wasser erfolgten durch zwei bis drei Taucher, die von einem Spezialtaucherschiff versorgt wurden.

Im Taucherschiff waren sämtliche Einrichtungen für den Taucherbetrieb, insbesondere auch die Kompressoren und ausreichende Reserve-Luftbehälter untergebracht. Die Taucher konnten sich durch Telefon auch mit dem Führer des Molenderricks verständigen, was die Versetzarbeiten wesentlich erleichterte.

Der Molenderrick hob mit einem besonderen Hebegeschirr, das in die entsprechenden Aussparungen der Betonblöcke eingeführt wurde, die 25-t-Blöcke an und schwenkte sie zur Einbaustelle hinüber. Die Blöcke wurden sowohl unter Wasser als auch über Wasser in einem ordnungsgemäßen Blockverband versetzt.

Der Molenderrick hat sich bei dem Versetzen der Blöcke und dem Aufbau der Kaimauer sehr gut bewährt. Das Versetzen der Blöcke verlief, abgesehen von gewissen Anfangsschwierigkeiten, planmäßig (Abb. 20).

Abb. 19. Der Molenderrick für Versetzen der Blöcke
(Derrick crane blocking up the 25 to blocks)

Der Aufbau der Brüstungsmauer, die ebenfalls aus 25 t Betonblöcken erstellt wurde, erfolgte auch durch den Molenderrick.

Kopfbeton der Kaimauer (Abb. 21). Die oberen zwei Schichten der versetzten Molenblöcke wurden mit einem Stahlbetonkopf abgedeckt und umklammert. Dieser Kopfbeton war außerdem mit den Molenblöcken durch Stahlbetondübel, die in die Aussparungsschlitze der Molenblöcke eingeführt wurden, verbunden. Die Einschalung des Kopfbetons erfolgte an der Hafenseite durch eine Stahlschalung, die jeweils für eine Blocklänge mit dem Molenderrick versetzt wurde. Durch die Verwendung der Stahlschalung wurde eine gute Sichtfläche des auskragenden Kopfbetons erzielt. Auf die Einschalung des Kopfbetons nach der Dammseite konnte verzichtet werden, weil gegen das aufgesetzte und mit Mörtel abgedeckte Zwickelmaterial betoniert werden konnte; lediglich der obere Teil mußte mit Holztafeln eingeschalt werden.

Auf der später beschriebenen Setzungsstrecke wurde der Kopfbeton, nachdem zwei Lagen der Molenblöcke zur Entlastung der Kaimauer wieder aufgenommen wurden, als schwere rippenförmige Stahlbetonkonstruktion ausgeführt. Wie aus der Zeichnung Abb. 24 hervorgeht, wurde die Felsschüttung hinter der Mauer entsprechend tief ausgehoben. Die Gründungssohle wurde mit Zementmörtel abgeglichen und darauf Grobbeton als Auflage für die Betonblöcke aufgebracht. Um die hafenseitige Kante der Kaimauer zu entlasten, wurden, wie vorher beschrieben, die

Abb. 20. Das Versetzen der Blöcke   (Blocking up of 25 to blocks)

Abb. 21. Kopfbetonherstellung am Seeschiffskai   (Concreting the upper partof the quay wall)

abgehobenen zwei Lagen Betonblöcke an der rückwärtigen Seite des Kopfbetons auf der Setzungsstrecke in drei Lagen übereinander verlegt.

Der verwendete Beton hatte eine Güteklasse B 225 unter Verwendung von Hochofenzement Z 225. Die Verdichtung des Betons erfolgte durch preßluftgetriebene Rüttelflaschen.

Molenabdeckung. Die Oberfläche der Molenschüttung hinter dem Kai wurde mit einer 25 cm starken Betonplatte mit Längs- und Querfugen ausgeführt. Die Fugen waren teils als Raumfugen und teils als Scheinfugen ausgebildet und wurden mit Fugenvergußmasse vergossen. Für die

Herstellung dieser Betonplatte wurde der Felsunterbau zunächst mit kleinerem Felsmaterial ausgezwickt, mit einer schweren Rammplatte verdichtet und mit einem Ausgleichsmörtel abgeglichen. Die vorbereitete Oberfläche wurde mit einer Lage Autobahnpapier abgedeckt. Als Seitenschalung wurden die im Betonstraßenbau üblichen Blechschalungen verwendet. Die Betonabdeckung wurde in zwei Lagen eingebracht. Der Unterbeton wurde mit Flächenrüttlern verdichtet, während der Oberbeton mit einer schweren Rüttelbohle verdichtet und abgezogen wurde.

Der verwendete Beton hatte eine Güteklasse B 225 unter Verwendung von Hochofenzement Z 225.

Wie bereits erwähnt, wurden die fertiggestellten Betonbahnen durch fahrbare Zeltdächer gegen die starken Regenfälle und auch gegen das Austrocknen der Oberfläche des Betons infolge der starken Sonnenbestrahlung geschützt.

6. Arbeitskräfte

Während der Hauptbauzeit bestand die Belegschaft aus etwa 450 liberianischen Arbeitskräften und etwa 40 deutschen Führungskräften. Die Fluktuation in der deutschen Belegschaft war verhältnismäßig groß, da viele der deutschen Arbeitskräfte auf die Dauer das Tropenklima nicht vertragen konnten.

An liberianischen Facharbeitern konnten nur wenige Zimmerleute und Maurer an Ort und Stelle eingestellt werden. Die Fahrer für den Betrieb der Autoschütter usw. wurden in einer eigens eingerichteten Fahrschule ausgebildet. Es gelang innerhalb kurzer Zeit, auch die wichtigsten Baumaschinen durch liberianische Arbeitskräfte führen zu lassen, allerdings immer unter der Aufsicht deutscher Maschinenfachleute. Der Molenderrick sowie die Bagger wurden ausschließlich von deutschem Personal bedient. Mineure und Hilfsarbeiter wurden ebenfalls an Ort und Stelle ausgebildet. Die Bohrkolonnen arbeiteten unter der Aufsicht deutscher Sprengmeister.

Die ärztliche Betreuung der gesamten Belegschaft erfolgte zeitweise durch einen eigenen Arzt, später durch einen deutschen Regierungsarzt in Greenville.

III. Die Bauerfahrungen

1. Die Setzung der Mauer

Beim Seebau an offener Küste, wo der Meeresboden infolge ständiger Umlagerung unter Einwirkung von Wellen und Strömungen ein lockeres Gefüge hat, muß von vornherein mit Setzungen in sonst ungewohnter Größenordnung gerechnet werden. Es war daher wohlüberlegt, daß der Wellenbrechervordamm für die Bauzeit rd. 60 m jeweils vorgezogen wurde, weil durch diese Belastung Bodenschichten schlechter Qualität durch Versacken des Wellenbrechers oder durch seitliches Aufquellen des Meeresbodens hätten festgestellt werden können. Beides ist nicht eingetreten.

Die Blockkaimauer war so bemessen, daß bei einer Grundbelastung ohne Wasserüberdruck die Kantenpressungen in der Grundfuge vorne rd. 3 kg/cm² und hinten rd. 1,6 kg/cm² betragen.

Während des Aufbaues der Blockmauer und des anschließenden Verfüllens des dreieckigen Zwickels zwischen Blockmauer und dem Bauzeit-Wellenbrecher waren durch die neue Belastung weitere Setzungen im Untergrund zu erwarten, zumal mit Hilfe des Greifers wegen der Hafenvertiefung rd. 1 bis 1,50 m Boden unter der späteren Kaimauer ausgehoben werden mußte. Ein beschleunigter Ablauf der Setzungen sollte dadurch erzwungen werden, daß die Blockmauer nach Erreichen der Ordinate + 5,0 auf die Dauer von zwei bis vier Wochen noch mit weiteren drei Lagen Betonblöcken auf der 4,50 m breiten Mauerkrone = rd. 7,5 t/m² belastet wurde. Durch diese Maßnahme wurde erreicht, daß sich die Kaimauer zwischen 10 cm bis 20 cm normal setzte, dann klang die Setzung rasch ab.

Nur auf der letzten Strecke des Seeschiffskais ergab diese Vorbelastung ein Wegsinken der Mauer von 31 bis 46 cm auf einer Strecke von rd. 40 bis 50 m im Verlauf von sechs Wochen (Abb. 22). Es wurde daraufhin die zusätzliche Belastung entfernt und die Mauer weiter auf ihre Setzung hin beobachtet. Der Verlauf der Setzungskurve zeigte eindeutig, wie richtig diese Maßnahme gewesen ist und wie die Setzung der Kaimauer, nachdem sie wiederum be- und entlastet worden war, im Verlauf von weiteren sechs Monaten bereits im Abklingen begriffen war. Die alsdann noch auftretenden Setzungen bewegten sich in Grenzen, die jede Gefahr für das Bauwerk ausschlossen. Eine im Schutz der Kaimauer durchgeführte Bohrung zur Erschließung des Untergrundes (Abb. 23) ergab eine Kolklinse von bis zu 2,50 m starkem Darg mit Feinstablagerungen von Schlick. Eine Nachrechnung zeigte, daß die Setzung mit 70 bis 85 cm an der tiefsten Stelle des Kolkes abklingen mußte, was auch eingetreten ist.

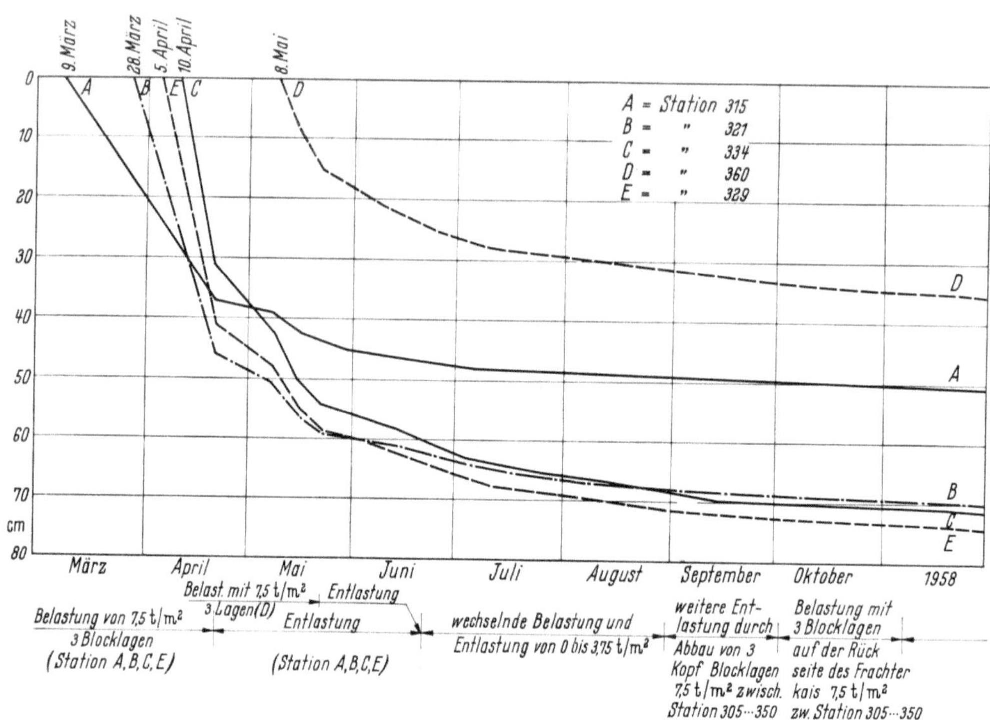

Abb. 22. Setzungsverlauf der Kaimauerstrecke in den ersten sieben Monaten
(Settlement of quay-section during the first seven months)

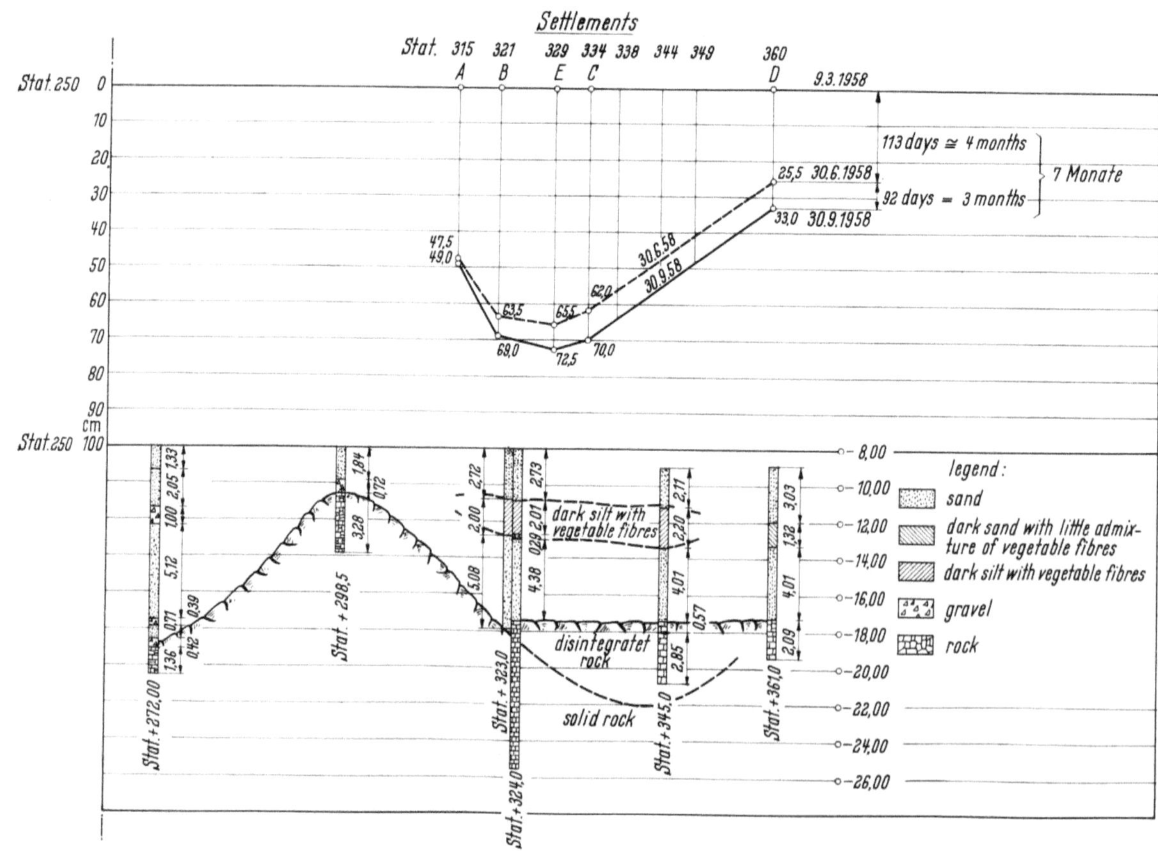

Abb. 23. Setzungsverlauf der Kaimauerstrecke in den ersten sieben Monaten mit Untergrundprofil
(Settlement of quay-section during the first seven months)

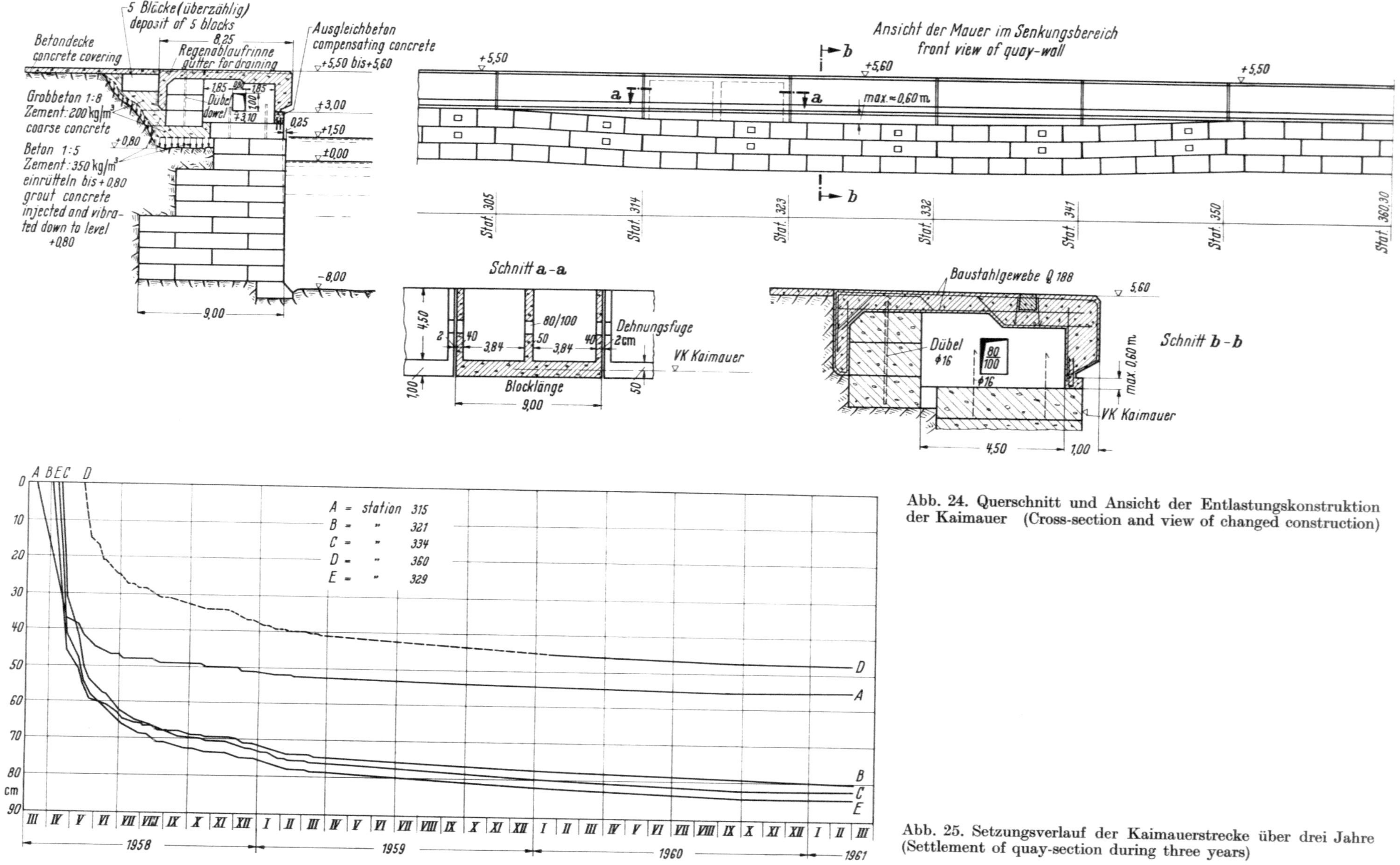

Abb. 24. Querschnitt und Ansicht der Entlastungskonstruktion der Kaimauer   (Cross-section and view of changed construction)

Abb. 25. Setzungsverlauf der Kaimauerstrecke über drei Jahre (Settlement of quay-section during three years)

Die Beobachtung der Mauer während der Setzung bestätigte die Überlegungen, die zum Entwurf in Blockbauweise geführt hatten, daß nämlich die Konstruktion aus schweren Betonblöcken, im Verband versetzt, sich in jeder Beziehung bewährt und diese Mauer auch örtlichen Bewegungen nachgibt. Daß vereinzelte Blöcke gerissen sind, spielt für den Verband und die Standsicherheit der Mauer keine Rolle.

Wenn die Mauer in Höhe von $+5{,}0$ sich teilweise um rd. 30 cm nach vorn geneigt hat, so ist das auf zwei Ursachen zurückzuführen:

1. auf die größere Bodenpressung in der vorderen Gründungsbreite der Mauer gegenüber der Pressung an der Rückkante,

2. auf die stützende Reibungskomponente zwischen Kaimauerrückfläche und Felshinterfüllung.

In Anbetracht der großen Höhe von rd. 13 m spielt dieses Vorwärtsneigen der Mauer jedoch keine Rolle. Eine Gefahr für ein Kippen oder Abgleiten der Mauer war nicht gegeben, da der Boden vor der Mauer keine Aufquellerscheinungen erkennen ließ. Um die Mauervorderkante im Bereich des Dargkolkes zu entlasten und die einheitliche Flucht der Mauer zu gewährleisten, wurde die in der Abb. 24 dargestellte Entlastungskonstruktion für den Kopf der Mauer gewählt. Die oberen zwei Lagen der Betonblöcke wurden abgehoben und der Kopfbeton auf Kote $+3{,}0$ als schwere rippenförmige und mit Hohlräumen zwischen den Rippen versetzte Stahlbetonkonstruktion ausgeführt. Wie aus der Zeichnung Abb. 24 hervorgeht, wurde die Felsschüttung hinter der Mauer entsprechend tief ausgehoben, der darunterliegende Teil mit Zement eingerüttelt und darauf als Unterlage für die neuen Betonblöcke Grobbeton eingebracht. Um die hafenseitige Kante der Kaimauer zu entlasten, wurden — wie vorher beschrieben — die abgehobenen zwei Lagen Betonblöcke an der rückwärtigen Seite des Kopfbetons auf der Setzungsstrecke in drei Lagen übereinander verlegt und durch die klammerartige Konstruktion des Kopfbetons auf der Setzungsstrecke zusammengefaßt. Diese Konstruktionsart hat — wie aus dem Setzungsverlauf hervorgeht — ihren Zweck bestens erfüllt, da durch die Entlastung vorn und die zusätzliche Belastung rückwärts die Mauer sich alsdann rückwärts stärker als vorn setzte.

Infolge dieser vorderen Entlastung und hinteren Belastung verringerte sich die vordere Kantenpressung auf rd. 2,8 kg/cm², die hintere Kantenpressung erhöhte sich auf 1,8 kg/cm². Die Kaimauerentlastung wurde Ende des Jahres 1958 fertiggestellt. Eine erneute Nachmessung dieser Strecke nach rd. 24 Monaten (Ende Januar 1961) (Abb. 25) ergab die Richtigkeit der angestellten Überlegungen wie folgt:

1. Die Setzung ist mit 0 bzw. 0,5 cm in den letzten vier Monaten praktisch abgeklungen.

2. Die vordere Entlastung und die hintere zusätzliche Belastung der gewählten Konstruktion bewirkte auf der ganzen Setzungsstrecke nach Fertigstellung eine stärkere Setzung an der Rückseite und eine schwächere Setzung an der Hafenseite der Mauer.

2. Wasserüberdruck hinter der Kaimauer

Auf Grund der Modellversuche mußte mit einem Durchtritt des Seewassers bei Auftreffen schwerer Dünung bis zu 4 m Höhe auf die Außenböschung der Mole und demzufolge mit einem Wasserüberdruck auf die Kaimauer bis zu 1,30 m gerechnet werden. Um jedoch diesen Wasserüberdruck soweit wie möglich zu verringern, wurde — wie vorher ausgeführt — der Zwickel zwischen Hinterkante Kaimauer und Binnenböschung des Schutzdammes mit feinerem Steinmaterial von 10 bis 500 kg Stückgewicht ausgefüllt. Des ferneren wurden die Betonblöcke der Kaimauer mit einem Spielraum von rd. 1 cm in den horizontalen und von 1 bis 4 cm in den vertikalen Fugen versetzt, um den Wasserüberdruck möglichst gering zu halten. Der tatsächliche Wasserüberdruck hinter der Kaimauer wurde alsdann durch einen Pegel kontrolliert, wobei sich ergab, daß ein Wasserüberdruck hinter der Kaimauer praktisch nicht vorhanden war.

3. Außenböschung des Wellenbrechers und Einfluß der Wellen

Die Ausführung der Außenböschung in einer Neigung von 1 : 2 und die Anordnung von 2- bis 8-t-Blöcken in der seeseitigen Hälfte des Wellenbrechers hat sich auf Grund der nunmehr dreijährigen Erfahrungen als richtig erwiesen. Auch schwerste Atlantikdünungen haben weder Blöcke herausgeschlagen noch herausgesogen. Die seeseitige Böschung kann also in ihrem Bestand als gesichert angesehen werden.

4. Wellenbewegung im Hafen entlang dem Kai

Auf Grund der Modellversuche mußte bei ungünstiger Windrichtung und höchster Atlantikdünung bis zu 4,50 m mit einer Wellenhöhe von 80 cm am Seeschiffskai gerechnet werden. Hier hat die dreijährige Erfahrung ergeben, daß diese Wellenhöhe im Hafen nicht eingetreten ist. Im Maximum betrug sie bis zu 50 cm und bedeutete weder für die Seeschiffe noch für die Leichter bei den kurzen Wellenlängen eine Gefahr.

IV. Zusammenfassung

Auf Grund der vorstehend geschilderten Überlegungen, Maßnahmen und der Bauausführung ist in Greenville ein Hafen für die Afrikafahrt entstanden, der der Sinoe County das Rückgrat für eine zukünftige Entwicklung geben wird. Wenn infolge stärkerer Ausnutzung von Agrarprodukten, des Waldreichtums und von Bodenschätzen der Hafenumschlag einen größeren Umfang annimmt als der erste und zweite Ausbau des Hafens ihn ermöglichen, können durch Verlängerung der Mole rd. um 80 m auf insgesamt 260 m alsdann zwei Liegeplätze für Seeschiffe zur Verfügung gestellt werden. Hierauf wird noch in dem weiteren Abschnitt eingegangen werden, der die technische Ausrüstung und die Umschlagsleistung des Hafens behandelt.

Die Darlegungen in den ersten drei Abschnitten zeigen, wie schwierig es ist, an einer ungeschützten Küste eines noch nicht erschlossenen Gebietes einen Hafen zu planen und auszuführen, daß er den gestellten Erwartungen entspricht. Es bleibt die Kunst des Seebauers, sich den Naturgewalten richtig anzupassen und alle neuesten Erkenntnisse und Erfahrungen auszunutzen, ohne sich von der Basis eines richtig verstandenen Ingenieurtums, nämlich der kühl bleibenden Überlegung, zu entfernen oder abdrängen zu lassen.

V. Die technische Ausrüstung des Hafens

1. Die Begründung für die Planung

Der immer stärker wachsende Schiffsverkehr nach und von Liberia gab die Veranlassung, die technische Ausrüstung des Hafens Greenville beschleunigt vorzunehmen, um den südöstlich gelegenen Teil der liberianischen Küste — von Greenville aus — an den Im- und Export Liberias anzuschließen.

Um den weiteren Ausbau den jeweils vorliegenden Bedingungen anzupassen, erhielt der Verfasser von Secretary Buchanan den Auftrag, hierfür einen Generalplan auszuarbeiten und als Experte des Department of Public Works and Utilities die Lieferung und Ausführung zu überwachen.

Die Lösung dieser Planungsaufgabe ist in den folgenden Kapiteln beschrieben, wobei jede Baustufe die organische Erweiterung der vorhergehenden Stufe bedeutet.

2. Der Generalplan

Die Baustufe 1 ist als Mindestbaumaßnahme für den Beginn eines Hafenbetriebs anzusehen.

Die Baustufe 2 ist das bald anzustrebende Ziel im Ausbau, um einen möglichst wirtschaftlichen Hafenbetrieb zu erreichen.

Die Baustufe 3 stellt schließlich den Endausbau der Hafenanlage dar.

Wenngleich auch nur die erste Ausbaustufe vorerst zur Ausführung kommen wird (Abb. 26), so muß doch bereits jetzt auch die Planung des endgültigen Ausbaues der Baustufe 2, zumindest der Ausbaumöglichkeiten, sehr sorgfältig berücksichtigt werden. Nur so wird man Fehler, die in manchen Häfen der Welt gemacht worden sind, vermeiden können, nämlich, ohne Gedanken an ein späteres Wachsen des Hafens, bereits im ersten Ausbau durch vermeintliche Konzentration der Anlagen auf kleinstem Raum mit möglichst niedrigem Kostenaufwand zu bauen.

Selbst wenn im ersten Ausbau einer Hafenanlage durch die zwangsläufige Weiträumigkeit vermeintliche lange Verkehrswege und große Längen in Versorgungsleitungen, Straßen usw. entstehen, so sind Fehler, die durch mangelhafte langfristige Ausbauplanungen entstehen, später nur mit außergewöhnlichen Kosten zu beseitigen.

Die vorzuschlagenden baulichen Maßnahmen für den ersten Ausbau zu einer betriebsfähigen Anlage sind aus den vorgenannten Gründen mit Kosten vorbelastet, die nur eingespart werden können, wenn man die zukünftige Entwicklung nicht berücksichtigen will. Die Maßnahmen des ersten Ausbaues sind am Schluß gesondert erläutert und auf dem Plan „Erster Ausbau" dargestellt.

Im Rahmen des zunehmenden Hafenverkehrs wird der weitere Ausbau erfolgen, der in der Planung als „Zweiter Ausbau" einen vorübergehenden Abschluß findet.

Dieses Baustadium — ist in Abb. 27 dargestellt — bedeutet den wirtschaftlich auf das Vorhandensein des einen 180 m langen Liegeplatzes an der Mole abgestimmten Zustand der Bebauung mit Transitschuppen, Speichern und Freilagerplätzen, Lage des Hafen-Zollzaunes usw.

In Abb. 28 ist schließlich der „Dritte Ausbau" dargestellt. Er setzt den inzwischen erfolgten Ausbau des zweiten Liegeplatzes durch Verlängerung der Mole um weitere 80 m auf insgesamt

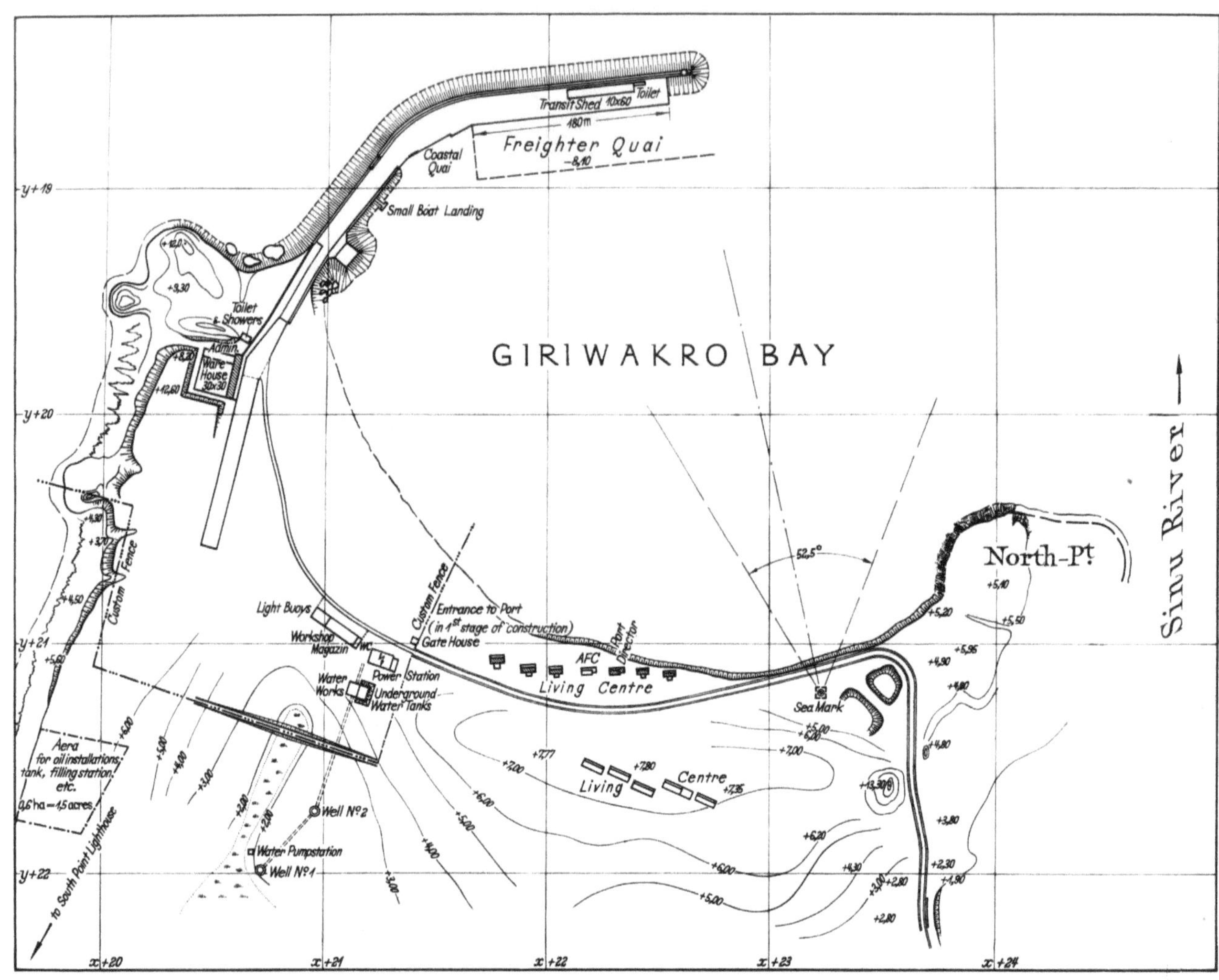

Abb. 26. Erster Ausbau   (First stage of construction)

260 m voraus und bringt die für die dabei erreichte Umschlagskapazität erforderlichen Schuppen, Speicher usw. Mit diesem „Dritten Ausbau" ist die Endstufe des Hafenausbaues — soweit sie sich heute für einen Küstenhafen von der Bedeutung Greenvilles übersehen läßt — erreicht.

Da der „Zweite Ausbau" als das auf jeden Fall schon jetzt nicht aus den Augen zu verlierende Ziel der nächsten Zukunft gelten muß, ist er auch im wesentlichen diesem Bericht zugrunde gelegt. Über den „Ersten Ausbau" und den „Dritten Ausbau" genügt es, anschließend die entsprechenden Bauaufgaben in einer kurzen Übersicht als Nachtrag darzustellen.

Der dritte Ausbau des Hafens mit Verlängerung der Mole um rd. 80 m ist der Vollständigkeit halber in den Generalplan mit eingebaut worden. Es müssen jedoch durch eingehende laufende Beobachtungen der Sinoe-Strömung vor dem jetzigen Molenkopf Erfahrungen gesammelt werden, ob und in welchem Umfange durch eine Verlängerung der Mole um rd. 80 m später eine zusätzliche Aufschlickung des Hafens erfolgen wird oder nicht. Auf Grund der Modellversuche war diese Gefahr nicht zu erkennen.

Im Endausbau sollte das Gelände von der Southbeach bis zum Sinoe-Ufer — einschließlich des North-Point —, etwas oberhalb des früheren Sinoe-Hafens der Arge, für den Ausbau des Hafens nutzbar gemacht werden und von jeder anderen Nutzung ausgeschlossen werden. Diese Hafengebietsgrenze sollte wegen der besseren Übersicht geradlinig gezogen werden. Um hafenfremden Personen den unbefugten Zutritt zum Gelände zu verwehren, ist ein rd. 2,70 m hoher Zaun vorgesehen, der am Haupttor den kontrollierten Ein- und Ausgang für Personen- und Warenverkehr sichert. Ein Hilfsausgang nur für das Hafenpersonal ist am Sinoe-Ufer angeordnet.

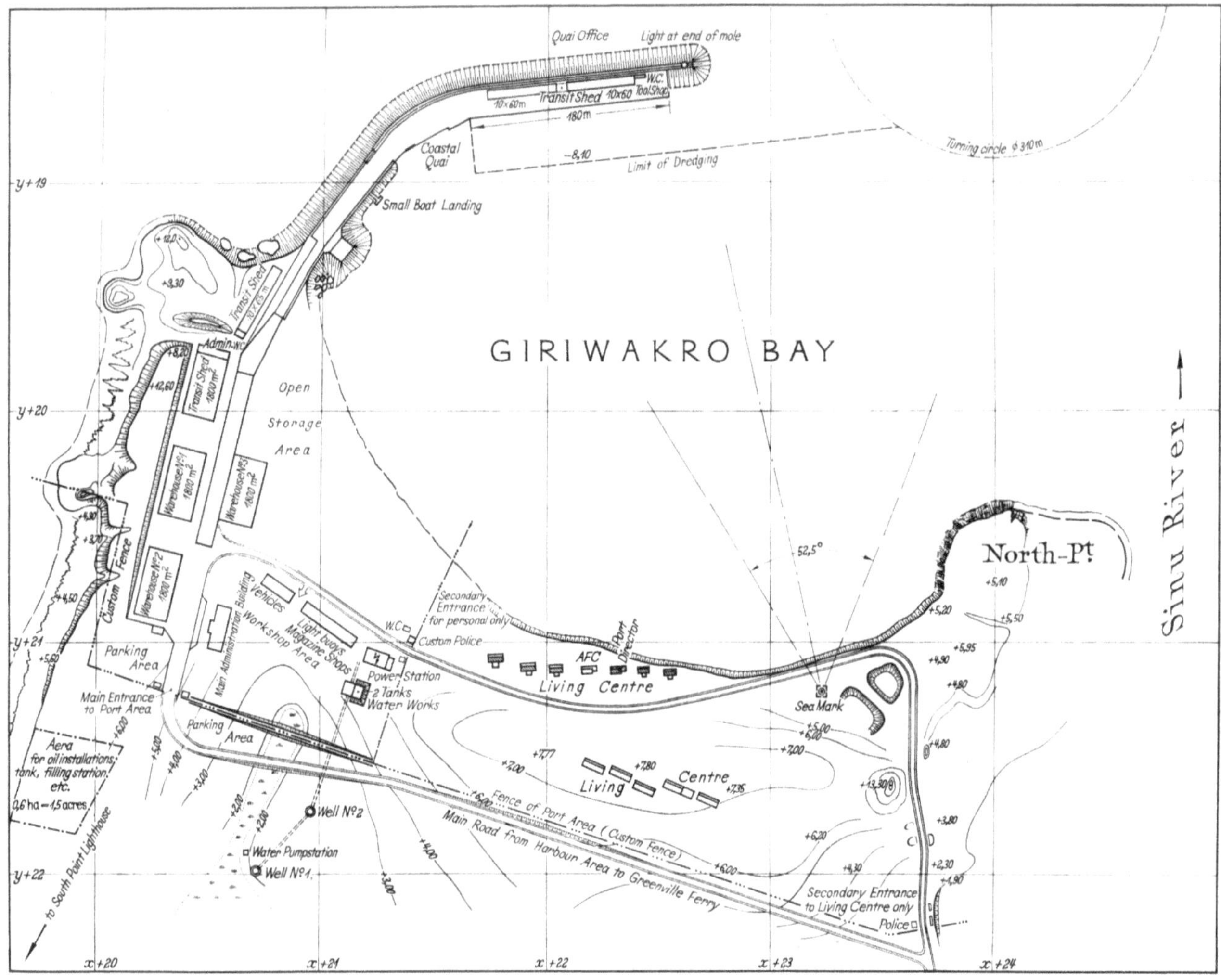

Abb. 27. Zweiter Ausbau (Second stage of construction)

Dieses Gelände umfaßt — bezogen auf die mittlere Wasserlinie — eine Fläche von rd. 17 ha = rd. 42 acres. Es wird dringend empfohlen, bereits jetzt auch einen rd. 20 bis 30 m breiten Geländestreifen außerhalb des Zaunes für die Anlage der zukünftigen Hauptzufahrtsstraße mit in das Planungsgebiet einzubeziehen, so daß die Planungsfläche um weitere rd. 1,6 ha = rd. 4 acres vergrößert wird.

Hafengebiet (eingezäunt)	rd. 17 ha	= rd. 42 acres
Straßenfläche (außerhalb)	rd. 1,6 ha	= rd. 4 acres
Gesamtfläche	rd. 18,6 ha	= rd. 46 acres

Gebiete, wie z. B. am North-Point, sollen vorerst nicht bebaut, sondern für spätere Zwecke freigehalten werden.

3. Die Einzelheiten der Planung
a) Hochbauten

Die Hochbauten für das Hafengebiet werden entsprechend ihrer Bedeutung nachstehend behandelt:

Transitschuppen. Die Schuppen — Abb. 29 — dienen nur der kurzfristigen Aufnahme zu ladender oder zu löschender Güter, möglichst querab vom Seeschiff, um die Ware nicht unnötig dem feuchten Witterungseinfluß auszusetzen. Nach möglichst kurzfristiger Schuppenlagerung muß die Ware aus dem Schuppen entfernt und in die an der Molenwurzel liegenden Speicher zur längeren Lagerung überführt werden, sofern sie nicht sofort ins Inland geht.

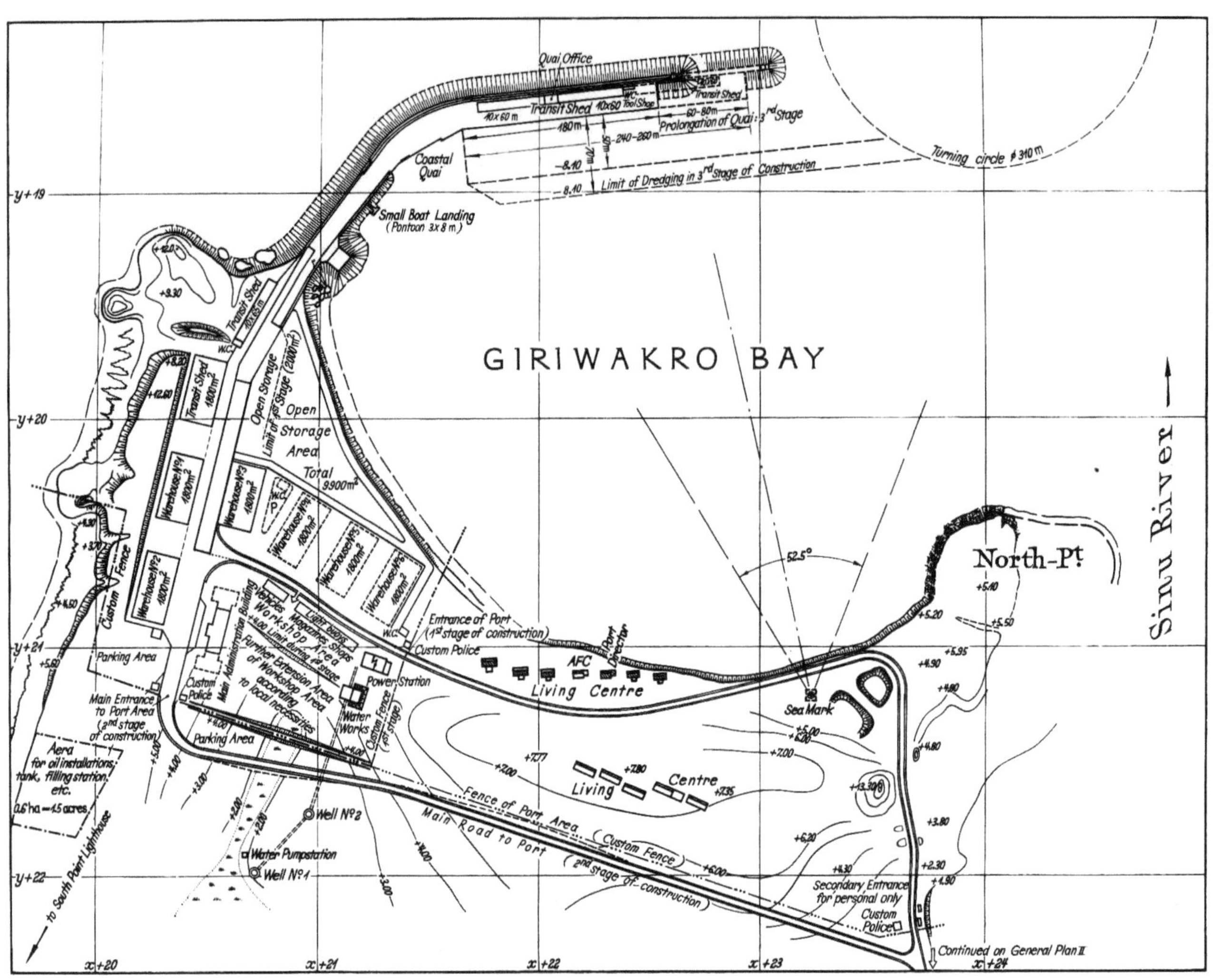

Abb. 28. Dritter Ausbau (Third stage of construction)

Über die Bewirtschaftung der Schuppen hat der Verfasser in dem Sonderabschnitt „Grundsätze über den Betrieb der Hafenanlagen" einige wesentliche Leitsätze zusammengestellt, die wichtig genug erscheinen, der Hafenverwaltung mitgeteilt zu werden, da in manchen Häfen durch nicht immer planvolle Nutzung der Hafenanlagen und infolge mangelnder Kenntnis der Arbeitsmöglichkeiten in kürzester Frist Lösch- und Ladeschwierigkeiten wegen Verstopfung der Kaje bzw. der Schuppen und Speicher oder Verkehrswege eintraten.

In Greenville ist ein Schuppen von rd. 10 × 120 m unmittelbar auf der Mole vorgesehen. Wie aus Abb. 30 zu ersehen ist, verbleibt für die Abwicklung des Umschlagsbetriebs auf der Kaje ein Streifen von 13,66 m Breite, der bei den Größenverhältnissen der Greenville anlaufenden Schiffe und nach Erfahrungen in anderen Häfen ausreichend ist, zumal hier keine Behinderung durch Eisenbahngleise auf der Kaje erfolgt. Die Schuppenfläche von rd. 1200 m² ist unterteilt in zwei Einzelschuppen von je rd. 10 × 60 m und ein dazwischen liegendes Betriebsgebäude von rd. 10 × 10 m.

Dieses zentralgelegene Betriebsgebäude (s. auch Abb. 30) umfaßt im Erdgeschoß zwei Büroräume von je 17 m², für den Vorsteher des Schuppens und das Warenabfertigungsbüro sowie einen Raum für Betriebsgeräte — Sackkarren, Netze, Schlingen, Plane usw. — von rd. 53 m² Größe.

In den Obergeschossen dieses Betriebsgebäudes sind weitere Büroräume vorgesehen, und zwar für den nautischen Dienst des Hafenmeisters und evtl. für den Zollposten auf der Kaje.

Vom Obergeschoß ist die erforderliche Übersicht über das Hafengebiet und die seeseitigen Anfahrtsbereiche gewährleistet. Von hier wird auch der Schleppereinsatz geregelt. Für den spä-

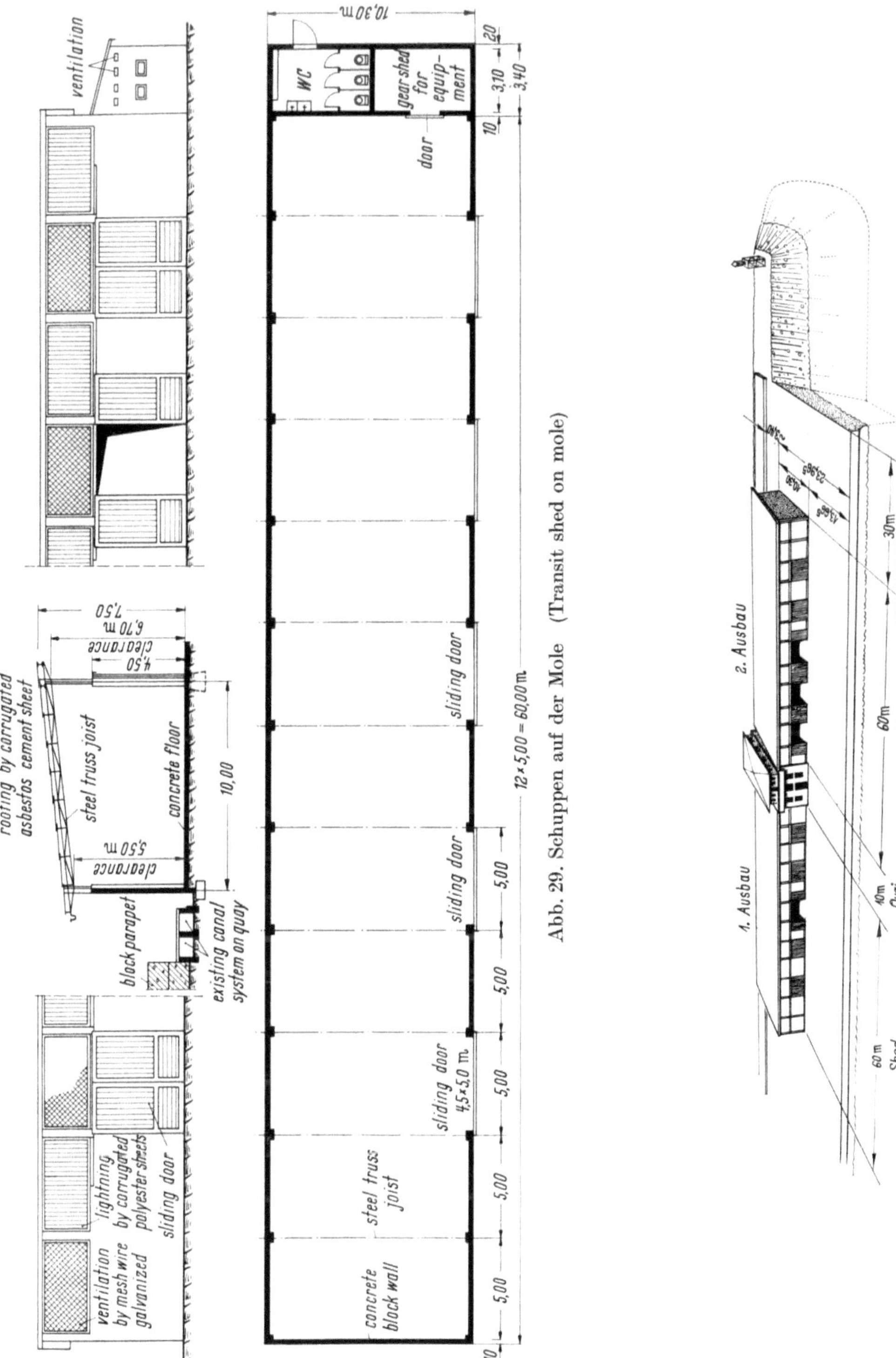

Abb. 29. Schuppen auf der Mole (Transit shed on mole)

Abb. 30. Erweiterter Schuppen auf der Mole mit Betriebsgebäude (Extended transit shed on mole and Quay office)

teren Funksprechverkehr mit den ein- und auslaufenden Schiffen sowie dem Hafenschlepper sollte hier eine Sprechstelle als Nebenstelle der Zentrale im Verwaltungsgebäude vorgesehen werden.

Im dritten Ausbau kann der Schuppen durch einen dritten Schuppenteil von rd. 60 × 10 m auf der verlängerten Mole erweitert werden. Es verbleibt dann auf der Mole noch ausreichende Freilagerfläche. Es sollte jedoch darauf geachtet werden, daß diese Freilagerfläche nur kurzfristig, also während der Abfertigung des Schiffes, genutzt wird. Längeres Lagern auf der Mole führt zu Behinderungen des Umschlags am Seeschiff.

In Ergänzung des Molenschuppens ist an der Molenwurzel an Land ein weiterer Schuppen vorgesehen, der mit 65 × 10 m weitere 650 m² bebaute Fläche ergibt (s. auch Abb. 27).

Schließlich kann erforderlichenfalls im dritten Ausbau das während der ersten Jahre als Speicher genutzte Bauwerk mit für die kurzfristige Lagerung der Güter, d. h. als Transitschuppen herangezogen werden.

Die gesamte Schuppenfläche beträgt dann:

Schuppen auf der Mole 3 × 600	1 800 m²
Schuppen an der Molenwurzel	650 m²
Schuppen (ehemaliger Speicher)....................	1 800 m²
	4 250 m²
Für Verkehrswege in den Schuppen wird ein Verlust an Nutzfläche von rd. 10% angesetzt................	450 m²
Für die Einlagerung von Gütern verbleiben damit im Endausbau an nutzbarer Fläche	3 800 m²

Speicher (Abb. 31). Zum Unterschied von den Schuppen sind die Speicher für langfristige Lagerung der Ex- und Importgüter geplant.

Bei 30 m Breite und 60 m Länge für die Standardausführung ist die Lagerfläche einschließlich der Verkehrswege im Speicher je Speicher rd. 1800 m².

Die Planung sieht vor, im zweiten Ausbau drei Speicher zu errichten, d. h. eine Speicherlagerfläche von 3 × 1800 = 5400 m² zu schaffen.

Bei der späteren Entwicklung zum dritten Ausbau sollen drei weitere Speicher mit weiteren 5400 m² Lagerfläche geschaffen werden. Damit vergrößert sich die Gesamtspeicherfläche auf rd. 10 800 m². Die nutzbare Fläche nach Abzug von 10% für Verkehrswege beträgt bei den Speichern dann insgesamt 10 800 − 1100 = 9700 m² (Abb. 31 a).

Freilager (s. auch Abb. 27 u. 28). Gegenüber den Speicherbauten ist ein ausreichend großes Gelände als Freilager vorgesehen. Hier sind Schwergüter, Maschinenteile, Kraftfahrzeuge, witterungsunempfindliche Stückgüter und Massengüter (Schüttgüter) zu lagern. Je nach Art der Güter ist die Platzbefestigung vorzusehen. Für einen großen Teil der Fläche ist eine wassergebundene Decke auf Schotterunterlage ausreichend. Einzelne Fahrwege wird man später stärker befestigen müssen.

Im Lagerbereich der Schwergüter ist jedoch eine gute tragfähige Straßendecke erforderlich, um das einwandfreie Arbeiten von Straßenkranen und Staplergeräten zu gewährleisten.

Die Betriebsleitung für das Freilager wird zweckmäßig der des Schuppens auf der Mole unterstellt, da eine enge Zusammenarbeit Schuppen — Freilager bei der Verladung besonders von Schwergütern unerläßlich ist. Ein Teil der Freilagerfläche kann später eingezäunt werden, teils um dem Zoll die Arbeit zu erleichtern, teils um unbefugtes Entfernen oder Beschädigen des Lagergutes zu vermeiden.

Gegebenenfalls ist später eine Beleuchtung des Freilagerplatzes erforderlich.

Die gesamte Freilagerfläche umfaßt anfänglich rd. 2000 m², später im Endausbau rd. 9900 m².

Hafenverwaltungsgebäude. Das Hafenverwaltungsgebäude — Abb. 32 — ist der gemeinsame Dienstsitz aller am Hafen interessierten Behörden. Eine Zusammenfassung in einem gemeinsamen Bau erleichtert wesentlich den reibungslosen Ablauf der Zusammenarbeit, auch wenn die einzelnen Behörden verschiedenen Regierungsressorts unterstehen.

Auf eine zentrale Lage wurde besonders geachtet. Es ist daher am günstigsten in der Nähe des Haupteingangs gelegen, so daß praktisch der gesamte ein- und ausfahrende Verkehr von hier überblickt werden kann.

Beim Entwurf wurde darauf geachtet, daß die Verwaltung für den mit dem Hafenumschlag wachsenden Raumbedarf ebenfalls genügend Erweiterungsmöglichkeiten findet.

Der vorerst vorgesehene Mittelbau mit einer Grundfläche von rd. 12 × 40 = 480 m² kann später ohne Schwierigkeit durch beiderseitige Anbauten auf 1200 m² Fläche erweitert werden.

Im Gebäude sind unterzubringen:

Hafenverwaltung:

Hafendirektor
Stellvertreter
Vorzimmer
Verwaltungsbüro für Abfertigung der Schiffs- und Warenpapiere, Ermittlung der Schiffs- und Warengebühren, Buchhaltung der Hafenverwaltung, Lohnbüro des Hafenpersonals
Kasse der Hafenverwaltung
Nachrichtenzentrale mit
Fernsprecher, Fernschreiber, Funksprechanlage

Abb. 31. Speicher (Normenausführung)   (Warehouse standard type)

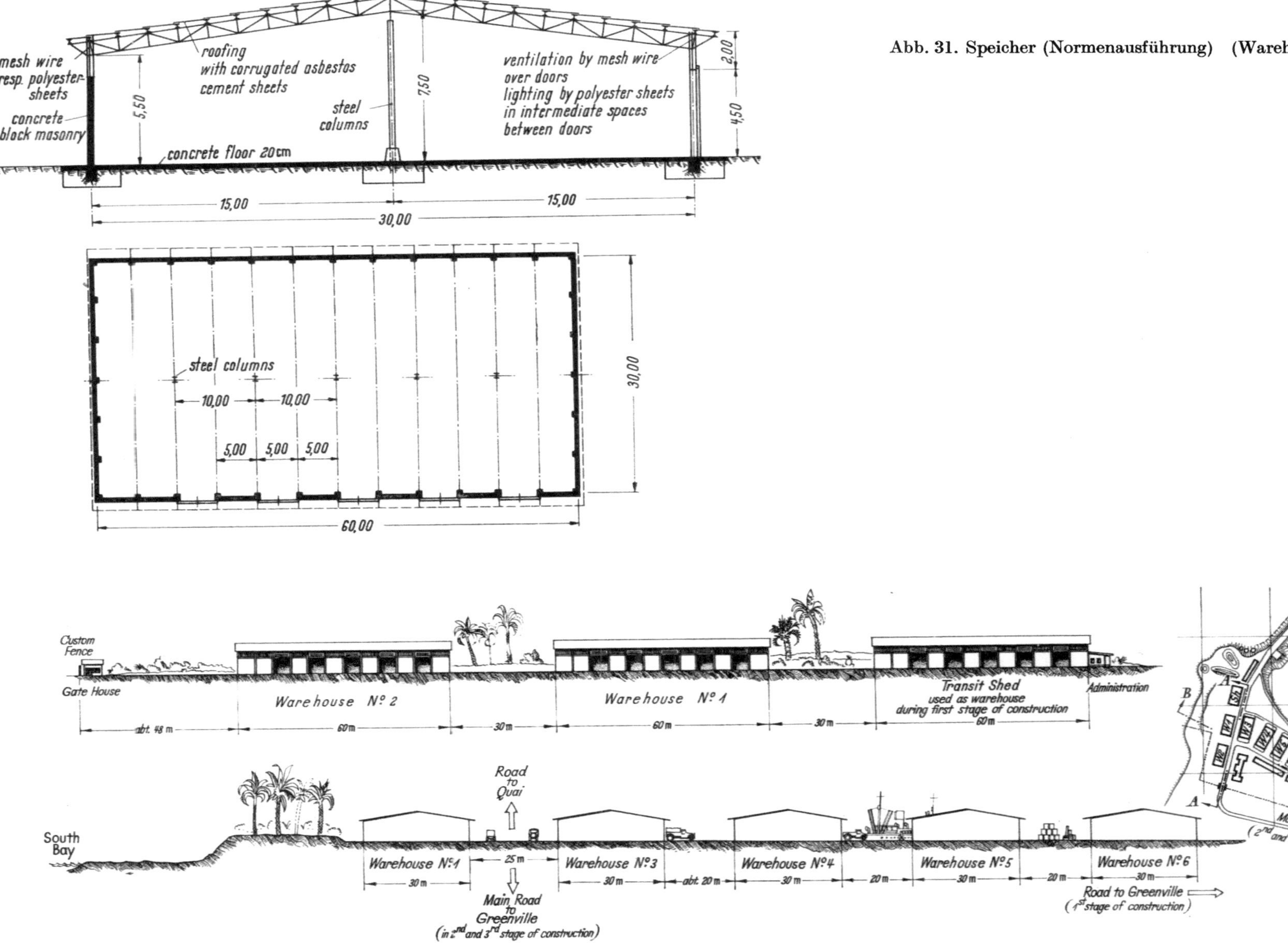

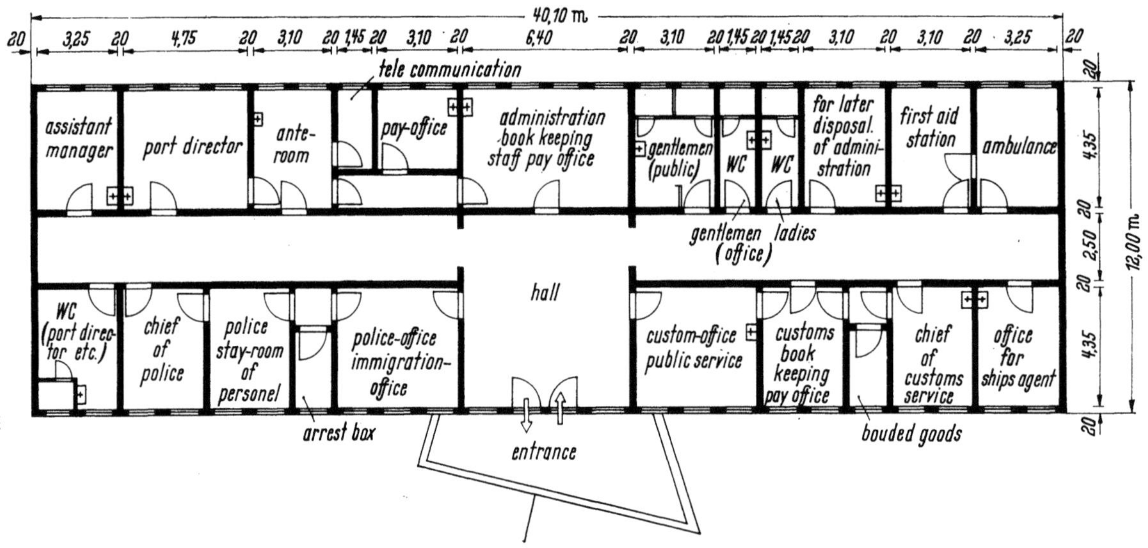

Abb. 32. Hafenverwaltungsgebäude   (Main administration building)

Hafenpolizei:
Polizeileiter
Polizeiwachbüro mit Einwanderungsbüro
Aufenthaltsraum für Wachablösung
Arrestzelle für Sicherungszwecke

Zollverwaltung:
Vorsteher des Zollamtes Hafen
Zollabfertigungsbüro für
    a) die vorher bei der Hafenverwaltung bzw. im Speicher oder Schuppen abgefertigten Im- und Exportgüter
    b) Handgepäck von Reisenden
Buchhaltung und Zollkasse
Verschlußraum für Waren, die der Zoll aus Sicherheitsgründen übernimmt (Schmuggelgut)

Gesundheitsverwaltung:
Hafenarzt
    Behandlungsraum — Untersuchungen
    Krankenzimmer für Notfälle von Bord der Schiffe und für Unfälle im Hafengebiet

Private Firmen:
Hier ist bisher nur ein Raum vorgesehen, in dem Agenten der Reedereien und Makler einen Arbeitsplatz vorfinden.
Bei wachsendem Bedarf bzw. Forderung nach weiteren eigenen Räumen der Agenten sollte das Hafenverwaltungs-
gebäude durch die Verwaltung erweitert werden.

Im Entwurf zum Hafenverwaltungsgebäude ist ferner vorgesehen:
Ein Raum „z. b. V.", den die Hafenverwaltung sich für die Erweiterung ihres eigenen Büros sichern sollte.

Während des ersten Baustadiums wird aus Gründen der Kostenersparnis an den Speicher ein
behelfsmäßiges Verwaltungsgebäude von rd. 6,50 × 30,00 = 195 m² Gesamtfläche angebaut
(Abb. 33). Die hier vorgesehenen Räume werden dem Umschlagsbetrieb in den ersten Jahren
des Hafenbetriebs genügen.
Es sind Räume vorgesehen für:

                Hafendirektor
                Stellvertreter
                Vorzimmer
                Hafenbüro mit Buchhaltung und Kasse
                Zoll
                Unfallstation
                Abortanlagen für das Büropersonal

Nach dem Bau des auf Blatt 8 dargestellten Hauptverwaltungsgebäudes wird in den Räumen
des behelfsmäßigen Verwaltungsgebäudes die Verwaltung der Speicher und Freilagerplätze geeignete Büroräume haben.

Betriebsanlagen und -werkstätten. In den Gebäuden der Betriebsanlagen und -werkstätten
(Abb. 34) sind alle für den laufenden Hafenbetrieb, d. h. Umschlag und Instandhaltung, erforderlichen Geräte zusammengefaßt.

Im einzelnen gehören dazu:
Zentrallager für Umschlagsgerät, wie Karren, Netze, Schlingen, Tauwerk, Planen usw.
Werkstatt für die laufende Unterhaltung und Reparatur dieser Geräte.

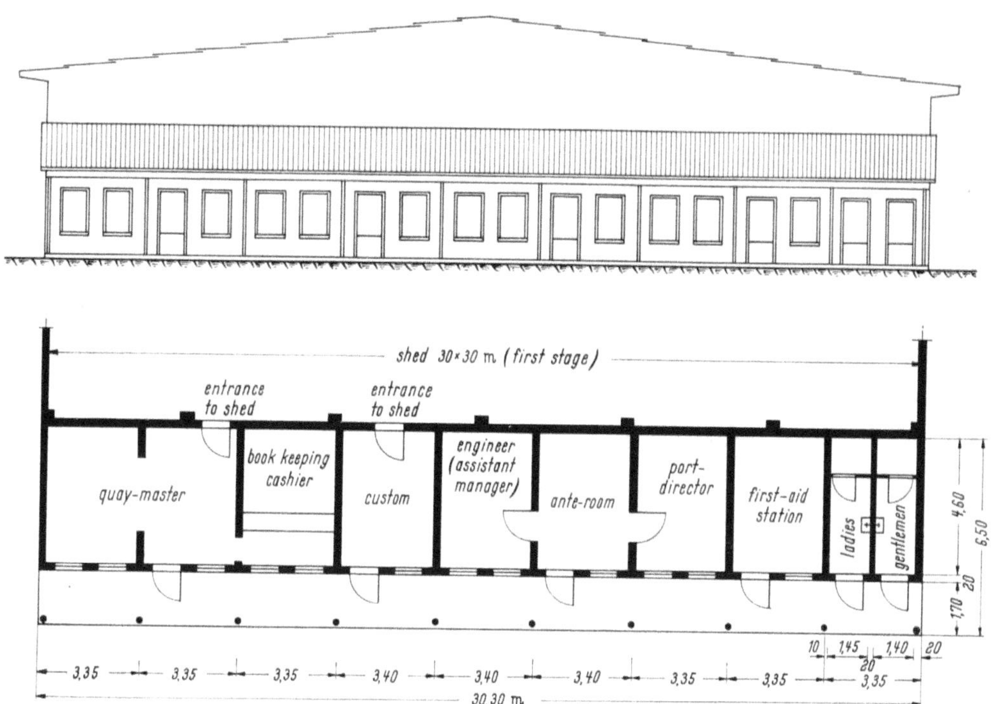

Abb. 33. Verwaltungsbüro im ersten Ausbau als Anbau an Speicher
(Administration office annex to warehouse in first stage of construction)

In die Schuppen und Speicher wird grundsätzlich nur ein geringer Bestand an Geräten gegeben, besonderer Bedarf ist von der Zentrale zu decken. Reparatur beschädigter Geräte erfolgt grundsätzlich in der zentralen Werkstatt, wo die ordnungsgemäße Reparatur mit einer Sicherheitsprüfung durch den Betriebsingenieur abgeschlossen wird.
Büro der Betriebsleitung (Betriebsingenieur) mit der Kartei über die technischen Daten und die Aufwendungen für die Geräteverwaltung.
Geräteschuppen für rollende Geräte, wie Dieselschlepper mit Anhängern, Stapler, Autokran. (Wird erst im zweiten Bauabschnitt errichtet.)
Schuppen für das Feuerlöschgerät.
Schuppen für das Seezeichenwesen, für die Lagerung der Ersatzbojen und sonstigem Ersatzzubehör der Leuchtanlagen. Die Werkstatt für die Reparatur der Umschlagsgeräte hat eine Abteilung für die Reparatur der Seezeichen.

Der Werkstatt angeschlossen ist ein Materiallager für Ersatzteile der verschiedenen Geräte. Tauwerke, Drahtseile, Elektromaterial, Glühbirnen, Werkzeuge für die Werkstattmaschinen.

Sanitäre Bauten. Der Einrichtung von sanitären Anlagen muß in tropischen Ländern besondere Aufmerksamkeit geschenkt werden. Deshalb sind im Endausbau genügend und von überall leicht erreichbare Toiletten und Waschräume vorgesehen. So ist auf der Mole ein großes Wasch- und Toilettengebäude im Anschluß an den Transitschuppen für das dort arbeitende Personal vorgesehen. Weiterhin sind über das übrige Hafengelände verteilt weitere vier Toiletten und Waschräume geplant. Das Verwaltungsgebäude, die Werkstatt und die Wohnhäuser haben eigene sanitäre Anlagen, so daß diesen Bedürfnissen genügend Rechnung getragen wurde. Aus Gründen der Hafenhygiene ist eine strenge Kontrolle der Sanitäranlagen auf Sauberkeit dringend geboten.

Für die Erfassung sonstigen Abfalls und Unrats sind Müllbehälter aufzustellen, die regelmäßig entleert werden müssen, um auf jeden Fall eine Verseuchung des Hafengebiets mit Ratten u. dgl. zu verhindern. Für die Rattenbekämpfung sind im Lager der Betriebswerkstätten geeignete Chemikalien vorrätig zu halten.

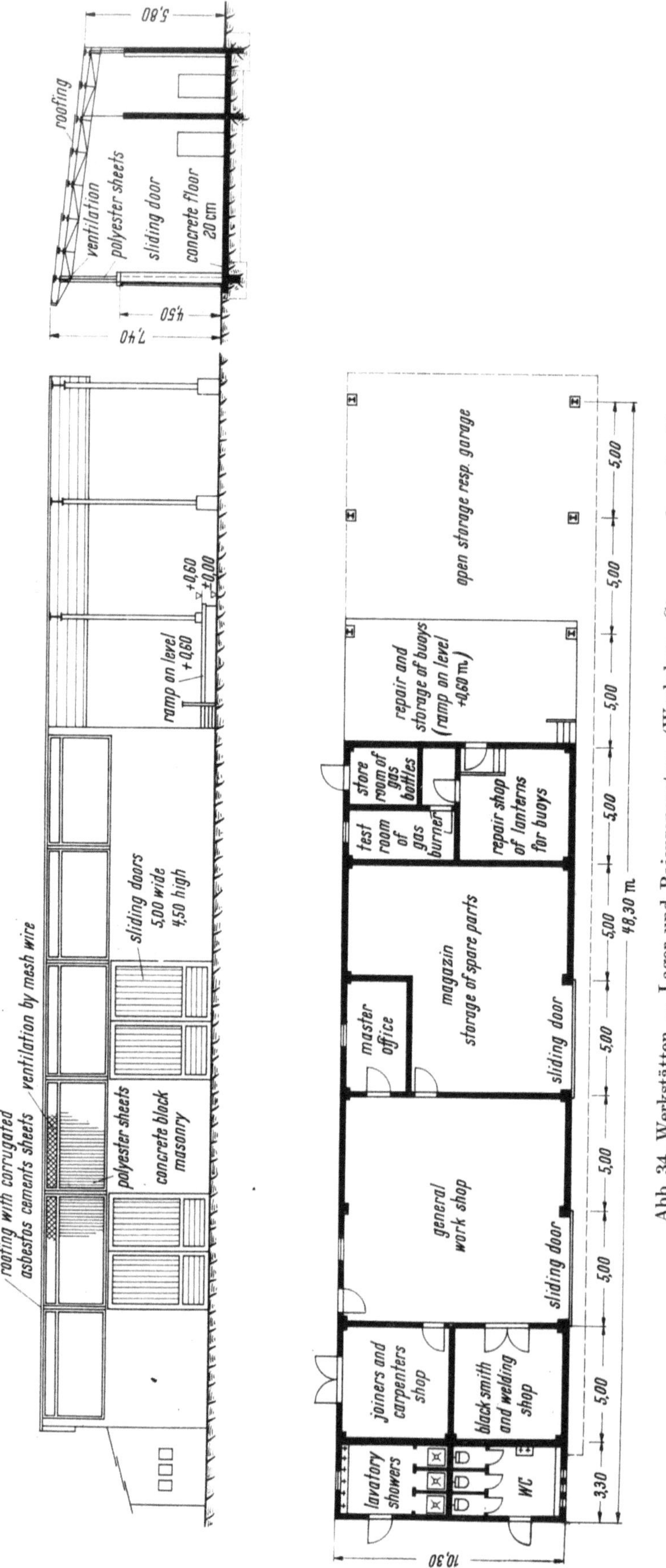

Abb. 34. Werkstätten — Lager und Bojenreparatur (Workshop — Storage and repair of buoys)

Hafenzaun — Hafentore. Im Endausbau sollte das gesamte Hafengelände von der Southbeach bis etwa stromoberhalb des früheren kleinen Sinoe-Hafens der Arge durch einen rd. 2,70 m hohen beleuchteten Zollzaun eingefaßt werden, damit dieses Gebiet später für die Hafenzwecke nutzbar gemacht werden kann und dem Zutritt fremder Personen verschlossen bleibt.

Wo die Zufahrtsstraße den Hafengebietszaun erreicht, wird ein breites Tor mit Zoll- und Polizeipostenhäusern vorgesehen, vor und hinter dem Zaun sind genügend große Parkplätze angeordnet. Ferner wird in der Nähe des früheren kleinen Sinoe-Hafens ein Hilfstor vorgesehen, das nur dem Ein- und Ausgang des Hafenpersonals dient.

Im ersten Ausbau ist bei dem verkürzten Zollzaun mit rd. 650 bis 700 m Länge nur ein Eingang in das Hafengebiet vorgesehen. Zaun und Eingang bleiben auch als späterer Eingang zum eigentlichen Hafengebiet bestehen.

Es ist geplant, entlang des Zollzaunes, und zwar beiderseits, einen etwa je 1,5 m breiten unbefestigten Weg anzulegen, damit der Zaun von den Wachen abgegangen werden kann. Am Tage erleichtert dieser freie Streifen die Übersicht über den verhältnismäßig langen Zollzaun.

Allgemeine bauliche Gesichtspunkte. Bei der konstruktiven Durcharbeitung der Hochbauten ist der Gesichtspunkt rationeller kostensparender Bauweisen in den Vordergrund gestellt. Durch weitgehende Verwendung einheitlicher Bauelemente lassen sich Ersparnisse erzielen.

Dachkonstruktionen mit Einheitsbindern in Stahlleichtbauweise mit einheitlichen Stützweiten von 10 und 15 m.

Tragende Konstruktion der Wände mit Stahlstützen und Ausmauerung mit Betonhohlblocksteinen ermöglichen schnelle Montage bei gleichzeitiger preisgünstiger Ausfachung der Wände mit an Ort und Stelle vorhandenen Baustoffen (Sand und Kies).

Tore mit einem Einheitsmaß von 5 m Breite und 4,50 m Höhe verbilligen die Baukosten erheblich.

Das gewählte Maß erlaubt es, einwandfrei mit Stapelgeräten zu arbeiten und bei Bedarf auch mit dem Lastkraftwagen so tief in den Schuppen oder Speicher hineinzufahren, daß bei Regen ohne Zeitverlust be- und entladen werden kann.

Belichtung unter Verwendung von Polyester-Platten. Sie sind wesentlich weniger bruchempfindlich und geben gegenüber Glas ein hervorragend diffuses Licht.

Für gute Belüftung der Schuppen und Speicher ist Sorge getragen.

Für sämtliche Baustoffe und Konstruktionselemente werden in bezug auf die Sicherheit die Deutschen Industrie-Normen, für die Eignung die Erfahrungen im sehr anspruchsvollen Betrieb in den deutschen Seehäfen zugrunde gelegt.

b) Umschlagsgeräte

Die Ausrüstung des Hafens Greenville mit Umschlagsgerät ist Gegenstand eingehender Vorverhandlungen mit dem Department of Public Works and Utilities gewesen. Es besteht Übereinstimmung, daß das als Erstausstattung beschaffte Gerät nur den unbedingt erforderlichen Ansprüchen genügen soll und daß mit wachsendem Umschlag zusätzliche Beschaffungen notwendig sind.

Es werden beschafft:

1 DEMAG-Mobil-Kran mit einer Tragkraft von 3,4 t/10 m bzw. 10,2 t/4 m. In Zusammenarbeit mit dem Verladegeschirr der Schiffe können damit Lasten bis zu 10 t (wie Maschinenteile usw.) noch einwandfrei umgeladen werden.

1 Stück Fork-Lift mit einer Tragkraft von 3 t, eine Type, die wegen ihrer Vielseitigkeit und Wendigkeit besonders im Hafenumschlag sich bewährt hat.

1 UNIMOG-Diesel mit Allradantrieb, 32 PS, als Schleppfahrzeug für

3 Plattform-Anhänger, je 3 t Tragkraft und

1 Plattform-Anhänger, 6 t Tragkraft,

1 einfacher Forklift,

diverses Umschlagsgerät, wie Stroppen, Schlingen, Ketten u. dgl.

Die erforderlichen Pallets sollen auf Wunsch der liberianischen Regierung an Ort und Stelle hergestellt werden.

c) Versorgungsanlagen

Stromversorgung (Abb. 35). Zur Stromversorgung wird für den ersten Ausbau das schon vorhandene Krafthaus mit seinen drei Aggregaten von 125 kVA, 80 kVA, 45 kVA vorgesehen. Die damit erzeugte Kraft reicht für den Bedarf des ersten Baustadiums aus. Für den Endausbau ist ein höherer Kraftbedarf erforderlich. Hierbei muß später geklärt werden, ob der Ausbau für diesen Bedarf für eine Spannung von 110 Volt und 60 Hz erfolgen soll oder ob die bisher verwendete Spannung von 220 Volt und 50 Hz beibehalten werden soll. Ein Ausbau der vorhandenen Kraftstation kann durch Erweiterung des bereits vorhandenen Gebäudes ohne weiteres erfolgen.

Der Strombedarf für den Endausbau muß auf die Versorgung sämtlicher Schuppen, Speicher, Dienst- und Wohngebäude, Werkstätten, Straßen- und Zaunbeleuchtung, ferner auf die Beleuchtung des Werkplatzes und der Freilagerplätze sowie auch später der beiden Richtfeuer und des Leuchtfeuers auf dem South-Point abgestimmt werden. Angemessene Reserven sollten dabei unbedingt berücksichtigt werden. Das Stromversorgungsnetz einschließlich Beleuchtung ist in Abb. 35 schematisch dargestellt.

Wasserversorgung (s. auch Abb. 35). Aus zeitlichen und finanziellen Gründen wird das Trink- und Speisewasser wie bisher mit Hilfe von Brunnen aus dem in etwa 8 bis 10 m Tiefe anstehenden Trinkwasserreservoir entnommen. Wenn dieser Wasservorrat den Bedarf im zweiten und dritten Ausbau nicht decken sollte, so kann später durch Tiefbohrungen untersucht werden, ob bei größerer Tiefe ein weiteres Süßwasserreservoir angeschnitten wird. Die Aufbereitung des Trinkwassers erfolgt durch eine Anlage (Abb. 36) mit zwei unterirdischen Behältern von je 100 cbm Inhalt für den Bedarf des Hafenpersonals, für Feuerlöschzwecke und die Schiffsversorgung.

Bei später wachsendem Bedarf an Wasserreserve, bedingt durch den weiteren Ausbau des Hafens, ist es möglich, weitere unterirdische Tanks zu bauen.

Durch ständigen Durchlauf durch diese Behälter und eine Filtervorlage wird das Wasser derart gereinigt, daß es den Bedingungen für die Trinkwasserversorgung des Hafengebietes und der

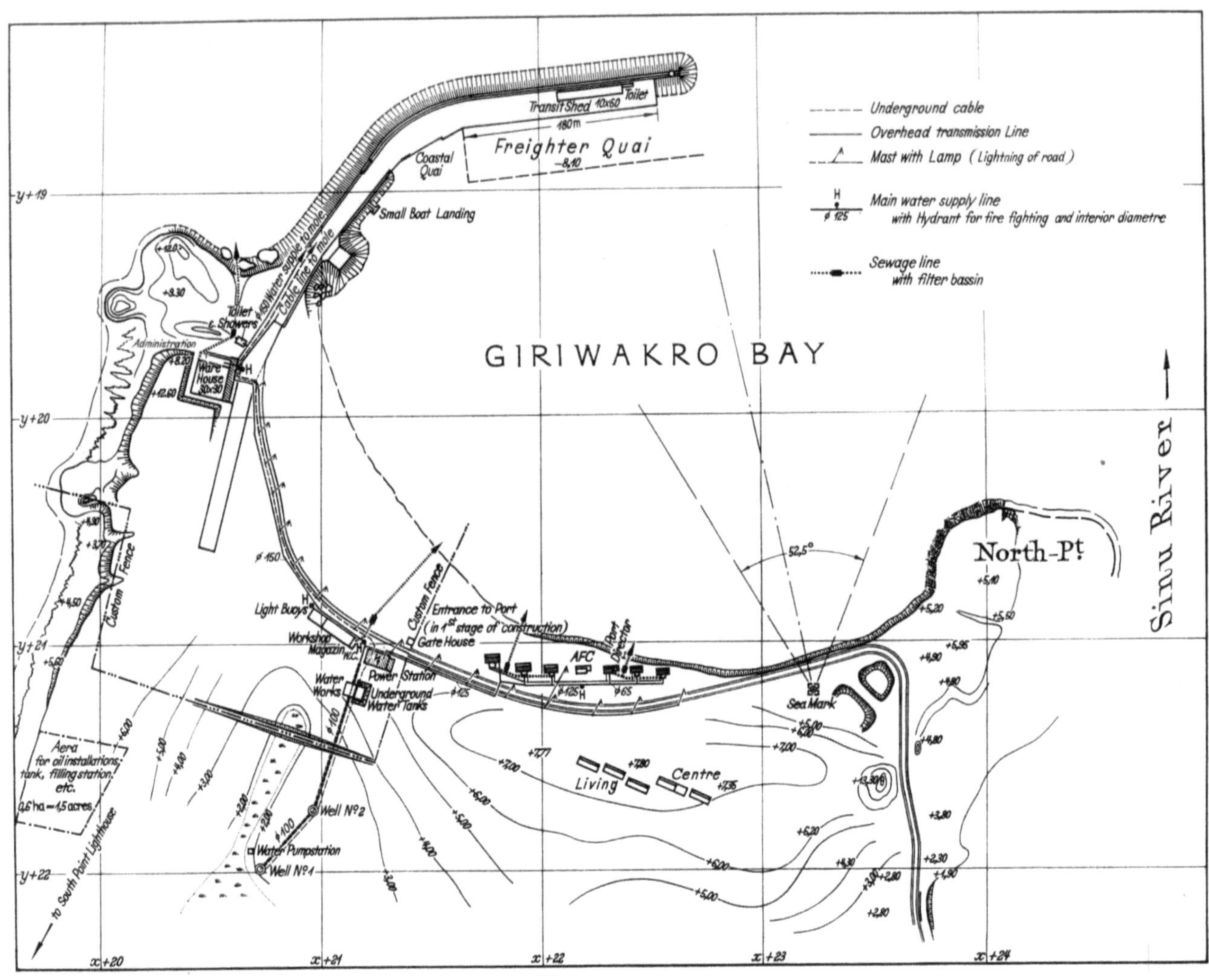

Abb. 35. Strom- und Wasserversorgung — Entwässerung (Electric and water supply, sewerage)

Schiffe genügt. Das Wasserversorgungsnetz mit Brunnen, Wasseraufbereitungsanlage, Wasserbehältern und den verschiedenen Rohrleitungen ist auf Abb. 35 dargestellt.

Entwässerung. Für die Entwässerung sind teilweise 3-Kammer-Absetzgruben vorgesehen, da diese sich bisher bestens bewährt haben. Wo eine direkte Einleitung der Abwässer in die See möglich war, wurde diese Art der Entwässerung gewählt, da sie die zweckmäßigste und wirtschaftlichste Methode bei gleichem Resultat darstellt. Das System des Entwässerungsnetzes ist auf Abb. 35 dargestellt.

Feuerlösch- und Meldewesen. Für Feuerlöschzwecke wird der Inhalt der beiden Tanks mit zusammen 200 cbm Inhalt benutzt. Durch das vorhandene Trinkwasserleitungsnetz können die Mole, die verschiedenen Werkstätten, Schuppen, Speicher, Wohn- und Dienstgebäude erreicht werden. In den einzelnen Gebieten der Wohngebäude, Werkstätten, Speicher und Schuppengruppen sind Feuerhydranten und Handfeuerlöscher vorgesehen. Bei weiterem Ausbau des Hafens wird auch der weitere Ausbau des Feuerlöschwesens mit zusätzlichen fahrbaren Feuerlöschpumpen, Schlauchwagen usw. notwendig. Im ersten Ausbau sind zwei tragbare Feuerlöschpumpen vorgesehen, die auf zwei Einachsenanhängern schnell beweglich an den jeweiligen Brandort gefahren werden können.

Rd. 300 lfdm Feuerlöschschlauch gehören zur Ausrüstung der Feuerwehr, ebenso das Gerät und die Spezialbekleidung für zehn Feuerwehrmänner.

Es ist Sache des Hafendirektors zusammen mit der Polizei, den Feuerwehrdienst streng zu organisieren, die entsprechenden Rauchverbote in Schuppen und Speicher und beim Umschlag der Ladung zu erlassen und deren Einhaltung zu erzwingen.

Das Feuermeldewesen wird am zweckmäßigsten an die Telefonanlage angeschlossen. Feueralarm wird durch ein entsprechendes Sirensignal gegeben.

Nachrichtenanlagen. Zur Verständigung von Schiff zum Land und umgekehrt ist vom Department of Public Works and Utilities eine Sprechfunkanlage, deren Zentrale im Verwaltungsgebäude stationiert ist, vorgesehen.

Der Universalschlepper kann mit seiner FT-Anlage mit 75 Watt Leistung ebenfalls eingeschaltet werden, so daß eine einwandfreie Verständigung im Hinblick auf die Anweisungen des Hafenkapitäns gewährleistet ist.

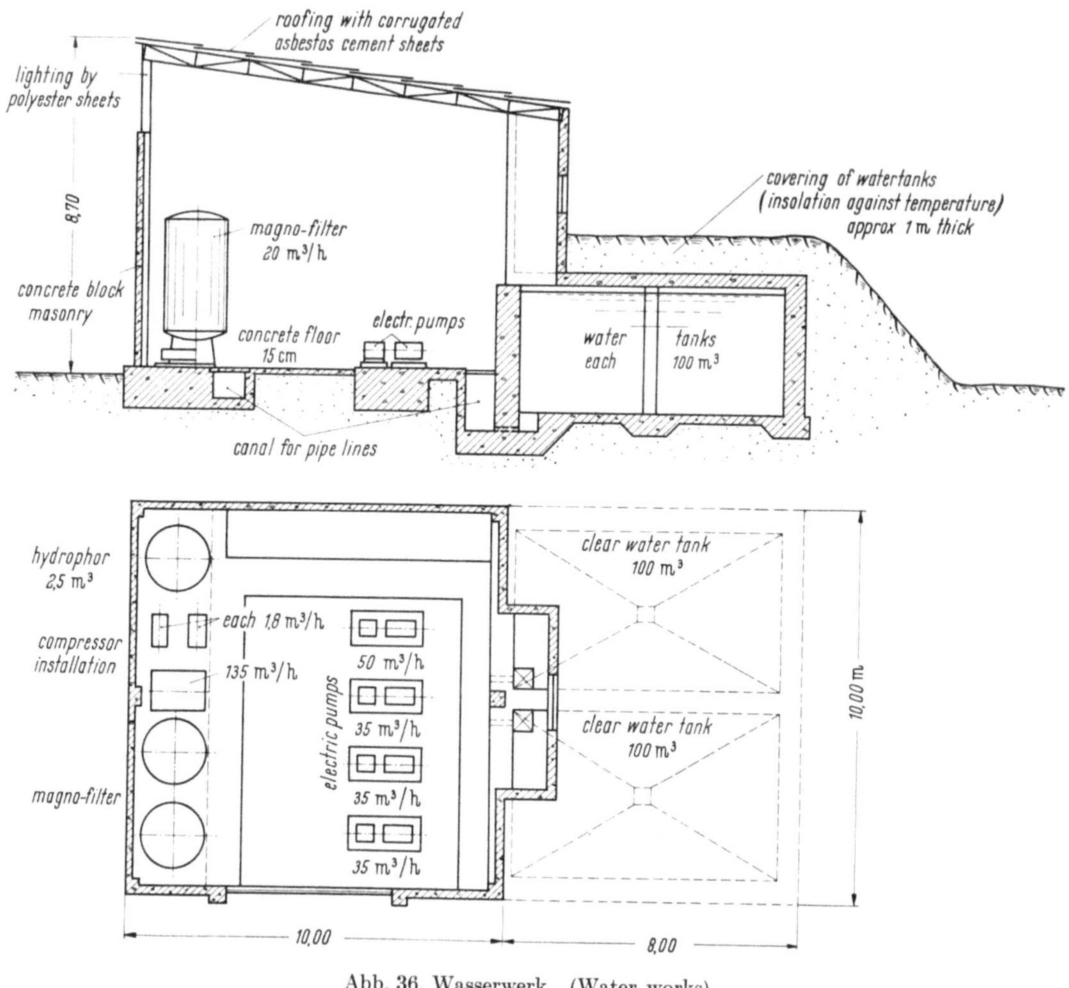

Abb. 36. Wasserwerk (Water works)

Der Hafenkapitän mit seinem Büro im Verwaltungsgebäude oder auf der Mole erhält einen Empfänger- und Senderanschluß, so daß er von dort aus direkt seine Anweisungen geben kann. Im Falle eines Versagens der Anlage muß die Verständigung mit der Morselampe bzw. durch Winksignale erfolgen.

Innerhalb des Hafengebietes sollte später zwischen den einzelnen Betriebs- und Wohnabteilungen eine Telefonverbindung mit einer Zentrale im Verwaltungsgebäude vorgesehen werden. Diese Anlage sollte dann 20 Anschlüsse umfassen.

d) Verkehrswege

Straßen. Bei der Straßenführung muß grundsätzlich zwischen der Straßenführung innerhalb des Hafengebietes und außerhalb bis zum Fähranleger bei Sibeth-Town unterschieden werden.

Im Zuge des ersten Ausbaustadiums ist vorgesehen, die Linienführung der bereits vorhandenen Straße zu benutzen, da dort ein Steinunterbau vorhanden ist, was eine Kosteneinsparung zur Folge hat (s. auch Abb. 26).

Vom Bellrock ab wird der Willy-Creek mit einer Brücke überbrückt und die Straße entlang des Sinoe-Ufers nach Sibeth-Town geführt. Im Zuge des zweiten Ausbaustadiums soll später die Straße außerhalb des Zollzaunes verlegt werden, wobei die neue Linienführung in die bis dahin bereits bestehende Straße in der Nähe des früheren kleinen Sinoe-Hafens der Arge wieder ein-

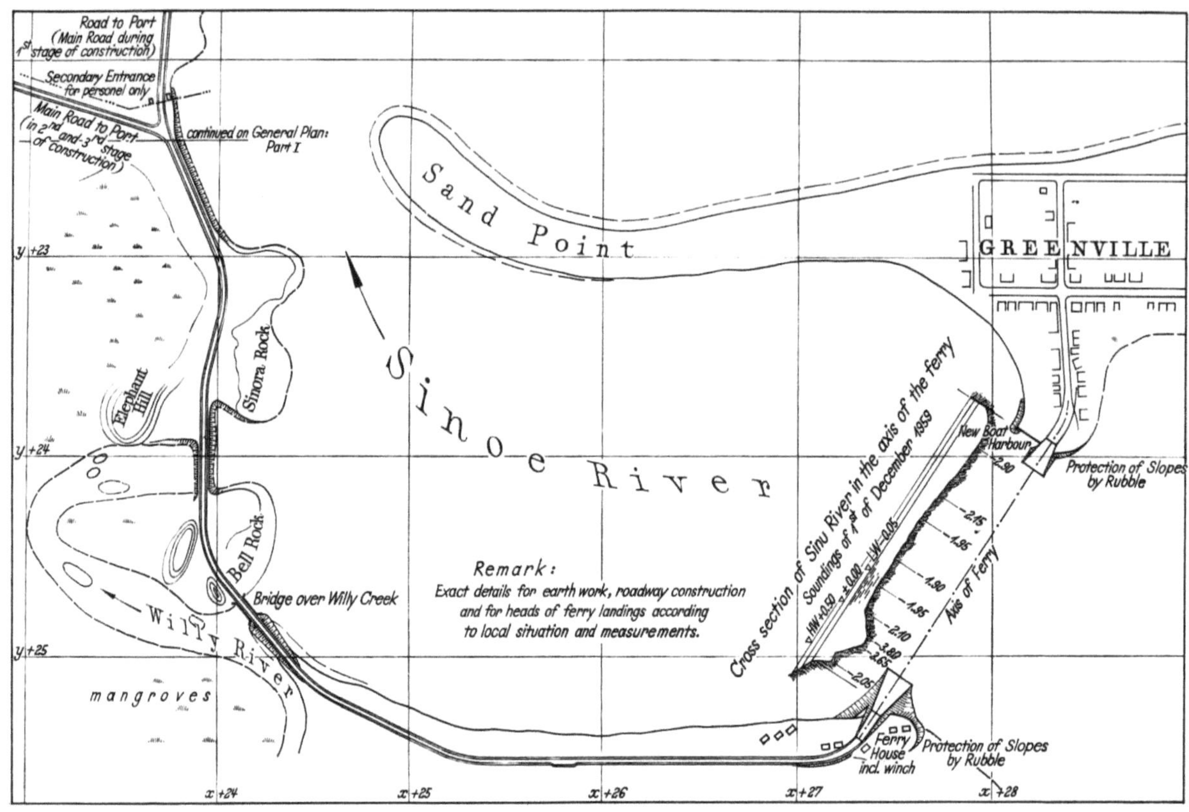

Abb. 37. Straße zur Fähre mit Fähranleger   (Road to ferry landers)

mündet (s. auch Abb. 28). Die Straßenbreite von 7 m ist für zwei Fahrspuren vorgesehen. Ein wasserdichter Straßenbelag wird auf die wassergebundene Decke auf Wunsch des Department of Public Works and Utilities aufgebracht.

Fähre. Als beste Stelle für den Fährbetrieb über den Sinoe hat sich die im Lageplan Abb. 37 gekennzeichnete Stelle bei Sibeth-Town und gegenüberliegend an dem Landkai (Custom-Wharf) von Greenville erwiesen. Für den Fährverkehr ist eine Seilfähre vorgesehen, die mit einem Zug- und einem Leitseil ausgerüstet ist. Diese Konstruktion bietet betrieblich die größte Sicherheit und Einfachheit in der Bedienung.

Die Konstruktion der Fähre mit einer Tragfähigkeit von 60 t ist so gewählt, daß vier Lastkraftwagen zusammen mit Passagieren einschließlich aller Brennstoff- und Schmierölvorräte sowie der Besatzung und evtl. zusätzlichem Ballast und Inventarien transportiert werden können.

Im Einvernehmen mit dem Schiffbauexperten hat der Verfasser sich entschlossen, für die Fähre über den Sinoe eine Seilfähre vorzuschlagen, und zwar aus folgenden Gründen:

a) Eine Seilfähre ist einfach im Betrieb, hat kaum Störungen und gewährleistet damit eine sichere Fährverbindung zwischen den Ufern. Sie erfordert keine besonderen navigatorischen Kenntnisse, Wendemanöver sind nicht erforderlich. Das Ponton der Seilfähre braucht keine Aufbauten, die Übersicht auf dem Deck ist am besten. Mit Rücksicht auf diese einfache, aber unbedingt betriebssichere Bauweise hat die Seilfähre besondere Vorteile und ist zudem die preislich günstigste Lösung.

b) Moderne Fähren sind mit Voith-Schneider-Antrieb ausgerüstet. Dieser Antrieb ist sehr empfindlich auf Verbiegen der Propeller-Schaufeln bei Grundberührung. Ein so hochwertiger, aber sehr empfindlicher Antrieb ist zurzeit nicht erforderlich, da auf dem Sinoe kein Schiffsverkehr herrscht, der Vorrang beanspruchen könnte.

c) Propeller-Antrieb ist im Sinoe nicht zu empfehlen, da auch hier die Schaufeln bei Grundberührung im seichten Wasser des Sinoe mit Tiefen von nur 1,90 m bei Niedrigwasser zu Störungen bzw. Ausfällen führen können, zumal im Strombett laufend bei hohem Oberwasser Veränderungen und evtl. auch die Bildung gefährlicher Untiefen eintreten können.

Als Fähranleger sind auf beiden Seiten des Flusses abgepflasterte schräge Rampen vorgesehen. Auf der Seite von Sibeth-Town muß die Rampe wegen des geringen dort vorhandenen Tiefgangs mit einem Damm etwa 30 m in den Fluß vorgetrieben werden (Abb. 38).

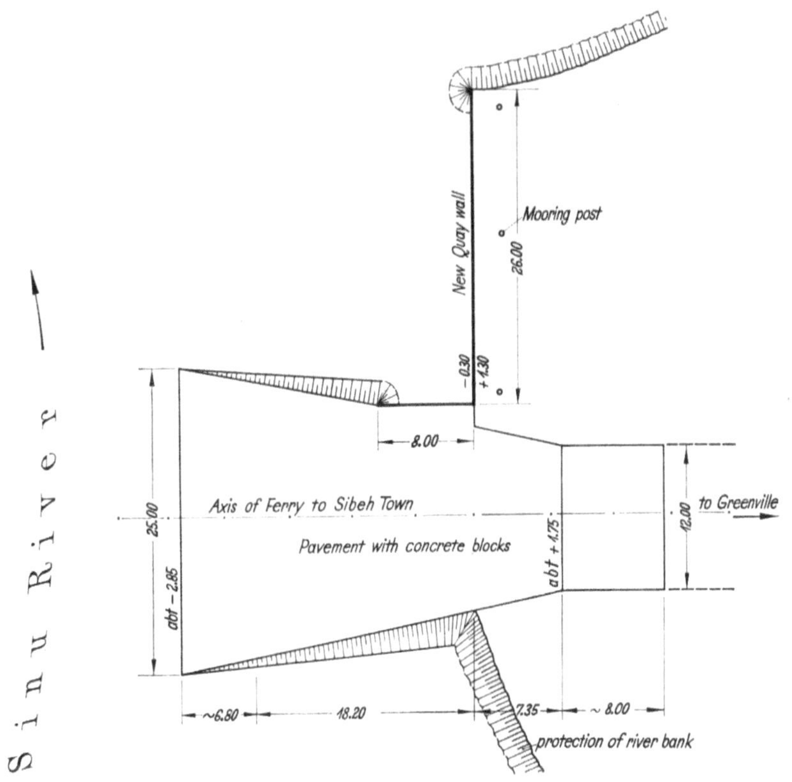

Abb. 38. Fährbett und Bootshafen in Greenville   (Ferry-landing and boat harbour at Greenville)

Es bleibt der weiteren Beobachtung überlassen, ob an dieser Stelle eine Versandung des Fährbettes eintritt. Sofern dies der Fall sein sollte, müßte eine Auflandung entfernt oder der Damm weiter verlängert werden.

Das obere Ende der Rampe muß sorgfältig an die vorhandene schmale Landzunge von Sibeth-Town angeschlossen werden, um bei Hochwasser auf dem Sinoe Uferschäden zu verhindern. Zu diesem Zweck ist das Ufer oberstrom der Rampe durch eine Steinschüttung noch zusätzlich zu sichern.

Der Zusammenbau des Fährpontons erfolgt auf der Rampe in Sibeth-Town, wo auch spätere Reparaturen sowie eine Erneuerung des Bodenanstrichs erfolgen können. Für das Aufschleppen des Pontons ist in dem Fährhaus geschützt eine Winde eingebaut. Beim Aufschleppen wird auf die Steinböschung der Rampe eine Bahn aus Kantholz verlegt, das neben dem Windenhaus gestapelt werden kann. Der Anleger auf der Greenville-Seite ist ebenfalls eine Steinrampe, jedoch kürzer als auf der Sibeth-Town-Seite. Für eine günstige Linienführung der Zufahrtsstraße zur Rampe muß die Bucht für die Canoes zugeschüttet werden. Stromab anschließend an die Steinrampe wird dafür eine Anlegestelle für Boote neu errichtet, die eine Uferlänge von 26 lfdm erhalten soll.

Brücke über den Willy-Creek. Von den beiden Mündungsarmen des Willy-Creek ist im Zuge der Bauarbeiten der eine Arm durch einen Steindamm abgeriegelt worden. Der Damm ist zwar durchlässig, macht es aber nach meiner Auffassung notwendig, im zweiten Arm, der im Zuge der Straße zur Fähre überquert werden muß, einen freien Durchlaß offen zu halten. Um die einwandfreie Entwässerung der oberhalb dieser Brücke liegenden Ländereien zu gewährleisten, empfiehlt es sich, den bisherigen Durchflußquerschnitt bestehen zu lassen. Es ist daher vorgesehen, die Brücke ohne Mittelpfeiler als Stahlbetonbalkenbrücke mit einer lichten Spannweite von rd. 18 m auszubilden.

Das Widerlager am Bell-Rock-Ufer ruht auf dem anstehenden Fels, das gegenüberliegende Widerlager ist eine Betonkonstruktion auf Pfahlgründung und gegen Unter- und Hinterspülung durch eine Spundwand gesichert.

Die Fahrbahnbreite beträgt gemäß Rücksprache mit dem Department of Public Works and Utilities 6 m und ist beiderseits mit einem massiven Schrammbord und Geländer versehen. Zur Abführung des Oberflächenwassers hat die Brücke Längs- und Quergefälle.

e) Sonderanlagen

Öltankanlagen. Gegenüber bisherigen Vorschlägen hielt der Verfasser es nicht für richtig, die geplanten Öltankanlagen im engeren Hafengebiet zu belassen. Mögen die bisher geplanten Mengen an Lagertanks auch nicht sehr groß sein, so muß damit gerechnet werden, daß auch der Hafen Greenville, sobald der Umschlag erst in größerem Umfange einsetzt und in Greenville eine Versorgung der Schiffe mit Öl erfolgen soll, einen erheblichen Ölumschlag aufnehmen muß.

Das Department of Public Works and Utilities hat dieser Empfehlung zugestimmt, die Ölanlagen in das Gelände zwischen Blue-Barra und Leuchtturm South-Point zu verlegen, und zwar aus folgenden Gründen:

1. Lagerung von Öl und Ölprodukten in größeren Mengen bedeutet eine besondere Feuersgefahr für die übrige Bebauung des Geländes. Ein größerer Tankbrand an der Molenwurzel unterbindet sofort den Verkehr zur Mole und gefährdet bei ungünstigem Wind das gesamte Freilagergelände und die Speicher.

2. Das bisher für Ölanlagen geplante Gelände bietet keine Ausdehnungsmöglichkeit für die Zukunft.

3. Für Ölanlagen spielen Entfernungen keine Rolle, sie können durch Rohrleitungen ohne Schwierigkeit überwunden werden.

Bootsanleger. Um das Besteigen der kleineren Boote zu erleichtern, ist eine Pontonanlage im Anschluß an den Leichterkai an der Molenwurzel vorgesehen.

Ein Ponton von 3 × 8 m wird mit einem gelenkig angeschlossenen Steg am Ufer befestigt. Zwei Schrägseile nehmen die beim Anlegen und Festmachen der Boote in Längsrichtung auftretenden Kräfte auf.

Living-Centre. Die vorhandenen Bungalows sind so solide gebaut, daß nur empfohlen werden kann, sie für das erforderliche Living-Centre des Hafenpersonals zu verwenden.

Es ist vorgesehen, die vorhandenen Gebäude durch einen Anbau für Küche, Dusche und Toiletten für den individuellen Bedarf auszubauen.

Über die erforderliche sanitäre Entwässerung der Gebäude ist unter Punkt IV schon berichtet.

Für die höheren Ansprüche des Hafendirektors wird ein vorhandener Bungalow durch Aufstocken um zwei weitere Räume vergrößert.

f) Seezeichen — Nautische Anlagen (Abb. 39)

Die Ansteuerung der Giriwakro-Bucht erfolgte bisher im wesentlichen von Süden unter Anseglung des Leuchtfeuers South-Point. Diese Zufahrt hat sich als genügend sicher herausgestellt, so daß vorerst diese Anseglungslinie beibehalten werden sollte. Es müßte jedoch später untersucht werden, wie weit eine Ansteuerung des Hafens auch direkt von Westen möglich gemacht werden kann.

Bei der Wahl und Anordnung des Seezeichen ist eine mögliche spätere Verlegung auf andere Positionen schon mit berücksichtigt.

Für die zunächst in Aussicht genommene Sicherung der Ansteuerung South-Point sind folgende Maßnahmen getroffen worden:

1. Das Leuchtfeuer South-Point ist gründlich zu modernisieren und in bezug auf seine Reichweite zu verbessern. Diese Arbeit wird durch das Department of Public Works and Utilities durchgeführt.

2. Die Zufahrt entlang der Küste erfolgt an der 10-m-Tiefenlinie unter Verwendung von Leuchtbojen an ihrem Fahrwasserrand. Das nach der Seekarte vorhandene Wrack von 1908 wird besonders sorgfältig gesichert. Eine besondere Seevermessung der Bojen wird erfolgen.

3. Für den Fall, daß Leuchtbojen ausfallen, kann das Leitfeuer auf dem North-Point angesegelt werden, das einen besonderen Leitsektor für den Wendekreis hat.

4. Der Wendekreis ist durch Auslegen von Leuchtbojen bereits gesichert.

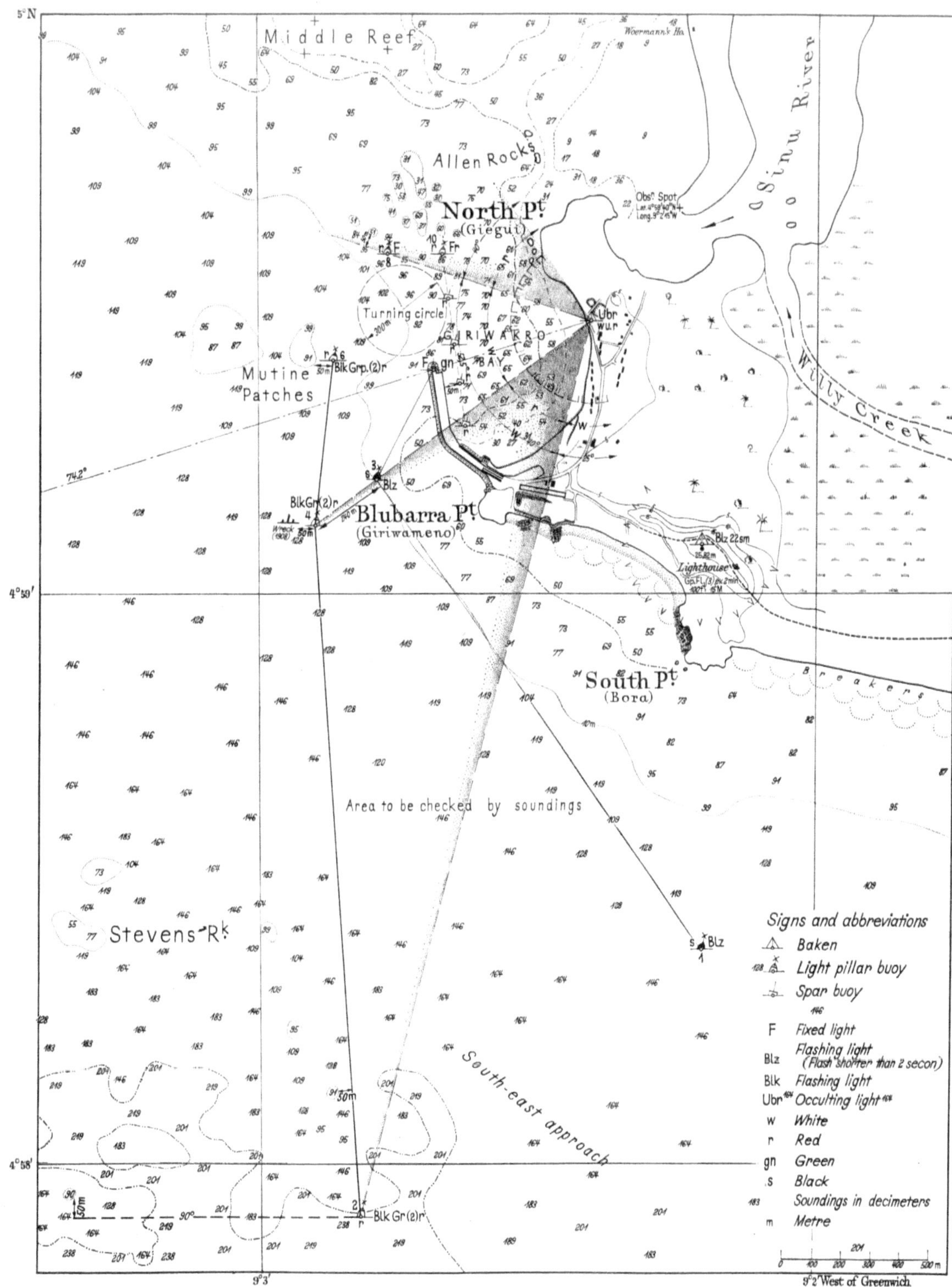

Abb. 39. Plan der Seezeichen für die Ansteuerung von See   (Generalplan of seamarks)

    Das Feuer North-Point ist im ersten Ausbau für den Betrieb mit Propangas in Flaschen einge-richtet. Die Brennereinrichtung wird jedoch so eingerichtet, daß gegebenenfalls später der Umbau auf elektrische Beleuchtung ohne größere Kosten möglich ist. Bei anwachsendem Schiffsverkehr wird das Feuer North-Point durch Bau eines Unterfeuers weiter ausgebaut werden müssen. Die derzeitige Ausführung mit nur einem Feuer erfolgt im Einvernehmen mit dem Department of Public Works and Utilities.

Bei der großen Bedeutung der Seezeichen für die den Hafen ansteuernden Schiffe ist es notwendig, die Feuer und die Bojen sorgfältig zu warten. Dafür ist die Einrichtung eines Ersatzlagers mit Ersatzbojen und Ersatzteilen für die wichtigsten Teile ebenso notwendig wie die Einrichtung einer Werkstatt mit den erforderlichen Werkzeugen und Prüfgeräten. Diese Anlagen sind zur Vereinfachung des Betriebes mit den Lagern und Werkstätten für das Hafenumschlagsgerät kombiniert.

Für den Unterbau des ersten Feuers auf North-Point ist auf Grund der günstigen Erfahrungen in Deutschland eine Dreibeinkonstruktion aus nahtlosem Stahlrohr vorgesehen. Sie ist einfach und unempfindlich in Transport und Montage, billig in der Anschaffung und — was für die liberianischen Verhältnisse wichtig ist — auch in der laufenden Unterhaltung. Planung, Ausführung und Bauart der Seezeichen sind zusammen mit dem Seezeichen-Experten, Oberregierungsbaurat Rollmann, entwickelt worden. Es empfiehlt sich, grundsätzlich für die Zukunft die gesamte liberianische Küste durch weitreichende Leuchtfeuer, die ineinander übergreifen, zu sichern.

Im Einvernehmen mit dem Department of Public Works and Utilities wird vorerst nur ein Teil des Seezeichen-Bauprogramms ausgeführt, nämlich:

Bau des Leuchtfeuers North-Point
Auslegen von 5 Leuchtbojen in See
Einlagern von 2 Leuchtbojen im Bojenlager als Reserve
Auslegen von 2 Spierentonnen im Hafen
Auslegen von 3 Bojen in der Sinoe-Mündung

Ein genereller Plan für die Lage der Seezeichen ist von Herrn Oberregierungsbaurat Rollmann im Einvernehmen mit dem Verfasser ausgearbeitet worden (s. auch Abb. 39).

g) Universal-Seeschlepper

Mit einem Bericht an Herrn Minister Buchanan im September 1958 empfahl der Verfasser, einen Schlepper zu beschaffen, der neben seiner Hauptaufgabe, den Seeschiffen zu assistieren, auch eine Reihe anderer Aufgaben erfüllen müsse.

Nach eingehender Bearbeitung dieser Frage wurde vom Verfasser vorgeschlagen, einen Mehrzweck-Schlepper aus Gründen der Zweckmäßigkeit und der Ersparnis zu beschaffen.

Ein zweites Fahrzeug könnte vermieden werden, wenn der Hafenschlepper folgenden Anforderungen genügt:

1. Hilfeleistung für die ein- und ausgehenden Seeschiffe in der Anfahrt, beim Manöver im Wendekreis und beim An- und Ablegen an der Kaje.

Hierfür ist eine genügend starke Antriebsmaschine notwendig, um auch bei stärkerem Atlantikswell mit größeren Schiffen manövrieren zu können.

2. Einrichtung zum Versetzen und Einholen von Seezeichen im Gewicht bis zu rd. 3 t je Boje. Dafür sind erforderlich:

a) Ein Ausleger mit einer Tragkraft von 3 t und genügender Ausladung, um die Bojen, ohne sie oder den Schiffskörper zu beschädigen, versetzen und wieder einholen zu können.

b) Für die zu versetzenden bzw. einzuholenden Bojen muß ausreichend Platz auf dem Achterschiff vorhanden sein.

c) Für das Versetzen und Einholen muß das Schiff auch beim Arbeiten in stärkerem Atlantikswell eine ausreichende Querstabilität haben, um nicht zu kentern.

3. Einrichtungen für die Seevermessung, d. h. Einbau von Echolot und Echograph mit den dazugehörigen Geräten. Eine solche Einrichtung ist auf einem seegängigen Boot erforderlich, um die notwendige erste Seevermessung in dem mit Bojen zu sichernden Seegebiet durchzuführen, ebenso aber auch um die in Abständen zu wiederholenden Kontrollmessungen durchführen zu können.

4. Einrichtung als Feuerlösch-Hilfsboot, um bei Bränden auf Seeschiffen ebenso wie bei Bränden im Kajeschuppen auf der Mole und in den an der Molenwurzel liegenden Schuppen und Speichern zusätzlich mit eingesetzt werden zu können.

5. Einrichtung einer Lenzpumpenanlage, um havarierten Seeschiffen, deren Lenzpumpenanlage dem Wassereinbruch nicht gewachsen ist, Hilfestellung zu geben bis entweder das Leck gedichtet ist oder der Havarist auf Strand gesetzt worden ist. Ein Schiffsuntergang im Wendekreis oder an der Mole muß auf jeden Fall vermieden werden.

In den zwischenzeitlich geführten Verhandlungen mit dem Department of Public Works and Utilities ist aus finanziellen Gründen das Programm für den Seeschlepper reduziert worden.

Es blieben: Seeschlepper mit einer Maschinenleistung von 600 bis 750 PS, Schleppkraft rd. 7 t, Bemessung nach den höchsten Klassifizierungen des Germanischen Lloyd — Klasse K — zusätzlich als Korrosionsschutz 1 mm. Ausrüstung: Einrichtung für den Bojendienst, Echoloteinrichtung für Seevermessungen, Kurzwellen-Funksprechanlage mit 75 Watt Leistung, nur einfache Bilgenlenzpumpe, Unterkunft für sieben Mann Personal einschließlich Kapitän.

Es entfallen: Einrichtungen als Feuerlöschboot und besondere Pumpen für Lenzarbeiten an havarierten Schiffen.

h) Umschlagsberechnung

Vorbemerkung. Der Entwurf einer neuen Hafenanlage erfordert neben ausgiebiger Erfahrung in der Bewältigung der verschiedensten technischen Probleme auch eine ebensolche Erfahrung in Dingen des Hafenbetriebes und der Bewirtschaftung. Es besteht kein Zweifel, daß diejenige technische Lösung für einen neu projektierten Hafen die beste ist, die bei einem Mindestaufwand an Bau- und Betriebskosten ein Maximum an Umschlagsleistung aus den errichteten Anlagen herausholt.

Der Verfasser hielt es daher für unbedingt erforderlich, daß ein technischer Bericht über den Hafen Greenville zu ergänzen ist durch eine eingehende Untersuchung über die Umschlagsleistungen, die mit ihm zu erzielen sind.

Diese Umschlagsberechnung gibt außerdem später dem Personal der Hafenverwaltung eine gute Möglichkeit, den an sich recht komplizierten Verlauf in der Abwicklung der vielfältigen Umschlagsgeschäfte anhand der hier genannten, errechneten Leistungswerte zu überprüfen und so Engpässe in der Bewirtschaftung rechtzeitig erkennen und bereinigen zu können.

Eine solche Umschlagsberechnung kann aber unmöglich den zukünftigen Ablauf des Hafenumschlags in allen seinen Variationen und Zufälligkeiten erfassen. Saisonbedingte Schwankungen in An- und Abtransport der Güter — z. B. in der Zeit starker Niederschläge —, weltwirtschaftliche Schwankungen auf den Rohstoffmärkten, ja schon Tarifschwankungen in den Seefrachtraten haben oft in den Hafenumschlagsstatistiken ihren Niederschlag gefunden. Langjährige Erfahrungen haben aber den Beweis erbracht, daß sich Schwankungen über einen größeren Zeitraum gesehen immer wieder ausgleichen.

Es ist kein Zweifel, daß eine Umschlagsberechnung für einen völlig neu, an einer bisher wenig erschlossenen Küste, erbauten Hafen mit vielen Voraussetzungen belastet ist, die eine rechnerische Erfassung fragwürdig erscheinen lassen könnten. Aus den oben gemachten Bemerkungen über die Stetigkeit der Entwicklung in längeren Zeiträumen ergibt sich aber auch, daß die daraus gezogenen Erfahrungswerte einen hohen Grad der Wahrscheinlichkeit ihrer Gültigkeit auch für einen Hafen in Greenville haben werden.

Es liegt auf der Hand, daß, wie es bei jeder neuen Anlage zunächst erforderlich ist, sich das eingesetzte Personal mit den technischen Möglichkeiten der Anlage erst vertraut machen muß. Nach dieser Einarbeitungszeit müßte eine Betriebsüberprüfung jedoch ergeben, daß die im Hafen erzielten Leistungswerte denen dieser Berechnung größenordnungsmäßig entsprechen.

Es ist daher angebracht, die Statistik im Hafen auch darauf auszudehnen, echte Leistungswerte im Umschlag zu ermitteln.

Die anschließende Umschlagsberechnung geht von der Ermittlung der Umschlagskapazität von der Molenseite für normal anfallendes Stückgut und Schwergut aus.

Die Umschlagskapazität läßt sich in den einzelnen Ausbaustufen erhöhen, wenn noch ein zusätzlicher Außenbordumschlag vorgenommen wird.

1. Umschlagsermittlung über die Mole

Grundlagen der Berechnung. Als Grundlage der Berechnung dient unter anderem die anliegende Tabelle über Zusammenstellung der Schuppen-, Speicher- und Freilagerflächen im Hafengebiet, aufgeteilt mit den jeweils in den einzelnen Ausbaustadien zur Verfügung stehenden nutzbaren Flächen für die Aufnahme der Güter.

Obwohl in Wirklichkeit die Abwicklung des Umschlags ein laufendes Ineinandergreifen der einzelnen Vorgänge ist, muß eine rechnerische Untersuchung sich auf die Darstellung einzelner weniger, aber auch zugleich entscheidender Punkte beschränken.

Wesentlich bei den nachfolgenden Einzelrechnungen ist es zu beachten, daß zwischen den einzelnen Ergebnissen keine Widersprüche entstehen, das heißt, der an einem Ende beginnende Warenfluß von einer bestimmten Stärke muß durch alle Einzeluntersuchungen gleich groß durchlaufen, ohne sich zu verändern und darf gleichzeitig die davon berührten Hafenelemente, wie Kai, Schuppen, Speicher usw. weder überlasten noch zu gering ausnutzen.

Die nachstehenden Berechnungen legen vorab die Umschlagsleistungen im zweiten und dritten Ausbau fest, anschließend wird die Umschlagsleistung des ersten Ausbaues untersucht, die als weniger wichtig anzusehen ist, da der erste Ausbau ja nur den Charakter eines Zwischenstadiums hat und bald in das zweite Ausbaustadium übergehen wird.

Zusammenstellung der Schuppen, Speicher- und Freilagerflächen im Hafen Greenville

	1. Ausbau m²	2. Ausbau m²	3. Ausbau m²
Transit-Schuppen			
1. Transit-Schuppen auf der Kaje			
a) 60 × 10 m	600	600	600
b) 60 × 10 m	—	600	600
c) 60 × 10 m	—	—	600
2. Transit-Schuppen an der Molenwurzel			
65 × 10 m	—	650	650
3. Transit-Schuppen an Land			
60 × 30 m	—	1 800	1 800
Gesamt	600	3 650	4 250
Abzüglich 10% Verkehrswege	— 50	— 350	— 450
Für die Einlagerung nutzbar	550	3 300	3 800
Speicher			
Der o. a. Schuppen unter 3. wird vorerst als Speicher genutzt			
1. Ausbau 30 × 30 m	900	—	—
Speicher 1 bis 3			
3 × (60 × 30)	—	5 400	5 400
Speicher 4 bis 6			
3 × (60 × 30)	—	—	5 400
Gesamt	900	5 400	10 800
Abzüglich 10% Verkehrswege	— 100	— 500	— 1 100
Für die Einlagerung nutzbar	800	4 900	9 700
Freilagerplätze			
a) etwa 2000 m²	2 000	2 000	2 000
b) weiterer Ausbau nach Bedarf bis zur max. Fläche von	—	etwa 3 000	7 900
Gesamt	2 000	5 000	9 900
Abzüglich 10% Verkehrswege	— 200	— 500	— 900
Für die Einlagerung nutzbar	1 800	4 500	9 000

Gesamtmenge der Seegüter. Über die zu erwartende Gesamtmenge an umzuschlagenden Seegütern liegen weder festumrissene Forderungen noch Schätzungen vor. Geht man sonst von der Forderung aus, einen Hafen auf eine bestimmte Umschlagkapazität zu entwerfen, so muß hier der umgekehrte Weg beschritten werden, nämlich aus der Abwägung der technischen Möglichkeiten die Umschlagsmenge zu schätzen und dann rückwärts, wie schon in den Vorbemerkungen erläutert, die technischen Einrichtungen aufeinander abzustimmen.

Die Betrachtung der Umschlagskapazität am Seeschiff erleichtert die Ermittlung des Gesamtumschlages.

Umschlag am Seeschiff. Erfahrungsgemäß bedeutet das größte an einem Seehafen anlegende Seeschiff die stärkste Inanspruchnahme der Anlagen. Das größere Schiff bringt im allgemeinen größere Warenmengen auf einmal und verursacht damit einen Stoßbetrieb, während der Warenumschlag mit kleineren Schiffen gleichmäßiger abläuft und daher weniger Belastungen für die Anlagen und das Personal bedeutet.

Das Schiff, das den Hafen Greenville anlaufen kann, hat etwa folgende technische Daten:

<pre>
          Länge .... bis 120 m
          Breite .... bis 16 m
          Tiefgang .... bis 7,20 m
          Vermessung .... bis 5 000 BRT
          Ladefähigkeit
          — je nach Bauart des Schiffes — bis 6 500 tdw
          5 Ladeluken .... eigenes Bordgeschirr mit Winden
</pre>

Abgesehen vom Militärverkehr, der im Seetransport meist mit Volladung des Schiffes vonstatten geht, laufen Handelsschiffe die einzelnen Häfen nur mit Teilladung an.

Während für die Endhäfen rd. 30 bis 40% Ladung entfällt, beträgt sie in Küstenhäfen je nach Art und Umfang 5 bis 10%. Hier wird mit i. M. 7,5% gerechnet, d. h.

$$0,075 \times 6\,500 = \text{etwa } 500 \text{ t}$$

wird die maximale Ladungsmenge für Greenville sein.

Einschließlich aller Nebenarbeiten, wie Erledigung der üblichen Hafenformalitäten, Wasser und Öl wird die Lösch- bzw. Ladezeit etwa zwei Arbeitstage betragen, wobei es gleichgültig ist, ob diese 500 t gelöscht oder geladen werden oder der häufigere Fall eintritt, wonach ein Teil der 500 t Löschgut und der restliche Teil Ladegut ist.

Anstelle eines Schiffes von 4000 bis 5000 BRT können auch zwei kleinere Schiffe von je rd. 85 m Länge, entsprechend etwa 1500 bis 2000 BRT, am Kai liegen, für die die gleiche Umschlagsmenge anzusetzen wäre.

Die Tagesleistung beträgt mithin rd. 250 t.

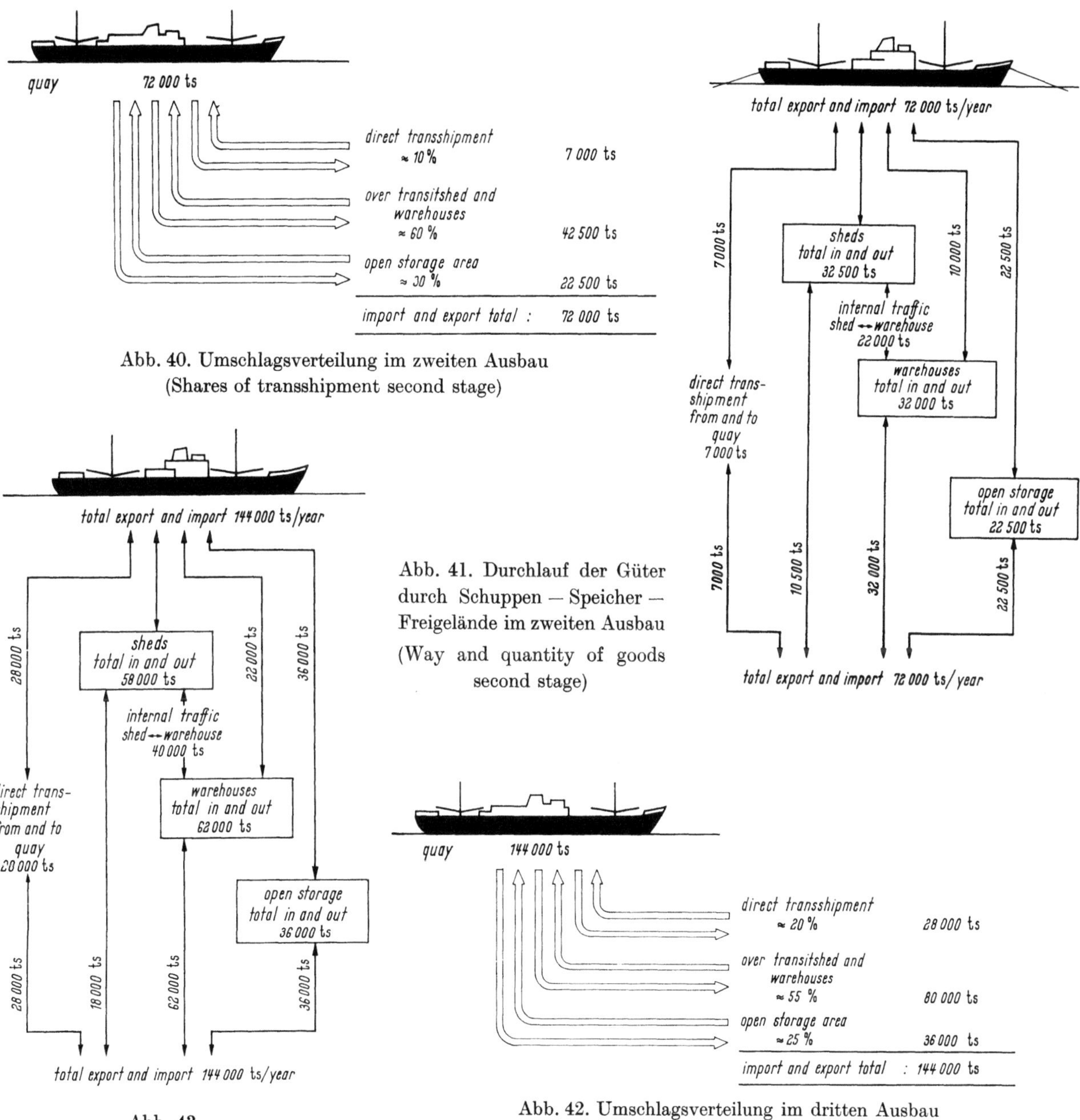

Abb. 40. Umschlagsverteilung im zweiten Ausbau
(Shares of transshipment second stage)

Abb. 41. Durchlauf der Güter durch Schuppen — Speicher — Freigelände im zweiten Ausbau (Way and quantity of goods second stage)

Abb. 43.

Abb. 42. Umschlagsverteilung im dritten Ausbau
(Shares of transshipment third stage)

Den ungünstigen Fall nur großer Schiffe vorausgesetzt und ebenfalls unter der ungünstigen Annahme, daß diese 4000 bis 5000 BRT großen Schiffe ohne Zeitverlust aneinander anschließend den Hafen anlaufen, ergibt sich eine

Monatsleistung je 24 Arbeitstage zu 6 000 t
bzw. eine
Jahresleistung je 12 Monate zu   72 000 t.

Vorstehende Ermittlungen gelten für einen Liegeplatz, d. h. für den Endzustand des zweiten Ausbaues (Abb. 40 u. 41). Nach Abschluß des dritten Bauabschnittes mit dem zweiten Liegeplatz für ein Seeschiff erhöhen sich die Zahlen wie folgt:

Monatsleistung ...... 12 000 t
Jahresleistung .... 144 000 t   (Abb. 42 u. 43).

Die vorstehenden Zahlen sollen für die vorliegende Berechnung zunächst von der Landseite her als obere Grenzwerte der Umschlagsleistung im Hafen Greenville gelten. Dieser Hinweis ist erforderlich für die Beurteilung der Ergebnisse der anschließenden Berechnungen.

Umschlagsgut — Anteile der Güterarten. Für die Berechnungen im einzelnen ist es wichtig, einige grundlegende Annahmen über die Anteile der verschiedenen Güterarten zu treffen, wie

Schuppengut, das auf jeden Fall wegen seiner Empfindlichkeit im Schuppen eingelagert werden muß,

Freilagergut, wie Schwergüter, Stahlkonstruktionen, sonstige witterungsunempfindliche Güter einschließlich Massengütern,

Direktumschlagsgüter, d. h. solche Güter, die für das Laden, ohne Schuppen, Speicher oder Freilagerplätze zu berühren, direkt an das Schiff von Land aus zum Verladen gebracht werden bzw. beim Löschen direkt abgefahren werden.

Die Anteile dieser Güterarten können nur geschätzt werden. Es kann jedoch gesagt werden, daß nach Ablauf der Einarbeitungszeit das Hafenpersonal soviel Geschicklichkeit in der Disposition der Güter erworben hat, daß vorübergehende Abweichungen von den hier zugrunde liegenden Anteilen ohne Einfluß sind.

Auf Grund eben dieser Erfahrungen sind für den dritten Ausbau (mit zwei Liegeplätzen) die Anteile auch etwas verändert worden gegenüber den Anteilen in der ersten Zeit mit nur einem Liegeplatz.

	2. Ausbau		3. Ausbau	
	in %	in t	in %	in t
Schuppen und Speichergut	60	42 500	55	80 000
Freilagergut	30	22 500	25	36 000
Direktumschlagsgut	10	7 000	20	28 000
	100	72 000	100	144 000

Es sei ausdrücklich darauf hingewiesen, daß in den Gütermengen der Umschlagsberechnungen der Umschlag von Ölen und deren Derivaten nicht berücksichtigt ist. Sie beanspruchen die Hafenanlagen nur kurzfristig während des Löschens an dem Kai, belasten aber weder Schuppen noch Speicher, Freilager oder die Verkehrsstraßen.

Im übrigen werden auch in anderen Häfen, sofern sie nicht eigene Ölumschlagsanlagen haben, die Ölmengen für die Umschlagsberechnungen selber nicht berücksichtigt, obwohl sie in der Umschlagsstatistik beachtliche Größen erreichen.

Umschlag an dem Kai. Die aus der Zahl der anlaufenden Seeschiffe ermittelte Gesamtumschlagsmenge an Seegütern muß über die Kaikante umgeschlagen werden. Die Umschlagsleistungen von t/m im Laufe eines Jahres geben ein gutes Kriterium über die Ausnutzung des Kais und damit seine Leistungsfähigkeit.

Die Jahresumschlagsmenge bezogen auf die nutzbare Länge des Schiffsliegeplatzes ergibt folgende Werte: (Abb. 44)

im 2. Ausbau ..... L = 140 m   V =   72 000 t = 515 t/m/Jahr
im 3. Ausbau ..... L = 260 m   V = 144 000 t = 554 t/m/Jahr

Eine Umschlagsleistung von 400 bis 500 t/m/Jahr gilt im allgemeinen als gute Ausnutzung eines Kais.

Umschlag durch den Transit-Schuppen. Für den Schuppenumschlag sind zu berücksichtigen:

im 2. Ausbau .... rd. 32 500 t/Jahr
im 3. Ausbau .... rd. 58 000 t/Jahr

Für den Umschlag dieser Mengen stehen an Nutzflächen zur Verfügung — vgl. die Zusammenstellung der Flächen —:

im 2. Ausbau .... rd. 3 300 m²
im 3. Ausbau .... rd. 3 800 m²

Ergebnisse der Umschlagsberechnung
Calculation of Transshipment: Results

		1st Stage estimated	2nd Stage	3rd Stage
Total Area of Transit Sheds	m²	550	3 300	3 800
Total Area of Warehouses	m²	800	4 900	9 700
Total Open Storage Area	m²	1 800	4 500	9 000
Transshipment per year				
over Quay-Line	t/m/y.	250	515	555
through Transit Shed	t/m²/y.	5,5	9,8	15,25
through Warehouse	t/m²/y.	3,75	6,65	6,0
over Open Storage Area	t/m²/y.	—	—	6,45
Total Transshipment				
per year	ts	30 000	72 000	144 000
per week	ts	600	1 500	3 000

Abb. 44. Ergebnisse der Umschlagsberechnung   (Calculation of transshipmentresults)

Mit diesen Werten ergibt sich die für die Ausnutzung der Schuppenfläche maßgebende Zahl wie folgt (s. auch Abb. 44):

im 2. Ausbau .... rd. 9,83 t/m²/Jahr
im 3. Ausbau .... rd. 15,25 t/m²/Jahr

Vergleichswerte liegen erfahrungsgemäß in der Größenordnung zwischen 10 und 15 t/m²/Jahr. Überschreiten die Nutzungen diese Beträge, so darf wieder mit Recht auf das Arbeiten in zwei Schichten im Schuppen geschlossen werden.

Daß in Greenville im dritten Ausbau die Nutzung mit 15,2 t/m²/Jahr an die obere Grenze der Leistung herangeht, ist unbedenklich, denn:

a) hat das Hafenpersonal inzwischen ausreichend Erfahrung sammeln können, um auch mit solchen Spitzenwerten fertig werden zu können, und

b) sollte die Lage wirklich über längere Zeit so angespannt sein, kann durch Einlegen einer zweiten Schicht in wenigen Tagen der Schuppen geräumt sein.

Bedenklich wäre dagegen ein Absinken der Schuppennutzung unter etwa 5 t/m²/Jahr, da dann nicht mehr wirtschaftlich gearbeitet wird.

Warendurchgang durch die Speicher. Während die Einlagerung der Waren im Transitschuppen nur kurzfristig sein soll — die Ware soll nur für den Lösch- und Ladevorgang geschützt werden — ist der Speicher für die langfristige Einlagerung von Gütern vorgesehen.

Der Warendurchgang in Schuppen und Speichern wird gegenüber der Hafenkundschaft durch eine entsprechende Tarifgestaltung geregelt, die vielfach wie folgt gehandhabt wird:

Einlagerung im Schuppen auf der Kaje für drei Tage lagergeldfrei, damit der Kunde die Ware direkt vor Abfahrt eines Schiffes dort billigst anliefern kann bzw. sie binnen drei Tagen nach Löschen schnell aus dem Hafen herausholt.

Bei Überschreiten dieser Fristen, vom vierten Tag an progressiv stark steigende Lagertarife. Im Lagerspeicher fällt Lagergeld vom ersten Tag an, jedoch so mäßig, daß der Kunde dazu neigt, seine Waren dort so lange liegen zu lassen, bis über ihre Verteilung im Inland ausreichend disponiert ist. Er erspart sich dann evtl. eine Zwischenlagerung in eigenen Speichern. Das gleiche gilt für den Export, wo der Hafenspeicher die partieweise ankommenden Inlandswaren sammelt.

Durch diese Tarifgestaltung ergibt sich für den Warendurchgang im Speicher, daß er nur einen Teil des Schuppengutes beim Import aufnimmt, andererseits im Export aber auch Waren eingelagert hat, die zur Verladung nicht mehr durch den Schuppen gehen, sondern direkt an dem Kai ins Seeschiff umgeschlagen werden.

In genügend verläßlicher Abschätzung dieser Mengen ergibt sich etwa folgendes für den zweiten Ausbau, wobei vereinfachend die Gesamtwarenmenge von 32 500 t je zur Hälfte als Import- und Exportgut angesetzt wird:

Pos. 1. Gesamtimportmenge im Schuppen .... rd. 16 250 t
Pos. 2. Davon Direktabfuhr ins Inland 25% .... rd. 4 000 t
Pos. 3. Zur langfristigen Lagerung in den Speichern ..... rd. 12 000 t
Pos. 4. Gesamtexportmenge im Schuppen .... rd. 16 250 t
Pos. 5. Davon aus längerer Einlagerung im Speicher .... rd. 10 000 t
Pos. 6. Direktanfuhr aus dem Speicher an das Seeschiff
     (ohne Schuppen) .... rd. 10 000 t

Gesamtmenge der über den Speicher laufenden Waren =
Pos. 3 + 5 + 6 .... rd. 32 000 t

Es ist durchaus vernünftig, für die Belastung der Speicher die gleiche Warenmenge wie für die Schuppen einzusetzen.

Damit ergibt sich

im 2. Ausbau Speicherfläche .... rd. 4 900 m²
im 3. Ausbau Speicherfläche .... rd. 9 700 m²

und bei den Umschlagsmengen von rd. 32 500 t bzw. rd. 58 000 t eine Speicherbelastung (s. auch Abb. 44)

im 2. Ausbau von $\sim$ 6,65 t/m²/Jahr
im 3. Ausbau von $\sim$ 6,0 t/m²/Jahr

Eine Speicherbelastung von 5 bis 7 t/m²/Jahr gilt im allgemeinen als gute Ausnutzung der Flächen.

Da genügend Gelände inner- und außerhalb des Hafengebietes zur Verfügung steht, besteht die Möglichkeit, interessierte Firmen Einrichtungen zur Lagerung ihrer Güter nach den Vorschriften der liberianischen Regierung errichten und bewirtschaften zu lassen.

Stellt man die Belastungswerte der Schuppen und Speicher gegenüber, so ergibt sich

	Schuppen	Speicher
im 2. Ausbau	9,85 t/m²	6,65 t/m²
im 3. Ausbau	15,25 t/m²	6,0 t/m²

Während im zweiten Ausbau das Verhältnis der Schuppennutzung zu Speichernutzung günstig bei etwa 3 : 2 liegt, wird es rechnerisch im dritten Ausbau weniger günstig mit 3 : 1,2. In solchem Fall wird die Hafenverwaltung vorübergehend umdisponieren und zur Entlastung der Schuppen vorübergehend auch Speicherflächen, die ja weniger gut ausgenutzt sind, mit zur Einlagerung von Schuppengütern verwenden. Dieser Vorgang bedeutet aber keineswegs eine Umlagerung der Güter, sondern lediglich eine andere Tarifierung. Anstelle der Speichertarife werden vorübergehend für die betroffenen Waren die Schuppentarife in Anrechnung gebracht. Die Hafenverwaltung hat somit über die Tarifgestaltung ein wirkungsvolles Mittel, um auch in Konjunkturzeiten eine Verstopfung des Hafens rechtzeitig zu unterbinden.

Auf diese Fragen wird im Abschnitt „Grundsätze für den Hafenbetrieb" noch näher eingegangen werden.

Warendurchgang im Freilager. Die Freilagerflächen sind im Hafen Greenville bewußt großzügig angelegt, zumal die Erfahrung in anderen Häfen immer wieder zeigt, daß man Freilagerflächen voreilig bebaut hat und damit die übrigen Hafenanlagen durch das wahllose Einstapeln von Freilagergut, z. B. zwischen Schuppen, entlang der Straßen usw., nachhaltig blockiert.

Wie weit ein Teil des Freilagers durch einen Zaun gegen unbefugte Entwendungen von Waren gesichert wird, ist eine Ermessensfrage der Hafenverwaltung. Die Nutzung der Freilagerflächen wird nur für den dritten Ausbau als maßgebend wie folgt nachgewiesen (s. auch Abb. 44):

insgesamt vorhanden .... rd. 9 000 m²
Freilagergut .... rd. 58 000 t
Belastung der Freilagerfläche = rd. 6,45 t/m²/Jahr

Berücksichtigt man das hohe Gewicht von Schwergut und z. B. den schnellen Durchlauf von Kraftfahrzeugimporten, so liegt auch dieser Wert absolut im Rahmen von Erfahrungswerten in anderen Häfen.

An- und Abtransport der Waren auf den Landwegen. Die gesamte Umschlagsmenge von 72 000 bzw. 144 000 t muß auf dem Landweg ausschließlich mit Kraftfahrzeugen abgefahren werden.

Diese Annahme ist ungünstig, da auch der Leichterverkehr auf dem unteren Sinoefluß am Warentransport beteiligt ist, auf den im nächsten Abschnitt noch näher eingegangen wird.

Es wird ein Verkehr mit 3,5-t-Lastkraftwagen als gängigstes Verkehrsmittel angesetzt bei einer tatsächlichen Nutzlast von rd. 2,5 t je Fahrzeug, d. h. einer Ausnutzung von 70% der Nenn-Tragkraft.

Die An- und Abfuhr von rd. 144 000 t Waren im dritten Ausbaustadium erfordert

$$\frac{144\,000}{2,5} = \text{rd. } 58\,000 \text{ Lastkraftwagenfahrten,}$$

d. h. bei rd. 300 Arbeitstagen 193 $\sim$ 200 Fahrten je Arbeitstag. Im Laufe einer neunstündigen Arbeitszeit sind demnach im Hafen 200 Fahrzeuge zu be- bzw. entladen, das bedeutet ein Stundenmittel von rd. 25 Fahrzeugen.

Übersicht:

Umschlagsleistung am Seeschiff .... 2 × 250 t/Tag
Transportleistung von 200 Lkw je 2,5 t effk. Last ......   500 t/Tag

Der Verkehr von rd. 25 Fahrzeugen je Stunde bedeutet am Hafentor eine Abfertigungsgeschwindigkeit von rd. 2,4 Minuten je Fahrzeug.

Bei Beachtung der „Grundsätze für den Hafenbetrieb" ist diese Leistung am Hafentor durchaus normal. Sollten sich vorübergehend Verkehrsspitzen ergeben — der Verkehr ist während der acht Stunden wiederum schwankend —, so bieten die am Haupttor sowohl innerhalb des Zaunes als auch außerhalb angelegten Parkplätze den notwendigen Stauraum, ohne daß die Hafenstraßen blockiert werden.

Für das Be- und Entladen dieser 25 Fahrzeuge je Stunde vor den Schuppen an Land und den Speichern stehen im erweiterten Ausbau rd. 400 m Frontlänge zur Verfügung, d. h. je Fahrzeug rd. 16 m. Dieser Fahrzeugabstand ist ebenso wie die angesetzte Zeit für den Hafenverkehr ausreichend.

Berechnung des Umschlages im ersten Ausbau. Wie bereits gesagt, gilt der erste Ausbau nur als Zwischenstadium der Hafenentwicklung und kann nur mit gewissen Einschränkungen als vollwertige Anlage angesehen werden.

Die Umschlagsberechnung geht von der Schätzung aus, daß wöchentlich mit der Ankunft von zwei Schiffen zu rechnen ist, die je etwa 300 t Güter umschlagen. Diese Menge ergibt eine Monatsleistung von rd. 2400 t, eine Jahresleistung von rd. 30 000 t.

Kaiumschlag. Bei einer nutzbaren Kailänge von rd. 120 m (sie ist entsprechend dem kleineren Schiffstyp kürzer als bei Schiffen der 4000- bis 5000-BRT-Klasse) beträgt die Kajebelastung

$$\frac{30\,000}{120} = \sim 250 \text{ t/m/Jahr}$$

Diese Ausnutzung kann für einen erst in Betrieb genommenen Hafen mit noch einzuarbeitendem Personal als angemessen bezeichnet werden.

Schuppenumschlag. Wenn man im ersten Ausbau annimmt, daß noch kein Direktumschlag am Schiff zugelassen ist, so errechnet sich die Schuppenbelastung von

$$\frac{30\,000}{550} = \text{rd. 5,5 t/m}^2\text{/Jahr.}$$

Speicherumschlag. Die Speicherbelastung beträgt im ersten Ausbau

$$\frac{30\,000}{800} = \text{rd. 3,75 t/m}^2\text{/Jahr.}$$

Hier besteht also die Möglichkeit, mehr Güter in Dauerlagerung aufzuspeichern.

2. Zusätzlicher Umschlag an der Wasserseite

Die bisher ermittelte Umschlagskapazität des Hafens Greenville erfolgte unter Zugrundelegung der neu errichteten bzw. geplanten Hafenbauten, wie Kai, Schuppen, Speicher und Freilagergelände.

Bei Benutzung des Sinoeflusses als Transportweg können weitere Umschlagsleistungen durch Außenbordumschlag am Seeschiff geschaffen werden. Der Antransport der Güter kann mit Schuten erfolgen bzw. bei Stammholz auch mit Flößen. Bei stärkerem Verkehr auf dem Sinoe müßte dieser entsprechend reguliert werden.

Nun besteht außer den Umschlagsplätzen am Molenkai noch die Möglichkeit, in rd. 100 m Abstand vom Kai noch einen Wasserumschlags-Liegeplatz an Ankerbojen in einer Wassertiefe von rd. 6,5 m anzuordnen, so daß hier Seeschiffe mit 5,5 m Tiefgang Gütermengen, wie z. B. Rundholz, ungestört vom Kaibetrieb umschlagen können (Abb. 45).

i) Grundsätze für den Hafenbetrieb

Ein Seehafen ist ein Verkehrsknotenpunkt erster Ordnung, hier berühren sich Seeschiff und Landverkehr, um ihre Transportgüter gegenseitig auszutauschen. Ein fester Betriebsablauf ist nicht möglich, da vor allem das Seeschiff, bedingt durch die vielfältigen klimatischen Einflüsse, auf seiner langen Reise keine festen Ankunftszeiten gewährleistet, andererseits die hohen Schiffsbetriebskosten eine möglichst kurze Liegezeit im Hafen, gleichgültig, ob die Ankunft mit oder ohne Verzögerung erfolgte, erzwingen.

Diese Schwierigkeit stellt an die Hafenverwaltung hohe Anforderungen in bezug auf geschickte Dispositionen.

Der Verfasser hat auf Grund seiner langjährigen Erfahrungen und vielseitigen Einblicke in viele Häfen eine Reihe von Punkten zusammengestellt, die nachstehend aufgeführt sind, um der Hafenverwaltung in Greenville die Anlaufschwierigkeiten eines neuen Hafens erleichtern zu helfen:

Dem Hafendirektor ist im Hafengebiet in jeder Beziehung eine Vorrangstellung einzuräumen.

Andere Verwaltungen, wie Polizei, Zolldienst, sanitärer Dienst, Einwanderungsbehörden, haben ihre Arbeit in dem Rahmen der vom Hafendirektor aufgestellten Richtlinien abzuwickeln.

Die Abfertigung der einkommenden und der ausgehenden Seeschiffe hat Vorrang vor anderen Diensten und muß nach Entscheid des Hafendirektors evtl. durch vermehrtes Personal gesichert werden.

Die Transitschuppen auf der Mole sind nur für den laufenden Durchgang der Ware bestimmt, sie dürfen nicht zur Warenlagerung über wenige Tage hinaus in Anspruch genommen werden.

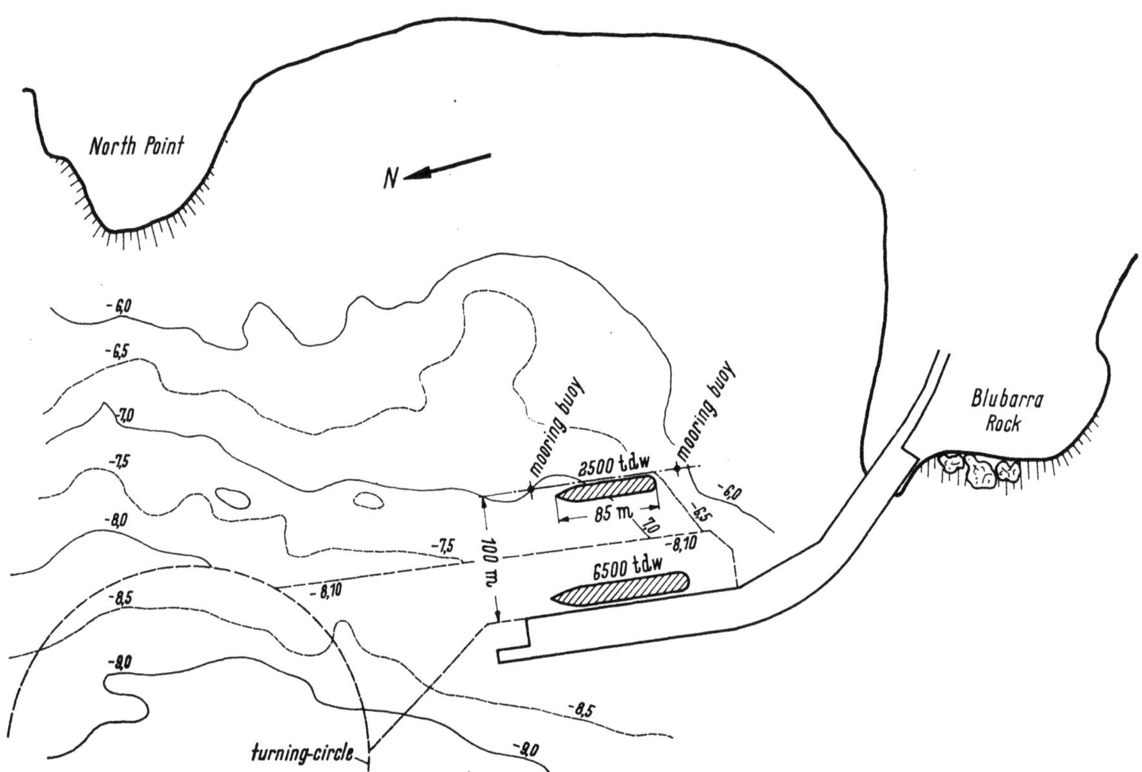

Abb. 45. Hafenplan mit Außenbordumschlag   (Outbordtransshipment in har bour area)

Der Platz auf der Mole darf nicht mit Ware belegt werden, er muß frei bleiben für die be- und entladenden Lastkraftwagen, den Straßenkran und andere Hafenfahrzeuge.

Auf der Mole dürfen keine Lastkraftwagen parken, insbesondere müssen An- und Abfahrtsstraße freigehalten werden. Grundsätzlich sind die Lastkraftwagen, die nicht direkt be- und entladen werden, auf die vorhandenen Parkplätze zu verweisen.

Die Warenlagerung erfolgt im Speicher oder auf dem Freilagerplatz. Zolltechnische Bearbeitung darf in den Transitschuppen auf der Mole nur in dringenden Einzelfällen erfolgen, sonst im Speicher.

Das Hafengebiet sollte den Charakter eines Freihafens bekommen, d. h. der Verkehr der Ware im Hafen erfolgt ohne Zollformalitäten, die Zollpflicht entsteht nur für die Ware, die unmittelbar für die Einfuhr ins Inland bestimmt ist, und zwar rechtlich erst in dem Augenblick, in dem die Ware das Hafentor passiert.

Wenn bei besonders starkem saisonbedingten Schiffsverkehr der Güterumschlag über das normale Maß hinaus anwächst, sollte sofort eine zweite Schicht im Hafenbetrieb eingeführt werden. Die hierdurch entstehenden vermeintlichen Mehrkosten sind ohne Bedeutung, gemessen an den Verlusten, die ein verstopfter Hafen aus wegbleibenden Schiffen erleidet.

k) Baumaßnahmen im ersten, zweiten und dritten Ausbau der Hafenanlagen

Wie bereits vorher gesagt, ist der zweite Ausbauzustand der Hafenanlagen das Ziel, das bei allen baulichen Maßnahmen im Vordergrund stehen muß. Auf dieses Ziel ist der Generalplan ebenso wie dieser Erläuterungsbericht abgestellt.

Der erste Ausbauzustand sollte als Zwischenstadium betrachtet werden, der dritte Ausbauzustand hingegen wird die höchstmögliche Ausnutzung des Hafengeländes für die fernere Zukunft bringen können, wenn die weiteren Erfahrungen wegen der Aufschlickung des Hafens durch die Sinoe-Strömung entsprechend günstige Ergebnisse zeitigen.

Erster Ausbau

Auf der vorhandenen Mole:

Transitschuppen 10 × 60 m,
Toilettenanlage,
Geräteraum für Schiffs-Wasserversorgung usw.,
Bau einer Landungsanlage für kleine Boote.

Auf der Molenwurzel an Land:

Speicher 30 × 30 m mit angebautem Hafenverwaltungsbüro,
Toiletten- und Duschanlage,
Befestigter Freilagerplatz mit rd. 2000 m² Lagerfläche.

Im übrigen Hafengebiet (innerhalb des Zollzaunes):

Hafenverwaltungsgebäude,
Betriebswerkstätten einschl. Lager für die Umschlagsgeräte,
Tonnenhof mit Tonnenwerkstatt, Feuerlöschgeräte.

Das rückwärtige Gelände hinter den Betriebswerkstätten wird nur in beschränkter Breite aufgehöht, um den ersten Bedarf zu decken; es kann später auf ganze Fläche bis an den Zollzaun aufgehöht werden.

Bau einer Wasserversorgungsstation mit allen maschinellen Einrichtungen, wie Pumpen, Filtern, Entkeimungs- und Enteisenungsanlagen einschl. zwei Tieftanks von je 100 m³ Inhalt.

Postenhaus für Zoll und Polizei am Hafeneingang des ersten Ausbaues (d. h. neben der Kraftstation),

Bau von rd. 705 lfd. Meter Zollzaun.

Im Hafengebiet außerhalb des Zollzaunes:

Umbau eines Wohnhauses für den Hafendirektor,
Umbau und Erweiterung von fünf Bungalows im Living-Centre,
Bau von zwei Fährrampen auf beiden Stromseiten, in Greenville mit Bootskai, in Sibeth-Town einschl. der Slipanlage mit Fährhaus und Slipwinde,
Bau einer Straßenbrücke über den noch offenen Arm des Willy-Creek.

Allgemein im gesamten Hafengebiet:

Instandsetzung, Verbreiterung und teilweise Neubau der Straße von der Molenwurzel durch das Hafengebiet bis an die Fährstelle Sibeth-Town,
Einrichtung einer vollständigen Beleuchtung der vorgenannten Hochbauten (Schuppen, Speicher, Verwaltungsgebäude usw.),
Bau einer Beleuchtung für die neue Straße im Hafengebiet und im Living-Centre,
Bau einer Beleuchtung für den Zollzaun,
Umbauten bzw. elektrotechnische Ergänzungen in der Kraftstation,
Bau eines Wasserversorgungsnetzes,
Bau verschiedener Gruppenentwässerungsanlagen,
Seezeichen auf See, in der Hafeneinfahrt, an Land und in der Mündung des Sioneflusses.

Mit den vorstehend aufgeführten Baumaßnahmen ist der erste Ausbauzustand abgeschlossen.

Zweiter Ausbau

Das Ende des zweiten Ausbauzustandes wird all diejenigen Bauten umfassen, die im Plan Abb. 27 dargestellt sind.

Es handelt sich hier im wesentlichen um:

weitere Schuppenbauten,

weitere Speicherbauten,

Bau eines Hafenverwaltungsgebäudes,
    für Hafendirektor, Hafenverwaltung, Zoll, Polizei
    mit der Möglichkeit weiterer Erweiterungen,

weiterer Ausbau des Nachrichtennetzes mit Fernsprecher,
    Funksprechanlage usw.,

weiterer Ausbau des Leuchtfeuers North-Point,

weiterer Ausbau der Betriebswerkstätten,

Beschaffung weiterer Umschlagsgeräte,

Ausbau der Hauptzufahrtsstraße zum Hafen, und zwar außerhalb des erweiterten Zollzaunes,
    durch den neuen Haupteingang in den Hafen.

Dritter Ausbau

Der dritte Ausbau setzt voraus, daß die zwischenzeitlichen Beobachtungen der Strömungs-
verhältnisse und der evtl. alsdann eintretenden Verschlickung des vorhandenen Liegeplatzes an
der Mole so günstig ausfallen, daß die vorgeschlagene Verlängerung der Mole um rd. 80 m bei
einer Verbreiterung des Hafenbeckens auf 70 m durchgeführt werden könnte.

Selbst wenn später Sand- und Schlickablagerungen in mäßigem Umfang in der Giriwakro-Bay
eintreten sollten, so erscheint das nicht allein ausschlaggebend angesichts des Umstandes, daß
die weitaus größte Zahl aller Häfen laufend durch Baggerungen auf der notwendigen Tiefe gehalten werden müssen. Auch der Hafen Greenville wird dann nicht auf Baggerarbeiten verzichten
können, was bei seiner zu erwartenden, wachsenden Bedeutung aber auch wirtschaftlich durchaus
mit in Kauf genommen werden kann.

Nach der Fertigstellung des zweiten Liegeplatzes an der verlängerten Mole kann, wie im Ab-
schnitt „Umschlagsberechnung" nachgewiesen ist, der Umschlag am Kai ohne weiteres auf das
Doppelte ansteigen. Hierfür ist selbstverständlich auch auf der Landseite eine entsprechende
Erweiterung der Anlagen notwendig.

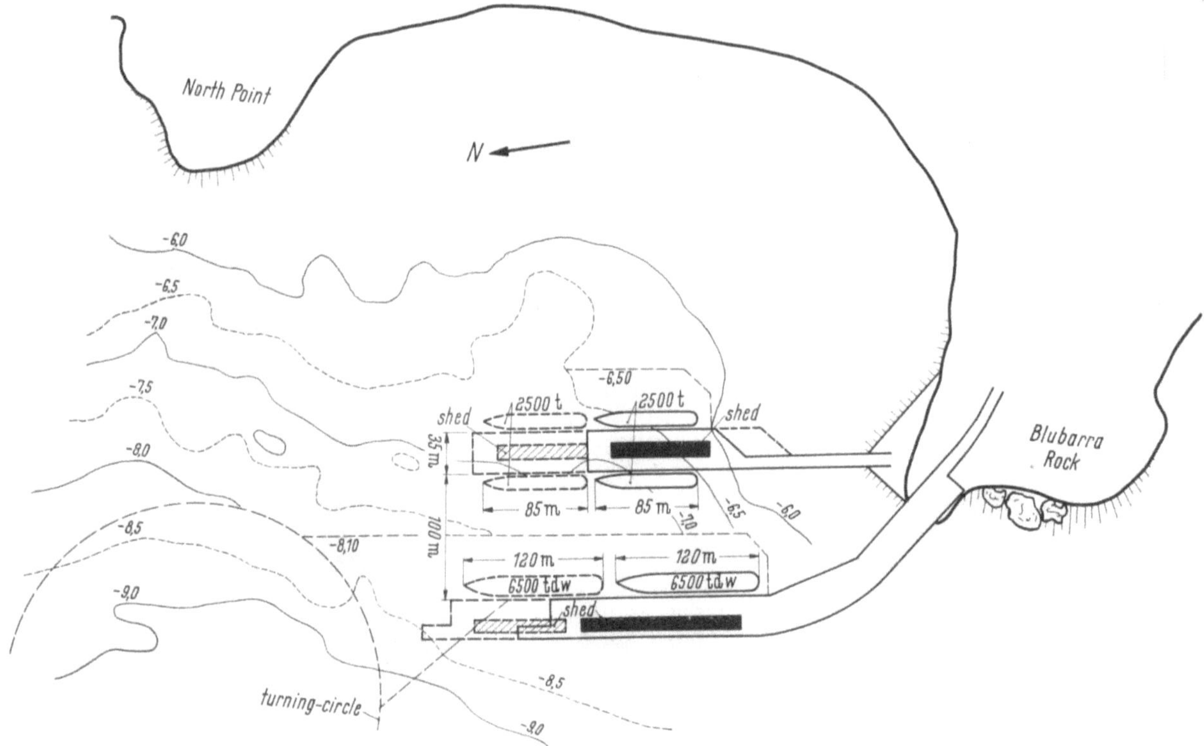

Abb. 46. Zukünftige Ausbaumöglichkeiten (Future extensions)

Diese Maßnahmen sind in Abb. 28 dargestellt und umfassen im wesentlichen:
Bau weiterer Speicher,
Erweiterung der Freilagerfläche.

Wie weit eine Verstärkung der elektrischen Kraftversorgung notwendig wird, muß die Entwicklung zeigen, sie kann mit einer evtl. Erneuerung der Kraftmaschinen gegebenenfalls verbunden werden.

Im übrigen hat die Planung für den dritten Ausbau genügend Bewegungsfreiheit, um auch evtl. zu anderen Anordnungen, z. B. der Speicher, zu kommen. Eine vorzeitige Inanspruchnahme des Geländes für Bauten des dritten Ausbaustadiums für andere Zwecke sollte jedoch sehr reiflich überlegt werden.

l) Weitere Entwicklungsmöglichkeit des Hafens durch die Anordnung einer zusätzlichen Pierzunge

Sollte in der späteren Zukunft infolge einer stärkeren wirtschaftlichen Entwicklung der Sinoe-County der Im- und Exportumschlag im Hafen Greenville über das in den vorhergehenden Kapiteln berücksichtigte Ausmaß hinausgehen, so besteht die Möglichkeit, durch Anordnung einer Pierzunge für die kleineren Frachter bis 2500 tdw noch zwei bis vier Umschlagsplätze zusätzlich zu schaffen. Vor der landseitigen Pierstrecke müßte alsdann die Wassertiefe auf — 6,50 m gebracht werden (s. Abb. 46). In diesem Fall würde sich die Umschlagskapazität von der Land- und Wasserseite auf rd. 300 000 t bis maximal rd. 400 000 t erhöhen können.

VI. Zusammenfassung

Im vorstehenden Abschnitt ist in der großen Linie der Generalplan für die technische Ausrüstung des Hafens Greenville im stufenweisen Ausbau erläutert. Danach bestehen genügend Möglichkeiten, die Leistung des Hafens den späteren Erfordernissen entsprechend zu steigern, zumal auch noch der wasserseitige Umschlag durch die Benutzung des Sinoe als Transportweg ausgenutzt werden kann. Außerdem könnte im Bedarfsfalle noch eine zweite Pier angeordnet werden.

Ein Fluß belebt seine Landschaft

Von Dr. Karl Löbe, Bremen

Werden und Wert der Kanalisierung der Mittelweser

Am 10. November 1960 ist die neue Schiffahrtstraße Mittelweser mit einer Feier eröffnet worden, bei der in den zahlreichen Festreden zwar von Verkehrsverbesserungen, mindestens ebensoviel aber von Landwirtschaft, Wasserwirtschaft, industrieller Ansiedlung und Elektrizität gesprochen wurde. Auch der Kreis der Teilnehmer ließ erkennen, daß es hier um mehr als um die Sache der Binnenschiffahrt geht. Es war noch nicht der Abschluß oder die feierliche Übergabe eines Bauwerkes, sondern man hatte sich zusammengefunden, um das Erreichen des ersten großen Zieles zu begehen: Die neue Wasserstraße war nun so weit fertig, daß die Staustufen in Betrieb genommen und die Hindernisse und Gefahren für die Schiffahrt beseitigt waren. Bis zum Jahre 1966 aber wird man noch zu tun haben, um das wasserwirtschaftliche und landeskulturelle Parallelprogramm zu erfüllen.

Viele haben in jenen Novembertagen die ersten voll abgeladenen Schiffe in Gedanken auf ihrem Wege zwischen Bremen und Minden verfolgt, und wer die wahrhaft dramatische Geschichte dieses Großbaues kannte, der hat sich einer tiefen Ergriffenheit darüber nicht erwehren können, daß nun endlich wahr geworden war, was drei Generationen in mehr als sieben Jahrzehnten erstrebt hatten.

Es wird nicht lange dauern, bis das Bewußtsein von der Neuheit und Großartigkeit dieses Werkes geschwunden ist. Es wird ihm so gehen wie allen anderen Verkehrsbauten: Wenn sie erst einmal fertig sind, wird das Neue zum Alltäglichen, und nach kurzer Zeit kann man sich nicht mehr vorstellen, daß es einmal anders gewesen ist, vor allem aber, daß man einmal ohne diese Anlage hat auskommen müssen. Es ist ein Unglück für manchen guten Plan, daß sich dieses Gewöhnen sehr viel schneller vollzieht, als die Idee eines Projektes zu ihrem Heranreifen und bis zur Ausführung gebraucht. Denn weil alles Vorhergegangene so schnell vergessen wird, pflegen so wenige aus Verkehrsbauten zu lernen. Hat nicht der Strombau der Unterelbe oder der Unterweser von jeher um zehn Zentimeter Vertiefung bitter kämpfen müssen, obwohl sofort nach Ausführung eines jeden Bauabschnittes der Beweis für die Richtigkeit der Maßnahme folgte?

Große Pläne früherer Zeiten

Wer heute den Ablauf des Schiffsverkehrs auf der Weser verfolgt, dem kann nicht zweifelhaft sein, daß die kanalisierte Mittelweser das Verbindungsglied zwischen den Seehäfen der Unterweser und dem Mittelland-Kanal ist. Nicht so klar wird erkannt, daß dieser nun ausgebaute Stromabschnitt der Teil eines großen Netzes von Wasserstraßen geworden ist, welches von den ostdeutschen Schiffahrtswegen, von Berlin und von den märkischen Kanälen bis zum Rhein sich erstreckt. Kaum jemand außerhalb des Fachkreises aber weiß noch, daß auch dieses große Netz erst der Teil eines noch viel größeren Verkehrsbereiches sein sollte, der ganz Deutschland, Polen, die Tschechoslowakei, Österreich mit den Balkananschlüssen der Donau, die Schweiz und die westeuropäischen Flüsse und Kanäle zu einem europäischen Wegesystem vereinigen sollte. Ein solches hätte in seiner Reichweite und seinem Einzugsgebiet dem der Eisenbahn kaum nachgestanden.

Diese imposanten Pläne wurden vor und nach dem ersten Weltkriege in den Fachressorts der Regierungen aller genannten Staaten ernsthaft erwogen und von vielen regionalen und auf höherer Ebene arbeitenden Organisationen, vor allem von kommunalen Stellen, mit Leidenschaft und einem tapferen Zukunftsglauben verfochten. Man kann sich heute kaum noch eine Vorstellung davon machen, welches Vertrauen in die nationale Sendung des deutschen Verkehrswesens vor 1914 und welcher unverzagte Lebenswille nach 1918 diese umfassenden Pläne getragen hat. An großzügiger Gesamtschau hat es jenen Menschen wahrlich nicht gefehlt, und man ist beim Studium all dieser Projekte ergriffen von der Entschlossenheit, die deutschen Verkehrswege mit aller Kraft und mit allen von der Natur gebotenen Möglichkeiten auf einen sehr hohen, dem Ausland mindestens ebenbürtigen Stand zu bringen.

In jenen Jahren vor dem Kriege geschah es, daß die Rheinmündungshäfen den deutschen Seehäfen den Rang auf dem Kontinent streitig machten und Rotterdam den größten deutschen Hafen, Hamburg, zu überholen begann. Das sah man mit wachen Augen und suchte, sich dagegen zu rüsten. Zugleich sollte der deutsche Wirtschaftsraum gestärkt und auch mit den Mitteln des Verkehrs zum Schwerpunkt gemacht werden.

Dabei verstand man unter „Verkehr" die Seeschiffahrt, die gerade einen glänzenden Aufstieg erlebte, die Eisenbahn und die Binnenschiffahrt. Die übergeordnete Rolle der Bahn war, obwohl ihre verwaltungsmäßige und geschäftliche Einheit noch im Werden war, so selbstverständlich, daß im ersten Jahrzehnt unseres Jahrhunderts Wettbewerbsgefahren noch kaum diskutiert wurden. Mehr als sechzig Jahre Eisenbahnzeitalter hatte man hinter sich. Beinahe jeder kleine Ort hatte mit Energie und Erfolg um seinen Bahnanschluß gekämpft. Nun erschien es vielen als ein ebenso selbstverständliches Gebot der Ergänzung, jetzt auch der Binnenschiffahrt die Wege zu bahnen. Die erste große Auseinandersetzung „Bahn oder Binnenschiffahrt" kam erst in den zwanziger Jahren. Von der kommenden Renaissance des Straßenverkehrs auf langer Strecke, von Luftverkehr und von Fernleitungen sah man noch wenig voraus.

In jenen Vorkriegsjahren sind alle Wasserbauprojekte entstanden, die heute eine Rolle spielen. Das sollte man sich immer vor Augen halten, einmal aus Achtung vor den Ideen jener Generation, vor allem aber, um der heutigen Auseinandersetzung das Sensationelle, das Tagespolitische zu nehmen. Was heute gebaut oder gefordert wird, kann nur wirklich verstanden werden, wenn man die Grundkonzeptionen jener Epoche kennt. In Begründung und Anlage der Pläne hat sich erstaunlich wenig geändert, erstaunlich deshalb, weil in dem inzwischen vergangenen halben Jahrhundert die Wirtschaft sich sehr wesentlich verändert hat und heute im Begriff ist, den größten Umbruch seit dem Werden der Industriestaaten zu vollziehen. Sie könnte kaum noch Grundsätze der achtziger Jahre oder der Jahrhundertwende sich zu eigen machen. Der Verkehr aber kann es noch immer.

Die Lage und Richtung, die relative Belastung und die Schwerpunkte der Verkehrswege sind noch immer so, daß man aus jener Zeit lernen kann. Dem Respekt vor der Leistung der damaligen Planer von Bahnlinien und Schiffahrtswegen tut es keinen Abbruch, wenn ein Teil der Gesichtspunkte heute nicht mehr gilt, wie z. B. die erwartete Aufgabe der Binnenschiffahrt, „den Transportbedarf der Heimat hinter der Front zu befriedigen, während die Bahn durch militärische Aufgaben in Anspruch genommen wird", oder wenn man nach deutschen Rheinmündungen suchte durch Kanäle vom Niederrhein zur Ems oder von Koblenz über Lahn, Fulda und Weser nach Bremen und Hamburg.

Zwei Leitmotive sind es, die den damaligen Plänen zugrunde liegen und von denen man nicht sagen kann, daß sie heute unmodern wären. Einmal soll das Binnenland durch ein möglichst dichtes Netz von Wasserstraßen in seiner wirtschaftlichen Entwicklung gestärkt und wettbewerbsfähig gemacht werden. Und zweitens soll dieses dadurch immer homogener wachsende Binnenland an die deutschen Seehäfen angeschlossen werden, deren Wichtigkeit für den deutschen Außenhandel frühzeitig klar erkannt worden war.

Die Lage Deutschlands nach dem ersten Weltkriege gab diesen Bestrebungen besonderen Nachdruck, weil der Wiederaufbau der Wirtschaft und die im Versailler Vertrag bestimmte Internationalisierung des Rheins zusätzliche Begründungen gaben. Es war das Bewußtsein, nun ganz und gar auf sich selbst angewiesen zu sein und deshalb auch die Güter bis an Bord der Seeschiffe in deutscher Hand haben zu müssen. Noch zu Ende des vorigen Jahrhunderts waren der grenzüberschreitende Rheinverkehr und der entsprechende Eisenbahnverkehr mit den Seehäfen des Rheins etwa gleich groß. Zehn Jahre später hatte der Rheinverkehr die Bahn bereits im Verhältnis von zwei Dritteln zu einem Drittel übertroffen.

Der Binnenschiffahrt sollten zwei große Adern mit zahlreichen Verästelungen dienen, der in West-Ost-Richtung verlaufende Mittelland-Kanal und die Main-Donau-Verbindung. Als am 24. April 1856 ein in Dortmund zusammengetretenes Komitee dem Preußischen Ministerium für Handel, Gewerbe und Öffentliche Arbeiten eine Denkschrift über den Bau eines Mittelland-Kanals vorlegte, war das nicht nur der Beginn eines jahrzehntelangen Ringens, in welchem die Gegner, die „Kanalrebellen", eine recht unrühmliche Rolle gespielt haben, sondern es war der Beginn der neueren Kanalbaubestrebungen in Deutschland überhaupt.

Zwar hatte man in Bayern von 1836 bis 1855 den Ludwigs-Kanal gebaut und den bis auf Karl den Großen zurückgehenden Gedanken der Main-Donau-Verbindung verwirklicht; und auch der

Rhein-Marne-Kanal war zwischen 1838 und 1853 entstanden. Aber der erstere war nach dem Willen eines weitschauenden Landesfürsten geschaffen worden, ohne daß zuvor wirtschaftliche Auseinandersetzungen stattgefunden hatten; der andere stand außerhalb einer so weit gespannten Verkehrsdiskussion, wie sie nun um den Mittelland-Kanal entbrannte. Sie wurde — heute ungewohnt — nicht vom Verkehr, sondern von den Interessenten und Gegeninteressenten der Wirtschaft geführt. Es bleibt immer ein Kuriosum dieser sich über mehr als fünfzig Jahre erstreckenden Diskussion, daß nicht etwa die eine Partei den Kanal für nötig, die andere ihn für unnütz hielt, wie das in heutigen Auseinandersetzungen üblich ist, sondern daß beide die große Wirkung einer solchen Wasserstraße durchaus vor Augen hatten, die „Kanalrebellen" diese Wirkung aber um ihrer Marktinteressen willen fürchteten und zu vermeiden suchten.

Die vernachlässigte Weser

Die Weser hatte bis dahin auch in den Planungen ein Eigenleben geführt. In die großen Kanalprojekte war sie anfangs nicht einbezogen worden. Man hatte sich aber schon früh mit dem Gedanken beschäftigt, den Schiffahrtsweg der Weser über die Fulda oder die Werra nach Süden zu verlängern.

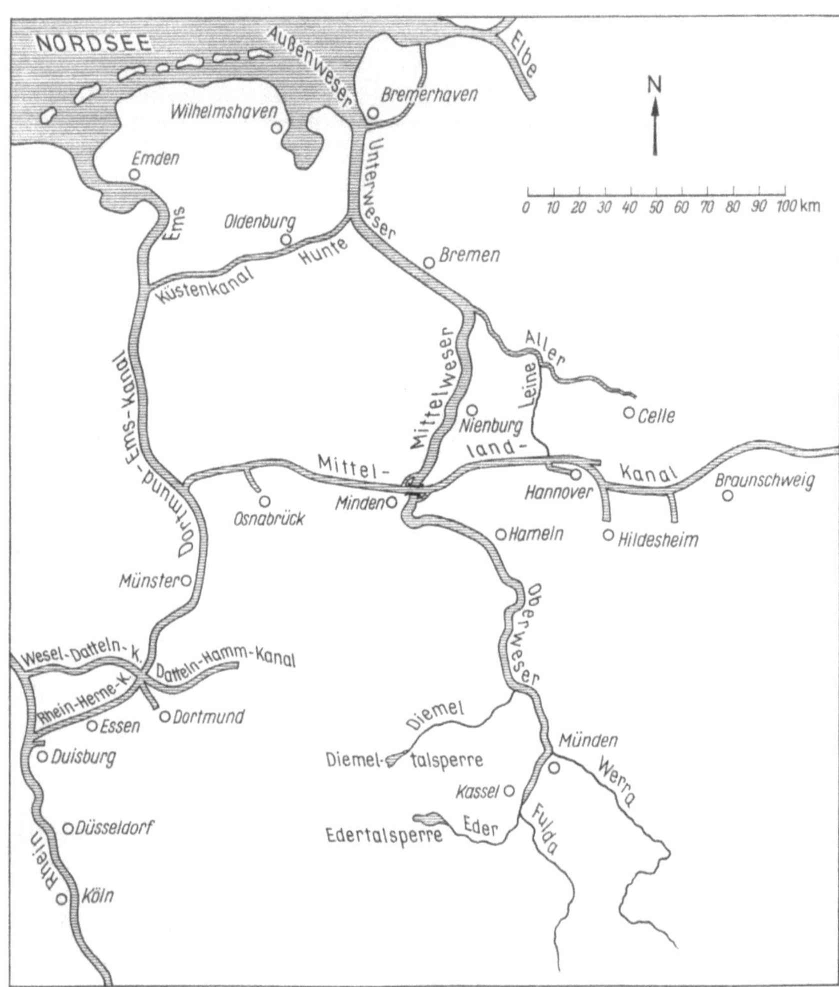

Abb. 1. Die Weser im norddeutschen Wasserstraßennetz

Freiherr von Pechmann, der Erbauer des Ludwigs-Kanals, hatte sich wiederholt für eine Verbindung seines Kanals mit der Weser ausgesprochen, was den Direktor der Vereinten Weser-Dampfschiffahrt in Hameln, Dr. Wermuth, auf einer Gesellschaftsversammlung 1845 zu der Erklärung verleitete, er habe wohlbegründete Hoffnungen auf die Verbindung der Weser mit dem Ludwigs-Kanal. Außer diesem in jener Zeit kaum ausführbaren Vorschlag interessierte man sich für einen Anschluß der Weser an andere Wasserstraßen anscheinend nicht. Weder beschäftigten sich die Großprojekte mit der Weser als einem wesentlichen Teil eines deutschen Wasserstraßensystems, noch kamen aus dem Wesergebiet selbst bemerkbare Anregungen. In den benachbarten Stromgebieten aber, an der Elbe und am Rhein, war man mit Ideen und Planungen schon recht weit. Hier war auch mehr an Vorbildern und Beobachtungsmöglichkeiten vorhanden.

Am östlichen Wasserstraßengebiet war längst Beträchtliches getan worden. Seit der Große Kurfürst den Kanal von der Oder zur Spree von 1662 bis 1668 hatte bauen lassen, waren Oder und Elbe verbunden, und zweihundert Jahre später bestätigte man die Richtigkeit dieses Entschlusses, indem man den Kanal von 1887 bis 1891 den neueren Verhältnissen anpaßte. 1744 wurden der Finow-Kanal, bald der Klodnitz-Kanal, 1773 der Plauer Kanal, dann der Bromberger Kanal, 1844 der Elbing-Oberländische Kanal, 1849 der Spandauer Schiffahrtskanal begonnen. Die Elbe, die ohnehin schon ein reiches Einzugsgebiet besaß, hatte durch diese Kanalbauten ein neues, noch größeres bekommen. Der große Rhein mit seinen Nebenflüssen war sich selbst genug. Außerdem waren Verbindungen zum französisch-belgischen und zum holländischen Wasserstraßengebiet vorhanden.

Die Weser aber war isoliert, und das heraufkommende Eisenbahnzeitalter traf den wehrlosen und von keinem Anliegerstaat mit wirklichem Nachdruck geschützten Strom mit voller und nahezu vernichtender Wucht.

Durch den Vorschlag, einen quer zu den deutschen Strömen verlaufenden Kanal zu bauen, der Ostpreußen und Oberschlesien mit dem Rhein verbinden würde, wurde plötzlich das breiteste öffentliche Interesse für Binnenschiffahrt und Kanalbau wach. Der Mittelland-Kanal wurde ein Zauberwort, das nun bald allenthalben Kanalpläne hervorsprießen ließ. Die Zeit der Reife dieser Pläne war lang, und vieles mutet uns heute utopisch an. Aber es war im ganzen eine förderliche Klärung und Ausrichtung der Geister, von der nicht nur der Kanal selbst Nutzen hatte, sondern die Idee des Wasserbaues ganz allgemein.

Gewiß, vieles wäre anders gekommen, wenn man früher Einsicht gezeigt hätte und eher an die Ausführung gegangen wäre. Dann wäre noch in der reichen Zeit vor dem ersten Weltkriege mehr an Wasserstraßen geschaffen worden. Aber die Idee des Binnenverkehrs auf dem Wasser fand anfangs in weiten Teilen des Reiches, und in besonders wichtigen, kaum Widerhall. Preußen war zu groß, und seine Gebiete waren zu vielfältig, oft sogar entgegengesetzt interessiert, als daß Regierung und Parlament sich so einhellig hätten zusammenfinden und auf eine ebensolche Zustimmung in der Bevölkerung hätten rechnen können, wie es bei den süddeutschen Projekten oft vorbildlich der Fall gewesen ist.

Von dem Für und Wider um den Mittelland-Kanal wurde allmählich auch das Wesergebiet ergriffen. Einmal stellte sich bei näherer Prüfung des Projektes heraus, daß der wichtigste Wasserspender für den neuen, großen Kanal die wasserarme Weser sein mußte, was die Weserschiffahrt und Bremen als Seehafen und als Hauptsitz der Weserschiffahrt auf den Plan rief. Zum zweiten begann man, die Bedeutung einer in Verkehrsnähe der Seehäfen liegenden West-Ost-Verbindung zu ermessen, in den Seehäfen selbst, aber auch im Binnenlande. Schließlich erhob auch die Wirtschaft des Raumes Kassel in richtiger Erkenntnis der neuen Möglichkeiten die Forderung, die unzulängliche Fulda zwischen Kassel und Münden zu kanalisieren, um über die Oberweser Anschluß an den Mittelland-Kanal und damit nach West und Ost, also Wasseranschluß an Deutschland, zu gewinnen.

So trug die propagierte West-Ost-Richtung dazu bei, sich wieder auf die Nord-Süd-Richtung des Wasserverkehrs auf den Flüssen zu besinnen, für die manches, aber nicht vieles in der ersten Hälfte des vorigen Jahrhunderts geschehen war. Gewiß war es für damalige Zeiten und Anschauungen ein großer Fortschritt, daß der Wiener Kongreß sich der verwilderten und durch Zollgrenzen und Verwaltungsschikane fast unpassierbaren Flüsse annahm. Aber die Durchführung der Befreiungen und Stromregulierungen brauchte ihre Zeit, die technischen Mittel erlaubten nur begrenzte Ziele, und die Anliegerstaaten, gerade diejenigen der Weser, betrieben die Sache nicht gerade mit Leidenschaft. Was in der Weserschiffahrtsakte von 1823 beschlossen war, wurde in den vierziger Jahren begonnen. Die Ausbauziele dieser Stromregulierungen waren für heutige Begriffe bescheiden, für den damaligen Zustand des Flusses aber hoch angesetzt, und oft wurden sie nicht erreicht. Im wesentlichen galt es, Hindernisse zu beseitigen, aber es wurde kein durchgehender Ausbau versucht. Das wäre auch schon daran gescheitert, daß es wegen der Verworrenheit der territorialen Verhältnisse nicht zu einer einheitlichen Leitung eines solchen Unternehmens kommen konnte. Noch im ersten Teil des 19. Jahrhunderts haben die territorialen Besitzverhältnisse entlang der Weser dreiunddreißigmal gewechselt.

Der erste große Plan eines auf das Ganze gerichteten Strombaues war die Denkschrift von 1879, die die Preußische Regierung dem Landtag vorlegte (betr. die Regulierung der Weichsel, der

Oder, der Elbe, der Weser und des Rheins). Nach Genehmigung der Vorschläge wurde mit Hilfe von Buhnen, die Sympher, der verständnisvolle, große Freund der Weser, das Symbol des preußischen Strombaues in der zweiten Hälfte des vorigen Jahrhunderts genannt hat, auf der Strecke bis Karlshafen eine Mindesttiefe von 0,80 m, von dort bis Bremen eine solche von 1,0 m hergestellt.

Wie der Titel der Denkschrift zeigt, wurde an das Interesse der Flußschiffahrt ganz allgemein gedacht, nicht an sein beonderes Seehafeninteresse. In der Folgezeit aber, begünstigt durch die Pläne um den Mittelland-Kanal, wurden vornehmlich die Elbe, Weser und Ems als die Flüsse mit deutschen Seehäfen an der Mündung, als die Zubringer der Seehäfen gesehen. Sie fließen in Süd-Nord-Richtung, und von den Häfen aus galt es jetzt, diesen kostbaren Weg ins Hinterland zu verbessern und, wo möglich, weiter zu strecken. An der Weser lebte der Gedanke der Verbindung zum Main wieder auf; aber zunächst einmal stand für Bremen im Vordergrund der Anschluß an den Mittelland-Kanal. Man erfuhr die geplanten Abmessungen des Kanals und seiner Schleusen und mußte sich sorgen, ob die Weser als verbindendes Stück genügen würde. Das allein hätte die Forderung nach besserem Fahrwasser begründet. Als aber die Frage der Wasserspeisung des Kanals zu Lasten der Weser entschieden wurde, anerkannte auch der Bauherr Preußen, daß die Weser diesen Wasserverlust nicht tragen könne und daß sie unterhalb der Zapfstelle bei Minden kanalisiert werden müsse, um ausreichendes Fahrwasser wiederherzustellen. Vom frühen Beginn der Planungen an wurde damit die Kanalisierung der Mittelweser notwendiger Bestandteil des Mittelland-Kanal-Projektes. Die Kanalisierung der Mittelelbe oder der Bau eines Kanals von Hamburg zum Mittelland-Kanal haben deshalb zu keiner Zeit mit der Kanalisierung der Mittelweser in Parallele gestanden.

Projekte um Nord-Süd-Wasserstraßen

Sosehr aber die Planungen vom Mittelland-Kanal her beeinflußt wurden, so standen doch alle Projekte der damaligen Zeit um die Jahrhundertwende in Norddeutschland in erster Linie unter der beherrschenden Idee der Nord-Süd-Straßen. Sie war trotz des weitreichenden Interesses für den Mittelland-Kanal allmählich die stärkere geworden. Erwogen wurden Verbindungen vom Rhein zum Bodensee, gebaut wurde der Dortmund-Ems-Kanal mit den Verbindungen nach dem Rhein und nach Hamm, geplant wurden die Weser-Main-Strecke, mehrere Verbindungen der Elbe mit dem Main und, in Übereinstimmung mit den Zielen eines österreichischen Wasserstraßengesetzes von 1901, der Elbe-Donau-Kanal über die Moldau und über Budweis sowie ein Weg von der Donau über die March und die Beczwa zur Oder, der die niedrige Wasserscheide zwischen Sudeten und Westbeskiden überwinden sollte. Dieser Donau-Oder-Kanal sollte einen Zweig zur Elbe bekommen durch eine Strecke von Prerau über Olmütz nach Pardubitz. Von dort sollte die Elbe bis Melnik kanalisiert werden. Als Teil dieser großangelegten österreichischen Pläne, deren Grundgedanken Karl IV. (1346—1378) schon verfolgt hatte, wurde ausgeführt die Kanalisierung der Moldau von Prag bis Melnik. Im übrigen wurde das Scheitern der ersten großen Wasserstraßenvorlage im Preußischen Landtag wohl auch dem österreichischen Programm eines großen Verkehrs- und Handelsweges von der Adria zur Ostsee und Nordsee zum Schicksal; denn ohne das geplante preußische Wasserstraßensystem wären die österreichischen Bauten unvollkommen geblieben.

Das Charakteristische an diesen Nord-Süd-Plänen war die Ausrichtung auf die Seehäfen. Sie brachten sich bei diesen Planungen zur Geltung, ja die meisten und bedeutsamsten technischen Vorschläge und Anregungen kamen aus Seehafenkreisen, vor allem von Männern der Wasserbauverwaltungen in den Seehäfen. Der große Hafen Hamburg stand dabei in vorderster Linie. Von den Seehäfen her erschienen die Nord-Süd-Wege als die eigentlichen Achsen des deutsch-österreichischen Wasserstraßennetzes. Der Rhein stand außerhalb dieser Betrachtungen. Man sah wohl schon die europäische Rolle dieses großen Stromes, aber man wollte den Schwerpunkt, die eigentliche europäische Nord-Süd-Achse, weiter ostwärts haben, im Elbe-Oder-Gebiet mit Vorrang der Elbe. Die Verbindung des Rheines über den Main oder den Neckar zur Donau wurde von Norddeutschland her nicht als eine deutsche, sondern als rein süddeutsche Angelegenheit aufgefaßt, gegen deren künftige wirtschaftliche Auswirkungen zugunsten der Häfen Rotterdam, Amsterdam und Antwerpen die Nord-Süd-Linien ab deutschen Seehäfen zwar helfen sollten, aber darin nicht ihre eigentliche Begründung fanden.

Vor dem ersten Weltkriege trat in der Diskussion die Nord-Süd-Linie der Weser deshalb weit zurück hinter den Ansprüchen Hamburgs, die Elbe und ihr parallele Kanäle zur Achse des deutschen Wegesystems zu machen[1]. Was da gefordert wurde, war gewiß eine großzügige Konzeption. Sie war insofern für die Mittelweser wichtig, weil sie einen durchgehenden Ausbau der Weser verneinte, die Mittelweser als eine Art Flügelkanal des gesamten Nord-Süd-Traktes ansah, der Werra

---

[1] Vgl. die im Literaturhinweis angeführten Arbeiten von Rehder, Bleibtreu, Höch, Bubendey und die Jahresberichte der Handelskammer zu Hamburg für die Jahre 1920 und 1921.

aber große Bedeutung beimaß. Die Mittelweser wurde als Teilstück des Mittelland-Kanals gesehen, nicht aber als erster Teil eines Ausbaues der gesamten Weser.

Das Schlagwort wurde der „Nord-Süd-Kanal", aber stets im Zusammenhang mit einem durchgehenden Wasserweg von Hamburg bis nach Süddeutschland und dem Balkan, also ein viel größeres Projekt, als sich heute mit diesem Namen verbindet. Die aus vielen lokal entstandenen Einzelwünschen zusammengefügten Kabinettsvorlagen der deutschen Staaten kamen jetzt gewissermaßen in den Sog der deutschen Seehafen-Planungen, vor 1914 vornehmlich mit Ausrichtung auf Hamburg und daneben über den Elbe-Trave-Kanal auf Lübeck. Erst nach 1918, unter den veränderten politischen Verhältnissen, wird auch eine Blickrichtung auf die Weser als den „einzigen noch ganz in deutscher Hand befindlichen Strom" häufiger.

Anders als heute sah man nicht im ausgebauten Fluß, sondern im künstlichen Kanal die ideale Wasserstraße. Nicht der Kanal sollte das notgedrungen zu bauende Verbindungsstück dort sein, wo es keinen schiffbaren Fluß gab, sondern der Fluß sollte da einbezogen werden, wo er in die große Linie des Kanalsystems paßte. Der Kanal erschien technisch und auch für die Verkehrsplanung reizvoller als der Strombau. Aus dieser Vorliebe für die künstliche Wasserstraße sind auch der Gedanke des Hansa-Kanals, des Leine-Kanals an Stelle der Kanalisierung der Leine, vor allem aber die verschiedenen Entwürfe für einen Elbe-Seitenkanal entstanden, der einen wesentlichen Teil der großen Nord-Süd-Achse bilden sollte. Der gewiß eindrucksvolle Plan der Elbe-Donau-Verbindung über Prag hat den Plan einer großenteils künstlichen Wasserstraße von Hamburg zum Main nicht verdrängen können. Der Weg sollte führen über Lüneburg—Uelzen—Bodenteich zu einem Aller-Übergang westlich Gifhorns und zur Einmündung in den Mittelland-Kanal in der Nähe der heutigen Schleuse Sülfeld. Unter Benutzung des Mittelland-Kanals sollte von Magdeburg an nicht etwa die Elbe kanalisiert, sondern ein Kanal nach Staßfurt und weiter nach Halle/Leipzig und wieder zur Elbe gebaut werden, wobei man wiederum einem künstlichen Kanal den Vorzug gab vor einer Kanalisierung der Saale. Diese Verbindung sollte nicht nur alle Elbe-Anschlüsse nutzen, sondern auch über einen Elbe-Oder-Kanal von Leipzig nach Breslau das ostdeutsche Netz heranbringen.

Der eigentliche Nord-Süd-Weg aber sollte in einem Leine-Kanal weiterverlaufen, der aus dem Hildesheimer Zweigkanal über Barnten—Nordstemmen—Northeim—Göttingen—Eichenberg zur Werra bei Unterrieden führte. Der dann folgende Hauptweg Werra-Main-Kanal sollte ergänzt werden durch eine bei Eschwege abzweigende Verbindung zur Fulda und einen von ihr abgehenden Kanal nach Hanau. Für den süddeutschen Raum wurden die Main-Donau-Linie in der auch heute verfolgten Trasse sowie der Weg über Main—Rhein—Neckar in Rechnung gestellt. Es hat auch nicht an einem Kanalplan von Wertheim (Main) über Augsburg nach München gefehlt.

Für Bremen wurde empfohlen, sich entweder mit dem Weg über die regulierte Weser zur Werra zu begnügen oder den Anschluß an die neue Hochstraße des deutschen Wasserverkehrs durch eine Verbindung über die zu kanalisierende Aller zum Leine-Kanal zu suchen. Für die Weser war nachteiliger Einfluß dieser Begeisterung für künstliche Wasserstraßen, daß die Oberweser als Nord-Süd-Weg von seiten der Hamburger und Lübecker Interessenten aus gar nicht in Betracht gezogen wurde. Bei der Durchsicht der alten Denkschriften und Akten vermißt man schmerzlich eine kraftvolle Fürsprache für die Sache der Weser. Bremen, das dazu in erster Linie berufen gewesen wäre, hat es daran ebenso fehlen lassen wie die preußische Provinz Hannover, die in ihrem geringen Interesse für die Weser eine Haltung fortsetzte, die das Königreich Hannover früher an den Tag gelegt hatte und die die Ursache dafür war, daß man im Interesse reichlicher Straßenzölle den Ausbau der Weser geradezu behindert hatte.

Der Vorschlag eines Weges von Bremen über die Aller zum Leine-Kanal bedeutete die Ablehnung der Mittelweser. Viel mehr, als heute bekannt ist, hat der Gedanke dieser Zweigverbindung Bremens mit der Hamburger Achse einer energischen Vertretung der Mittelweser, ja der Weser überhaupt, geschadet. Hamburg hatte seine Verkehrspolitik damals ganz auf den Süden und nicht nach Westen gerichtet. Für seine Wasserstraßenpolitik ist bezeichnend, daß man dem Gedanken des Hansa-Kanals, also eines Anschlusses an reiche westliche Räume, mit einem nur mäßigen Interesse gegenüberstand.

Ging also das Interesse Hamburgs und Lübecks an der Weser vorüber, so machten sich auch im Westen Pläne geltend, die das Interesse von der Weser abzogen. Da war insbesondere die Idee eines Seeschiffskanals vom Niederrhein nach Emden. Ähnlich wirkten der Bau des Dortmund-Ems-Kanals und der Plan des Küsten Kanals. Es schien damals so, als sollte die Weser nichts weiter als die bedeutungsarme Nahtstelle zwischen einem westlichen und einem mittel-östlichen Wasserstraßengebiet bleiben.

Wie umwälzend diese großen Nord-Süd-Projekte gewirkt haben würden, läßt sich an den Verkehrsentfernungen der geplanten Wasserwege ermessen. Mit Hilfe der Nord-Süd-Straße hätte ein

Schiff fahren müssen: von Hannover-Linden nach Hamburg 213 km, nach Bremen 210 km. Von Gemünden (Main) nach Hamburg wären es 502 km, nach Bremen 527 km gewesen. Es hätte sich ein überraschender Vergleich ergeben: Gemünden—Rotterdam 711 km, Gemünden—Stettin 729 km, also fast gleiche Entfernung! Auf dem Rhein oberhalb der Mainmündung hätten Hamburg und Bremen nach der Entfernung den Wettbewerb mit den Rheinmündungshäfen aufnehmen können, unterhalb von Mainz sollte es Emden mit dem geplanten Rhein-Emden-Seekanal tun. Im deutschen Binnensystem sollte Magdeburg ein Schwerpunkt ersten Ranges werden, weil sich dort die Nord-Süd- mit der West-Ost-Achse kreuzte. Im innereuropäischen Verkehr war Wien eine überragende Rolle zugedacht.

Wären diese Pläne zur Ausführung gekommen, dann hätte sich ohne Zweifel eine ganz neue Orientierung der mitteleuropäischen Verkehrswirtschaft ergeben. An die Stelle des heutigen Übergewichtes des Wasserverkehrs zum Westen Deutschlands bis nach Frankreich, Belgien und Holland hinein und damit nach den Rheinmündungshäfen hin wäre ein Gleichgewicht durch die Achse Hamburg—(mit Lübeck und auch Bremen)—Magdeburg—Wien—Donauländer entstanden, sicherlich nicht zum Nachteil der Gesamtwirtschaft.

Überdenkt man heute alle diese Pläne, ihre Geschichte, ihre vielfältigen wirtschaftlichen, politischen und sonstigen Begründungen, so wird klar, wie schwer es die Bestrebungen nach einem Weser-Ausbau in jenen Jahrzehnten haben mußten. Da der Hamburger Nord-Süd-Weg einem ganzen Schwarm von mitteldeutschen Städten den Hafen versprach, die bis dahin von der Binnenschifffahrt rein gar nichts wußten, wie Staßfurt, Halberstadt, Thale, Bitterfeld, Delitzsch, Könnern, Köthen, Nordhausen, Erfurt, Göttingen und anderen, war hinter diesen Vorschlägen viel wirtschaftlicher Einfluß und durch Provinzen und Einzelstaaten viel politisches Gewicht. In Bayern fanden sie Widerhall. Eine bayerische Kanalvorlage verlangte eine gesamtdeutsche Planung aller Wasserstraßen. Die Verbindung zu den österreichischen Plänen wurde schon erwähnt.

Wer aber war bereit, für die Sache der Weser zu kämpfen?

Geringe Fürsprache für die Weser

Bremen hatte in jener Zeit vor und nach der Jahrhundertwende sich durch die Unterweserkorrektion und seine Hafenbauten finanzielle Lasten und Leistungen aufgebürdet, die noch heute die größte Hochachtung abfordern und an Wagemut kaum von einem anderen Seehafen jemals erreicht worden sind. Allein für den Ausbau der für die Seeschiffahrt nicht mehr brauchbaren Unterweser von Bremen bis zur See, dessen Gelingen immerhin nicht garantiert werden konnte, wagte die nur etwa 150000 Einwohner zählende Stadt 40 Millionen Goldmark. Hinzu kamen die gewaltigen Summen für den Bau der neuen Häfen in den Jahren von 1885 bis 1912. Bremen hatte vorher außerhalb seines Staatsgebietes Eisenbahnbauten finanziert, um seinen Häfen in Bremerhaven und Bremen die Anschlüsse an das gerade entstehende Eisenbahnnetz zu schaffen.

Da war es verständlich, daß die Weser oberhalb der Stadt nicht so die Aufmerksamkeit auf sich lenkte, zumal in diesen letzten Jahrzehnten des 19. Jahrhunderts klargeworden war, daß die Entwicklung der Eisenbahn den Wettbewerb der Seehäfen auf dem ganzen nordwestlichen Kontinent mit sich gebracht hatte. Bei den geringen Diensten, die die Weser in ihrem damaligen Zustand und ohne Anschlüsse an größere Wirtschaftsgebiete den Häfen zu leisten vermochte, mußte sich Bremens Interesse in erster Linie auf die Eisenbahn richten.

In Kreisen der Preußischen Regierung und des Preußischen Landtages hatte man sich aus Sorge um die Rentabilität der Bahnen lange vor Wasserbauprojekten zurückgehalten. Zwar hatten die Hohenzollern dem Wasserbau von den Zeiten des Großen Kurfürsten her immer nahegestanden. Auch jetzt, Ende der achtziger Jahre, war der Kaiser durchaus zu gewinnen, und der Minister der Öffentlichen Arbeiten, Thielen, stand der Sache der Binnenschiffahrt wohlwollend gegenüber. Dagegen hielt sich der preußische Finanzminister von Miquel, dem das Eisenbahnwesen viel zu danken hatte, noch zurück. Über seine ablehnende, auch nach späterem Wandel noch kühle Haltung dem Wasserverkehr gegenüber haben sich bremische Vertreter, darunter auch Dr. Wiegand, der Generaldirektor des Norddeutschen Lloyd, bitter beklagt.

Die Sache wurde für Bremen nicht leichter, als bald eine zweite nördliche Kanallinie durch eine preußische Denkschrift von 1882 in die Diskussion gebracht wurde, ebenfalls oft als „Mittelland-Kanal" bezeichnet im Gegensatz zu der südlichen später auch gebauten Linie des Mittelland-Kanals. Die nördliche Linie sollte im ersten Teil der Dortmund-Ems-Kanal darstellen mit weiterer Verbindung über Oldenburg zur Unterweser und von Vegesack nach Stade. In Bremen teilten sich die Meinungen für Nord- und Südlinie, in Hamburg wurde die Südlinie, der heutige Mittelland-Kanal, anfänglich entschieden abgelehnt. Im Preußischen Landtag begegnete jeder Kanalbau der Ablehnung der Konservativen, wo starke landwirtschaftliche Interessen sich vor allem gegen Erleichterungen der Getreideeinfuhr wehrten. Die Regierung konnte nur zögernd und schrittweise vorgehen, hatte Gegner im eigenen Kabinett, im Landtag und mehr Kritik als Unterstützung bei den Seehäfen. In Bremen überwog schließlich das Interesse an der Südlinie. ohne daß die andere, später als Küsten-Kanal bezeichnete Trasse etwa abgelehnt worden wäre. Die Südlinie brachte aber für Bremen die Problematik des Seehafenanschlusses mit sich, die nun jahrzehntelang verhandelt wurde, nachdem die Kanalvorlage von 1899 sich an die erste Denkschrift von 1877 angelehnt und die Südlinie gewählt hatte.

Die Erörterung um den Mittelland-Kanal hatte die bremischen Bürgermeister Dr. Marcus und Dr. Barkhausen veranlaßt, die bremischen Interessen bei den preußischen Wasserbauprojekten zur Geltung zu bringen. Franzius,[1] der geniale Planer und Vollender der Unterweserkorrektion. arbeitete als privater Sachverständiger im Auftrag Preußens am Projekt des Mittelland-Kanals mit. Er arbeitete den auf 25 Millionen Mark geschätzten Plan aus, die Weser von Bremen bis Nienburg zu kanalisieren und von Nienburg nach Hannover einen Kanal zu bauen. mit dessen Hilfe Bremen den Anschluß an den Mittelland-Kanal und den kurzen Weg zu dem oben erwähnten Leine-Kanal gewinnen sollte.

Mit diesem Vorschlag fühlte der Norddeutsche Lloyd durch Geo Plate. den Aufsichtsratsvorsitzer, und Dr. Wiegand in Übereinstimmung mit Dr. Marcus bei Minister Thielen vor, und der Lloyd legte das Vorgetragene dann in einer Eingabe bremischer Interessenten an die Preußische Regierung nieder. Es wurde besonders auf den Nutzen hingewiesen, den eine solche Verbindung des Mittelland-Kanals mit Bremen und Bremerhaven haben würde. weil ja

Abb. 2. Vom Seehafen Bremen gingen die Bestrebungen zur Kanalisierung der Mittelweser aus. (Bildquelle: Hans Brockmöller. Bremen).

Emden nur sehr einförmigen Güterverkehr bringen könne und der Weg über Magdeburg nach Hamburg weit und umständlich sei. Die Mittelweser komme wegen ihres ungünstigen Fahrwassers unterhalb Mindens nicht in Betracht, und der Nienburg-Hannover-Kanal sei zweckmäßiger als die Kanalisierung eines Umweges. Interessant ist hier wiederum das Obsiegen des Kanalgedankens über den natürlichen Wasserweg. aber auch die auf nur eine Verkehrsbeziehung befangene Blickrichtung. Der Weg nach Hannover erscheint wichtiger als der nach dem Westen. wobei wahrscheinlich auch der Gedanke des Wettbewerbs um das Hannover-Gebiet gegen Hamburg und der Nord-Süd-Weg ihre Rolle gespielt haben, Gedanken. die man bei dem wenig später auftretenden Projekt des Hansa-Kanals (Bramsche—Bremen) offenbar völlig außer acht gelassen hat. Die Mitte zwischen beiden, die beide Blickrichtungen vereinigende Mittelweser. stand wieder einmal zurück.

Die Haltung des Preußischen Kabinetts zu diesem Bremer Vorschlag war nicht einheitlich. Thielen neigte dem Vorschlag zu. von Miquel lehnte ab. Darauf wollte ein offizieller Schritt des Bremer Senats die Stellungnahme der Regierung erzwingen und bot Kostenbeteiligung zur Hälfte für die Kanalisierung Bremen—Nienburg und den Kanal Nienburg—Hannover an. Die Hälfte der einmaligen und der laufenden Kosten wollte Bremen tragen und dafür die halben Einnahmen und das Recht der Mitbestimmung haben. Preußen aber verlangte — wie beim Elbe-Trave-Kanal

---

[1] Ludwig Franzius. Der an der Planung des Hamburger Nord-Süd-Kanals beteiligte Franzius war Otto Franzius, Professor an der Technischen Hochschule Hannover.

von Lübeck — zwei Drittel der Kosten und die Bauausführung durch Bremen. Franzius sollte die Vorarbeiten übernehmen. Während des Jahres 1896 wurde vergeblich verhandelt.

Die Mittelweser im Blickfeld

Im Jahre 1897 trat der wesentlichste Gesichtspunkt hervor, der den Blick aller Partner auf die Mittelweser richten konnte. Man hatte bei der weiteren Durcharbeitung des Kanalprojektes ermittelt, daß die Weser das Speisewasser für den Mittelland-Kanal liefern sollte, da nach dem damaligen Stand des Wasserbaues andere ausreichende Wasserspender nicht gesehen wurden. Anfangs sollte bei Hameln ein Speisewasser-Kanal mit natürlichem Gefälle zum Kanal bei Minden abzweigen. Der Wasserverlust der Weser sollte durch die Kanalisierung der Strecke Hameln—Minden ausgeglichen werden. Preußen verlangte von Bremen auch hier eine Kostenbeteiligung.

Jedoch schon im nächsten Jahre stieß Preußen die bisherigen Pläne überraschend um und schlug die Kanalisierung der Mittelweser von Minden bis Bremen vor.

Abb. 3. Der Mittellandkanal überquert die Weser bei Minden auf einer langen Brücke. Rechts der dreieckige Vorhafen mit der Schachtschleuse des Nordabstiegs zur Weser, in der Mitte der Abstieghafen mit Anlagen für Umschlag und Lagerung. (Bildquelle: Heinz Koberg, Hannover. — Luftbild-Freigabe: Niedersächsischer Minister für Wirtschaft und Verkehr, Hannover, Nr. Ko/655/28 A.)

Auf der Strecke von Hameln bis Rinteln sollten drei, bis Minden weitere sieben und zwischen Minden und Bremen fünfzehn Staustufen gebaut werden. Der Stau sollte durch umlegbare Nadelwehre errichtet werden, wie sie heute noch in der unteren Fulda zwischen Kassel und Münden stehen. Ausbauziel war eine Wassertiefe von 2,50 m. Die Schleusen unterhalb Mindens sollten Schleppzugschleusen werden. Die Kosten der Kanalisierung sollten auf der Strecke Hameln—Minden der Staat Preußen, von Minden bis Bremen die Hansestadt tragen. An Unterhaltungskosten einer kanalisierten Strecke von Hameln bis Bremen hatte man jährlich 884000 Mark, das sind 4300 Mark für ein Kilometer, errechnet und diesen Betrag den Verhandlungen mit Bremen zugrunde gelegt.

Da offensichtlich nicht anders weiterzukommen war, übernahm es Bremen in einem am 15. März 1899 abgeschlossenen Staatsvertrag, die Weser von Minden bis Bremen auf eigene Kosten zu kanalisieren und zu einer dem Mittelland-Kanal gleichwertigen Wasserstraße auszubauen. Der Kostenanschlag kam auf 45,5 Millionen Mark. Preußen sollte die laufende Unterhaltung tragen, die mit 90000 Mark jährlich angenommen wurde, und ferner einen Kapitaldienst von $3\frac{1}{2}\%$ sowie eine Tilgung an Bremen leisten. Soweit die Schiffahrtabgaben dazu nicht ausreichten, sollte Preußen frei sein. Bremische Bedingung war, daß der Kanal nicht bis Hannover, sondern bis zur Elbe gebaut wurde.

Dieses mühe- und sorgenvoll aufgerichtete Vertragsgebäude stürzte schon im nächsten Jahre in sich zusammen, als die Preußische Regierung mit ihrer Vorlage über den Bau des Mittelland-Kanals und die Weser-Kanalisierung im Abgeordnetenhaus scheiterte. Die schon erwähnten Gründe dafür haben verzögert, aber schließlich doch nicht das Werk gehindert. Der Gedanke der ersten Denkschrift von 1877 war durch eine Ergänzung 1882 (Denkschrift über die geschäftliche Lage der preußischen Kanalprojekte) erweitert worden durch die erwähnte Küstenlinie zur Verbindung des rheinisch-westfälischen Kohlenreviers mit den Seehäfen. Aber die erhoffte Erleichterung der parlamentarischen Debatten war nicht eingetreten. Die Vorlage wurde zwar vom Abgeordnetenhaus angenommen, vom Herrenhaus aber abgelehnt. 1886 kam es zu einer neuen Gesetzesvorlage, der — wiederum zur Überwindung der Opposition — für den Anschluß Schlesiens noch der Ausbau der Spree hinzugefügt worden war. Von dieser Vorlage fanden der Dortmund-Ems-Kanal, der dann von 1890 bis 1899 gebaut wurde, und der Oder-Spree-Kanal Gnade, jedoch blieben die Konservativen Gegner des Mittelland-Kanals. Im Jahre 1901 war im Landtag ebensowenig eine Verständigung zu erreichen, so daß sich der preußische Ministerpräsident, Graf Bülow, gezwungen sah, den Landtag zu schließen, um eine förmliche Ablehnung zu vermeiden. Den Durchbruch zu einem Bauentschluß schuf endlich das preußische Gesetz über den Bau von Wasserstraßen vom 1. April 1905. Wenn auch der Mittelland-Kanal zunächst nur bis Hannover gebaut werden sollte, so bekannte sich das Gesetz doch zu einem über örtliche oder eng gebietliche Interessen hinausgehenden Wasserstraßenplan.

Inmitten dieser Interessenkämpfe, die in dem weiten Raume zwischen Ost- und Westpreußen und dem Rheinland ausgetragen wurden, versuchte Bremen seine Wünsche zur Anerkennung zu bringen bei einem Verhandlungspartner — Preußen —, dessen Vorstellungen von dem künftigen Wasserstraßennetz in jenen Jahren aus taktischen Gründen wiederholt wechselten. Ungleich war dieser Kampf für die Weser auch deshalb, weil dem mächtigen Preußen nur Delegationen einzelner Männer gegenübertraten, von denen man wußte, daß sie sich nur auf wenige stützten. Die Wirtschaft Bremens, die eigentliche Macht des Seehafens, war ziemlich uninteressiert. Erst recht gab es kein Einheitsbewußtsein des Wesergebietes, das Nachdruck hätte verschaffen können. Das Hin und Her der preußischen Taktik konnte von Außenstehenden gar nicht übersehen werden.

Auch jetzt trat ein solcher Wechsel wieder ein. Bremen war im Jahre 1903 gerade im Begriff, mit Preußen um die Zustimmung zur weiteren Vertiefung der Unterweser zu verhandeln mit der Zusatzbegründung, nur ein lebhafterer Seeschiffsverkehr auf der Unterweser lasse einen so ausreichenden Verkehr auf der Mittelweser erwarten, daß Verzinsung und Tilgung durch die Schiffahrtabgaben aufgebracht werden könnten. Bremen sei im Falle der Zustimmung Preußens auch bereit, das aus wasserwirtschaftlichen Gründen verlangte Weserwehr oberhalb der Stadt, die heutige Staustufe Bremen, auf seine Kosten zu bauen. Für Bremen verhandelten die Bürgermeister Dr. Barkhausen und Dr. Marcus, unterstützt durch den Baurat Bücking, der an Stelle des gerade verstorbenen Oberbaudirektors Franzius beauftragt worden war. Während dieser Verhandlungen änderte das Preußische Ministerium der Öffentlichen Arbeiten aufs neue seine Absichten. Es ging von dem Plan der Weser-Kanalisierung ab und erstrebte nunmehr die Verbesserung der Schiffahrtsverhältnisse durch die Abgabe von Zuschußwasser aus Talsperren, die im Eder- und im Diemeltal gebaut werden sollten. Zugleich wurde der Mittelland-Kanal auf die Strecke vom Westen bis Hannover einstweilen beschränkt.

Für Bremen ergab sich dadurch eine ganz neue Lage, denn seine alte Bedingung war der Anschluß des Kanals an die Elbe gewesen. Aus diesem nach Osten gerichteten Verkehrsinteresse war sein Vorschlag des Wasserweges der kanalisierten Weser von Bremen nach Nienburg und eines Kanals von Nienburg nach Hannover entstanden; die Kanalisierung der gesamten Mittelweser von Minden bis Bremen an Stelle des Nienburg-Hannover-Kanals hatte man bereits als großes Zugeständnis an die preußische Taktik empfunden. Nun blieb Bremen nichts anderes übrig, als, den geringeren Möglichkeiten des Torso-Kanals entsprechend, auch seine eigenen Aufwendungen einzuschränken und sich bereit zu finden, ein Drittel der Kosten der Edertalsperre und einen Kostenanteil für die Verbesserung des Weser-Fahrwassers unterhalb Hamelns zu übernehmen. Dabei wurde auch darüber verhandelt, ob Bremen die Kosten des Überganges vom Kanal zur Weser für Schiffe bis 9 m Breite und 1,50 m Abladetiefe bis zu 6,6 Millionen Mark zu übernehmen habe gegen eine seinem Bauanteil entsprechende Beteiligung an den Schiffahrtabgaben. Falls Preußen mehr als 20 Millionen Mark aufzuwenden haben würde, sollte Bremen ein Drittel des Mehraufwandes bis zur Höhe von 3,4 Millionen Mark tragen. Zum Bau der Staustufe Bremen verpflichtete sich Bremen außerdem zu einem Kostenanschlag von 8 Millionen Mark. Preußen gab seine Zustimmung zur Vertiefung der Unterweser von 5 auf 7 m.

Dieses Verhandlungsergebnis ist der einzige Fall geblieben, in welchem die Mittelweser in unmittelbarem Zusammenhang mit der Unterweser gesehen worden ist. Zwar waren die Vertiefung der Unterweser und die Hilfe Preußens bei der Mittel- und Oberweser zwei in sich selbständige Verhandlungsobjekte. Aber sie wurden in den Erörterungen behandelt in Fortsetzung der bremischen Forderung, den Verkehr der Unterweser zu beleben, um dem Mittelland-Kanal stärkeren Verkehr zuzuführen.

Nachdem das preußische Gesetz von 1905 durchgekommen war, wurden die preußisch-bremischen Verhandlungen in drei Staatsverträgen niedergelegt, die im März 1906 der Bremischen Bürgerschaft vorgelegt wurden. Es waren die Verträge: 1. ,,betreffs Beteiligung Bremens an den Kosten eines Rhein-Weser-Kanals", 2. ,,über die Ausführung einer Wehr- und Schleusenanlage bei Hemelingen" und 3. ,,über die weitere Vertiefung der Unterweser im preußischen Hoheitsgebiet bis auf 7 m Tiefgang". (Die Lagebezeichnung der Wehr- und Schleusenanlage in den Verträgen folgte der Übung der preußischen Verwaltung, den Namen des nächstgelegenen preußischen Ortes zu verwenden. So ist von der Staustufe Hemelingen die Rede, obwohl die Anlagen immer auf Bremer Grund und Boden gelegen haben. Richtig ist die Bezeichnung ,,Staustufe Bremen".)

Erneute Zurücksetzung der Mittelweser

Durch dieses Vertragswerk war der Gedanke der Kanalisierung der Mittelweser zurückgestellt, bei vielen praktisch aufgegeben. Die Stufe Bremen dient der wasserwirtschaftlichen Abschirmung des Mittelwesertales gegen die Vertiefung der Unterweser und war kein Beginn einer späteren Kanalisierung. Ebensowenig wurde das die Staustufe Dörverden, die ihre Begründung in der Bewässerung eines 5000 ha großen Meliorationsgebietes bei Bruchhausen-Vilsen und in der Stromlieferung ihres Wasserkraftwerkes für das Pumpwerk Minden fand, das den Mittelland-Kanal mit Wasser aus der Weser versorgt. Der damals als eigentliche Begründung für den Talsperrenbau gesehene Zusammenhang zwischen Zuschußwasser und Wasserabgabe an den Kanal hat sich später in der Praxis als Überschätzung herausgestellt. Denn die Wasserabgabe der Talsperren ist gerade auf der Weserstrecke, auf der sie den Speisewasser-Verlust ausgleichen sollte, auf der Mittelweser, so gut wie gar nicht mehr wirksam und hilft der Schiffahrt nicht. Eder- und Diemeltalsperre mit einem Gesamt-Fassungsvermögen von 222 Millionen cbm waren in ihrer Bewirtschaftung ursprünglich so in Rechnung gestellt, daß Zuschußwasser erst dann abgegeben werden sollte, wenn die Wasserführung des Flusses in Münden geringer als 40 cbm/sec wurde. Dieses Maß entsprach noch einer Mindesttauchtiefe von 1,35 m auf der Mittelweser über die Sommermonate hin. Der Nutzen des Zuschußwassers war aber in Wirklichkeit auf der Oberweser viel fühlbarer als auf der Mittelweser. Man hatte weit größere Erwartungen in den Wasserzuschuß aus Talsperren gesetzt. Schon das Trockenjahr 1921, in welchem die Edertalsperre bereits Ende Juli erschöpft war, zeigte in erschreckender Deutlichkeit die Unzulänglichkeit.

In den letzten Jahren pflegten sich die Pläne, nach denen die Talsperren alljährlich in ihrem Wasserhaushalt bewirtschaftet werden, ausschließlich nach der Oberweser zwischen Münden und Minden, also oberhalb der Zapfstelle, zu richten. Das Zuschußwasser ist dort willkommen, aber es bessert nur zu einem geringen Teil. Gemessen an den damaligen Erwartungen, haben die Talsperren die Hoffnungen nicht erfüllen können, so sorgfältig und geschickt auch mit ihnen heute täglich umgegangen wird. Auch Sympher hatte noch 1921, kurz vor seinem Tode, angenommen, man könne mit den Talsperren die Fahrt von 1000-t-Schiffen mit einer Tauchtiefe von 1,6 m ermöglichen; nur die Strecke von Münden bis Karlshafen sei allein durch eine Kanalisierung zu verbessern. Aber schon wenige Jahre später war man zu der Einsicht gekommen, daß mit der Hilfe der Talsperren nichts Wesentliches ausgerichtet werden konnte. Nicht zuletzt hat der trockene Sommer 1921 das vor Augen geführt. Etwa zur selben Zeit übrigens wurden schon Forderungen nach einem Umbau der kanalisierten Fulda laut. Auch hier reichten die Erfahrungen bereits zu der Erkenntnis, daß bei Verkehrsbauten kleinliche Sparsamkeit fast immer teuer zu stehen kommt. Man hätte dort die Staustufen nach den Abmessungen des Mittelland-Kanals bauen sollen.

Die Erfahrungen mit der Edertalsperre — die kleine, nur 20 Millionen cbm fassende Diemeltalsperre spielt fast keine Rolle — auf dem Gebiet der Weserschiffahrt bedeuten aber nicht, daß ihr Bau überflüssig gewesen wäre. Ihr Wert als Schutz bei Hochwasser und als Anlage zur Gewinnung elektrischer Energie, ja auch als Spender sauberen Wassers in Zeiten geringer und daher besonders unreiner Wasserführung ist so hoch, daß sie heute gebaut werden müßte, wenn sie nicht da wäre. Die Eder wurde vorher in Zeiten reichen Niederschlages oder der Schneeschmelze zum reißenden Bergstrom mit Gefahren für alle unterhalb liegenden Ortschaften. Diese Gefahren sind gebannt worden. Ja sogar Kassel hat Nutzen gehabt, denn es konnte damals seinen Entwurf zur Regulierung des Hochwasserabflusses um mehrere Millionen Mark herabsetzen.

Das Vertragswerk von 1906 bedeutet, daß Bremen kein Äquivalent der ursprünglich vorgesehenen Kanalisierung der Mittelweser bekommen hat. Preußen hat nicht nur den Verkehrsbedürfnissen des deutschen Seehafens Bremen nicht Rechnung getragen, was eigentlich allein schon die Kanalisierung gerechtfertigt hätte und was Hamburg bei seiner Forderung eines Nord-Süd-Kanals mit gutem Recht voraussetzen konnte, sondern der Weser ist nicht einmal der Schaden gegenüber dem damals vorhandenen Zustand, der Wasserverlust der Mittelweser, ersetzt worden. Dieses Unrecht ist erst im Jahre 1960, ein halbes Jahrhundert später, durch die Kanalisierung gutgemacht worden, aber siehe da, wiederum mit großen Opfern Bremens! Deshalb ist es wahrlich verfehlt und eine Folge der Unkenntnis der geschichtlichen Zusammenhänge, heute in der Kanalisierung eine besondere Bevorzugung Bremens zu sehen und aus ihr Ausgleichsansprüche herzuleiten.

Es ist sicherlich nicht berechtigt, den Ablauf der damaligen Verhandlungen mit heutigen Maßstäben zu beurteilen. Uns erscheint heute Bremens immer weiteres Nachgeben bis zu einem Ergebnis, das der Weser zwischen dem neuen Mittelland-Kanal und dem Seehafen so gut wie keine Verbesserung gebracht hat, also Bremen eben nicht den erhofften Zubringerweg geschaffen hatte, als eine zu schwache Vertretung seiner Interessen. Aber die Unterhändler haben sicherlich ihr Bestes getan; Bremen als noch sehr junger unter den modernen Seehäfen (die neuen Becken des Europa- und Überseehafens waren erst wenige Jahre alt) hatte dem großen Preußen gegenüber noch wenig Gewicht, und dieses Preußen hatte eigene Seehäfen in Emden und an der Ostsee und sah deshalb Bremens See- und Binneninteressen in begrenzter Bedeutung. Später lagen Erfahrungen vor, die Rolle der Seehäfen Hamburg und Bremen für Deutschland war deutlicher geworden, der Verkehr war zuverlässiger zu beurteilen. Andererseits freilich haben sich seither auch mehr andere Schwierigkeiten aufgetürmt. Viel hängt von der jeweiligen sachlichen und personellen Konstellation ab. So hat auch die sich aufdrängende Folgerung keinen Wert, daß heute die Kanalisierung vielleicht bis nach Hameln hinauf ausgeführt worden wäre, wenn man damals an Stelle des Pumpwerkes in Minden bei dem ursprünglichen Plan eines Speisewasser-Kanals von Rinteln durch einen Tunnel unter den Weserbergen bei Bückeburg in den Mittelland-Kanal geblieben wäre.

Vielleicht geht es zu weit, wenn Oberbaudirektor Rehder, vor und nach dem ersten Weltkriege ein energischer Verfechter des deutschen Wasserstraßenbaues, aus dem Reichsgesetz vom 24. Dezember 1911, betreffend den Ausbau der deutschen Wasserstraßen und die Erhebung von Schiffahrtsabgaben, zu erkennen glaubt, daß man sich von der Kanalisierung der deutschen Flachlandflüsse grundsätzlich abgewendet habe und die Verbesserung des Fahrwassers nunmehr durch Regulierung und Talsperren erstrebe. Nach dem Gesetz sollte das Ziel des Ausbaues der Flüsse durch Regulierung eine Abladetiefe der Schiffe von mindestens 50% ihrer Ladefähigkeit sein. Wo dieses Ziel unerreichbar war, sollten Staubecken helfen. Aber das Urteil Rehders wurde der Entwicklung leider da gerecht, wo er zur Ablehnung der preußischen Gesetzesvorlage von 1901 über die Kanalisierung der Weser von Hameln bis Bremen sagt: „Dieser durchgreifende Bauplan ist verlassen und dürfte nach Lage der Sache entweder für immer oder doch wohl für recht lange Zeit keine Aussicht haben, wiederaufgenommen zu werden."

Das Umschwenken vom Grundgedanken der Kanalisierung zu dem des Talsperrenzuflusses war mehr als das Ergebnis einer Kostenberechnung. Man neigte der Alternative „offener Fluß" oder „künstlicher Kanal" zu. Die Kanalisierung erschien als demgegenüber unvollkommener, die Interessenten nicht recht befriedigender Behelf. Landeskulturelle oder wasserwirtschaftliche Gesichtspunkte hatten noch nicht die heutige Geltung. Noch ebensowenig Gewicht hatte die Gewinnung elektrischer Energie in gestauten Flüssen. In der Denkschrift von 1899 hatte Sympher, der um den Wasserbau und gerade um die Weser sehr verdiente Ministerialdirektor im Preußischen Ministerium der Öffentlichen Arbeiten und spätere Vorsitzende des Weserbundes, die Kanalisierung der Mittelweser als das zuverlässigste Mittel dargestellt, den Wasserverlust der Weser an den Kanal auszugleichen. Nun sollte durch Zuschußwasser aus der Waldecker Talsperre, wie der Eder-Stausee bald amtlich hieß, das Fahrwasser der Mittelweser von Minden bis zur Auemündung bei Nienburg auf 1,5 m, bis zur Allermündung auf 1,60 m und unterhalb auf 1,75 m Mindesttiefe gebracht werden. Dieses Ziel ist niemals erreicht worden.

Bremen konnte mit diesem Ergebnis der jahrelangen Verhandlungen nicht zufrieden sein, wenigstens nicht mit der Entwicklung der Verbindungen zum Hinterland. Zwar war nun, nach den schwierigen Verhandlungen mit Oldenburg, der Weg für den 7-m-Ausbau der Unterweser frei und damit eine der Lebensfragen der Hansestadt für eine Weile gelöst. Aber es blieb einstweilen dabei, daß der Ausbau der Mittelweser nur als Anhängsel zum Mittelland-Kanal gesehen, aber nicht als Schiffahrtstraße eigenen Wertes gewürdigt wurde und daß die Oberweser als Zubringer des Seehafens überhaupt außer Betracht blieb. Dort arbeitete man noch immer auf der Grundlage des Regulierungsplanes von 1877 mit dem Ziel einer Mindesttiefe von 1 m auf der Strecke von Münden bis Minden. Die Arbeiten gingen nur langsam voran. Es fehlte an einer einheitlichen, rationellen Leitung, denn drei Anrainer-Staaten waren beteiligt, und ehe die Weserstrombauverwaltung, die Vorgängerin der heutigen Wasser- und Schiffahrtsdirektion Hannover, im Jahre 1896 gebildet war, fehlte selbst im preußischen Teil der Strecke eine zentrale bauleitende Stelle. Im übrigen waren diese Arbeiten, wie erwähnt, nur solche Maßnahmen des Ausbaues, wie sie jedem der schiffbaren preußischen Flüsse zugute kamen. Aber sie trugen eben der Rolle der Weser als des verlängerten Armes des zweitgrößten deutschen Seehafens nicht Rechnung. Insofern konnte sich Bremen den Beschwerden Hamburgs, ungenügend berücksichtigt zu sein, vollauf anschließen. Hamburg hatte zwar keinen direkten Schaden abzuwenden wie Bremen durch die Wasserspeisung des Mittelland-Kanals. Aber man war ihm eine wesentliche Verbesserung des Elbefahrwassers schuldig geblieben, und die mit 500 Millionen cbm projektierte Beraun-Talsperre war nicht gebaut worden. Auch andere Staubecken kamen nicht zur Ausführung, selbst in späterer Zeit nicht, wie das bei Pirna geplante Becken. Wenn also das preußische Gesetz über den Bau von Wasserstraßen vom 1. April 1905 allgemein als Anerkennung der Bedeutung der Binnenschiffahrt nach einer langen Periode des Eisenbahnbaues angesehen wurde, so galt das für die beiden Hansestädte nur mit bitter empfundener Einschränkung.

Durch den inzwischen fertig gewordenen Dortmund-Ems-Kanal war auch der in den Verhandlungen mit Preußen geäußerten Hoffnung der Boden entzogen, Bremen und die Mittelweser seien eigentlich dazu berufen, dem neuen West-Ost-Kanal Seehafenverkehr zuzuführen, und deshalb sei ein vollwertiger Anschluß notwendig. Man hatte damals vorgetragen, der Weiterbau der Elbe liege noch in weitem Felde, und vom Westen her seien Seehafengüter kaum zu erwarten; deshalb sei vor allen anderen Wegen die Weser dazu berufen, dem Mittelland-Kanal Verkehr, nämlich Seehafenverkehr, zuzuführen.

Die Entwicklung verlief vielmehr beinahe in entgegengesetzter Richtung. Die Schwerpunkte des Binnenschiffahrtsverkehrs bildeten sich westlich und östlich der Weser, aber an der Weser gerade nicht. Im Westen wurde der Rhein immer stärker, und durch ihn Rotterdam. Seine Strahlungskraft wurde erhöht durch den Rhein-Herne-Kanal (1906—1914), den Datteln-Hamm-Kanal (1906—1915) und das immer imposanter werdende holländisch-belgische Wasserstraßennetz. Im Osten hatte die Elbe Verbesserungen auf der böhmischen Strecke erhalten und mit den Anschlüssen an das märkische Netz Verkehr gewonnen. Die Vergleiche der Zeit vor dem ersten Weltkriege beweisen, welche Fortschritte die Schiffahrt außerhalb des Wesergebietes gemacht hatte. Schon 1913 wurde der Zu- und Ablaufverkehr Rotterdams zu 90% mit Binnenschiffen und zu 10% mit der Bahn gefahren. In Antwerpen war das Verhältnis 65 : 35%, in Emden 85 : 15%, in Stettin 70 : 30%, in Hamburg 60 : 40%. Dabei wickelte Hamburg den Verkehr mit den Gebieten der Elbe, Saale, Havel, Spree und Oder zu 80% auf dem Wasser und zu 20% mit der Bahn ab. Bremen aber konnte seinen Hafenverkehr nur zu kaum 20% auf die Binnenschiffahrt stützen.

Was die Weser-Interessenten für die Mittelweser nicht erreicht hatten, das versuchten in tapferem Bemühen zu gleicher Zeit Kreise der Wirtschaft im oberen Teil des Stromgebietes. In Kassel hatte die „Freie Vereinigung der Weserschiffahrts-Interessenten" die Pläne um den Mittelland-Kanal aufmerksam verfolgt und auf Grundlage der erwähnten Arbeiten von 1877 unermüdlich danach gestrebt, die untere Fulda durch Kanalisierung zu einem brauchbaren Wasserweg zu machen und damit den Anschluß an das nun entstehende deutsche Wasserstraßennetz zu gewinnen. Um diese Pläne hatte sich besonders der Baurat Lange verdient gemacht, und der Syndikus der Handelskammer Kassel, Dr. Metterhausen, hat die Fulda auch nach ihrem Ausbau noch bis an sein Lebensende umsorgt. Im Jahre 1893 kamen diese Bemühungen zum Erfolg; 1895 war das Werk getan. Daß die Wassertiefe und die Schleusenabmessungen zu gering wurden und sich deshalb die Hoffnungen nicht erfüllen konnten, schmälert nicht das Verdienst jener Fürsprecher.

Von Kassel aus jedenfalls wurde der ideelle Zusammenhang aller Baumaßnahmen an der Weser richtig gesehen. Man erkannte den Wert der Verbindung Hessens zum Seehafen Bremen über die Weser, und man sah, daß alles, was unterhalb mit dem Strom geschah, zum unmittelbaren Interesse der oberen Anlieger, insbesondere Kassels, gehörte. Die Freie Vereinigung meldete deshalb ihre Interessen nachdrücklich an und machte auf die notwendige Verbesserung des gesamten Stromlaufes aufmerksam.

Hierdurch und durch andere Forderungen veranlaßt, erwog die Verwaltung, die Kanalisierung der Fulda über Münden hinaus auf der Weser bis Karlshafen weiterzuführen. Denn es hatte sich gezeigt, daß gerade auf dieser Strecke das Ziel der Regulierung nicht würde erreicht werden können. Bald nach ihrem Entstehen ergänzte die neue Weserstrombauverwaltung die nördlichen und südlichen Pläne im Jahre 1897 dahin, die ganze Weser von Münden bis Bremen zu kanalisieren. Wir wissen heute, daß das die einzig logische Fortsetzung der Pläne um den Mittelland-Kanal gewesen wäre und daß das Wesergebiet heute günstiger aussähe, wenn es schon damals ein Bewußtsein der Einheit im Wesergebiet und eine Interessenvertretung der gesamten Weser gegeben hätte.

Bis dahin sollte es aber noch lange Weile haben, denn nun wurde das Interesse weiter Kreise erst einmal wieder von der Weser abgelenkt durch den Plan des Hansa-Kanals.

Hansa-Kanal gegen Mittelweser

Die preußische Denkschrift von 1882 über die „geschäftliche Lage der Kanalprojekte", die neben dem heutigen Mittelland-Kanal auch die Küstenlinie vorgeschlagen hatte, die das rheinisch-westfälische Industriegebiet mit den beiden deutschen Nordseehäfen verbinden sollte, hatte wenigstens den Erfolg, daß Emden den Dortmund-Ems-Kanal als die kleinere, ohne Zweifel vernünftigere Lösung bekam und die Entscheidung, unabhängig von dem Streit um die Südlinie, verhältnismäßig früh getroffen wurde. Der Seekanal Wesel—Emden wurde nicht gebaut. Der im Jahre 1899 in Betrieb genommene Dortmund-Ems-Kanal hatte aber nicht verhindert, daß die Pläne um den Seekanal wieder auflebten. 1912 bildete sich ein „Verein zur Förderung des Baues eines Großschiffahrtsweges vom Rhein zur deutschen Nordsee", der bei 9 m Wassertiefe eine Abladetiefe der Seeschiffe von 8 m gestatten sollte und mit 235 Millionen Mark veranschlagt wurde. Zu den Mitgliedern zählten auch der Norddeutsche Lloyd und die Hamburg-Amerika Linie.

Nachdem so für Emden Tatsachen geschaffen waren, regten sich im westlichen Industriegebiet starke Kräfte für den Hansa-Kanal. Der Plan war beinahe so alt wie die Ruhrindustrie selbst. Ein Rhein-Weser-Kanal-Komitee hatte sich 1864 in Münster wiederum mit ausführlichen Rentabilitätsberechnungen beschäftigt. Namen wie Harkort, Hammacher, Natrop und Waldthausen verbinden sich mit dem Plan.

Vor allem die Kohle führte die Interessen der Ruhr und der Seehäfen zusammen. Die Ruhrkohle traf in den Seehäfen und deren unmittelbarer Umgebung auf den Wettbewerb der englischen Kohle. Verbraucher waren die junge Seehafenindustrie und in beträchtlich steigendem Maße die Seeschiffahrt, nicht zuletzt die großen Fahrgastschiffe, deren Bedarf den Norddeutschen Lloyd und die Hamburg-Amerika Linie sogar veranlaßt hatten, sich für den Emdener Seekanal mit einzusetzen. An die Weser wurde nicht gedacht.

Die Bestrebungen wurden durch den ersten Weltkrieg unterbrochen. Danach setzten die Bemühungen noch stärker ein. Zur Arbeitsbeschaffung im Rahmen der Demobilmachung wurde der Mittelland-Kanal über Hannover hinaus weitergebaut. Also mußte es nach Ansicht der Verfechter möglich sein, auch den Hansa-Kanal zu beginnen. Tatsächlich ist er auch einmal, im Jahre 1926, in das Arbeitsbeschaffungs-Programm aufgenommen worden, freilich ohne Erfolg.

Bis dahin waren viele Kanalpläne an politischen oder finanziellen Widerständen gescheitert. Jetzt aber kam eine der ersten großen Auseinandersetzungen zwischen den Kanalfreunden und der Reichsbahn. Unter den Vertretern des Kanalplanes spielte die Binnenschiffahrt keine große Rolle. Vielmehr wurde der Kampf geführt von Männern der Verwaltung und der verladenden Wirtschaft. Deshalb war es kein Kampf der Verkehrsträger gegeneinander, wie er heute mit soviel Aufwand und sowenig Erfolg geführt wird. Die Bahn war in ihren Argumenten nicht kleinlich und führte Leistungs- und Frachtberechnungen ins Feld, die noch heute in Erstaunen setzen. Es war ein imposanter Kampf der Denkschriften und Artikel, die deshalb amüsant zu lesen sind, weil alle Gesichtspunkte schon erschienen, die noch heute die Gefechtsmunition des Krieges zwischen Bahn und Schiffahrt sind.

Der Bergbau nahm sich des Hansa-Kanals besonders an. Über die Linienführung gingen die Ansichten auseinander. Man erwog einen Bramsche-Stade-Kanal, einen Hoya-Kanal, einen Achim-Kanal und schließlich die später allein als „Hansa-Kanal" bezeichnete Trasse fast diagonal durch das Wasserstraßen-Viereck Weser/Mittelland-Kanal/Dortmund-Ems-Kanal/Küsten-Kanal. Auf Bremer Seite haben die Oberbaudirektoren Suling und — vor allem später — Dr. Plate an dem Projekt und seiner wirtschaftlichen Rechtfertigung gearbeitet. So sehr traten die um die Mittelweser aufs neue anlaufenden Verhandlungen in den Schatten dieses Kanalplanes, daß man sagen kann, er wäre gebaut worden, wenn der Kriegsausbruch 1939 nicht alles unterbrochen hätte. Die Trasse war bereits im Gelände abgesteckt. In Bremen rechnete man fest mit dem Bau. Da aber auch die Kanalisierung der Mittelweser in der Mitte der dreißiger Jahre überraschend aufgenommen worden war (vgl. S. 109), hätte das bedeutet, daß zwei Wasserwege mit teilweise denselben Verkehrsaufgaben gebaut worden wären, was eigentlich nicht zu verantworten war und ein Kuriosum insofern bedeutet hätte, als das fast hundert Jahre lang so stiefmütterlich behandelte Wesergebiet plötzlich mehr bekommen hätte, als mit ernsthaften Gründen wirklich gefordert werden konnte. Wir wissen heute, daß der Hansa-Kanal niemals die Kanalisierung der Mittelweser hätte ersetzen können, daß aber nach der Kanalisierung der Mittelweser der Hansa-Kanal nicht mehr in Betracht kommt.

Ein anderes Schicksal hatte der Küsten-Kanal. Auch dieses Projekt hat eine jahrzehntelange Geschichte und hat den Plan der Mittelweser insofern berührt, als das damalige Land Oldenburg, obwohl Weseranlieger, sich gegenüber dem Strombau oberhalb Bremens zurückhielt und lieber den kurzen Weg zur Ems und von dort nach Westen suchte. Es fühlte sich beim Ausbau der Mittelweser

Bremen gegenüber als Hinterlieger und glaubte, seine Interessen forderten den anderen Weg. Da es Bremen für ausschließlich an der Mittelweser und am Hansa-Kanal interessiert hielt und den Befürwortungen Bremens für den Küsten-Kanal nie recht traute, ließ es sich gegen die Zustimmung zur Unterweserkorrektion vertraglich zusichern, daß Bremen für den Küsten-Kanal eintrete. Sogar eine Kostenbeteiligung Bremens war zugesagt worden. Für Oldenburgs Einstellung spielte auch der Plan eines Stichkanals nach Wilhelmshaven eine Rolle, der Wilhelmshaven den Binnenanschluß zum Ruhrgebiet gebracht und die gefährliche Wattfahrt der Binnenschiffe in die Wesermündung erspart hätte. Wer heute täglich den Schiffsverkehr beobachten kann, hat keinen Zweifel daran, daß beide Wasserstraßen, Mittelweser und Küsten-Kanal, notwendig sind und sowohl das Oldenburger Gebiet wie auch Bremen für beide gemeinsam einzutreten haben.

Aber ehe der Küsten-Kanal 1935 eröffnet wurde und ehe um etwa dieselbe Zeit an der Mittelweser zu bauen begonnen wurde, hatte der Mittelweser-Plan noch ein wechselvolles Schicksal.

Zunächst regten sich zu Beginn der zwanziger Jahre wiederum Kräfte im Süden, im Gebiet der Oberweser/Fulda, um vollwertigen Anschluß an die Seehäfen der Weser zu erlangen. Der unglückliche Kriegsausgang und der harte Versailler Vertrag hatten das Vertrauen auf eine förderliche Zusammenarbeit mit dem Ausland noch nicht wieder erstehen lassen, und man strebte deshalb danach, möglichst innerhalb der eigenen Grenzen zurechtzukommen. Der Ruf nach einer deutschen Rheinmündung kam dieses Mal nicht aus dem Westen Deutschlands, sondern — wie zwanzig Jahre zuvor schon einmal — aus dem Südwesten. Die vereinigten Handelskammern Frankfurt/Hanau traten für einen Weg von der See über die Weser und die Fulda zum Main ein. Am 19. März 1921 wurde in Fulda der „See-Fulda-Main-Kanal-Verein" gegründet, der mit den genannten Handelskammern seine Aufgabe darin sah, nicht nur den Ausbau der Fulda und ihre Verbindung mit dem Main zu fördern, sondern sich auch mit den konkurrierenden Projekten Werra—Main und Lahn—Fulda auseinanderzusetzen. Dabei wurde gegen die Werra u. a. eingewendet, sie trage den Rheininteressen nicht Rechnung, deshalb müsse der Weg über die Fulda und Kinzig gewählt werden. Baden, Württemberg und ganz Hessen seien daran interessiert.

Die logische Folge dieser Auffassungen wäre die Kanalisierung der gesamten Weser gewesen, die sich nun als einziger noch nicht internationalisierter deutscher Strom allgemeiner, aber schließlich nicht sehr wirksamer Aufmerksamkeit erfreute. Nach lebhaften Auseinandersetzungen zwischen den Freunden der Werra und denen der Fulda wurde endlich zugunsten der Werra entschieden und mit wertvoller finanzieller Hilfe des Kalisyndikats mit den Vorarbeiten angefangen. Auch hier unterbrach der Krieg 1939. Wäre der Bau dieser Wasserstraße begonnen worden, so wäre das auch eine Entscheidung für die Kanalisierung der Mittelweser gewesen.

Ein eigenartiges Geschick waltet über dem Strom- und Kanalbau. Wasserstraßen, über deren Notwendigkeit es eigentlich keinen Zweifel geben kann — wie der Mittelland-Kanal —, gebrauchen viele Jahrzehnte, bis sie Wirklichkeit werden. Hinter dem Plan des Hansa-Kanals standen die gesamte Ruhrindustrie und die Seehäfen, also wahrhaftig starke Kräfte wie bei kaum einem anderen Projekt. Er ist nicht gebaut worden, obwohl diese Kräfte über dreißig Jahre zu wirken Zeit hatten. Der heute noch für viele unscheinbare Küsten-Kanal wurde gebaut, nur dank der Entschlossenheit Oldenburgs, gegen den Willen fast aller der Kräfte, die für den Hansa-Kanal waren. Man hätte meinen sollen, daß gegen sie nichts auszurichten gewesen wäre. Es sprachen sich gegen diesen Kanal aus die Industrie- und Handelskammern Barmen, Bochum, Elberfeld, Dortmund, Duisburg-Wesel, Düsseldorf, Essen, Hagen, Iserlohn, Arnsberg, Lüdenscheid, Krefeld, Neuß, Osnabrück, Remscheid, Saarbrücken und Solingen, der Verein deutscher Eisen- und Stahlindustrieller, der Verein zur Wahrung der Rheinschiffahrtsinteressen, das Rheinisch-Westfälische Kohlensyndikat, der Kanalverein Rhein-Herne, der Bergbau Dortmunds u. a., also eine stattliche Streitmacht. Und doch entstand er, und viele abfällige Verkehrsprognosen sind durch die Entwicklung widerlegt worden. Der Kanal wird auch neben der Mittelweser seine Berechtigung behalten.

Neue Forderungen an die Mittelweser, aber wieder keine Hilfe

Die Mittelweser stand längst nicht so im Kreuzfeuer der Interessen. Keine namhafte Industrie sprach sich für sie aus, kein großer Gegner verhalf ihr zu propagandistischen Wirkungen, die Bremer Seehafenwirtschaft brachte ihr wenig Interesse entgegen, die Binnenschiffahrt der Weser rührte sich kaum, die Kanalschiffahrt machte wegen ihrer Interessen in Emden aus ihrer Ablehnung kein Hehl, enthielt sich aber öffentlicher Angriffe, der Bremer Senat verhandelte nur in größeren Abständen mit Preußen und dem Reich, kurzum, die Angelegenheit blieb zwar auf dem Feuer, aber keine leuchtende Flamme verzehrte die Zweifler und Unschlüssigen. Nur im Weserbund blieb der Gedanke der Kanalisierung wach. Er war als Zusammenschluß der Weserinteressenten in selben Jahre 1921 ins Leben getreten, in welchem die Wasserstraßen von den Ländern in das Eigentum und damit in die Betreuungspflicht des Reiches übergingen. Die Tatsache, daß man es nun mit nur einem Verhandlungspartner, dem Deutschen Reich, zu tun hatte, hat der Weser in all den folgenden Jahrzehnten mühseliger Verhandlungen keine Erleichterung gebracht.

Wiederum war es der Mittelland-Kanal, der nach dem ersten Weltkriege die Diskussion anregte. Er wurde über Hannover hinaus bis Peine fortgeführt, und der Hildesheimer Zweigkanal entstand. Die Meinungsverschiedenheiten der beteiligten Länder Preußen, Braunschweig, Sachsen und Anhalt über die folgende Linienführung wurden erst in einem Staatsvertrag mit dem Reich am 24. Juli 1926 beigelegt, und 1927 konnte weitergebaut werden. Nun wurde auch für den Ostteil des Kanals die Frage der Wasserspeisung akut. Man dachte an Talsperren im Harz, in der Oker, der Bode und der Ecker mit einem Fassungsvermögen von insgesamt 138 Millionen cbm. Die Kosten waren mit 37 Millionen Mark veranschlagt. Die betroffenen preußischen Kreise und das Land Braunschweig fürchteten aber um ihre wasserwirtschaftlichen Belange und erreichten die Aufgabe dieser Pläne. Und wiederum sollte die ohnehin wasserarme Weser herhalten!

Aufs neue wurde nun — was längst erwiesen war — durch Berechnungen festgestellt, daß die Weser diesen zusätzlichen Aderlaß ohne Kanalisierung nicht würde aushalten können. War für jeden Kundigen der unbestreitbare Grund für die Kanalisierung der Mittelweser schon durch die Speisung des Westteiles des Kanals längst gegeben und war die bisherige Unterlassung ein Unrecht gegenüber Bremen und der Weserschiffahrt, so verdoppelte sich jetzt das Gewicht dieser Begründung, und es hätte selbstverständlich sein müssen, daß mit den Bauarbeiten an der Weser sofort begonnen wurde. Das geschah aber keineswegs!

Die Techniker waren längst bereit, aber die politischen Stellen entschlossen sich nicht. An den Entwurfsarbeiten war man seit 1922 tätig. Ein erster Vorentwurf stammte noch von dem bremischen Oberbaudirektor Franzius (gestorben 1903), der ihn zusammen mit dem späteren Leiter der Strom- und Hafenbauverwaltung Bremens, Suling, ausgearbeitet hatte.

Um an der Klippe des Geldmangels der öffentlichen Haushalte nicht immer wieder zu scheitern, wurde von Bremen aus in enger Fühlung mit Berlin der Plan erwogen, die Kanalisierung mit Hilfe einer Gesellschaft, eines wirtschaftlichen oder gemischtwirtschaftlichen Unternehmens, zu finanzieren. Jedoch tauchen diese Gedanken in den Bremer Senatsakten nur für kurze Zeit auf und wurden bald nicht weiterverfolgt. Die Gründe sind nicht mehr recht erkennbar. Das Reich hatte gegen den Vorschlag nichts einzuwenden, beanspruchte aber das Heimfallrecht. Ob sonstige Bedingungen hinderten, läßt sich nicht mehr feststellen. Vermutlich haben in der damaligen Regierungsarbeit die politischen Unruhen und der häufige personelle Wechsel eine Rolle gespielt. In Bremen mag die Initiative durch die zahlreiche Befürwortung des Hansa-Kanals gelähmt worden sein. Für diesen Kanal hatten sich um jene Zeit in Bremen Männer ausgesprochen, deren Urteil etwas galt. Auch die Hafen- und Verkehrsverwaltung in Bremen ließ klare Entscheidungen für das eine oder andere Projekt bis zum Ausbruch des zweiten Weltkrieges vermissen; man hoffte auf beide Wege. Jedenfalls ist aus den Unterlagen über den Gang der Verhandlungen eine entschlossene Stoßrichtung zugunsten der Mittelweser nicht erkennbar.

Bis zum Jahre 1926 geschah wenig. Dann gab die Initiative des Deutschen Kalisyndikats, die Werra zunächst bis Eschwege zu kanalisieren, für Bremen die Veranlassung, das Reich auf die Mittelweser hinzuweisen. Der Beirat des Reichstagsausschusses für Volkswirtschaft und produktive Erwerbslosenfürsorge empfahl die Kanalisierung der Mittelweser neben dem Bau des Mittelland-Kanals. Auch im Reichstag wurde das Projekt diskutiert, und es erhob sich kein Widerspruch. Die für die Harztalsperren vorgesehenen 37 Millionen Mark sollten für die Kanalisierung ausgegeben werden. Reichstag und Reichsrat waren einverstanden. Im August 1926 setzte das Reichsverkehrsministerium eine erste Rate in seinen Haushaltsvoranschlag ein.

Jetzt rächte sich die falsche Taktik Bremens, beide Projekte erreichen zu wollen: Hansa-Kanal und Mittelweser. Das Reichsverkehrsministerium wollte verständlicherweise nur eines befürworten. Schon im Kabinett scheiterte der Antrag; die Weser-Position wurde auf den Haushalt 1927 verwiesen, ,,weil dem Hansa-Kanal sonst vorgegriffen werde".

Im Reichsrat konnte man noch im November 1926 für die Mittelweser auf eine sichere Mehrheit rechnen. Ob auf die günstige Stimmung dort und im Reichstag von Einfluß gewesen ist, daß sich um diese Zeit der Weserbund, die damals dem Weserbund noch nicht förmlich angeschlossene Freie Vereinigung der Weserschiffahrts-Interessenten, der Werra-Kanal-Verein und die Rhein-Main-Donau AG für die Kanalisierung der ganzen Weser als Nord-Süd-Wasserstraße in einer gemeinsamen Erklärung öffentlich aussprachen, ist kaum noch festzustellen.

Für den Haushalt 1927 setzte das Reichsverkehrsministerium eine erste Baurate von 8 Millionen Reichsmark ein. Der Bremische Gesandte in Berlin meldete, daß die Bewilligung dieses Betrages zweifelsfrei sei. Im Reichsfinanzministerium wurde nun darüber verhandelt, in welcher Form die Länder sich beteiligen sollten. Der Sprecher des Ministeriums schlug vor, Preußen und Bremen sollten ein Drittel der Baukosten übernehmen oder gewährleisten, daß die Kosten des Betriebes und der Unterhaltung sowie die Verzinsung und Tilgung jenes Drittels der Baukosten durch die Schifffahrtabgaben gedeckt würden. Eine Einigung konnte bis zur Entscheidung über den Haushalt nicht erreicht werden. Das gab dem Kabinett die Begründung, auch für 1927 den Ansatz zu streichen. Die Bewilligung des immerhin bedeutenden Betrages von 8 Millionen Reichsmark hätte ein für allemal die Entscheidung für die Mittelweser gebracht.

Der Reichsverkehrsminister konferierte daraufhin mit dem Reichsfinanzminister und dem Vertreter Bremens darüber, wie die Rate doch noch in den Haushalt eingestellt werden könnte; aber der Finanzminister hielt an seiner Garantieforderung fest. Eine solche Forderung auf Sicherung des Kapitaldienstes war schon öfter erhoben worden. Es verdient hervorgehoben zu werden, daß schon vor dem ersten Weltkriege die Deckung der Wegekosten, wie man es heute nennt, verlangt wurde. Auch in diesem Punkt ist die heutige Verkehrsdiskussion keineswegs neu.

Nun schien im Dezember 1926 ein Antrag Preußens Erfolg zu bringen, jene acht Millionen in den Außerordentlichen Haushalt einzusetzen. Die Reichsregierung kam dem nach mit der Bedingung, daß die Arbeiten erst begonnen werden dürften, wenn Klarheit über die Beteiligung der interessierten Länder geschaffen wäre. Beim Mittelland-Kanal, wo es um einen Teilbetrag von 40 Millionen, also um das Fünffache ging, hatte man das nicht verlangt.

Dieses vorläufige Ergebnis wurde dadurch gefährdet, daß die Baulöhne stiegen, die Baustoffe teurer wurden, die Kohlenpreise sanken und dadurch die Ertragsrechnung des Energiegewinnes ungünstiger auskam. Die Verhandlungen kamen nicht recht voran. Zu allen Schwierigkeiten kam noch ein Ministerwechsel. Im Februar 1927 erklärte sich der neue Reichsverkehrsminister grundsätzlich gegen Kanalisierungsprojekte. Zwar gelang es nach einiger Zeit, den Minister umzustimmen. Aber die Zweifel waren erwacht, und auch im Hauptausschuß des Reichstages war die Stimmung für die Mittelweser ungünstig geworden. Der Sparausschuß des Reichstages und ein Fachunterausschuß hatten abgelehnt. Zu allem Unglück fiel jetzt die Landwirtschaft den Befürwortern in den Rücken. Ihre Sprecher der Gebiete Verden, Hoya, Nienburg und Stolzenau erklärten sich gegen die Kanalisierung, ,,da für die Landwirtschaft kein Nutzen zu erwarten sei''.

Bremen hatte bewiesen, daß es zu zumutbaren Opfern für die Weser bereit war. Im April 1927 hatte es für die Vorarbeiten der Kanalisierung der Strecke von Münden bis Minden seinen Anteil von 125 000 Reichsmark geleistet. Für die Fortsetzung der geplanten Wasserstraße durch Kanalisierung der Werra hatte das Kalisyndikat seine Hilfe zur Verfügung gestellt (vgl. S. 106). Jedoch fehlte es jetzt wiederum am taktischen Zusammenspiel. Im Oktober 1927 erklärte sich der Reichswasserstraßenbeirat ausdrücklich für die Kanalisierung der Mittelweser. Nun aber hielt sich der Bremer Senat zurück mit der Begründung, das Hauptinteresse an der Kanalspeisung liegt beim Reich. Bremen setzte sich ostentativ jetzt für das Werra-Projekt ein und hielt mit der Mittelweser zurück. Als Grund für die kühlere Einstellung wurde angegeben, Kraftstrom sei zur Zeit anderweitig billiger zu beschaffen als durch die geplanten Wasserkraftwerke der Mittelweser. In Wahrheit aber war Bremen verärgert über die Behandlung, die ihm das Reich bei der Verteilung der Einkommen- und Körperschaftsteuer hatte zuteil werden lassen. Statt der zugesagten 90% wurden Bremen nur 62,9% bewilligt.

Wiederum versuchte man, eine Baurate von — dieses Mal — 4 Millionen Reichsmark in den Reichshaushalt einzusetzen. Auch dieser Versuch scheiterte an dem Widerstand des Reichsfinanzministeriums. Der Voranschlag wurde gestrichen. Daraufhin versuchte das Reichsverkehrsministerium wieder, durch Verhandlungen mit den Ländern weiterzukommen, fand aber bei Braunschweig völlige Ablehnung. Im Dezember 1927 setzte das Reichsverkehrsministerium eine erste Rate von 1 Million Reichsmark in den Außerordentlichen Haushalt ein, und es gelang, die Zustimmung des Reichsrates zu gewinnen. Im Januar 1928 beschloß der Reichsrat auf Antrag Preußens, diesen Betrag in den Ordentlichen Haushalt einzusetzen. Der Erfolg blieb aber auch jetzt versagt.

Nach diesem erneuten Fehlschlag war man offensichtlich auf allen Seiten müde geworden, und bis zum Jahre 1933 gelang es nicht mehr, mit dem Reichshaushalt einen Schritt weiterzukommen. Zwar anerkannte das Reichsverkehrsministerium im Jahre 1931 in einer Verlautbarung, daß man von den Ländern jetzt billigerweise eine Garantiebeteiligung nicht mehr erwarten könne. Das Ministerium befaßte sich mit den Plänen eines Anleihegesetzes. Auch betonte der Reichsverkehrsminister vor dem Haushaltsausschuß des Reichstages, daß die Weser-Kanalisierung für die Wasserversorgung des Mittelland-Kanals notwendig und daß dieses Bauprojekt nach wie vor ein Teilstück des Kanals sei. Man kam aber nicht mehr weiter.

Im Jahre 1933 regte die Handelskammer Bremen den Senat an, einen neuen Vorstoß zu unternehmen. Man gewann auch das Interesse des Staatssekretärs. Während man im Jahre 1927 noch

86 Millionen Reichsmark für das Projekt der Kanalisierung der Strecke Minden—Bremen veranschlagt hatte, kam man jetzt infolge der Preisminderungen auf 75 Millionen Reichsmark. Bei der Einweihung der Hamelner Schleppzugschleuse im Sommer 1933 erklärte sich der Reichsverkehrsminister sehr deutlich für die Kanalisierung der Mittelweser.

Baubeginn aus politischen Gründen

Aber hinter diesen Worten standen keine wirtschaftlichen Überlegungen. Trotz guter Stimmung für das Projekt im Reichsfinanzministerium, im Reichsverkehrsministerium und im Reichsarbeitsministerium wurden im Dezember 1933 aus Mitteln zur „Förderung der nationalen Arbeit" vom Reichsfinanzministerium nur 500 000 Reichsmark im Rahmen des Reinhardt-Programmes zur Verfügung gestellt. Daraufhin wurde das Neubauamt Verden für die Staustufe Langwedel errichtet. Nun unternahmen Bremen und Vertretungen der Schiffahrtsinteressenten eine neue Anstrengung in Berlin. Angesprochen wurden die Reichsministerien für Verkehr, Arbeit, Landwirtschaft, Ernährung und die Preußische Staatsregierung. Zwar wurde ein Antrag auf Bereitstellung von 5 Millionen Reichsmark vom Reichsfinanzministerium abgelehnt, aber es gelang doch, im Frühjahr 1934 3 Millionen Reichsmark für die Kanalisierung bewilligt zu bekommen, und zwar mit der Zweckbestimmung, daß die Arbeiten an der Staustufe Langwedel mit diesen Mitteln zu beginnen seien.

Es ist für die bis dahin mit so geringem Erfolg geführten Verhandlungen und auch für das künftige Schicksal der Mittelweser wichtig, darauf hinzuweisen, daß der nun endlich gefaßte Entschluß zur Ausführung des Projektes nicht durch die in Jahrzehnten vorgetragenen wirtschaftlichen und verkehrswirtschaftlichen Gesichtspunkte und auch nicht einmal durch die Notwendigkeit der Wasserspeisung für den Mittelland-Kanal herbeigeführt wurde, sondern daß ganz andere Gründe plötzlich den Ausschlag gegeben hatten. nämlich der Gesichtspunkt der Arbeitsbeschaffung. Die neue Regierung hatte sich nach arbeitsintensiven Projekten umgesehen. Die Mittelweser kam in den engeren Kreis, weil hier baureife Pläne vorlagen und in kurzer Frist eine größere Zahl von Arbeitskräften untergebracht werden konnte. Sosehr also jetzt der Baubeginn zu begrüßen war, so niederdrückend ist es noch heute zu sehen, wie alle vorgetragenen und wirklich überzeugenden Gesichtspunkte in langer Zeit nicht vermocht hatten, das Werk in die Tat umzusetzen.

Die Arbeiten blieben an einigen Stellen bis zum Jahre 1942 im Gange. Es waren etwa 40 Millionen Reichsmark ausgegeben worden für den Beginn der Arbeiten an mehreren Staustufen. Diese 40 Millionen entsprechen etwa einem heutigen Wertmaßstab von 50 Millionen DM. Die

Abb. 4. Wehr mit Kraftwerk der Staustufe Petershagen, dahinter die Dienstgehöfte und der Schleusenkanal. (Bildquelle: Heinz Koberg, Hannover. — Luftbild-Freigabe: Niedersächsischer Minister für Wirtschaft und Verkehr. Hannover, Nr. Ko/655/33 A.)

Baustellen waren die Staustufen Petershagen, Drakenburg und Langwedel. In Petershagen war verhältnismäßig am meisten getan worden. Bei den Staustufen Schlüsselburg und Landesbergen waren nur vorbereitende Arbeiten, insbesondere Umlegungen, vorgenommen worden.

Durch Reichsgesetz vom 8. März 1936 „über den Grunderwerb für die Kanalisierung der Mittelweser" wurden der Verwaltung die rechtlichen Mittel in die Hand gegeben, das erforderliche Gelände in Anspruch zu nehmen. In der Gesetzesbegründung wird in erster Linie das Interesse der Schiffahrt, in zweiter Linie erst das Interesse an der Speisung des Mittelland-Kanals hervorgehoben. Ziel der Arbeiten sei, eine Abladetiefe von mindestens 2 m zu erreichen. Die landeskulturellen Belange wurden erwähnt.

Für den Fachmann des Verkehrs und des Strombaues erschien es nach dem Kriege selbstverständlich, daß das begonnene Werk unverzüglich beendet werde. Denn wie hätte man es rechtfertigen wollen, 40 Millionen ohne Nutzen investiert sein zu lassen? Konnte es jetzt überhaupt noch auf Begründungen für die Kanalisierung ankommen? War nicht der Beginn der Bauten nun Begründung genug für die Fortführung?

Wieder ein neuer Anfang

Es ergab sich in den ersten Nachkriegsjahren, daß all das kein Gewicht hatte. Das verbaute Geld, die hier und da schon aus der Erde oder aus der Weser herausragenden Betongebilde, die als Schiffahrtshindernisse wirkenden Stümpfe der begonnenen Wehrpfeiler — all das machte auf diejenigen, die zu entscheiden hatten, keinen Eindruck. Seit dem Januar 1946 haben sich Sprecher des Weserbundes abgemüht, die Baustellen wieder zum Leben zu erwecken. Sieben lange Jahre hat es gedauert, bis endlich alle Widerstände überwunden waren und der Entschluß zur Fortführung der Bauten gefaßt wurde.

Heute, bei einer Rückschau, mutet vor allem eines seltsam an: Die Tatsache, daß mit den Bauten begonnen worden war, erwies sich in den zahllosen Verhandlungen mit Bund und Ländern nicht als Positivum, sondern im Gegenteil als Belastung!

Jetzt nämlich wirkte sich aus, daß der Anfang an der Mittelweser nicht aus den vorgetragenen sachlichen Gründen, sondern aus politischen Gründen gemacht worden war. Arbeitsbeschaffung, um die Zahl der Arbeitslosen schnell zu mindern, war damals in erster Linie eine politische Aufgabe. Nach dem Kriege galt es zwar auch, Arbeitsplätze zu schaffen, aber unter einer ganz anderen politischen Blickrichtung, so anders, daß jener 1934 gefaßte Entschluß zum Bauen nun mit dem Odium des vergangenen politischen Systems belastet wurde und viele dazu neigten, den Plan jetzt schon deshalb abzulehnen, weil er damals gutgeheißen worden war.

Daneben wurde mit einem gewissen Recht geltend gemacht, daß wenig Geld und viele dringende Wiederaufbaumaßnahmen da seien und die Weser zur Zeit nicht ernsthaft geprüft werden könne. Auch hinderte in den ersten Jahren die unvollkommene Zonenverwaltung das Weiterkommen. Den Fürsprechern aus dem Weserbund wurde klar, daß alles um die Mittelweser nicht leichter, sondern schwerer geworden war als jemals zuvor.

Ja, es kam in jenen sieben Jahren sogar einmal so weit, daß die wirtschaftliche Begründung der Kanalisierung als nicht ausreichend bezeichnet wurde, was in den vorhergegangenen vierzig Jahren niemals gesagt worden war.

Es würde zu weit führen, diese sieben Jahre mit den oft dramatischen, nicht selten auch komischen Auseinandersetzungen zu schildern. Es würde wohl auch manchem nicht angenehm sein. Allein bis zum Beginn der Arbeiten, die also nach der anfänglich nahezu vollständigen Ablehnung bei allen Stellen wie ein ganz neues Vorhaben vertreten werden mußten, hat der Weserbund sechs Denkschriften in der Zeit vom November 1946 bis zum Herbst 1951 vorgelegt und auf ihrer Grundlage verhandelt. Die meisten hat der Bremer Senat zum eigenen Vortrag der Sache gemacht; er hat entscheidend dadurch geholfen, daß die offiziellen Schritte Bremens die anderen Stellen zu Stellungnahmen zwangen. Bei der Wasser- und Schiffahrtsverwaltung fanden sich Männer, die Resonanz gaben und da, wo es ihnen möglich war, der Sache vorwärts halfen. Der Weserbund hat wohl jeden, der überhaupt für die Entscheidung in Frage kam, angesprochen, Material geliefert, erinnert, gemahnt, aufs neue verhandelt und bei Personalwechsel den ganzen Weg von vorn begonnen.

Die wirtschaftliche Begründung wurde ergänzt. Die Argumente hatten nach dem Kriege nichts von ihrer Richtigkeit eingebüßt. Hinzu gekommen aber waren stärkere Gründe des Verkehrs, insbesondere des Seehafenverkehrs. Denn was bei den Plänen um den Mittelland-Kanal und die Nord-Süd-Wasserstraße vor vierzig und mehr Jahren betont worden war, nämlich der schnell wachsende mächtige Wettbewerb der ausländischen Seehäfen, war längst Tatsache geworden und war offensichtlich auf dem Wege, wie eine Naturgewalt über das Schicksal der deutschen Häfen hinwegzugehen. Aber die Empfindungen, die in jener Zeit vor dem ersten Weltkriege durch die Aufrufe zum Schutz und zur Stärkung der deutschen Seehäfen ausgelöst worden waren, regten sich jetzt nur schwach. Man war eben im Begriff, europäisch zu werden.

War der Beginn der Kanalisierungsarbeiten in einer Zeit völlig anderer politischer Auffassungen und aus anderen als verkehrswirtschaftlichen Gründen schon ein beträchtliches „moralisches"

Hindernis für die Fortführung, so kam bald eine andere Tatsache hinzu, die beinahe noch deutlicher machte, daß man das Projekt nunmehr als neue, noch zu prüfende Forderung zu betrachten habe, nicht aber als das selbstverständliche Gebot, die begonnene Arbeit zu beenden. Diese Tatsache war der Fertigbau der Staustufe Petershagen. Sie war vor dem Kriege etwa zur Hälfte fertig geworden und wurde von 1950 bis 1953 weitergebaut. Am 17. Oktober 1953 wurde sie in Betrieb genommen.

Die Vollendung der Stufe Petershagen war keineswegs die Entscheidung für die Wiederaufnahme der Mittelweser-Kanalisierung, wie es oft hingestellt wird, sondern — eher im Gegenteil — wurde die Stufe Petershagen als selbständiges Bauwerk betrachtet, das dem Zweck diente, für das Groß-kraftwerk Lahde der Preußische Elektrizitäts-Aktiengesellschaft die vollschiffige Fahrt für die aus dem Ruhrgebiet über den Mittelland-Kanal kommenden Kohlenschiffe auch auf der 10 km langen Weserstrecke von Minden nach Lahde zu ermöglichen. Bis dahin hatten die Schiffe in Minden ge-leichtert werden müssen, nachdem sie neun Zehntel ihrer Reise hinter sich hatten. Petershagen wurde damit zu einem Bau mit eigener, von der übrigen Mittelweser unabhängiger Begründung. Es war keine Rede von Wasserverlust der Weser für die Kanalspeisung, von Seehafenverbindung, von alten Ansprüchen gegen das Reich und dessen Rechtsnachfolgerin, die Bundesrepublik Deutschland.

Diese ideelle Abtrennung der Stufe Petershagen von dem Gesamtprojekt Mittelweser erleichterte nicht, sondern erschwerte gerade die Werbung für das Ganze, denn man beraubte das Gesamtpro-jekt eines bedeutsamen Argumentes, das der fortgeschrittene Bauzustand Petershagens und der große Kohlebedarf des Kraftwerkes darstellten. Für Petershagen haben denn auch nicht alle die Kräfte in Bewegung gesetzt werden müssen, die für das Ganze erforderlich waren. Als Petershagen in Betrieb genommen war, herrschte in manchen Kreisen, so auch im Wissenschaftlichen Beirat des Bundesverkehrsministeriums, die Ansicht, für die Weser sei nun auf lange Zeit genug getan.

Unterdessen hatte der Weserbund seine Bemühungen unablässig fortgesetzt. Eine Denkschrift der Wasser- und Schiffahrtsdirektion Hannover vom 17. August 1950 faßte noch einmal alle tech-nischen Gesichtspunkte zusammen. In der enger werdenden Fühlungnahme zwischen Bremen und den Bonner Ministerien, insbesondere nach einer recht entscheidenden Besprechung des Weser-bundes mit maßgebenden Herren des Bundesfinanzministeriums im Juli 1950, tauchte der alte Gedanke einer Aktiengesellschaft der öffentlichen Hand wieder auf. Es kam vom Finanzministe-rium, nicht von Bremen oder dem Weserbund. Dort war er seit den zwanziger Jahren vergessen worden, weil man ja einen unbestreitbaren Anspruch gegen den Bund hatte. Es ist wohl auch kein Zweifel, daß die Vertreter des Bundesfinanzministeriums aus eigener Überlegung und durch die Vorbilder der Rhein-Main-Donau AG und der Neckar-AG zu diesem Vorschlag gekommen waren und von jenen kurzfristig aufgekommenen Gedanken der zwanziger Jahre nichts wußten.

Der Grund für den Vorschlag einer Aktiengesellschaft, der in Besprechungen zwischen dem Bun-desfinanzminister und dem Bremer Senat im Jahre 1951 gemacht wurde, lag darin, daß Bremen es schließlich müde geworden war, sich immer wieder die Geldnot des Bundes entgegenhalten zu lassen. Es schlug eine Kostenbeteiligung der Anrainer der Mittelweser vor. Unter Hinweis auf die Auffassung des Grundgesetzes, daß der Bund für den Bau einer Bundeswasserstraße keine Ge-schenke entgegennehmen könne und deshalb nur auf der privatwirtschaftlichen Ebene einer Ge-sellschaft die Beteiligungen möglich seien, ging der Bund auf diesen Vorschlag ein. Es folgten nun ständige Verhandlungen mit Niedersachsen und Nordrhein-Westfalen, welches bald eine sehr verständnisvolle Haltung einnahm, obwohl es doch nur ein begrenztes Interesse an der Mittelweser gegenüber seinen viel größeren Verkehrsaufgaben im Rhein- und Kanalgebiet haben konnte. Seine Bereitschaft muß dankbar hervorgehoben werden. In Niedersachsen war es in erster Linie wieder die Industrie- und Handelskammer zu Hannover, die die Bestrebungen um die Mittelweser unter-stützte, jetzt wie in den Jahrzehnten vorher. Innerhalb des Landes Nordrhein-Westfalen war die Stadt Minden der unermüdliche Befürworter und knüpfte damit an eine lange Tradition der Für-sorge für die Weser an.

Die Hauptlast der Verhandlungen auf der Ebene der öffentlichen Hand lag bis zur Gründung der Mittelweser-AG am 14. August 1952 bei Bremen. Dem verstorbenen Staatsrat Enno Ramdohr gebührt besonderer Dank. Er hat den Beginn der Bauarbeiten miterleben und als stellvertretender Vorsitzer des Aufsichtsrates noch mitwirken können, bis ihn ein früher Tod am 12. Juni 1953 aus erfolgreicher Arbeit abrief. Bremen hat ihn durch ein Staatsbegräbnis geehrt.

Der Abend und die mit Verhandlungen gefüllte halbe Nacht vor dem Gründungstage werden wegen ihrer dramatischen Spannung den Teilnehmern unvergeßlich bleiben. Zwölf Stunden vor dem Augenblick, in dem im Hotel Luisenhof in Hannover die Unterschriften geleistet wurden, war das Gelingen noch ungewiß. Grundlage und Auftrag für die Mittelweser-AG wurde ein Regierungs-abkommen zwischen der Bundesrepublik Deutschland, der Freien Hansestadt Bremen, den Län-dern Niedersachsen und Nordrhein-Westfalen sowie der Stadt Minden. Danach hatten während der auf acht Jahre veranschlagten Bauzeit anteilige Kosten zu tragen: der Bund $66^2/_3\%$, die Freie Hansestadt Bremen $16^2/_3\%$, das Land Niedersachsen $11^2/_3\%$, das Land Nordrhein-Westfalen $4^1/_6\%$ und die Stadt Minden $^5/_6\%$. Das Bauprogramm sollte umfassen den vollschiffigen Ausbau der Weserstrecke von der Einmündung des Unterkanals der damals bereits fertigen Staustufe Petershagen in die Weser bei km 224,2 bis zur Einmündung des Schleusenunterkanals der Staustufe Langwedel in die Weser bei km 339,1. Auf dieser Strecke waren neu zu bauen: die Staustufen Schlüsselburg, Landesbergen, Drakenburg und die zwischen den beiden alten Staustufen Dörverden und Bremen liegende Stufe Langwedel.

Wasserwirtschaft und Landeskultur

Bei diesen Baumaßnahmen sollte „die Landeskultur auf dieser Strecke berücksichtigt werden". Nach dem ursprünglichen Vertrag sollte die Mittelweser-AG auch die an den Wehren vorgesehenen Kraftwerke bauen und betreiben. Sehr bald aber, noch vor Beginn der Arbeiten, wurde diese Aufgabe aus praktischen Gründen der Preußische Elektrizitäts-Aktiengesellschaft übertragen.

Man ging von 96 Millionen DM Baukosten nach dem Preisstande von 1950/1951 aus. Die Pläne der mit der Ausführung des Baues beauftragten Wasser- und Schiffahrtsdirektion Hannover waren in allen wasserbaulichen Einzelheiten längst fertig. Der Präsident der Direktion, Ministerialdirektor a. D. Georg Schumacher, treuer Kampfgenosse des Weserbundes, und seine Mitarbeiter waren bereit und hatten bei ihren technischen Vorbereitungen keine Zeit verloren.

Und doch war nicht alles so, wie es bei einem so großen Vorhaben sein sollte. Zwar lagen die Pläne für den Bau der noch fehlenden vier Staustufen Schlüsselburg, Landesbergen, Drakenburg und Langwedel, nach allen Seiten geprüft und durchdacht, vor, und der Arbeitsplan war so überlegt

Abb. 5. Die wasserwirtschaftlichen Wirkungen der Kanalisierung wurden in Modellversuchen sorgfältig geprüft. Hier ein Modell aus dem Staubereich Langwedel. (Bildquelle: Bundesanstalt für Wasserbau, Karlsruhe.)

aufgestellt, daß er bis heute beinahe auf die Woche genau eingehalten werden konnte. Aber bald zeigte sich, daß noch mehr zu tun war.

Der Gesellschafter, der nun die meisten Interessen aufeinander abzustimmen, die meisten Detailprobleme zu lösen und die meisten Finanzsorgen zu bewältigen hatte, war Niedersachsen. Es war von Anfang an keine Frage, daß die Kanalisierung eines Flachlandflusses tief in die wasserwirtschaftlichen und landeskulturellen Belange eingreifen würde. Wie weit aber diese Wirkung gehen und wie große Folgemaßnahmen getroffen werden müßten, das stand uns allen an jenem 14. August 1952 noch nicht vor Augen. Für Niedersachsen bedeutete das, neben dem Baukostenanteil der Kanalisierung auch noch die Kosten eines großen wasserwirtschaftlichen und landeskulturellen Rahmenprogrammes ins Auge zu fassen. Das mußte sein, obwohl gerade Niedersachsen auf diesem Gebiete in anderen Landstrichen seines Staatsgebietes ein gerütteltes Maß an Aufgaben hatte und auch heute noch hat. Gewiß hat man in den Beratungen des Aufsichtsrates der Mittelweser-AG sich wacker mit der Rechtslage nach dem Grundgesetz und zur Klarstellung auch mit derjenigen nach der Weimarer Verfassung beschäftigt. Aber das Entscheidende für die einhellige Bereitschaft, auch dieses Werk noch mit zu vollenden, war schließlich nicht der Paragraph, sondern das Empfinden dafür, daß, wenn man schon viele Millionen für die Weser ausgeben wollte, jetzt die Gelegenheit gekommen war, den Wasserhaushalt des ganzen Flußtales in Ordnung zu bringen. Nicht allein die Rechtsverpflichtung entschied, sondern das Gefühl der Verantwortung des Menschen gegenüber dem Fluß als dem großen Lebensspender.

Das Niedersächsische Ministerium für Ernährung, Landwirtschaft und Forsten wurde von nun an ein wichtiger Gesprächspartner der Mittelweser-AG. Die von ihm vorgeschlagenen Maßnahmen wurden ergänzt durch die entsprechenden Fachbehörden in Bremen und auch in Nordrhein-Westfalen. Bremische Interessen wurden berührt auch außerhalb seines Landesgebietes, denn was wasserwirtschaftlich oberhalb der bremischen Grenze an der Weser geschah — und viele Jahrzehnte lang leider zu wenig geschehen war —, mußte allen wasserwirtschaftlichen Plänen Bremens im Flußgebiet der Weser und ihres Nebenflusses Ochtum sowohl außerhalb der Siedlungsgrenze wie auch in der Stadt selbst die Richtung geben. Das war notwendig vor allem für den Hochwasserschutz, der für Bremen weit oberhalb der Landesgrenze beginnen muß.

Infolge dieser engen Interessenverbindung empfahl es sich, das wasserwirtschaftliche Parallelprogramm gemeinsam aufzustellen, zu ermitteln, was gemacht werden mußte, und eine Abgrenzung zu versuchen, was davon unmittelbar durch die Kanalisierung veranlaßt wurde und demzufolge von der Mittelweser-AG zu finanzieren war und was darüber hinaus zur Verbesserung der Landeskultur anzufügen und von Niedersachsen und Bremen allein zu tragen war. Alle Arbeiten, die nach diesen Gesichtspunkten erforderlich erschienen, wurden in einer Denkschrift dargelegt, die beide Länderverwaltungen unter Federführung des Niedersächsischen Ministeriums für Ernährung, Landwirtschaft und Forsten im Mai 1954 der Mittelweser-AG übergaben.

Die Denkschrift enthielt ein stattliches Programm mit einem Kostenvoranschlag von 43.75 Millionen Deutsche Mark.

Die vorgeschlagenen Maßnahmen lassen sich in drei Programmpunkten zusammenfassen. Es sind: 1. eine durchlaufende hochwassersichere Bedeichung am linken Ufer der Weser einschließlich der Schließung der sogenannten „Überfälle"; 2. Eindeichung einzelner Gebiete am rechten Ufer abwärts von Verden; 3. Schaffung einer tiefen, vom Weserrückstau unabhängigen Vorflut.

Auf das linke Weserufer entfiel ein Programm von 25,25 Millionen DM, das sich hauptsächlich zusammensetzte aus: Deicharbeiten (4,8 Millionen DM); Bau von Haupt- und Nebenvorflutern (5,77); rund 90 km Wirtschaftswegen (3); Binnenentwässerung, Dränung, landwirtschaftlichen Folgeeinrichtungen (3,7); ferner Umlegungen, Windschutzanlagen usw. Auf dem rechten Weserufer sollte ein Programm von 18,5 Millionen DM in Angriff genommen werden, von dem auf Deicharbeiten 8,7, auf Vorflut 2,75, Binnenentwässerung und Dränung 3, Folgeeinrichtungen 2, Wirtschaftswege usw. 2 Millionen DM entfielen.

Man hatte wenige Jahre vorher das Mittelweser-Projekt auf 96 Millionen DM veranschlagt und darin einen Betrag von 7 Millionen DM vorgesehen für wasserwirtschaftliche Folgemaßnahmen unmittelbar an den Staustufen. Es war eine nach bestem Wissen aufgemachte Schätzung. Was jetzt verlangt wurde, besagte nicht, daß diese Schätzung auf Irrtümern beruhte, sondern fand seine Erklärung darin, daß zur Erarbeitung jener Denkschrift Zusammenhänge aufgedeckt worden waren, von deren Bedeutung und Reichweite kaum jemand etwas gewußt hatte. Heute, wo das Hauptwerk getan ist, wissen wir, daß wir alle, die beteiligt sind, in den vergangenen acht Jahren ständig hinzugelernt haben. Das gilt auch für die Fachleute der Wasserwirtschaft. Wäre die Kanalisierung vor zwanzig Jahren ausgeführt worden, so hätte man manches gemacht und vor allem manches unterlassen, was nach heutigen Erkenntnissen unzweckmäßig oder ganz falsch gewesen wäre. Zum Beispiel hat man früher die Auswirkung des Staues allzu vereinfacht gesehen. Es lag ja nahe anzunehmen, daß, wenn Schäden durch die Erosion, das Absinken des Wasserspiegels und, dem folgend, des Grundwasserspiegels eingetreten waren, diese Schäden behoben sein würden, wenn man durch einen Stau den Wasserspiegel wieder anhob. Heute dagegen hat man erkannt, daß dieser Stau nur der erste Schritt ist, daß aber vieles andere getan werden muß, um den Wasserhaushalt wieder in Ordnung zu bringen. Das Ziel ist nicht das Entwässern und Bewässern, sondern es kommt vor allem und immer zuerst darauf an, das Wasser beherrschen zu können. Das alte Wort der Marschbauern, „die Marsch muß glitschen", das heißt, an Oberflächenfeuchtigkeit übersättigt sein, hält den Ergebnissen sorgfältiger, langer Untersuchungen nicht stand. Heute weiß man, daß und wie aus dem Auelehm mehr gemacht werden kann, ja eben mehr gemacht werden muß, wenn die Landwirtschaft im künftigen internationalen Wettbewerb mithalten will.

Durch die wasserwirtschaftliche Denkschrift bekam jetzt das Mittelweser-Projekt einen neuen Aspekt. Es wurde nach einer neuen Richtung interessant, lehrreich, in Einzelheiten oft problematisch. So war denn die erste Reaktion in einer der bedeutsamsten Sitzungen, die der Aufsichtsrat abgehalten hat und die zufällig im Senatssaal des Bremer Rathauses stattfand, am 26. Mai 1954, recht verschieden: bei den Sprechern der Landwirtschaft stolze Bereitschaft, bei den Wasserbau-Technikern interessiertes Erstaunen, bei den Männern der Verkehrsverwaltung besorgte Verwunderung, bei den Finanzleuten gelindes Entsetzen.

Es ist müßig, darüber zu debattieren, ob es mit der Mittelweser anders gekommen wäre, wenn die Wasserwirtschaftler von Anfang an, also Jahre vor der Gründung der Mittelweser-AG, sich an den Vorarbeiten beteiligt hätten und wenn es möglich gewesen wäre, die Forschungsergebnisse Jahre früher zusammenzutragen. Die einen sagen, ein 230-Millionen-Projekt aus Wasserbau und Wasserwirtschaft, das es jetzt geworden ist, hätte man 1952 nicht durchsetzen können; bei jenen 96 Millionen DM sei es ja schon schwer genug gewesen. Die anderen sagen, viele Mühen und Zerrungen wären erspart worden, wenn man von Anfang an gewußt hätte, um was es ging; denn dann hätte ja die gesamte Landwirtschaft mit ihren Organisationen und Verwaltungen die Front der Fürsprecher verstärkt und sich nicht so skeptisch, ja ablehnend verhalten, wie sie es bis 1954 tatsächlich getan habe. Ich glaube nach der Erfahrung aus sieben Jahren Kampf um die Mittelweser, daß das Durchsetzen so oder so gleich mühevoll gewesen wäre. Ich glaube aber auch, daß das Ergebnis verständiger Würdigung der großen Verantwortung vor der ganzen Stromlandschaft immer hätte sein müssen, das große Werk zu wagen!

Die grundsätzliche Entscheidung in der Aufsichtsratssitzung vom 26. Mai 1954 müßte in der Biographie der Weser, wenn es eine solche für die letzten drei Millionen Jahre dieses Flußlebens gäbe, besonders vermerkt werden. Denn zum erstenmal, seit die Urstromtäler der norddeutschen Flüsse sich gebildet haben und ihre Erosionskraft das Landschaftsbild schuf, sollte nicht nur der stetigen, gefährlichen Austiefung Einhalt geboten, sondern die Weser veranlaßt und in den Stand gesetzt werden, wie eine Hauptschlagader das Adernetz der vielen großen und kleinen Wasserläufe ihres Flußtales mit pulsierendem Leben zu erfüllen: Wasser zuführen, wo es fehlt, Wasser abführen, wo Vernässung die Landeskultur bedroht, die Hochwässer zügeln und schnell so ableiten, daß ihren verderbenden Gefahren die Kraft genommen wird. Auch bei der Weser kam es zu dem unausgesprochenen Eingeständnis, daß in einem modernen Kulturstaat der Mensch zu den Flüssen ein neues Verhältnis gewinnen muß, daß er nicht immer nur fordern und ausbeuten darf, sondern daß er auch erhalten und pflegen muß. Der Weser war, wie den meisten schiffbaren Flüssen der Erde, lange Zeit Unrecht geschehen. Der Mensch hatte immer nur diejenige Funktion des Flusses gesehen, die ihm gerade die nützlichste erschien. In den vergangenen hundert Jahren, in denen man noch keinen Wassermangel sah, war die Fahrtiefe für die Schiffe das alle Maßnahmen Bestimmende. Wo das gewaltsame Vertiefen nicht genügte, wurde das Wasser durch Buhnen in die Mitte zusammengedrängt. Dadurch wurde zwar die Wassertiefe vergrößert, aber auch die Erosionskraft. Wenn ein Flachlandfluß wie die Mittelweser sein Bett in dem kurzen Zeitraum von vierzig Jahren um ein Meter zu vertiefen vermag, oder richtiger, vom Menschen dazu angeregt wird, dann droht durch das Absinken des Wassers der ganzen Flußlandschaft eine stets wachsende Gefahr, die der Mensch bis dahin mißachtet hatte.

Das klingt wie ein hartes Urteil über zwei Generationen, die auch im Wasserbau hervorragende Leistungen vollbracht haben. Es ist aber kein Urteil, sondern nur eine Erkenntnis aus Erfahrungen, genauen Beobachtungen und besseren Forschungsmöglichkeiten, als sie früher zur Verfügung standen. Man konnte es nicht besser wissen, und noch vor wenigen Jahrzehnten, als der Kanalisierungsplan längst erörtert wurde, wurden diese Dinge anders gesehen als heute.

Jedenfalls war es nun die allerhöchste Zeit für Gegenmaßnahmen. Der Wasserbauer war bei der Planung der Staustufen seiner Sache sicher. Er konnte auf einer kontinuierlichen Entwicklung bei Planung und Konstruktion der Wehre und Schleusen aufbauen. Der Wasserwirtschaftler aber hat in der letzten Zeit eine Fülle von neuen Grundlagen seiner Arbeit gefunden. Das wird deutlich, wenn man die Dinge von der Seite des Betroffenen, des Benutzers, betrachtet. Die beiden Staustufen Bremen und Dörverden wurden vor dem ersten Weltkriege gebaut; sie sind für die Schifffahrt noch heute vollkommen, und nichts ist an ihrer Brauchbarkeit auszusetzen. Der Landwirt aber kann heute sich nicht mehr mit dem zufrieden geben, was im Jahre 1911 in wasserwirtschaftlichen Dingen getan worden ist.

Wertvollste Unterlagen für die seit sieben Jahren laufenden wasserwirtschaftlichen Arbeiten hat eine in der Stille arbeitende Forschungsstelle geliefert, die von der Landwirtschaftskammer Hannover eingerichtete ,,Außenstelle für die Kanalisierung der Mittelweser'' in Verden. Sie legte auf Grund jahrelanger Beobachtungen und Messungen, zum Teil mit Hilfe von Versuchsfeldern, zum anderen Teil in lebendiger Fühlung mit der örtlichen Landwirtschaft. am 28. November 1951 ein allgemeines Landeskulturprogramm für die Mittelwesermarsch vor, das seither ständig ergänzt und verfeinert worden ist. So eng wurde die Zusammenarbeit auch mit dem Wasserbau, daß es sich empfahl, die Stelle auf den Haushalt der Verkehrsverwaltung zu übernehmen, ohne daß sie in ihrer Arbeitsfreiheit beeinträchtigt worden wäre. Neben der fachlichen Beratung und dem ständigen Erfahrungsaustausch liegen Bedeutung und Verdienst dieser Forschugsstellen darin. daß den Landwirten die Wege gewiesen werden, wie die durch die Mittelweserbauten veränderten und verbesserten Voraussetzungen der Nutzung ausgewertet werden können.

Die Marsch war auf dem abschüssigen Wege, steril zu werden. Der an sich fruchtbare Auelehm war durch das Oberflächenwasser, nicht zuletzt durch die Hochwässer. so dichtgeschlämmt, daß es an Belüftung und infolgedessen an der Bodengare fehlte. Die Verdichtung des Bodens war auch eine Folge der Absenkung des Grundwassers. Sie hatte auf weiten Gebieten einen solchen Grad erreicht, daß das Wasser nicht mehr eindringen konnte und infolgedessen die Wechselwirkung von Oberflächenwasser und Grundwasser unterbunden war. Trockenschäden und Verwässerungsschäden beeinträchtigten die Grasnarbe in gleichem Umfang. Je länger insbesondere die Hochwässer auf den Wiesen stehenblieben. desto nachhaltiger mußten die Schäden sein.

Es war also ein großer Beginn. wenn das Programm auf dem Gebiete der Wasserwirtschaft und Landeskultur die folgenden Aufgaben aufführte, mit Kostenangaben nach dem damaligen Preisstand (1953/1954):

Im Gebiete des Landes Niedersachsen sollten geleistet werden:

1. Deichanlagen, dabei Verstärkungen, Verlegungen, Neubau, Schließen der „Überfälle", Verlegung einiger Höfe. Bau von Deichscharten usw.   6 620 000 DM

2. Ausbau der Hauptvorflut, dabei Ausbau der Nebenflüsse Emte, Ochtum. Eiter und zahlreicher Bäche, Bau von Brücken, Durchlässen, Schöpfwerken. Kulturwehren, Weideeinfriedigungen, Viehtränken, Weidepumpen, ferner Rodungsarbeiten, Vermessungen usw.   9 415 000 DM

3. Ausbau der Nebenvorflut   4 755 000 DM

4. Dränung von 3200 ha Flächen   5 105 000 DM

5. Bewässerung   405 000 DM

Von diesen Maßnahmen entfielen auf die linke Weserniederung 15 065 000 DM, auf die rechte 11 235 000 DM. Insgesamt waren auf niedersächsischem Gebiet für die Wasserwirtschaft und Landeskultur 26,3 Millionen DM auszugeben. Die ursprünglich in jener Sitzung im Mai 1954 zugrunde gelegten Beiträge hatten nach dem Preisstande von 1956 ergänzt werden müssen, was neue Verhandlungen mit den Gesellschaftern der Mittelweser-AG zur Folge hatte. deren endgültiger Abschluß in das Jahr 1960 hineinreichte.

Die inzwischen gesammelten Erfahrungen und die näheren Prüfungen hatten aber auch eine wesentliche Ausdehnung desjenigen Programms erforderlich gemacht, welches das Land Niedersachsen allein und aus eigenen Mitteln als sogenanntes „B-Programm" ausführen mußte. Denn die von der Mittelweser-AG zu finanzierenden sogenannten „A-Maßnahmen" würden nicht den vollen möglichen Nutzen bringen können, wenn nicht weiter landeinwärts das feine System der Wasseradern fortgesetzt würde und die sonstigen Kulturarbeiten die Neuordnung im Wesertal vollendeten. Dieses B-Programm ist so weitreichend. daß an ihm noch gearbeitet werden wird. wenn voraussichtlich im Jahre 1966 alles getan sein wird, was der umfassende Auftrag der Mittelweser-AG umschließt. Die Kosten sind höher als die, welche die Mittelweser-AG für die Wasserwirtschaft und Landeskultur zu tragen hat.

Ähnlich geht es dem Lande Bremen. Es wurde schon gesagt, daß Bremen sich auf eine Änderung des Hochwasserabflusses infolge der neuen Deichlinien einzustellen und für den Abfluß durch die Stadt Raum zu schaffen hatte. Auch mußten die Auswirkungen auf die Bremer Marsch ebenso berücksichtigt werden wie auf niedersächsischem Gebiet. Auch für Bremen war deshalb eine Aufteilung in A-Maßnahmen zu Lasten der Mittelweser-AG und in ein eigenes B-Programm für Bremen zu errechnen und mit den Beteiligten zu vereinbaren. Es ergab sich, daß die Mittelweser-AG an dem Ausbau der Hochwasser-Flutrinne mit 1,8 Millionen DM und an den übrigen Maßnahmen (Ochtum, Arberger Kanal, Deichschutz usw). mit 1,2 Millionen DM zu beteiligen war.

Das Hochwasser als Feind des Menschen

Die alten Marschbauern haben in den Hochwässern Freund und Feind zugleich gesehen. Was aber einst willkommen war, nämlich die düngende Wirkung der mitgeführten Sinkstoffe eines normalen Hochwassers im Frühjahr und im Herbst, verlor sich mehr und mehr; denn je tiefer der

Fluß in sein Bett eindrang, desto tiefer sank sein Wasserspiegel, desto höher wurden also seine Ufer und ließen das damals durchaus erwünschte kleine Normalhochwasser nicht mehr auf die Uferweiden treten. Was aber einst so unwillkommen war wie auch heute, das große auch über die hohen Ufer tretende Hochwasser, ist in seinen verwüstenden Wirkungen bisher ungehindert gewesen. Es führt keine düngenden Sinkstoffe, sondern Sand, es bricht mit Naturgewalt über die Marschen herein, füllt auch die abgesunkene Weser im Nu auf, überschwemmt rechts und links

Abb. 6. Ein Dorf an der Mittelweser im Hochwasser. (Bildquelle: Heinz Koberg, Hannover. — Luftbild-Freigabe: Niedersächsischer Minister für Wirtschaft und Verkehr, Hannover, Nr. Ko/3/15.)

kilometerweit das Land, lagert den Sand wie eine erstickende Decke ab, wo es zur Ruhe kommt, vernäßt und versauert das Land, wo es keinen schnellen Abfluß findet. Im Frühjahr können die Weiden dann auf lange Zeit nicht genutzt werden, und sie können sich auch nicht erholen. An Ackerbau war in diesen gefährdeten Landstrichen deshalb gar nicht zu denken. Das bedeutete, daß auch kein Fortschritt in der Landeskultur möglich war.

Jetzt kam es also darauf an, das Wasser da, wo es zum Feind wurde, zu bekämpfen, es in die Hand zu bekommen. Zwar gibt es gegen solche großen Hochwässer keine Abwehr. Sie kommen unaufhaltsam, und noch immer, trotz aller Beobachtungen und trotz der stetigen Auswertung mehr als hundertjähriger Erfahrungen und Messungen, auch unberechenbar. Aber das, was der Mensch abwehren oder doch wenigstens erheblich mildern kann, sind die Schäden. Damit aber stand es, ehe die Kanalisierung 1953 begann, im Tale der Mittelweser schlecht.

Wohl waren Deiche gebaut, aber es gab keinen geschlossenen Deichzug entlang dem Hochwasserbett bis nach Bremen hinunter. Weite Lücken klafften. Man durfte sie nicht einmal schließen, weil an mehreren Stellen die Deiche zu nahe an den Fluß herankamen und Flaschenhälse entstanden waren, die den Hochwasserabfluß einengten und das Wasser teils zur Überflutung und zum Aufbrechen der Deiche, teils zum Rückstau mit den erwähnten Schadensfolgen zwangen. Allein zwischen dem Raume von Hoya und der Bremer Landesgrenze lagen etwa dreißig Stellen, an denen diese Überflutungsgefahr bestand und oft genug schweren Schaden gebracht hat. Empfindlich und nachhaltig waren diese Verwässerung- und Versandungsschäden besonders deshalb, weil sich hinter den Deichen Ackerland befand, dessen Krume abgespült oder bis zu Meterhöhe mit Sand bedeckt wurde.

Hätte man die Deichlücken geschlossen, so wäre die Gewalt des eingeengten Wassers noch erhöht worden, und die Deiche wären an zahlreichen Stellen gebrochen. Wo diese Gefahr ohnehin bestand, hatte man sich nicht anders zu helfen gewußt, als an einigen besonders gefährdeten Stellen die Deichkronen einzukerben, um bei hohen Wasserständen das Wasser überströmen zu lassen und die Deiche zu entlasten. Diese sogenannten „Überfälle" gab es beispielsweise bei Langwedel, Oiste und Wienbergen. Sie waren von der Landwirtschaft gefürchtet, waren aber auch ein Kuriosum, denn der Deichschutz war ja für die Zeit besonderer Gefahr willkürlich wieder aufgehoben worden. Als mit dem Mittelweserbau 1953 begonnen wurde, bestanden diese für die betroffene Landwirtschaft schlimmen Verhältnisse seit etwa siebzig Jahren!

Man fragt, wie das möglich war. Eine Antwort wird heute kaum mehr gegeben werden können. Jedenfalls war der damals Verantwortliche, der Staat Preußen, der Landwirtschaft des Wesergebietes eine Ordnung dieser Zustände schuldig geblieben.

In einem Bericht der Weserstrombauverwaltung vom 5. August 1913 über die in den Jahren 1911 und 1912 ausgeführten und für die nächste Zeit geplanten Arbeiten heißt es unter anderem, die Schließung der Wienberger Überfälle werde ständig weiter verfolgt. Es sei eine Denkschrift über die historische Entwicklung und den gegenwärtigen Stand der Fragen ausgearbeitet worden, die mit den Überfällen und mit der Beseitigung der Deichengen unterhalb Hoyas zusammenhingen. Diese Denkschrift sei dem Landwirtschaftsminister und dem Minister der Öffentlichen Arbeiten überreicht worden. Die Verwaltung wies in ihrem Bericht auch darauf hin, daß es schwierig sei, die Interessenten der verschiedenen beteiligten Gebiete zu einem einheitlichen Vorgehen zusammenzufassen.

Anlaß für gewisse Maßnahmen war ein hohes Winterhochwasser, 1880/1881, gewesen. Die Stadt Hoya war damals in unmittelbare Gefahr geraten. Die Deiche auf dem linken Ufer zwischen Hingste und Ritzenbergen waren innerhalb von drei Monaten an fünf Stellen gebrochen. Um erst einmal eine Wiederholung dieser Gefahren zu vermeiden, wurden Deichstrecken zurückverlegt und auch tiefergelegt, obwohl die betroffenen Gemeinden sich energisch widersetzten. 1882 und in den beiden folgenden Jahren wurden diese unvollkommenen Maßnahmen ausgeführt und auch die „Überfälle" geschaffen. Die Einkerbungen bei Wienbergen waren 1320 m lang. Bei dem großen Hochwasser im Jahre 1946 ist das Wasser mit einem Schwall von 800 cbm in der Sekunde über die „Überfälle" geströmt und hat eine Fläche von 1800 ha überflutet. Das Wasser stand bis zu vierzig Tagen auf den Feldern und Wiesen.

Auch damals, als jener Bericht von 1913 geschrieben wurde, waren diese Gefahren bekannt. Man hatte sie als das im Augenblick kleinere Übel in Kauf genommen; aber nicht die Gemeinden hatten sich damit abgefunden und auch nicht die Deichverbände, sondern das verantwortliche Preußen. Daß diese unbefriedigenden Auswege nach amtlicher Erklärung nur „vorläufig" sein und durch endgültige Regelungen ersetzt werden sollten, hat weder Preußen noch das Reich, das seit dem Übergang der Wasserstraßen im Jahre 1921 Rechtsnachfolger geworden war, gehindert, alles so liegenzulassen. Die Schiffahrt wußte davon nichts, die Landwirte wußten nichts von der Schiffahrt; beide hatten unabweisbare Ansprüche gegen denselben Rechtsträger. Die endliche Erfüllung dieser Ansprüche ist jetzt gekommen und hat beide zusammengeführt, nach siebzig Jahren...

Die Tatbestände waren also seit langem bekannt und oft genug gerügt worden. Aber niemand hatte eine Abhilfe zu erreichen vermocht. Es darf behauptet werden, daß das alles wohl noch lange so geblieben wäre, wenn nicht die Kanalisierung gekommen wäre. Der von der Landwirtschaft anfänglich so ablehnend betrachtete Verkehrsbau hat gerade ihr die von zwei Generationen vergeblich erstrebte Hilfe gebracht.

An der richtigen Verlegung der Deiche und an ihrer Erhöhung und Verstärkung hatte auch die Stadt Bremen ein besonderes Interesse. Denn in die ungeschützten Flächen auf dem linken Weserufer pflegte das Hochwasser einzuströmen und seinen Abfluß, außer im Strombett, auch in Richtung auf die bremischen Stadtteile Huchting und Grolland zu suchen. Die Verlegung der ungünstigen Deichstrecken und eine möglichst schlanke Linienführung haben ein ausreichendes Hochwasserbett geschaffen. Damit wurde es möglich, die Lücken zu schließen und die gefürchteten „Überfälle" zu beseitigen, so daß jetzt ein durchgehender Deichschutz geschaffen ist, der auch außergewöhnlichen Hochwässern Trotz bieten kann. Der Stadt Bremen wurde es dadurch erspart, ihre bedrohten Stadtteile durch teure Ringdeiche zu schützen. Das Hochwasser fließt jetzt nur in der Weser durch die Stadt ab. Um ihm ausreichende Bahn zu geben, wurde die Kleine Weser dafür verbreitert und der neue Werdersee angelegt. Mit diesen Maßnahmen, an denen sich die Mittelweser-AG finanziell beteiligt hat, kam eine Verbindung zwischen Kanalisierung und städtebaulichen Projekten zustande, die wahrscheinlich nur wenigen bekannt ist.

Um die Zukunft der Landwirtschaft

In keinem Stromgebiet Deutschlands ist die Landwirtschaft durch den Fluß so in Mitleidenschaft gezogen worden wie im Wesergebiet. Unruhig und unberechenbar ist die Weser mit ihrem Tal umgegangen, segenspendend und verderbenbringend. Zuverlässiger Deichschutz und ein fein verästeltes Adernetz von Vorflutern waren nach den bitteren Erfahrungen der Vergangenheit die allerersten Bedingungen landeskulturellen Fortschritts überhaupt. Aber das konnte nur der Rahmen sein. Was dem ganzen Programm Inhalt gab, war die Grundsatzfrage, was aus der Marsch überhaupt werden sollte. Sollte man die Voraussetzungen für eine Wirtschaftsform schaffen, wie sie althergebracht war, also für Wiesen und Weiden, die einstmals die Grundlage für Reichtum und Selbstbewußtsein der Marschbauern gewesen waren und gegen die die Geest als arm und zurückbleibend galt? Sollte Vorsorge für etwas anderes, Neues getroffen werden? Oder reichten dazu auch mit Deichschutz und Vorflut die Möglichkeiten nicht aus?

Mochten auch die Pläne der Wasserwirtschaftsverwaltungen noch fehlen, als die Wasserbauer längst mit den ihrigen fertig waren, und mochte es auch im Anfang die Arbeit der Mittelweser-AG recht behindert haben, daß der Gesprächspartner noch nicht bereit war, so hat es doch zum Glück Männer gegeben, die über das Ziel im klaren waren. Zu ihnen gehörten auch leitende Persönlichkeiten der landwirtschaftlichen Organisationen. Was im Jahre 1951 die erwähnte Außenstelle als nächste Aufgabe vorgeschlagen hatte, war so grundlegend, daß dem heute kaum etwas hinzuzufügen ist. Als Arbeitserleichterung der Landwirtschaft mußten erstrebt werden: Deiche, Vorfluter, Gräben, Wirtschaftswege für das schwerer gewordene Gerät, Dränungen, Umlegungen des oft unglaublich zerrissenen Besitzes, Maßnahmen zur Belüftung des Bodens, Lockerung und Schutz vor erneuter Verdichtung des Bodens, Bewässerungs- und Beregnungsanlagen. Als Arbeitszweck war ins Auge zu fassen, „soviel Marschland wie möglich so zu sichern, daß der Ackerbau ausgeweitet und der Grünlandanteil vermindert werden kann". Oft wurde dieser Zweck auf die Formel gebracht, das Verhältnis von 70% Grünland zu 30% Ackerland im Mittelwesergebiet müsse umgekehrt werden. Daß hier nicht nur die augenblickliche Rentabilität der Höfe auf dem Spiele stand, sondern an die künftige Fähigkeit, den internationalen Wettbewerb auszuhalten, zu denken war, haben vielleicht anfangs nicht alle Kreise erkannt. Heute sollte es Allgemeingut allen Planens geworden sein!

Je weiter sich bei näherem Hinsehen die Aufgabe spannte, die durch die Forderung nach Kanalisierung der Mittelweser ausgelöst worden war, desto deutlicher wurde auch, daß nur eine gemeinschaftliche Anstrengung aller Beteiligten sie zu erfüllen vermochte. Vor allem war es auf seiten der Landwirtschaft nicht damit getan, geldliche Forderungen an die Mittelweser-AG zu stellen und es ihr zu überlassen, die sehr großen Mittel bei Bund und Ländern durchzukämpfen. Sondern es mußten Vorbereitungen getroffen werden, um das, was man da in die Hand bekommen sollte, wirklich zu meistern und zu nutzen. Nicht überall waren die Wasser- und Bodenverbände, die die neuen Anlagen zu übernehmen und in Zukunft zu unterhalten haben, organisatorisch darauf vorbereitet. Zwar gab es mehrere seit langem bestehende Deichverbände. Aber es ging nun um Maßnahmen mit größeren örtlichen Zusammenhängen, um eine Wasser-Großraumwirtschaft, die die Einzelverbände nicht betreiben konnten. In dem besonders kritischen Gebiet der Staustufe Langwedel bis hinunter nach Bremen wurde diese Notwendigkeit zuerst erkannt. Sie führte am 18. April 1955 zur Gründung des „Mittelweserverbandes (links)", der zunächst die Deichverbände Brinkum, Thedinghausen und Hoya umfaßte. Auf der rechten Weserseite dieses Raumes fehlen noch Unterverbände, und es ist deshalb auch noch nicht zur Gründung des vorgesehenen „Mittelweserverbandes (rechts)" gekommen. In den nächsten Jahren wird er kommen müssen, ehe das Bauprogramm abgeschlossen ist. Die Kanalisierung trägt also auch dazu bei, daß interne Angelegenheiten endlich geordnet werden, mit denen man sich seit langem und bisher vergeblich abgemüht hat.

Viel wichtiger aber als solche organisatorischen Dinge sind die Aufgaben, die nun an den einzelnen landwirtschaftlichen Betrieb herantreten. Alle Mühe, alle Vorbereitungen, alle aufgewendeten Millionen werden umsonst sein, wenn nicht der einzelne sich alles so zu eigen macht, so umdenkt, die Art seiner Bewirtschaftung so ändert, wie es jetzt möglich und nötig ist. Was aus dem wirtschaftlich vielfach zurückgebliebenen Gebiet der Mittelweser jetzt wird, das hat keine Baubehörde und keine Verwaltung, keine Forschungsstelle und keine Organisation in der Hand, sondern ganz allein der Bauer selbst. An ihm liegt es, ob die große Fruchtbarkeit der Marsch zu neuem Leben erweckt werden kann. An ihm liegt es, ob aus diesem Gebiet Kräfte erwachsen, die es in den Stand setzen, jeder kommenden Entwicklung begegnen zu können.

Neun Jahre wird jetzt an der Mittelweser und ihrem Einzugsgebiet gebaut. In dieser Zeit ist äußerlich viel geschehen. Die gewaltigen Bauwerke der Kanalisierung gehören bereits zum Landschaftsbild, in das sie sich harmonisch einfügen. Flüsse und Gräben sind ausgebaut, Brücken und Wege angelegt. Überall ist das Schaffen an einer neuen Wirtschafts-Landschaft zu spüren. Noch nicht soweit sind die Wertung all dieser Maßnahmen in der Öffentlichkeit und das Wissen um die oft sehr verschiedenartigen Methoden, nach denen Feld und Grünland nun behandelt werden müssen.

In der Industrie ist es längst üblich, solche Fragen, die nicht nur den einzelnen, sondern viele Betriebe angehen, gemeinschaftlich durch gutachtende Stellen klären zu lassen. Ähnliches geschieht für die Landwirtschaft der Mittelweser durch die genannte Außenstelle der Landwirtschaftskammer Hannover, die in Verden ihre Arbeitsstätte besitzt, Versuchsfelder bei Baden/Achim angelegt hat und mit Unterstützung zahlreicher Landwirte die verschiedensten Arten der Bodenbehandlung ausprobiert. Viele Fragen konnten bereits beantwortet und den Höfen Empfehlungen gegeben werden. Viele Fragen sind aber noch offen. Ein ebenso interessantes wie großes Arbeitspensum verbirgt sich in Fragen wie z. B. nach dem Verhalten der Grasnarbe auf Beregnung, Berieselung, Überstauung, bei künstlicher oder natürlicher Düngung, bei Ansaat der vielen verschiedenen Grasarten, bei der oder jener Form der Behandlung mit Landmaschinen. Wie ist der Ertrag des Milchviehs beim Abweiden und wie bei der Verfütterung des gemähten Grases? Wie lange kann Weidevieh auf eine bestimmte Fläche aufgetrieben werden, und wie lange braucht die abgeweidete Fläche zu ihrer Erholung und zum Nachwuchs? Wo muß dräniert werden? Wo genügt Kalken? Wo kann geackert werden, und wo ist es besser, bei der Grünlandwirtschaft zu bleiben? Wo fehlt es noch an ausreichender Gare des Bodens? Wo muß man entwässern, wo bewässern, und wo ist beides nacheinander nötig?

Wie viele Jahre müßte der einzelne Hof experimentieren, bis er sichere Antworten auf diese Fragen hat? Wer hätte Zeit und Geld dazu, wer allein das Rüstzeug für diese aus zahllosen und genauesten Kontrollen und Messungen sich zusammensetzenden Versuche? Der einzelne kann es nicht. Er kann es schon deshalb nicht, weil die launische Weser ihren Talboden nicht einheitlich geschaffen, sondern ganz verschiedenartig hier so und da so gestaltet hat. Was für die eine Fläche gut und richtig ist, das kann auf einer wenige hundert Meter entfernten unzweckmäßig sein. Die Außenstelle pflegt Feldbegehungen zu veranstalten, an denen die Landwirte gern teilnehmen. Wer sie einmal erlebt hat, der hat erfahren, was für eine Summe von großen und kleinen Problemen mit dem einfach klingenden Wort „Wesermarsch" angesprochen wird.

Alle haben in diesen acht Jahren gelernt. Nicht große Lager mit einheitlichen Ansichten oder gar Kampfparolen standen sich gegenüber, wie es oft vereinfachend gesagt wird: Verkehr — Wasserbau — Wasserwirtschaft — Landwirtschaft — Energiewirtschaft usw., sondern es bedurfte überall der Klärung, des umfassenden Wissens um die Sachlage, des Respektierens anderer Bedürfnisse, der Vorsicht vor Vorurteilen. Vor allem der Weserbund hat sich um das Zusammenführen dieser Interessenten des Wesergebietes bemüht. Das Wissen um die Sache des anderen ist dadurch größer geworden, die Abstimmung leichter, die Vertretung der Interessen sachlicher. Das große Gemeinschaftswerk Mittelweser ist auf gutem Wege!

Damit ist aber auch das Bewußtsein gewachsen, daß es sich um ein Ganzes handelt. Aus der Ganzheit dieses Flußtales kann niemand einzelne Funktionen heraustrennen. Der Versuch, ihnen Genüge zu tun, ohne die anderen zu beachten, kann immer nur zum Schaden des Ganzen sein. Aus Unwissenheit hat man das früher unternommen. Große Schäden waren die Folge. An ihrer Beseitigung arbeitet unsere Generation. Wir sind es den folgenden Generationen schuldig, es richtiger zu machen, dem Fluß und seiner Landschaft kein Unrecht mehr anzutun. Das aber vermögen wir nur dann, wenn wir das Ganze sehen und das Einzelne immer nur im Rahmen des Ganzen tun. Die Flußlandschaft ist ein lebendiger Organismus. Wer Hand an ihn legt, sollte sich der großen Verantwortung bewußt sein!

Wenn man sich das vor Augen hält, wird die Arbeit für dieses 340-Millionen-Projekt zu einer schönen, begeisternden Aufgabe. Daß sie nie vollständig zu Ende sein wird, ist ihr Reiz und ergibt sich daraus, daß das Lebendige keine Grenzen haben kann.

Schwierigkeiten der Finanzierung

Die größten finanziellen Sorgen haben die landwirtschaftlichen Interessen verursacht. Es ist heute noch nicht möglich, einen Gesamtbetrag für alle die Aufwendungen zu nennen, die infolge der Kanalisierung, mit Hilfe der Kanalisierung und zur Ausnutzung des ganzen Segens der Kanalisierung für Wasserwirtschaft und Landeskultur im Tale der Mittelweser in der Zeit von 1953 bis über 1970 hinaus geleistet werden. Er mag den Betrag von 75 Millionen DM erreichen. Davon hat als das Ergebnis langwieriger und sorgfältiger Verhandlungen zwischen der Mittelweser-AG, den Bundesministerien für Finanzen, Landwirtschaft und Verkehr sowie den Ländern Niedersachsen, Bremen und Nordrhein-Westfalen die Gesellschaft einen Anteil von rund 30 Millionen DM beizutragen. Weil das Arbeitsprogramm der Gesellschaft, schon wegen der Finanzierungspläne, zeitlich festgelegt ist, zahlt sie, je nach dem Baufortschritt, alljährlich die von den Verwaltungen der

Wasserwirtschaft angeforderten Beträge und wird diese Verbindlichkeiten am Ende des Jahres 1966 erfüllt haben.

Die Kanalisierung selbst, das heißt der Bau der Schiffahrtstraße Mittelweser, kostet 130 Millionen DM. Die wasserwirtschaftlichen und landeskulturellen Maßnahmen umfassen etwa 75 Millionen DM. Deshalb hatte sich zunächst das Schlagwort von dem 200-Millionen-Projekt Mittelweser gebildet. In Wahrheit ist das Projekt größer. Denn es müssen jene 39 Millionen alter Währung umgerechnet und hinzugezählt werden, die bis 1942 aufgewendet worden sind und die heute einem Bauwert von 50 Millionen DM entsprechen. Es kommen ferner hinzu die Kosten der Staustufe Petershagen mit 17 Millionen. Und auch die Kosten der Wasserkraftwerke in Höhe von rund 60 Millionen DM gehören hierher, weil sie von jeher ein Teil des Programms gewesen sind. Da die Mittelweser-AG bei ihren großen Aufgaben ohne die Hilfe des Kapitalmarktes nicht auskommen konnte, waren etwa 10 Millionen DM für Zinsen und Disagio einzurechnen. Es werden also für die Gestaltung des neuen Wirtschaftsraumes Mittelweser rund 340 Millionen DM ausgegeben. Eigentlich müßte man noch berücksichtigen, was die Wasser- und Bodenverbände aus eigenen Mitteln aufwenden. Es handelt sich hier aber weniger um einmalige Ausgaben zur Herstellung der Voraussetzungen, mit Hilfe derer fortan gewirtschaftet werden soll, sondern um Pflege, Unterhaltung und Nutzung dieser Voraussetzungen, also um Kosten des Wirtschaftens selbst, die auf die Dauer aufzuwenden sind.

Die Zahl von 75 Millionen DM für die Wasserwirtschaft und Landeskultur mag im ersten Augenblick erschrecken. Aber diese 75 Millionen machen siebzig Jahre Unrecht wieder gut und vermeiden für viel länger als siebzig kommende Jahre neues Unrecht an Fluß und Landschaft. Ehe die letzten Teilbeträge dieser Summe ausgegeben sein werden, wird eine stärkere, gesündere Landwirtschaft dieses Gebietes volkswirtschaftlich das Vielfache dieses Betrages eingebracht haben. Und wenn die Verkehrsbauten für die Kanalisierung nichts anderes einbrächten als diesen landwirtschaftlichen Nutzen und die Vermeidung früherer Schäden durch Hochwässer, dann allein hätten sie sich schon gelohnt.

Die Gesellschafter der Mittelweser-AG waren 1951 in den Vorverhandlungen um die Gründung von einem Kostenbetrag von 96 Millionen DM ausgegangen. Was gebaut und getan werden mußte, war damals klar. Während des Baues hat es keine wesentlichen Änderung oder neuen Erkenntnisse gegeben. Die Neuplanung der Stufe Landesbergen und eine andere Anordnung des Schlüsselburger Wehres gründeten sich nicht auf vorher etwa unbekannte Gegebenheiten, sondern hatten ihren Grund darin, daß der Einfluß der Energieausbeute auf die Gesamtplanung stärker geworden war. Aber auch das Urteil der Schiffahrt hatte sich geändert.

Man wollte früher die Flußkrümmungen möglichst durch lange Schleusenkanäle abschneiden, um gewisse Gefahrenstellen für die langen Schleppzüge zu umgehen. Vor allem aber ließ man sich durch die Annahme beeinflussen, man würde durch die Verkürzung der Strecke an Fahrzeit gewinnen. Inzwischen aber hatten die Motorschiffe an Zahl zugenommen. Ihre Fahrgeschwindigkeit war sehr gewachsen gegenüber derjenigen der alten, langen Schleppzüge. Der breite Strom erlaubt es, die Motorenstärke voll auszunutzen und Stundenleistungen von 16 Kilometern und mehr zu erreichen. Im Schleusenkanal aber darf nur mit 6 bis 8 Stundenkilometern gefahren werden, und die Möglichkeit des Überholens ist sehr beschränkt. Ein langer Kanal ist also ein Hindernis, während er früher für einen Vorteil gehalten wurde. Auch der Schleppzug hat sich geändert. Starke, schnelle und wendige Motorenschlepper haben die Raddampfer ersetzt. Die Züge, die früher aus fünf oder sechs Anhängen, also mit dem Schlepper aus sieben Fahrzeugen bestanden und in den Flußkrümmungen tatsächlich Schwierigkeiten haben konnten, bestehen heute meist aus nicht mehr als drei Anhängen und sind nicht mehr gefährdet.

Die Bauverwaltung hatte noch die Möglichkeit, ihre Pläne an vielen Stellen auf diese neuen Bedürfnisse einzustellen. Änderungen der Gesamtkosten sind dadurch nur in beschränktem Maße eingetreten. Wohl aber hatten sich bald nach Beginn der Bauarbeiten die Preise für Material und Personal verändert. Viele Arbeiten an einem solchen Projekt sind lohnintensiv. Das Ganze wird deshalb durch Lohnerhöhungen sehr beeinflußt, und dem war Rechnung zu tragen, als es darum ging, einen auf lange Sicht gültigen Finanzierungsplan aufzustellen. Der war notwendig, nicht nur als Grundlage von Verhandlungen mit den Beteiligten, sondern vor allem für die Haushalte des Bundes und der Länder und für die Aufnahme von Krediten.

Bald war nämlich klar, daß die Raten, die die Gesellschafter im Betrag von jährlich 12 Millionen DM zugesagt hatten, nicht ausreichen würden, um möglichst billig, also zügig und schnell, das Werk zu vollenden. Alle Vorstellungen des Vorstandes der Mittelweser-AG, die Raten zu erhöhen, richteten beim Bundesfinanzministerium nichts aus. Auch die dringenden Appelle Bremens an den Bund blieben erfolglos, obwohl Bremen eine Erhöhung seiner anteiligen Raten bedingungslos versprochen hatte. Es hatte außerdem anderen Gesellschaftern schon finanziell geholfen. Aber es blieb dabei, daß die Gesellschaft mit ihrem jährlichen Mehrbedarf auf den Kapitalmarkt verwiesen wurde, wo sie eigentlich, weil sie nur unbedeutende Einnahmen und kein Vermögen hat, nichts zu suchen hat. Der einzige Erfolg vieler Mühen in Bonn blieb, daß man sich der Notwendigkeit, die Wasserstraße schnell fertigzustellen und der Wirtschaft nutzbar zu machen, nach langen Verhandlungen nicht verschloß. Dennoch hat es mehrmals kritische Situationen gegeben, und der Bau geriet dreimal in die Gefahr, zu stocken und um zwei oder drei weitere Jahre verzögert zu werden. Die Stimmung war dann so niedergeschlagen, daß es schwer war, die Entschlossenheit für den anfangs vorgesehenen Achtjahresplan wieder zustande zu bringen.

Das ganze Mittelweser-Projekt ist dadurch bis auf den heutigen Tag aus den dramatischen Spannungen nicht herausgekommen. Es ist überdies schwer zu verstehen, daß eine Gesellschaft. die aus Partnern der öffentlichen Hand besteht und keine kaufmännische Tätigkeit entfalten kann. in der Erfüllung von Aufgaben des öffentlichen Interesses und des allgemeinen Nutzens eine Zinslast von fast 10 Millionen DM auf sich nehmen muß, die ihr dieselbe öffentliche Hand wieder abzunehmen hat.

Diese Entscheidung war auch dann nicht zu ändern, als die Preis- und Lohnerhöhungen zu einer Überprüfung der Kalkulationen zwangen. Notwendige Ergänzungen kamen hinzu, wie sie bei einem Bauwerk von solcher Reichweite natürlich sind. Es ergab sich eine Endsumme für die wasserbaulichen Arbeiten von 130 Millionen DM. Sie wurde dem neuen Finanzplan zugrunde gelegt und war so sorgfältig errechnet, daß noch heute danach gearbeitet wird.

Diese Kosten verteilen sich auf die Staustufen: Schlüsselburg mit 26 858 000 DM, Landesbergen mit 33 339 000 DM, Drakenburg (wo vor dem Kriege schon einiges getan war) mit 18 089 000 DM und auf die größte und teuerste Stufe, Langwedel, mit 51 714 000 DM. Hinzu treten die schon erwähnten anteiligen Kosten der wasserwirtschaftlichen und landeskulturellen Maßnahmen in Höhe von rund 30 Millionen DM und fast 10 Millionen DM Zinsen. Die Mittelweser-AG muß also rund 170 Millionen DM aufbringen und will bis 1966 abgerechnet haben, in demselben Jahre. in welchem auch ihre letzten baulichen Aufgaben erfüllt sein werden.

Das rechtliche und tatsächliche Verhältnis zur Wasserstraßenverwaltung ist bei der Mittelweser-AG enger als bei der Rhein-Main-Donau-AG und der Neckar-AG. Zwar liegen die Entwurfsarbeiten. Ausführung des Baues, Bauleitung. Ausschreibungen usw. auch bei den süddeutschen Gesellschaften bei der Verwaltung als der beauftragten Behörde. Aber im Gegensatz zu ihnen betreibt die Mittelweser-AG nicht die an jedem Wehr errichteten Kraftwerke, hat daher, abgesehen von einem geringfügigen Entgelt für die Ausnutzung der Wasserkraft am gestauten Fluß, keine eigenen Einkünfte und hat deshalb auf einen eigenen Geschäftsapparat weitgehend verzichtet. Die zusätzlich erforderlichen Kräfte in der Wasser- und Schiffahrtsdirektion Hannover und in den Neubauabteilungen Minden, Nienburg und Verden wurden in die Verwaltung eingegliedert. Ihre Kosten zahlt die Gesellschaft ganz, aber anteilig auch für diejenigen Kräfte der Verwaltung, die für die Kanalisierung in bestimmbarem Umfang herangezogen werden müssen.

Der Wasserbau

Durch die Kanalisierung wurde die 158,77 km lange Schiffahrtstraße von der Straßenbrücke in Minden bis zur Bremer Weserschleuse um 22,5 km verkürzt, was, wie ausgeführt, früher für einen außerordentlichen Vorteil gehalten wurde, heute aber als nicht wesentliche Begleiterscheinung in der Anlage der Wehre und Schleusen angesehen wird. Die 22,5 km legt heute ein Motorschiff in knapp zwei Stunden zurück, sie spielen also keine große Rolle.

Die kanalisierte Strecke mit Einschluß der Staustufe Petershagen überwindet ein Gefälle von 38 m. Es wechselt an den einzelnen Stufen zwischen 4,50 und 6,40 m. bezogen auf den hydrostatischen Stau. Die Wehre sind bei den Stufen Petershagen, Schlüsselburg, Drakenburg und Langwedel ebenso wie bei der alten Stufe Dörverden so eingerichtet, daß die Verschlußkörper ganz aus dem Wasser gezogen werden können; bei der Stufe Landesbergen, die aus besonderen Gründen anders angelegt und gebaut wurde, kann der Verschlußkörper ganz in die Schwelle versenkt werden. Dadurch kann der ursprüngliche Zustand des frei fließenden Stromes wiederhergestellt werden, wenn hohes Wasser einen schnellen Abfluß erfordern sollte. Dann kann, wenn der Wasserstand es zuläßt, die Schiffahrt die Wehre passieren. Bei Landesbergen wird das freilich wegen der Schwelle nur selten möglich sein.

Mit Ausnahme von Landesbergen liegen alle Wehre der Mittelweser in Flußschleifen, die durch die Schleusenkanäle abgeschnitten werden. Diese Kanäle haben ganz verschiedene Längen. Die längsten sind die bei Petershagen und bei Langwedel mit je 8,10 km, der kürzeste, bei Landesbergen, mißt 1,91 km. Ihr Querschnitt beträgt mehr als das Fünffache des Querschnittes eines eingetauchten Schiffes. Das Wehr Landesbergen liegt in einem neuen Weserbett, durch das eine große, sehr enge Schleife der Weser bei dem Dorf Wellie abgeschnitten wird. Das neue Flußbett und der Schleusenkanal sind hier nur durch eine schmale kurze Insel voneinander getrennt.

Abb. 7. Wehr und Kraftwerk Langwedel im Bau — August 1957 —. (Bildquelle: Heinz Koberg, Hannover. — Luftbild-
Freigabe: Niedersächsischer Minister für Wirtschaft und Verkehr, Hannover, Nr. Ko/163/10.)

Die Wehröffnungen sind bei Petershagen rechts und links je 30 m, die in der Mitte 40 m weit,
weil auf die glatte Abführung des Eises aus der freien Fließstrecke oberhalb Rücksicht zu nehmen
war. Die Wehre Schlüsselburg, Landesbergen und Drakenburg haben zwei Öffnungen von je 40 m.
Das Wehr Langwedel, das den Zufluß der Aller mit aufzunehmen hat, erhielt zwei Öffnungen von
je 40 m und eine Wehröffnung von 30 m. Die Erfahrungen mit dem Verschlußkörper des Wehres
Dörverden haben Anlaß gegeben, auch bei den neuen Staustufen die bewährte Konstruktion eines
Dreigurtschützes mit aufgesetzter Stauklappe beizubehalten. Die besonderen Verhältnisse bei der
Stufe Landesbergen empfahlen ein Sektorwehr.

Um die erlebten Schwierigkeiten bei Vereisungen zu vermeiden, sind die Wehre heizbar. Sie besitzen eine Ober- und Unterwasser-Kantenschutzheizung sowie eine Nischen- und Seitenschild-
heizung. Das Eis der Weser hat von jeher den Verantwortlichen besondere Aufgaben gestellt. Die
oft erheblichen klimatischen Unterschiede auf der 400 km langen Flußstrecke bringen immer wieder
Überraschungen. Die stete Unruhe der Wasserstände tut ein übriges, um die Voraussehbarkeit der
Einbildung und Eisbewegung einzuschränken. Weil der Eisstau nicht selten mit unmittelbarer
Hochwassergefahr zusammentrifft, muß immer für das Aufbrechen des Eises rechtzeitig, nicht zu
spät, aber auch nicht zu früh, gesorgt werden. Die Kanalisierung bringt auch hier Erleichterung.
Denn durch Heben und Senken der Wehre kann die Eisdecke gebrochen und in Bewegung gebracht
werden. Die wie Höcker an den Stauklappen hervorstehenden Energievernichter, die den Schwall
des überströmenden Wassers spalten und dadurch seine kolkende Wucht brechen, tragen zum Zer-
kleinern der über das Wehr treibenden Schollen bei.

Für den Laien besonders interessante Stadien des Wehrbaues waren die Gründung des Strom-
pfeilers in Schlüsselburg und die Wehrschwelle bei Landesbergen. Daß da der gewaltige Wehrpfeiler im strömenden Wasser entstand, sein Fuß in einer Druckluftkammer in die Flußsohle ge-
graben wurde und Menschen in der Lage waren, das Absenken des enormen Gewichtes in genau der
Senkrechten und an den richtigen Platz zu steuern, daß der Pfeiler gewissermaßen gleichzeitig nach
unten und nach oben wuchs, das hat alle Besucher der Baustelle Schlüsselburg tief beeindruckt und
ihnen etwas von der Kunst des Tiefbaues nahegebracht. Ähnliches Interesse fand das Wehr Landesbergen, wo der schwere Wehrkörper, der an den anderen Wehren durch starke Maschinen bewegt
wird, durch sein eigenes Gewicht in die Kammer in der Wehrschwelle absinken und ebenso leicht
durch Aufschwimmen wieder gehoben werden kann. Keine große maschinelle Anlage zum Hoch-
ziehen ist erforderlich, und infolgedessen konnte hier auch auf die hohen Wehrpfeiler verzichtet

werden. Der Druckunterschied zwischen Ober- und Unterwasser macht es möglich, daß sich das Wehr wie aus eigener Kraft bewegt.

Nicht minder eindrucksvoll waren die Baustellen selbst. An der Stufe Langwedel, wo das größte Wehr entstand, glich das weite Feld der bereitgelegten Materialien mit den zischenden Rammen, den Anlagen zur Betonherstellung und dem Gewirr von Saug- und Druckrohren einem ausgebreiteten Generalstabsplan. Und Generalstabsarbeit kann man es wohl auch nennen, wenn nach den Arbeits- und Einsatzplänen auf den Tag genau disponiert werden muß, damit kein kostspieliger Leerlauf entsteht. Auch Störungen müssen wettgemacht werden und bedeuten erhebliche Improvisationen, so interessant sie auch sein mögen, wie beispielsweise Funde aus historischer und prähistorischer Zeit. Sie sind bei den Bauten in reicher Menge angefallen und beweisen, daß dieses heute so unscheinbar wirkende Tal der Mittelweser eine interessante Geschichte hat. Überreste von Tieren kamen nach fünfzig- und hunderttausend Jahren ans Tageslicht. Jahrtausendalte Zeugen menschlicher Siedlungen gab der Kiesgrund der Weser wieder her. Schmuck und Waffen, Geräte und Grabbeilagen berichten von der alten Verkehrs- und Siedlungsstraße der Weser. Einbäume lagen da, wo nun moderne Motorschiffe ihre ungefährdete Straße ziehen. Funde römischen Ursprungs erzählen von Krieg und alten Weltherrschaftsplänen, von einer Verkehrs- und Nachschuborganisation, die wir gerade heute bewundern sollten, wo nach zweitausend Jahren der Bau eines europäischen Verkehrsnetzes und einer entsprechenden Verkehrsordnung so langsame Fortschritte macht.

Bei den Schleusen gab es eine Grundsatzfrage zu lösen, die den Beteiligten viel Kopfzerbrechen gemacht hat. Welche Länge sollte die Norm sein? Die alten Stufen Dörverden und Bremen haben 350-m-Kammern, die erstere hat ein Zwischenhaupt, um Schleppzüge von geringerer Länge oder Einzelfahrer schneller durchbringen zu können. Es lag nahe, diese Gestalt auch den neuen Schleusen zu geben. Die Weserschiffahrt hatte denn auch anfangs, ja, noch in den ersten Jahren nach dem Kriege, diesen Wunsch vertreten. Aber bald sah man die Dinge anders. An mehreren deutschen Wasserstraßen hatten sich Schleusen von nur 225 m Länge ohne Zwischenhaupt bewährt. Das Füllen und Leeren der Kammern war schneller geworden. Es war auch an der Weser vorauszusehen, daß der Betrieb der Schleppzüge sich ändern würde und der kürzere Zug bis zu drei Anhängen die Regel werden würde. Der Verkehr der Selbstfahrer war dichter geworden, so daß auf lange Sicht die Einzelfahrer-Schleuse nicht mehr genügen konnte. Der aus Gründen der Einsparung von Baukosten ergehende Appell des Verkehrsministeriums, sich mit 225 m Länge zu begnügen, fand deshalb sofort Widerhall. Die Breite von 12,50 m lichter Weite war auch früher schon geplant. Eine Erleichterung und Ersparnis war es auch, daß

Abb. 8. Die Schleusenkammer der Stufe Landesbergen — 1959 —. (Bildquelle: Heinrich Heuer, Wasser- und Schiffahrtsdirektion Hannover.)

die Drempel nur auf 3 bis 3,50 m unter Normalstau gelegt wurden. Auch hier hatte die Schiffahrt auf eine frühere Forderung verzichtet, auch bei gezogenen Wehren noch durch die Schleusen fahren zu können. Es ist Vorsorge getroffen, daß Schäden an den Wehren repariert werden können, ohne daß der Stau aufgegeben werden muß. Auf jeden Fall aber werden mögliche Störungen nur von

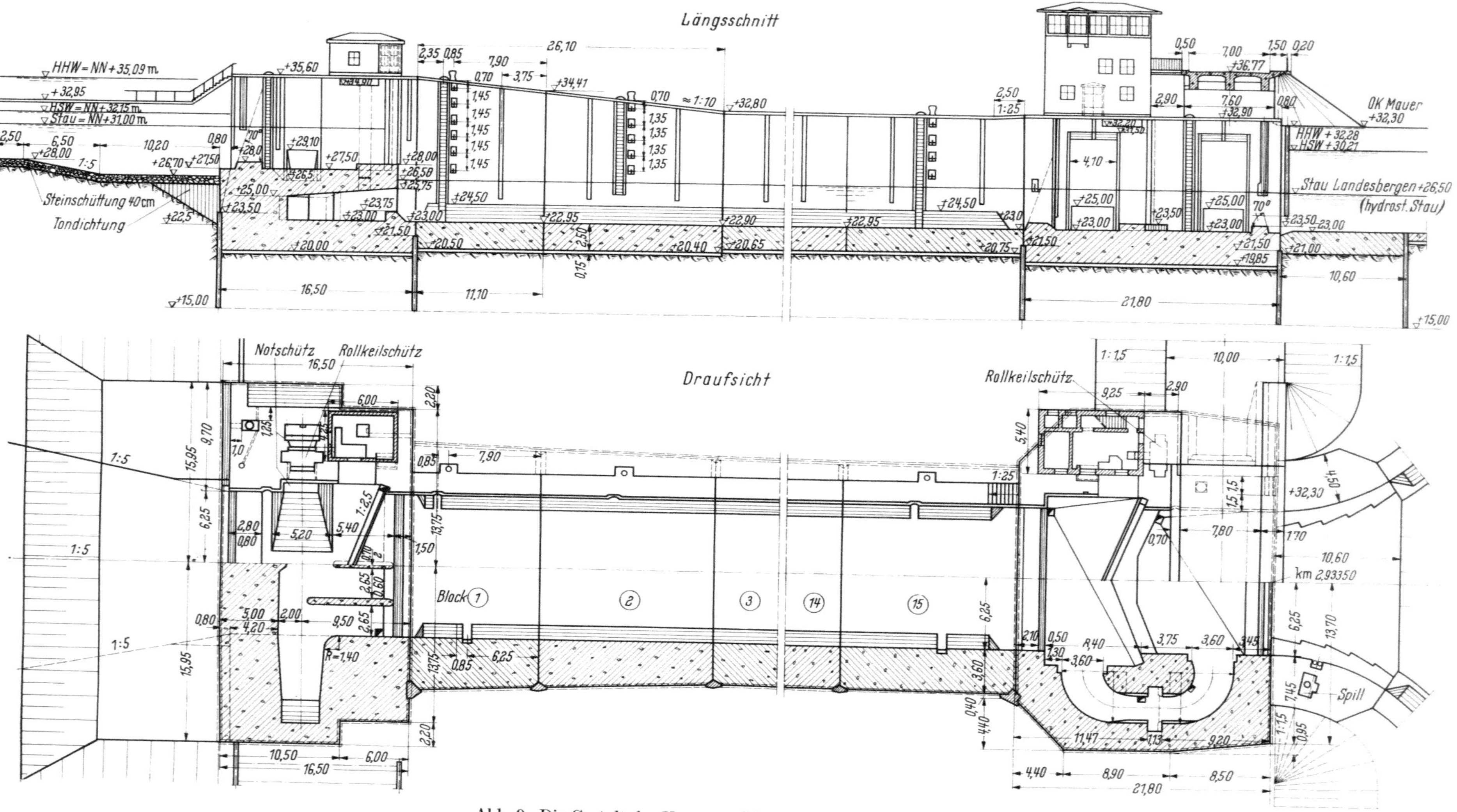

Abb. 9. Die Gestalt der Kammerschleusen an der Mittelweser

kurzer Dauer sein und in Kauf genommen werden können. Bei derartigen Fragen stand die Schifffahrt vor dem Gebot, den Bemühungen um Einsparungen so wenig wie möglich im Wege zu stehen,
um den Bau überhaupt durchsetzen zu können. Es hing ja in den Verhandlungen immer alles an
dem berühmten seidenen Faden.

Dem Schleusenbau hat der recht verschiedenartige Untergrund des Stromtales besonders viele
Schwierigkeiten entgegengestellt. Hier war der Boden dicht und stand, dort war er durchlässig,
dort wieder sandig und durch Bewegungen der Grundwasserströme wenig standfest. Die Schleusen-
sohlen sind deshalb dick und schwer, um allen Angriffen standzuhalten. Die Massivbauweise erschien als die einzig mögliche. Kammern aus Spundwänden wären schneller und wohl auch billiger
gebaut worden, doch ließen die örtlichen Verhältnisse, nicht zuletzt die zahlreichen Findlinge,
davor warnen.

Alle Schleusen sind gleichförmig gebaut, um an Unterhaltung und Reparaturvorbereitung zu
sparen. So genügt auch ein einziges Reservetorpaar, das mit Hilfe eines besonders konstruierten und
leicht transportierbaren Notverschlusses an jeder Schleuse eingesetzt werden kann. Das robuste
Riegelstemmtor hat sich an der Weser bewährt und ist überall verwendet worden. Das Triebwerks-
haus steht so, daß der Schleusenmeister die Übersicht über die gesamte Anlage hat, bei Schwierigkeiten oder Gefahren in die örtliche Steuerung der Tore eingreifen kann und auch dann die Kontrolle
ausüben kann, wenn eines Tages eine zweite Schleuse neben der vorhandenen benutzt wird. Der
Raum für diese Parallelschleusen ist vorgesehen. Sie werden früher gebaut werden müssen, als
heute mancher glaubt.

Hier wie bei den Wehren erstaunt die Leichtigkeit und Schnelligkeit, mit der schwere Körper
bewegt werden. Ein Stemmtor, das stark genug ist, einem Wasserdruck von 120 t standzuhalten,
wird in weniger als einer Minute geöffnet oder geschlossen. Die Umläufe, durch die ein großer
Personenkraftwagen fahren könnte, lassen so viel Wasser hindurch, daß das Durchschleusen eines

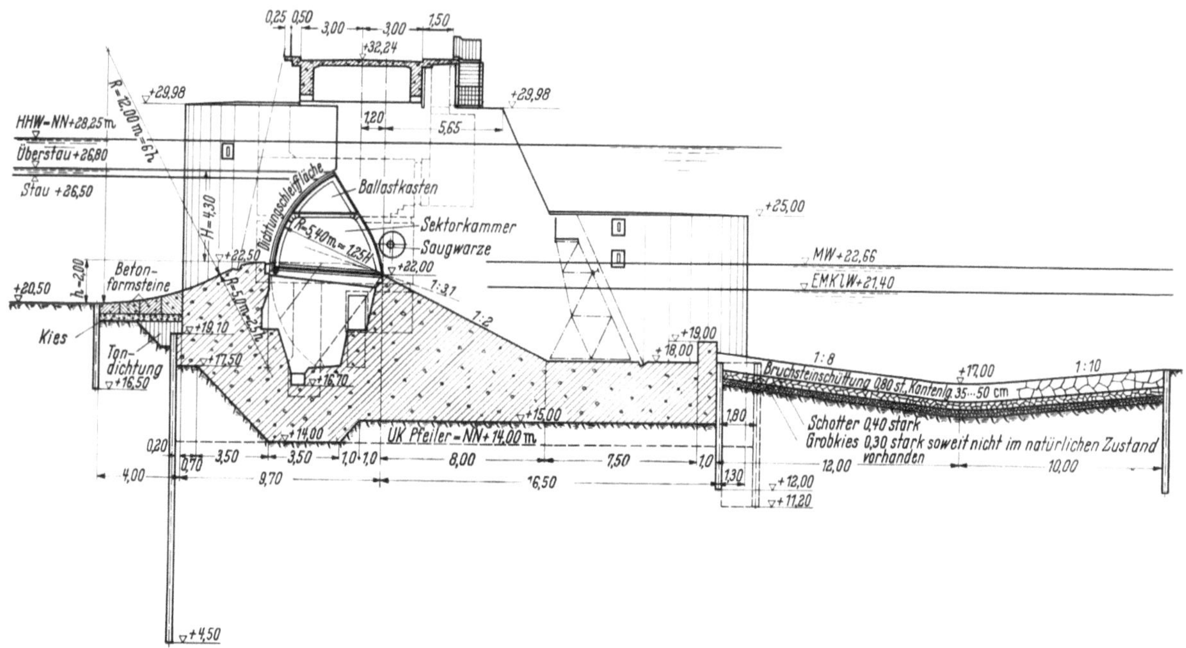

Abb. 10. Schnitt durch das Sektor-Wehr Landesbergen

Motorschiffes nur acht Minuten dauert, eine Zeit, die auf der Strecke mühelos wieder eingeholt
werden kann. In dieser kurzen Zeit fließen 19000 cbm Wasser in die Kammer oder aus ihr in das
Unterwasser.

Energie aus Wasserkraft

Die Anlage von Kraftwerken an der kanalisierten Mittelweser war seit langem vorgesehen und
gehörte zu den wesentlichen Planungselementen. Sehr früh schon gehörte der Gewinn elektrischer
Energie zu den Zusatzbegründungen des Projektes. Das lag bei der Weser besonders nahe, weil sie
der einzige Flachlandfluß ist, bei dem eine solche Ausbeute in Frage kommt. Der Elbe hatte man
damals die Möglichkeit der Kanalisierung abgesprochen, weshalb sie dem Schicksal entging, zur
Speisung des Mittelland-Kanals herangezogen zu werden.

Wann zum erstenmal die Mittelweser als Energiespender in Rechnung gestellt wurde, ist schwer feststellbar. Jedenfalls tauchen solche Überlegungen schon zu Anfang unseres Jahrhunderts auf. In einem Vortrag vor dem Zentral-Verein für deutsche Binnenschiffahrt im Jahre 1921 sagte Sympher, seit etwa fünfzehn Jahren würden die preußischen Wasserbaupläne mit Kraftgewinnung gepaart. So sei es an der Weser, so sei es aber auch bei den Entwürfen zu Kanalisierungen der Mosel und der Saar, die die Regierung im Jahre 1911 beide als für die deutschen Interessen schädlich ablehnte, bei der Lahn, der Ruhr und der Fulda, wo die Kraftwerke noch in die 1895 beendete Kanalisierung nachträglich eingebaut werden sollten.

Ein Gesetz vom 23. März 1919 hatte dem Reich die Befugnis zugesprochen, im Wege einfacher Gesetzgebung „...die Ausnutzung von Naturkräften in die Gemeinwirtschaft zu überführen". Danach bestimmte das Reichsgesetz vom 31. Dezember 1919, das Reichsgebiet solle für die Bewirtschaftung der Elektrizität nach wirtschaftlichen Gesichtspunkten aufgegliedert, also auf Ländergrenzen keine Rücksicht genommen werden. Die Kraftwerke sollten zusammengeschlossen werden, um die Voraussetzung für eine Verbundwirtschaft zu schaffen. Dem Reich stand die Führung in dieser Entwicklung zu.

Als durch den Staatsvertrag von 1921 die Wasserstraßen in das Eigentum des Reiches übernommen wurden, ging auch das Recht zur Nutzung der Wasserkraft an diesen Wasserstraßen mit über, und zwar auch an den Talsperren, die diesen Wasserstraßen dienten. Betroffen waren davon im Wesergebiet die Kraftgewinnung an der Eder- und der Diemeltalsperre sowie an den Staustufen Dörverden und Bremen. Die zur Zeit des Überganges vorhandenen Kraftwerke blieben im Eigentum des bisherigen Ausbeuters. Das war an den Talsperren und in Dörverden der preußische Staat, am Bremer Weserwehr die Stadt Bremen. Eine Verbundwirtschaft wurde bereits betrieben zwischen den Weserwerken und dem Maingebiet, wo bei Mainkur, Kesselstadt und Krotzenburg Kraftwerke entstanden waren. Preußen richtete die Elektrizitätsämter Hannover 1 und 2, Kassel und Hanau ein und unterstellte sie der Weserstrombauverwaltung, der Vorgängerin der Wasser- und Schiffahrtsdirektion Hannover. Im Jahre 1924 traten die Großkraftwerk Hannover AG und die Preußische Kraftwerke Oberweser AG an ihre Stelle. Aus der Vereinigung beider Gesellschaften entstand 1927 die Preußische Elektrizitäts-AG (Preußenelektra), die die neuen Kraftwerke der

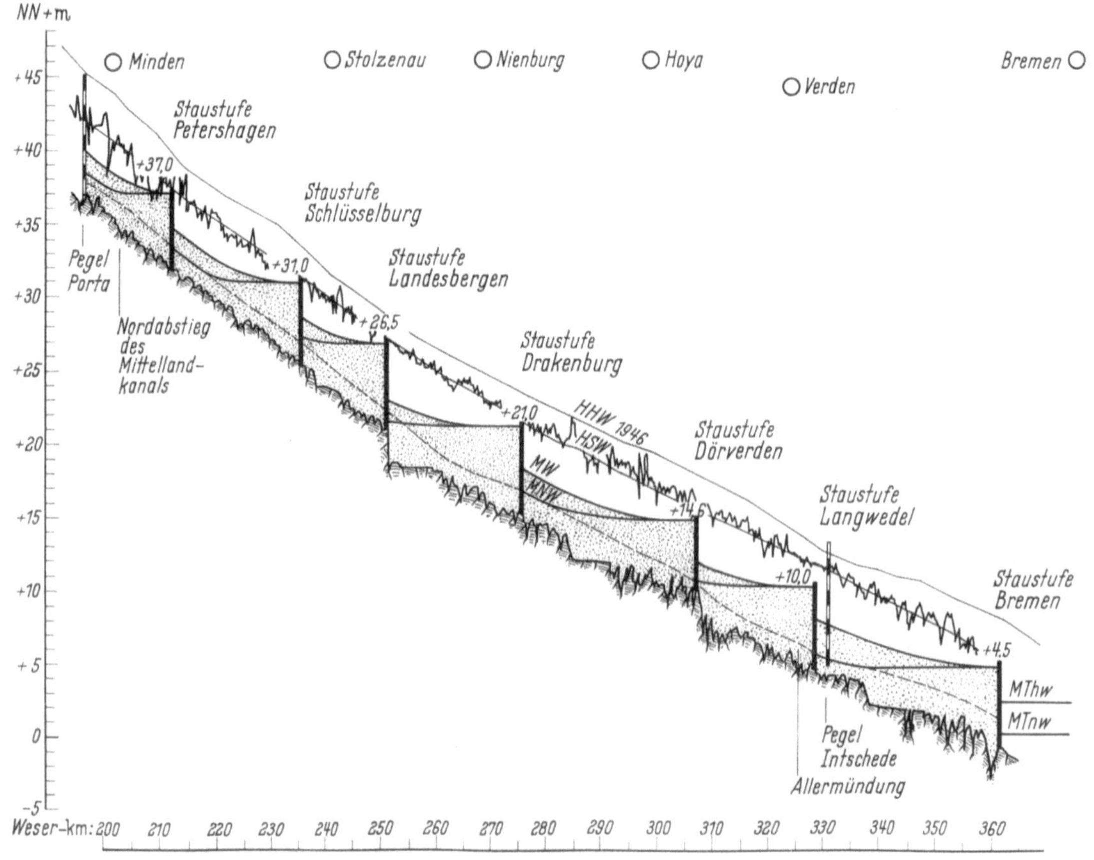

Abb. 11. Längsschnitt der kanalisierten Mittelweser

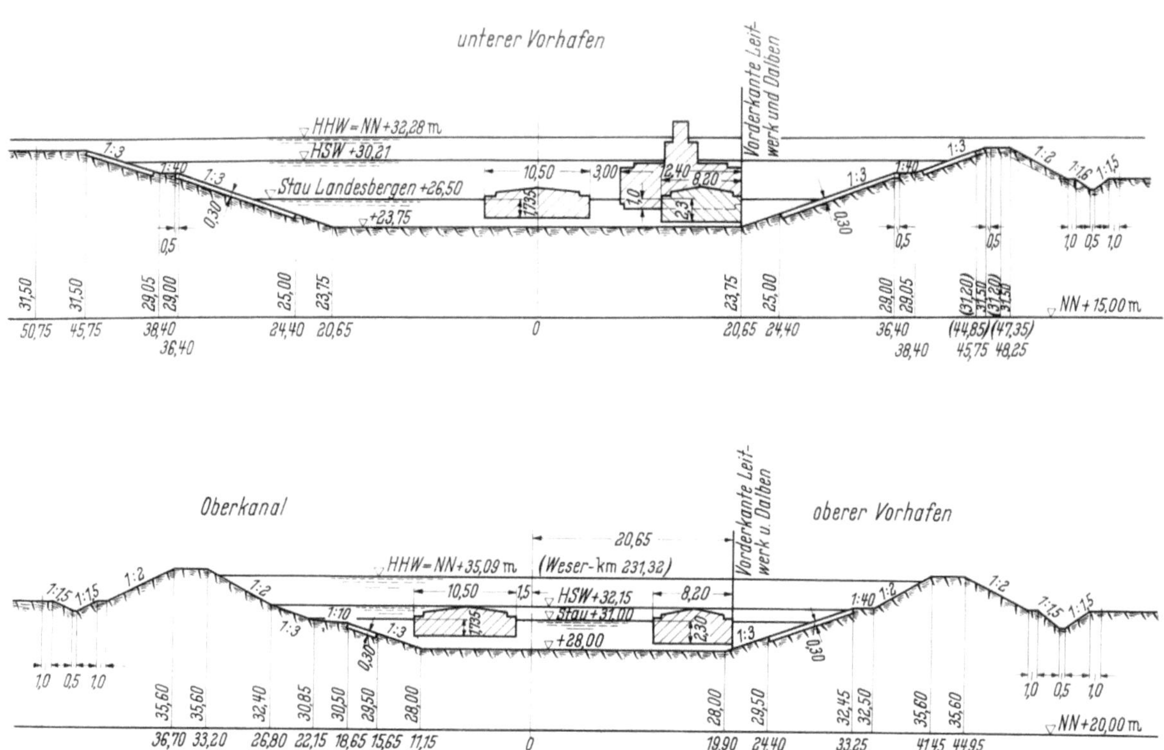

Abb. 12   Querschnitte durch den Schleusenkanal Schlüsselburg

Mittelweser baute und betreibt, die Talsperrenwerke besitzt und die die Reichweite bis nach Aschaffenburg behalten hat. Auch das Wärmekraftwerk „Heyden" in Lahde und das zur Zeit entstehende Wärmekraftwerk „Robert Frank" bei Landesbergen sind in ihrer Hand. Es ist daher selbstverständlich, daß eine enge Gemeinschaft zwischen der Preußenelektra, der Wasserbauverwaltung und dem Weserbund besteht. Bei den Bemühungen des Weserbundes um den Umbau der Fulda spielt der Energiegewinn, der dann endlich mit den Verkehrsinteressen gekoppelt werden soll, dieselbe unterstützende Rolle wie einst an der Mittelweser. Diese gute Zusammenarbeit tröstet darüber hinweg, daß nicht die Mittelweser-AG selbst die Kraftwerke bauen und betreiben konnte, was ihr in den Zeiten der Finanzkrisen eine größere Selbständigkeit und Beweglichkeit gegeben hätte.

Durch das Regierungsabkommen zwischen den Gesellschaftern war der Mittelweser-AG die Ausnutzung der Wasserkräfte an den Staustufen Schlüsselburg, Landesbergen, Drakenburg und Langwedel überlassen worden. Diese Befugnisse übertrug die Gesellschaft durch Vertrag vom 20. Mai 1953 der Preußenelektra und verpflichtete sie, an jeder Staustufe ein Kraftwerk bis zu dem Zeitpunkt zu bauen, in welchem der Stau errichtet würde. Die Wasser- und Schiffahrtsverwaltung räumte auf ihrem Grundeigentum, soweit es für die Anlage der in Flußbuchten liegenden Werke erforderlich war, der Preußenelektra ein Erbbaurecht für die Dauer von hundert Jahren ein. Die Interessen der Schiffahrt wurden vertraglich gewahrt. Für die Ausnutzung der Wasserkräfte ist eine Vergütung an die Mittelweser-AG zu zahlen, die nach der Produktion der Kraftwerke bemessen wird. Die Einnahmen darf die Mittelweser-AG für ihren Bau verwenden; nach dessen Beendigung erhalten die Gesellschafter Zahlungen nach Maßgabe ihrer Beteiligung.

In den Anlagen in Schlüsselburg, Landesbergen und Drakenburg arbeiten, wie in Petershagen, je drei Kaplanturbinen, in Langwedel vier. Es erzeugen: Petershagen 17 Millionen Kilowattstunden im Jahr bei normalem Abfluß, Schlüsselburg 30, Landesbergen 34, Drakenburg 28 und Langwedel 30 Millionen Kilowattstunden. Das oberhalb Langwedels liegende Werk Dörverden erzeugt 22 Millionen und die unterste Stufe Bremen in einem der Stadtwerke Bremen AG gehörenden Kraftwerk 42 Millionen Kilowattstunden. Die Mittelweser gibt also, trotz ihres geringen Gefälles, im Jahr über 200 Millionen Kilowattstunden elektrischer Kraft her, die zum größten Teil auf das weit gespannte Verbundnetz der Preußenelektra geleitet werden. Es hat sich ergeben, daß diese Ausbeute wirtschaftlich durchaus interessant ist und die Investition von rund 60 Millionen DM für die vier neuen Kraftwerke lohnt.

Veränderungen im Grundeigentum

Die Bauschwerpunkte Wehr, Schleuse und Kraftwerk mit den Nebenanlagen pflegen dem Beschauer als der Gegenstand der Kanalisierung zu erscheinen. Es sieht so aus, als ob zwischen den Staustufen eigentlich wenig zu tun gewesen sei. Nur derjenige, der die Geschichte der Kanalisierung und das so viele Interessen berührende Ringen um den gesunden Wasserhaushalt des Flußtales kennt, erkennt auch in diesen Bereichen die ordnende und schützende Hand. Aber auch dann noch ist es schwer, die mühevolle Kleinarbeit der Einzelverhandlungen zu ermessen, die notwendig war, um den für die Umlegungen und für die Bauten und Anlagen erforderlichen Grund und Boden zu erwerben. Es spricht für die Geschicklichkeit und Geduld der Unterhändler der Wasser- und Schifffahrtsdirektion Hannover, daß für den Erwerb von 443 Hektar in kleinen und kleinsten Stücken in keinem Falle von dem Recht der Enteignung Gebrauch gemacht werden mußte.

An vielen Stellen war eine Flurbereinigung die Voraussetzung für die obengenannten wasserwirtschaftlichen und landeskulturellen Maßnahmen. Wo der Besitz unglaublich zerrissen war wie in vielen Bereichen des zu ordnenden Gebietes, da hätten der Ausbau der Vorflut, die Anlage von Wirtschaftswegen, auch von Deichen und Dränagen keine rechte Wirkung gehabt, oder sie wären überhaupt nicht möglich gewesen. Die Landwirte lehnten eine Übernahme der Kosten oder eine Beteiligung ab, obwohl es so gut wie ausschließlich um ihren Vorteil ging. So mußte die Mittelweser-AG auch dafür bezahlen. 5776 ha sind durch Flurbereinigung und Umlegung neu geordnet worden und nun weitaus rentabler zu bewirtschaften als bisher.

Noch ein anderer Gewinn der Landwirtschaft kam hinzu, von dem meistens nicht die Rede ist. Mit dem Aushub der Baustellen wurden Fluren erhöht und zu guten Kulturflächen gemacht, die vorher ertragsloses oder ertragsarmes Land waren. 552 ha sind auf diese Weise verbessert worden. Es ist immer eine Freude, im Sommer an solchen Flächen entlangzugehen, die nun schon reiche Kornfelder tragen. Bald wird es niemand wissen, daß einst der Seehafenverkehr den Anstoß für diesen Reichtum gegeben hat.

Das wird auch wohl gelten bei den 54 km Deicherhöhungen und -verstärkungen, den 12 km Deichneubauten, den 200 km ausgebauter Hauptvorflut und den 500 km Wasserläufen für die Seitenentwässerung, bei der Dränung von 6350 ha Acker- und Grünland, bei den mehr als 225 km neu gebauter Wirtschaftswege. Wer wird es in einiger Zeit noch wissen, daß Ortschaften vom Hochwasser bedroht waren oder daß das nun von einem sicheren Ringdeich umgebene Schlüsselburg einst bei Hochwässern das Wasser in seinen Straßen und Häusern hatte? Gerade in diesem Ort wird man sich wundern, daß in den meisten Häusern ein Raum im Erdgeschoß um ein Meter oder mehr höher gelegt war, und man wird nicht gleich darauf kommen, daß dieser Raum die Zuflucht vor dem Hochwasser gewesen ist, in den man sich mit Hausrat und Vorräten in Sicherheit brachte.

Wirtschaftliche Entwicklungen

Durch die Kanalisierung der Mittelweser ist also eine ganze Landschaft neu gestaltet worden. Dieses Gestalten ist aber zunächst nur das Schaffen von Voraussetzungen, die die eigentliche Entwicklung einleiten sollen. Wenn der Bau an der Wasserstraße und an den vielen Anlagen auf dem Lande fertig ist, wird Raum sein für den Beginn. Was dann geschieht und entsteht, liegt nicht mehr in der Hand des Ingenieurs. Es entsteht die Frage, ob überhaupt jemand — eine Verwaltung, eine Gruppe, eine Organisation — es in der Hand haben kann, aus diesen Voraussetzungen etwas zu schaffen, oder ob man nun die Hände befriedigt in den Schoß legen und alles dem Schicksal überlassen darf.

Offenbar hat man sich in der Vergangenheit gern für die letztere Verhaltensweise entschieden und darauf vertraut, daß es nach den Gesetzen der Standortlehre und nach oft errechneten künftigen Vorteilen gar nicht anders kommen könne als zu einer großartigen Belebung und daß ein starkes Blühen und Gedeihen unverzüglich einsetzen müsse.

Eigenartigerweise sind aber die Entwicklungen an neuen Verkehrswegen, mögen es nun Straßen, Wasserstraßen oder Bahnlinien sein, ganz verschieden verlaufen. Hier hat die Wirtschaft sich entfaltet und von den neuen Möglichkeiten Gebrauch gemacht, dort ist so gut wie nichts geschehen, und der neue Transportweg ist über die Funktion einer Durchgangslinie nicht hinausgekommen. Es gibt Verkehrswege, an denen Fabrik neben Fabrik entstanden ist, und es gibt Bahn- und Kanalstrecken, die den wirtschaftlich trostlosen Charakter ihrer Landschaft nicht haben ändern können. Noch eigenartiger ist es aber, daß nach der Ausführung eines mit vielen wirtschaftlichen Überlegungen einst begründeten Projektes die Theoretiker plötzlich zu verstummen pflegen, so als wollten sie fortan mit der so enthusiastisch ersehnten Schöpfung nichts mehr zu tun haben. Das ist wohl der Grund dafür, daß es an wirklich gründlichen Untersuchungen über die tatsächlich eingetretenen, nicht über die erhofften oder gefürchteten Wirkungen eines Verkehrsweges fehlt. Und weil man darüber nicht im klaren ist, kommt einmal die unselige Diskussion um den Nutzen von Verkehrsbauten nicht zur Ruhe, und außerdem fehlt es daran, daß energisch und überlegt für die wirtschaftliche Nutzung des neuen Weges gerade dann weitergearbeitet wird, wenn er geschaffen ist.

Bei den Begründungen für den Bau einer neuen Verkehrsstraße, besonders eines Wasserweges, pflegt man irrigerweise davon auszugehen, daß jeder Unternehmer, der einen neuen Betrieb errichten will, für die Auswahl des Platzes die Standortvoraussetzungen des gesamten Bundesgebietes oder in Zukunft ganz Europas genau prüfen werde. Auf dieser falschen Hypothese wird dann errechnet, daß nach Beendigung des Verkehrsbaues die Siedlungswilligen von allen Seiten wie die Fliegen zum Honig herbeikommen würden.

In Wahrheit sind die vielen und in die verschiedensten Richtungen gehenden Überlegungen eines planenden Unternehmers so mannigfaltig, daß sie in gar kein theoretisches System zu pressen sind. Sie sind eben meistens nicht allgemeingültig. sondern höchst individuell. Nur ein Teil von ihnen paßt in die Standortlehre, und sie gibt deshalb für die Voraussage des Kommenden oder für die Beurteilung des Geschehenen nur eine schwache Stütze. Es ist fast unmöglich. an alles zu denken.

Abb. 13. Eine neue Wasserstraße hat neues Leben gebracht. Wehr und Kraftwerk bei Schlüsselburg. (Bildquelle: Luftreisedienst Niedersachsen GmbH, Hannover. — Luftbild-Freigabe: Niedersächsischer Minister für Wirtschaft und Verkehr, Hannover, Nr. LRD 2117.)

was für einen künftigen, noch unbekannten Interessenten wichtig oder gar entscheidend sein kann. Und deshalb wird die so häufig anzutreffende selbstsichere Voraussage immer ein Irrtum bleiben.

An der Mittelweser haben sich schon jetzt Unternehmen angesetzt, an die niemand gedacht hat, als jahrelang die Begründung der Wasserstraße verteidigt werden mußte. Zwar gibt es Beispiele. die genau auf das passen, was man sagen durfte: billiger Transportweg. Wasserversorgung, Arbeitskräfte, Grund und Boden mit der Möglichkeit späterer Ausdehnung usw. Aber in den vielen Besprechungen vor der Auswahl des Platzes, die beim Weserbund geführt wurden, hat sich eine Fülle von anderen Gesichtspunkten ergeben, die man gar nicht voraussehen und für die man deshalb weder Vorsorge noch Werbung betreiben konnte.

Man muß aber auch die Rolle des Zufalls in Rechnung stellen, deren Bedeutung man auch an der Weser oft erfahren hat. Eben weil der Unternehmer nicht alles übersieht, nicht jede Gegebenheit kennt, an manches vielleicht auch gar nicht denken konnte, was sich ihm draußen bei einer Ortsbesichtigung erst darbietet, kann man nicht einfach auf das Walten der wirtschaftlichen Gesetze vertrauen und die Hände in den Schoß legen. Die Ungewißheit künftiger Standortwünsche darf eben gerade nicht dazu führen, den Dingen ihren Lauf zu lassen. Sondern man hat das Äußerste zu tun, um jenen Zufällen zu Hilfe zu kommen. Das heißt, daß man alles tun muß, um die Vorteile des neuen Weges überhaupt bekanntzumachen, ihn in die Diskussion zu bringen, zum Prüfen anzuregen. Wie viele Betriebe, ja selbst große Werke, liegen ungünstiger, als sie hätten liegen können, weil bei der Auswahl des Platzes dieses und jenes nicht gesehen worden ist! Dabei muß auch beachtet werden, daß die Gewichte der einzelnen Gesichtspunkte einer Standortwahl sich im Laufe der Zeit verschieben können, so wie das wirtschaftliche Leben sich ständig verändert. Das gilt allein schon auf dem keineswegs so maßgebenden Gebiet der Verkehrsanschlüsse. Wie viele Betriebe haben sich in die Nähe von Bahnhöfen gesetzt oder sich Anschlußgleise gelegt, die heute kaum noch mit der Bahn verladen. Wie viele Betriebe sitzen am seeschifftiefen Wasser und fertigen kein Schiff mehr ab, sondern blockieren nur das kostbare Hafengelände. Für Binnenhäfen gilt dasselbe.

Deshalb können auch die Verwaltungen der Länder und die kommunalen Stellen verhältnismäßig wenig von sich aus zur Ansiedlung von Unternehmen tun. Sie können erst tätig werden — dann allerdings sehr wirksam —, wenn der Entschluß zur Ansiedlung gefaßt ist, wenn also der Interessent genügend Bescheid weiß und das Für und Wider abgewogen hat.

Nach all diesen Erfahrungen kommt es also darauf an, vieles vielen bekannt zu machen. Man muß bereit sein, selbst aus jeder Verhandlung zu lernen, muß auch das Beraten selbst erlernen und in der Aussprache mit den Beteiligten Dinge zu klären suchen, die ihnen vielleicht doch noch nicht klar waren. Das ist auch deshalb nötig, weil das Ideal dessen, was sich der Siedlungsinteressent wünscht, draußen in der Landschaft meistens nicht zu finden ist und es nun darauf ankommt, das Wichtigste gegen das abzuwägen, auf was notfalls verzichtet werden kann.

Das alles sei vorausgeschickt, wenn nun über die schönen Erfolge berichtet wird, die als unmittelbare Folge der Kanalisierung der Mittelweser erreicht worden sind, heute schon, wo das Werk kaum vollendet ist. Die Bemühungen um eine solche Fortentwicklung müssen aber mit Energie fortgesetzt werden, denn wenn große Summen aus öffentlichen Mitteln ausgegeben sind, dann hat jeder, dem es möglich ist, die Verpflichtung mitzuhelfen, daß das Ganze sich für die Volkswirtschaft lohnt. Diese Verpflichtung empfindet besonders der Weserbund, weil er die Kanalisierung am nachdrücklichsten betrieben hat und weil er, über die Grenzen der vier Anrainerländer der Weser hinweg, für die wirtschaftliche Entwicklung des gesamten Wesergebietes tätig ist.

Auch für den Fragenkreis „Industrieansiedlung" gilt dasselbe, was oben für die Verkehrsdiskussion um Wasserweg und Eisenbahn gesagt wurde: Wir heute sollten uns nicht einbilden, etwas Neues erkannt oder gefunden zu haben, was unsere Väter noch nicht gewußt hätten. Alle Gesichtspunkte, die heute für die werbende Wirkung von Wasserstraßen angeführt werden, waren schon lange bekannt und berücksichtigt. Der einzige Unterschied mag darin liegen, daß das Schwergewicht der mehreren Punkte mal bei dem einen und mal bei einem anderen zu finden ist und daß früher die theoretische Überlegung eine größere Rolle gespielt hat als die Erfahrung.

Das konnte gar nicht anders sein in einer Zeit, in der man gerade damit begann, Siedlungs- und Verkehrspolitik im heutigen Sinne zu betreiben. So hat die Abwanderung der Industrie aus den großen Städten auf das Land und dort an die Wasserstraße sicherlich nicht den Umfang erreicht, den man glaubte, erwarten zu können. Aber zugunsten der Wasserstraße darf gesagt werden, daß so mancher neu entstandene Betrieb wahrscheinlich auch noch in die Stadt gegangen wäre und die Ballung dort vermehrt hätte, wenn ihn die günstige Lage am Wasser nicht gelockt hätte. Daß Wasserstraßen das Entstehen von Ballungsräumen begünstigen, ist eine beliebte Behauptung der Gegner des Wasserstraßenbaues, die dadurch nicht richtiger wird, daß man sie ohne Beweis unverdrossen immer aufs neue ausspricht. Man möge einmal ansehen, einen wie geringen Einfluß die Wasserstraße auf große Industrie-Ballungsräume wie Hannover, Mannheim oder Kassel gehabt hat! Auch darf man nicht übersehen, daß ein Teil der Industrie, beispielsweise im Ruhrgebiet und am Niederrhein, in erster Linie das Wasser gesucht hat und erst daneben die Wasserstraße.

Schon um die Jahrhundertwende hat man sich mit dem „Industriestandort Wasserstraße" beschäftigt und alle bis dahin angestellten Überlegungen und Beobachtungen zusammengefaßt, als es um den Mittelland-Kanal ging. Es ist auch auf diesem Gebiet der große Anreger gewesen. Was damals gesagt wurde, ist eigenartigerweise für die Kanalisierung der Mittelweser niemals ernstlich ins Feld geführt worden, obwohl Bremen die besten Schulbeispiele an der Unterweser vor Augen hatte, wo auf einem Wege, den der große Lloyddirektor Wiegand vorgezeichnet hatte, ganz bewußt und mit großem Erfolg Siedlungspolitik mit Hilfe des Schiffahrtsweges betrieben worden war.

Als die Wasserstraßenvorlage vom Jahre 1904 für den Preußischen Landtag ausgearbeitet wurde, ging man auch der Frage nach, welche Auswirkungen auf die industrielle Siedlung erwartet werden könnten. Die damals an praktischen Beispielen möglichen Ermittlungen fanden ihren Niederschlag in einer Anlage zu der Vorlage, die fast alle Gesichtspunkte enthielt, die auch heute noch von Einfluß sind. Es ist da die Rede von billigem Bezug von Rohstoffen, billigem Versand der Erzeugnisse, billigem Grunderwerb, Erweiterungsmöglichkeiten, ohne daß große Kapitalien festgelegt werden müssen, ferner von guten und billigen Arbeitskräften aus dem umliegenden Lande, für deren Unterbringung leichter gesorgt werden kann als in den großen Städten, von gesunden Wohnungen mit Gartenland, von deshalb beständigen und seßhaften Arbeitskräften.

Der Eisenbahn wollte man diese Wirkung, die Industrie aufs Land zu leiten, kaum zuerkennen, sie eher für die Tendenz der Massierung in den Städten mitverantwortlich machen. Die Erfahrung schien das zu bestätigen, denn die Nähe der Bahnhöfe hat von jeher und auch heute noch Industrie angezogen. Es ist aber ganz sicher nicht richtig, hier eine Gegensätzlichkeit in der Wirkung von Wasserstraße und Bahn entdecken zu wollen. Die Entwicklung der Verkehrswege ganz allgemein hat es der Industrie überhaupt erst ermöglicht, auf das Land zu gehen. Und außerdem ist die Verkehrslage eines Betriebes immer nur einer der vielen Standortfaktoren, wie schon ausgeführt wurde. Man kann nur sagen — das aber auf Grund vieler Beispiele —, daß die siedlungsfördernde Kraft der Wasserstraße dann größer ist als die der Eisenbahn, wenn beide Verkehrsträger für den Siedlungsinteressenten in Betracht kommen und in Konkurrenz zueinander stehen.

Diese Erfahrung ist an der Mittelweser bis 1960 bei neuen Betrieben mit einem Gesamtvolumen an Investitionen von rund 800 Millionen DM bestätigt worden. Noch ehe die neue Wasserstraße fertig war, wurden diese großen Summen für neue Unternehmen am Wasser ausgegeben, für Unternehmen, die sich im Wesergebiet nicht niedergelassen hätten, wenn es die Kanalisierung der Mittelweser nicht gegeben hätte. Straßen und Eisenbahnen waren an allen Stellen seit vielen Jahrzehnten vorhanden. Sie haben diese Neusiedlungen nicht an sich zu ziehen vermocht, sondern allein die Weser.

Als es um die Begründung des Projektes der Kanalisierung der Mittelweser ging, hat der Weserbund das oft gebrauchte Argument der Wertsteigerung des an der neuen Wasserstraße liegenden Geländes nicht benutzt. Bei anderen deutschen Wasserstraßen hat es eine Rolle gespielt, und viele Einzelbeweise sind dafür angetreten worden. An der Mittelweser trifft das bis jetzt nur hier und da, in Hafengegenden selbstverständlich immer zu. Aber generell kann es noch nicht in diesen bestimmten Form gesagt werden.

Der Zusammenhang zwischen gewerblicher, insbesondere industrieller Siedlung mit der Verkehrsstraße der Mittelweser hat in dem siebenjährigen Kampf um die Kanalisierung vor 1952 natürlich in zahlreichen Verhandlungen und Einzelbesprechungen eine große Rolle gespielt. Daß erhebliche Seehafeninteressen durch die Mittelweser gefördert werden würden, konnte der Weserbund an Hand von Kostenberechnungen, Tarifvergleichen und Verkehrserfahrungen nachweisen. Viel schwieriger war es aber, den Gesprächspartnern darzulegen, daß die kanalisierte Mittelweser eben nicht nur Transportweg werden, sondern auch zur Entwicklung eines starken Wirtschaftsraumes beitragen solle.

Für diese Begründung des Vorhabens gab es keine Zahlenbeweise, ja, es konnte nicht einmal in Abrede gestellt werden, daß es in Deutschland, ebenso wie im Ausland, so manche künstliche oder ausgebaute Wasserstraße gibt, die auf lange Strecken nur Durchgangsverkehr besitzt, dagegen offenbar nicht fähig gewesen ist, wirtschaftliche Belebungen auszustrahlen. Die Gegner des Projektes der Mittelweser, noch mehr aber die zahlreichen Skeptiker, wiesen darauf hin, daß das Gebiet zwischen dem Städtegürtel von Hannover bis Osnabrück auf der einen Seite und den wirtschaftlichen Schwerpunkten an der Küste auf der anderen Seite wirtschaftlich leer sei, keine an der Wasserstraße interessierte Industrie aufweise und ebendeshalb die Mittelweser eine Durchgangsstraße würden bleiben lassen, teuer und von nur mäßigem Nutzen. Auch hier konnte man nicht bestreiten, daß das Gebiet zwischen Mittelland und Küste wirtschaftlich zurückgeblieben war. Man konnte sich nur dagegen auflehnen, diesen Zustand als unabänderliches Schicksal dieses Raumes hinzunehmen.

Der Weserbund hätte aber geradezu seine satzungsmäßigen Ziele verleugnen müssen, wenn er hier die Segel gestrichen und sich von dieser kühlen Skepsis hätte beeindrucken lassen. Es hat ihn geradezu herausgefordert, alles nur Mögliche zu versuchen, um an diesem Zustand etwas zu ändern, der für dieses immer mehr zurückbleibende Gebiet bedrohlich war, der aber auch für den Seehafen Bremen als Schwäche seines Hinterlandes immer fühlbarer wurde. Als man sich im August 1952 zur Gründungsversammlung der Mittelweser-AG niedersetzte, haben trotz aller Darlegungen des Weserbundes wohl nur wenige an die werbende Kraft der neuen Wasserstraße geglaubt, und kaum einer hat vor Augen gehabt, wie schnell sich dieses Argument Anerkennung verschaffen würde.

Von der Arbeit des Weserbundes

Dem Weserbund standen schon damals Erfahrungen zur Seite. Schon wenige Jahre nach dem Kriege hatte er es sich zur Aufgabe gemacht, für die wirtschaftliche Belebung des Wesergebietes von Nordhessen bis zur Wesermündung einzutreten. Die Mittel dazu waren die Unterrichtung der

Öffentlichkeit über die Grenzen des Wesergebietes hinaus darüber, was das Land um die Weser an Möglichkeiten zu bieten hat. Der Wasserweg der Weser war ein Argument, aber nur eines unter vielen. Es kam und kommt darauf an, diesen lange vernachlässigten, verkannten und oft ganz unbekannten Raum so weit in das Gespräch zu bringen, daß er von denen, die an einem neuen Unternahmen planen, überhaupt in die Überlegungen einbezogen wird. Eine geeignete, sachliche Werbung ist das Mittel, mit solchen Interessenten in Verbindung zu kommen.

Bei dieser Arbeit kamen Erfahrungen in der Seehafenwerbung zugute. Die Leitung des Weserbundes konnte sich auf persönliche Erfahrungen bei der Ansiedlung von Betrieben im Hafengebiet aus jahrelanger Arbeit in der bremischen Hafenverwaltung stützen. Die Bedeutung des feinen Zusammenspiels von Hafenverkehr und Wirtschaft, die ausstrahlende Kraft eines so vielfältig gegliederten Seehafens wie Bremen konnte in der Arbeit für das ganze Hinterland eingesetzt werden. Umgekehrt mußte aber auch in den Seehäfen der Weser um Verständnis für die Eigenbedeutung des Wesergebietes bei vielen geworben werden. Dieses Zusammenführen zweier „Partner", die vor langer Zeit einmal eng verbunden waren, sich dann aber etwas aus den Augen verloren hatten, wurde eine wichtige Vorbereitungsarbeit für die Kanalisierung der Mittelweser.

Als der große Bau begann, wurde die Mittelweser zum willkommenen und — wie sich gezeigt hat — wirksamen Werbemittel in der Arbeit des Weserbundes. Das, was heute an der Mittelweser geschaffen wird, kommt also dem gesamten Wesergebiet direkt in den verkehrlichen und wirtschaftlichen Auswirkungen, indirekt propagandistisch, ja sogar psychologisch zugute. In den Städten und Gemeinden des Gebietes um die Oberweser, um die Werra und Fulda ist wieder das Interesse für die Weser erwacht, der viele ihre Entstehung verdanken, an die aber in den vergangenen Jahrzehnten nicht immer gedacht worden ist. Von der Weser, die vor dem Kriege nicht einmal eine eigenständige Vertretung des Schiffahrtsgewerbes, einen Schiffahrtsverband, gehabt hatte, wurde wieder gesprochen. Zeitungen, Fachzeitschriften, Rundfunk, Film und Fernsehen berichteten von dem Wesergebiet. Das Gefühl der Zusammengehörigkeit, der „Schicksalsgemeinschaft Wesergebiet" wuchs, vom Weserbund besonders betont auf den alljährlich abgehaltenen „Wesertagen". Die Erfolge trösteten über das heimliche, bittere Empfinden hinweg, daß alle diese Arbeit ohne den Erfolg des 300-Millionen-Projektes der Kanalisierung längst nicht diese Resonanz gefunden hätte, obwohl sie auch dann notwendig gewesen und mit derselben Leidenschaft geleistet worden wäre.

Abb. 14. Die Architektur der Bauten hat auf die Flußlandschaft Rücksicht genommen. Wehr und Kraftwerk Landesbergen. (Bildquelle: Heinrich Heuer, Wasser- und Schiffahrtsdirektion Hannover.)

Der bisherige Erfolg dieser werbenden Kraft des Mittelweser-Projektes ist einmal das mit 800 Millionen DM zu beziffernde Volumen der Siedlungen an der neuen Wasserstraße (vgl. S. 131), also von Betrieben, die ihretwegen gekommen sind oder die nicht gekommen wären, wenn dieser Standortfaktor Binnenwasserstraße gefehlt hätte. Es ist aber auch so mancher Betrieb in das Wesergebiet gekommen, der zwar mit Wassertransport nichts zu tun hat, der aber auf das Wesergebiet durch die Werbung aufmerksam geworden ist und sich sonst für andere Gebiete der Bundesrepublik entschieden hätte. Solche Betriebe liegen im ganzen Wesergebiet, nicht nur, ja zum wenigsten im Raume der Mittelweser. Die Gründe für ihre Ansiedlung sind nur zum Teil bekannt geworden, so daß es nicht möglich ist, grundsätzliche Erkenntnisse der Standortwahl daraus herzuleiten. Es sind sicherlich sehr verschiedenartige Gründe, und es sei bei der Würdigung dieses Zuwachses an wirtschaftlichem Potential des Wesergebietes an das oben über den Standort Gesagte erinnert. Selbstverständlich kann nicht angenommen werden, daß alle diese Betriebe direkt durch die allgemeine Werbung gewonnen worden sind. Das wird sogar nur für einen kleinen Teil zutreffen. Aber diese Werbung für das Wesergebiet ist in viele Kanäle der Information gedrungen und pflegt oft zu wirken, ohne daß der Betreffende sich dessen bewußt ist. Aber willkommener Dienst am Ganzen ist es auch, wenn eine bewegliche Stadtverwaltung, ein aufmerksamer Ober-

kreisdirektor oder ein geschickter Gemeindedirektor auf hundert verschiedenen Wegen Siedlungs-
wünsche aufspürt und ihnen Rechnung zu tragen versucht. Diese fleißige und oft erfolgreiche Arbeit hat der Weserbund oft aus der Nähe verfolgen und ihr beratend zur Seite stehen können, weil
die Landkreise des Wesergebietes, die Städte und die größeren Gemeinden fast alle Mitglieder des
Weserbundes sind.

Schon eher ist es möglich, aus denjenigen Ansiedlungen grundsätzliches zu lernen, die die Wasserstraße der Mittelweser gesucht haben. Dabei interessiert die Frage — und sie ist gerade von Indu-
strie- und Handelskammern und auch von Behörden gestellt worden —, ob der Mittelweserraum
nun Standortvoraussetzungen biete, die für bestimmte Branchen, Produktionszweige oder Be-
triebsarten besonders anziehend sind. Man könnte diese Frage dahin erweitern, ob eines Tages
dieser Raum Mittelweser einen speziellen Wirtschaftscharakter annehmen werde.

Bis jetzt kann diese Frage noch nicht beantwortet werden. Sie wird aber kaum zu bejahen sein.
Das Gebiet wird wohl niemals ein Feld beispielsweise der Schwerindustrie oder der Lebensmittelindustrie oder anderer Spezialzweige werden. Nach dem ersten Weltkriege hat einmal die Hoffnung
eine Rolle gespielt, in Minden werde sich ein großes Eisenwerk ansetzen, welches seine Kohle aus
dem Ruhrgebiet oder über die Weser-Seehäfen, sein Erz aus Schweden oder über den Werra-Main-
Kanal aus Nord-Bayern beziehen und viele Nachfolgebetriebe in das Wesergebiet locken würde.

Ein solcher Spezialcharakter wäre aus Gründen der Raumordnung auch nicht erstrebenswert.
Willkommener ist eine möglichst bunte Mischung der Branchen und auch der Größen der Betriebe,
um eine möglichst gesunde und gegen Krisen abwehrstarke Struktur zu erreichen, wobei auch die
Landwirtschaft ihren Platz behaupten soll. Das an der Weser heute einzig Hervortretende ist, daß
das Wesergebiet ein Raum der Energiegewinnung schon geworden ist. Vom Edersee bis zur Unterweser haben 19 Wasser- und Wärmekraftwerke das Wasser und die Wasserstraße gesucht. Die heute
in Betrieb befindlichen Werke haben eine Produktion von rund 4,2 Milliarden Kilowattstunden im
Jahr. Besser kann die Rolle der Weser als Energiespender nicht veranschaulicht werden. Es bestehen fertig geplante Ausbaumöglichkeiten von Wasserkraftwerken, um weitere 663 Millionen Kilowattstunden an Eder, Fulda und Oberweser jährlich zu erzeugen.

An die Mittelweser sind in den letzten Jahren nach Baubeginn einige Unternehmen gekommen,
die Umschlag von Stück- und Massengütern und das Legergeschäft betreiben, und zwar für eigene
und fremde Rechnung. Ein anderes Unternehmen hat seine Anlage, die zunächst nur dem eigenen
industriellen Bedarf diente, im Umschlagsgerät wesentlich verstärkt und arbeitet damit jetzt auch
für Nachbarbetriebe, ist also praktisch eine öffentliche Umschlagstelle für Massengut geworden.
Zwei weitere Umschlag- und Lagerungsbetriebe befinden sich zur Zeit in der Planung. Der eine von
ihnen wird einen alten Hafenplatz der Mittelweser wieder beleben, der früher eine gewisse Bedeutung hatte, im Laufe der letzten Jahrzehnte aber fast stillgelegen hat. Die Gründe für die Standortwahl dieser Unternehmen sind klar: Es geht ihnen um die Verkehrslage, um die Befriedigung des
Bedarfs an Umschlaggelegenheit der Industrie, des Gewerbes und der Landwirtschaft, hier besonders um den Umschlag von Düngemitteln, Saatgut, Baumaterial, Lager- und Trocknungs-
möglichkeiten für inländisches Getreide und andere landwirtschaftliche Güter.

Firmen, die Baumaterial für Hochbauten und für den Bau von Straßen herstellen, haben sich
angesiedelt mit der Begründung, auf günstigem Gelände, an der Wasserstraße, in der Mitte zwischen großen Bedarfsgebieten im Süden und Norden, mit der Möglichkeit billigen Antransportes des
Rohmaterials gut arbeiten zu können.

Unternehmen, die sich der Herstellung von Papier, Pappe und anderen Verpackungsmitteln
widmen, geben als Gründe für die Standortwahl an: Verkehrslage an der Wasserstraße, besonders
hoher Wasserbedarf, Möglichkeit zur Abführung großer Mengen geklärten Abwassers. Die Versorgung mit Wasser, in der Qualität guten Trinkwassers, mit gewöhnlichem Flußwasser für Reini-
gungsvorgänge und Kühlzwecke und die Ableitung von Abwasser mit Hilfe der fließenden Weser
sind Gesichtspunkte, die eine Reihe anderer Betriebe als Hauptgründe für ihre Ansiedlung angeführt hat. Das gilt für Unternehmen der Lebensmittelindustrie ebenso wie für solche der Schwerindustrie. Überhaupt ist es eine Erfahrung des Weserbundes aus den fast wöchentlichen Besprechungen mit Siedlungsinteressenten, daß die Fürsorge für die Bereitstellung von Wasser in ausreichender Qualität und Menge gar nicht ernst genug genommen werden kann. Das ist auch der
Grund, weshalb sich der Weserbund den Bestrebungen der Fachorganisationen der Wasserwirtschaft so eng verbunden fühlt.

Für alle Unternehmen, die sich im Bereich der Mittelweser in den letzten Jahren angesiedelt
haben, gelten die oben schon erwähnten allgemeinen Gesichtspunkte, wie Verkehrslage, geeignete
Arbeitskräfte, gute soziale Verhältnisse durch Wohnung, Schule, Fach- und Berufsschule, Kranken-
hausnähe, Gartenland usw., ferner Nähe der Seehäfen der Unterweser, günstiges Gelände, gute
Energieversorgung u. a. Da diese Gruppe der allgemeinen Gesichtspunkte offensichtlich die größere

Rolle spielt als die Spezialwünsche, kann behauptet werden, daß das Mittelwesergebiet gutes Neuland für beinahe alle Industrien ist. Mögen manche speziellen Wünsche in einer großen Stadt besser befriedigt werden können, so stehen dort doch auch beträchtliche Nachteile gegenüber, die draußen in dieser freundlichen, offenen und gesunden Landschaft des Wesertales nicht zu befürchten sind. Weil wir heute mehr Erfahrung haben als unsere Großväter, weil uns die Erkenntnisse der Raum- und Landesplanung zur Verfügung stehen, werden wir in der Lage sein, diese Landschaft auch bei wesentlich intensiverer industrieller Besiedlung so gesund und reizvoll zu erhalten, daß das Gesamtbild schön bleibt, ja, sogar noch Belebung und günstige Kontraste erhält.

Vor wenigen Jahren, als das Interesse für gewerbliche Siedlung im Mittelwesergebiet sich geltend zu machen begann, wurde in Besprechungen mit Kreisen der Landwirtschaft nicht selten die Frage aufgeworfen, ob sich industrielle und landwirtschaftliche Entwicklungen miteinander vertragen würden, ob nicht ein gewisser Widerspruch stören werde und ob die Landwirtschaft, trotz der gewährten großen Ausgangshilfe durch das wasserwirtschaftliche und landeskulturelle Bauprogramm, nicht doch um ihre Möglichkeiten besorgt sein müsse.

Niemand wird die Veranlassung für solche Fragen übersehen können. Deshalb wurde dieses Thema wiederholt in Kreisen des Weserbundes, auch bei Wesertagen, vor aller Öffentlichkeit zur Diskussion gestellt. Außerdem ist der Weserbund von Fall zu Fall dieser Frage mit aller Gründlichkeit nachgegangen. Dabei hat sich ergeben: Was die neuen industriellen Betriebe an Grund und Boden in Anspruch genommen haben, ist verhältnismäßig unbedeutend und wird schon dadurch aufgewogen, daß die Kaufkraft der Bevölkerung in den neuen Arbeitsstellen wächst oder gar neue Kaufkraft hinzukommt, weil die Betriebe im allgemeinen besondere Fachkräfte oder einen gewissen Stamm von Personal mitzubringen pflegen. Für den Schutz der Gewässer, ob es sich nun um Oberflächenwasser oder um Grundwasser handelt, werden die gesetzlichen Handhaben stetig verbessert. Es sei hier besonders an die jüngste Gesetzgebung des Bundes und der Länder erinnert. Daß diese Schutzbestimmungen auch angewendet werden und wie gut sie sich auswirken, zeigen die umfangreichen und oft nicht billigen, schließlich aber doch auch für den Betrieb wirtschaftlichen Einrichtungen, die zur Auflage gemacht wurden. So zieht beispielsweise ein großes Unternehmen, das sich kürzlich im Wesergebiet angesiedelt hat, über 90% der verursachten Verschmutzung aus dem Wasser wieder heraus und verwertet diese Bestandteile wieder im Betrieb.

Gegen die Hauptsorge der Landwirtschaft, die mögliche Änderung des Lohnniveaus durch Industriearbeit, ist zu sagen, daß das Gebiet der Mittelweser seit Jahrzehnten der Saugkraft industriestarker Räume im Süden und Norden ausgesetzt ist. Wie sehr diese Kraft wirkt, zeigen die täglichen Ströme von Arbeitern und Angestellten, die aus dem flachen Land in die großen Städte fließen. Diese nach vielen Tausenden zählenden Menschen kommen für die Landwirtschaft ihres Heimatgebietes längst nicht mehr in Frage. Die Heimatorte können nur den Wunsch haben, diese Menschen innerhalb ihrer Mauern zu beschäftigen, d. h. in ortsansässigen neuen Betrieben unterzubringen, um die eigene Wirtschaftskraft zu erhöhen, vor allem aber, um diese meistens besonders wertvollen Kräfte nicht endgültig abwandern zu lassen. Denn die Beschäftigung in den großen Städten führt nicht selten zu dem Wunsch, die beschwerliche tägliche An- und Abfahrt einzusparen und sich in der Stadt niederzulassen. Im übrigen hat sich gezeigt, daß diese Industriebetriebe in den ländlichen Gegenden die anfänglich befürchteten Wirkungen auf das Lohngefüge bei weitem nicht ausüben. Berufene Vertreter der Landwirtschaft und der Landwirtschaftsverwaltungen haben denn auch eine Einstellung vertreten, die als durchaus industriefreundlich bezeichnet werden kann.

Hier ist noch einmal besonders darauf hinzuweisen, daß die Ansiedlung neuer Unternehmen für die betreffende Gemeinde nicht etwa ein Ausdruck kommunalen Ehrgeizes oder eine kostspielige Liebhaberei ist, sondern daß die bittere Notwendigkeit hinter diesen Bestrebungen steht. Eine Gemeinde, die wenig Gewerbe hat und die sich ganz auf die Landwirtschaft stützen muß, ist heute nicht mehr in der Lage, den Anforderungen gerecht zu werden, die die Bevölkerung auf dem Gebiet der Hygiene und in sozialer Hinsicht stellt und stellen muß. Es gibt im Wesergebiet mehrere Beispiele dafür, wie ein Ort sein Aussehen zum Vorteil verändert, sobald er auf die Steuereinnahmen von einem neuen Unternehmen zurückgreifen kann. In einem Falle hat sich der Etat einer Gemeinde auf diese Weise auf das Vierfache erhöht.

Durch Verbesserungen im Straßen- und Wegebau, durch Kanalisation, Verschönerungen des Ortsbildes, Einrichtungen für die Krankenpflege, Büchereien, durch die Möglichkeit, einige Mittel für die Werbung bereitzustellen, und durch manche sonstige Erhöhung der finanziellen Beweglichkeit der Gemeindeverwaltung gewinnt der Ort an Interesse für den Reiseverkehr, der wiederum den Gaststätten und dem Einzelhandel förderlich ist. Es besteht deshalb nach der Erfahrung auch eine gute Beziehung zwischen wirtschaftlicher Belebung und Fremdenverkehr. Der zweitgrößte deutsche Seehafen, Bremen, hat immer darunter gelitten, daß er ein zu schwaches verkehrsnahes

Hinterland hat. Die „wirtschaftliche Leere des Raumes zwischen Mittelland und Küste" hatte sich der Weserbund einmal zum Thema eines Wesertages erwählt, um nicht zuletzt die Kreise des Seehafens selbst auf das Gebot aufmerksam zu machen, hier mitzuhelfen, damit die Stagnation überwunden werde. Was jetzt an wirtschaftlicher Belebung im weitesten Sinne im Gebiet der Mittelweser geschieht, das geht Bremen unmittelbar an, und zwar auch dann, wenn der einzelne neue Betrieb nicht über den Seehafen importiert oder exportiert, ja sogar auch dann, wenn keine Handels- oder Finanzbedingungen zu Bremen bestehen. Immer wird ein wirtschaftlich ausgewogenes, gesundes, kaufkräftiges und aufnahmebereites Hinterland für den Seehafen eine Stütze sein. Dasselbe gilt für die bremischen Häfen in Bremerhaven.

Die Mittelweser als Verkehrsweg

Von Bremen aus ist die Kanalisierung der Mittelweser natürlicherweise immer als eine Hilfe für den Seehafen gesehen worden. Zwar sind die anderen Gesichtspunkte des Projektes, wie die wasserwirtschaftlichen und landeskulturellen Verbesserungen, die wirtschaftliche Belebung, der Gewinn elektrischer Energie und der Hochwasserschutz, auch in Bremen sogleich erkannt und anerkannt worden; aber das Interesse an dem Verkehrsweg Mittelweser ist doch stets der ausschlaggebende Beweggrund gewesen, sich für das Werk einzusetzen und schließlich große Geldopfer dafür zu bringen.

So selbstverständlich, wie es dem Fachmann des Verkehrs erscheint, war dieses Interesse Bremens aber den anderen Bürgern der Hansestadt keineswegs. Vor Jahrzehnten, als man von der Mittelweser zu sprechen begann, nahmen nur wenige Anteil. Nur allmählich gewann der Plan im Bewußtsein der Stadt Raum. Das konnte gar nicht anders sein in einem Seehafen, der wie kein anderer des europäischen Festlandes sich in Bau und Betrieb auf die Eisenbahn eingestellt hatte. Die Binnenschiffahrt, einst für Bremen von großer Bedeutung, hatte ihr Feld in der zweiten Hälfte des vorigen Jahrhunderts im Bremer Hafenverkehr weitgehend an die Bahn verloren und hat erst in jüngster Zeit wieder aufgeholt. Ähnliche Mühe hat der Lastwagen gehabt.

Noch 1936, als die Weser schon zwei Anschlüsse an das übrige deutsche Wasserstraßennetz durch den Mittelland-Kanal und den Küsten-Kanal hatte, betrug der Umschlag der Binnenschiffahrt in den bremischen Häfen erst 2,75 Millionen Tonnen. Für das Jahr 1960 sind aber 7.387 Millionen Tonnen gezählt worden. Das ist im Vergleich zu anderen großen Seehäfen Europas eine relative Steigerung, die ohne Beispiel ist und wie eine Revolution in den Zubringerverkehren aussieht. Sie ist aber keine Umschichtung, etwa zu Lasten der Eisenbahn, sondern es ist das längst fällige Ausnutzen bisher brachliegender Möglichkeiten.

Nach den statistischen Unterlagen kann gesagt werden, daß in Bremen die Binnenschiffahrt in den letzten Jahren die Entwicklung des Seegüterumschlags mitgemacht hat. Die Zahlen des Seegüterverkehrs sind fast im gleichen Maße gewachsen wie die des Binnenschiffsverkehrs. ein Zeichen dafür, daß der Seehafen endlich auch der entsprechende Binnenhafen geworden ist.

Es ist für das ganze Wesergebiet ein glücklicher Umstand — und die Weser ist. wie diese Arbeit zeigt, bisher vom Glück nicht gerade verwöhnt worden —. daß die Kanalisierung der Mittelweser in dem Zeitpunkt fertig wurde, in dem Bremen mit dem Bau neuer Seehäfen begann. Denn nun wird endlich die enge Verbindung von Schiffahrt über See und Schiffahrt ins Binnenland Bedeutung gewinnen, die in der Vergangenheit zum Nachteil beider so lange gefehlt hat.

Das gilt für die bremischen Hafengruppen Bremen-Stadt und Bremerhaven. Das gilt aber auch für die anderen Seehäfen der Unterweser. Die Seehäfen Elsfleth. Brake und Nordenham haben durch neue Unternehmen im Wesergebiet bereits zusätzlichen Massengutverkehr bekommen. Bei ihnen war übrigens vor Jahren eine gewisse Besorgnis zu spüren, ob durch die Bemühungen um die Mittelweser das Interesse des Weserbundes für den Ausbau des Küsten-Kanals nachlassen könnte. Diese Besorgnis war unbegründet, denn der Weserbund hätte Pflichten versäumt. wenn er das Bedürfnis für die Weiterentwicklung dieser nach wie vor notwendigen Wasserstraße übersehen hätte. In engster Fühlung mit der Wasser- und Schiffahrtsdirektion Bremen sind die Dinge in aller Stille vorangetrieben worden. und es hat sich dabei gezeigt. daß es Gegensätze in den Verkehrsauffassungen zwischen Oldenburg und Bremen nicht zu geben braucht. Zum Wesergebiet können schon deshalb keine Gegensätze bestehen. weil die Interessen in allen wesentlichen Zielen übereinstimmen, wie sich in der engen Zusammenarbeit innerhalb des Weserbundes immer gezeigt hat.

Die bleibende Bedeutung des Küsten-Kanals ergibt sich allein aus den Verkehrszahlen. die Relationen betreffen, in denen die Mittelweser keinen oder nur im Notfalle Ersatz bieten kann. Im Jahre 1959 haben allein in der Verkehrsrelation, die immer den Weg über den Küsten-Kanal benutzen wird, nämlich im Verkehr zwischen dem Dortmund-Ems-Kanal nördlich von Bergeshövede (Einmündung des Mittelland-Kanals) und der Unterweser in beiden Richtungen etwa 3000 Schiffe und Schlepper diesen Weg genommen und rund 900000 Tonnen Ladung befördert. Es wählen aber noch Schiffe anderer Relationen auch in Zukunft den Küsten-Kanal, weil sie dafür eine Reihe von besonderen Gründen haben. Im Jahre 1959 sind allein 707 leere Schiffe mit rund 500 000 Tonnen Tragfähigkeit im Seehafenausgleich von der Unterweser nach Emden gefahren.

Es hat sich im Verhältnis der Weserinteressen zum Küsten-Kanal nichts geändert seit der Zeit, in der der große Lloyddirektor Dr. Wiegand für ihn eingetreten ist. In einer Versammlung der Freien Vereinigung der Weserschiffahrts-Interessenten, der Vorgängerin des Weserbundes, in Hannover am 16. Februar 1907 hielt Wiegand einem Redner, der von Gefahren für die Weser durch den geplanten Kanal sprach, in längeren, energischen Ausführungen entgegen, daß jede neue Verkehrsverbindung der Weser immer zum Nutzen gereichen werde und es für Bremen und das Wesergebiet keine größere Gefahr gebe, als die notwendige Ausweitung des Einzugsgebietes zu vernachlässigen.

In einer der insgesamt acht Denkschriften, die der Weserbund für die Kanalisierung der Mittelweser angefertigt hat, war 1950 der Versuch unternommen worden, die künftige Verkehrsbedeutung der Mittelweser an Hand von Tarifvergleichen, Verkehrsbeobachtungen und anderen Hilfsmitteln vorauszusagen. Diese Berechnungen waren unanfechtbar, soweit sie von dem damaligen Status der

Abb. 15. Die seit siebzig Jahren erstrebte Wasserstraße ist endlich vollendet! Die Schleuse der Stufe Drakenburg. (Bildquelle: Heinz Koberg, Hannover. — Luftbild-Freigabe: Niedersächsischer Minister für Wirtschaft und Verkehr, Hannover, Nr. Ko/147/16.)

Tarife und Schiffsfrachten ausgingen. Eine erhebliche Verkehrsbedeutung der neuen Wasserstraße ergab sich aus den Vergleichen. Niemand aber konnte voraussagen, sondern höchstens erhoffen, wieviel neuer Verkehr allein durch die wirtschaftliche Belebung des Mittelwesergebietes entstehen würde. Er machte schon 1960 mehr als eine halbe Million Tonnen aus, und er wird in kurzer Zeit noch mehr erbringen.

Die Berechnungen für den Durchgangsverkehr können heute, nach zehn Jahren, nicht mehr gelten, weil sich das Tarifgefüge verschoben hat, aber auch die Wirtschaftsbeziehungen der verladenden Gebiete andere geworden sind. Diese haben sich zwar an der Mittelweser wegen der Dynamik des Seehafenverkehrs, der der große Auftraggeber der Binnenschiffahrt ist, in besonderem Maße verschoben; aber Veränderungen beträchtlichen Umfangs treten überall in so langen Zeiträumen ein. Und da der Bau von Wasserstraßen mit Vorbereitung und Ausführung immer längere Zeit dauert, sind Voraussagen des künftigen Verkehrs bei jedem Projekt zweifelhaft. Bei der Mittelweser hat sich bis heute gezeigt, daß erwartete Transportmengen wahrscheinlich hier geringer, dort größer sein werden oder schon sind, als damals geschätzt wurde. Die Transportleistung der im Wesergebiet tätigen Binnenschiffahrt ist im ganzen so angestiegen, wie es 1950 kaum erwartet werden konnte. Damals betrug die Jahresleistung 4,1 Millionen Tonnen, heute liegt sie über 10 Millionen Tonnen. 1950 hatten die bremischen Häfen einen Binnenschiffsverkehr von 24 229 Fahrzeugen, 1959 waren es 40 001.

In demselben Maße, in dem der Binnenschiffahrt durch die kanalisierte Mittelweser das Geschäft und seine Durchführung erleichtert werden infolge der Auslastung der Fahrzeuge, der schnelleren Fahrt und der besseren Dispositionsmöglichkeiten, hat die verladende Wirtschaft Vorteile der Frachtverbilligung, der größeren Pünktlichkeit und Zuverlässigkeit. In demselben Maße aber gewinnen die Seehäfen der Weser. Sie gewinnen nicht nur an Verkehr, sondern auch an Stetigkeit der Beziehungen, an Reichweite des Einflusses und an vielseitiger Unterstützung durch die wachsende Wirtschaftskraft des ganzen Wesergebietes.

Schluß

Dieses so lange vernachlässigte Wesergebiet empfindet alles, was nun geschehen ist, als einen großen Beginn. Die Kräfte, die nun durch die Mittelweser geweckt werden, schlummern auch in dem nach Hilfe rufenden Raume der Oberweser zwischen Nordhessen und Minden. Dieses Gebiet im Herzen Deutschlands darf nicht vergessen werden. Es darf auch nicht hinter europäischen Anliegen zurückstehen!

In dieser Zeit geht das seit siebzig Jahren erstrebte, oft verzweifelt umkämpfte Projekt Mittelweser seiner Vollendung entgegen, ein Werk, das für Generationen Nutzen und Fortschritt bringen wird. Für Wasser- und Strombau, für Wasserwirtschaft und Landeskultur, für Kraftwerke und vielfältige wirtschaftliche Siedlung werden Summen im Gesamtbetrage von fast einer Milliarde aufgewendet. So schwer es gewesen ist, diese große Entwicklung auszulösen, so selbstverständlich wird alles eines Tages erscheinen. Es wird dann nicht mehr erkennbar sein, daß es ein Projekt besonderer Art war, mit seinen vielen Beziehungen zur Landschaft, zu den Seehäfen und zum Binnenland, nicht vergleichbar mit irgendeinem anderen Wasserstraßenbau. Möge es nicht nur wirtschaftlichen Nutzen bringen, sondern auch die Lehre erteilen, daß die gemeinschaftliche Lösung einer großen Aufgabe alle Gegensätze aufzuheben und alle Hindernisse zu überwinden vermag!

Schrifttum

Akten des Senats der Freien Hansestadt Bremen über die Kanalisierung der Mittelweser, den Mittelland-Kanal und den Hansa-Kanal sowie über Seehafenverhandlungen mit Hannover und Oldenburg.

Bleibtreu, Ernst: Welchen Weg muß eine Nord-Süddeutsche Wasserstraße nehmen? Studie über die wirtschaftliche Notwendigkeit eines Großschiffahrtsweges vom Main-Donau-Kanal zur Saale und Elbe. Altona-Bahrenfeld 1926.

Bubendey, Prof. Dr.-Ing., Geheimer Baurat, Wasserbaudirektor, Hamburg: Die Wasserstraßenentwürfe für Mitteleuropa und ihre Beziehungen zu den deutschen Seeschiffhäfen. Jahrbuch der Hafenbautechnischen Gesellschaft. Bd. 1 (1918), S. 45.

Duckwitz, Richard: Aufstieg und Blüte einer Hansestadt. Von bremischer Leistung in der Welt. Bürgermeister Barkhausen und seine Zeit. Bremen 1948.

Flügel, Heinrich (von 1921 bis 1940 verdienstvoller Geschäftsführer des Weserbundes): Die deutschen Welthäfen Hamburg und Bremen. Jena 1914.

Franzius, Otto (zusammen mit Buchholz und Heinze): Die Wasserwege Niedersachsens. Veröffentlichungen der Wirtschaftswissenschaftlichen Gesellschaft zum Studium Niedersachsens e. V., Heft 8. Hannover 1930.

Höch, O., Oberbaurat in Hamburg: Die Wasserstraßenverbindungen zwischen Nord- und Süddeutschland. Zeitschrift für Binnenschiffahrt 1921, S. 183.

Jahresberichte der Handelskammer zu Hamburg.

Die Kanalisierung der Mittelweser von Minden bis Bremen. (Verfasser: Dr. Karl Löbe). Verein zur Wahrung der Weserschiffahrtsinteressen e. V. (heute: Weserbund e. V.). Bremen 1950. Bremen braucht Binnenhäfen. (Denkschrift für den Bau neuer Seehäfen auf dem linken Weserufer.) Bremen 1957.

Petzet, Arnold: Heinrich Wiegand. Bremen 1932.

Plate, Ludwig: Der Hansa-Kanal (Industrie-Seehäfen-Kanal). Sonderdruck aus „Werft — Reederei — Hafen". Berlin: Springer, III. Jahrgang (1922), Heft 7.

Rehder, P., Dr.-Ing., Oberbaudirektor, Wasserbaudirektor: Der Nord-Süd-Kanal und das zukünftige Mitteldeutsche Kanalnetz zwischen Weser und Elbe mit Anschlüssen an die Donau und Oder und an den Main und Rhein. Lübeck 1918.

Die Vollendung des Mittelland Kanals. Untersuchungen über eine zweckentsprechende südliche Linienführung, ihre volks- und kriegswirtschaftliche Bedeutung. Selbstverlag der Vereinigung zur Förderung der südlichen Linie des Mittelland-Kanals. Braunschweig 1918. (Untersuchungen über den Hauptkanal, die Stichkanäle nach Hildesheim und Halberstadt, den Verbindungskanal zur Saale, die Saale-Kanalisierung und den Elster-Saale-Kanal.)

„Die Weser", Zeitschrift des Weserbundes e. V., herausgegeben in Bremen. (Die Zeitschrift hat seit ihrer Begründung im Jahre 1922 über das Thema berichtet, besonders ausführlich seit 1948. Der Weserbund mußte nach 1934 vorübergehend den Namen „Verein zur Wahrung der Weserschiffahrtsinteressen e. V." annehmen.)

Die Rohölumschlagsanlage in Wilhelmshaven

Von Dr.-Ing. Günter Clemens, Wilhelmshaven

Wenn man sich mit der Rohölumschlagsanlage in Wilhelmshaven befaßt, taucht zuerst immer wieder die Frage auf, warum gerade Wilhelmshaven als Ausgangspunkt einer Rohölleitung in das Rhein-Ruhr-Gebiet gewählt worden ist. Bei einer Betrachtung der Entfernung zwischen dem Hafen und den Raffinerien hat Wilhelmshaven auf den ersten Blick eindeutig den Nachteil der längeren Leitung. Es müssen also andere Gründe gewesen sein, die für Wilhelmshaven gesprochen haben.

A. Wilhelmshaven als Ausgangspunkt einer Rohölleitung

1. Gegebenheiten der Jade

Bei der Planung einer solchen Leitung mußten selbstverständlich vom wirtschaftlichen Gesichtspunkt her alle Möglichkeiten eingehend geprüft werden, um eine derartig schwerwiegende Entscheidung zu fällen. Bei diesen Untersuchungen, die bis weit in das Jahr 1955 zurückreichen und die sich auf viele in- und ausländische Nordseehäfen erstreckt haben, schälte sich für Wilhelmshaven eine sehr wesentliche Tatsache heraus:

In der Zufahrt nach Wilhelmshaven im Jade-Fahrwasser war seit 1940, hervorgerufen durch den Krieg, nicht mehr gebaggert worden. Trotzdem sah die Zufahrt immer noch sehr günstig aus. Abgesehen von einigen Stellen, die bei Niedrigwasser noch eine Tiefe von 10 m aufwiesen, war die Zufahrt im allgemeinen wesentlich tiefer. Angespornt durch diese Tatsache wurden die schiffahrts- und wettertechnischen Bedingungen in der Jade näher untersucht.

Aus strategisch durchaus verständlichen Gründen hatte man früher seitens der militärischen Stellen darauf Wert gelegt, nach Wilhelmshaven eine Zufahrt von mindestens 1000 m Breite bei einer genügenden Tiefe zu erreichen und auch zu erhalten, was niemals ganz geglückt ist. Bei der zivilen Schiffahrt entfallen diese strategischen Gründe völlig, so daß die zivile Schiffahrt, und hier vor allen Dingen die Tankerschiffahrt, mit einer Zufahrtsbreite von etwa 300 m völlig auskommen kann. Eine Untersuchung der damals noch vorhandenen Tiefen zeigte deutlich, daß unter Aufwendung von Mitteln, die der Summe nach zwar groß, im Vergleich zu den notwendigen Aufwendungen bei anderen Häfen aber gering sind, eine Zufahrt von 12 m Tiefe geschaffen werden konnte.

Nachdem in großen Zügen diese Tatsachen feststanden, wurden weitergehende Einzeluntersuchungen für das Jade-Fahrwasser durchgeführt. Dabei traten die nachfolgenden Erkenntnisse zutage, die für die Entscheidung der Ölgesellschaften, nach Wilhelmshaven zu gehen, mit ausschlaggebend waren:

a) Der Jadebusen ist eine Meeresbucht und keine Flußmündung. Wenn an der engsten Stelle dieser Bucht eine Löschbrücke errichtet würde, dann wäre nicht mit einer Versandung oder einer Verschlammung zu rechnen.

Mikroskopische Untersuchungen des Meeresbodens an dieser Stelle durch das Franzius-Institut der Technischen Hochschule Hannover zeigten, daß die entnommenen Proben zackig und scharf waren. Daraus konnte der Schluß gezogen werden, daß der Meeresboden durch Ebbe und Flut nicht bewegt wird, da sonst eine runde und abgeschliffene Form des Sandes die Folge gewesen wäre. Abgesehen von einer biologischen Bildung von Schlamm, hervorgerufen durch Pflanzenwuchs, zeigte sich eine völlige Schlammfreiheit an der für die Brücke vorgesehenen Stelle. Beim Zufluß von Süßwasser, das spezifisch leichter als das Salzwasser der See ist, wird das Seewasser laufend verdünnt und verliert dadurch an Tragfähigkeit. Die Folge davon ist, daß die in jedem Seewasser vorhandenen feinen Schwebestoffe nicht mehr schwimmfähig sind und absinken und dadurch den Schlamm bilden. Der Jadebusen hat jedoch keinen nennenswerten Süßwasserzufluß, und er hat infolgedessen auch nicht die bei Strömen immer wieder zu beobachtende Schlickbildung in Form von Barren oder auch allgemeine Schlammbildung in der Zone des Brackwassers.

b) Die Zufahrt durch den Jadebusen bis zur Rohölumschlagsanlage ist verhältnismäßig gerade, so daß auf der Revierfahrt kaum große Kursänderungen der Schiffe durchzuführen sind. Vor allen Dingen bei der Nacht- und Nebelfahrt ist das ein ungeheurer Vorteil.

Auch der verhältnismäßig geringe Verkehr auf der Zufahrt konnte für die Tankschiffahrt nur günstig sein. Wenn auch in Zukunft bei einer weiteren Entwicklung des Hafens von Wilhelmshaven der Verkehr zunehmen wird, so dürfte das doch niemals die Ausmaße erreichen, wie das heute bei anderen Häfen schon der Fall ist. Wilhelmshaven wird sich auf Grund seiner natürlichen Gegebenheiten wahrscheinlich immer in Richtung des Massenumschlags mit großen Schiffen entwickeln. was zwangsläufig eine kleinere Ankunftszahl zur Folge hat.

c) Der Schutz der Schiffe gegen Wind und Wellen ist in jeder Weise gewährleistet. Die beigefügte Abb. 1 vermittelt ein Bild von der Lage der Brücke in der Jade sowie von der Umschlagsanlage.

Bei Tankschiffen spielt der Wind und damit die Beeinflussung des Schiffes durch Windkräfte wegen des großen Tiefganges der Schiffe eine untergeordnete Rolle. Wichtig dagegen ist der Wellengang, dem die Schiffe ausgesetzt sind. Es war deshalb zu untersuchen, inwieweit sich auch bei ungünstigen Wetterverhältnissen ein erheblicher Seegang oder eine Dünung entwickeln könnten. Betrachtet man die einzelnen Windrichtungen, so sind in allen Fällen die für die Ausbildung eines starken Wellenganges oder einer erheblichen Dünung gegebenen Voraussetzungen zu klären. Im Osten liegt das Butjadinger Land davor. von Süden ist überhaupt keine Ausbildung eines Wellenganges möglich, im Westen ist die Küste unmittelbar vorgelagert und im Norden liegen die „Sande" zusammen mit der Mellum-Plate vor der Anlage. Damit ist die Möglichkeit unterbunden, daß sich schwerer Wellengang und im Gefolge davon auch eine schwere Dünung ausbilden können. Die jemals beobachteten Wellenhöhen waren nach Auskunft aller Sachverständigen nie höher als 1,00 bis 1,20 m. Eine solche Höhe hat aber, abgesehen von der verhältnismäßig kurzen Wellenlänge. überhaupt keinen Einfluß auf die Bewegung der Tankschiffe.

Tatsächlich haben die Betriebserfahrungen, die nunmehr in zwei Jahren gesammelt worden sind, die damaligen Überlegungen in vollem Umfange und in jeder Beziehung

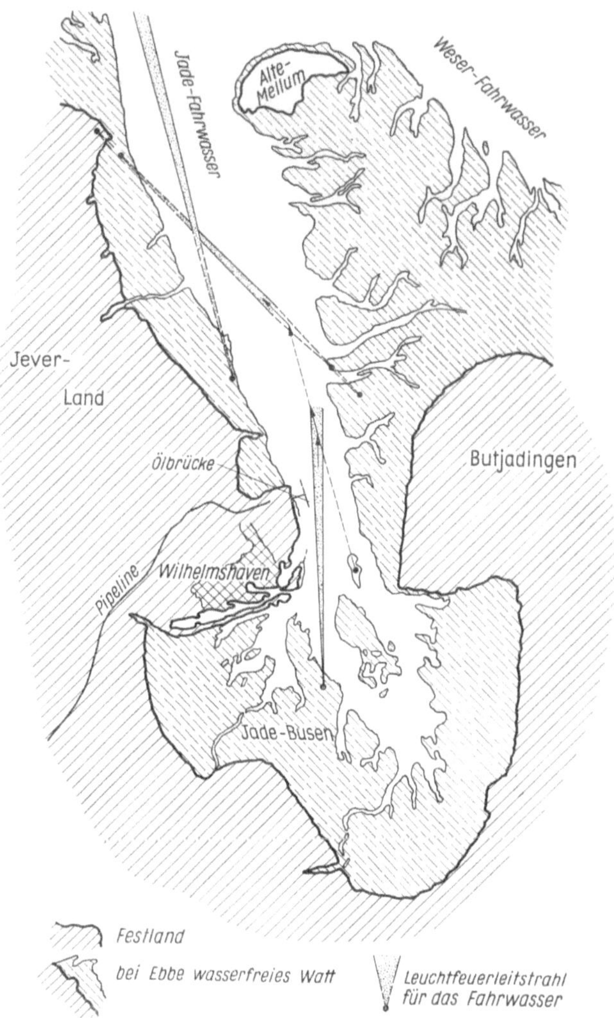

Abb. 1. Lage der Brücke in der Jade

bestätigt. Die geschützte Lage war jedenfalls auch ein Grund für die Wahl von Wilhelmshaven. obgleich man bei oberflächlicher Betrachtung der Brücke sehr leicht zu dem Schluß kommen kann, daß sie in der offenen See errichtet worden ist (s. Abb. 2).

d) Salzwasser-Eis hat eine bedeutend geringere Festigkeit als Süßwasser-Eis. Da Süßwasser nicht vorhanden ist, ist auch nur mit der Bildung von Salzwasser-Eis zu rechnen. Wegen seiner geringeren Festigkeit wird dieses niemals die Drücke und die Gefahren heraufbeschwören. die bei Süßwasser-Eis auftreten. Hinzu kommt, daß unter Beachtung des durch Messungen festgestellten Stromverlaufs des Wassers im Jadebusen die Brücke parallel zum Strom gelegt werden konnte, so daß große Eisverschiebungen und -versetzungen nicht zu erwarten sind. Auf die zu erwartenden Eisdrücke wurde bei der Konstruktion der Brücke Rücksicht genommen.

Abb. 2. Tankerlöschbrücke und Zufahrtsbrücke

e) Auch bei Nacht und Nebel bot sich Wilhelmshaven besonders an, da die Lage der Brücke einen ausreichenden Warteraum für große Schiffe mit guten Drehmöglichkeiten sicherstellte. Dadurch wurden lange Wartezeiten, hervorgerufen durch Sturm, Nebel oder Überlastung der Zufahrtswege, weitgehend ausgeschlossen.

f) Schließlich kam die Tatsache hinzu, daß — geschützt durch einen guten Deich — direkt am Jadebusen ein ideales, jungfräuliches Gelände für die Errichtung einer Umschlagsanlage zur Verfügung stand; ein Gelände, groß genug, um auch für den Ausbau in späteren Jahren und für die Aufnahme von Tanks für die verschiedensten Rohölsorten genügend Möglichkeiten zu bieten (s. Abb. 3).

2. Überlegungen zur Leitungsführung

Alle diese Vorteile mußten aber immer wieder mit den Nachteilen einer längeren Leitung in das Rhein-Ruhr-Gebiet abgestimmt werden. Es war selbstverständlich, daß in dieser Beziehung Rotterdam mit einer kürzeren Leitung in starke Konkurrenz zu Wilhelmshaven trat.

Bei der Gegenüberstellung beider Möglichkeiten wurde sehr stark die Frage diskutiert, welchen Verlauf die Leitung im Ruhr-Revier selbst nehmen müßte. Auf den ersten Blick hatte es den Anschein, daß eine rechtsrheinische Verlegung mit Ausgangspunkt in Wilhelmshaven das gesamte Ruhr-Revier mit seinen ewig in Bewegung befindlichen Bodenmassen und den mit Sicherheit zu erwartenden Senkungen kreuzen müßte, während das bei einer linksrheinischen Verlegung mit Ausgangspunkt in Rotterdam bei weitem nicht in dem gleichen Maße der Fall zu sein schien. Ein eingehendes Studium führte jedoch sehr bald zu der Erkenntnis, daß die Leitung in jedem Falle mit erheblichen Strecken in einem Gebiet verlaufen müßte, in dem der Kohlenbergbau umgeht. Das ergab sich einfach aus der Tatsache, daß zum Teil Raffinerien versorgt werden sollten, die sich unmittelbar im Zentrum von Bergbaugebieten befinden.

Es kam hinzu, daß eine Kreuzung des Rheins nur in der Höhe von Wesel möglich gewesen wäre. Eine Kreuzung im Duisburger Raum mußte ausscheiden, da dort die Rheinsohle mit den Einflüssen des Bergbaues in zu starker Weise belastet ist. Würde man den Rhein aber bei Wesel gekreuzt haben, so hätte das wahrscheinlich eine Verlegung der Leitung sowohl links- als auch rechtsrheinisch verursacht: linksrheinisch zur Versorgung der Raffinerien in Köln und Wesseling, rechtsrheinisch zur Versorgung der Raffinerien innerhalb des Ruhr-Reviers.

Es war von vornherein klar, daß eine große Anzahl von Untersuchungen und Sicherungen erforderlich würden, wenn die Leitung im Ruhr-Revier verlaufen sollte. Es stand aber ebenso fest, daß der Umfang derartiger Maßnahmen bei einer ausschließlich rechtsrheinischen Verlegung wesentlich kleiner sein würde als bei einer Entscheidung für die andere Möglichkeit.

Diese Tatsachen lassen deutlich werden, welche starken Einflüsse die wirtschaftlichen und geographischen Gegebenheiten des Hinterlandes auf die Entwicklung eines Hafens auszuüben vermögen. Sie lassen ferner erkennen, daß sich die wirtschaftlichste Lösung auf die Dauer durchsetzen muß.

Abb. 3. Tanklager im Heppenser Groden

B. Technische Gedanken zum Bau der Umschlagsanlagen

Wenn hier in großen Zügen einige der wesentlichen Gedankengänge aufgezeigt wurden, die zur Wahl Wilhelmshavens geführt haben, so sollen nachfolgend einige der technischen Überlegungen behandelt werden, die die Anlage selbst betreffen.

1. Tankraum als Pufferlager

Die Rohölumschlagsanlage in Verbindung mit einer Rohölleitung dient im Grundsatz nicht der Lagerung des angelandeten Rohöls, sondern nur der Pufferung als Voraussetzung für den gleichmäßigen und reibungslosen Betrieb der Pipeline und Versorgung der angeschlossenen Raffinerien.

Die Leitung muß wegen des hohen Investitionsbedarfs möglichst viele Stunden im Jahre in Betrieb sein und die an sie angeschlossenen verschiedenen Raffinerien kontinuierlich versorgen. Dabei bewegen sich in der Leitung verschiedene Ölsorten für verschiedene Eigentümer hintereinander. Es kann jedoch jeweils nur eine Sorte zur Zeit hineingepumpt werden. Das Tanklager muß daher in der Lage sein, Tankraum für die verschiedenen Rohölsorten zur Verfügung zu stellen. Darüber hinaus ist zu berücksichtigen, daß sich bei der Ankunft der Schiffe, hervorgerufen durch Dispositionen, aber auch durch Wind und Wetter, gelegentlich zeitliche Verschiebungen ergeben, die auszugleichen sind. Auch die Größe der einzelnen Tanker und die in der Zukunft zu erwartende Entwicklung beim Tankschiffbau ist zu beachten, da sich daraus die jeweils im Einzelfalle zu übernehmende Menge ergibt.

Aus dem für die NWO vorgesehenen Durchsatz und der zu erwartenden Anzahl von Rohölsorten ergab sich für den Anfang die Notwendigkeit 14 Rohöltanks mit einem Inhalt von je 31 500 cbm zu errichten. Mit steigender Durchsatzmenge wurde die Anzahl der Tanks inzwischen auf 20 erhöht.

2. Anzahl der Liegeplätze

Tankschiffe stellen einen erheblichen Wert dar und verursachen neben den allgemeinen Amortisations- und Verzinsungskosten große Betriebskosten, so daß jede Stunde Liegezeit zu Lasten der Wirtschaftlichkeit eines Tankschiffes geht. Die Reeder sind deshalb daran interessiert, die Tankschiffe so kurz wie möglich im Hafen zu belassen. Seitens der Reeder wird somit die Forderung aufgestellt, daß bei Ankunft des Tankschiffes auch sofort ein Liegeplatz für die Aufnahme des Schiffes zur Verfügung steht. Diese Forderung führt dazu, daß möglichst viele Löschplätze errichtet werden müßten, während andererseits der Eigentümer der Anlage Wert darauf legen muß, wegen des erheblich zu investierenden Kapitals nicht zu viele Löschplätze zu errichten. Die Lösung dieser Frage führt seit Jahrzehnten auf der ganzen Welt zu erheblichen Diskussionen. Als Mittel zur Errechnung der benötigten Anzahl von Löschplätzen hat sich im Laufe der Zeit, auf der Wahrscheinlichkeitsrechnung aufgebaut, die Poissonsche Formel durchgesetzt, die des Interesses halber nachstehend angegeben wird:

$$D_p = \frac{m^p\ 365}{e^m \cdot p!}$$

Dabei bedeuten D_p = wahrscheinliche Zahl der Tage im Jahr mit gleichzeitiger Ankunft von p Tankern an einem Tag
      m = mittlere Zahl der Tanker pro Tag
      e = Basis der natürlichen Logarithmen
      $p!$ = p-Fakultät.

Die NWO hat sich bei Diskussion der Gegebenheiten dazu entschlossen, drei Löschköpfe zu errichten, wobei einer dieser Löschköpfe nicht nur der Übernahme von Rohöl, sondern auch der Übernahme von Heizöl und Dieselöl für die Bebunkerung der Tanker dienen mußte.

3. Ausführung der Löschköpfe

a) Höhenunterschiede

Abb. 4 zeigt einen Löschkopf in der ausgeführten Form. Bei Betrachtung des umfangreichen Gerüstes ist die Frage nach dem Grund für dessen Höhe verständlich. Die Einrichtungen müssen für den reibungslosen Anschluß kleiner und großer Tanker gebaut sein. Dementsprechend war der Unterschied in der Deckshöhe zwischen einem kleinen Tanker, beladen, bei niedrigstem Niedrigwasser, und einem großen Tanker, leer, bei höchstem Hochwasser, zu prüfen. Zwischen diesen beiden Extremen ergab sich eine Differenz von etwa 20 m, wobei der Höhenunterschied zwischen Ebbe und Flut in der Regel rund 3,80 m ausmacht. Überdies mußte berücksichtigt werden, daß Extremwerte im Wasserstand zeitweilig auftreten.

b) Stromversorgung

Schon allein die Flut, die ja nicht aufzuhalten ist, warf dabei Probleme eigener Art auf. Wenn die Stromversorgung gelegentlich einmal nicht klappen sollte, so hat das bei der Rohrleitung keinen großen Einfluß. Der Transport durch die Leitung wird während der Zeit eben stillgelegt. Wenn aber die Stromversorgung für die Betätigung der Winden und der Schläuche auf den Löschbrücken nicht klappt, kann man der Höhenänderung des Wasserspiegels durch Ebbe und Flut und damit der Höhenänderung der Schiffe nicht entsprechen. Hinzu kommt, daß die Schiffe auch während der Zeit, in der keine Stromversorgung vorhanden ist, mit eigenen Mitteln weiter löschen und dadurch ihre Lage im Wasser verändern.

Die Bewegung der Schläuche muß mechanisch durchgeführt werden, da Handarbeit viel zu lange Zeit in Anspruch nimmt. Deshalb wird jeder Schlauch durch je eine Winde bewegt, die durch Druckknopfsteuerung betätigt wird. Die Sicherstellung der Stromversorgung auch während eines eventuellen Stromausfalls war deshalb ein Hauptanliegen.

Man hat in Wilhelmshaven im Hinblick auf die Winden zu einer dreifachen Stromversorgung gegriffen. Während der normalen Zeit wird die Anlage über das Versorgungsnetz der Nordwestdeutschen Kraftwerke mit 60 000 Volt durch eine Stichleitung von dem Umschaltwerk Roffhausen aus gespeist. Roffhausen kann einmal von Emden aus, das andere Mal aber auch von den Kraftwerken Farge, Wiesmoor, Lübeck und später Stade aus versorgt werden. Damit ist vom Knotenpunkt Roffhausen aus eine zweifache Möglichkeit der Stromversorgung gesichert. Es bleibt die Leitung von Roffhausen nach Wilhelmshaven übrig. Hier hat man dazu gegriffen, ebenfalls zwei verschiedene Systeme anzuwenden, und zwar einmal eine Versorgung mit 60 000 Volt und das zweite Mal eine Versorgung mit 20 000 Volt. Der Zufall kann es aber bringen, daß durch Unwetter oder sonstige Einflüsse beide Leitungen lahmgelegt werden, was dann einen völligen Stromausfall für die Anlage Wilhelmshaven bedeuten würde. Deshalb ist eine dritte Verbindung über die Stadt Wilhelmshaven selbst geschaffen worden, die es ermöglicht, noch etwa 500 kW Strom getrennt von der Hauptversorgung zu beziehen. Mit dieser Stromversorgung ist in jedem Falle die Möglichkeit der Versorgung der Winden auf den Löschköpfen und eine eventuelle Versorgung für Brandbekämpfungsmittel sichergestellt. Fällt auch diese Stromversorgung aus, bleibt nichts anderes übrig, als sofort den Löschbetrieb der Tanker einzustellen und die Schlauchverbindung zu dem Schiff zu lösen, da die Möglichkeit, die Schläuche durch Hand den Bewegungen der Tankerschiffe entsprechend nachzustellen, nicht gegeben ist. Dennoch ist Vorsorge getroffen, daß die Brandbekämpfung durch eine Feuerwehr mit eigenen Antriebsaggregaten gesichert ist.

c) Steuereinrichtungen

In der heutigen Zeit des Personalmangels war es das Anliegen der NWO, auch bei der Löschung der Tanker durch Einsatz möglichst vieler mechanischer Vorgänge das Personal — wenn auch gut ausgebildet — auf einer möglichst geringen Kopfzahl zu halten. Darum sind in den Löschgerüsten sämtliche Steuereinrichtungen in einer gemeinsamen Kanzel in Form von Druckknopfsteuerungen

Abb. 4. Löschgerüst mit Schläuchen, Derricks und Gangway   Abb. 5. Bedienungskanzel auf dem Löschgerüst

(Totmannschalter) zusammengefaßt (s. Abb. 5). Aus der Kanzel, die auch in der Abb. 4 zu sehen ist, hat der Wachhabende einen Überblick über das Deck des Schiffes und die angebrachten Schläuche. Er ist ebenso in der Lage, von diesen Steuerständen aus die Derricks, die sich links und rechts von den Schläuchen befinden, zu bedienen.

d) Derricks

Die Derricks mit je 2 t Tragfähigkeit dienen der Bewegung der Gangway sowie dem Übersetzen von Werkzeug und Material, das auf den Tankern benötigt wird. In Einzelfällen können auch schwere Maschinenteile bewegt werden. Grundsätzlich sollen die Derricks aber nicht dazu benutzt werden, um Lebensmittel und alle anderen, für den Betrieb eines Tankschiffes notwendigen Stoffe wie Farbe, Wäsche usw., zu übernehmen, da sonst der Zugang zu dem Schiff und die Sicherheit des Löschbetriebes gefährdet würden.

e) Gangway

Bemerkenswert ist die Gangway, die aus Aluminium in Hohlbauweise hergestellt wurde, so daß sie auch bei Abrutschen und Zuwassergehen schwimmfähig bleibt. In Abb. 6 ist die Form der Stufen dargestellt, die bei jeder Lage der Gangway, ob waagerecht, steigend oder fallend, begehbar sind, ohne daß bewegliche Teile Anwendung fanden.

4. Fragen der Löschleitungen

a) Löschleistungen und Löschschläuche

Die Diskussion über die notwendige Anzahl der Löschschläuche und über die Durchmesser der Löschleitungen auf der Brücke führten zu einer Reihe von wichtigen Überlegungen. Grundsätzlich — und das gilt nicht nur für diese Gedankengänge, sondern eigentlich für sämtliche Gedankengänge bei der Anlage der Brücke und der Verladestelle — mußten die größten in der Zukunft zu erwartenden Löschleistungen der Tanker berücksichtigt werden. Viele Tankschiffe haben während des Stillstandes erhebliche Kesselkapazitäten, die unausgenutzt sind und zur Verfügung stehen.

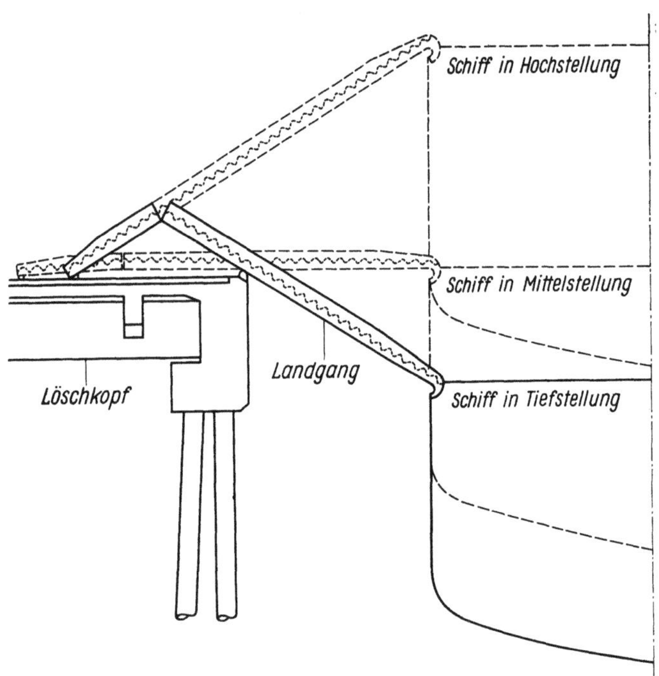

Abb. 6. Gangway in drei verschiedenen Stellungen

Das gilt vor allen Dingen für die größeren Einheiten, die mit Dampfturbinen angetrieben werden. Es liegt daher nahe, daß diese Kesselkapazitäten für die Erzeugung von Dampf für den Antrieb von Pumpen herangezogen werden. Diese Entwicklung zeichnet sich mehr und mehr deutlich beim Bau neuer Tankschiffe ab.

Soweit sich heute mit einigermaßen Sicherheit übersehen läßt, werden die Löschleistungen der Tanker selbst bei großen und größten Schiffen nicht über 6000 bis 8000 cbm pro Stunde ansteigen, und zwar deshalb nicht, weil die zur Verfügung stehenden Dampfleistungen im Hafen aus Reparaturgründen nicht hundertprozentig ausgenutzt werden können. Bei einer weiteren Erhöhung über das ebengenannte Maß hinaus muß auch eine eventuelle Gewichtserhöhung berücksichtigt werden, die sich wiederum unwirtschaftlich beim Transport des Rohöls auswirken würde. Der Natur der Sache entsprechend kommen für diese hohen Löschleistungen nur Kreiselpumpen in Frage.

Während sich diese Überlegungen auf die derzeitigen und künftigen Verhältnisse bezogen, waren die kleinsten Löschleistungen bei bestehenden Tankern bekannt. Es handelt sich um Schiffe mit Kolbenpumpen und einer Löschleistung von etwa 300 bis 500 cbm pro Stunde, wenn es auch natürlich Schiffe mit wesentlich höheren Leistungen gibt.

Wegen des bekannten Zusammenhangs von Druck- und Fördermenge bei Kreiselpumpen mußte, um eine wirtschaftliche Fördermenge der Kreiselpumpen zu erreichen, ein gewisser Gegendruck in der Löschleitung aufrechterhalten werden. Das ist eine Forderung, die genau den Verhältnissen bei der Anwendung von Kolbenpumpen entgegensteht. Während man also bei Kreiselpumpen einen gewissen Druck einerseits aufrechterhalten mußte, legte man andererseits großen Wert auf möglichst geringen Druck bei der Anwendung von Kolbenpumpen. Das hat dazu geführt, daß das Löschgerüst in fünf Schläuche zu je 12″ aufgeteilt worden ist, die entsprechend den jeweils vorherrschenden Bedingungen eingesetzt werden können. Wegen der allgemein bekannten Förderkurve bei Kreiselpumpen kann es deshalb durchaus vorkommen, daß ein Schiff bei der Verwendung von drei Verbindungsschläuchen und Kreiselpumpen größere Löschleistungen aufzuweisen hat gegenüber der Anwendung von vier Schläuchen bei demselben Schiff, während die Kolbenpumpe möglichst viele Anschlüsse bevorzugt. Den Anschluß solcher Schläuche zeigt Abb. 7. Im Interesse eines rationellen und zeitsparenden Betriebes muß sich somit der Aufsichtsführende mit der Maschineneinrichtung jedes Tankschiffes vertraut machen, um die richtige Schlauchanzahl für die Entleerung des Schiffes anzuwenden. Das führt natürlich dazu, daß beim Betrieb der Anlagen genaue Aufzeichnungen über die Leistungsfähigkeit eines jeden Schiffes, das Wilhelmshaven anläuft, geführt werden, um diese Überlegungen bei wiederholtem Anlaufen nicht noch einmal anstellen zu müssen.

Leider ist es heute noch so, daß die Rohrleitungsführungen und Anschlußflanschen für die Entlöschungsschläuche auf jedem Tankschiff verschieden sind. Auch die Anschlußleitungen für die Versorgung mit Wasser sowie Brennstoff und Schmieröl sind bei jedem Schiff anders. Es wäre eine Aufgabe internationaler Verständigung, die für die Abfertigung von Tankschiffen von großem Wert wäre, diese Dinge zu normen. Dabei sollten auch, um Kreuzungen von Schläuchen für die Löschung von Rohöl einerseits und die Ladung von Wasser und Heizöl andererseits zu vermeiden, Stutzen für Schmieröl, Wasser und Heizöl im Bereich der Rohöl-Löschanschlüsse angebracht werden.

b) Leitungen ins Tanklager

Die grundsätzliche Schaltung der Löschleitungen für die Anlage von Wilhelmshaven zeigt Abb. 8. Dabei sind die folgenden Grundsätze zum Tragen gekommen:

Von der Brücke aus führen drei Löschleitungen bis zu einem Hauptverteilerpunkt an Land im Mittelpunkt des Tankfeldes. Mit Hilfe besonders gesteuerter Schiebergruppen ist es

Abb. 7. Schläuche zwischen Löschgerüst und Tanker

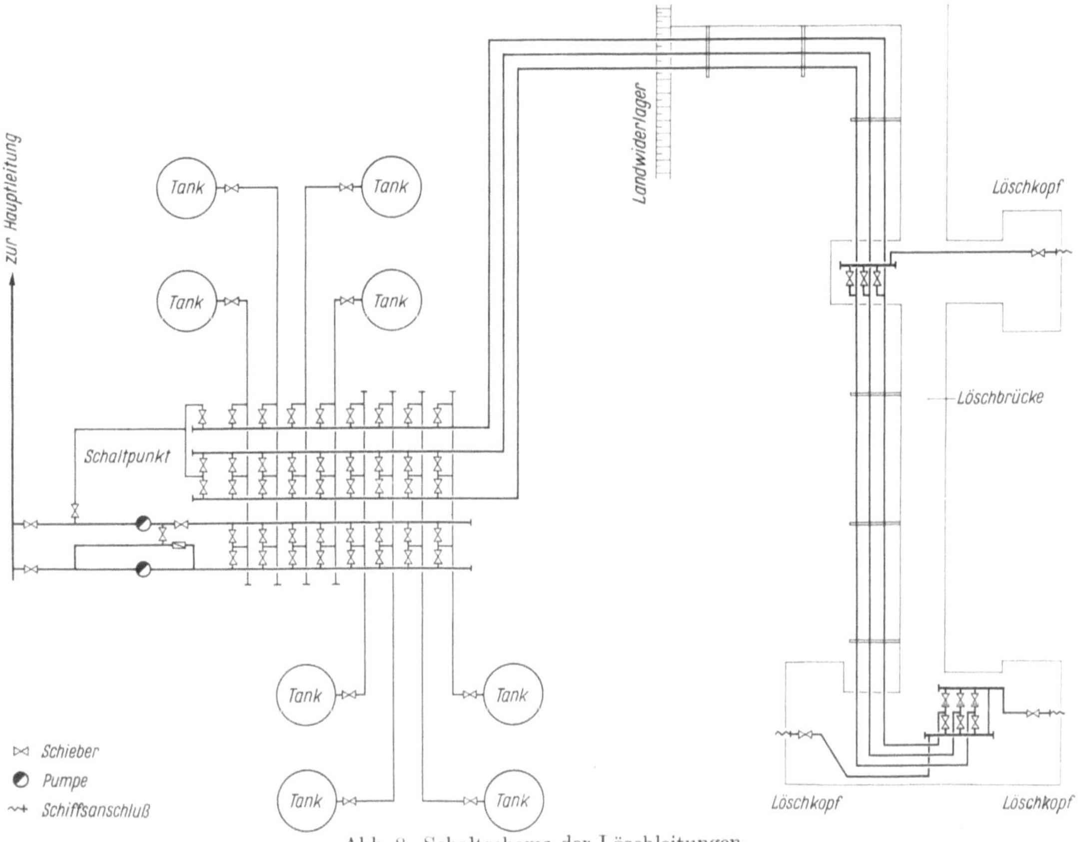

Abb. 8. Schaltschema der Löschleitungen

möglich, jeden Löschkopf wahlweise auf jede dieser drei Leitungen zu schalten. Das ist notwendig, um unnötige Entleerungen der Leitungen zu vermeiden. Man kann mit dieser Einrichtung das gerade zu löschende Öl in eine Leitung schicken, die ein Öl derselben Provenienz oder ein ähnliches Öl enthält. Mit Hilfe des Schaltpunktes an Land ist es weiterhin möglich, jede Löschleitung von der Brücke auf jeden Tank an Land zu schalten. Ebenso kann jeder Tank mit jedem anderen Tank verbunden sowie aus jedem Tank in die Hauptleitung gepumpt werden. Das Schema der angewandten Schaltung geht aus der Abb. 8 deutlich hervor. In dieser Abbildung sind der Einfachheit halber nur acht Tanks gezeigt.

Die Löschleitungen mit einem Durchmesser von 30″ erforderten besondere Überlegungen. Durch Ausdehnung und Querkontraktion, hervorgerufen durch Belastung und Wärme, können unter Umständen erhebliche Kräfte auf die Brückenkonstruktion übertragen werden. Um diesen Wirkungen aus dem Wege zu gehen, wurden die Leitungen auf Kugellager oder — wo das wegen einer zweidimensionalen Bewegung nicht möglich war — auf Gleitlager gelegt. So war es möglich, die Ausdehnungs- und Reaktionskräfte der Leitungen von der Brücke völlig fernzuhalten. Damit konnte eine schwere Brücken-Konstruktion vermieden werden. Auf notwendige Überlegungen im Hinblick auf das Eigengewicht der Rohrleitungen und deren Füllung sei nur am Rande hingewiesen.

c) Beheizung der Bunkerleitungen

Es versteht sich von selbst, daß bei einem Rohrstrang über die Brückenlänge von insgesamt 1100 m der Einfluß der Temperaturschwankungen auf die Konsistenz der Öle besonders diskutiert worden ist. Wenn solche Schwierigkeiten bei den umzuschlagenden Roh- und Dieselölen auch nicht zu erwarten waren, so wurden auch schon im Sommer in dieser Richtung Schwierigkeiten für das Bunkeröl vorausgesehen. Die Aufwärmung dieser Heizöle mit Dampf hätte aber vor allen Dingen im Winter zu ganz erheblichen Schwierigkeiten geführt, da letztlich die Dampf- oder Wasserleitungen eines besonderen Schutzes bedurft hätten. Um allen diesen Dingen aus dem Wege zu gehen, hat man sich zu der Anwendung einer elektrischen Heizung des Heizöls in den Leitungen entschlossen. Die Heizölleitungen sind daher mit einem Pyrotenax-Heizkabel versehen worden, das ähnlich einem Tauchsieder wirkt, wobei der Heizstrom entsprechend der Eigentemperatur des Heizöls ein- und ausgeschaltet wird. Diese Einrichtung, die wegen der leichten Bedienbarkeit und des geringen Aufwandes menschlicher Arbeitskräfte gewählt wurde, hat sich bestens bewährt. Man ist durchaus in der Lage, bei Nichtbedarf den Strom völlig abzuschalten und erst für den Bedarfsfall wieder einzuschalten, was bei der Anwendung einer Dampfleitung, die vor allen Dingen bei Frost laufend unter Temperatur gehalten werden müßte, vielfach nicht möglich ist. Die Einführung eines solchen Pyrotenax-Kabels ist auf dem rechten Rohr in Abb. 9 ersichtlich.

Abb. 9. Rohrleitungen am Landwiderlager

5. Fender- und Pollerdalben

Über die konstruktive Ausgestaltung der Brücke zusammen mit den Fender- und Pollerdalben ist an anderer Stelle bereits berichtet worden. In diesem Zusammenhang sei nur erwähnt, daß grundsätzlich die Brücke von allen vom Schiff ausgehenden Kräften freigehalten worden ist. Dementsprechend sind auch die Fenderdalben für das Anlegemanöver und die Pollerdalben für die Befestigung der Schiffe völlig von der Brücke getrennt. Während der Fenderdalben die Aufgabe hat, durch federnde Wirkung die kinetische Energie des Schiffes beim Anlegemanöver aufzufangen, dient der Pollerdalben dazu, die beim Festmachen des Schiffes etwa auftretenden Kräfte aufzunehmen.

a) Sliphaken

Die NWO hat für das Anschlagen der Leinen an den Dalben einen besonderen Haken entwickelt, der ähnlich dem Sicherheitshaken bei Schleppern beim Ablegen ausgeklinkt werden kann. Dadurch ist es möglich, daß entgegen dem früheren Brauch ein Mann die immerhin schweren Leinen durch einfaches Ausklinken der Verriegelung lösen kann. Der Haken, der in Abb. 10 gezeigt wird, kippt durch den Zug der Leinen um und gibt sie frei. Im Laufe der Praxis hat sich herausgestellt, daß die zu lösende Leine mit einer gewissen Spannung versehen wird, um den ausgeklinkten Haken umzukippen. Das ist ein Verfahren, das dem früher angewandten genau entgegengesetzt ist. Früher mußte die Leine gelöst werden, damit die an Land befindliche Crew sie über den Poller heben konnte.

Die Abb. 10 zeigt auch die Einrichtungen, die für Befestigung der Leinen auf dem Haken getroffen worden sind. Um das Hieven der schweren Seile zu erleichtern, ist jeder Poller mit einer Winde versehen, die durch einen Fußkontakt in Tätigkeit gesetzt werden kann. Damit ist es möglich, daß höchstens zwei Mann die schweren Befestigungsleinen bei jedem Wind und Wetter sicher auf den Haken bringen.

b) Elastische Fenderdalben

Die Fenderdalben haben, wie schon gesagt, die Aufgabe, die kinetische Energie des anlegenden Schiffes aufzufangen. Bei der Entscheidung über die anzuwendenden Fender waren zwei grundsätzlich verschiedene Systeme zu diskutieren. Als erste Möglichkeit konnte man einen festen Dalben, der kaum eine Bewegungsmöglichkeit zuließ, anwenden, wie das z. B. bei Kaimauern in vollendeter Form der Fall ist. Das bedeutet aber, daß die Anlegegeschwindigkeit des Schiffes außerordentlich klein sein muß, ja, daß eigentlich das Schiff in den letzten Metern von den Schlepper oder von den Winden des Schiffes an die Dalben herangedrückt

Abb. 10. Sliphaken und Spill auf einem Pollerdalben

werden muß. Der zweite Weg bevorzugt die elastische Verbiegung des Dalbens und damit die Aufnahme eines Teils der kinetischen Energie des Schiffes durch die Dalben. Nach Abwägen der Vor- und Nachteile und unter Berücksichtigung der besonderen Verhältnisse (Wind und Seegang) entschloß man sich zu der Anwendung elastischer Fenderdalben.

c) Echolot-Messungen

Es ist interessant zu beobachten, daß technische Entwicklungen, die in der Welt reif sind und einer Lösung entgegensteuern, meistens nicht nur von einer Stelle bekanntwerden. So war es für die NWO außerordentlich interessant, in ihrem speziellen Fall die Anlegegeschwindigkeiten und auch die Durchbiegungen der elastischen Dalben kennenzulernen, um die Bestätigung der Richtigkeit der seinerzeitigen Konstruktion zu bekommen. Zu diesem Zweck wurde in dankenswerter Zusammenarbeit mit der Mannesmann AG. (dem Hersteller der Fenderdalben) ein Verfahren entwickelt, das unter Verwendung eines Echographen der Atlas-Werke, Bremen, die Anlegegeschwindigkeit des Schiffes senkrecht zur Brücke und die Durchbiegung der Dalben aufzeichnet. Die durch den Echographen aufgeschriebenen Werte, sowohl für die Dalben als auch für das Schiff, zeigt an einem Beispiel die Abb. 11. Zur gleichen Zeit hat die englische BP an einer ihrer Anlagen in Finnart in Schottland dasselbe System zur Anwendung gebracht. Die guten Erfahrungen mit dieser Konstruktion haben die NWO veranlaßt, nunmehr an jedem Löschkopf die Anbringung von Echoloten in Betracht zu ziehen, um damit die Möglichkeit der jederzeitigen Rekonstruierung der Bewegung des Schiffes zu haben.

6. Kathodischer Schutz für die Brücke

Leider ist es nicht möglich, im Rahmen dieses Aufsatzes alle die Gedanken und Grundsätze, die bei der Anlage eines Umschlagplatzes für Rohöl berücksichtigt werden müssen, zu beschreiben. Auf einen Punkt sei jedoch noch besonders hingewiesen. Kai- und Brückenanlagen bedienen sich in steigendem Maße des Stahles. Der Stahl hat nun einmal Korrosionseigenschaften, die sorgfältig

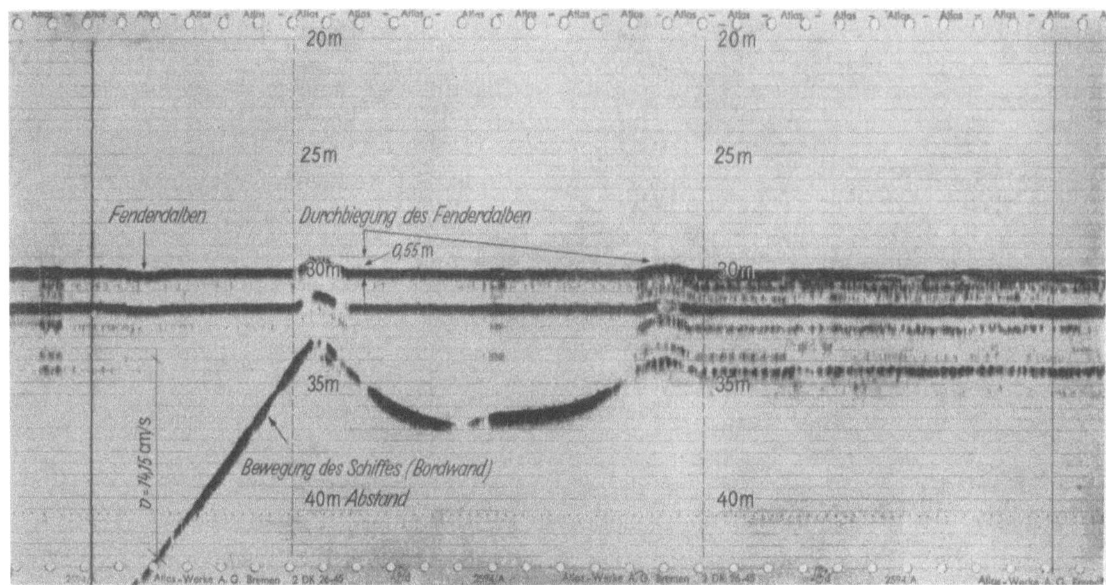

Abb. 11. Echolot-Aufzeichnung eines Anlegemanövers

beobachtet und bekämpft werden müssen. Als wirksames Mittel des Korrosionsschutzes hat sich
der kathodische Schutz, also ein elektro-galvanisches Verfahren, erwiesen. Im Prinzip wird dabei
der durch die Elementenbildung erzeugte Strom, der die Korrosion hervorruft, unter Anwendung
geeigneter Mittel umgekehrt, so daß damit eine Korrosion verhindert wird.

Bei der in Wilhelmshaven errichteten Brücke sind Stahlpfähle, auf denen die Brücke ruht, verwendet worden. Um für die erste Zeit gegen Korrosionsschäden gesichert zu sein, wurde bei den
Pfählen ein Korrosionszuschlag für die Wandstärke gemacht. Damit war genügend Zeit gewonnen,
um eine ausreichende Nachmessung der entstehenden Korrosionsströme vorzunehmen. Die damit
zusammenhängenden Versuche und die erweiterten Messungen zeigen deutlich, daß ein völliger
Korrosionsschutz der Brücke mit Hilfe des kathodischen Systems durchaus möglich ist. Das Verfahren hat allerdings den Nachteil, daß beim Anlegen der Tankschiffe auch diese in den kathodischen Schutz einbezogen werden. Es wird, wenn Stahlseile zur Anwendung kommen, ein nicht
unerheblicher Strom von der Brücke in die Schiffe gesandt. Genauere Nachrechnungen, zusammen mit den staatlichen Stellen der Bundesrepublik, haben dazu geführt, daß beim Anlegen
der Schiffe der kathodische Schutz der Brücke zunächst ausgeschaltet werden muß, um Funkenbildung zu vermeiden. Erst wenn das Schiff völlig an der Brücke befestigt ist und die notwendigen
Leitungen zum Ausgleich der statischen Elektrizität und auch der beim kathodischen Schutz auftretenden Ströme angebracht sind, darf der kathodische Schutz wieder eingeschaltet werden.

Ein derartiges Verfahren hat bei der Tankschiffahrt die erhöhte Bedeutung der Feuersicherheit.
Wenn auch bei der freien Lage der Anlegebrücke, die gerade in bezug auf die Sicherheit einer Öl-
umschlagsanlage ein unerhörter Vorteil ist, nur an wenigen Tagen im Jahre bei absoluter Wind-
stille die Möglichkeit einer Zündung besteht, so müssen doch alle Vorsichtsmaßnahmen auch in
diesem Falle getroffen und strikt eingehalten werden.

7. Fernsteuerung und Fernüberwachung

Dieselben Grundsätze, die für die Konstruktion und den Betrieb der Brücke maßgebend waren,
sind selbstverständlich auch für das Tanklager Wilhelmshaven zur Anwendung gekommen. Auch
hier ist zum obersten Grundsatz die möglichst vollständige Automation im Interesse der Sicherheit
und der Entlastung des Handarbeiters von schwerer Arbeit geworden. Sowohl die Ventile im
Hauptschaltpunkt als auch an den Tanks können von einer gemeinsamen Schaltwarte aus betrieben
werden. In dieser Schaltwarte hat der Wachhabende jederzeit eine genaue Übersicht über die Stellung der Ventile und den Betriebszustand der Anlage. Abb. 12 zeigt einen Ausschnitt aus dem
Schaltschema innerhalb der Schaltzentrale, wobei die Kreise, von denen ein Teil beleuchtet ist, die
Tanks und die Knebel die zu steuernden Schieber darstellen.

Bei den hohen Löschleistungen der Tankschiffe und den auch immerhin erheblichen Förder-
leistungen der Hauptleitung ist es ein unumgängliches Bedürfnis, daß der Wachhabende in der

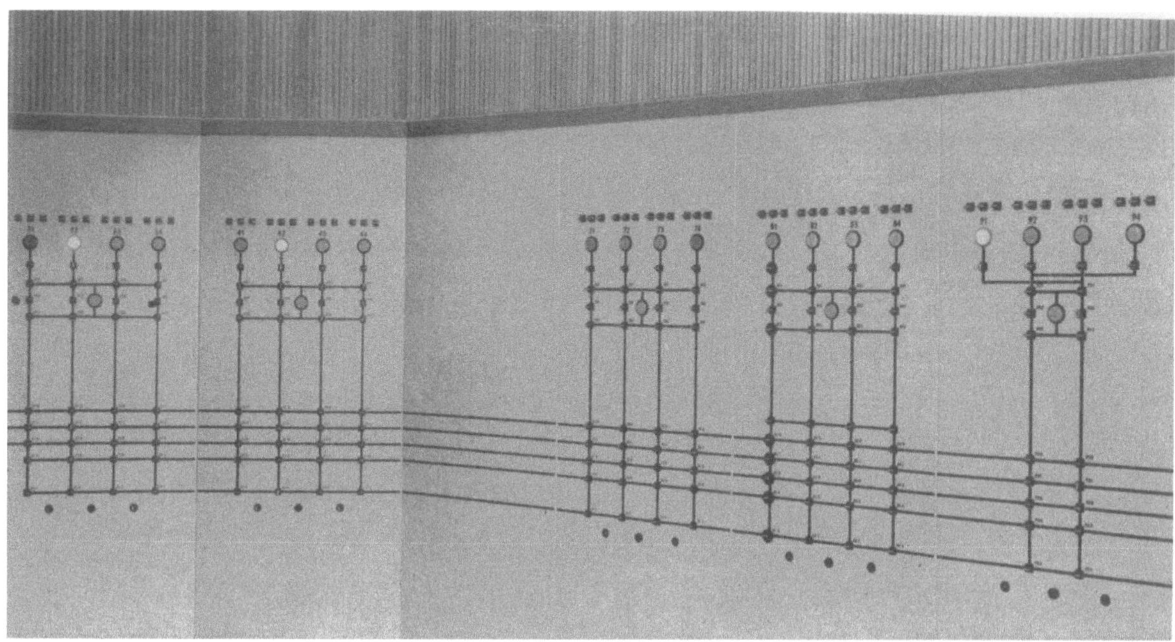

Abb. 12. Schalttafel in der Fernsteuerzentrale

Schaltzentrale jederzeit einen Überblick über den Inhalt der Tanks hat. Das ist dadurch möglich, da die Füllhöhen der Tanks auf elektrischem Wege in die Steuerzentrale übermittelt werden. Dort kann man durch einfache Schaltung den Inhalt jedes Tanks sofort ablesen (s. Abb. 13).Eine

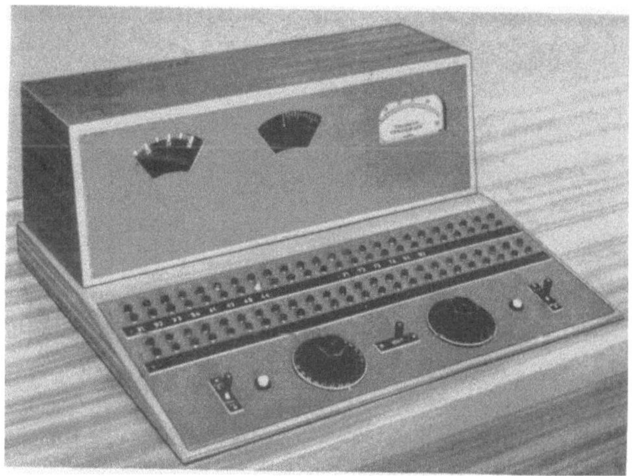

Abb. 13. Meßgerät für den Füllstand der Tanks

zusätzliche Einrichtung ermöglicht es, eine Durchschnittstemperatur über den Tankinhalt durch Betätigung einer Taste zu ermitteln.

8. Nebeneinrichtungen

Die vielen Nebeneinrichtungen, die für den Betrieb des Tanklagers Wilhelmshaven notwendig sind, seien hier nur kurz erwähnt:

Die Heizöl- und Dieselölmengen für die Versorgung der Schiffe müssen an Land gelagert werden, wobei die Einrichtungen so geschaffen worden sind, daß die für die Förderung der Öle an Land stehenden Pumpen von den Löschköpfen aus gesteuert werden. Damit hat das Löschkopf-Personal jederzeit die Möglichkeit in der Hand, die Sorte und die Menge, mit der das einzelne Schiff zu versorgen ist, genau abzustimmen. Eine Mischvorrichtung erlaubt es, Heiz- und Dieselöl in verschiedenen Mischungsverhältnissen abzugeben.

Die von der Schiffahrt benötigten Wassermengen müssen ebenfalls bereitgehalten werden. Dabei war zu berücksichtigen, daß der zeitweise auftretende Bedarf die Förderkapazität des Wasserwerkes weit übersteigt. Das bedeutete die Einschaltung eines Puffertanks für die Trinkwasserversorgung in Größe von etwa 5000 cbm, wobei die dort gelagerte Wassermenge auch für Löschzwecke herangezogen werden kann. Für die Brandbekämpfung wird Wasser mit einem hohen Druck benötigt. Man ist deshalb dazu übergegangen, den normalen Druck, der von dem Wasserwerk geliefert wird, in den Leitungen ständig zur Verfügung zu halten, während für den Fall der Versorgung der Schiffe mit Wasser oder aus Brandgründen eine Druckerhöhungsstation vorhanden ist, die ebenfalls mit Druckknopf eingeschaltet werden kann.

Nur am Rande und der Vollständigkeit halber sei noch auf die vielfältigen Einrichtungen hingewiesen, die darüber hinaus erforderlich sind, beispielsweise für die Betreuung des Personals (Wasch-, Umkleide- und Aufenthaltsräume, ärztliche Station usw.), für die Lagerung gegebenenfalls dringend benötigter Ersatzteile, für die Organisation einer sofortigen Reparatur etwa auftretender Schäden, für ein Laboratorium, Werkstätten und ähnliches mehr.

C. Schlußbemerkungen

Am Beispiel Wilhelmshavens wurde versucht, aufzuzeigen, welche Überlegungen bei der Wahl eines neuen Rohöl-Umschlagsplatzes angestellt werden müssen, welche Anforderungen an seine Einrichtungen gestellt wurden und wie die daraus resultierenden Probleme im einzelnen gelöst worden sind. Naturgemäß konnten dabei nur die wichtigsten und keineswegs alle Punkte behandelt werden.

Einige Zahlen sollen diese Darstellung abschließen:

Bis Ende 1960, also in gut zwei Betriebsjahren, wurden 606 Tanker mit 16,2 Mio t Rohöl in Wilhelmshaven und weitere 35 Tanker mit 500000 t Bunkeröl gelöscht. Damit liegt eine ausreichende Erfahrung vor, um sagen zu können, daß sich die vorhandenen Anlagen bewährt und die bei ihrer Errichtung angestellten Überlegungen als richtig erwiesen haben.

Ein einheitliches Bezeichnungssystem für die europäischen Binnenschiffahrtstraßen

Von Dr.-Ing. G. Wiedemann, Bonn.

Schiffahrtzeichen gab es in sehr unterschiedlicher Art und Bedeutung an den verschiedenen Binnenschiffahrtstraßen Europas schon lange. Die Unterschiede waren nicht nur durch die Staatsgrenzen gegeben. Historische Entwicklungen des Verkehrs der einzelnen Gebiete spielten eine ebenso große Rolle wie die Unterschiede der Wasserstraßen. Diese Verschiedenartigkeit der Schiffahrtzeichen erschwert einen durchgehenden und zeitgemäßen Verkehr. Mit steigendem Verkehrsbedürfnis wächst aber das Interesse an größeren zusammenhängenden Netzen auch von Binnenschiffahrtstraßen, da für viele Verkehrsgüter und Verkehrsbeziehungen das Verkehrsbedürfnis gerade auf den Binnenschiffahrtstraßen besonders wirtschaftlich befriedigt werden kann. Mit dieser Entwicklung wächst auch das Bedürfnis, einheitliche Mittel für die Sicherung und Leichtigkeit des Verkehrs auf dem gesamten Wasserstraßennetz zu bekommen. Dies wurde besonders deutlich mit dem Wiederaufbau des internationalen Verkehrs nach dem Kriege in Europa. Auf dem 18. Internationalen Schiffahrtskongreß in Rom 1953 [1] wurde diese Frage diskutiert.

„Schiffahrtzeichen" ist der Oberbegriff für alle Mittel, die dem Schiffsführer die notwendigen Informationen zugänglich machen, die er für eine sichere und schnelle Fahrt nötig hat [2]. Es sind dies z. B. die Hinweis-, Gebots-, Verbotstafeln am Ufer, aber auch die Tonnen oder Feuer zur Bezeichnung des Fahrwassers oder die Signale an Schleusen und beweglichen Brücken, ferner Wahrschauanzeigen und Wasserstandsanzeigen.

Aus einer systematischen Ordnung der verschiedenen Arten ergeben sich einige Untergruppen für die Schiffahrtzeichen. Das Ordnungsmerkmal ist dabei die Art und Zahl der dem Schiffsführer dargebotenen Begriffe. Ein Verbotszeichen z. B. vermittelt nur e i n e n Begriff, nämlich etwa das Verbot zu überholen. Ein Schleusensignal zeigt z w e i Begriffe im Wechsel: „Halt" und „Freie Fahrt". Ein Wasserstandsanzeiger macht einen Begriff, den des Wasserstandes, aber mit v e r s c h i e d e n e n Werten, erkennbar.

Die Untergruppen der Schiffahrtzeichen werden daher wie folgt definiert:

Z e i c h e n :   ein Begriff wird mit einem Wert gezeigt.
A n z e i g e r :   ein Begriff wird mit verschiedenen Werten gezeigt.
S i g n a l :   zwei oder mehrere Begriffe werden abwechselnd gezeigt.

So leicht es möglich ist, aus den verschiedenen Arten der vorhandenen und theoretisch möglichen Schiffahrtzeichen einen solchen einheitlichen Aufbau eines Systems der Schiffahrtzeichen zu finden, so schwer ist es, für Binnenschiffahrtstraßen über ein größeres Gebiet ein praktisches, international einheitliches System aufzubauen.

Die Schiffahrtstraßen, die ein Binnenschiff benutzen kann, sind ihrer Natur nach über einen größeren Bereich verschieden und erfordern von ihm verschiedenes Verhalten. Da ist, abgesehen von dem unterschiedlichen Ausbauzustand der Wasserstraßen in den einzelnen Ländern, der strömende Fluß mit Berg- und Talfahrt, der kanalisierte Fluß mit Schleusen und zum Teil seeartig erweiterten Staustrecken und der als Schiffahrtstraße gebaute Kanal mit seinem „glatten" Uferverlauf und einem einheitlichen Querschnitt. Der Informationsbedarf für eine sichere Fahrt ist daher über einen solchen großen Bereich ebenso so unterschiedlich wie verschieden.

Diese in der Natur des Wasserstraßennetzes liegenden Umstände bringen auch in den technischen Anforderungen an die Schiffahrtzeichen Unterschiede mit sich. Ein Schiffsführer muß z. B. früher ein Manöver einleiten, wenn er auf einem Strom zu Tal fährt, als wenn er sich mit demselben Schiff in einem Kanal befindet. Die Tragweite für ein Zeichen muß also in beiden Fällen verschieden groß sein. Welche Tragweite wäre hier z. B. „einheitlich" festzulegen?

Die technischen Lösungsmöglichkeiten sind auch in den verschiedenen Ländern nicht gleich, weil der Stand der Technik über größere Gebiete noch nicht einheitlich ist. In einem Uferstaat ist z. B. das elektrische Netz so ausgebaut, daß es keine Schwierigkeit bereitet, Lichtzeichen verschiedener Stärke überall zu verwenden. In einer anderen Gegend steht Gas in reichlicher Menge und zu billigem Preis zur Verfügung. In einer dritten Gegend muß mit Petroleum gerechnet werden.

Es kommen aber noch folgende Punkte hinzu:

Um Informationen einem Menschen zu übermitteln, bedient man sich normalerweise der Sprache in Wort und Schrift. Diese Mittel scheiden aber bei einer überstaatlichen Lösung, wie sie hier angestrebt wurde, wegen der z. T. erheblichen Verschiedenheit von Schrift und Sprache weitgehend aus. Um trotzdem eine Lösung zu erreichen, muß man sich auf „verabredete" Zeichen einigen, die aber von den Schiffsführern zusätzlich zu lernen sind. Nun sind aber Bildungsgrad und Ausbildungsstand der Schiffsführer für die verschiedenen Wasserstraßengebiete auch wieder sehr unterschiedlich. Ein einheitliches praktisches System ist also nur möglich, wenn man sich in der Zahl der Zeichen beschränkt und sie einfach und leicht lernbar machen kann.

Und schließlich können historische Tatbestände und allgemeine Entwicklungen der Verkehrszeichen kaum unberücksichtigt bleiben. Rot gilt z. B. im allgemeinen Verkehr als „Halt"-Farbe, Grün als „Fahrt"-Farbe, im Schiffsverkehr, und zwar in der Binnen- und Seeschiffahrt sind mit diesen Farben aber auch Seitenbegriffe verbunden (z. B. rot: BB eines Schiffes und je nach Vereinbarung eines Fahrwassers). An diesen Gegebenheiten konnte ein Lösungsversuch für ein praktisches einheitliches Bezeichnungssystem auch nicht vorbeigehen.

Trotz dieser hier nur angedeuteten grundsätzlichen Schwierigkeiten auf den sehr verschiedenen Gebieten hat es eine Sachverständigengruppe mit Erfolg unternommen, einen Vorschlag für ein einheitliches Bezeichnungssystem der Binnenschiffahrtstraßen auszuarbeiten.

Auf Grund der Beiträge zum 18. Internationalen Schiffahrtskongreß in Rom im September 1953 [1] und der Diskussion dort wurde von dem Kongreß folgende Empfehlung angenommen:
„In der Erwägung, daß eine internationale Vereinheitlichung der Binnenschiffahrtzeichen wünschenswert ist; ...
wird empfohlen,
daß die verantwortlichen Schiffahrtsverwaltungen der verschiedenen Länder enge Fühlung untereinander und mit der Ständigen Internationalen Vereinigung der Schiffahrtskongresse aufnehmen mit dem Ziel, sich gegenseitig die Ergebnisse ihrer Erfahrungen und Untersuchungen mitzuteilen und den Fortschritt der internationalen Vereinheitlichung der Signale zu beschleunigen; ..."
Die Ständige Internationale Vereinigung der Schiffahrtkongresse (AIPCN) hat daraufhin, nachdem auch die Europäische Verkehrsministerkonferenz die Vereinheitlichung als „dringend und wichtig" bezeichnet hatte, eine Sachverständigengruppe, die sogenannte „Signalkommission" einberufen. Zunächst kamen Sachverständige aus den Ländern Belgien, Frankreich, Italien, den Niederlanden, Österreich, der Schweiz und der Bundesrepublik sowie der Zentralkommission für die Rheinschiffahrt am 18. Juni 1954 zur ersten Sitzung zusammen. Im Laufe der Jahre traten hinzu Sachverständige der Länder Jugoslawien, Polen, Tschechoslowakei, UdSSR sowie der Donaukommission-Budapest.

In dem Vorwort zu dem Bericht dieser Kommission [3] über ein einheitliches Bezeichnungssystem heißt es:
„Die Mitglieder der Kommission betätigten sich nicht als Vertreter ihrer Länder bzw. Organisationen, sondern vielmehr als unabhängige Sachverständige. Sie waren zwar bemüht, die in ihren Ländern bestehenden Bezeichnungssysteme zu berücksichtigen, versuchten jedoch, Empfehlungen für ein internationales Signalwesen vom rein praktischen und wissenschaftlichen Standpunkt aus auszuarbeiten."
Nach neun Arbeitssitzungen konnte die Kommission im Dezember 1956 einen Vorschlag für eine internationale Vereinheitlichung der Bezeichnung der Binnenschiffahrtstraßen der Economical Commission Europe (ECE) Genf vorlegen. Auf der Sitzung des Unterausschusses für Binnenschiffahrt des Verkehrsausschusses der ECE im August 1957 wurde der Vorschlag einstimmig angenommen und den europäischen Regierungen zur Einführung empfohlen.

Es war schon gezeigt worden, welche Schwierigkeiten einer Vereinheitlichung der Bezeichnung von Binnenschiffahrtstraßen entgegenstehen. Sie sind um so größer, je weiter das Gebiet ist, das umfaßt werden soll. Hier war Europa von den Pyrenäen bis zum Ural angesprochen. Es läßt sich erkennen, daß die Aufgabe nur im Rahmen eines Systems zu lösen ist, das eine gewisse

Elastizität besitzen muß, um die so verschiedenen örtlichen Umstände ohne Widerspruch, d. h. einheitlich und sinnvoll, d. h. systematisch zu berücksichtigen. Eine Darstellung des Bezeichnungssystems der „Genfer Empfehlungen" hat daher, abgesehen von ihrer kommenden Bedeutung für die europäischen Binnenschiffahrtstraßen, auch ein allgemeines Interesse.

In dem Bericht der Kommission findet man neben der „Einleitung", die nähere Angaben über die Arbeiten der Kommission macht, und den eigentlichen „Empfehlungen" auch einen Teil „Erklärungen und Begründungen". Sie sind bewußt festgehalten, um nicht nur die nackten Tatsachen der Zeichen zu geben, sondern auch durch die Erklärungen und Begründungen eine sinnvolle Anwendung zu ermöglichen.

Die Empfehlungen gliedern sich in die Teile

    A. Grundsätze des empfohlenen Bezeichnungssystems

    B. Bezeichnung der Schiffahrtstraßen

    C. Zeichen für Bauwerke

    D. Sperre der Schiffahrtstraße

    E. Besondere Zeichen

    F. Verschiedenes.

Der Gedanke der Elastizität kommt in dem ersten Abschnitt des Teiles A. über die Wahl einer Bezeichnung deutlich zum Ausdruck:

„Je nach dem Verkehr auf der Schiffahrtstraße, den örtlichen Umständen, den Erfordernissen der Schiffahrt, den verfügbaren Geldmitteln usw. können die Verwaltungen für eine bestimmte Schiffahrtstraße oder für ein bestimmtes Gebiet wahlweise:

    a) auf jede Bezeichnung verzichten,

    b) unter den in diesen Empfehlungen aufgeführten Zeichen diejenigen auswählen, die ihnen für den Fall der Schiffahrtstraße oder des Gebietes angemessen erscheinen;

    c) den auf diese Weise gewählten Zeichen zusätzliche, in dem nachstehenden System nicht vorgesehenen Zeichen, hinzufügen, jedoch unter der Bedingung, daß diese Zeichen nicht in Gegensatz zu diesem System stehen."

In den „Grundsätzen" ist bewußt der Versuch gemacht worden, durch die Art der Lichterscheinung eine gewisse Ordnung der Zeichen deutlich zu machen. So ist festgelegt:

„Grundsätzlich ist der Gebrauch von Taktfeuern der Bezeichnung des Fahrwassers vorbehalten."

„Grundsätzlich ist der Gebrauch von Festfeuern für andere Fälle als die Bezeichnung des Fahrwassers vorbehalten."

Stärke der Lichter und Farbort der Lichter sind nicht in einem Wert angegeben. Zur Anpassung an die verschiedenen örtlichen Verhältnisse ist jedoch eine einheitliche Berechnungsweise und für die Farben ein fester Toleranzbereich gegeben. Dadurch wird eine einheitliche Erscheinung unter verschiedenen Gegebenheiten erreicht.

Für Wahrschauposten hat man sich nicht für einen Vorschlag entschließen können, da die örtlichen Verhältnisse zu verschieden sind. Man hat nur beschlossen:

„Wenn in Sonderfällen (z. B. auf Krümmungsstrecken mit Sichtbehinderung) Signalposten erforderlich sind, so legen die verantwortlichen Behörden die von diesen zu zeigenden Signale fest, indem sie sich soweit wie möglich auf diese Empfehlungen stützen und alle Widersprüche oder Verwechslungen mit diesen Empfehlungen vermeiden."

Die in der Seeschiffahrt üblichen Taktkennungen der Feuer hat man in vereinfachter Form für die Binnenschiffahrtstraßen übernommen. Es sind dies die Blitz-, Gleichtakt-, unterbrochenen und Funkelfeuer. Damit ist das Erscheinungsbild für die Bezeichnung der Fahrwasser nicht nur an den Binnenschiffahrtstraßen vereinheitlicht, sondern auch dem der Seeschiffahrtstraßen angeglichen.

Bei ununterbrochen scheinenden Lichtern, Festfeuern, wird das im Verkehr allgemein anerkannte Prinzip verankert:

       „ein rotes Festfeuer bedeutet ‚Halt',

       ein grünes Festfeuer bedeutet ‚Fahrt'.

und die Bedeutung der anderen Zeichen mit roten oder grünen Feuern leitet sich von diesem Grundsatz ab."

Über die Bezeichnung der Fahrwassergrenzen heißt es in den Erläuterungen:

„Die Kommission hat das Grundprinzip des ‚Accord relatif à un système uniforme de balisage maritime' [4] übernommen, und zwar:

       rechte Seite des Fahrwassers: rote Stumpftonnen,

       linke Seite des Fahrwassers: schwarze Spitztonnen.

Hinsichtlich der Tonnen an Fahrwasserspaltungen wurde nur die Form (Kugelform mit evtl. einem Ball als Toppzeichen) übernommen, die übrigen Seezeichen erschienen zu kompliziert für die Binnenschiffahrtstraßen."

B. *Bezeichnung der Schiffahrtstraßen*
  I. Zeichen für die Fahrwassergrenzen
  Rechte Seite des Fahrwassers:

Bei Nacht: Rote Taktfeuer, Art und Kennung beliebig, oder gegebenenfalls weiße Blitz- oder unterbrochene Feuer mit gerader Kennung.

Linke Seite des Fahrwassers:

Bei Nacht: Grüne Taktfeuer, Art und Kennung beliebig, oder gegebenenfalls weiße Blitz- oder unterbrochene Feuer mit ungerader Kennung.

Fahrwasserspaltung:

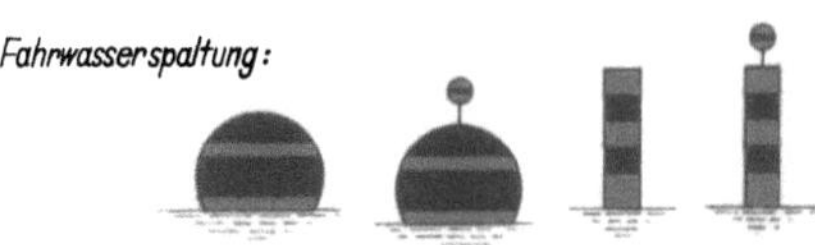

Bei Nacht: Weiße Funkelfeuer (oder notfalls Gleichtaktfeuer)

  II. Zeichen für die gefährlichen Punkte
  Rechtes Ufer:

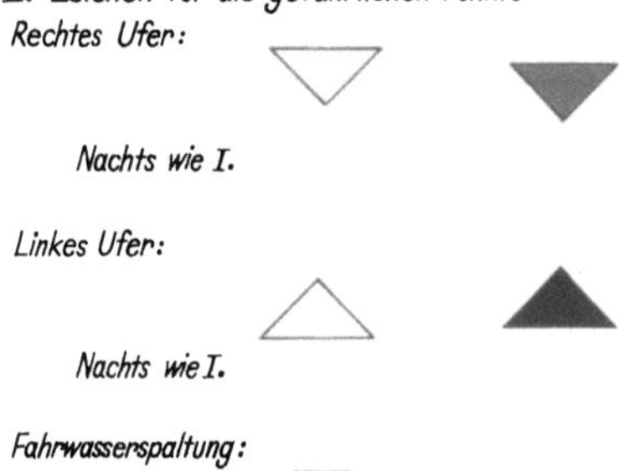

Nachts wie I.

Linkes Ufer:

Nachts wie I.

Fahrwasserspaltung:

Nachts wie I.

  III. Zeichen für die Lage der Fahrrinne
  Auf dem rechten Ufer:

Nachts wie I.

Auf dem linken Ufer:

Nachts wie I.

Übergänge von einem Ufer zum anderen:
Auf dem rechten Ufer:

Bei Nacht: Gelbe Blitz- oder unterbrochene Feuer (gegebenenfalls als Sektorfeuer) mit gerader Kennung.

Auf dem linken Ufer:

Bei Nacht: Gelbe Blitz- oder unterbrochene Feuer (gegebenenfalls als Sektorfeuer) mit ungerader Kennung.

  IV. Zeichen für Hindernisse
  Wie I. oder II.

*Wenn man diese Hindernisse bezeichnen und **außerdem** der fahrenden Schiffahrt die Vermeidung von Wellenschlag vorschreiben will.*

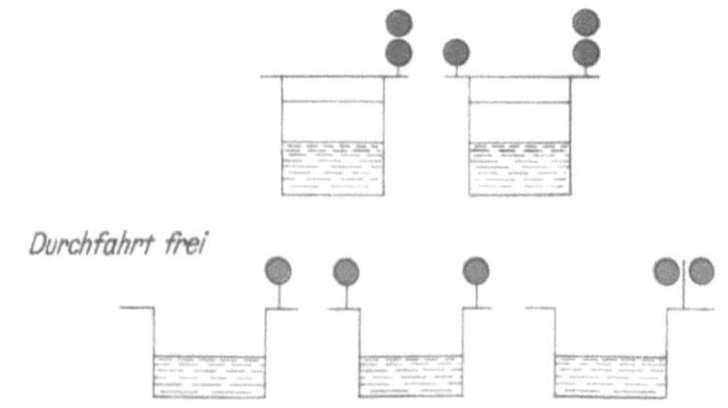

*Auf der Seite, wo das Fahrwasser **frei** ist:*
Bei Tag:
entweder
  eine rot-weiße Flagge
oder ein roter Ball über einem weißen
  oder schwarzen Ball
(entsprechend dem Hintergrund,
von dem er sich abheben soll)
*Bei **Nacht**:*
ein rotes Licht über
einem weißen Licht

*Auf der Seite, wo das Fahrwasser **nicht frei** ist:*
entweder
  eine rote Flagge
oder
  ein roter Ball
ein rotes Licht

C. *Zeichen für Bauwerke*
  I. Feste Brücken
  Verbotene Durchfahrt

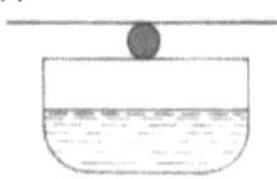

Empfohlene Durchfahrt

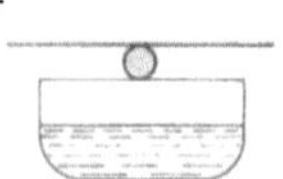

Verkehr in beiden Richtungen

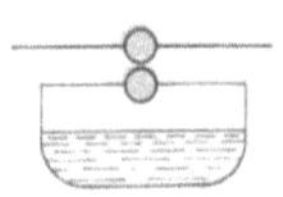

Einbahnverkehr

Begrenzte Durchfahrt

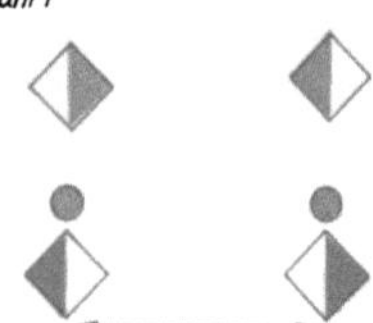

Keine Durchfahrt

Schiffahrt gesperrt. Brücke außer Betrieb

Durchfahrt frei

  II. Schleusen
  Keine Einfahrt
  Schiffahrt gesperrt. Schleuse außer Betrieb } *Zeichen wie II.*
  Einfahrt frei

D. *Zeichen für Sperre der Schiffahrt*

Langdauernde vollständige Schiffahrtsperre (Sperrzeichen):

●
●

Vorübergehende Schiffahrtsperre:
wie **C.II.** *(Bewegliche Brücken)*

Teilweise Sperre der Schiffahrtstraße durch feste Hindernisse:
Zeichen wie **B.II.** *„Gefährliche Punkte" oder*
Richtungspfeile (s. Gebotszeichen, E.I.)

Sperre eines Armes der Schiffahrtstraße:
Sperrzeichen oder Richtungspfeil (E.I.)

E. *Besondere Zeichen*

I. Gebotszeichen

Gebot unter bestimmten Bedingungen anzuhalten

Gebot die Geschwindigkeit herabzusetzen

Gebot Schallzeichen zu geben

Gebot erhöhter Aufmerksamkeit

Gebot eine bestimmte Richtung einzuschlagen

III. Zeichen für Einschränkungen

Einschränkungen vorhanden. Erkundigungen einziehen

Eingeschränkte Tiefe

Eingeschränkte lichte Höhe

Eingeschränkte Durchfahrtsbreite

II. Verbotszeichen
Überholverbot

Überholverbot
nur für Schleppzüge

Begegnen und Überholen
verboten

Liegeverbot

Ankern verboten

Vermeiden von Wellenschlag

IV. Hinweiszeichen
Ankerplatz

Liegeplatz

Wendeplatz

Fernsprechanschluß

Freileitung kreuzt

Nicht frei fahrende Fähre

Empfohlene Richtung

Die Kommission hat es nicht für notwendig gehalten, Empfehlungen hinsichtlich der auf den Tonnen anzubringenden Aufschriften (Nummern usw.) herauszugeben.

Für die Nacht ist festgelegt:

„Rechte Fahrwasserseite: rote Taktfeuer mit beliebiger Kennung oder weiße Feuer mit gerader Kennung,

Linke Fahrwasserseite: grüne Taktfeuer mit beliebiger Kennung oder weiße Feuer mit ungerader Kennung,

Fahrwasserspaltungen: weiße (Funkel- oder Gleichtakt-)-Feuer.“

Aus den Unterschieden der verschiedenen Binnenschiffahrtstraßen ergab sich die Notwendigkeit, zwei weitere Gruppen für die Fahrwasserbezeichnung zu bilden, und zwar die Zeichen für gefährliche Punkte und Zeichen für die Lage der Fahrrinne.

Gefährliche Punkte, wie etwa Buhnenköpfe, vorspringende Ufer u. dgl. müssen unter Umständen bezeichnet werden, auch wenn keine durchlaufende Fahrwasserbezeichnung auf einem Strom vorhanden ist. Hierfür wird empfohlen:

entweder die Zeichen für die Bezeichnung der Fahrwassergrenze,

oder besondere Zeichen am Ufer.

Hierzu sagt die Kommission:

„Die Kommission ist von dem Grundsatz ausgegangen, daß die Baken am Ufer eine gewisse Analogie mit den entsprechenden Tonnen aufweisen müssen: die Baken auf dem rechten Ufer müssen eine waagerechte Oberkante, die Baken auf dem linken Ufer müssen oben eine Spitze haben.

Ebenso sollten die Farben der Baken grundsätzlich mit denen der entsprechenden Tonnen übereinstimmen, d. h.   Rot auf der rechten Seite des Flusses,
                                                        Schwarz auf der linken.“

Da sich bei Flüssen die Breite der Fahrrinne von der Breite des Flußbettes unterscheiden kann, und sie in dem breiteren Wasserspiegel von einem Ufer zum anderen pendeln kann, ist es notwendig, in manchen Fällen den Schiffsführer durch Zeichen für die Lage der Fahrrinne über ihre Lage zum Ufer zu informieren.

Die Zeichen, z. B. auf dem rechten Ufer rechteckige rote Tafel mit weißem oberen und unterem Rand oder auf dem linken Ufer auf der Spitze stehende quadratische Tafel, in der oberen Hälfte schwarz, in der unteren Hälfte weiß, entsprechen auch den Farben und Formen der Seitenbezeichnung durch Tonnen.

Für die Übergänge von einem Ufer zum anderen ist die seitenneutrale Farbe Gelb gewählt.

Wegen der besonderen Bedeutung zeitweiliger Hindernisse im Fahrwasser für die Sicherheit der Schiffahrt sind die Möglichkeiten, den Schiffsführer hierüber zu informieren, in einem Abschnitt „Zeichen für Hindernisse“ zusammengefaßt.

„Die Kommission hat die Seezeichen für die Bezeichnung von Wracks nicht übernommen, weil sie für die Binnenschiffahrt nicht geeignet erschienen.“

Sie hat vielmehr hierfür folgende Möglichkeiten vorgeschlagen:

a) die Zeichen für die Fahrwassergrenzen oder

b) die Zeichen für gefährliche Punkte oder

c) „wenn man diese Hindernisse bezeichnen und *außerdem* der fahrenden Schiffahrt die Vermeidung von Wellenschlag *vorschreiben will*“, besondere Zeichen, und zwar u. a. auf der Seite des Hindernisses, wo das Fahrwasser frei ist, eine rot-weiße Flagge. Auf der Seite des Hindernisses, wo das Fahrwasser nicht frei ist, eine rote Flagge.

Auch hier wird der Versuch deutlich, bei gewisser Elastizität die Einfachheit des Systems zu wahren.

Es sind ferner vorgesehen, Zeichen für Bauwerke. Gemeint sind mit Bauwerken feste Brücken, Wehre, bewegliche Brücken und Schleusen.

Bei festen Brücken hat die Kommission unterschieden zwischen:

a) „empfohlene Durchfahrtsöffnungen,

b) verbotene Durchfahrtsöffnungen,

c) Durchfahrtsöffnungen, die nicht ausdrücklich empfohlen werden, jedoch auf eigene Gefahr von den Schiffern durchfahren werden können.“

Entsprechend den „Grundsätzen“ wurde festgelegt:

für die verbotene Durchfahrt rote Sperrtafel (rote rechteckige Tafel mit weißem waagerechtem Mittelstrich),

für die empfohlene Durchfahrt eine gelbe quadratische Tafel, die auf einer Spitze steht.

Zusatzzeichen können die Grenzen angeben, in denen z. B. bei Bogenbrücken die Durchfahrt normalerweise benutzbar ist.

Bewegliche Brücken und Schleusen sind signalmäßig gleich behandelt, da in beiden Fällen für den Schiffsführer die gleiche Information „keine Fahrt" oder „Fahrt frei" wichtig ist, nicht die unterschiedliche Ursache. Damit konnte das System wesentlich vereinfacht werden.

Als Zeichen für „keine Fahrt" sind zwei rote Lichter nebeneinander gewählt. Damit soll erreicht werden, daß diese wichtigen Signallichter nicht mit anderen roten ununterbrochen scheinenden Lichtern, z. B. Seitenlichter von Schiffen, verwechselt werden. Daher ist auch nur in einfacheren Fällen und wo keine Verwechslungsgefahr besteht, ein Licht zugelassen.

Entsprechend zeigt das Signal „Fahrt frei" in der Regel zwei grüne Lichter nebeneinander.

In dem Absatz „Sperre der Schiffahrtstraße" sind die Möglichkeiten. die das System hierfür bietet, wieder wegen der besonderen Bedeutung für die Sicherung der Schiffahrt, zusammengefaßt. Es werden unterschieden langdauernde, vollständige Schiffahrtsperre, vorübergehende Schiffahrtsperre, teilweise Sperre der Schiffahrtstraße durch feste Hindernisse und Sperre eines Armes der Schiffahrtstraße. Die Zeichen sind Kombinationen von roten Lichtern. Für vorübergehende Sperre sind die gleichen Signale wie für Schleusen und bewegliche Brücken gewählt. um das System möglichst zu vereinfachen.

Unter der Gruppe „Besondere Zeichen" sind die Gebotszeichen, Verbotszeichen, Zeichen für Einschränkungen und Hinweiszeichen aufgeführt. Um sie verständlich und international leicht lernbar zu machen, sind Schrift und Buchstaben vermieden. Man wählte eine rechteckige Tafel mit einem Symbol. Die Gebotszeichen haben einen roten Rand auf weißem Grund mit schwarzem Symbol, ebenso die Zeichen für Einschränkungen. Das Verbot ist zusätzlich durch einen roten Diagonalstrich gekennzeichnet. Die unverbindlichen Hinweiszeichen dagegen sind durch ihren blauen Grund und die weißen Symbole deutlich von den ersten Gruppen unterschieden. Die Symbole konnten so gezeichnet werden, daß ein hoher Erkennbarkeitsgrad erreicht wurde [5]. Die Zahl der Symbole mit 5 Gebots-, 6 Verbots-, 4 Einschränkungs- und 7 Hinweiszeichen ist bewußt gering gehalten, um die Lern- und Erkennbarkeit zu erhöhen. Für den Straßenverkehr sind vergleichsweise mit den Kreistafeln allein 35 verschiedene Symbole verbunden.

So konnte durch Beschränkung der Begriffe und Gruppeneinteilung ein die verschiedenen Länder gut berücksichtigendes System gefunden werden.

Dieses von der Kommission vorgeschlagene einheitliche Bezeichnungssystem ist inzwischen von vielen Ländern Europas angenommen worden. Es wird in den nächsten Jahren in die Praxis eingeführt. Die an verschiedenen Stellen durchgeführten Beratungen über die Einführung des Systems haben bewiesen, daß das System es gestattet, Übereinkommen für so verschiedene Wasserstraßen bzw. Wasserstraßensysteme wie die Donau, die osteuropäischen Wasserstraßen, den Rhein und die Binnenschiffahrtstraßen der Bundesrepublik zu finden, die sowohl die Eigenart der Wasserstraße, ihres Verkehrs und der Technik des Landes berücksichtigen wie auch die Einheitlichkeit innerhalb dieses Systems wahren. Dies war dadurch möglich, daß die Kommission es erreicht hat, „Empfehlungen für ein internationales Signalwesen vom rein praktischen und wissenschaftlichen Standpunkt aus auszuarbeiten".

Schrifttum

[1] Association Internationale Permanente des Congrès de Navigation — Compte-Rendu des Travaux du XVIIIème Congrès Rome 1953, Secrétariat Général du Congrès 1954.

[2] Wiedemann, G: Verkehrszeichen und Signale. Verkehrswissenschaftliche Veröffentlichungen des Ministeriums für Wirtschaft und Verkehr Nordrhein-Westfalen, H. 43, Düsseldorf: Droste-Verlag 1958.

[3] Commission des Signaux de A.I.P.C.N.: Rapport de la Commission pour l'étude de l'unification sur le plan international des signaux de navigation intérieure. Première Partie, Signalisation des voies navigables. Dez. 1956, nicht veröffentl.

[4] Société des Nations: Accord relatif à un Système uniforme de balisage maritime et règlement y annexé. Genève 1937. Serie de Publ. de la Société des Nations VIII, Communications et Transport 1936 VIII 11.

[5] Wiedemann, G.: a. a. O.

Fenderungen im Hafenbau

Von Dr.-Ing. Hans-G. Rinne

I. Einleitung

Von den Anlegebauwerken in einem Hafen ist zu fordern, daß sie zu jeder Zeit unter allen Wetterverhältnissen ein schnelles und sicheres Anlegen von Schiffen ermöglichen und eine ruhige und sichere Lage der vertäuten Schiffe am Bauwerk gewährleisten. In den meisten Fällen wird es sich dabei um Bauwerke handeln, die von Schiffen unterschiedlicher Größe und Form genutzt werden. Für die Ausführung dieser Bauwerke gibt es eine Reihe von Möglichkeiten, deren Anwendung von den Anlegebedingungen, von der Art des Umschlags, von der Größenordnung der Schiffe und von den örtlichen, technischen und wirtschaftlichen Verhältnissen abhängt. Es muß unterschieden werden zwischen den schweren Bauwerkskonstruktionen, die mehr oder weniger unnachgiebig wirken, wie z. B. alle mit Boden hinterfüllten massiven Uferbauwerke, und den leichten Konstruktionen, die beim Stoß nachgeben, wie z. B. die auf Pfählen gegründeten Pierkonstruktionen und die Anlegestellen an Dalben.

Die Größenordnungen der Schiffe haben in den letzten Jahrzehnten, ja besonders in den letzten Jahren, beträchtlich zugenommen [10]. Das Regelfrachtschiff des Weltverkehrs hat seine Größe in der ersten Hälfte dieses Jahrhunderts etwa verdoppelt. Bei den Massengutschiffen, besonders bei den Tankern, ist die Entwicklung noch stürmischer verlaufen. Dagegen sind die Massen der Uferbauwerke keinen wesentlichen Veränderungen unterworfen gewesen. Nur durch die Anwendung besserer Konstruktionsverfahren und neuer Baustoffe haben die Uferbauwerke größere Festigkeit erhalten. Hinzu kommt, daß auch der Tiefgang der Schiffe laufend zugenommen hat; die Entwicklung ist noch nicht abgeschlossen. Es wurde und wird daher erforderlich, in immer größerem Maße die Anlegestellen weiter von Land wegzulegen, wo sie verstärktem Wind und Wellengang ausgesetzt sind. Da in größeren Wassertiefen massive Bauwerke nicht mehr wirtschaftlich sind, wurden aufgelöste Konstruktionen erstellt, die den Schiffen nur eine sehr geringe Masse entgegenzusetzen haben. Hieraus folgt, daß das Verhältnis des Schiffes zum Bauwerk immer ungünstiger geworden ist. Damit sind die Anforderungen an die Fenderung gestiegen.

In dieser Arbeit sollen die Vorkehrungen besprochen werden, die — zwischen Schiff und Bauwerk angeordnet —, dazu dienen, die Stoßkräfte anlegender Schiffe aufzufangen und gefahrlos für Schiff und Bauwerk in die Konstruktion der Anlegestelle einzuleiten. Berücksichtigt werden dabei die Forderungen, die sich aus den Bewegungen des am Bauwerk festgemachten Schiffes herleiten lassen, und alle Druckübertragungen zwischen Schiff und Bauwerk. Die Vertäuung der Schiffe und die Einleitung der Zugkräfte durch die Trossen in die Poller des Bauwerkes werden nicht behandelt.

Alle zwischen Schiff und Bauwerk geschalteten elastischen Zwischenglieder werden hier Fender genannt. Das sind im engeren Sinne kissenartige sich elastisch teils auch plastisch verformende Druckkörper. Besprochen werden in dieser Arbeit nur die am Bauwerk und nicht die vom Schiff vorgehaltenen Fender. Ebenfalls sind sämtliche selbständigen Konstruktionen mit eigener Gründung, die vermöge ihrer Konstruktion ohne besondere Fenderungen Energie aufnehmen, nicht Gegenstand dieser Ausarbeitung. Hierzu gehören insbesondere die im Schrifttum [42] schon ausführlich behandelten Dalbenkonstruktionen.

Für die Beurteilung der einzelnen Fenderarten ist es erforderlich, zunächst auf die theoretischen Grundlagen der Größe und Aufnahme des Schiffsstoßes und der Druckübertragung zwischen Schiff und Bauwerk einzugehen und daraus die Anforderungen an Fenderungen herzuleiten.

Die wirtschaftliche Konstruktion eines Anlegebauwerkes ist von verschiedenen Einflüssen abhängig. Die Kosten für die Fenderungen stehen im unmittelbaren Zusammenhang damit, zumal da die Wahl einer bestimmten Fenderung wieder bauliche Rückwirkungen auf das Anlegebauwerk hat. Massive Uferbauwerke z. B. erfordern hohe Erstellungskosten und geringe Unterhaltungskosten; die Fenderung kann einfach und robust sein. Leichte aufgelöste Konstruktionen sind billiger in der Herstellung, dafür aber teurer in der Unterhaltung; für Fenderungen müssen beträchtliche Mittel aufgebracht werden, die bis zu 25% der Erstellungskosten des Anlegebauwerkes betragen können [76]. Ein Kostenvergleich von Fenderungen eo ipso ist daher nicht möglich. Zu vergleichen sind nur die Gesamtkosten von Anlegebauwerken einschließlich der Fenderungen. Das ist aber wiederum nur durch umfangreiche Wirtschaftlichkeitsbetrachtungen möglich. In dieser Arbeit werden daher nur die technischen Fragen von Fenderungen untersucht und die Wirtschaftlichkeit nur grundsätzlich erörtert.

Die schnelle Entwicklung der modernen Fenderungen hat erst in den 40er Jahren begonnen und ist heute noch nicht ganz abgeklungen. Dementsprechend können die gemachten Erfahrungen noch nicht sehr umfangreich sein.

II. Ermittlungen über die Größe des Schiffsstoßes und die Beanspruchungen der Bauwerke, Fender und Schiffe

A. Das Anlegemanöver des Schiffes

Ein Schiff, das ohne Schlepperhilfe anlegt, muß eine Mindestgeschwindigkeit einhalten, damit es steuerfähig bleibt. Es wird in der Regel gegen den Strom anlegen, weil sich dadurch die relative Geschwindigkeit zwischen Wasser und Schiff aus den einzelnen absoluten Geschwindigkeiten addiert und damit die Steuerfähigkeit zunimmt. Das Schiff kann dann den Anlegeplatz mit geringerer absoluter Eigengeschwindigkeit ansteuern. Aus ähnlichen Gründen ist es für ein Schiff vorteilhaft, gegen den Wind anzulegen. Die Mindestgeschwindigkeit, mit der ein Schiff anlegen kann, ist weiter um so kleiner, je besser das Schiff umströmt werden kann. Für Anlegebauwerke, an die Schiffe mit eigener Kraft anlegen, zeigt sich von diesem Gesichtspunkt aus, die aufgelöste Pierkonstruktion, die durchströmt werden kann, dem massiven Kai überlegen.

Die Fahrtenergie eines Schiffes wird zunächst durch die eigene Schraubenkraft gemindert. Das Schiff fährt unter spitzem Winkel annähernd parallel an das Bauwerk heran, gibt mit der Schraube volle Kraft zurück und bewegt sich dann durch entsprechende Stellung des Ruders auf das Bauwerk zu. Vom Schiff aus wird versucht, so früh wie möglich — noch bevor das Schiff an das Bauwerk stößt —, eine Vertäuung nach Land auszubringen. Dies wird in den meisten Fällen zuerst vom Vorschiff aus geschehen. Die Vertäuung wird an Land festgemacht und von dem Schiff aus angespannt. Durch allmähliches Nachgeben unter Kraft wird ein Teil der Voraus-Energie des Schiffes aufgenommen. Die Kraft darf nicht zu groß werden, da sonst die Vertäuung reißt oder aber das Hinterschiff mit der dem Schiff innewohnenden Energie vom Bauwerk wegschwingt.

Der Bremsweg eines Schiffes entlang seines Anlegeplatzes ergibt sich aus der Gleichung

$$m_s \, (v_1{}^2 - v_2{}^2) = P \cdot s$$

Hierin bedeuten:

$$m_s - \text{Masse des Schiffes und der mitbewegten Wassermasse,}$$
$$v_1, v_2 = \text{Geschwindigkeiten des Schiffes vor und nach dem Bremsvorgang,}$$
$$P = \text{Trossenkraft,}$$
$$s = \text{Bremsweg.}$$

Eine weitere Energievernichtung tritt durch die Verdrängung der Wassermasse zwischen Schiff und Anlegebauwerk ein; sie ist jedoch abhängig von der Konstruktion des Anlegebauwerkes und nur bei einer geschlossenen Kaikonstruktion voll wirksam. Bei aufgelösten durchströmten Konstruktionen, also bei den meisten Piers, kann kein Wasserpolster wirksam werden.

Mit der verbleibenden Energie stößt das Schiff dann gegen das Bauwerk und beansprucht die Fenderung. Hierauf wird noch in den nächsten Abschnitten näher einzugehen sein. Gleichzeitig tritt durch die Lagerkräfte der Fenderung eine elastische Verformung der Konstruktion des Anlegebauwerkes ein. Ebenso findet eine elastische Verformung der Schiffsaußenhaut im Stoßpunkt und des gesamten Schiffskörpers statt. Während und nach dem Stoß wird das Anlegemanöver des Schiffes noch durch die durch den Stoß hervorgerufene vektorielle Geschwindigkeitsänderung des Schiffes (Drehbewegung) beeinflußt. Dabei bewegt sich das Vorschiff vom Anlegebauwerk weg und das Hinterschiff auf das Anlegebauwerk zu. Diese Bewegung wird durch den Widerstand des Wassers und durch die Vertäuung gebremst, wobei die Trosse unter Kraft weiter leicht nachgegeben wird. Eine theoretisch einwandfreie Berücksichtigung der Vertäuung bei diesem Drehvorgang führt zu unüberwindbaren Schwierigkeiten.

Ist die Energie des anlegenden Schiffes so groß, daß sie nicht durch die erwähnten Maßnahmen, Verformungen und Vorgänge vernichtet werden kann, so handelt es sich um Havariestöße. Hierbei wird Energie durch plastische Verformungen und Zerstörungen des Fenders, durch plastische Verformungen oder Bewegungen der Konstruktion des Anlegebauwerkes oder durch plastische Verformungen des Schiffskörpers vernichtet.

Schiffe, die ohne Schlepperhilfe anlegen, stellen an das Anlegebauwerk hohe Anforderungen. Von dieser Möglichkeit wird daher nur in den Fällen Gebrauch gemacht, in denen wegen der geringen Zahl der Anlegemanöver die Vorhaltung von Schleppern nicht wirtschaftlich ist. Aber auch kleinere Schiffe legen meist ohne Schlepperhilfe an.

Im Normalfall legen größere Schiffe mit Schlepperhilfe an; das trifft besonders für enge stark benutzte Hafenbecken zu, in denen ein Manövrieren an den Liegeplatz ohne Schlepperhilfe unmöglich ist. Die Schlepper halten das Schiff im geringen Abstand annähernd parallel zum Anlegebauwerk, die Trossen werden an Land übergeben, und das Schiff zieht sich mit den Trossen selbst an das Bauwerk heran. Widrige Witterungsumstände und eine offene Lage des Anlegebauwerkes können aber auch bei diesem Verfahren zu größeren Stoßkräften führen.

B. Die Größe der Stoßkräfte und der Stoßenergie beim Anlegen

1. Grundlagen

Die Größe der Energie eines anlegenden Schiffes ist festgelegt durch den Ausdruck

$$A = \frac{m_\Sigma}{2}\, v^2 \,,$$

wobei

$m_\Sigma =$ Masse des Schiffes und der mitbewegten Wassermasse,

$v =$ Anlegegeschwindigkeit des Schiffes.

Liegt diese Größe fest, so muß ermittelt werden, welche Energie von der Fenderung aufzunehmen ist. Hierfür sind folgende Faktoren maßgebend:

a) die Größe des Stoßwinkels, unter dem das Schiff auf das Bauwerk trifft; das ist der Winkel zwischen der Fahrtrichtung des Schiffes und der Vorderflucht des Anlegebauwerkes,

b) die Lage des Stoßpunktes zum Massenschwerpunkt des Schiffes,

c) die Krümmung der Schiffshaut und des Fenders in der Berührungsstrecke,

d) die elastischen Eigenschaften des Fenders einschließlich des Bauwerkes,

e) der Widerstand des Wasserpolsters zwischen Schiff und Anlegebauwerk,

f) die elastischen Eigenschaften und die Arbeitsaufnahme des Schiffskörpers.

Sämtliche genannten Faktoren beeinflussen sich gegenseitig. Ihre Zusammenhänge und ihr Einfluß auf die aufzunehmende Formänderungsarbeit, die Weichheit und die konstruktive Ausbildung der Fender sind sehr verwickelt. Ferner tritt auch eine Einwirkung auf die beim Stoß wirksame mitbewegte Wassermasse ein.

Will man den Anlegevorgang und den Stoßvorgang genauer erfassen, so sind umfangreiche Versuche und theoretische Untersuchungen erforderlich. Dabei ist es unerläßlich, eine Reihe vereinfachender Annahmen zu machen.

2. Ansatz der Masse

Die beim Stoß wirksame Masse setzt sich aus der Masse des Schiffes und der mitbewegten Wassermasse zusammen. Der Ansatz der Masse des Schiffes bereitet keine Schwierigkeiten, sobald nur die Größe der Schiffe festliegt, die an der Anlage anlegen sollen. Die Ermittlung der Größe der mitbewegten Wassermasse, der hydrodynamischen Masse, ist aber ein Problem [*118*]. Die hydrodynamische Masse ist abhängig von dem Anlegemanöver, den Abmessungen und der Form des Schiffes, von der Wassertiefe und schließlich auch von der Konstruktion des Anlegebauwerkes und der Weichheit der Fenderung. Grim [*53*] hat theoretisch und auf dem Versuchswege die hydrodynamische Masse für ein Schiff bestimmt, dessen Bewegungsänderung quer zum Schiff auftritt. Diese Ermittlung ist für den praktischen Gebrauch aber zu umständlich. Grim gibt deswegen zwei Diagramme an, aus denen die hydrodynamische Masse für diesen Fall überschläglich ermittelt werden kann. Den Diagrammen liegt die Erkenntnis zugrunde, daß die Größe der hydrodynamischen Masse in erster Linie von dem Verhältnis der Breite des Schiffes zum Tiefgang und des Tiefganges des Schiffes zur Wassertiefe abhängt. Alle weiteren Einflüsse sind vernachlässigt.

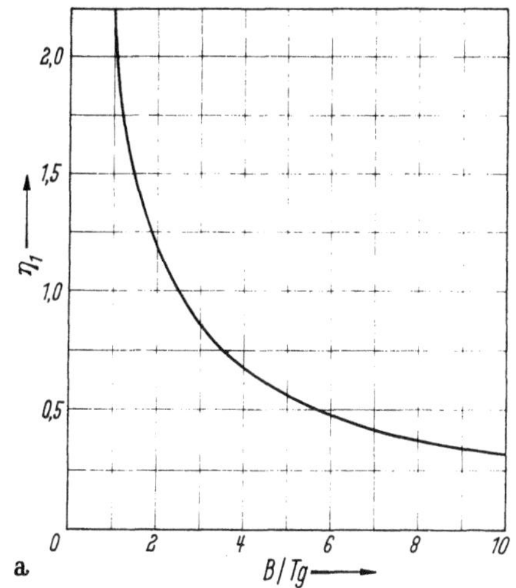
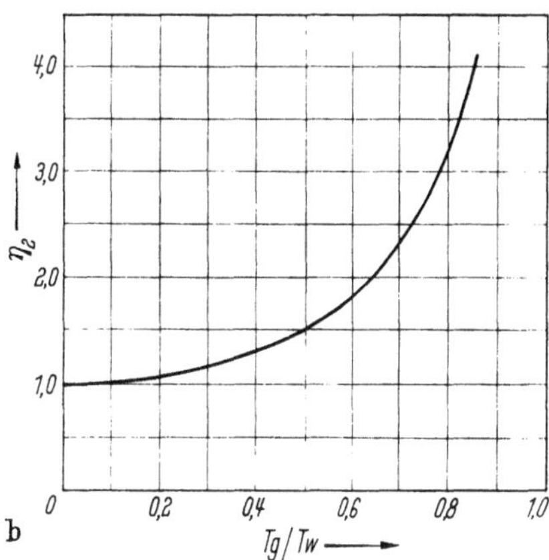

Abb. 1a u. b. Die Größe der hydrodynamischen Masse nach Grim [53]

a Abhängigkeit von dem Verhältnis der Breite zum Tiefgang des Schiffes (B/Tg)

b Abhängigkeit von dem Verhältnis des Schiffstiefganges zur Wassertiefe (Tg/Tw)

Es sei die gesamte zu verzögernde Masse

wobei
$$m_\Sigma = m + m_w,$$
$$m \;\; = \text{Masse des Schiffes,}$$
$$m_w = \text{hydrodynamische Masse.}$$

Die hydrodynamische Masse ergibt sich zu
$$m_w = \eta_1 \cdot \eta_2 \cdot m,$$
wobei der vom Verhältnis der Breite des Schiffes zum Tiefgang abhängige Faktor η_1 aus Abb. 1a und der vom Verhältnis des Tiefganges des Schiffes zur Wassertiefe abhängige Faktor η_2 aus Abb. 1b zu entnehmen ist.

In der Hydrodynamik wird angenommen, daß — tiefes Wasser vorausgesetzt — bei der Bewegung einer Kugel unter Wasser eine Wassermasse von der halben Größe der Kugelmasse mitschwingt; bei der Bewegung eines langen Zylinders quer zu seiner Achse ist die mitbewegte Wassermenge so groß wie die ganze Masse des Zylinders. Wenn die Wellenbewegung an der Oberfläche klein bleibt, werden diese Werte auch für schwimmende Körper gültig sein. Russel [106] nimmt daher an, daß bei der Querbewegung eines Schiffes im tiefen Wasser die hydrodynamische Masse etwa 50 bis 100% der Schiffsmasse beträgt.

Callet [12] ist der Meinung, daß die hydrodynamische Masse bei der ungehemmten Schiffsbewegung am größten ist und daß beim Stoß die wirksame Wassermasse um so kleiner ist, je härter der Stoß ist. Er nimmt daher an, daß die wirksame hydrodynamische Masse bei einem mit der Breitseite parallel zum Anlegebauwerk anlegenden Schiff mit dem Federweg der Fenderung zunimmt und setzt sie gleich der Wassermasse eines Quaders mit den Seitenlängen Schiffstiefgang und -länge und Federweg der Fenderung. Das ist eine Annahme, deren Wert dadurch stark beeinträchtigt ist, daß der große Einfluß der Wassertiefe nicht berücksichtigt wird.

3. Anlegegeschwindigkeit

Mit der Anfahrgeschwindigkeit des Schiffes wird die Geschwindigkeit bezeichnet, mit der das Schiff an das Anlegebauwerk heranfährt. Die Größe dieser Anfahrgeschwindigkeit ist abhängig von den Anfahrmöglichkeiten, von der Größe des Schiffes und der Schiffsform und von den Witterungsverhältnissen.

Die Anlegegeschwindigkeit ist dann die Geschwindigkeit, mit der sich die gesamte Schiffsmasse unmittelbar vor dem Anstoß bewegt. Sie kann nicht mit der Geschwindigkeit gleichgesetzt werden, mit der sich das Vor- oder Hinterschiff auf das Bauwerk zu bewegt, da die Längs- und Querbewegung des Schiffes durch eine Drehbewegung überlagert sein kann.

Die maßgebende Anlegegeschwindigkeit ist kleiner als die Anfahrgeschwindigkeit, und zwar wird die Anfahrgeschwindigkeit verzögert durch die rückläufige Schraubenkraft des Schiffes, durch Schlepperhilfe, durch das Abbremsen mit der an Land gegebenen Trosse und durch das Wasserpolster, das sich bei nicht durchströmbaren Anlegebauwerken zwischen Schiff und Bauwerk bildet. Der Ansatz der Anlegegeschwindigkeit ist entscheidend für die aufzunehmende Formänderungsarbeit durch die Fenderungen.

Es wird davon ausgegangen, daß das Schiff unter dem Einfluß der äußeren Kräfte entweder mit eigener Schraubenkraft oder mit Schlepperhilfe an dem Bauwerk anlegt. Für diesen Fall kann die Größe der Anlegegeschwindigkeit nicht rechnerisch ermittelt, sondern nur auf Grund von Erfahrungen angegeben werden. Ein Fender wird in den meisten Fällen nur für den Anlegevorgang mit normalen Anlegegeschwindigkeiten unter Einrechnung einer Sicherheit bemessen werden können. Eine Bemessung für einen Havariestoß ist wirtschaftlich nicht vertretbar, da der Unterschied zum normalen Stoß zu groß ist. Bei der Festlegung der Anlegegeschwindigkeit darf auch das psychologische Moment nicht außer acht gelassen werden. Bauwerke, die einen wuchtigen und starren Eindruck machen, werden von den Kapitänen — mehr oder weniger unbewußt — vorsichtiger und mit geringerer Geschwindigkeit angesteuert als Bauwerke, die leicht federnd nachgeben und somit nur einen unmerklichen Stoß am Schiffskörper hervorrufen.

Über die Größe der anzusetzenden Geschwindigkeiten hat sich wohl jeder Gedanken gemacht, der mit der Konstruktion von Anlegestellen betraut ist. Allen diesen Überlegungen und Beobachtungen gemeinsam ist die Tatsache, daß große Schiffe mit geringerer Geschwindigkeit anlegen als kleinere Schiffe. Bei Seeschiffsanlagen sind unter einigermaßen günstigen Anlegebedingungen Anlegegeschwindigkeiten über 0,3 m/s normal zum Anlegebauwerk ungewöhnlich. Das ist auch das Ergebnis einer Umfrage von Minikin [82] über die Größe von Anlegegeschwindigkeiten in bedeutenden Häfen der Welt. Bei 98% aller ausgewerteten Anlegemanöver traten Geschwindigkeiten unter 0,3 m/s auf, und zu 88% lagen die Anlegegeschwindigkeiten sogar unter 0,15 m/s. Der Wert einer derartigen Umfrage ist aber nicht sehr groß, wenn die Anlegebedingungen nicht genau bekannt und die Arten der Messungen unterschiedlich sind.

Erwähnenswert sind in diesem Zusammenhang die Untersuchungen von Leimdörfer [74] beim Bau des Ölhafens von Stockholm. Er hat bei Schiffen bis 30 000 t Wasserverdrängung für drei verschiedene Anlegemanöver unter günstigen Anlegebedingungen die mittlere Anlegegeschwindigkeit in Abhängigkeit von der Schiffsgröße aufgetragen. Die Geschwindigkeiten nähern sich bei den großen Schiffen asymptotisch einem Grenzwert. Ermittelt man die zugehörigen Werte der Anlegeenergie, so ergibt sich, daß Schiffe in der Größenordnung von 20 000 t Wasserverdrängung die größte Anlegeenergie aufweisen.

Tabelle 1. *Anlegegeschwindigkeiten von Schiffen quer zum Liegeplatz,*
bei Schlepperhilfe [6, 69] und ohne Schlepperhilfe

Lage	Anfahrt	Anlegegeschwindigkeit von Schiffen mit einer Wasserverdrängung		
		bis 2000 t m/s	von 10000 t m/s	über 20000 t m/s
Starker Wind und Seegang	schwierig	0,75 (0,90)[1]	0,55 (0,70)	0,40 (0,60)
	günstig	0,60 (0,75)	0,45 (0,55)	0,30 (0,50)
Mäßiger Wind und Seegang	mäßig	0,45 (0,65)	0,35 (0,50)	0,20 (0,45)
Geschützt	schwierig	0,25 (0,50)	0,20 (0,45)	0,15 (0,40)
	günstig	0,20 (0,40)	0,15 (0,35)	0,10 (0,30)

[1] Die Werte in Klammern gelten für Schiffe, die ohne Schlepperhilfe anlegen.

Erfahrungswerte für die Anlegegeschwindigkeiten normal zum Bauwerk sind in Abhängigkeit von den Anlegebedingungen, der Anlegeart und der Schiffsgröße in Tab. 1 angegeben [6, 69].

In neuerer Zeit wurde das Problem des Ansatzes der Anlegegeschwindigkeit von einer anderen Seite angefaßt. Es wird davon ausgegangen, daß das Schiff einige Meter vor dem Anlegebauwerk keine durch seinen eigenen Antrieb hervorgerufene Eigengeschwindigkeit mehr hat und nur den äußeren Kräften, insbesondere dem Wind, ausgesetzt ist. Auf Grund eingehender theoretischer Untersuchungen von Pages [91] wird die Geschwindigkeit ermittelt, die ein Schiff in Querrichtung unter dem Einfluß des Windes im Wasser erreichen kann. Maßgebend dafür ist die angreifende Windkraft auf die seitliche Fläche des Schiffes über Wasser und die widerstehende Kraft des Wassers auf die Unterwasserfläche des Schiffes. Setzt man diese beiden Kraftwirkungen (vgl. S. 175 u. 176) einander gleich, so kann man daraus die Grenzgeschwindigkeit des Schiffes unter der Windkraft ermitteln zu

$$v \approx \frac{v_w}{100} \sqrt{\frac{12{,}5\,\overline{C}_1\,F_1}{C_2\,F_2}},$$

wobei

$v_w =$ Windgeschwindigkeit,
$C_1 =$ Formfaktor des Überwasserteiles des Schiffes (S. 175),
$C_2 =$ Formfaktor des Unterwasserteiles des Schiffes (S. 176),
$F_1 =$ Windangriffsfläche des Schiffes,
$F_2 =$ Unterwasserfläche des Schiffes.

Dabei ist beim Ansatz des Winddruckes davon ausgegangen, daß die Schiffsgeschwindigkeit klein ist gegenüber der Windgeschwindigkeit und deshalb vernachlässigt werden kann.

Die Endgeschwindigkeit des Schiffes ist um so größer, je größer die Windgeschwindigkeit und das Verhältnis der Windfläche zur Unterwasserfläche des Schiffes und je größer die Wassertiefe ist. Die Schiffsendgeschwindigkeit wird theoretisch auf einem unendlich langen Weg erreicht; praktisch ist sie jedoch schon auf einem Wege von wenigen Metern nahezu vorhanden. Die Endgeschwindigkeit wird dabei nach Visioli [*116*] um so schneller erreicht, je geringer die Wassertiefe und die Masse des Schiffes und je größer die Wasserangriffsfläche sind.

Unter der Annahme, daß ein Schiff unter normalen Verhältnissen bei einer Querwindkomponente von mehr als 15 m/s (Windstärke 7) nicht mehr anlegen wird, ermitteln und empfehlen Callet [*12*] und Visioli [*116*] den Ansatz einer mittleren Anlegegeschwindigkeit von 0,3 m/s für das beladene Schiff. Für das Schiff unter Ballast empfiehlt Visioli die Annahme einer Anlegegeschwindigkeit von 0,5 m/s; er geht aber von einer sehr großen Wassertiefe aus, während an den Anlegebauwerken die Wassertiefe jedoch stets klein ist. Hieraus ist zu folgern, daß die wirklichen Grenzgeschwindigkeiten kleiner sind. Für die obengenannten Werte betragen die Grenzgeschwindigkeiten des beladenen Schiffes rd. $^1/_{50}$ und des Schiffes unter Ballast rd. $^1/_{30}$ der Windgeschwindigkeit. Laboratoriumsversuche in Delft [*39*] haben für einen Postdampfer eine Schiffsgeschwindigkeit in Querrichtung von rd. $^1/_{20}$ der Windgeschwindigkeit ergeben.

Für einen Anlegevorgang, bei dem die durch Wind hervorgerufene Anlegegeschwindigkeit maßgebend ist, wird stets der Stoß eines leeren Schiffes unter Ballast den ungünstigeren Belastungsfall für die Bemessung der Anlegevorrichtung darstellen.

Die auf Grund dieser theoretischen Untersuchungen ermittelten Anlegegeschwindigkeiten werden im allgemeinen etwas größere Geschwindigkeiten als die Erfahrungswerte ergeben. Ihr Wert ist praktisch nicht sehr groß, da die Annahme, daß ein Schiff vor dem Wind treibend ohne Schraubenkraft und Schlepperhilfe anlegt, recht theoretisch ist.

4. Kraft- und Energieabgabe an die Fenderung

Der erste Stoß beim Anlegen ist stets der stärkste und daher auch für die Bemessung der Fenderung maßgebend. Die folgenden kleineren Stöße werden an verschiedenen Stellen und in einem so großen zeitlichen Abstand auftreten, daß ihre Wirkungen sich nicht addieren.

Der Einfluß des Stoßwinkels auf die von der Fenderung aufzunehmende Anlegeenergie normal zum Bauwerk ist bereits im Ansatz der Anlegegeschwindigkeit normal zum Bauwerk berücksichtigt. Je spitzer dieser Winkel ist, desto kleiner sind auch die Geschwindigkeitskomponente normal zum Bauwerk und damit die Energiekomponente, die vom Fender normal zum Bauwerk aufgenommen werden muß.

Von der Lage des Stoßpunktes zum Massenschwerpunkt des Schiffes sind die Drehbewegungen des Schiffes und damit die Energieabgabe an die Fenderung beim ersten Anstoß abhängig. Bei einem zentrischen Stoß liegt der Stoßpunkt auf der durch den Schwerpunkt des Schiffes in Fahrtrichtung gehenden Geraden. Die Geschwindigkeit des Schiffes wird hierbei auf Null abgebremst; das Schiff wird dabei je nach der Stoßdämpfung des Fenders mehr oder weniger stark zurückgestoßen. Liegt der Stoßpunkt in der waagerechten Ebene des Schwerpunktes aber nicht auf der Fahrtrichtungsgeraden, so kommt es beim Stoß zu einer Ablenkung der Bewegungsrichtung und zu einer Drehung des Schiffes um die durch den Schwerpunkt gehende lotrechte Achse. Liegt der Stoßpunkt dann noch oberhalb oder unterhalb der waagerechten Ebene durch den Schwerpunkt, so kommt es zu einer Drehung des Schiffes um die waagerechte Querachse (Rollschwingung), um die waagerechte Längsachse (Stampfschwingung) oder zu einer Kombination der drei Schwingungen. Von diesen drei Schwingungen übt die Drehung des Schiffes um die durch den Schwerpunkt des Schiffes gehende lotrechte Achse den weitaus größten Einfluß auf die von der Fenderung aufzunehmende Anlegeenergie aus.

Eggink [*39*] geht bei seiner Theorie des Schiffsstoßes davon aus, daß ein elastischer Schiffskörper (Masse m, Trägheitsradius i) mit der Quergeschwindigkeit v und der Längsgeschwindigkeit Null im Abstande e vom Schwerpunkt gegen einen masselosen Fender stößt. Der Fender stützt sich gegen ein nachgiebiges Bauwerk ab. Im Augenblick des Zusammenpralls kann die Federkonstante des Schiffes mit der Federkonstanten des Fenders zu der gemeinsamen Federkonstanten c zusammengefaßt werden. Für das dargestellte System lassen sich nach den Grundgleichungen der Dynamik

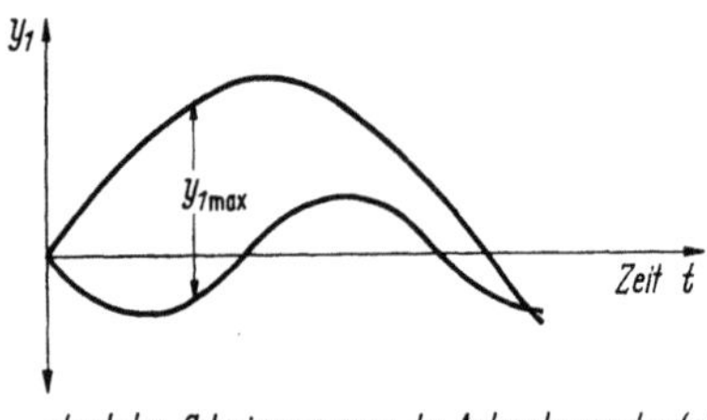

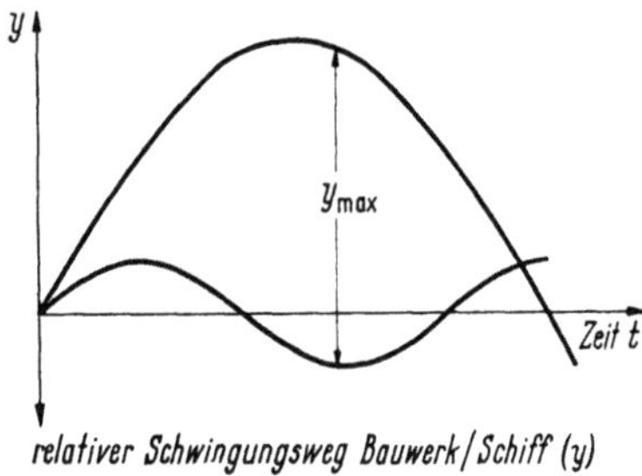

Abb. 2. Schwingungswege einer zusammengesetzten Schwingung [39]

zwei Differentialgleichungen einer zusammengesetzten Schwingung aufstellen. Die Lösung der Differentialgleichungen stellt den relativen Weg Bauwerk/Schiff (y) und den absoluten Weg des Bauwerks (y_1) in Abhängigkeit von der Zeit t dar (Abb. 2). Die beiden Wege sind verschieden groß, ihre größten Werte treten zu verschiedenen Zeiten auf. Der größte Gesamtweg und damit die größte auftretende Kraft können zeichnerisch ermittelt werden.

Bei dem Stoß eines Schiffes gegen einen abgefenderten, unnachgiebigen, massiven Kai sind die Verhältnisse wesentlich einfacher; hier haben wir es nur noch mit einer Differentialgleichung zu tun. Der maximale Federweg beträgt

$$y\,max = \sqrt{\frac{m}{c\left(1 + e^2/i^2\right)}} \cdot v.$$

Nach dem Proportionalitätsgesetz ist die Schiffsstoßendkraft

$$P\,max = c \cdot y\,max = \sqrt{\frac{m \cdot c}{1 + e^2/i^2}} \cdot v.$$

Die Energie beträgt

$$A\,max = \frac{P\,max \cdot y\,max}{2} = \frac{m}{2}\,\frac{v^2}{1 + e^2/i^2}.$$

Bei dem Stoß eines Schiffes gegen einen Dalben kann die Masse des Dalbens gegenüber der Schiffsmasse vernachlässigt werden. Es ist dann möglich, die Federkonstante des Dalbens mit der Federkonstanten des Schiffes zusammenzufassen. Die Rechnung kann dann so durchgeführt werden, als wenn das Schiff mit der resultierenden Federkonstanten gegen ein starres Bauwerk stößt; das ist der gleiche Rechnungsgang wie zuvor beschrieben.

Der Trägheitsradius eines Schiffs-Rechteckes mit linearer Massenverteilung von der Länge L und der Tiefe T um die vertikale Achse beträgt $i = 0{,}29\,L$.

Tritt der Stoß am Ende des Schiffs-Rechteckes auf ($e = 0{,}5\,L$), so ist $\dfrac{1}{1 + e^2/i^2} = 0{,}25$.

Ein im Längsschnitt rechteckiges Schiff, dessen Gewicht gleichmäßig über die Länge verteilt ist, erfordert also bei einem Stoß am Ende eine Energieaufnahme von 25% der Bewegungsenergie des freibeweglichen Schiffes und eine Stoßaufnahme von 50%.

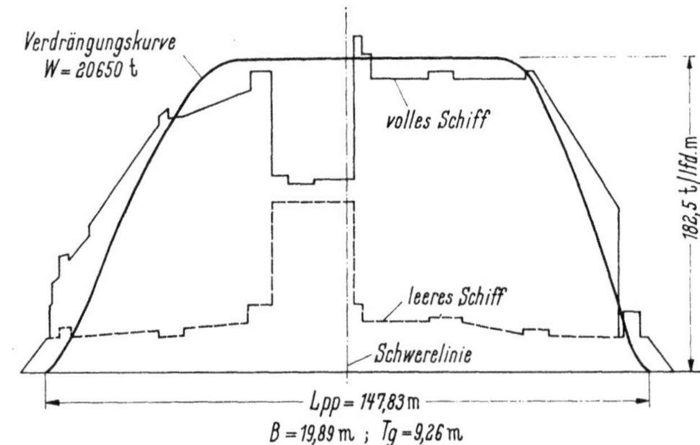

Abb. 3. Massenverteilungslinie für ein Massengutschiff von rd. 13 000 tdw

Grim [53] gibt den Trägheitsradius für ein Binnenschiff vom Typ „Gustav Königs" mit $i = 0{,}28L$ und für ein Seeschiff vom Typ „Victory" mit $i = 0{,}21\,L$ an. Aus einer Massenverteilungslinie (Abb. 3) für ein Massengutschiff von 20 650 t Wasserverdrängung ergibt sich ein Trägheitsradius für das beladene Schiff von $i = 0{,}23\,L$. Es wird daher vorgeschlagen, für See- und Binnenschiffe einen mittleren Trägheitshalbmesser von $i_m = 0{,}25\,L$ anzunehmen; diese Genauigkeit wird in allen praktischen Fällen ausreichend sein. Der Schwerpunkt beladener Schiffe kann mit ausreichender Genauigkeit als auf halber Länge liegend angenommen werden. Unter dieser Voraussetzung ergibt sich die in Abb. 4 dargestellte Abhängigkeit der erforderlichen Energieaufnahme der Fenderung von der Stoßstelle am Schiff. Betrachtet man die Linienrisse von Seeschiffen, so

kann man daraus folgern, daß die Schiffswandung
bis zu einer Entfernung von etwa 0,25 L vom
Schwerpunkt des Schiffes annähernd geradlinig
verläuft. Das bedeutet, daß bei durchgehenden
Anlegebauwerken etwa an dieser Stelle der Schiffsstoß auftreten wird. Die erforderliche Energieaufnahme ergibt sich dann zu 50% der gesamten
Energie des Schiffes. Zu dem gleichen Ergebnis
kommt Pages [92]. Würde der Stoß am Schiffs-
ende auftreten, dann würde der Abminderungsfaktor 0,2 betragen; dieser Fall kann jedoch praktisch kaum auftreten. Für Binnenschiffe, deren
Schiffswandung auf einer Länge von rd. 0,9 L
geradlinig verläuft, kann angenommen werden, daß
der Stoß im Abstande $e = 0,4 L$ vom Schwerpunkt
eintritt. Die Energieaufnahme durch die Fenderung
beträgt dann etwa 30% der Anlegeenergie.

Tritt bei einem durchgehenden Anlegebauwerk
ein Stoß mit dem Vorschiff ($e > 0,25 L$) ein, so wird
eine größere Abminderung wirksam. Ein derartiger Stoß zeigt aber ein schlechteres Anlegemanöver
an, bei dem größere Stoßgeschwindigkeiten auftreten. Der Zuwachs der Anlegeenergie wird dann
durch den kleineren Abminderungsfaktor beim Stoß
nur mehr oder weniger stark ausgeglichen.

Bei der Abminderung der Energie infolge einer
Drehung des Schiffes um seine lotrechte Achse ist
jedoch zu beachten, daß bei Pierköpfen, deren übliche Länge etwa $^1/_3$ der Schiffslänge beträgt [75],
und bei Dalbenliegeplätzen die Wahrscheinlichkeit
eines Stoßes in geringerem Abstande vom Schwerpunkt durchaus gegeben ist. Die Wahrscheinlich-

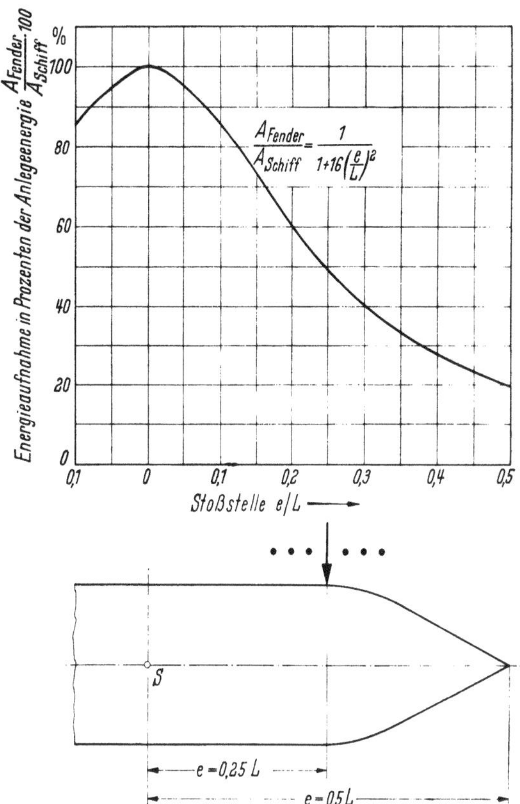

Abb. 4. Abhängigkeit der erforderlichen Energieaufnahme der Fenderung von dem Abstand der Stoßstelle
vom Schiffsschwerpunkt

keit ist um so größer, je größer der Abstand der Dalben ist. Im gleichen Maße nimmt auch die Gefahr
von Vorkopfstößen zu. Bei einem Schiff, das mit Schlepperhilfe breitseits an einem Pierkopf von
der Länge $L/3$ anlegt, kann mit einem Stoß im Abstande von $L/6$ vom Schiffsschwerpunkt gerechnet
werden. Hierbei beträgt die erforderliche Energieaufnahme dann 75%.

Horsfield [59] kommt bei seiner theoretischen Untersuchung des Schiffsstoßes zu dem gleichen
Ergebnis wie die vereinfachten Gleichungen von Eggink. Von Horsfield [58] durchgeführte
Versuche ergaben bei einem Schiff, das annähernd parallel zum Bauwerk anlegt, am Vorschiff
vertäut wird und dann mit dem Hinterschiff gegen das Bauwerk stößt, eine Energieaufnahme durch
die Fenderung von im Mittel etwa 55% der Gesamtenergie des anlegenden Schiffes.

Minikin [85] hat durch Versuche bei zentralen Stößen von Holzschiffen gegen elastische Holz-
konstruktionen herausgefunden, daß nur etwa 27% der Stoßenergie in die Holzkonstruktion eingeleitet werden. Eine theoretische Begründung dafür gibt er nicht an. Ebenso sind leider die
näheren Umstände, unter denen diese Untersuchungen vorgenommen wurden, bekannt. Bei Stößen
von Stahlschiffen gegen steifere Stahlbetonkonstruktionen vermutet Minikin größere Werte, die
nach seiner Meinung aber 50% nicht überschreiten.

Da die Wirkungslinie des Schiffsstoßes aber in den wenigsten Fällen durch den Schwerpunkt des
Schiffes geht, setzt Minikin die von der Fenderung aufzunehmende Energie noch kleiner an.
Das Schiff stößt nach Minikin [81] unter spitzem Winkel mit dem Vorschiff im Abstande e vom
Schwerpunkt des Schiffes gegen den Pier und schwingt dann mit dem Hinterschiff zum Pier herum.
Wird die Gegenkraft zur Stoßkraft im Schwerpunkt des Schiffes angenommen, so ergibt sich ein
Verhältnis der Stoßkraft zur Gegenkraft von $(L/2 - e) : L/2$. Entsprechend beträgt die wirksame
Stoßenergie normal zum Pier nur den $\dfrac{L/2 - e}{L/2}$ ten Teil der Anlegeenergie normal zum Pier. Mit
$e = L/4$ kommt Minikin dann ebenfalls zu dem Ergebnis, daß die wirksame Stoßenergie bei
durchgehenden Anlegebauwerken maximal nur 50% der Anlegeenergie des Schiffes normal zum
Bauwerk betragen wird. Diese Überlegungen stehen im Gegensatz zu den Untersuchungen, die eine
freie Schwingung des Schiffes um den Schwerpunkt voraussetzen und dabei die Masse im Abstande
des Trägheitshalbmessers vom Schwerpunkt des Schiffes vereint denken; sie führen aber im Grenz-

fall zu dem gleichen Ergebnis, wenn der Trägheitshalbmesser des Schiffes mit dem Grenzwert e zusammenfällt, eine Tatsache, die bei Seeschiffen überschläglich angenommen werden kann.

Ein Schiff, das unter spitzem Winkel mit dem Vorschiff gegen einen durchgehenden Stahlbetonpier stößt, erfordert also nach Minikin an der Stoßstelle eine Energieaufnahme durch die Fenderung von 25% der Anlegeenergie normal zum Bauwerk. Für den Stoß eines Holzschiffes gegen einen elastischen Holzpier beträgt die erforderliche Energieaufnahme dann 13,5%.

Förster [41a] greift die von Minikin für zentrale Stöße angegebenen Abminderungsfaktoren wertmäßig auf, gibt ihnen aber eine abgewandelte Bedeutung, wenn er die Verminderung der Stoßenergie durch Drehung um den Schwerpunkt des Schiffes mit einbezieht. Förster mindert die Komponente der Anlegeenergie rechtwinklig zur Anlegefläche für kleine Schiffe bei rauhem Betrieb mit dem Faktor 0,5, für größere Frachtschiffe mit 0,40 bis 0,35 und für größte Fracht- und Fahrgastschiffe mit dem Faktor 0,27 ab.

Garde-Hansen [49] empfiehlt in Anlehnung an Minikin einen Abminderungsfaktor allgemein von 0,2 anzusetzen. Stephenson [76] gibt unter Berücksichtigung der wirklichen Schiffsform und der Tatsache, daß der Stoß nicht am Ende des Schiffes auftritt, eine wirksame Energieabgabe von 40% an. Dieser Wert stimmt mit einem von Baker [4] durch Versuche ermittelten Abminderungsfaktor überein. Werden noch die Windeinflüsse berücksichtigt, so empfiehlt Stephenson, ohne auf den Anlegevorgang näher einzugehen, die Annahme einer 50%igen Energieabgabe an die Fenderung.

Am Ölpier in Aden gemachte Beobachtungen weisen einen mittleren Prozentsatz der Energieaufnahme durch die Fenderung von 40% aus; die Höchstwerte liegen bei 70% [93]. Die Werte schwanken sehr stark und lassen die Schwierigkeiten beim richtigen Ansatz der Stoßenergie erkennen. Es handelt sich in Aden um eine durchgehende Anlegekonstruktion in aufgelöster Bauweise.

Robertson [104] nimmt an, daß bei großen Schiffen nur 50%, bei kleinen Schiffen mit gekrümmter Schiffswandung aber 100% der Anlegeenergie übertragen werden. Da außerdem kleine Schiffe mit größeren Geschwindigkeiten als größere anlegen, kommt er zu dem Ergebnis, daß für Schiffe von 2000 t bis 20 000 t Wasserverdrängung die aufzunehmende Anlegeenergie im Normalfall 10 tm und im ungünstigsten Fall 30 tm beträgt. Eine Festlegung der von der Fenderung aufzunehmenden Energie in dieser allgemeinen Art ist aber nicht sehr wertvoll, da für den jeweiligen Bedarfsfall maßgebende Einflüsse nicht berücksichtigt werden können.

Grim [53] hat eine theoretische Untersuchung des Schiffsstoßes für den Fall aufgestellt, daß das Schiff in Fahrtrichtung seitlich mit dem Vorschiff gegen einen elastischen, starr eingespannten Dalbenpfahl stößt. Bei Annahme eines Auftreffwinkels von $< 30°$ wird die Bewegungsänderung in Schiffslängsrichtung vernachlässigt. Berücksichtigt wird die Querbewegung und die Drehung des Schiffes um die lotrechte Achse. Außer der Energieverminderung durch Berücksichtigung des Stoßwinkels und der Drehung um den Schwerpunkt des Schiffes enthalten die Gleichungen von Grim noch den Einfluß der Reibung zwischen Schiff und Fender und der Krümmung von Schiff und Fender im Berührungspunkt.

Der Reibungsbeiwert zwischen Stahl und Holz kann bei Wasserschmierung mit 0,2 bis 0,3 angenommen werden. Der Einfluß auf die Energieabgabe normal zum Bauwerk ist aber klein und kann vernachlässigt werden.

Die geometrischen Eigenschaften des Schiffes im Bereich der Stoßstelle erweisen sich als sehr einflußreich. Der Faktor von Grim, der die Krümmung der Schiffshaut berücksichtigt, ist außer von den durch das Schiff gegebenen geometrischen Größen auch von der gesamten zu verzögernden Masse, von der Anlegegeschwindigkeit und von der Federkonstanten des Fenders abhängig. Eine konvexe Krümmung der Schiffshaut (die Fenderoberfläche ist fast stets gerade oder konvex gekrümmt) führt zu einer Verminderung der durch den Fender aufzunehmenden Energie, und zwar um so mehr, je stärker die Krümmung von Schiff und Fender sind. Tritt der Stoß an einer Stelle der Schiffshaut mit konkaver Krümmung auf, so wächst die von der Fenderung aufzunehmende Energie stark an.

Jamm [60] gibt an, daß das erforderliche Arbeitsvermögen mit kleiner werdender Federkonstanten abnimmt. Allerdings sagt er dabei nichts über die Krümmung der Schiffshaut aus. Ein weicher Fender wirkt sich nur bei konvexer Krümmung der Schiffshaut günstig, bei konkaver Krümmung aber ungünstig aus, und zwar um so mehr je stärker die Krümmungen sind [53] (Tab. 2). Bei einem Stoß unter 90° sind die Krümmungen von Schiff und Fender ohne Bedeutung.

Schließlich ist noch der Widerstand des Wasserpolsters zwischen Schiff und Anlegebauwerk zu behandeln. Er tritt aber nur bei geschlossenen, nicht durchströmbaren Anlegebauwerken auf, wenn das Schiff annähernd breitseits anlegt. Der Widerstand ist um so größer, je größer das Verhältnis des Schiffstiefganges zur Wassertiefe, je länger das Schiff und je größer die Anlegegeschwindigkeit ist. Die bremsende Wirkung des Wasserpolsters kommt augenfällig dadurch zum Ausdruck, daß sich der Wasserspiegel zwischen Schiff und Bauwerk beim Anlegen hebt.

Tabelle 2. *Abhängigkeit der erforderlichen Energieaufnahme durch die Fenderung von der Krümmung der Schiffswandung an der Stoßstelle und der Federkonstanten des Fenders*

Krümmung der Schiffswandung	Angenommener Krümmungsfaktor nach Grim bei $c = 100$ t/m	Der gleiche Faktor bei $c = 50$ t/m	Faktor für die Energieaufnahme durch die Fenderung bei $c = 100$ t/m	bei $c = 50$ t/m
Zunehmend konvex	$+\,0{,}5$	$+\,0{,}70$	0,38	0,27
	$+\,0{,}1$	$+\,0{,}14$	0,81	0,76
geradlinig	$\pm\,0{,}0$	$\pm\,0{,}00$	1,00	1,00
zunehmend konkav	$-\,0{,}1$	$-\,0{,}14$	1,23	1,32
	$-\,0{,}5$	$-\,0{,}70$	2,62	3,70

Sämtliche dargestellten Untersuchungen haben das Ziel, die erforderliche Energieaufnahme der Fenderung normal zum Bauwerk zu bestimmen. Es darf aber nicht übersehen werden, daß auch eine Komponente der Anlegeenergie längs zum Bauwerk auftritt. Dieser Energieanteil kann recht groß werden; er ist am größten bei Schiffen, die mit eigener Kraft unter spitzem Winkel zum Anlegebauwerk anlegen und noch eine große Geschwindigkeitskomponente in Längsrichtung aufweisen. Die dabei von der Fenderung längs zum Bauwerk aufzunehmende Energie ist um so größer, je größer der Winkel zwischen der Schiffswandung und der Längsrichtung des Anlegebauwerkes und je größer die Reibung zwischen Schiff und Fender ist. Diese Reibung muß möglichst klein gehalten werden.

Viele Fender sind durch die auftretenden Längskräfte, deren Größe immer wieder unterschätzt wird, zerstört worden. Für Schiffe, die vorwiegend breitseits anlegen, empfiehlt Baker [6] eine erforderliche Energieaufnahme längs zum Bauwerk von 10 bis 25% der Energieaufnahme normal zum Bauwerk. Dieser Wert ist aber zu gering und sollte mindestens 30%, besser 50%, betragen. Bei Dalben am Anfang und Ende einer Reihe muß auf jeden Fall auch in Richtung der Reihe das volle Arbeitsvermögen vorhanden sein. Bei Anlegemanövern unter spitzem Winkel zum Anlegebauwerk ist zu fordern, daß die mögliche Energieaufnahme in Längsrichtung des Anlegebauwerkes etwa so groß ist wie die Energieaufnahme normal dazu. Nehmen die Fender die Energie in Längsrichtung nur durch Reibung auf, so müssen die dabei auftretenden Kräfte sicher aufgenommen werden. Diese Kräfte sind um so kleiner, je weicher der Fender normal zum Bauwerk ist.

5. Kraft- und Energieaufnahme des Schiffskörpers beim Stoß

Um bei einem Stoß einen Begriff davon zu bekommen, welcher Energieanteil vom Schiffskörper aufgenommen wird, ist eine Angabe über die Federkonstante des Schiffskörpers für die verschiedenen Stoßfälle erforderlich. Vernachlässigt wird die Energieaufnahme des Schiffskörpers durch die im Schiffskörper auftretenden Vibrationen.

Die Verformung des Schiffskörpers setzt sich aus der Zusammendrückung im Bereich der Stoßstelle und aus dem Biegungsanteil zusammen [39]. Ein Ausnahmefall (I) liegt dann vor, wenn das Schiff mit der Schiffswandung parallel zum Anlegebauwerk an eine durchgehende Anlegefläche stößt (Abb. 5a). In diesem Fall gibt lediglich die Schiffswandung auf der Länge der Berührungsstrecke nach. In einem anderen Grenzfall (II) (Abb. 5b) legt das Schiff ebenfalls mit seiner seitlichen Schiffswandung parallel zum Anlegebauwerk an, trifft aber in den Viertelspunkten auf je einen Fender. Es tritt eine Druckbeanspruchung an den beiden Stoßpunkten und eine Biegungsbeanspruchung nach dem Grundsystem eines Balkens auf zwei Stützen mit beidseitigen Kragarmen auf. In den weitaus meisten Fällen (III), in denen das Schiff mit dem Vor- oder Hinterschiff gegen das Bauwerk stößt, tritt eine Druckbeanspruchung an der Stoßstelle und eine Biegungsbeanspruchung nach Abb. 5c auf. Ein vierter Fall (IV) behandelt die Verformung eines Schiffes mit gekrümmter Schiffswandung (Abb. 5d).

Bezeichnet man die Federkonstante der Druckbeanspruchung mit c_d und die der Biegungsbeanspruchung mit c_b, so ist die resultierende Federkonstante

$$c = \frac{c_d \cdot c_b}{c_d + c_b}.$$

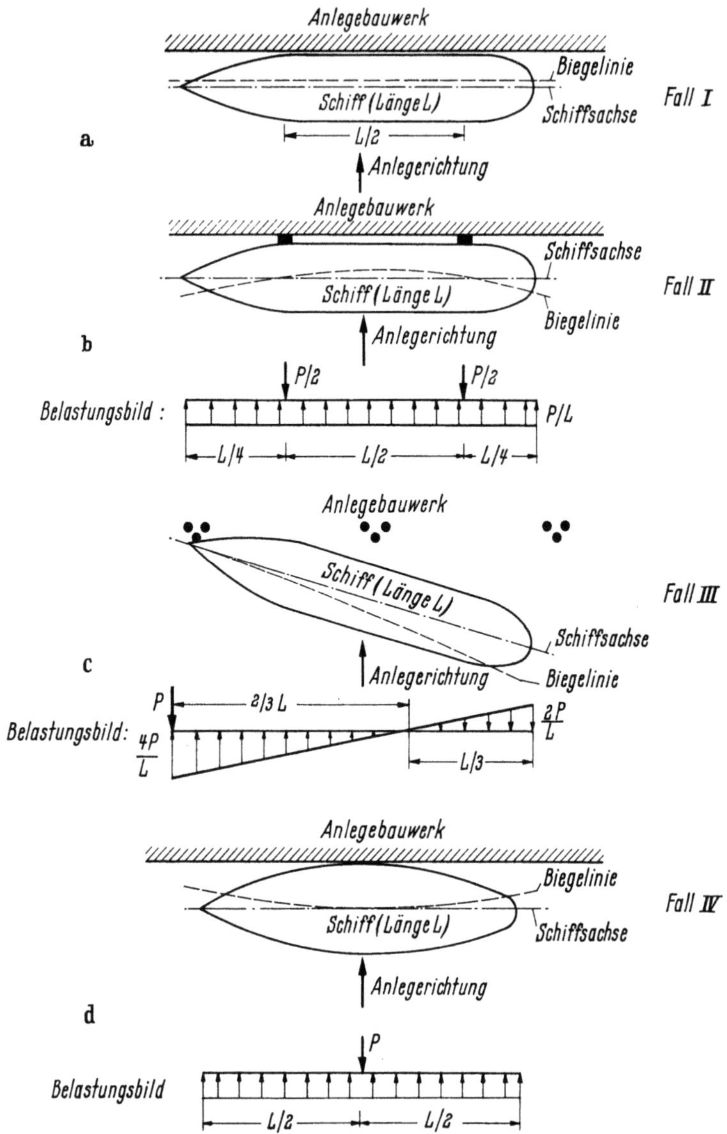

Abb. 5a—d. Belastungsfälle eines Schiffskörpers beim Anlegen

Aus den dargestellten Belastungsfällen ergeben sich die Federkonstanten für die Durchbiegung nach der Gleichung

$$c_b = \frac{P^2}{2\,A_b} = \frac{P^2}{2\int^L \frac{M\,(x)^2}{2\,E\,J}\,dx}\,.$$

Hierin bedeuten:

A_b = Arbeitsvermögen des Schiffskörpers (Länge L) auf Grund der Durchbiegung,
P = Stoßkraft des Schiffes,
$M\,(x)$ = Biegemoment des Schiffskörpers an der Stelle x der Schiffsachse,
$E\,J$ = Steifigkeit des Schiffskörpers.

Schultze [111] geht bei der Untersuchung des Schiffsstoßes davon aus, daß das Schiff unter spitzem Winkel mit dem Vordersteven gegen das Bauwerk stößt. Er verfolgt nur die Stoßkraftkomponente normal zum Bauwerk, die zu einer Parallelverschiebung und Drehung sowie Durchbiegung und Stauchung des Schiffskörpers und zu einem Nachgeben der Bauwerkskonstruktion führt. Die von Schultze entwickelte Gleichung für die Stoßkraft sagt aus, daß die Stoßkraft nur durch eine weiche Fenderung wirksam herabgesetzt werden kann. Je spitzer der Stoßwinkel, desto größer ist die Stoßkraftminderung durch die Biegungsverformung des Schiffskörpers. Die Stauchung des Schiffskörpers ist nur von untergeordneter Bedeutung.

Der Schiffskörper wird als ein Balken mit konstanter Steifigkeit angenommen. Die Steifigkeit kann nur geschätzt werden. Blokland [39] setzt für ein Schiff von 100 m Länge $E = 2 \cdot 10^7$ t/m² und $J = 1{,}5$ m⁴. Vergleichsweise nennt Schultze [111] für ein Schiff von gleicher Länge mit 1000 t Wasserverdrängung $E = 10^7$ t/m² und $J = 2$ m⁴.

Für die Zusammendrückung bei Druckbeanspruchung wird von Blokland eine Federkonstante von $c_d = 3000$ bis 4000 t/m je lfdm gedrückte Schiffslänge geschätzt.

Callet [12] schätzt für ein Tankschiff von 30000 t Wasserverdrängung eine Federkonstante der Schiffswandung bei linearer waagerechter Beanspruchung von 2000 t/m je lfdm Länge. Für ein Schiff mit Querspanten wird die Federkonstante wesentlich größer sein.

Die in Tab. 3 angegebenen Federkonstanten geben einen groben Anhalt für die Beurteilung des Verhaltens des Schiffskörpers bei den verschiedenen Fällen der Stoßbeanspruchung nach Abb. 5. Fall I, der praktisch selten auftreten wird, weist eine sehr hohe Federkonstante für den Schiffskörper aus. Dementsprechend kann die Energieaufnahme des Schiffskörpers für diesen Fall bei abgefenderten elastischen Piers vernachlässigt werden. Für die übrigen Stoßfälle, besonders für den häufig auftretenden Stoßfall III ist die Federkonstante des Schiffskörpers wesentlich geringer. Trotzdem ist es zu vertreten, wenn bei den neuzeitlichen hochelastischen Fenderungen die Energieaufnahme des Schiffskörpers gegenüber der des Fenders vernachlässigt wird. Bei harten Fenderungen, besonders aber bei ungefenderten Bauwerken, wird jedoch ein wesentlicher Teil der Energie vom Schiffskörper aufgenommen.

Über die zulässigen Belastungen der Schiffswandungen liegen ausreichend begründete Angaben noch nicht in genügender Zahl vor, um sich ein genaues Bild darüber zu machen. Callet [12] hat auf dem Internationalen Schiffahrtskongreß 1953 in Rom folgende Anhaltswerte für die zulässigen Belastungen angegeben:

Für ein großes Passagierschiff mit Querspanten:
Bei Kraftverteilung über eine große Fläche 40 t/m²,
bei linearer Kraftverteilung über die Waagerechte 80 t/m,

Tabelle 3. *Anhaltswerte für die Federkonstanten eines Schiffes vom 100 m Länge bei den verschiedenen Fällen der Stoßbelastung nach Abb. 5*

Stoßfall	Federkonstanten des Schiffskörpers			
	Biegungsbeanspruchung		Druckbeanspruchung (für das 100-m-Schiff)	Gesamtbeanspruchung (für das 100-m-Schiff)
	(allgemein)	(für das 100-m-Schiff)		
	$\dfrac{E \cdot J}{L^3}$ t/m	t/m	t/m	t/m
I	—	—	$50^1 \cdot 4\,000 = 200\,000$	200 000
II	5 120	153 600	$2^1 \cdot 3\,000 = 6\,000$	5 800
III	105	3 150	$1^1 \cdot 3\,000 = 3\,000$	1 500
IV	320	9 600	$1^1 \cdot 3\,000 = 3\,000$	2 300

[1] Angenommene Länge der Druckübertragung.

bei linearer Kraftverteilung über die lotrechten Spanten von Deck zu Deck 400 t/m.
Für einen Tanker von etwa 30000 t mit Längsspanten:
Bei Kraftverteilung über eine große Fläche 20 t/m²,
bei linearer Kraftverteilung über die Lotrechte 30 t/m,
bei linearer Kraftverteilung über die waagerechten Spanten von Aussteifungsschott zu Aussteifungsschott 100 t/m.

Baker [6] nennt auf dem gleichen Kongreß bei kleinen Schiffen zulässige Linienlasten von 6 t/m und bei großen Schiffen von 16 t/m, wenn die Lasten parallel zu den Spanten und mittig zwischen ihnen angreifen. Bei einem Frachtschiff von 60 m Länge (Querspanten im Abstande = 0,6 m, Stützweite = 4,0 m) beträgt die zulässige Punktlast bei Belastung eines einzelnen Spants 4 t, bei einem Frachtschiff von 180 m Länge (Querspanten im Abstande = 0,9 m, Stützweite = 7,0 m) 30 t und bei einem Tanker von 180 m Länge (Längsspanten im Abstande = 0,85 m, Stützweite = 9,0 m) 14 t.

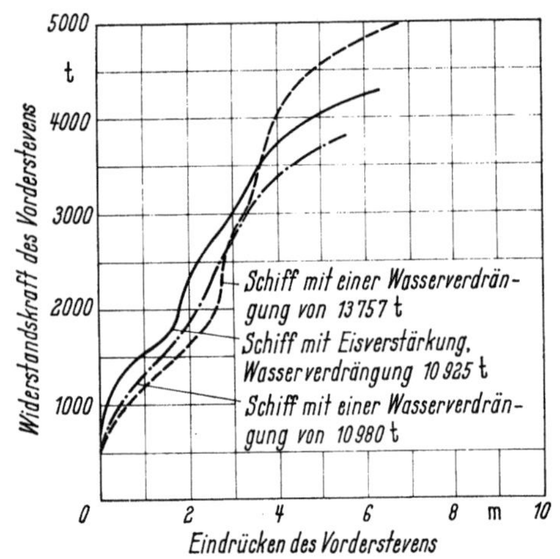

Abb. 6. Widerstandskraft des Vorderstevens von Schiffen bei „Vorkopf"-Stößen im Havariefall [79]

Mit den genannten Kraftaufnahmen ist die Elastizitätsgrenze des Materials der Schiffswandung erreicht. Wesentlich größere Kräfte können jedoch aufgenommen werden, wenn kleinere plastische Verformungen (Beulen) in Kauf genommen werden und vor allem dann, wenn der Stoß im Bereiche einer Decksaussteifung oder auf einem Aussteifungsschott auftritt.

Ein Havariestoß mit der Schiffsbreitseite kann zu einer plastischen Verformung der Schiffswandung führen. Bei einem Havariestoß in Schiffslängsrichtung wird in den meisten Fällen der Vordersteven des Schiffes in die Konstruktion des Anlegebauwerkes einschneiden [46]. Der Vordersteven eines Schiffes, besonders im Bereich einer Decksaussteifung ist außerordentlich widerstandsfähig. Nur bei massiven Bauwerken kann daher der Fall eintreten, daß der Vordersteven des Schiffes wesentlich eingedrückt wird.

Marriot [79] hat einen Havariestoß in Schiffslängsrichtung genauer untersucht und die Widerstandskraft des Vorderstevens in Abhängigkeit von dem Maß des Eindrückens für drei verschiedene Schiffe graphisch aufgetragen (Abb. 6). Hervorgehoben wird, daß die Stöße nicht im Bereich einer Decksaussteifung aufgetreten sind. Bei den untersuchten Schiffen von rd. 10 000 t Wasserverdrängung tritt bei Vorkopfstößen bei etwa 500 t eine Deformation des Vorderstevens ein. Bei einer Deformation von im Mittel rd. 50 cm ist die Kraft auf 1000 t angewachsen. Dabei wird eine Energie von etwa 400 tm aufgenommen.

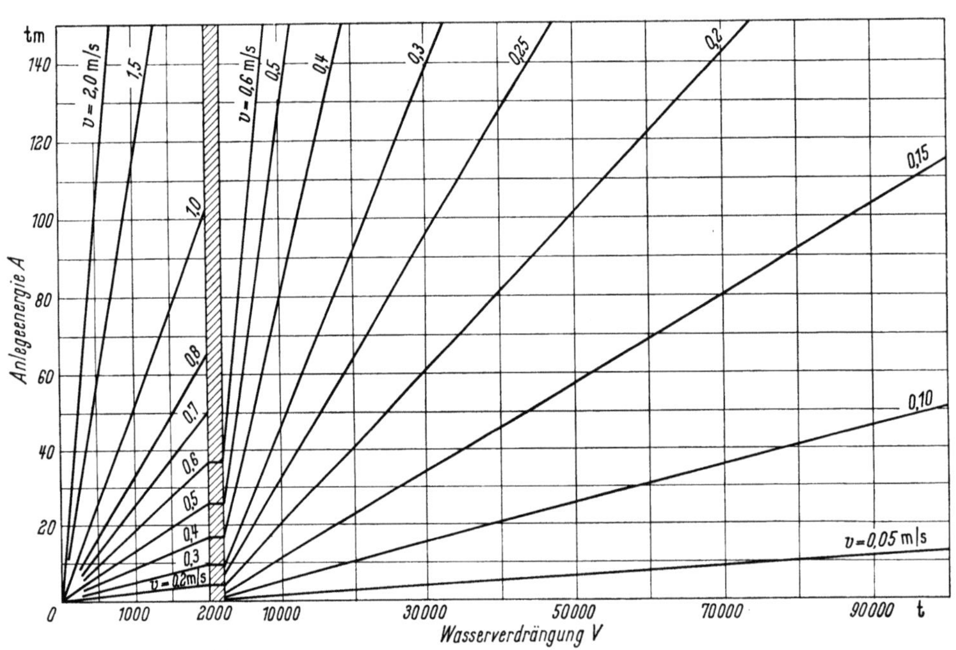

Abb. 7. Abhängigkeit der Anlegeenergie von der Schiffsgröße und der Anlegegeschwindigkeit

6. Folgerungen und Empfehlungen

Die erforderliche Energieaufnahme einer Fenderung normal zum Bauwerk wird zweckmäßig nach der Gleichung

$$A\,erf = \mu \cdot \frac{V \cdot v^2}{2g}$$

bestimmt. Hierin bedeuten:

V = Wasserverdrängung des anlegenden Schiffes,
v = Geschwindigkeit des anlegenden Schiffes normal zum Bauwerk,
g = Erdbeschleunigung,
μ = Faktor, der alle Einflüsse enthält, die den Schiffsstoß von einem theoretischen Massenpunktstoß unterscheiden.

Die erforderliche Energieaufnahme ohne Berücksichtigung des Faktors μ ist in Abhängigkeit von der Wasserverdrängung des Schiffes und der Anlegegeschwindigkeit aus Abb. 7 zu entnehmen.

Bei der Bemessung einer Fenderung ist zunächst festzulegen, welche Wasserverdrängung das die Anlage benutzende beladene größte Schiff hat. In Tab. 4 sind die Zusammenhänge zwischen der Tragfähigkeit eines Schiffes in tdw, der Bruttoregistertonnage in BRT und der für die Berechnung maßgebenden Wasserverdrängung V in t für verschiedene Schiffstypen angegeben. Der Ansatz der Anlegegeschwindigkeit ist aus Tab. 1 zu entnehmen. Es muß jedoch darauf aufmerksam gemacht werden, daß die in die Berechnung einzuführende Anlegegeschwindigkeit jeweils nur nach sorgfältiger Beachtung der örtlichen Verhältnisse festgelegt werden kann.

Tabelle 4. *Wasserverdrängung verschiedener Schiffstypen*
in Abhängigkeit von der Bruttoregistertonnage
und der Tragfähigkeit der Schiffe

Schiffstyp		V/BRT	V/tdw
Frachtschiff	Volldecker	2,0	1,6
	Shelterdecker	2,5	1,6
Erzschiff ⎱		2,1	1,3
Tankschiff ⎰			
Passagierschiff		1,0	3,0
Binnenschiff		—	1,2

Die weitere Lösung des Problems und die Schwierigkeit liegt jetzt in der Bestimmung des Faktors μ. Es sei angenommen, daß sich der Faktor μ aus zwei Einzelfaktoren μ_1 und μ_2 zusammensetzt. Der Faktor μ_1 soll den Einfluß des Abstandes des Stoßpunktes vom Massenschwerpunkt, der Krümmung der Schiffshaut im Stoßbereich, der Elastizität des Fenders und der Reibung zwischen Schiffswandung und Fender enthalten. Der Faktor μ_2 enthält dann den Einfluß der hydrodynamischen Masse, den Widerstand des Wasserpolsters zwischen Schiff und Anlegebauwerk und den Energiebetrag, der von der Schiffswandung und dem Schiffskörper aufgenommen wird.

Für die Festlegung der Faktoren μ ist eine Einteilung der Anlegebauwerke in drei Gruppen zweckmäßig, und zwar soll die Gruppe a) sämtliche durchlaufenden Anlegebauwerke in aufgelöster Konstruktion, wie auf Pfählen gegründete Piers, ausgefachte Dalbenleitwerke u. a. und die Gruppe b) die durchlaufenden Anlegebauwerke in geschlossener Ausführung, wie Kaimauern, Spundwände, geschlossene Fährbettwände usw. umfassen. In Gruppe c) wären dann die gegliederten Anlegebauwerke, wie Dalbenliegeplätze, Pierköpfe mit beidseitigen Vertäudalben, nicht ausgefachte Dalbenleitwerke usw. einzuordnen.

Es müssen folgende Anlegemanöver unterschieden werden:

α) Das Schiff hat die Längsgeschwindigkeit Null und stößt normal zum Anlegebauwerk gegen die Fenderung.

Dieser Fall tritt ein, wenn das Schiff mit Schlepperhilfe anlegt. Der Stoßwinkel beträgt hierbei $90°$. Die Krümmung der Schiffshaut im Stoßpunkt und damit die Elastizität des Fenders sowie die Reibung zwischen Schiffswandung und Fender sind ohne Einfluß auf die erforderliche Energieaufnahme durch die Fenderung. Der Faktor μ_1 umfaßt also nur noch die Energieverminderung durch Drehung des Schiffes um den Massenschwerpunkt.

Bei durchgehenden Anlegebauwerken und Schiffen mit gerader Schiffswandung kann im ungünstigsten Fall der Stoß auf die Fenderung am Übergang von der geraden Schiffswandung zur gekrümmten Wandung des Vor- oder Hinterschiffes eintreten, oder das Schiff legt parallel zum Anlegebauwerk an, und es werden mehrere (mindestens zwei) Fender beansprucht. In diesen Fällen kann daher $\mu_1 = 0,5$ gesetzt werden. Bei Anlegebauwerken mit einem Pierkopf in der Mitte des Schiffsliegeplatzes oder bei Dalbenliegeplätzen kann der Schiffsstoß weiter mittschiffs als bei durchgehenden Anlegebauwerken auftreten. Es wird daher empfohlen $\mu_1 = 0,7$ zu setzen. Bei Schiffen mit durchgehend gekrümmter Wandung muß jedoch in beiden Fällen $\mu_1 = 1,0$ gesetzt werden, da bei diesen Schiffen ein Stoß an einem Fender mittschiffs auftreten kann.

Untersuchungen über die Größe des Faktors μ_2 sind mit großen Unsicherheitsfaktoren behaftet. Es wird empfohlen, diese Einflüsse bei aufgelösten Anlegebauwerken durch den Faktor $\mu_2 = 0,8$ und bei Anlegebauwerken in geschlossener Konstruktion durch den Faktor $\mu_2 = 0.7$ zu berücksichtigen.

Hinsichtlich der Energieaufnahme der Fender in Längsrichtung des Anlegebauwerkes wird empfohlen, obgleich der Energiewert in diesem Fall theoretisch Null ist, mindestens 30% der sich auf Grund der obigen Faktoren ergebenden Energie normal zum Bauwerk anzunehmen.

β) Das Schiff legt ohne Schlepperhilfe an und stößt unter spitzem Winkel gegen die Fenderung.

Bei der folgenden qualitativen Untersuchung des vorzuschlagenden μ_1-Wertes werden die Einflüsse, die den Wert herabsetzen, positiv und die, die ihn heraufsetzen, negativ genannt. Es kann angenommen werden, daß der Schiffsstoß bei durchgehenden Anlegebauwerken im Bereich des Vor- oder Hinterschiffes auftritt. Bei diesen Stoßstellen wirkt positiv, daß sie einen verhältnismäßig großen Abstand vom Schwerpunkt des Schiffes aufweisen. Ebenfalls von positivem Einfluß ist die konvexe Krümmung der Schiffswandung. Dem negativen Einfluß bei einem Stoß im Bereich der konkaven Krümmung der Außenhaut am Bug des Schiffes steht der positive Einfluß der größeren Entfernung der Stoßstelle vom Schwerpunkt des Schiffes gegenüber.

Für Schiffe mit gerader Schiffswandung wird bei durchgehenden Anlegebauwerken ein μ_1-Wert von 0,4 und bei gegliederten Anlegebauwerken ein μ_1-Wert von 0,5 empfohlen. Bei Schiffen mit gekrümmter Schiffswandung wird in allen Fällen $\mu_1 = 1,0$ zu setzen sein. Wie unter α) wird empfohlen, den Faktor μ_2 bei aufgelösten Anlegekonstruktionen wieder mit 0,8, bei geschlossenen Konstruktionen aber mit 0,6 anzusetzen, da der Wasserwiderstand zwischen Schiff und Anlegebauwerk bei größeren Anlegegeschwindigkeiten normal zum Bauwerk zunimmt.

Bei Anlegemanövern ohne Schleper muß die mögliche Energieaufnahme in Längsrichtung des Anlegebauwerkes möglichst so groß sein, wie die Energieaufnahme normal zum Bauwerk. Es ist eine durchgehende Fenderung erwünscht.

γ) Ein Sonderfall ist die Einfahrt eines Fährschiffes in ein Fährbett.

Dieser Fall wird im nächsten Abschnitt behandelt.

In Tab. 5 sind für die wesentlichen Anlegemanöver unter normalen Bedingungen bei den gebräuchlichsten Anlegekonstruktionen Werte für den Faktor $\mu = \mu_1 \cdot \mu_2$ angegeben, die nach den angestellten Untersuchungen und den vorliegenden Erfahrungen eine ausreichende und wirtschaftliche Bemessung der Fenderungen ergeben. Diese Werte gelten nur in Verbindung mit den für den Einzelfall empfohlenen Geschwindigkeiten. Sie können jedoch nur als Anhalt dienen und sind jeweils auf Grund der vorliegenden örtlichen Verhältnisse und Erfahrungen zu überprüfen. Eine Fenderung kann nicht wirtschaftlich für einen Havariestoß bemessen werden.

Tabelle 5. *Vorgeschlagene Abminderungsfaktoren μ für die beim Stoß wirksame Anlegeenergie von Schiffen*

Anlegemanöver	Ausbildung der Anlegestelle		c) Gegliederte Anlegebauwerke
	Durchlaufend gefenderte Bauwerke		
	a) in aufgelöster	b) in geschlossener	
	Konstruktion		
α) breitseits, parallel.....	0,40 (0,8)[1]	0,35 (0,7)	0,55 (0,8)
β) unter spitzem Winkel .	0,30 (0,8)	0,25 (0,6)	0,50 (0,8)
γ) Fährschiffe in in Fahrtrichtung	Für die Fährbettwände $\dfrac{\sin^2\alpha}{1 + \left(\dfrac{4\,e}{L}\right)^2}$ Für den Fährbettabschluß 1,0		

[1] Die Werte in Klammern gelten für Schiffe mit gekrümmter Schiffswandung (Schiffe mit Wallschiene).

C. Fährbetten

Fährbetten dienen zum Anlegen von Kopffähren; sie werden gesondert behandelt, da sie unter allen Anlegebauwerken eine Sonderstellung einnehmen. Die Kopffähren legen — wie schon der Name besagt — in Fahrtrichtung an und leiten den Schiffsstoß „Vorkopf" in das Bauwerk ein. Das Fährbett besteht aus den seitlichen Fährbettwänden und dem Stoßwiderlager vor Kopf des Schiffes. Die Grundform eines Fährbettes wird stets die Trompetenform sein, da sie das Schiff am besten einfädelt. Bei Flüssen mit stets gleichgerichteter Strömung ist nur eine Fährbettwand, und zwar die stromab gelegene erforderlich. Bei wechselnden Strömungsrichtungen ist die Zahl und Ausbildung der Fährbettwände von der Strömungsgeschwindigkeit und der Antriebskraft der Schiffsschrauben abhängig. Aber auch ausgeprägte Windrichtungen können die Gestaltung des Fährbettes beeinflussen [17].

Kleine Fährschiffe fahren unmittelbar in die trompetenförmige Erweiterung des Fährbettes ein, berichtigen ihren Kurs gegebenenfalls durch Drehen um den äußeren Anfahrdalben und nähern sich dann, an die beiden Fährbettwände abwechselnd anstoßend und dadurch Energie vernichtend, dem landseitigen Fährbettabschluß. Ist nur eine Fährbettwand vorhanden, so ist der Anlegevorgang normal, jedoch mit dem Unterschied, daß keine Vertäuung das Schiff bremst und diese Energie durch einen Vorkopfstoß von dem landseitigen Fährbettabschluß aufgenommen werden muß.

Größere Fährschiffe vermögen unter ungünstigen Bedingungen meist nicht in das Fährbett zu zielen. Sie nähern sich zunächst seitlich voraus einer Fährbettseite und fahren dann erst in das Fährbett ein. Das erfordert dann eine lange Fährbettseite und eine kurze, deren Länge je nach den örtlichen Verhältnissen unterschiedlich ist und hauptsächlich der festen Lage des Schiffes im Fährbett dient. Erwünscht ist eine Fährbettlänge gleich dem Bremsweg eines Schiffes, das bei noch vorhandener voller Steuerkraft in das Fährbett einfährt. Nach den Erfahrungen von Großenbrode sind das eineinhalb bis zwei Schiffslängen [19].

Die Einfahrgeschwindigkeit eines Fährschiffes in ein Fährbett ist von den äußeren Anlegebedingungen und der Größe und Manövrierfähigkeit des Fährschiffes abhängig. In einem Fährbett müssen große Energien vernichtet werden. Um diese Energien klein zu halten, sollte mit der Antriebskraft der Schiffsschrauben nicht gespart werden. Gegebenenfalls ist es erforderlich, besondere Schrauben für das Anlegemanöver vorzusehen. Bewährt hat sich der Voith-Schneider-Antrieb, der auch ein Manövrieren quer zum Schiff gestattet. Als Anhaltswerte für die Einfahrgeschwindigkeiten von Fährschiffen können die in Großenbrode gemessenen Werte dienen. Die mittlere Geschwindigkeit betrug bei der Einfahrt in das Fährbett rd. 2,6 m/s und nahm dann zum Fährbettende auf rd. 0,4 m/s ab [19].

Bei der Einfahrt eines Fährschiffes in ein Fährbett sind größere Stoßwinkel als bei einem normalen Anlegevorgang möglich. Um diesen Stoßwinkel möglichst klein zu halten, sind Fährbetten mit schlanker Trompetenform vorzuziehen. Der anzusetzende größte Stoßwinkel kann aber nicht allgemein festgelegt werden; er ist je nach Form des Fährschiffes und des Fährbettes und je nach Lage der Stoßstelle im Fährbett verschieden. Fährschiffe haben im allgemeinen den Nachteil, daß der Vordersteven mehr oder weniger stumpf abschneidet und die seitliche Schiffswandung im stumpfen Winkel damit zusammentrifft. Bei Dalbenfährbetten werden größere Stoßwinkel auftreten als bei durchlaufenden Fährbettwandungen. Am gefährdetsten sind die Anfahrdalben der Fährbetten.

Es wird empfohlen, jeweils den möglichen Stoßwinkel und die zugehörige Stoßstelle am Schiff zu ermitteln und dann den μ_1-Wert nach dem Ausdruck

$$\mu_1 = \frac{\sin^2\alpha}{1 + \left(\frac{4e}{L}\right)^2}$$

anzusetzen, wobei

α = Stoßwinkel,
e = Abstand des Anstoßpunktes vom Schwerpunkt des Schiffes,
L = Länge des Fährschiffes.

Der μ_2-Wert wird in allen Fällen mit 1,0 anzusetzen sein. Am Fährbettabschluß muß die gesamte Restenergie des Fährschiffes durch einen Vorkopfstoß aufgenommen werden. Hier wird sowohl der μ_1-Wert als auch der μ_2-Wert gleich 1,0 zu setzen sein, da die Energieaufnahme des Schiffskörpers beim Vorkopfstoß sehr gering ist.

Das Widerlager vor Kopf des Schiffes wird zweckmäßig der Form des Schiffes angepaßt, da auf diese Weise die hohen Stoßkräfte auf eine größere Fläche übertragen werden können. Während die Stoßstelle in der Lotrechten von der Beladung des Fährschiffes und dem Waserstand abhängig ist, liegt sie in der Waagerechten mit geringen Abweichungen fast unverändert fest. Dadurch nimmt das Schiff stets an derselben Stelle den Stoß auf. Es ist vorteilhaft, die Stoßstelle am Schiffskörper abzufendern; hierdurch kann der μ_2-Wert kleiner angesetzt werden. Zu beachten ist, daß die Widerlager vor Kopf des Fährschiffes zwangsläufig seitlich unter spitzem Winkel zur Schiffslängsrichtung angeordnet sind. Durch die entstehende keilförmige Wirkung werden die Stoßkräfte des einfahrenden Fährschiffes auf die Fenderung vergrößert.

D. Ungefenderte Bauwerke

Ungefenderte Bauwerke eignen sich nur dort für das Anlegen von Schiffen, wo sehr günstige Anlegebedingungen vorhanden sind. Dies trifft im allgemeinen in den Hafenbecken der im Binnenland gelegenen Seehäfen zu, wo die Schiffe mit Schlepperhilfe breitseits parallel zum Bauwerk anlegen. Soweit ein Reibeschutz noch erforderlich ist, wird er vom Schiff in Form von kugelförmigen Korbfendern vorgehalten.

Als ungefenderte Anlegebauwerke kommen nur solche in Betracht, die dem Schiff eine ausreichend große Masse entgegenzusetzen haben, wie Schwergewichtsmauern und mit Boden hinterfüllte Bauwerke. Dabei wird von den Anlegebauwerken abgesehen, die vermöge ihrer konstruktiven Ausbildung selbst für die Aufnahme der Stoßenergie vorgesehen sind. Weitere Voraussetzungen für ungefenderte Bauwerke sind eine glatte Anlegefläche ohne vorspringende Ausrüstungsteile und eine geschlossene Anlegefläche, die die Verwendung von Fendern vom Schiff aus ermöglicht.

Als ungefendertes Anlegebauwerk zeigt sich eine Stahlspundwand einer Winkelstützmauer auf hohem Pfahlrost mit hinten liegender Abschlußspundwand überlegen, da die Stahlspundwand eine größere Elastizität aufweist und das beim Anlegen sich vor ihr bildende Wasserpolster die Bewegung des Schiffes auf das Bauwerk zu besser abbremst.

Die Stoßkräfte wirken bei ungefenderten Bauwerken nur auf einem kleinen Wege und sind daher sehr groß. Vom Arbeitsausschuß Ufereinfassungen [68, 69] wird empfohlen, ungefenderte Anlegebauwerke für eine Druckkraft in der Größe der angesetzten Pollerzugkräfte an der ungünstigsten Stelle der Ufereinfassung verteilt auf eine Fläche von 0,5 × 0,5 m² zu berechnen. Die Kräfte sind unter Anlehnung an die Angaben des Ausschusses in Abhängigkeit von der Schiffsgröße in Tab. 6 angegeben.

Tabelle 6. *Größe der Anlegekraft eines Schiffes bei ungefenderten Anlegebauwerken* [68, 69]

Schiffsgröße Wasserverdrängung	Anlegekraft verteilt auf eine Fläche von 0,5 × 0,5 m²
t	t
bis 2 000	10
2 000 bis 10 000	30
10 000 bis 20 000	60
20 000 bis 40 000	80
über 40 000	100 und mehr

Vom Schiff aus gesehen ist ein Reibeschutz in jedem Falle, besonders bei Betonmauern, erwünscht, da die auftretenden Schiffsstöße nicht so hart sind. Bei einem vertäut liegenden Schiff ist die mechanische Abnutzung der Schiffswandung bei der Verwendung von Reibehölzern wesentlich geringer als bei der Reibung zwischen der stählernen Schiffswandung und dem Beton des Anlegebauwerkes.

Es muß an dieser Stelle darauf hingewiesen werden, daß die Bemühungen des Hafenbaues, der Schiffahrt mit Reibeschutz versehene Kaimauern vorzuhalten, nicht unwesentlich dadurch erschwert werden, daß die Außenhaut der Schiffe Vorsprünge aufweist, die den Reibeschutz abreißen. Durch die geschweißte Ausführung der Schiffskörper ist eine Besserung eingetreten, aber noch immer stehen die Ausläufe und Scharniere viele Zentimeter vor der Schiffswandung vor.

Bei lotrechten Ufereinfassungen in Binnenschiffshäfen ist es zweckmäßig, auf einen mit dem Bauwerk verbundenen Reibeschutz zu verzichten [70]. Es besteht hier die Möglichkeit, Reibehölzer vom Schiff aus vorzuhalten und sie jeweils an die gefährdete Stelle zwischen Schiff und Kai zu halten. Feste Reibeholzanlagen werden von Binnenschiffen stark beansprucht, da Binnenschiffe oft in spitzem Winkel anlegen und die Hölzer auf Abriß beanspruchen. Eine einwandfreie Wartung ist in Flußhäfen wegen der schnellen und lang anhaltenden Wasserstandsänderungen meist nicht möglich. Die Gefährdung der Schiffe durch die Befestigungseisen abgerissener Reibehölzer ist größer als eine vorhandene Reibeholzanlage Vorteile bietet.

E. Kräftewirkungen des am Bauwerk vertäut liegenden Schiffes

1. Winddruck

Es ist nachzuweisen, daß die Fenderung alle Kräfte, die auf das am Anlegebauwerk vertäut liegende Schiff wirken, aufnehmen kann. Untersucht wird zunächst der Winddruck. Im Rahmen dieser Arbeit ist nur der Winddruck von Interesse, den ein luvseitig von dem Anlegebauwerk liegendes Schiff auf die Fenderungen und damit das Bauwerk ausüben kann. Die Windkräfte eines leeseitig vom Bauwerk liegenden Schiffes werden über die Vertäuung in das Bauwerk eingeleitet.

Die Größe der Windkraft auf ein Schiff wird nach der Gleichung

$$P_w = C_1 \frac{\gamma_L}{2g} F_1 \cdot v_w^2$$

berechnet. Hierin bedeuten:

$C_1 =$ Formfaktor,
$\gamma_L =$ spez. Gewicht der Luft $\sim 1{,}25 \ \mathrm{kg/m^3}$ (bei 10° C),
$g =$ Erdbeschleunigung,
$F_1 =$ seitliche Windangriffsfläche des unbeladenen Schiffes,
$v_w =$ Windgeschwindigkeit.

Der Formfaktor $\bar{C}_1$ kann nach Reimer [98] mit 1,3 angenommen werden; mit dem gleichen Wert arbeitet auch Visioli [116], während Callet [12] mit einem Formfaktor $C_1 = 1{,}0$ rechnet. Die Faktoren $\frac{\gamma_L}{2g} v_w^2$ stellen den Staudruck dar. Während für feste Bauwerke die Spitzengeschwindigkeiten des Windes für den Staudruck maßgebend sind und auch den Staudruckwerten der DIN 1055 zugrunde liegen, kann nach Reimer für den Winddruck auf nachgiebige Objekte (Schiffe) eine mittlere Windgeschwindigkeit von der Größe 0,7 $v_{w\ max}$ angenommen werden. Die Spitzengeschwindigkeit des Windes kann nicht wirksam werden, da die Trägheit der Schiffsmasse zunächst überwunden und ein gewisser Weg zurückgelegt werden muß, bevor eine volle Druckübertragung auf Fender und Bauwerk stattfindet. Nach Reimer brauchen daher nur die halben Staudruckwerte der DIN 1055 angesetzt zu werden. Dem Staudruckwert der DIN 1055 für Bauwerke bis zu 20 m Höhe liegt eine Windgeschwindigkeit von 35,8 m/s zugrunde. Callet [12] setzt für die französische Küste Windgeschwindigkeiten von höchstens 42 m/s an und erhält damit einen Staudruckwert von 110 kg/m². Dieser Staudruckwert wird von ihm nicht abgemindert. Den Formfaktor setzt er mit 1,0 an, so daß der maßgebende Flächendruck gleich dem Staudruck ist. Dieser für nachgiebige Objekte außerordentlich hohe Flächendruck des Windes wird jedoch nur bei sehr ungünstig gelegenen Anlegestellen in sehr exponierter Lage an der Küste auftreten können.

Bei den bisherigen Überlegungen wurde davon ausgegangen, daß die Windangriffsfläche senkrecht zur Windrichtung liegt. Bei der Planung einer Anlegestelle muß jedoch angestrebt werden, daß die Hauptwindrichtung parallel zur Anlegekante des Bauwerkes verläuft; die Windkräfte sind dann wesentlich geringer. Für ein großes Passagierschiff sind in Abb. 8 die prozentualen Windkraftkomponenten parallel und senkrecht zum Bauwerk in Abhängigkeit von der Windrichtung angegeben [12].

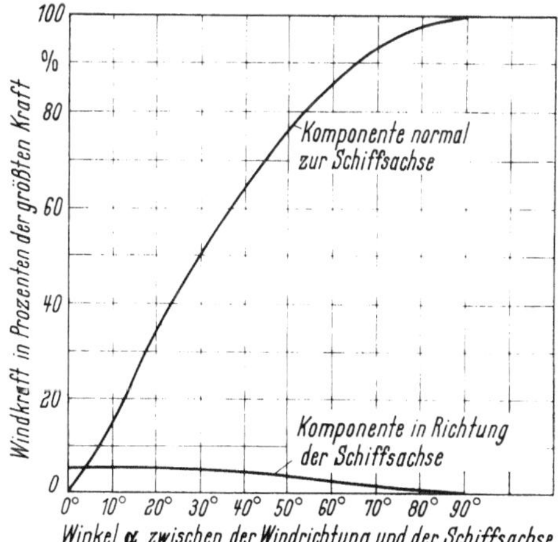

Abb. 8.   Windkraftkomponenten bei einem Passagierschiff [12]

In Amerika durchgeführte Untersuchungen [3] zeigen, daß durch den Windangriff außer der normalen und parallelen Windkraftkomponente auch noch ein Drehmoment um den Schwerpunkt des Schiffes auftritt und dadurch eine Umlagerung der Normalkräfte stattfindet. Weitere durchgeführte Untersuchungen geben Aufschluß über die Größe der Windkräfte, wenn mehrere Schiffseinheiten nebeneinander vertäut sind. Die Ergebnisse sind jedoch nur für die bestimmten untersuchten Fälle gültig und nicht allgemein anzuwenden, da die Schiffsformen zu unterschiedlich sind.

In Tab. 7 sind in Abhängigkeit von der Schiffsgröße Anhaltswerte für die Größe des Winddruckes angegeben, und zwar in Spalte 5 für eine günstige und geschützte Lage von Schiff und Bauwerk und in Spalte 6 für ungünstigste Verhältnisse. Bei Passagierschiffen sind die angegebenen Winddruckwerte um 50%, bei großen Einheiten (über 40000 BRT) bis zu 100% zu erhöhen, da die

Tabelle 7. *Winddruck und Strömungsdruck auf Fracht- und Tankschiffe in Abhängigkeit von der Schiffsgröße*

Schiffsgröße				Winddruck		Strömungsdruck	
Wasser-verdrängung	Länge	Tief-gang	Wind-angriffsfläche	Schiff in		Strömungsgeschwindigkeit	
				günstiger u. geschützter	sehr ungünstiger	$v_s = 0{,}3\,\text{m/s}$	$v_s = 0{,}5\,\text{m/s}$
t	m	m	m²	t	Lage t	t	t
1	2	3	4	5	6	7	8
10 000	125	7,5	1 500	80	170	25	70
20 000	150	9,0	2 100	110	230	40	110
40 000	200	10,5	3 200	170	350	55	150
60 000	230	11,5	3 800	200	420	65	180

Windangriffsflächen wegen der hohen Aufbauten entsprechend größer sind. Die für den Einzelfall anzusetzenden Kräfte hängen jedoch wesentlich von den örtlichen Windverhältnissen und der Lage des Bauwerkes ab. Da die Schiffswandung auf etwa halber Schiffslänge geradlinig verläuft, kann angenommen werden, daß sich die Druckübertragung auf die Fender oder das Bauwerk auf die halbe Schiffslänge verteilt.

Der Winddruck eines Schiffes auf ein Bauwerk ist meist statischer Natur. Ein dynamischer Kraftangriff ist jedoch, vornehmlich bei schlaffer Vertäuung, denkbar; die für den Anlegevorgang bemessene Fenderung kann jedoch diese Kräfte ohne besondere Vorkehrungen elastisch aufnehmen.

2. Strömungsdruck

Ähnliche Verhältnisse wie beim Winddruck treten beim Strömungsdruck auf. Über die Größe der Strömungsgeschwindigkeiten können aber keine allgemeinen Angaben gemacht werden. In Hafenbecken wird man in den meisten Fällen eine Strömungsgeschwindigkeit normal zum Anlegebauwerk und damit auch den Strömungsdruck vernachlässigen können. Bei Liegestellen in Flüssen wird die Strömung meist längs zum Bauwerk laufen; geringe Abweichungen hiervon können in Flußkrümmungen eintreten. Bei Bauwerken an der offenen See wird man stets versuchen, diese so anzuordnen, daß die Strömungen nicht normal oder schräg auf sie auflaufen; dies würde das Anlegemanöver sehr erschweren.

Um Anhaltswerte für die Größe des Strömungsdruckes zu erhalten, soll der Strömungsdruck auf ein Schiff untersucht werden, daß mit der Breitseite quer zur Strömungsrichtung liegt. Der Strömungsdruck beträgt

$$P_s = \overline{C}_2 \, \frac{\varrho}{2} \, v_s^2 \cdot F_2$$

wobei

$\overline{C}_2 =$ Formfaktor,

$\varrho =$ Dichte des Wassers $\dfrac{\gamma w}{g} \sim 102 \; \dfrac{kg\,sec^2}{m^4}$,

$v_s =$ Strömungsgeschwindigkeit normal zum Schiff,

$F_2 =$ Angriffsfläche für den Strömungsdruck beim beladenen Schiff.

Der Formfaktor $\overline{C}_2$ kann je nach den vorliegenden Verhältnissen recht verschiedene Größen aufweisen; er ist von der Unterwasserform des Schiffes, der Länge des Schiffes und dem Verhältnis des Schiffstiefganges zur Wassertiefe abhängig. Visioli [*116*] arbeitet mit einem Formfaktor von 1,2 und auch Callet [*12*] gibt für sehr tiefes Wasser und ältere Schiffsformen den gleichen Wert an. Für ein modernes Schiff nennt er einen Formfaktor von 2,3. Er hat eine Beziehung ausgearbeitet, nach der der Formfaktor mit abnehmender Wassertiefe zunimmt. Der größte Strömungsdruck auf Schiff und Bauwerk wird bei beladenen Schiffen mit großem Tiefgang auftreten; dabei wird ein Formfaktor maßgebend sein, der einem großen Verhältnis Schiffstiefgang zu Wassertiefe entspricht. Nach Callet muß mindestens mit einem Wert von 6,0 gerechnet werden.

Bei mehreren nebeneinander liegenden Schiffen tritt die größte Druckkraft auf ein Anlegebauwerk dann auf, wenn die Strömung unter einem Winkel von etwa 60° gegen die Schiffsachse auf die Schiffswandung trifft [*3*].

Der Strömungsdruck auf ein Schiff ist in Abhängigkeit von der Wasserverdrängung des Schiffes und der Strömungsgeschwindigkeit aus Tab. 7, Spalte 7 und 8, zu entnehmen. Den Werten liegt ein Formfaktor $\overline{C}_2 = 6{,}0$ zugrunde. Die angegebenen Werte gelten auch für Passagierschiffe. Die Tab. 7 zeigt, daß der Strömungsdruck in weitaus den meisten Fällen von der Fenderung ohne besondere Maßnahmen aufgenommen wird, da auch hier angenommen werden kann, daß sich der Druck auf etwa die halbe Schiffslänge verteilt. Kritisch sind nur bei den größten Schiffen und bei durchströmbaren Anlegebauwerken Strömungsgeschwindigkeiten normal zum Bauwerk von über 0,5 m/s. Dieser Fall wird aber praktisch kaum eintreten, da aus nautischen Gründen ein derartiges Anlegebauwerk abzulehnen ist.

3. Schwell und Sog

Dem Schwell und Sog am stärksten ausgesetzt sind im allgemeinen die Anlegebauwerke am Ufer schmaler Schiffahrtsrinnen. Die Beeinflussung ist um so größer, je größer die Geschwindigkeit des vorbeifahrenden Schiffes, je größer das Verhältnis des Querschnittes des passierenden Schiffes zum Querschnitt der Schiffahrtsrinne und das Verhältnis des Tiefganges des Schiffes zur Wassertiefe ist und je geringer die Entfernung ist, in der das Schiff das Anlegebauwerk passiert. Die durch den Sog ausgeübten Kräfte sind dabei stets größer als die Kräfte, die durch den Schwell und die nach dem Sog auftretenden Wasserschwingungen hervorgerufen werden [56].

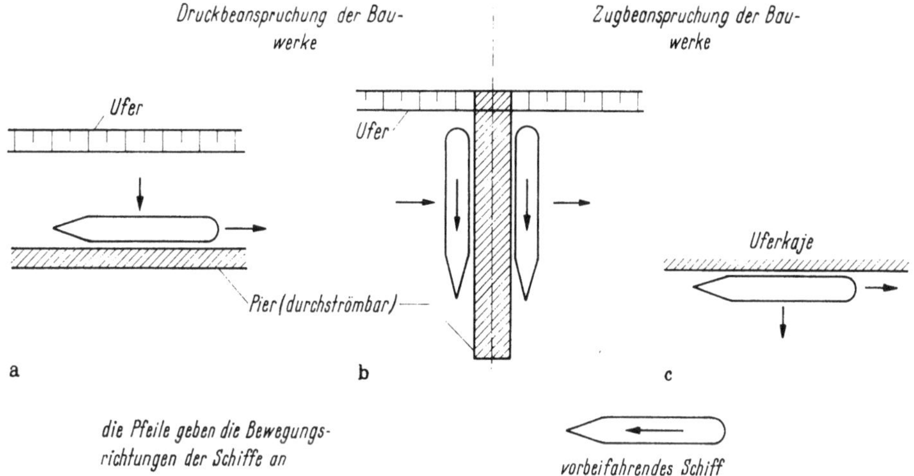

Abb. 9a—c. Wirkung der Sogkräfte auf Schiff und Bauwerk

Je nach der Lage eines am Anlegebauwerk vertäut liegenden Schiffes zum Bauwerk und zur Schiffahrtsrinne beanspruchen die durch den Sog auftretenden Kräfte die Trossen des Schiffes und werden durch sie in das Bauwerk geleitet, oder sie führen zu einer Druckübertragung zwischen Schiff und Bauwerk (Fender) (Abb. 9). Die Kräfte sind um so größer, je größer die Wasserverdrängung des am Anlegebauwerk vertäut liegenden Schiffes ist.

Versuche im Franzius-Institut der Technischen Hochschule Hannover [56] haben bei einem nach Abb. 9c vertäut liegenden Schiff ergeben, daß die Sogkräfte bei einem Anlegebauwerk mit wasserseitiger Abschlußspundwand merklich kleiner waren als bei einem Anlegebauwerk mit hinterer Abschlußspundwand. Dies ist darauf zurückzuführen, daß das bei offener Bauweise zwischen Schiff und Anlegebauwerk vorhandene Wasserpolster in dem Augenblick einen höheren Wasserstand hat, in dem an der Wellen-Luvseite des vertäuten Schiffes der Wasserstand durch den Sog sinkt; der Überdruck und das Drehmoment der höher liegenden Wassermasse wirkt auf das vertäute Schiff in der gleichen Richtung wie der Sog und erhöht dadurch die auftretenden Kräfte.

Die Größe der Sogkräfte kann für den Einzelfall nur durch Versuche festgelegt werden. Bei der Annahme der Größe der durch Sogwirkung entstehenden Druckkräfte dürfte es aber im allgemeinen ausreichend sein, wenn man diese Kräfte etwa so groß annimmt, wie die zulässigen Trossenkräfte des am Anlegebauwerk liegenden Schiffes. Das sind die gleich großen Kräfte, deren Ansatz als Anlegekräfte bei ungefenderten Bauwerken (Tab. 6) empfohlen wurde. Es kann dementsprechend weiter angenommen werden, daß die zur Aufnahme der Anlegeenergie bemessenen Fenderungen die durch den Sog auftretenden Druckkräfte ohne weiteres aufnehmen können.

4. Wellengang

Treten in einem Hafen langperiodische Wellen auf, so können diese die Fenderwahl maßgebend beeinflussen. Während über den Ursprung der langperiodischen Wellen und deren Einfluß auf die

Vertäuung der Schiffe eine ganze Reihe von Veröffentlichungen erschienen sind[1], werden die Fenderungen mit einer Ausnahme nur ganz am Rande erwähnt. Viele der für die Vertäuung gewonnenen Erkenntnisse lassen sich aber auch bei der Auswahl der Fender anwenden.

Die in die Häfen eindringenden langperiodischen Wellen bilden im Hafen je nach dessen Umrißform ein verschiedenes System stehender langperiodischer Wellen. Die gefahrvollen langperiodischen Wellen haben meist eine Wellenperiode zwischen 20 Sekunden und 2 Minuten [119]. Schiffe in einer stehenden langperiodischen Welle sind dann den größten Kräftewirkungen ausgesetzt, wenn sie in einem Knoten dieser Welle liegen und die Schiffsabmessungen klein gegenüber der Wellenlänge sind. Bei der Untersuchung der Schwingungen und der daraus entstehenden Kraftwirkungen auf das Bauwerk sind zwei Grundfälle zu unterscheiden.

Im ersten Grundfalle wird angenommen, daß sich die stehende Welle längs des Anlegebauwerkes bildet. Liegt das Schiff dann im Bereich eines Schwingungsknotens, so wird es in eine Schwingung in Schiffslängsrichtung versetzt. Diese Schwingung wird überlagert durch die unregelmäßige Schwingung des Schiffes in dem System der „schlaffen" Vertäuung [62]. Haben beide Schwingungssysteme annähernd die gleiche Schwingungsfrequenz, so kommt es zu einer resonanzähnlichen Erscheinung [63], die zu hohen Kräften und damit zu einem Bruch der Vertäuung führen kann. Gegenmaßnahmen bestehen in einer Änderung der Schwingungsfrequenz des Vertäuungssystems. Da die Vertäuung unter spitzem Winkel nach Land zu angeordnet ist, tritt auch eine Kraftkomponente der Vertäuung normal zum Bauwerk auf, die die Fenderungen beansprucht. Das trifft insbesondere auch für den Fall zu, in dem die stehende Welle sich unter spitzem Winkel zum Anlegebauwerk bildet. Liegt das Schiff im Bereich eines Schwingungsbauches, so findet bei langperiodischen Wellen eine nur kleine Auf- und Abwärtsbewegung des Schiffes statt.

Damit werden die Fenderungen sowohl in Längsrichtung des Bauwerkes, in der Lotrechten als auch normal zum Bauwerk beansprucht. Die Beanspruchung der Fender durch die Kräfte in Längsrichtung bedarf dabei erhöhter Aufmerksamkeit; es ist zweckmäßig, diese Kräfte bei großen Längswegen durch rollende Reibung so klein wie möglich zu halten.

Bei dem zweiten Grundfalle liegt das Bauwerk quer zu der stehenden Welle; es bildet sich dann bei reflektierenden Bauwerken unmittelbar am Bauwerk ein Schwingungsbauch aus. Ist die Wellenlänge groß gegenüber der Schiffsbreite, so treten nur kleinere Schiffsbewegungen und Kraftwirkungen auf. Liegt das Schiff in einem größeren Abstand vom Anlegebauwerk [63] oder steht das Anlegebauwerk auf einem Pfahlrost [62], unter dem entweder eine Unterwasserböschung liegt oder der durchströmt werden kann, so kann besonders bei kleineren Wellenlängen das Schiff näher in den Bereich eines Schwingungsknotens rücken und ist dann starken Schwingungen mit großer Kraftwirkung normal zum Anlegebauwerk ausgesetzt.

Dieser Schwingung wird eine zweite überlagert, die in dem System der Vertäuung auf der einen Seite und der Fenderung auf der anderen Seite stattfindet.

Zu den Einflußkomponenten der daraus resultierenden Schwingung gehören die Wellenbewegung (Wellenperiode, -länge und -höhe), die Wassertiefe, die Lage des Schiffes zur Wellenbewegung, die Ausbildung des Bauwerkes (durchlässig oder eingespundet), das Verhältnis des Schiffstiefganges zur Wassertiefe, die Unterwasserform des Schiffes, seine Masse und Rollperiode, die Schwerpunktslage und der Trägheitsradius des Schiffes um die lotrechte Achse, die Angriffshöhe der Fenderkräfte und der Vertäuung über der Schwerpunktslage des Schiffes, die Weichheit und Stoßdämpfung von Fender und Schiffskörper, die Federkonstante der idealisierten Vertäuung und im Zusammenhang damit die Anordnung und Ausbildung der Vertäuung (straff gespannt oder durchhängend). Zur Klärung der damit zusammenhängenden Fragen wurden vom Hydraulics Research Board in England Versuche über die Wechselwirkung zwischen Fender und Vertäuung unter dem Einfluß der Wellenbewegung durchgeführt [106]. Dabei ergab sich, daß die Bewegungen eines am Anlegebauwerk vertäut liegenden Schiffes stets unregelmäßig sind, und zwar nicht nur bei der in der Natur stets vorhandenen Überlagerung verschiedener Wellen, sondern auch bei konstanten Wellenbewegungen.

Der Schwingungsweg des Schiffes und die auftretenden Fenderstoßkräfte und Trossenkräfte können klein gehalten werden, wenn die Fender eine möglichst kleine Federkonstante haben und die Vertäuung ebenfalls möglichst weich arbeitet. Dieses Ergebnis steht mit der Tatsache im Einklang, daß die Bewegung eines Schiffes am geringsten ist, wenn es vollkommen frei beweglich ist. Es ergab sich weiter, daß die Bewegungen des Schiffes bei harten Fenderungen nur dann einigermaßen klein gehalten werden können, wenn eine unnachgiebige Vertäuung gewählt wird. Die Fender- und Trossenkräfte sind dabei größer als bei einem Schwingungssystem mit kleiner Federkonstanten.

---

[1] Der Internationale Schiffahrtskongreß, London 1957, hat sich in der Abteilung II, Seeschiffahrt, Mitteilung 1, ausführlich mit diesem Thema befaßt [62, 63, 119].

Allgemein wird man die Forderung aufstellen müssen, daß, um Resonanz zu vermeiden, die Schwingungsperiode der Schiffsmasse in dem System Vertäuung/Fender möglichst stark von der Wellenperiode abweichen muß. Auch hierbei taucht wieder die Frage nach der Größe der hydrodynamischen Masse auf. Durch das nicht lineare und unregelmäßige Verhalten der angewendeten verschiedenartigen Vertäuung ist die Festlegung der Schwingungsperiode der Schiffsmasse aber kaum möglich.

Analog zur Vertäuung eines parallel zum Kai schwingenden Schiffes [62] wird eine Fenderung mit großer Stoßdämpfung sehr zu einer ruhigen Lage des Schiffes und zu kleinen Kräftewirkungen beitragen. Bei sehr schwierigen und ungünstigen Verhältnissen kann das Ausbringen einer Vertäuung zur Wasserseite hin (Anker, Festmacheboje) unerläßlich sein.

Die hervorgehobenen Punkte tragen zwar zur qualitativen Lösung des Problems bei, lassen aber keine zuverlässigen quantitativen Aussagen zu. Hier ist noch ein großes Gebiet für systematische grundsätzliche Versuche und darauf aufbauend für theoretische Untersuchungen.

III. Die eigentlichen Fender als Zwischenglieder zwischen Bauwerk und Schiff

A. Wechselwirkung zwischen Fender und Bauwerk

Der Einbau von Fendereinheiten kann die Konstruktion eines Piers wesentlich beeinflussen. Dies trifft einmal für die Anbringung und Befestigung der Fendereinheiten am Bauwerk zu; zum andern ist aber auch die erforderliche statische Widerstandskraft des Bauwerkes in waagerechter Richtung von der Weichheit der Fendereinheiten und der zugehörigen zur Aufnahme der Schiffsstöße erforderlichen Schiffsstoßendkraft abhängig. Je härter die Fender sind, desto größere waagerechte Kräfte muß das Bauwerk aufnehmen.

Es ist nachzuweisen, daß die Schiffsstoßendkraft von der Anlegekonstruktion mit ausreichender Sicherheit aufgenommen wird. Besondere Beachtung verdient dabei die Frage, auf welche Bauwerkslänge sich die Schiffsstoßkraft verteilt [2]. Minikin [85] gibt bei elastischen Holzpiers als Faustwert eine mitwirkende Länge von der doppelten Pierbreite an.

Die mitwirkende Länge ist um so größer, je größer die unmittelbare Übertragungslänge der durch den Fender eingeleiteten Kräfte und je größer die Nachgiebigkeit der Pfahljoche und die Steifigkeit der waagerechten Verbände (Pierplatte) ist. Die Frage kann nur für den Einzelfall durch statische Untersuchungen des Piers gelöst werden. Derartige Untersuchungen wurden von Garde-Hansen [49] und Cornick [20] angestellt.

Es besteht die Möglichkeit, die Konstruktion der Anlegestelle selbst zur Aufnahme der Stoßenergie heranzuziehen und entsprechend auszubilden. Das ist jedoch nur in den Fällen möglich, in denen die Art des Umschlagsgerätes und des Lösch- und Ladegeschäftes dies gestattet. Die Energieaufnahme der Konstruktion einer Anlegestelle ist wie bei den Fendern wesentlich von der Weichheit der Konstruktion, also deren Durchbiegung beim Stoß, abhängig. Die Durchbiegung ist aber durch die auf der Anlegestelle installierten Umschlagsgeräte und durch den Anschluß der Anlegestelle an Land begrenzt. Die Weichheit der Anlegestelle macht sich darüber hinaus nicht nur beim An- und Ablegen des Schiffes bemerkbar, sondern sie wird auch einen Einfluß auf den Umschlag als solchen haben, da auch durch das an der Anlegestelle vertäut liegende Schiff Kräftewirkungen auf die Anlegebauwerke ausgeübt werden, die zu Bewegungen der Konstruktion führen.

Die Anlegestelle kann also nur so weich ausgebildet werden, wie es die oben genannten Gründe zulassen; der Rest der erforderlichen Energieaufnahme muß den Fendern zugewiesen werden. Dabei ist zu beachten, daß für die Bemessung der Anlegekonstruktion größere Sicherheiten erforderlich sind als bei der Bemessung der Fender.

Die Erneuerung der Fenderung oder gar nur ihres Deformationsgliedes nach einem Havariestoß ist noch mit verhältnismäßig einfachen Mitteln möglich. In keinem Vergleich dazu werden aber die Kosten stehen, die aufgewendet werden müssen, wenn der vollständig zerstörte Teil eines leichten Piers mit wertvollen Umschlagseinrichtungen erneuert werden muß.

Hier zeigt sich eine Überlegenheit von massiven Bauwerken, die bei einem Havariestoß in Schiffslängsrichtung meist nur in einem begrenzten oberen Teil zerstört werden.

Es erhebt sich die Frage, wie groß die widerstehenden Kräfte bei einem Anlegebauwerk zu wählen sind und wieweit die Verformung des Schiffskörpers bewußt mit zur Aufnahme der Stoßenergie eines Havariestoßes herangezogen werden soll. Bei diesem Stande der Betrachtung ist es nicht mehr möglich, die Forderungen und Wünsche der Schiffseigner und des Hafenbaues aufeinander abzustimmen.

B. Aufgabe der Fenderung und an sie zu stellende Anforderungen

Aufgabe einer Fenderung ist es, die Energie und die Stoßkräfte eines Schiffes beim Anlegen an die dafür bestimmten Bauwerke und beim Berühren der Molen und der Leitwerke der Einfahrten im Normalfall unschädlich für Schiff und Bauwerk in das Bauwerk und damit den Erdboden einzuleiten. Hat das Schiff an dem Anlegebauwerk festgemacht, so soll die Fenderung eine ruhige und sichere Lage des Schiffes am Bauwerk gewährleisten. Sie soll die durch Wind, Strömung, Schwell und Sog und Wellengang erzeugten statischen und dynamischen Kräfte aufnehmen und unschädlich ableiten, die Reibungskräfte mindern und eine ungestörte Auf- und Abwärtsbewegung des Schiffes durch Wasserstandsveränderungen, besonders durch die Tideerscheinung, und durch Änderungen des Tiefganges während des Lösch- und Ladegeschäftes gestatten. Die Fenderung hat vielfach noch die Aufgabe zu übernehmen, das Schiff zum Schutz des Bauwerkes, seiner Ausrüstungsteile und seiner Umschlagseinrichtungen in einem bestimmten Abstand vom Bauwerk zu halten. Dem ablegenden Schiff muß sie genügend Widerstand geben, damit sich das Schiff ohne Schlepperhilfe vom Bauwerk ablösen kann [120].

Die Frage, ob eine Fenderung das Schiff vor dem Bauwerk oder das Bauwerk vor dem Schiff schützen muß, ist so zu beantworten, daß bei massiven Bauwerken das Schiff und bei leichten aufgelösten Konstruktionen das Bauwerk zu schützen ist.

Welche Anforderungen sind nun im einzelnen an die Fenderung zu stellen?

Die von der Fenderung aufzunehmende Energie wird von ihr unter der Kraft P auf dem Wege s aufgenommen. Es ist

$$A_{vorh} = \int\limits^{s} P\,ds, \quad \text{wobei } P = f(s).$$

Je größer dabei der Weg s ist, desto kleiner ist die Kraft P und umgekehrt. Die Zusammenhänge zwischen Kraft und Weg bei konstanten Energiewerten sind für $P = c \cdot s$ aus Abb. 10 zu entnehmen. Da die Stoßaufnahme der Schiffswandung und die Beanspruchung des Bauwerkes begrenzt sind, muß diese Energieaufnahme auf einem so großen Wege stattfinden, daß die zulässigen Stoßkräfte nicht überschritten werden.

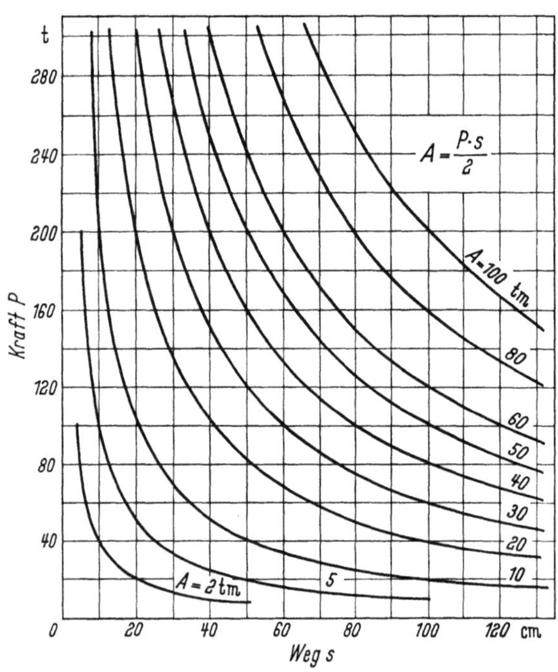

Abb. 10. Zusammenhang zwischen Kraft und Weg bei konstanten Energiewerten

Für die Energieaufnahme stehen mehrere Möglichkeiten zur Verfügung. Die Stoßenergie kann durch die Verformung eines Materials, durch Reibung oder durch Umwandlung in potentielle Energie aufgenommen werden. Selbstverständlich können auch alle drei Arten gleichzeitig auftreten.

Die Verformungsmöglichkeit des Materials kann einmal durch dessen Formgebung (z. B. Stahlfedern) oder nur durch die Stoffeigenschaft (z. B. Gummi) gegeben sein. Soweit von der Verformung eines Materials Gebrauch gemacht wird, ist zu fordern, daß im Normalfall diese Verformung im elastischen Bereich ablaufen soll. Der Fender muß einen möglichst großen Elastizitätsbereich ohne plastische Veränderungen haben. Auch bei geringer Überlastung darf ein Fender noch keine plastischen Verformungen aufweisen, die ihn zerstören oder unbrauchbar machen. Es ist zu empfehlen, ein Deformationsglied (Zerreißglied, Abscherbolzen usw.) einzubauen, das zerstört wird, bevor sich der Fender im plastischen Bereich verformt. Im Schadensfall ist dann nur das Deformationsglied zu ersetzen.

Durch Reibung kann nur eine verhältnismäßig geringe Energie aufgenommen werden. Die Fenderung muß die Reibungskräfte aufnehmen können und die Fenderoberfläche darf die Schiffswandung nicht beschädigen, d. h. den Anstrich nicht zerstören.

Die kinetischen Stoßenergie wird durch das mittelbare oder unmittelbare Anheben eines Gewichtes in potentielle Energie umgewandelt.

Es ist erwünscht, daß die Stoßenergie von der Fenderung aufgenommen wird und daß nur ein möglichst geringer Teil wieder abgegeben wird, wobei aber der Fenderkörper seine Ausgangsgestalt oder Ausgangslage in nicht allzu langer Zeit (zwischen zwei Schiffsstößen) zurückerhalten soll. Es sind also Fenderungen mit großer Stoßdämpfung erwünscht. Bei der Energieaufnahme durch Reibung wird keine Bewegungsenergie wieder frei, sie geht ausschließlich in Wärme über.

Der Fender soll ein weiches Anfahren gestatten, sein Widerstand soll langsam anwachsen und einen Größtwert nicht überschreiten. Er soll die Stoßenergie kleiner Schiffe mit geringer Kraftwirkung auffangen, aber auch den Stoß großer Schiffe gefahrlos aufnehmen. Die Fender dürfen nicht zu hart wirken, da der Schiffskörper beim Anlegen und bei den eintretenden Bewegungen und Stößen am Liegeplatz dann zu sehr erschüttert wird. Zu weiche Fender haben dagegen den Nachteil, daß sie auch bei Sturm und Seegang ansprechen und in Schwingung geraten; sie erschweren weiter das Ablegemanöver der Schiffe. Die zulässige Weichheit eines Fenders ist auch von der Art des Be- und Entladungsgeschäftes abhängig. Während Tanker über bewegliche Schläuche, die jede Bewegung des Schiffes mitmachen können, beladen und gelöscht werden, ist z. B. als anderes Extrem beim Be- und Entladen von sperrigen Schwergütern durch kleine Luken eine feste Lage des Schiffes zum Anlegebauwerk notwendig.

Fenderungen, bei denen die Energie auf einem langen Wege aufgenommen wird, haben den Vorteil, daß sie so weit nachgeben können, bis auch die benachbarten Fender zur Stoß- und Energieaufnahme herangezogen werden. Ein guter Fender muß eine gute Anpassungsfähigkeit an den Schiffskörper aufweisen, da hierdurch die Stoßkräfte sich möglichst gleichmäßig verteilen können. Da punktförmiger Druck auf die Schiffswandung leicht zu Einbeulungen führt, ist eine große Kontaktfläche zwischen Schiff und Fender erwünscht, bei der die Quer- oder Längsspanten des Schiffes zur Kraftübertragung mit herangezogen werden. Bei frei beweglich aufgehängten Fendern mit größerer Flächenausdehnung parallel zum Schiff ist die Drehungsmöglichkeit des Fenders zu beachten, da der Stoß nicht immer mittig stattfindet.

Die Aufnahme und die Übertragung der Stoßkräfte normal zum Anlegebauwerk machen keine außergewöhnlichen Schwierigkeiten. Die erforderliche Aufnahme der Anlegeenergie längs zum Bauwerk bedarf erhöhter Aufmerksamkeit. Die Fenderung ist so zu konstruieren, daß sie die durch Reibung zwischen Schiff und Fender auftretenden Kräfte einwandfrei aufnehmen und in das Bauwerk überleiten kann.

Die ideale Fenderung muß wirtschaftlich sein, d. h. sie muß zu einer wirtschaftlichen Konstruktion des gesamten Anlegebauwerkes führen, wobei geringe Anschaffungskosten, lange Lebensdauer und geringe Unterhaltungskosten bei hoher spezifischer Energieaufnahme eine Rolle spielen. An ein und demselben Bauwerk sollten gleiche Fenderungen angestrebt werden und soweit wie möglich auch im ganzen Hafen, da hierdurch die Unterhaltungskosten herabgesetzt werden können; eine Vorratshaltung ist dann in wesentlich geringerem Ausmaß erforderlich.

Je leichter ein Fender ist, desto besser läßt er sich einbauen und im Schadensfall auswechseln. Der Wunsch nach einer leichten Fendereinheit ist aber nicht einfach zu erfüllen, da große Schiffsmassen nur durch entsprechend große und schwere Fenderungen abgebremst werden können. Je einfacher und klarer ein Fender im Aufbau ist und je robuster seine Konstruktion ist, desto weniger wird er zur Störanfälligkeit neigen und desto geringer wird der erforderliche Unterhaltungsaufwand sein. Um eine einwandfreie Unterhaltung durchführen zu können und um Fehlerquellen jederzeit zu erkennen, sollten alle Fenderteile gut sichtbar und zugänglich sein.

Die Ausdehnung der Fenderung in der Senkrechten ist von der Art des Fenders, den auftretenden Wasserstandsschwankungen, dem Tiefgang der Schiffe sowie von den Schiffsgrößen und -formen abhängig. Im Tidegebiet muß ein Fender bei jedem Wasserstand voll wirksam sein. Er muß sowohl die Stoßkräfte des Schiffes mit geringstem Freibord bei Niedrigwasser als auch die Stöße des Schiffes mit kleinstem Tiefgang bei Hochwasser aufnehmen. Anzustreben ist, daß er in jeder möglichen Stoßhöhe ein gleichbleibendes Arbeitsvermögen und gleiche Weichheit hat. Der Fenderkörper muß so ausgebildet sein, daß das Schiff sich weder daran aufhängen noch bei Niedrigwasser unterhaken kann; die Vertäuung darf sich nicht im Fender oder zwischen Fender und Bauwerk verklemmen können.

Der Abstand der Fender in der Waagerechten ist wesentlich von den Anlegebedingungen und ebenfalls von der Schiffsgröße und -form abhängig. Je ungünstiger die Anlegebedingungen sind, desto kleiner ist der erforderliche Fenderabstand. Unter normalen Anlegebedingungen mit Schlepperhilfe sollte der Fenderabstand bei Schiffen mit gerader Schiffswandung ein Maß von 40 m (im günstigsten Fall 50 m) nicht überschreiten und auch nicht größer sein als ein Drittel der Länge des die Anlage nutzenden Regelschiffes und die Hälfte der Länge des kleinsten in Frage kommenden Schiffes. Schiffe mit Wallschiene erfordern von der Form her einen geringen Fenderabstand, für Schiffe mit Schaufelrad ist eine durchgehende Fenderung unerläßlich. Wird in schwierigen Fällen eine durchgehende Fenderung angewendet, so muß man sich darüber klar sein, daß deren Energieaufnahme in Längsrichtung fast ausschließlich nur auf Reibung beruht. Es muß eine Lösung gefunden werden, durch die auch in diesem Fall ein elastisches Nachgeben in Längsrichtung erzielt wird.

Bevor auf die einzelnen Fenderarten näher eingegangen wird, ist es erforderlich, die Fenderelemente zu untersuchen.

C. Fenderelemente

1. Fenderelemente aus Gummi

a) Eigenschaften von Gummi

Das „Gummi" entsteht durch Vulkanisation aus dem Rohprodukt „Kautschuk" [88]. Füllstoffe bestimmen je nach Menge und Art den Härtegrad, die Elastizität, die Widerstandsfähigkeit gegen Abrieb und die Alterungsbeständigkeit. Zum Vulkanisieren wird der Kautschukmasse Schwefel beigemischt und daneben noch Beschleuniger und Aktivatoren. Ein hoher Schwefelzusatz ist unerwünscht, da freier ungebundener Schwefel dem vulkanisierten Gummi durch Bildung von Hartgummieinschlüssen schlechte physikalische Eigenschaften gibt.

Vor dem eigentlichen Vulkanisationsprozeß muß das Rohprodukt geformt werden. Die Vorgänge laufen unmittelbar nacheinander ab. Die für Gummifender gebräuchliche Art der Vulkanisation besteht darin, daß die formbare plastische Rohmasse in besonderen Formen unter Druck und Erhitzung in die vorgegebene feste elastische Gestalt übergeführt wird. Die Konstruktion und Herstellung der Formen erfordert Erfahrung und besondere Sorgfalt. Sonderanfertigungen von Gummifendern in geringer Stückzahl sind daher sehr teuer. Stahlplatten werden durch den Vulkanisationsprozeß mit dem Gummi verbunden; dabei kommt es zu einer Verbindung zwischen dem im Gummi enthaltenen Schwefel und dem Stahl.

Die statische Härte des Gummis wird meist mit dem Shore Durometer nach DIN 53504 festgestellt, wobei das Eindringen einer Kugelspitze unter Belastung gemessen wird. Die Anzeige liegt zwischen 0 und 100, wobei die Zahl 100 der harten Substanz zugeordnet ist. Die Härte von Fendergummi beträgt zwischen 50° und 75° Shore. Zur Beurteilung der Eignung für Fenderzwecke sind aber besser Druck- oder Scherversuche, je nach Verwendung, geeignet.

Charakteristisch für die Kraft-Weg-Kurven von Gummi unter Druck ist der progressive Verlauf der Federkurven. Hierdurch hat der Gummifender eine natürliche Begrenzung des Federweges und keinen starren Anschlag. Die Endkraft der Druckpuffer erreicht bei großen Einheiten eine beachtliche Größe, die nicht als Punktlast von der Schiffswandung aufgenommen werden kann. Bei leichten Stößen ist aber eine weiche Federung vorhanden. Ist der Gummifender für einen bestimmten Bedarfsfall jedoch zu weich, so wird ihm eine immer vorhandene Vorbelastung gegeben. Die hierdurch wegfallende Energieaufnahme ist unbedeutend klein.

Das Arbeitsvermögen einer Fendereinheit ist gleich dem Inhalt der Fläche unter der Kraft-Weg-Kurve ($A = \beta \, P \cdot f$). Während der Faktor β bei konstanter Federcharakteristik die Größe 0,5 hat, liegt er bei den auf Druck beanspruchten Gummieinheiten wesentlich niedriger.

Unter Beachtung der Tatsache, daß die Frequenz der Belastung der Gummifender sehr gering ist, kann eine Zusammendrückung des Gummis auf 50% seines Ausgangszustandes zugelassen werden, ohne daß dadurch eine Ermüdung oder gar Zerstörung des Gummis eintritt. Gelegentliche Überbeanspruchungen können auch ohne Schaden noch aufgenommen werden. Darin liegt eine gewisse Sicherheit bei kleineren Havariestößen.

Die spezifischen Kraft-Weg-Kurven werden stets auf den Ausgangsquerschnitt bezogen. Unter Druck nimmt der Querschnitt des Gummipuffers zu. In Abb. 11 ist das Anwachsen der Durchmesser in Abhängigkeit von der Zusammendrückung graphisch aufgetragen. Zu Vergleichszwecken sind in Abb. 12 eine Kompressionskurve bezogen auf den Ausgangsquerschnitt und die gleiche Kurve bezogen auf den jeweiligen maximalen Querschnitt dargestellt.

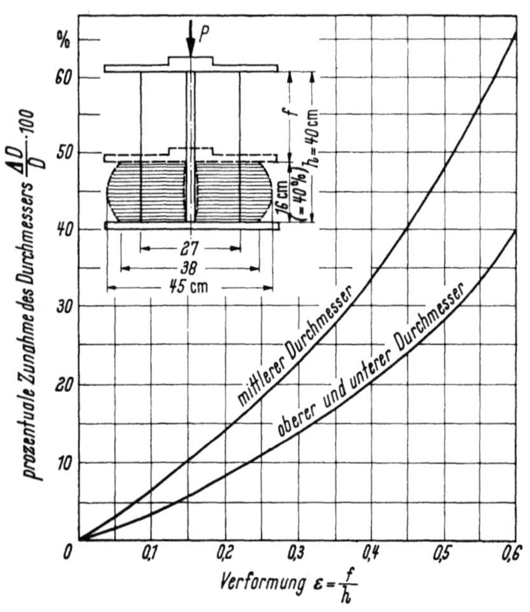

Abb. 11. Verformung eines axial auf Druck belasteten Gummipuffers (nach The Leyland & Birmingham Rubber Co. Ltd.)

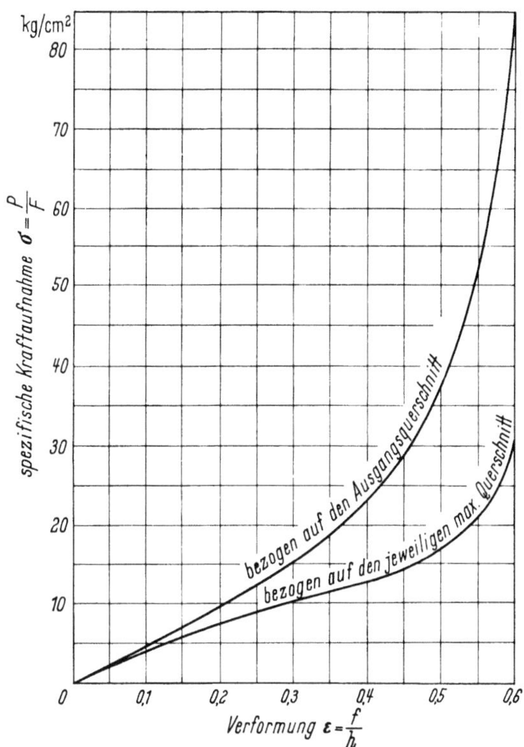

Abb. 12. Spezifische Kraft-Weg-Kurven eines axial auf Druck beanspruchten Gummipuffers (Druckpuffer der Abb. 11) (nach The Leyland & Birmingham Rubber Co. Ltd.)

Bei dem Einbau der Gummikörper ist darauf zu achten, daß das Gummi sich seitlich — senkrecht zur Kraftrichtung — uneingeschränkt ausdehnen kann. Eine Begrenzung der seitlichen Ausdehnung nach vorgegebenem Federweg kommt einem fast starren Anschlag gleich. Die Grund- und Kopfplatten sind so zu bemessen, daß der vergrößerte Gummiquerschnitt darauf Platz hat.

Bei den Druckversuchen ist zu beachten, daß sich das Gummi beim ersten Versuch härter erweist als bei den folgenden Versuchen. Wird das Gummi längere Zeit nicht beansprucht, so wird es wieder „härter". Die dynamische Härte von Gummi ist größer als die statische. Ein Druckpuffer wird daher bei Stoßbeanspruchung härter wirken, als der Druckversuch angibt.

Der Elastizitätsmodul von Gummi ist wesentlich von der Shore-Härte des Gummis und dem Gestaltsfaktor abhängig; der E-Modul im linearen Anfangsbereich der Kompressionskurve liegt bei Fendergummi zwischen 30 und 400 kg/cm² [50].

Der Gestaltsfaktor eines Druckpuffers ist das Verhältnis der belasteten Fläche zu seiner freien Oberfläche. Ein vergrößerter Gestaltsfaktor, d. h. ein gedrungener Druckkörper, hat eine ähnliche Wirkung wie eine Härtung des Gummis, da eine Ausdehnung schwieriger wird. Aus dem gleichen Grunde bewirken in die Gummikörper einvulkanisierte Stahlplatten oder aufvulkanisierte Grund- und Kopfplatten eine „Härtung" des Gummikörpers, da sie die Querausdehnung (Ausbuchtung) vermindern. Von einvulkanisierten Stahlplatten kann vorteilhaft bei schlanken Gummidruckpuffern Gebrauch gemacht werden, um zu verhindern, daß diese unstabil werden und in der Mitte stark ausbuchten. Ein kleiner Ausbuchtungsradius führt zu großen Oberflächenspannungen im Gummi, die zu dessen Zerstörung führen können.

Gummi ist sehr elastisch, gibt aber die bei Belastung aufgespeicherte Energie bei Entlastung nicht vollständig zurück; es tritt ein Energieverlust von 10% bis 30% durch innere Reibung und Erwärmung ein (Hysteresis). Bei den Fenderungen ist Gummi mit möglichst hoher Stoßdämpfung erwünscht. Durch die selten eintretenden Stöße besteht keine Gefahr, daß durch die auftretende höhere innere Wärme eine Zerstörung des Gummis hervorgerufen wird.

Gummi hat bei Druckbeanspruchung eine besonders hohe spezifische Arbeitsaufnahme, die bis zu 150 tm je m³ Gummi beträgt.

Die Kraft-Weg-Kurven von Gummi auf Scheren verlaufen annähernd linear. Wegen der geringen Häufigkeit der Beanspruchung kann eine Scherbewegung bis zu 45° zugelassen werden, d. h., daß der mögliche Federweg auf die Stärke (Höhe) dieser Einheiten beschränkt ist; diese Stärke ist aber aus Gründen der einwandfreien Krafteinleitung zur Erzielung einer Schubbeanspruchung gering. Die Kraft-Weg-Kurven von Gummi auf Scheren haben keine natürliche Begrenzung. Der Schubmodul von Gummi hat je nach der Shore-Härte eine Größe zwischen 6 und 16 kg/cm² [50].

Die Beanspruchung des Gummis auf Abrieb kann durch die Wahl einer entsprechenden Gummiform (Rundfender) geringer gehalten werden, da diese auf ihrer Unterlage abrollen. Ein sehr hoher Widerstand gegen Abrieb kann nur auf Kosten der Verformungseigenschaften des Gummis erzielt werden. Die Gummitechnik ist aber soweit fortgeschritten, daß beide Eigenschaften in für Fenderzwecke befriedigendem Maße in einer Gummiqualität vereint werden können.

Das gleiche gilt für den Kerbwiderstand. Ein großer Kerbwiderstand ist hauptsächlich erwünscht für die Gummifender, die mit den überlappten Platten der Schiffswandung unmittelbar in Berührung kommen. Nasses Gummi und Gummi unter Spannung haben einen geringeren Kerbwiderstand.

Von den Gummifendern wird verlangt, daß sie unempfindlich gegen Temperaturunterschiede sind. Tatsächlich sind Temperaturen bis $+ 80°$ C fast ohne Einfluß auf die Gummi-Eigenschaften. Auch bei Temperaturen bis herab zu $- 25°$ C sind noch keine wesentlichen Änderungen der Kennlinie zu verzeichnen. Bei tieferen Temperaturen dagegen wird Gummi merklich härter, eine Zerstörung tritt aber nicht ein [61].

Durch Ozon- und Lichteinflüsse tritt ein vorzeitiges Altern des Gummis ein [61]. Die Oberfläche verhärtet sich, und kleinere Risse treten auf. Wenn auch gegen diese Einflüsse die Gummiqualitäten weitgehend geschützt sind, so sollten doch die Gummifender vor starker Sonneneinstrahlung geschützt werden.

Die Gummifender sind vor Korrosion durch das Seewasser und die normal im Flußwasser enthaltenen Industrieabwässer geschützt. Bei stärkeren Verunreinigungen sollte aber doch die Widerstandsfähigkeit der vorgesehenen Gummiqualität überprüft werden. Auch die gewöhnlich im Hafenwasser enthaltene geringe Ölmenge ist unschädlich für Gummifender. Größere Mengen dagegen sind schädlich. Im Gegensatz zu Holz wird Gummi praktisch nicht von Bohrmuscheln, Bohrwürmern und ähnlichen Lebewesen befallen und zerstört. Eine Verrottung des Gummis tritt nicht ein, da es nicht von Pilzen befallen wird.

Gummirundfender, die 15 Jahre in Colombo und Singapore in tropischem Klima eingebaut waren und mit dem im Hafenwasser normal enthaltenen Öl in Berührung gekommen sind, zeigten nach sorgfältiger Untersuchung keine nennenswerten Schäden[1] und werden noch Jahre ihren Dienst tun. Auch von den bei Hafenanlagen an den Großen Seen in Amerika eingebauten Gummifendern waren nach 20 Jahren trotz großer Temperaturunterschiede im Sommer und Winter und regelmäßiger Beanspruchung durch Kohle- und Eisenerzschiffe noch einige in Gebrauch[1].

Vom Arbeitsausschuß Ufereinfassungen der Hafenbautechnischen Gesellschaft wurden im Dezember 1959 folgende Abnahmebedingungen für Fendergummi zur allgemeinen Erörterung gestellt [73]:

Zerreißfestigkeit nach DIN 53504 $\geq$ 150 kg/cm²,
Bruchdehnung nach DIN 53504 $\geq$ 300%,
Härte nach DIN 53504 $= 70 \pm 5$ Grad Shore,
Weiterreißfestigkeit nach DIN 53507 $\geq$ 8 kg/cm,
Abrieb nach DIN 53516 $\leq$ 100 mm³.

Es tauchen jedoch Zweifel auf, ob die Festlegung derartiger allgemeiner Forderungen zum gegenwärtigen Zeitpunkt die Entwicklung nicht hemmt, zumal da je nach Verwendungszweck unterschiedliche Anforderungen an den Fendergummi gestellt werden müssen.

b) Für Fenderungen geeignete Gummiformen

α) **Radial auf Druck beanspruchte Gummifenderelemente.** Radial beanspruchte Gummifender werden von rechteckigem, quadratischem oder kreisrundem Hohl- oder Vollquerschnitt hergestellt. Hohlquerschnitte wirken weicher als Vollquerschnitte; das ist durch den größeren

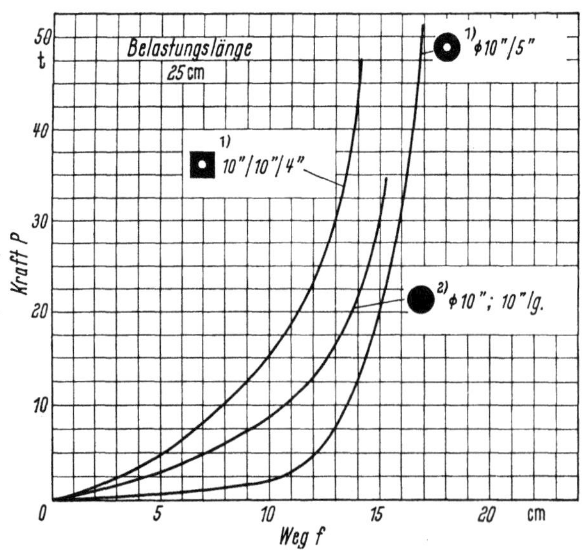

Abb. 13. Kraft-Weg-Kurven radial belasteter Gummifender (Tabelle 8)

Weg bei der Schließung des Hohlraumes erklärlich. Setzt man bei dem hohlen Kreisquerschnitt das Verhältnis des Außendurchmessers zum Innendurchmesser mit 2 an und läßt man eine Zusammen-

---

[1] Nach Angaben von „The Good Year Tire & Rubber Company".
[2] Nach Angaben von „The Leyland & Birmingham Rubber Co. Ltd.".

drückung des Gummis von $33^1/_3\%$ zu, so ergibt sich ein Federweg von zwei Drittel des äußeren Durchmessers im Gegensatz zum Vollquerschnitt (bei 50% Zusammendrückung) von der Hälfte des äußeren Durchmessers. Aus der Kraft-Weg-Kurve des hohlen Gummirundfenders (Abb. 13) ist zu ersehen, daß die Kraft bis zur Schließung des Hohlraumes nur sehr wenig, danach aber verhältnismäßig stark zunimmt. Aus Abb. 13 ist weiter ersichtlich, daß die rechteckigen Gummihohlfender wesentlich härter als die runden Gummihohlfender wirken.

Das Arbeitsvermögen fällt bei den rechteckigen Hohlfendern bis etwa zum Werte von $^1/_4\,P \cdot f$ und bei den runden Hohlfendern sogar bis zu einem $^1/_8\,P \cdot f$ ab. Je m³ Gummivolumen kann aber bis zu einer Arbeitsaufnahme von 120 tm gerechnet werden. Die gemachten Angaben beziehen sich auf eine Streifenlast in den mittleren Bereichen längerer Fenderabschnitte. Die hohlen Fender wirken in ihren Endabschnitten weicher; die Enden werden deshalb vereinzelt massiv mit nur kleiner Bohrung ausgeführt.

In Abb. 13 ist ferner noch zu Vergleichszwecken die Kennlinie eines Gummirundfenders mit nur kleiner mittlerer Bohrung dargestellt; die Länge des Fenders ist gleich seinem Durchmesser. Es zeigt sich, daß dieser massive Fender, bezogen auf die gleiche Belastungslänge (25 cm), wesentlich weicher wirkt als die hohlen Rechteckfender. Dies erklärt sich dadurch, daß der kurze massive Fender sich sowohl im Durchmesser als auch in der Länge besser ausdehnen kann als ein Abschnitt aus einem langen Fenderstück.

Die hohlen Rundfender werden mit Außendurchmessern bis zu 45 cm hergestellt[1]; die größte Länge dürfte zur Zeit bei 4 m liegen. Im Herstellungszustand geradlinige Rundfender können bei der Montage etwa bis zum 12fachen Außendurchmesser gekrümmt verlegt werden. Sind stärkere Krümmungsradien erwünscht, so ist das Verformen vor dem Vulkanisieren erforderlich; hierbei sind Krümmungsradien vom 1- bis 2fachen Außendurchmesser möglich[2]. In Tab. 8 sind die technischen Daten einiger Fender zusammengestellt; die Auswahl wurde so getroffen, daß ein Überblick über die Arten und Abmessungen gegeben ist.

Tabelle 8. *Radial beanspruchte Gummifender*

Form	Abmessungen				Beanspruchung		Gekrümmte Ausführungen				Lieferwerk
	Außen-durch-messer	Innen-durch-messer	Länge	Ge-wicht	End-kraft	Energ.-aufn.	Vorgeformte Fender			Gerade Fender	und
							min. innerer Radins	min. Länge	max. Länge	min. innerer Radius	
	D	d		G	P	A					Bemerkungen
	cm	cm	m	kg/m	t/m	tm/m	cm	m	m	m	
zylindrisch; hohl; lang	8,9	3,5	≦ 3,96	5,9	67	0,4	8,9	0,91	3,05	1,22	„The Good Year Tire & Rubber Company"
	12,7	6,4		10,9	103	1,1	15,2	0,91		1,22	
	17,8	7,6		23,1	150	2,2	25,4	1,22		1,83	
	25,4	12,7		43,1	210	4,6	40,6	1,52		3,05	
	38,1	19,1	≦ 3,05	97,2	314	10,3	66,1	2,14		4,57	
rechteckig; hohl; lang	12,7/16,5	6,3	≦ 4,11	19,8	107	1,9	30,5	1,22	3,05	2,43	„The Good Year Tire & Rubber Company". Belastung auf der Breitseite
	25,4/25,4	10,2		63,0	190	6,4	61,0	2,14		3,05	
	25,4/30,5	10,2		77,4	207	7,3	71,0	2,14		3,66	
	30,5/30,5	12,7		90,0	224	9,6	76,0	2,14		4,26	
zylindrisch mit Bohrung; kurz	25,4	etwa 2 bis 6	0,254		60*	2,6*					„The Leyland & Birmingham Rubber Co. Ltd."
	38,1		0,381		91*	5,8*					
	50,8		0,762		122*	10,4*					

* bei 50% Zusammendrückung.

Bei der Auswahl der Fender ist zu beachten, daß es bei gegebenem Arbeitsvermögen stets wirtschaftlicher ist, wenige größere als mehrere kleinere Fender zu verwenden.

β) **Axial auf Druck beanspruchte Gummifenderelemente.** Die oben beschriebenen Fenderformen, jedoch bei Hohlquerschnitten mit meist kleinerem Innendurchmesser, können

---

[1] Nach Angaben von „US Rubber International Ltd.".
[2] Nach Angaben von „The Good Year Tire & Rubber Company".

auch axial beansprucht werden, wenn die Länge im Verhältnis zum Durchmesser nicht zu groß ist, da sonst die Gefahr besteht, daß die Puffer ausknicken. Die Höhe der Puffer sollte daher auf keinen Fall größer sein als der 1,5fache Außendurchmesser, wobei aber zu beachten ist, daß die zulässige Schlankheit von der Härte des Gummis abhängig ist.

Wichtig ist, daß die Schiffsstoßkräfte mit einer gleichmäßigen Flächenpressung in die Druckpuffer eingeleitet werden, um örtliche Überbeanspruchungen auszuschließen. Bei den axial beanspruchten Gummihohlfedern, besonders bei den schlanken Ausführungen, ist es vorteilhaft, wenn die an den Stirnseiten der Puffer angeordneten Platten mit einem Zapfen in die Bohrung der Puffer eingreifen. Hierdurch wird dem Puffer eine bessere Führung (gegen Ausknicken) gegeben, und außerdem kann eine Überbeanspruchung des Gummis ausgeschlossen werden, wenn etwa bei 60% Federweg die Kraft durch die Zapfen übertragen wird. Dabei ist darauf zu achten, daß alle Stahlecken, die mit dem Gummi in Berührung kommen, gut ausgerundet werden, um jegliche Kerbeinwirkung auszuschließen.

Tabelle 9. Axial auf Druck beanspruchte Gummifender

Lfd. Nr.	Form	Abmessungen					Beanspruchung[1] bei Shore Qualität				Lieferwerk und Bemerkungen
		Außendurchmesser	Innendurchmesser	Höhe	Fläche	Schlankheit	56° Endkraft	70°	56° Energieaufnahme	70°	
		D	d	h	F	h/D	P		A		
		cm	cm	cm	cm²	—	t	t	tm	tm	
1	2	3	4	5	6	7	8	9	10	11	12
1	zylindrisch mit Bohrung; schlanke Ausführung	14,0 22,0 32,0	4,0 10,0 14,0	15,0 20,0 22,0	142 302 651	1,1 0,9 0,7	6,3 13,3 28,7	9,7 20,5 44,3	0,19 0,53 1,26	0,29 0,81 1,93	„Willbrandt & Co. (Continental Gummi)“
2	zylindrisch mit Bohrung; gedrungene Ausführung	15,0 22,0	6,0 8,0	6,0 6,0	149 330	0,40 0,27	9,4 20,8	11,9 26,4	0,11 0,33	0,13 0,37	„Willbrandt & Co. (Continental Gummi)“
3	zylindrisch hohl; schlanke Ausführung	30,5 45,7	15,2 22,8	46 68	545 1 210	1,5 1,5		19 42		2,2 7,2	„US Rubber International Ltd.“
4	zylindrisch mit Bohrung; schlanke Ausführung	38,0 50,8 81,5 122	3,8 5,1 7,5 12,2	38,0 76,2 81,5 183	1 100 2 000 5 140 11 600	1,0 1,5 1,0 1,5	42 72 190 420		3,1 11 29 146		„The Leyland & Birmingham Rubber Co. Ltd.“ (Oelpier Aden [93])
5	rechteckig; mit 4 zwischen vulkanisierten Stahlplatten	25,4/33	2 × 1″	27,3	840	0,93	80		2,1		Lieferwerk unbekannt; (Craighouse Pier [103])

[1] bei 50% Zusammendrückung.

Beispiele für eine „schlanke" Druckpuffer-Ausbildung sind in Tab. 9 unter lfd. Nr. 1 und für eine „gedrungene" Ausführung unter lfd. Nr. 2 eingetragen. Bei der „schlanken" Ausführung liegt das Verhältnis der Höhe zum Außendurchmesser im Mittel bei etwa 0,9 und bei der „gedrungenen" Ausführung im Mittel bei 0,3. Die spezifischen Kraft-Weg-Kurven der schlanken und der gedrungenen Ausführung sind für die beiden Gummiqualitäten Shore 56° und Shore 70° in Abb. 14 dargestellt. Bei den spezifischen Kurven ist auf der Ordinate das Verhältnis P/F aufgetragen. Das bedeutet, daß die Kraft proportional zu der gedrückten Fläche ist. Das gilt jedoch nur unter den Voraussetzungen der gleichen Gummiqualität und der geometrisch ähnlichen Ausbildung der Gummi-Einheiten; bei Rundfendern mit und ohne mittlerer Bohrung also bei gleichem Schlankheitsgrad.

Die spezifische Arbeitsaufnahme — also die Arbeitsaufnahme je m³ Gummi — der schlanken Ausführung beträgt nur 70% der Arbeitsaufnahme der gedrungenen Ausführung. Bei dem Vergleich zweier Puffer mit gleichem Volumen ergibt sich aber für die schlanke Ausführung ein Vorteil, da mit geringerer Schiffsstoßendkraft und größerem Federweg die gleiche Arbeitsaufnahme erzielt werden kann.

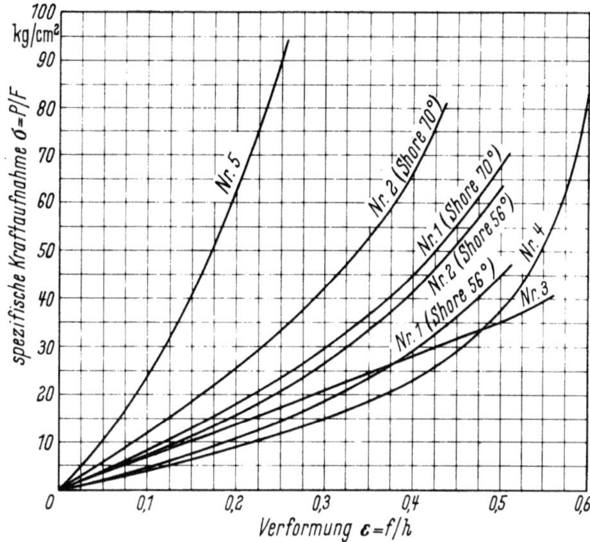

Abb. 14. Spezifische Kraft-Weg-Kurven axial auf Druck beanspruchter Gummipuffer (Tabelle 9)

Unter lfd. Nr. 3 der Tab. 9 sind hohle Gummipuffer aufgeführt; die Kraft-Weg-Kurve dieser Einheiten verläuft annähernd linear (Abb. 14). Unter lfd. Nr. 4 der Tab. 9 sind axial auf Druck beanspruchte Gummifender größter Abmessungen eingetragen. Bei der größten Ausführung wird auf einem Wege von 0,91 m (50% Zusammendrückung) eine größte Kraft von 420 t ausgeübt und eine Energie von 146 tm aufgenommen. Der Schlankheitsgrad dieser Puffer beträgt 1,0 und 1,5. Die Kraft-Weg-Kurven fallen jedoch fast zusammen und sind deshalb in Abb. 14 in einer Kurve dargestellt. Unter lfd. Nr. 5 ist ein axial belasteter Gummidruckpuffer mit einvulkanisierten stählernen Zwischenscheiben aufgeführt. Die zugehörige Kraft-Weg-Kurve (Abb. 14) weist aus, daß Gummipuffer mit einvulkanisierten Stahlscheiben wesentlich härter wirken als reine Gummipuffer.

Die zulässige Flächenpressung axial auf Druck beanspruchter Gummieinheiten beträgt je nach Gummiqualität zwischen 50 und 90 kg/cm², wobei die Zusammendrückung aber nicht mehr als 50%, in Ausnahmefällen auch 60%, betragen soll. Das Arbeitsvermögen kann überschläglich zu 0,4 $P \cdot f$ angenommen werden. Die spezifische Ausnutzung des Gummis beträgt bis zu 150 tm je m³ Gummivolumen.

γ) Auf Schub beanspruchte Gummifenderelemente. Die axial auf Druck beanspruchten Gummifender können jeweils nur Kräfte in ihrer Achsrichtung aufnehmen. Es wurden daher Gummi-Einheiten konstruiert, die die Kräfte in allen Richtungen einer Ebene aufnehmen können.

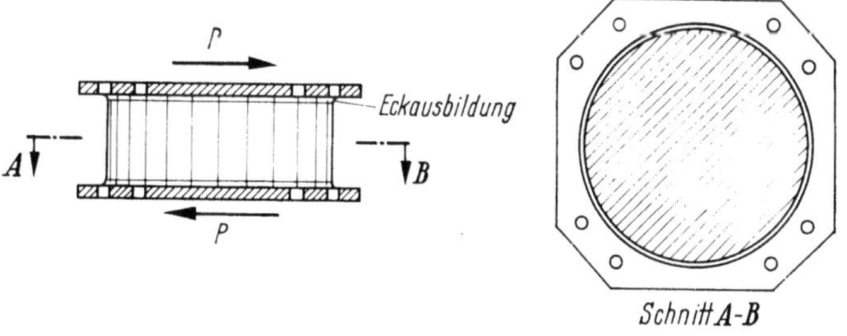

Abb. 15. Schub-Einheit

Diese Einheiten (Abb. 15) bestehen aus einer Gummischeibe, die oben und unten mit einer Stahlplatte fest verbunden ist; die Einheiten werden auf Scheren beansprucht, und zwar dadurch, daß bei Krafteinleitung die eine Platte parallel zur anderen verschoben wird. Zur Vermeidung von Korrosionsschäden müssen die Stahlplatten einen Überzug (aus Gummi) erhalten, oder aber es ist nichtkorrodierendes Metall zu verwenden. Ein Galvanisieren des Metalls ist unmöglich, da das Gummi dann nicht mehr auf dem Metall haftet. Bei Verbindung der Stahlplatten mit dem Gummi sind die Ecken gut auszurunden, damit keine Spannungsspitzen auftreten, die zu einem Ablösen des Gummis von den Platten führen können [88]. Zu beachten ist ferner, daß bei Beanspruchung dieser Gummi-Einheiten Torsionsspannungen zu vermeiden sind. Die Einheiten sind daher möglichst so anzubringen, daß die Stoßkraft durch den Mittelpunkt der Einheit geht.

Die zulässigen Scherspannungen des Gummis seien mit $\tau_{zul} = 11{,}2$ kg/cm² angenommen [76]. Da das Kraft-Weg-Diagramm geradlinig verläuft, beträgt die Energieaufnahme $A = \dfrac{P_{zul} \cdot h}{2}$. Hierin bezeichnen h in cm die Dicke der Gummischeibe und P_{zul} in t die zulässige Belastung der Gummieinheit auf Scheren. Bezeichnet man die Grundfläche der Gummischeibe mit F in cm², so ist

$$P_{zul} = F \cdot \tau_{zul} \cdot 10^{-3} = 11{,}2 \cdot 10^{-3}\ F \text{ in t und } A = 5{,}6 \cdot 10^{-3}\ F \cdot h \text{ in tcm.}$$

Gebräuchliche Abmessungen und die mögliche Energieaufnahme dieser Schubeinheiten sind in Tab. 10 zusammengestellt. Für diese auf Schub beanspruchten Gummifender ergibt sich ein Arbeitsvermögen von nur 56 tm je m³ Gummimasse.

Tabelle 10. *Auf Schub beanspruchte Gummifenderelemente* [76]

Form	Abmessungen			Beanspruchung		Lieferwerk
	Durch-messer	Fläche	Höhe	Endkraft	Energie-aufnahme	
	D	F	h	P	A	
	cm	cm²	cm	t	tm	
1	2	3	4	5	6	7
Zylindrische Schubeinheiten mit beiderseits aufvulkanisierten Stahlplatten	23	415	7,6	4,6	0,17	„Andre Rubber Company Limited"
	35	960	7,6	10,8	0,41	
	35	960	15,2	10,8	0,82	
	53	2 200	10,2	24,7	1,26	
	53	2 200	15,2	24,7	1,88	

δ) **Druck-Schub-Puffer.** Die Wirkungsweise der Druck-Schub-Puffer setzt sich, wie schon der Name besagt, aus Druck und Schub zusammen. Besonders geeignet sind massive Gummischeiben, etwa von der Art der reinen Schubeinheiten, die durch die Art der Anordnung und Krafteinleitung eine Druck-Schub-Beanspruchung erhalten.

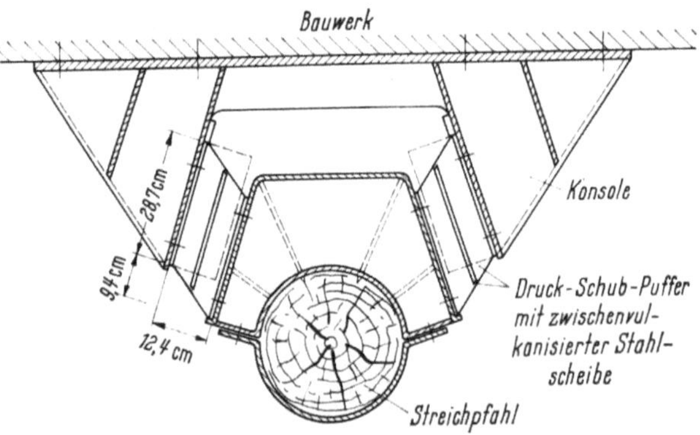

Abb. 16. Anwendung der Druck-Schub-Puffer bei der Lagerung eines Streichpfahles (Megi-Puffer der Fa. J. Meinert, Hamburg)

Die in Abb. 16 dargestellten Gummielemente werden in V-förmigen Konsolen auf Druck und Schub beansprucht. Die Einheiten haben in der Mitte eine einvulkanisierte Stahlplatte, die die Querausdehnung einschränkt und damit die Steifigkeit des Körpers in seiner Druckrichtung erhöht.

Von gleicher, aber größerer Wirkung ist der in neuester Zeit entwickelte „Raykin-Fender" (Abb. 17), der sich V-förmig aus mehreren Metall-Gummi-Elementen zusammensetzt [34]. In einer Einheit werden bis zu 2×8 Metall-Gummi-Elemente verwendet[1]. Die Einheiten haben eine Länge bis zu 2,2 m, eine Breite bis zu 0,7 m und eine Gesamthöhe bis zu 1,2 m. Die Abmessungen der Gummischeiben liegen zwischen 36/36/7,6 cm bei den kleinen Einheiten bis zu 57/57/7,6 cm bei

---

[1] Diese und die folgenden Angaben nach „The General Tire & Rubber Company".

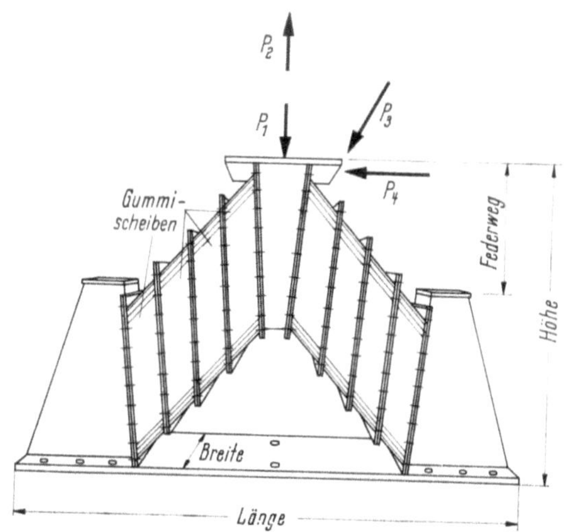

Abb. 17. Raykin-Fender-Einheit mit 4 Gummischeibenpaaren (nach The General Tire & Rubber Company)

den größten Einheiten; dementsprechend beträgt der Federweg je Scheibenpaar in allen Fällen 7,6 cm. Die Arbeitsaufnahme je Scheibenpaar ergibt sich zu

$$A \approx \frac{P \cdot f}{1,73} = 0{,}044\ P \text{ in tm.}$$

Die Belastungswerte der verschiedenen Einheiten sind aus Tab. 11 zu entnehmen. Es sollen auch Einheiten bis zu 46 tm Energieaufnahme bei einem Weg von 76 cm hergestellt werden können[1].

Tabelle 11. *Raykin-Fender-Einheiten*[2]

Bezeich-nung*	Endkraft	Federweg	Energie-aufnahme	Bezeich-nung*	Endkraft	Federweg	Energie-aufnahme
Härte 50°–55° Shore	t	cm	tm	Härte 60°–65° Shore	t	cm	tm
1	2	3	4	5	6	7	8
A 20	18,1	7,6	0,8	A 25	22,7	7,6	1,0
B 20	18,1	15,2	1,6	B 25	22,7	15,2	2,0
.				.			
.				.			
.				.			
H 20	18,1	60,9	6,4	H 25	22,7	60,9	8,0
A 30	27,2	7,6	1,2	A 35	31,8	7,6	1,4
.				.			
.				.			
H 30	27,2	60,9	9,6	H 35	31,8	60,9	11,2
A 40	36,2	7,6	1,6	A 45	40,9	7,6	1,8
.				.			
.				.			
H 40	36,2	60,9	12,8	H 45	40,9	60,9	14,4
A 50	45,3	7,6	2,0	A 60	54,5	7,6	2,4
.				.			
.				.			
H 50	45,3	60,9	16,0	H 60	54,5	60,9	19,2

* Es bedeuten: A = 1 Scheibenpaar; B = 2 Scheibenpaare usw.; 20 = Kraftaufnahme [engl. t].

---

[1] Nach Angaben von „Andre Rubber Co. Ltd.“.
[2] Nach Angaben von „The General Tire & Rubber Company“.

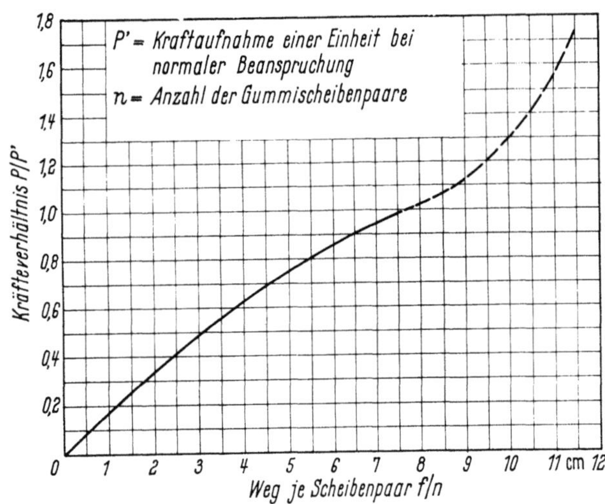

Abb. 18. Kraft-Weg-Kurve der Raykin-Fender-Einheiten (nach The General Tire & Rubber Company)

Die Metall-Gummi-Einheiten werden hauptsächlich auf Scheren und in geringem Maße auch auf Druck beansprucht. Die größten, im normalen Wirkungsbereich auftretenden Scherspannungen in den Gummischeiben liegen bei $8{,}4\ kg/cm^2$. Die Kraft-Weg-Kurve ist im normalen Wirkungsbereich leicht nach oben gewölbt (Abb. 18). Die Einheiten können in seltenen Fällen ohne Schaden auf 150% des normalen Weges bei einer Kraftaufnahme von 170% beansprucht werden. Die zusätzliche Energieaufnahme beträgt dann 100%; hierdurch ist eine vorteilhafte Reserve bei aussergewöhnlichen Stößen gegeben. Die Kraft-Weg-Kurve verläuft in diesem Bereich nach unten gekrümmt.

Es wurden Versuche[1] angestellt, wie die Einheiten bei anderen Beanspruchungsarten als auf Druck wirken. Zulässig ist bei gleicher Sicherheit eine Zugkraft (P_2) von der halben zulässigen Druckkraft (P_1). Die Energieaufnahme beträgt hierbei etwa 25% der Werte bei Druckbeanspruchung. Bei einer Stoßaufnahme in Kraftrichtung P_3 (Abb. 17), also in Richtung der Breitenabmessung der Einheit, beträgt die zulässige Kraft $P_3 \sim 0{,}5\ P_1$ und die Energieaufnahme $A_3 \sim 0{,}21\ A_1$. Die entsprechenden Werte in Stoßrichtung P_4, also in Längsrichtung der Einheit, sind zu $P_4 \sim 0{,}8\ P_1$ und $A_4 \sim 0{,}005\ A_1$ angegeben. Dieser letzte Wert ist sehr gering; das muß bei der Anbringung der Einheiten berücksichtigt werden. Die zulässige Verdrehung der Einheiten ist mit 10° angegeben, was ausreichend sein wird. Die Einheiten sollen durch die ständigen lotrechten Lasten der Fenderhölzer mit nicht mehr als 13% der zulässigen Druckkräfte belastet werden.

Zusammenfassend läßt sich sagen, daß die Energieaufnahme der Raykin-Fender-Einheiten im Vergleich zu anderen Konstruktionen außerordentlich hohe Werte aufweist. Dabei wird die Energie unter kleiner Kraftentwicklung auf großem Wege aufgenommen, eine Tatsache, die sehr vorteilhaft ist. In Abb. 19 ist ein Vergleich gezogen zwischen einer Raykin-Einheit, einem hohlen Gummirundfender und einem massiven Gummipuffer. Alle drei Einheiten haben die gleiche Energieaufnahme bei gleichem Federweg. Die Kraftaufnahme des Raykin-Fenders beträgt dabei nur 25% der des hohlen Gummirundfenders und 50% der des Gummipuffers; dafür spricht der Raykin-Fender aber am härtesten an.

Nicht ganz so befriedigend ist die wesentlich geringere Energieaufnahme in den Nebenbeanspruchungsrichtungen. Die Einheiten nehmen wegen ihrer verhältnismäßig großen Abmessungen viel Platz in Anspruch. Die Größe der Einheit in bezug auf die Anzahl der Gummischeiben je Einheit ist durch die Stabilität der gesamten Einheit begrenzt. Ausreichende Erfahrungen im Gebrauch der Einheiten liegen noch nicht vor.

Bei dem in Abb. 20 dargestellten Druck-Schub-Puffer[2] entsteht die Druck-Schub-Beanspruchung durch die Formgebung der Einheiten. Die Kraft-Weg-Kurven sind annähernd linear. Die Schiffsstoßendkraft und das Arbeitsvermögen einer ein-

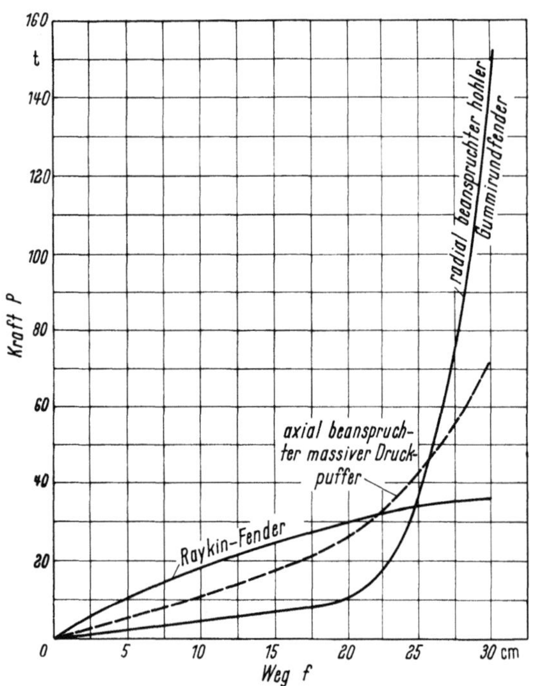

Abb. 19. Gegenüberstellung der Kraft-Weg-Kurven verschiedener Gummifenderelemente bei gleichem Weg und gleicher Energieaufnahme (nach The General Tire & Rubber Company)

---

[1] Die Versuche wurden von „The General Tire & Rubber Company" ausgeführt.
[2] Druck-Schub-Puffer der Firma „Willbrandt & Co." (Continental-Gummi).

zelnen Einheit sind so klein, daß stets mehrere Einheiten zusammengefaßt werden müssen; aber auch dann ist die Energieaufnahme noch unbedeutend. Der praktischen Anwendung bei Fenderungen sind dadurch Grenzen gesetzt.

ε) Sonstige Gummifenderelemente. Der Neidhart-Fender arbeitet nach dem Hebelprinzip, wobei durch Drehung kleine Gummizylinder zusammengedrückt werden. Mit ihm können

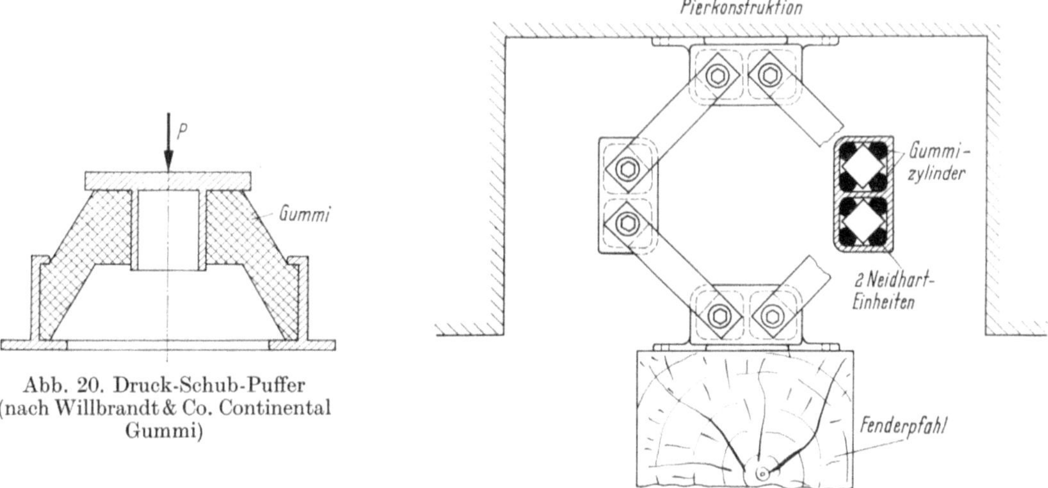

Abb. 20. Druck-Schub-Puffer (nach Willbrandt & Co. Continental Gummi)

Abb. 21. Neidhart-Fender-Einheiten als Fenderpfahllagerung [80]

Kräfte in allen Richtungen einer Ebene aufgenommen werden. Die Neidhart-Fender-Einheiten werden in quadratischer Form mit vier Gummizylindern und in sechseckiger Form mit sechs Gummizylindern hergestellt. Ein Anwendungsbeispiel mit acht quadratischen Einheiten zeigt Abb. 21.

Der Verdrehungswinkel der quadratischen Einheiten ist theoretisch auf 45° und der hexagonalen Einheiten auf 30° beschränkt. Praktisch ist aber z. B. bei den quadratischen Einheiten nur ein Verdrehungswinkel von 30° bis 35° zu empfehlen [76].

Tabelle 12. *Neidhart-Fender-Einheiten* [76]

Abmessungen der 4 Gummizylinder		Maximales Drehmoment bei 30° Verdrehung	Hebelarm	Endkraft P	Energieaufnahme A
Durchmesser	Länge				
inch	inch	tcm	cm	t	tm
1	2	3	4	5	6
2″	6″	19,6	15	1,31	0,042
2″	12″	39,1	25	1,56	0,083
2″	18″	58,7	25	2,35	0,125
3″	12″	88	28	3,15	0,188
3″	18″	132	50	2,64	0,280
3″	24″	176	50	3,52	0,373

Gebräuchliche Abmessungen der Einheiten und Hebelarmlängen sowie die Kraft- und Energieaufnahme sind in Tab. 12 zusammengestellt. Die Ausnutzung des Gummis in dieser Einheit beträgt rd. 40 tm Arbeitsvermögen je m³ Gummimasse.

Die Neidhart-Fender-Einheiten sind für Zwecke des Maschinenbaues mit seinen feingliedrigen Konstruktionseinheiten geeignet. Für die Aufnahme des Anlegestoßes eines Schiffes sind sie aber zu feingliedrig, für leichte Fenderungen zu aufwendig und für schwere Fenderungen in zu großer Zahl erforderlich, um einen ausreichenden Schutz zu erreichen.

Das Gummifenderelement vom Typ Dunlop-Williams [113, 114] wurde in England entwickelt. Es besteht aus einem hexagonalen Stahlprisma, das mit Gummi gefüllt ist. In dem Gummi des Stahlprismas ist eine Stahlröhre oder ein Rundstahl elastisch eingespannt (Abb. 22). Das Stahl-

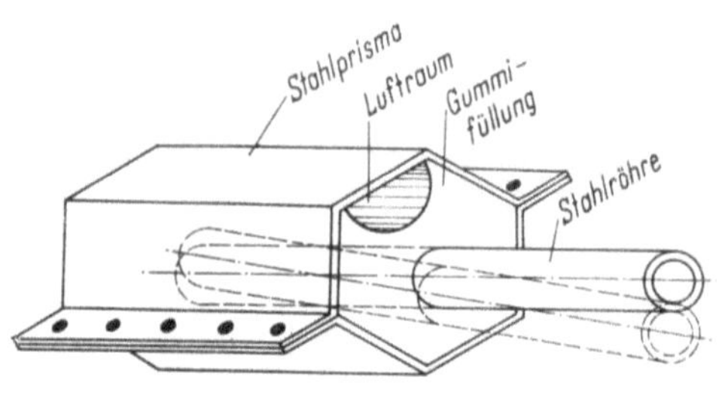

Abb. 22. Gummifenderelement vom Typ Dunlop-Williams [113]

prisma ist fest mit der Pierkonstruktion verbunden, die Stoßkräfte werden in die aus dem Stahlprisma herausragende Stahlröhre eingeleitet. Durch die Bewegung der Stahlröhre in dem Gummi wird Energie vernichtet. Bei einer möglichen Bewegung von etwa 11 cm kann eine Stoßenergie von 0,5 tm aufgenommen werden. Bei veränderten Gummiqualitäten ist eine Energieaufnahme bis zu 1,5 tm möglich. Bei den verschiedenen Stoßrichtungen wird immer nur ein Teil des Gummis im Prisma voll ausgenutzt. Diese Einheiten werden sich wahrscheinlich wegen der verhältnismäßig geringen Energieaufnahme und der unkontrollierbaren Gummibeanspruchung mit hohen Spannungsspitzen nicht durchsetzen.

2. Stahlfedern

Als Material für Federn wird fast ausschließlich Stahl mit gewissen Zusätzen zur Erhöhung der Korrosionsbeständigkeit verwendet. Da es zu weit führen würde, auf die Berechnung und Konstruktion der Federn einzugehen, wird in dieser Hinsicht auf das Fachschrifttum verwiesen [54].

Stahlfederpuffer bedürfen einer guten Schmierung. Um die Wartung auf ein Mindestmaß zu beschränken, empfiehlt es sich, die Puffer nur mit einem allseitig dicht abschließenden Gehäuse zu verwenden [64]; dies ist besonders für die Anwendung der Puffer bei Salzwassereinfluß wichtig. Für Stahlfederpuffer werden Schraubenfedern, Pufferfedern, Tellerfedern und Ringfedern verwendet.

Die Schraubenfedern werden als zylindrische Federn mit Kreis- und Rechteckquerschnitt und auch als Kegelstumpffedern hergestellt. Ihr Querschnitt wird überwiegend auf Torsion beansprucht. Die Torsion eines Kreisquerschnittes ist der eines Rechteckquerschnittes vorzuziehen, da die spezifische Arbeitsaufnahme des Kreisquerschnittes etwa 60% bis 70% über der des Rechteckquerschnittes liegt. Die Kraft-Weg-Linie der Schraubenfeder verläuft im allgemeinen linear. Die in der Schraubenfeder gespeicherte Energie wird bei Entlastung fast vollständig wieder abgegeben.

In Abb. 23 ist ein Federpuffer dargestellt, der aus drei ineinandergeschobenen Schraubenfedern verschiedener Größen gebildet wird. Die einzelnen Federn müssen so aufeinander abgestimmt sein, daß sie gleich hoch beansprucht werden.

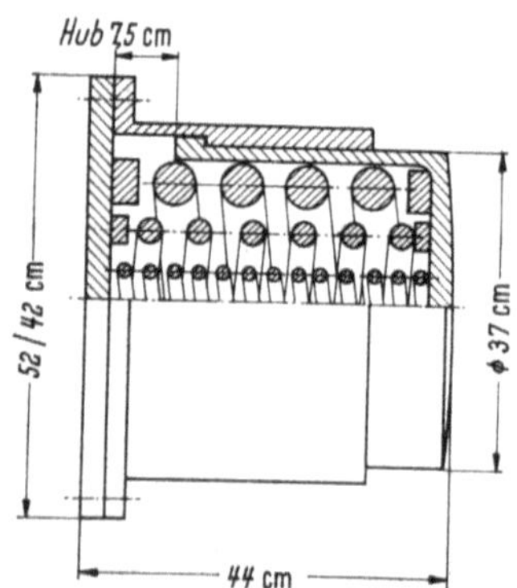

Abb. 23. Federpuffer aus 3 Schraubenfedern. (nach Georg Turton, Platts & Co. Ltd.)

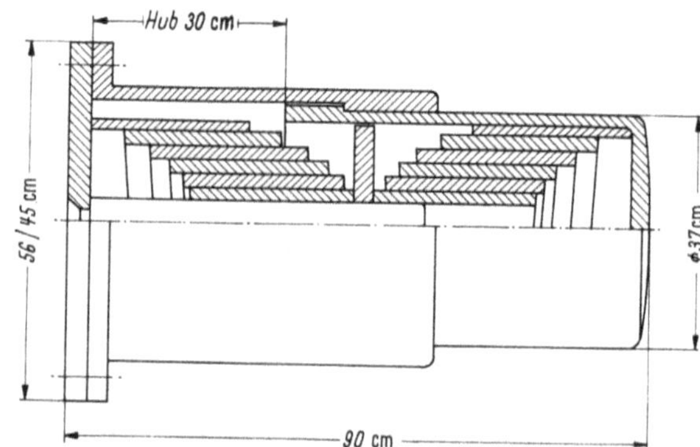

Abb. 24. Federpuffer aus 2 Pufferfedern (nach Georg Turton, Platts & Co. Ltd.)

Der Querschnitt der Pufferfeder, auch Wickelfeder oder Evolutfeder genannt, ist meist ein schlankes Rechteck, dessen lange Seite parallel zur Federachse verläuft. Bei Belastung der Pufferfeder setzen sich die einzelnen Windungen nach und nach auf die Grundplatte auf. Das federnde Volumen wird dadurch immer kleiner, die Federkraft wächst an. Die Reibung der Pufferfeder zwischen den einzelnen Windungen führt zu einer wirksamen Stoßdämpfung. Ein Puffer aus zwei Pufferfedern ist in Abb. 24 dargestellt.

Tellerfedern (Belleville-Federn) bestehen aus mehreren eine Säule bildenden gewölbten „Tellern". Die Kennlinie der Tellerfeder kann je nach Konstruktion der Feder progressiv, linear, degressiv und teilweise negativ verlaufen [117]. Da keine Reibungskräfte auftreten, ist bei den Tellerfedern keine Stoßdämpfung vorhanden.

Wesentlich besser für die elastische Abstützung von Fendern sind die Ringfedern geeignet. Diese können große Kräfte aufnehmen. Der Aufbau der Ringfeder ist derart, daß bei ihrer Zusammendrückung die konisch ausgebildeten inneren Ringe die gleichfalls konisch ausgebildeten äußeren Ringe auseinanderpressen und diese dadurch auf Zug beanspruchen; die inneren Ringe werden dabei auf Druck beansprucht. Um die Form der Kennlinie zu beeinflussen, werden oft einige Innenringe geschlitzt ausgeführt, diese sind dann auf Biegung beansprucht. Die Ringfeder wird dadurch weicher. Ringfedern haben durch die großen Reibungskräfte zwischen den Ringen eine große Stoßdämpfung. In Abb. 25 ist die typische Kraft-Weg-Kurve einer Ringfeder dargestellt, und zwar sowohl bei der Belastung als auch bei der Entlastung; die Stoßdämpfung beträgt etwa 75%. Einen langhubigen Hülsenpuffer mit einer Ringfeder zeigt Abb. 26.

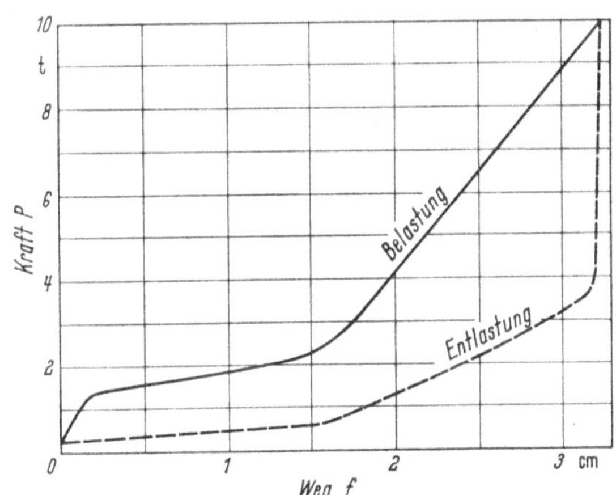

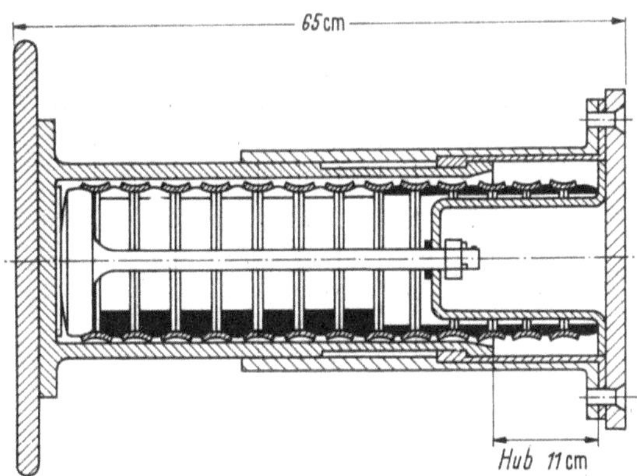

Abb. 26. Langhubiger Hülsenpuffer mit Ringfedern (Längsschnitt)

Früher wurden Stahlfederpuffer in größerem Umfang als heute für die elastische Abstützung von Fendergliedern verwendet. Sie sind jedoch mehr und mehr durch Gummifenderelemente ersetzt, da diese eine geringere Unterhaltung erfordern und auch gegen Überbeanspruchungen unempfindlicher sind. Ferner kann bei den Gummipuffern trotz kleinerer Einbaulänge ein größerer Federweg erreicht werden. Die Federpuffer weisen wie die Gummidruckpuffer den Nachteil auf, daß sie nur Energie in ihrer Achsrichtung aufnehmen können.

Neben diesen beschriebenen Federpuffern kommen aber im Fenderbau auch fast alle anderen Federarten vor. Die einseitig eingespannte gerade Biegefeder finden wir praktisch im Dalbenpfahl in Form eines Kastenquerschnittes vor. Die spezifische Arbeitsaufnahme der Rechteckfedern ist gering. Eine wesentlich bessere Materialausnutzung wird durch die Dreieckfeder erzielt, bei der in jeder Entfernung vom Einspannpunkt die Spannungen gleich hoch sind.

Ist die Einbaubreite der Biegefeder beschränkt, so kann eine geschichtete Blattfeder verwendet werden, die sich theoretisch aus Teilflächen der Dreieckfeder zusammensetzt, deren Blätter aber praktisch den Trapezquerschnitt erhalten.

Bei um eine Achse drehbaren Fendergliedern kann eine Arbeitsaufnahme erreicht werden, wenn durch die Drehung eine gewundene Biegefeder auf Biegung oder ein Drehstab auf Torsion beansprucht wird. Bei einer räumlich gewundenen Biegefeder ist die spezifische Arbeitsaufnahme beim Kreisquerschnitt um 25% kleiner als beim Rechteckquerschnitt. Bei der Torsionsbeanspruchung eines geraden Drehstabes ist aber — wie schon erwähnt — der Kreisquerschnitt dem Rechteckquerschnitt überlegen.

Das günstigste Verhältnis der Länge l des Drehstabes zu seinem Durchmesser d ergibt sich aus der zulässigen Torsionsspannung (τ_{zul}) und der konstruktiven Beschränkung des Drehwinkels (φ) zu

$$\frac{l}{d} = \frac{G \cdot \varphi}{2 \cdot \tau_{zul}}, \text{ wobei G = Gleitmodul = 800 t/cm}^2.$$

Der auf Torsion beanspruchte Drehstab mit Kreisquerschnitt hat etwa die drei- bis vierfache spezifische Arbeitsaufnahme wie die räumlich gewundene Biegefeder mit Rechteckquerschnitt. Ein weiterer Vorteil des Drehstabes ist darin zu sehen, daß er eine wesentlich einfachere Form hat und dadurch widerstandsfähiger gegen Korrosionsschäden ist. Bei der Anordnung von Drehstäben in Bündeln tritt aber das Korrosionsproblem verstärkt wieder auf.

3. Hydraulische und pneumatische Puffer

Genauso wie beim Gebiet der Stahlfedern ist es im Rahmen dieser Arbeit unmöglich, dieses umfangreiche Gebiet ausführlich zu behandeln. Es soll jedoch die Wirkungsweise dieser Puffer grundsätzlich erläutert werden, um daraus die Folgerungen für die elastische Lagerung von Fendergliedern zu ziehen. Neben den hydraulischen Puffern, die meist mit Öl arbeiten, und den pneumatischen Puffern, die mit Luft arbeiten, gibt es noch eine Kombination der beiden, die hydropneumatischen Puffer, die sowohl mit Öl als auch mit Luft arbeiten.

Der hydraulische Puffer in seiner einfachen Form besteht aus einem Zylinder mit Kolben und zwei Ventilen und einem Ausgleichsbehälter. Durch die in den Kolben eingeleiteten Kräfte wird das Öl in dem Zylinder unter Druck gesetzt und durch ein Ventil gepreßt. Bei dem Durchgang des Öls durch das Ventil würde sich bei konstanter Bewegung des Kolbens ein konstanter Grenzdruck ausbilden. Da die Schiffsgeschwindigkeit aber zum Ende der Anlegebewegung hin auf Null abnimmt, geht auch die Kraftaufnahme des Puffers zurück. Durch die Art der Einleitung der Schiffsstoßkraft in den hydraulischen Puffer (z. B. Verringerung des Hebelarmes des Schiffsstoßes mit zunehmendem Fenderweg bei einem Pendelfender) kann jedoch auch hier in gewissem Umfang eine konstante Pufferkraft erreicht werden.

Der sich ausbildende Grenzdruck ist abhängig von der Geschwindigkeit, mit der das Öl durch das Ventil gepreßt wird; er ist annähernd proportional dem Quadrat der Geschwindigkeit der Kolbenbewegung und damit der Schiffsgeschwindigkeit. Daraus folgt, daß bei gleicher Schiffsmasse die Kraftaufnahme des Puffers proportional der Anlegeenergie ist.

Es ist möglich, die Kraftaufnahme des Puffers durch Veränderung des Ventilquerschnittes zu steuern; damit kann die Energieaufnahme des Puffers der anlegenden Schiffsgröße angepaßt werden. Die Kraftaufnahme eines Puffers ist darüber hinaus proportional zu dem Querschnitt des Kolbens; der Kolbenweg ist durch die Länge des Puffers gegeben.

Das durch das Ventil gepreßte Öl strömt in einen Ausgleichsbehälter. Beim Nachlassen der Belastung des Puffers tritt das Öl aus dem Ausgleichsbehälter durch das zweite Ventil wieder in den Zylinder zurück; dieser Vorgang geht jedoch nur langsam vor sich, der hydraulische Puffer hat daher die gewünschte große Stoßdämpfung.

Bei einem hydraulischen Puffer kann eine auf dem gesamten Pufferweg konstante Kraftaufnahme erzielt werden, wenn der Ventilquerschnitt mit zunehmendem Weg abnimmt. Dies wird durch einen mit dem Kolben starr verbundenen konischen Dorn erreicht, der bei der Kolbenbewegung den Austrittsquerschnitt des Öls stetig verkleinert [27].

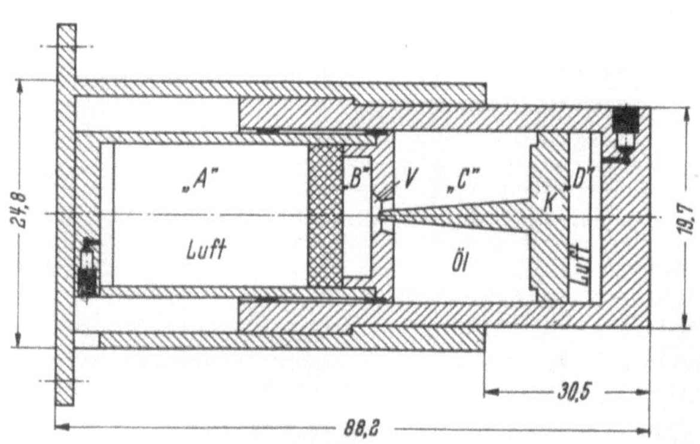

Abb. 27. Hydropneumatischer Puffer [41]

Eine Weiterentwicklung, die aber nach dem gleichen Verfahren arbeitet, ist der in Abb. 27 dargestellte hydropneumatische Puffer. Die harten auftretenden Stöße des hydraulischen Teils werden hier durch ein Luftpolster abgemindert. Der Puffer ist so gebaut, daß er ohne ein gesondertes Ausgleichsgefäß arbeitet [41]. Der Puffer ist mit Öl und Luft für einen bestimmten Anfangsdruck gefüllt, bei dem sich der Kolben K und das Öl in der Kammer C durch die Luft in den Kammern A und D im Gleichgewicht befindet. Bei kleinen Stoßgeschwindigkeiten bis etwa 7,6 cm/s fließt das Öl ohne Kräfteentwicklung durch das Ventil V von Kammer C in die Kammer B; die Energie wird in diesem Falle durch die Luftkammern aufgenommen. Bei Geschwindigkeiten > 7,6 cm/s wird der hydraulische Teil des Puffers wirksam. Bei einem Nachlassen der Belastung geht der Puffer langsam durch die Ausdehnung der Luft wieder in die Ausgangsstellung zurück.

Die Kraft-Weg-Kurven des Puffers für Geschwindigkeiten von 7,6 cm/s und 25,4 cm/s sind in Abb. 28 aufgetragen [41]. Maximal kann bei einer Geschwindigkeit von 30 cm/s eine Energieaufnahme von 30,5 tm erzielt werden.

Alle Pufferarten müssen aus besonderen korrosionsbeständigen Materialien hergestellt sein; sie bedürfen einer dauernden, guten Wartung. Werden mehrere hydraulische Puffer in geringer Entfernung neben- oder untereinander angeordnet, so können sie an einen gemeinsamen Druckausgleichsbehälter angeschlossen werden. In diesem Fall ist auch der Einbau einer zentralen Hochdruckschmierung möglich, die das Eindringen von Wasser in die Puffer verhindert; die Puffer können dann auch unter Wasser arbeiten.

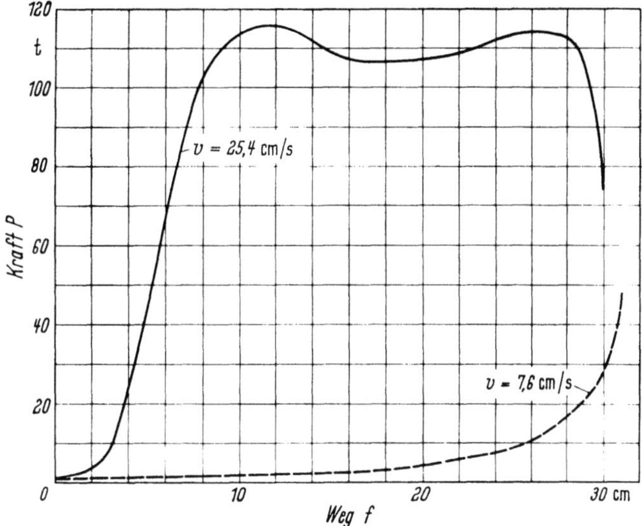

Abb. 28. Kraft-Weg-Kurve des hydropneumatischen Puffers der Abb. 27 [41]

Nachteilig ist bei den hydraulischen Puffern, daß bei höheren Stoßgeschwindigkeiten auf geringem Wege große Kräfte auftreten. Je größer die Stoßgeschwindigkeit ist, desto härter ist der Puffer. Das bedeutet, daß kleine Schiffe, die ja mit verhältnismäßig großer Geschwindigkeit anlegen, größere Kräfte aufnehmen müssen, als größere Schiffe mit gleicher Stoßenergie. Die Puffer sind aber besonders geeignet für die Aufnahme von Vorkopfstößen anlegender Fährschiffe, da auf verhältnismäßig geringer Fläche große Energien mit großer Stoßdämpfung aufgenommen werden können. Sie sind z. B. bei der Fähranlage in Dover [27] eingebaut worden. Die Fährbetten stehen im Gegensatz zu den allgemeinen Anlegebauwerken unter ständiger Überwachung durch das Fährpersonal; eine gute Wartung der Fenderung ist somit möglich.

4. Holz, Stahl und Beton für Fenderzwecke

Im Gegensatz zum Gummi ist das Holz ein natürlich gewachsenes Produkt. Die Eigenschaften der verschiedenen Holzarten sind gegeben und werden als bekannt vorausgesetzt[1]. Unter Berück-

Tabelle 13. *Zulässige Beanspruchungen der Holzarten*

Holzart	Raumgewicht (lufttrocken)	Elastizitätsmodul $\parallel$ zur Faser	Elastizitätsmodul $\perp$ zur Faser	Druckfestigkeit $\parallel$ zur Faser	Druckfestigkeit $\perp$ zur Faser	Biegefestigkeit $\parallel$ zur Faser	Scherfestigkeit $\parallel$ zur Faser	Scherfestigkeit $\perp$ zur Faser	Zugfestigkeit $\parallel$ zur Faser
	t/m³	kg/cm²	kg/cm²	kg/cm²	kg/cm²	kg/cm²	kg/cm²	kg/cm²	kg/cm²
Fichte/Tanne	0,5	120 000	5 000	250	30	250	25	90	250
Kiefer	0,5	120 000	5 000	250	40	300	35	70	350
Pitchpine ...	0,7	120 000		250	40	350	35		350
Lärche......	0,6	120 000		300	30	300	30	80	350
Ulme	0,7	120 000		250	50	250	25	80	250
Esche	0,7	120 000	10 000	250	50	350	25		350
Eiche	0,7	120 000	10 000	300	50	350	40	110	300
Jarrah......	1,0	140 000		400		500	65		
Basralokus ..	0,8	140 000		400	140	600	65		600
Manbarklak .	1,1	200 000		550		650	85		
Bongossi ...	1,1	200 000		600	240	700	85		700
Greenheart .	1,0	200 000		600	90	700	65		

[1] Einheimische Hölzer siehe Kollmann [65]. Überseeische Hölzer siehe Krug [67] sowie Gutachten der T.N.O. in Delft und des Staatlichen Materialprüfungsamtes von Nordrhein-Westfalen für die Firma N.V.G. Wijma & Zn.

sichtigung der Tatsache, daß der Aufbau der überseeischen Hölzer homogener ist und die Festigkeitswerte weniger streuen, wird empfohlen, für Fenderzwecke die in Tab. 13 zusammengestellten zulässigen Festigkeitswerte für Holz zu verwenden. Die Werte sind etwa mit der zulässigen Belastung von Stahl bis zur Streckgrenze zu vergleichen. Bei einem Vergleich der verschiedenen Hölzer fällt auf, daß die überseeischen Hölzer gegenüber den einheimischen wesentlich höhere Raumgewichte und zulässige Festigkeitswerte aufweisen.

Von den Anforderungen an Holz für Fenderzwecke sind in erster Linie zu nennen ein Widerstand gegen Abrieb, hohe Festigkeit und Elastizität. Ferner wird Widerstandsfähigkeit gegen Witterungseinflüsse und Bestand unter Wasser vornehmlich in der Wasserwechselzone verlangt. Je nach den örtlichen Verhältnissen muß auch darauf geachtet werden, daß die vorgesehene Holzart gegen die im Wasser vorhandenen Wirkstoffe und tierischen Schädlinge widerstandsfähig ist.

Für homogene Balken und angenähert für Holzbalken (Länge l, Querschnitt b/h, zulässige Spannung auf Biegung σ_b, zulässige Spannung auf Druck senkrecht zur Faser σ_D, Elastizitätsmodul senkrecht zur Faser $E_\perp$ und parallel zur Faser $E_\parallel$) ergeben sich bei Beanspruchung auf Biegung durch eine Einzellast in Balkenmitte und auf Druck auf der Länge l_1 die in Tab. 14 eingetragenen Verhältnisse der Druckbeanspruchung zur Biegungsbeanspruchung für die Kräfte, Wege, das Arbeitsvermögen und die Weichheit.

Tabelle 14. *Gegenüberstellung der Verhältniswerte von Druckbeanspruchung zu Biegungsbeanspruchung*

Verhältnisse Druckbeanspruchung zu Biegungsbeanspruchung		Allgemein	homogene Balken $\sigma_{D\,zul} = \sigma_{b\,zul}$ $E_\perp = E_\parallel \; ; l = 40\,h$			Holzbalken (Mittelwerte) $\sigma_{D\,zul} \sim 0{,}2 \cdot \sigma_{b\,zul}$ $E_\parallel \sim 20\,E_\perp \; ; l = 40\,h$		
			$l_1 = l$	$l_1 = 10\,h$	$l_1 = 4{,}4\,h$	$l_1 = l$	$l_1 = 10\,h$	$l_1 = 5{,}6\,h$
1	2	3	4	5	6	7	8	9
Kräfteverhältnis ...	$\dfrac{P_D}{P_b}$	$\dfrac{3}{2}\,\dfrac{l \cdot l_1}{h^2}\,\dfrac{\sigma_D}{\sigma_b}$	2400	600	264	480	120	67
Wegeverhältnis	$\dfrac{f_D}{f_b}$	$6\,\dfrac{h^2}{l^2}\,\dfrac{E_\parallel}{E_\perp}\,\dfrac{\sigma_D}{\sigma_b}$	0,00375	0,00375	0,00375	0,015	0,015	0,015
Verhältnis der Arbeitsvermögen ...	$\dfrac{A_D}{A_b}$	$9\,\dfrac{l_1}{l}\,\dfrac{E_\parallel}{E_\perp}\,\dfrac{\sigma_D^2}{\sigma_b^2}$	9	2,25	1	7,2	1,8	1
Verhältnis der Weichheiten	$\dfrac{f_D \cdot P_b}{f_b \cdot P_D}$	$4\,\dfrac{h^4}{l_1 \cdot l^3}\,\dfrac{E_\parallel}{E_\perp}$	—	$6{,}25 \cdot 10^{-6}$	—	—	$1{,}25 \cdot 10^{-4}$	—

Aus der Tabelle ist zu ersehen, daß bei homogenen Körpern und unter den getroffenen Annahmen auch beim Holz bei Druckbeanspruchung etwa das 9- und 7,2fache Arbeitsvermögen (Spalte 4 u. 7) wie bei der Beanspruchung auf Biegung erzielt werden könnte, wenn die Druckübertragung auf ganzer Balkenlänge stattfinden würde. Das ist jedoch praktisch nicht der Fall. In Spalte 5 und 8 sind daher die Werte für den Fall angegeben, daß die Druckübertragung auf einer Länge von der 10fachen Balkenstärke stattfindet; hierbei läßt sich das 2,25- und 1,8fache Arbeitsvermögen erzielen. In Spalte 6 und 9 ist schließlich die Länge der Druckübertragung so angenommen, daß das gleiche Arbeitsvermögen erzielt wird. Dabei treten dann bei den homogenen Balken bei Druckbeanspruchung die 264fachen Kräfte wie bei der Biegungsbeanspruchung auf (Spalte 6). Beim Holz liegen die Verhältnisse günstiger, hier treten nur die 67fachen Kräfte (Spalte 9) auf. Dementsprechend klein sind die Wege.

Weiter ergibt sich, daß das Verhältnis der Weichheiten bei homogenen Körpern 20mal kleiner ist als beim Baustoff Holz (Spalte 5 u. 8). Die Weichheit bei Druckbeanspruchung ist wesentlich geringer als die Weichheit bei Biegungsbeanspruchung. Wird von der Fenderung ein größeres Arbeitsvermögen verlangt, so sollte daher stets von der Biegungsbeanspruchung von Holz Gebrauch gemacht werden. Die Kräfte bleiben dann in Grenzen und können von der Schiffswandung aufgenommen werden.

Der Vorteil des Holzes gegenüber einem homogenen Baustoff liegt darin, daß der Elastizitätsmodul senkrecht zur Faser wesentlich kleiner ist als parallel zur Faser. Für auf Druck beanspruchte Hölzer müßten daher stets solche ausgewählt werden, die einen kleinen Elastizitätsmodul senkrecht zur Faser aufweisen. Die Forderung nach hoher Festigkeit und besonders nach großer Abriebfestigkeit steht dem aber entgegen.

Am gefährdetsten sind die Hölzer in der Wasserwechselzone, da hier nicht nur die Fäulnis ihren Anfang nimmt, sondern auch die tierischen Schädlinge (Bohrwurm, Bohrassel u. a.) und das Eis angreifen. Ein besonderer Schutz der Fenderhölzer, z. B. nach dem Rüping-Verfahren, ist in den seltensten Fällen wirtschaftlich, da die Hölzer durch die mechanische Abnutzung vor ihrer normalen (ungeschützten) Lebensdauer verbraucht sein würden [107].

Es würde im Rahmen dieser Arbeit zu weit führen, auf die Eigenschaften und Konstruktionsgrundsätze der Baustoffe Holz, Stahl und Beton näher einzugehen. Wichtig ist aber, die Eignung dieser verschiedenen Baustoffe für Fenderzwecke zu untersuchen und miteinander zu vergleichen, und zwar in erster Linie für die Fälle, in denen der Schiffskörper unmittelbar mit dem entsprechenden Fenderteil in Berührung kommt. Als Vergleichsfaktoren kommen in der Reihenfolge der Wichtigkeit in Betracht Arbeitsvermögen, Elastizität, Weichheit, Abriebfestigkeit, Verhalten im Bruchzustand und Wirtschaftlichkeit.

Läßt man zunächst einmal die verschiedenen Profile außer acht, so ergibt sich, daß das Arbeitsvermögen proportional dem Quadrat der zulässigen Spannungen und umgekehrt proportional dem Elastizitätsmodul ist. Die Eignungszahlen in bezug auf das Arbeitsvermögen sind für Biegungsbeanspruchung in Spalte 4 und für Druckbeanspruchung in Spalte 8 der Tab. 15 eingetragen. Die Weichheit ist umgekehrt proportional dem Elastizitätsmodul. Die Eignungszahlen sind in Spalte 5 und 9 eingetragen. Die Eignung ist um so größer, je größer die Eignungszahl ist.

Tabelle 15. *Eignungszahlen für Arbeitsvermögen und Weichheit bei verschiedenen Baustoffen für Fenderzwecke*

| Baustoff | Beanspruchung auf Biegung | | | | Beanspruchung auf Druck | | | |
| | Biegespannung σ_b t/cm² | Elastizitätsmodul $E \parallel$ t/cm² | Arbeitsvermögen $(\sigma_b{}^2 / E_\parallel)$ 10^{-3} t/cm² | Weichheit $(1 / E_\parallel)$ 10^{-3} cm²/t | Druckspannung σ_D t/cm² | Elastizitätsmodul $E_\perp$ t/cm² | Arbeitsvermögen $(\sigma_D{}^2 / E_\perp)$ 10^{-3} t/cm² | Weichheit $(1 / E_\perp)$ 10^{-3} cm²/t |
1	2	3	4	5	6	7	8	9
Beton 300	0,15	210	0,11	4,8	0,15	210	0,11	4,8
Kiefernholz	0,3	120	0,75	8,3	0,04	5	0,32	200
Stahl 37	2,4	2100	2,7	0,5	2,4	2100	2,7	0,5
Greenheart-Holz	0,8	200	3,2	5,0	0,09	(50)*	(0,16)	(20)
Stahl 52	3,6	2100	6,2	0,5	3,6	2100	6,2	0,5
Stahl 90	5,6	2100	14,9	0,5	5,6	2100	14,9	0,5

*) geschätzt.

Aus der Gegenüberstellung der Werte ist zu erkennen, daß in bezug auf das Arbeitsvermögen sowohl aus Biegung als auch aus Druck der Stahl dem Holz und dem Beton überlegen ist. In bezug auf die Weichheit ist das Holz dem Beton und dem Stahl überlegen.

Die Verhältnisse zwischen dem Stahl auf der einen Seite und dem Holz und Beton auf der anderen Seite verschieben sich jedoch, wenn die Profile mit berücksichtigt werden. Diese Eignungszahlen sind bei Biegungsbeanspruchung in Tab. 16 eingetragen. Die Tabelle zeigt, daß das Arbeitsvermögen (Spalte 8) bei Holz und Stahl fast gleichwertig ist und über dem des Betons liegt, während die Eignungszahlen für die Weichheit (Spalte 9) beim Holz und im geringeren Maße beim Beton günstiger liegen als beim Stahl. Darüber hinaus ist bei Druckbeanspruchung normal zur Pfahlachse das Holz dem Stahl und Beton wegen seiner größeren Nachgiebigkeit vorzuziehen. Eignungszahlen für das Arbeitsvermögen und die Weichheit bei Druckbeanspruchung unter Berücksichtigung der verschiedenen Stahlprofile sind nicht angegeben, da für Hohlprofile keine zuverlässigen Vergleichszahlen ermittelt werden können.

Die Abriebfestigkeit ist beim Stahl am größten und beim Holz am geringsten. Besonders der Stahl, im geringeren Maße aber auch das Holz, weisen eine große Arbeitsaufnahme im Fließbereich durch plastische Verformungen auf und haben daher eine große Arbeitsreserve bei Havariestößen. Betonfenderelemente werden bei Überbeanspruchung infolge Biegung schnell zerstört und bilden dann mit den herausstehenden Eisen eine große Gefahr für die Schiffahrt. Das günstigste Verhalten im Bruchzustand zeigt das Holz. Während Beton fast keiner Wartung bedarf und der Stahl nur durch die natürliche Korrosion geschwächt wird, ist das Holz einem ziemlich hohen Verschleiß unterworfen und erfordert daher hohe Unterhaltungskosten.

Ein weiterer Gesichtspunkt darf nicht vergessen werden, nämlich das spezifische Arbeitsvermögen, d. h. die Energieaufnahme von einer Tonne des entsprechenden Materials und Profils. Die Werte der Tab. 16 zeigen in Spalte 10 eindeutig die Reihenfolge Holz — Stahl — Beton.

Tabelle 16. *Eignungszahlen verschiedener Baustoffe und Profile für Fenderzwecke bei Biegungsbeanspruchung*

Baustoff	Profil	Biege-spannung σ_b	Elastizitäts-modul $E \parallel$	Widerstands-moment W	Trägheits-moment J	Ge-wicht G	Beanspruchung auf Biegung		
							Arbeitsverm. $\dfrac{W^2\,\sigma_b{}^2}{6\,E\parallel\cdot J}$	Weichheit $\left(\dfrac{1}{E\parallel\cdot J}\right)$	spez. Arbeits-vermögen A/G
		t/cm^2	t/cm^2	cm^3	cm^4	t/m	tm/m	$10^{-8}\,\dfrac{1}{t\cdot cm^2}$	tm/t
1	2	3	4	5	6	7	8	9	10
Beton 300 ...	30/30	0,15	210	4 500	68 000	0,22	0,005	7,0	0,02
Beton 300 ...	40/40	0,15	210	10 700	214 000	0,38	0,010	2,2	0,03
Stahl 37	KP 24	2,4	2 100	1 880	45 000	0,13	0,037	1,1	0,28
Kiefer.......	⌀ 40	0,3	120	6 280	126 000	0,06	0,038	6,7	0,63
Kiefer.......	30/30	0,3	120	4 500	68 000	0,05	0,038	12,3	0,76
Stahl 37	LP 3	2,4	2 100	1 520	26 000	0,12	0,038	1,8	0,32
Stahl 37	IP 30	2,4	2 100	1 720	26 000	0,12	0,052	1,8	0,43
Kiefer.......	40/40	0,3	120	10 700	214 000	0,08	0,067	3,9	0,84
Stahl 52	KP 24	3,6	2 100	1 880	45 000	0,13	0,080	1,1	0,62
Stahl 52	LP 3	3,6	2 100	1 520	26 000	0,12	0,087	1,8	0,72
Stahl 52	LP 4	3,6	2 100	2 080	43 000	0,15	0,103	1,1	0,68
Stahl 52	IP 30	3,6	2 100	1 720	26 000	0,12	0,113	1,8	0,94
Greenheart ..	30/30	0,8	200	4 500	68 000	0,09	0,163	7,4	1,81
Greenheart ..	⌀ 40	0,8	200	6 280	126 000	0,13	0,163	4,0	1,25
Stahl 90	⌀ 50/2	5,6	2 100	1 840	46 000	0,24	0,183	1,0	0,76
Greenheart ..	40/40	0,8	200	10 700	214 000	0,16	0,285	2,3	1,78

Zusammenfassend läßt sich sagen, daß das Holz für Fenderzwecke dem Stahl überlegen ist. Vorkehrungen, die den Verschleiß herabsetzen und daher die Unterhaltungskosten senken, bestehen darin, daß besondere Verschleißbohlen oder Stahlleisten aufgesetzt werden.

Die Verwendung von Beton, sei es als Stahlbeton oder Spannbeton, kann nicht empfohlen werden. Unberührt davon ist selbstverständlich die Verwendung des Betons als Masse, z. B. bei den Schwerefendern.

Abschließend sei noch erwähnt, daß versucht wurde, die Eignungszahlen nach objektiven Gesichtspunkten aufzustellen. Sollten über den Ansatz der Einzelwerte hier und da andere Meinungen bestehen, so wird aber doch das Gesamtbild, auf das es letzten Endes ankommt, gültig bleiben.

D. Vorhängefender

1. Allgemeines

Bei den Vorhängefendern handelt es sich um Fender, die vor das Bauwerk gehängt werden und nicht konstruktiv in das Bauwerk einbinden; sie können nur vor Bauwerken verwendet werden, die eine geschlossene, widerstandsfähige Anlegefläche aufweisen. Sie haben den Vorteil, daß sie nicht fest mit dem Bauwerk verbunden sind und seitlich nachgeben können. Sie können darüber hinaus leicht ausgewechselt werden.

Vorhängefender haben sich seit Jahrzehnten bei Großschiffsliegeplätzen auch an Stromkaimauern mit Eisgang technisch und wirtschaftlich bewährt. Da sie wirtschaftlich mit wenigen Ausnahmen nur in größeren Abständen aufgehängt werden können, ist ihre Verwendung nur bei solchen Anlagen angebracht, die von nicht zu sehr voneinander abweichenden Schiffsgrößen aufgesucht werden, wie etwa Tankerliegeplätze oder Anlagen für Fahrgastschiffe. Für kleinere Schiffe besteht die Gefahr, daß sie zwischen den Fendern havarieren.

Durch den verhältnismäßig großen Abstand dieser Fenderungen werden beachtliche statische Kräfte auf das Anlegebauwerk übertragen. Oft ist es daher erforderlich, das Bauwerk an der Fenderstelle zu verstärken; bei Winkelstützmauern auf Pfahlrost werden sogenannte Fenderschürzen eingebaut. In den Fällen, in denen damit zu rechnen ist, daß Schiffe mit dem Bug oder Heck gegen den oberen Bauwerksteil stoßen, ist es wichtig, daß die Fender weit genug zur Oberkante Kai heraufreichen. Durch die zum Wasserspiegel hin eingezogene Schiffsform wird der Stoß dann stets in Höhe der Oberkante des Bauwerkes auftreten.

Es sind Vorhängefender aus Gummi, Holz, Buschwerk oder ähnlichem üblich.

2. Vorhängefender aus Gummi

Als Vorhängefender wird das Gummi ohne Zusammenwirkung mit anderen Baustoffen angewendet. Die einfachste Form der Gummifenderung ist die durch flach vor die Kaimauer gehängte Gummireifen; sie hat aber einen recht behelfsmäßigen Charakter und ist nur bei vorübergehenden Bauzuständen zu empfehlen.

Anspruchsvoller, insbesondere auch durch die größere Energieaufnahme, sind die auf ein Rundholz gezogenen, ausgedienten, starken Lkw-Reifen, die eine Fenderwalze bilden und radial beansprucht werden (Abb. 29). Die Fender liegen ständig frei und können in ihrer Wirkungsweise gut beobachtet werden; sie haben sich technisch und wirtschaftlich bewährt.

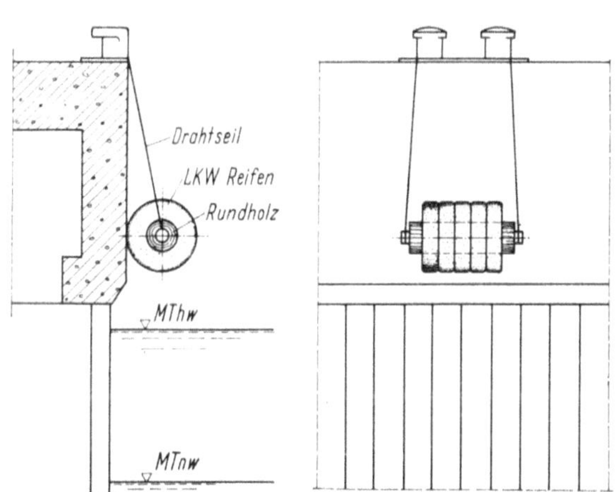

Abb. 29. Fenderwalze aus Autoreifen

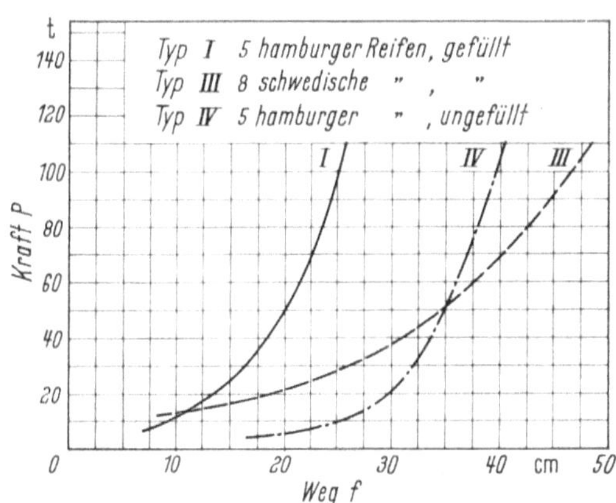

Abb. 30. Kraft-Weg-Kurven von Fenderwalzen aus Autoreifen [78]

Die Fender am Grevenhofkai in Hamburg [99] bestehen aus einer 2 m langen Holzrolle von 50 cm Durchmesser, auf der fünf ausgestopfte Autoreifen aufgezogen sind. Sie sind an starken Drahtseilen in etwa 30 m Abstand vor den Fenderschürzen aufgehängt. Die Höhenlage der Fender kann auf das die Anlage benutzende Regelschiff abgestimmt werden.

Diese Fenderwalzen wurden in Hamburg eingehend untersucht [78]. In Abb. 30 sind die gefundenen Kraft-Weg-Kurven verschiedener Typen aufgetragen. Mit Typ I sind die Fenderwalzen hamburgischer Art, bestehend aus fünf auf ein Rundholz gezogenen, gefüllten Lkw-Reifen, und mit Typ IV die gleichen Fender, aber mit ungefüllten Reifen, bezeichnet. Typ III bezeichnet einen Fender schwedischer Art mit acht gefüllten Lkw-Reifen. Der schwedische Fender unterscheidet sich von dem hamburgischen Typ I äußerlich durch die größere Reifenzahl. Die Schwedenfender haben statt des großen hamburgischen Holzkerns ein kleineres stählernes quadratisches Hohlprofil; das hat den Vorteil einer größeren elastischen Verformungsmöglichkeit der schwedischen Reifen, aber auch den Nachteil, daß im Falle der Überbeanspruchung die Verformungsmöglichkeit des Holzkerns entfällt. Die größere Weichheit des schwedischen Fendertypes III ist darauf zurückzuführen, daß die schwedischen Reifen mit starken Gummischeiben besser ausgestopft sind als die in Hamburg verwendeten Reifen. Die Betrachtung der Abb. 30 zeigt, daß die in Hamburg angewendete Ausstopfungsart wegen der geringen Wirkung unwirtschaftlich ist.

Andere Vorhängefender aus Gummi bestehen aus einem Paket von in mehreren Lagen kreuzweise übereinander angeordneten Gummifenderelementen. Der in Abb. 31 dargestellte Fender wird an einem Ölpier im Hafen Dünkirchen verwendet [*12, 52*]. Ein Vorhängefender im Hafen von Cherbourg besteht aus einem mit Nylontau umwickelten Bündel aus 19 hohlen Gummirundfendern. Der Fender wird so aufgehängt, daß die einzelnen Röhren senkrecht hängen und daß er bei streifenden Stößen auf seiner Unterlage abrollen kann. Die Energieaufnahme wurde zu 160 tm ermittelt [*12*]. Die Schiffsstoßendkraft wird, bezogen auf die verhältnismäßig kleine Kraftübertragungsfläche, Werte erreichen, die von der Schiffswandung schwerlich aufgenommen werden können.

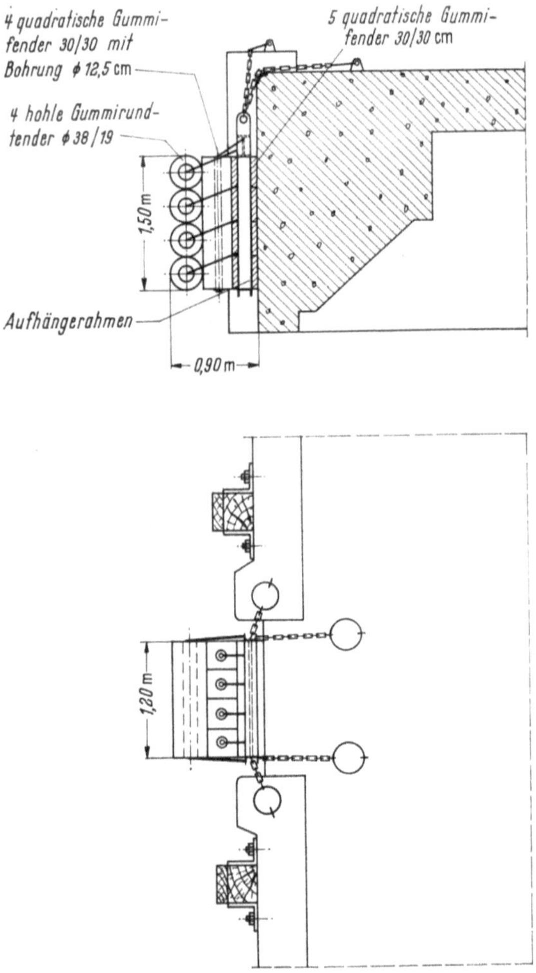

Abb. 31. Vorhängefender aus Gummi im Hafen von Dünkirchen [*52*]

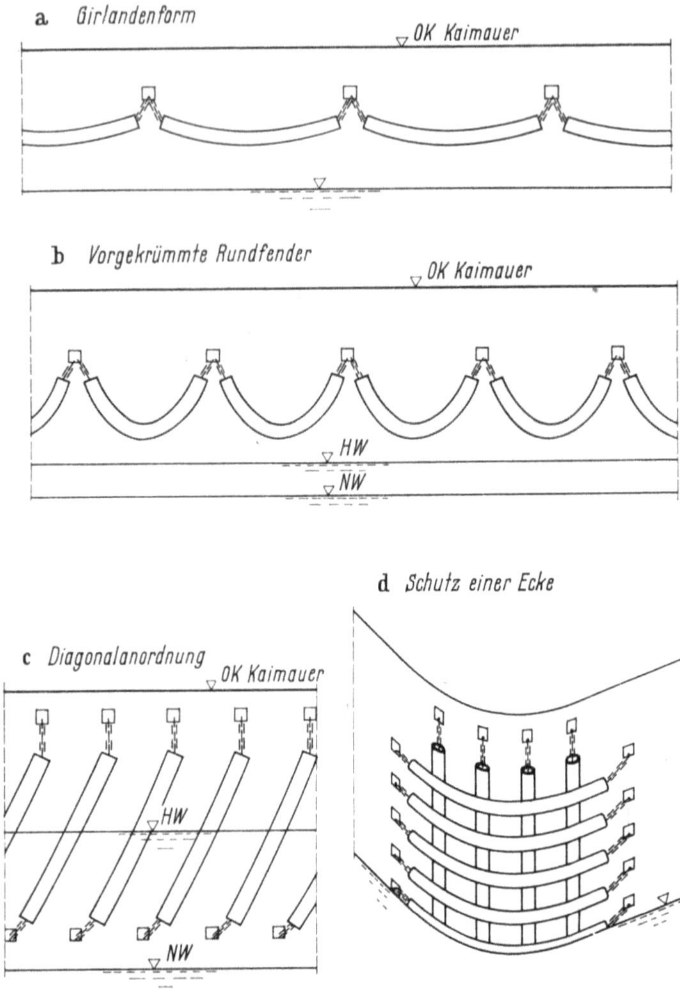

Abb. 32 a—d. Anordnung der Gummirundfender vor Kaimauern

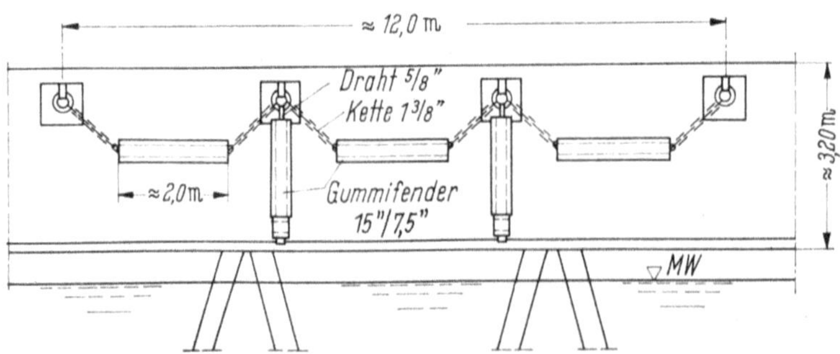

Abb. 33. Mittleres Fenderfeld des Pierkopfes der Tankerlöschanlage in Stockholm [*74*]

Mit den zuvor genannten Gummifendern ist kein durchgehender Schutz der ganzen Kaimauer möglich. Hierfür sind am besten die hohlen Gummirundfender geeignet, die radial beansprucht werden. Diese stellen einen guten Reibeschutz dar und weisen bei günstigen Anlegebedingungen mit Schlepperhilfe eine ausreichende Energieaufnahme auf. Da diese Fender auf ihrer Unterlage abrollen können, ist ihre Beanspruchung auf Abrieb wirksam gemindert. Die vorgehängten Gummifender haben allerdings den Nachteil, daß sie ungeschützt dem Licht und der Sonneneinstrahlung ausgesetzt sind.

Die Fender werden an Ketten aufgehängt, die auf ganzer Länge durch die mittlere Bohrung gezogen werden und an beiden Enden in Aussparungen der Kaikonstruktion verankert sind. Leimdörfer [74] hat durch Versuche festgestellt, daß hohle Gummifender mit eingezogenem Drahtseil von $^5/_8''$ eine um 20% bis 25% kleinere Energieaufnahme haben als die gleichen Fender mit eingezogener Kette von $1^3/_8''$. Ketten haben gegenüber dem Drahtseil außerdem den Vorteil, daß sie nicht so schnell korrodieren. Die Gummifenderröhren lassen sich ohne nennenswerte konstruktive Vorkehrungen leicht anbringen. Sie haben ein verhältnismäßig geringes Gewicht und können in Havariefällen ohne Schwierigkeiten ausgewechselt werden. Bei normaler Beanspruchung sind sie fast völlig wartungsfrei; sie erfordern jedoch hohe Anschaffungskosten.

An Kaianlagen von Dockhäfen, in denen mit einem einigermaßen konstanten Wasserstand gerechnet werden kann, oder aber auch bei Kaianlagen im Tidegebiet, wo der Tidehub nicht zu groß und die Schiffsgrößen der die Anlage benutzenden Schiffe nicht zu unterschiedlich sind, empfiehlt sich die waagerechte Aufhängung dieser Gummifender in „Girlanden". Je nach Höhe der zu schützenden Fläche können natürlich gekrümmte (Abb. 32a) oder vorgekrümmte Rundfender (Abb. 32b) verwendet werden. Die stärker gekrümmten Fender sind dabei größeren Abriebkräften ausgesetzt. Ist ein Schutz über einen größeren Tidebereich erforderlich, so können die Rundfender diagonal angeordnet werden (Abb. 32c). Auf diese Weise steigt aber der Gummibedarf beträchtlich an.

Molenköpfe und vorspringende Ecken können wirksam durch vorgekrümmte Gummifender geschützt werden (Abb. 32d). Es ist aber darauf zu achten, daß die Gummifender nicht um scharfe Kanten gelegt werden. Spundwandecken sind entsprechend auszufüttern. Seeschiffs-Stahldalben erhalten durch die Verwendung von Gummifendern am Dalbenkopf eine größere Weichheit und ein größeres Arbeitsvermögen. Der Stoßpunkt wird günstig auf OK-Dalben fixiert. Bei Tankerlöschanlagen und Tankschiffliegeplätzen an stählernen Bauwerken (Stahldalben) ist es bei der durch Berührung von Stahl auf Stahl beim Anlegen entstehenden Funkenbildung zur Verhinderung einer Feuersgefahr erforderlich, diese Bauwerke zu verkleiden. Hierfür eignen sich neben dem Baustoff Holz auch besonders Gummifenderungen.

Gummirundfender werden auch zusätzlich vor Reibeholzanlagen angebracht, um eine größere Arbeitsaufnahme zu erzielen.

Bei einer Tankerlöschanlage in Stockholm [74] für Tanker bis 42000 t Wasserverdrängung besteht die Fenderung ausschließlich aus Gummirundfendern, die in drei Feldern am Pierkopf angebracht sind. Das mittlere Feld zeigt Abb. 33. Für die eigentliche Energieaufnahme sind die drei an Ketten aufgehängten waagerechten Gummiröhren vorgesehen, während die senkrechten, an Drahtseilen aufgehängten Gummiröhren nur ein einwandfreies Auf- und Abgleiten des Schiffes am Pier gewährleisten sollen. Die Fenderung ist für Tanker von 42000 t Wasserverdrängung schwach bemessen.

3. Vorhängefender aus Holz und Buschwerk

In der einfachsten Form bestehen diese Hängefender aus einem an Drahtseilen oder Ketten aufgehängten massiven Quader aus miteinander verbolzten gleichlaufenden Kanthölzern, die satt am Bauwerk anliegen und deren wasserseitige Fläche die Anlegekräfte flächenförmig auf die Schiffswandung überträgt. In Hamburg werden ähnliche Fender aus miteinander verzimmerten Kanthölzern vor den Fenderschürzen der Kaimauern aufgehängt [96].

Andere hölzerne Hängefender bestehen aus einem Bündel Rundhölzer, die sich walzenförmig um ein Rundholz im Kern gruppieren. Das Bündel wird mit Drahtseilen fest zusammengezwängt. Das ist wichtig, da eine plastische Formänderung beim Stoß die Wirksamkeit stark herabsetzen würde. Da keine starren Verbindungen vorhanden sind, ist dieser Fender verhältnismäßig elastisch. Das Rundholzbündel wird an zwei Seilen, die an dem mittleren längeren Holz angeschlossen sind, so aufgehängt, daß die Hölzer waagerecht hängen.

Die sogenannten Roll- oder Wirbelfender [115] bestehen aus einzelnen an kurzen Ketten mit Wirbeln senkrecht aufgehängten Rundhölzern und stellen nur einen Reibeschutz dar. Die Hölzer reichen bis etwa zum Niedrigwasser hinab und sind zu je drei oder vier am unteren Ende durch eine schlaffe Kette mit Wirbeln zusammengehalten. Diese Fenderung hat den Vorteil, daß bei streifenden Stößen die Hölzer auf ihrer Unterlage abrollen. Erst nach einem gewissen Weg werden die Kräfte in die Verbindungsketten eingeleitet und dadurch die benachbarten Hölzer mitgenommen. Hierdurch wird keine Stelle von der Fenderung entblößt.

Die hölzernen Hängefender erhalten eine höhere Elastizität, wenn um den Holzkern weicheres Material angeordnet wird; so sind z. B. Holzbündel mit Manilatau umwickelt worden. Die Verwendung von Tauwerk hierfür ist aber nicht zu empfehlen, da es ziemlich schnell plastisch verformt und zerstört wird. Es sind auch Hängefender aus Rohrgeflecht entwickelt worden, die mit verzinktem Drahtseilgeflecht umwickelt wurden. Während das Rohr aber der starken Beanspruchung wenig gewachsen ist und im Seewasser leicht spröde wird, hat sich Buschwerk als recht zweckmäßig erwiesen, vor allem auch deswegen, weil es preiswert ist.

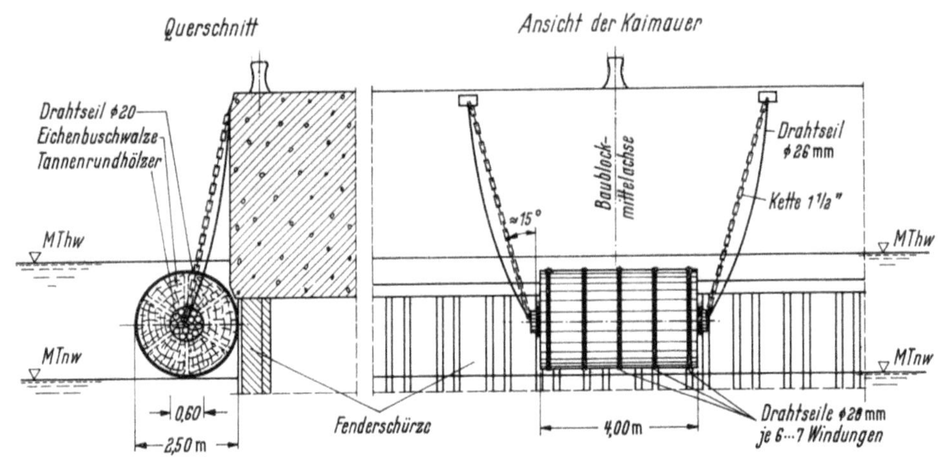

Abb. 34. Buschhängefender [72]

Ein Buschfender (Abb. 34) besteht aus einem Kern, um den grün verarbeitete Eichenbuschwalzen angeordnet werden. Der Kern hat etwa $^{1}/_{4}$ bis $^{1}/_{2}$ des Außendurchmessers des Buschfenders und wird durch mehrere Nadelrundhölzer gebildet, die durch Drahtseile zusammengebunden sind. In den Kern wird eine Kette eingearbeitet, an der die Hängeketten oder -seile angeschlossen werden. Oft haben die Buschfender auch eine hohle Achse, durch die Hängeseile oder -ketten eingezogen werden können. Der Buschfender sollte durch Drahtseile im Abstand von 0,5 bis 1,0 m, je nach Beschaffenheit des Buschwerkes, jedoch höchstens im Abstand des Durchmessers des Buschfenders und mindestens mit drei Seilen umwickelt und zusammengehalten werden.

In Anlehnung an die Empfehlungen des Arbeitsausschusses Ufereinfassungen [72] sind die in Tab. 17 angegebenen Fenderabmessungen zu empfehlen. Die größten Fender wiegen um 10 t.

Tabelle 17. Abmessungen der Buschfender bei normalen Anlegebedingungen mit Schlepperhilfe [72]

Schiffsgröße Wasserverdrängung	Fenderabmessungen	
	Länge	Durchmesser
t	m	m
bis 15 000	3,0	1,50
bis 30 000	3,0	2,00
bis 60 000	4,0	2,50
über 60 000	5,0	3,00

Die Fender werden zweckmäßig in Höhe des Mittelwassers mit Drahtseilen oder Ketten in waagerechter Lage aufgehängt. Einige Arten sind bald nach ihrem Einbau schwerer als Wasser, entweder durch das aufgesaugte Wasser oder durch das Eindringen von Schlickteilchen im Brackwasser; sie schwimmen dann nicht mehr auf. Andere Arten erhalten ihre Schwimmfähigkeit. Sie werden dann durch senkrecht gespannte Trossen an der Kaimauer gehalten [13]. Sie gleiten darin auf und nieder und liegen immer etwa in Höhe des Wasserspiegels.

Die Aufhängungen werden unter einem Winkel von etwa 10° bis 25° schräg nach oben auseinandergeführt. Während der Fender an jedem Ende nur durch eine Aufhängung gehalten wird, ist es zweckmäßig, eine zweite Aufhängung schlaff anzuordnen, damit bei einem Bruch der tragenden Aufhängung der Fender nicht hinunterfällt.

Buschfender sind einfach in der Ausführung, erfordern geringwertiges Material und verhältnismäßig geringe Herstellungskosten. In Bremerhaven ist eine Auswechslung etwa alle drei Jahre erforderlich; sie hat sich als wirtschaftlich tragbar erwiesen.

An einem Buschfender vom Durchmesser 0,75 m und von der Länge 2,7 m wurden in England Versuche über die Kraft-Weg-Kurven angestellt [76]. Dabei hat sich gezeigt, daß beim ersten Stoß die Energieaufnahme wesentlich größer ist als bei den folgenden Stößen. Das ist darauf zurückzuführen, daß der Fender nach dem Stoß nur langsam seine Ausgangsgestalt zurückerhält. Bei Fendern, die waagerecht aufgehängt sind, wird die Wiedererhaltung der Ausgangsgestalt dadurch begünstigt, daß sie sich beim Wellenangriff im Wasser schwebend um ihre Aufhängungsketten drehen.

Im Wasserbaulaboratorium von Grenoble wurde die Arbeitsaufnahme eines Buschfenders von 3,5 m Länge und 1,5 m Durchmesser untersucht [12]. Bei einer Zusammendrückung um 40% ergab sich eine Arbeitsaufnahme von 6,2 tm je lfdm Buschfender; die Kraftaufnahme betrug 62 t je lfdm.

Buschfender wurden seit Ende der 20er Jahre an den Kaimauern von Southampton verwendet. Sie waren in waagerechter Linie vor den massiven Kaimauern aufgehängt, um die verhältnismäßig schwachen Schiffswandungen der Transatlantikschiffe gegen den Beton zu schützen. Auf Wunsch des Norddeutschen Lloyds wurden sie an den Kaistrecken angebracht, an denen seine Flaggschiffe „Bremen" und „Europa" anlegten. Diese Buschfender hatten nur einen Durchmesser von 1,83 m. Im Hafen von Le Havre angeordnete Buschfender haben eine Länge von 10 m und einen Durchmesser von 2,5 m [12]. An der Columbus-Kaje in Bremerhaven, an der die modernsten Passagierschiffe anlegen, werden Buschfender schon seit vier Jahrzehnten mit Erfolg verwendet. Diese Fender haben einen Durchmesser von 3,0 m, eine Länge von 5,1 m und einen gegenseitigen Abstand von 37,5 m [108].

Buschfender sind auch lotrecht freibeweglich aufgehängt worden. Am Ende des zweiten Weltkrieges wurden die Ecken großer Dalben mit senkrecht angebrachten Buschfendern von gleichem Typ verkleidet. Diese fest angebrachten Buschfenderverkleidungen haben sich aber nicht bewährt, da sie bei zweiten und weiteren Stößen wenig elastisch sind.

E. Starr gelagerte Reibepfähle, Streichbalken und Reibeholzanlagen

1. Reibepfähle

Der Reibepfahl, auch Streichpfahl genannt, ist ein vor den Kai gerammter Pfahl, der früher mannigfache Aufgaben zu übernehmen hatte. Er mußte einmal die weit vor die Vorderflucht älterer Kaibauwerke tretenden vorderen Tragepfähle des Kais und oft auch die vorstehende Rostplatte schützen. Der Pfahlkopf muß dabei fest am Kai anliegen, um ein Klemmen der Festmachetrossen zwischen Kai und Reibepfahl zu verhindern. Die untere Pfahlspitze muß so weit vom Kai abliegen, daß bei angemessener Tieferlegung der Hafensohle die Tragepfähle des Kais noch voll geschützt sind und der Abstand ausreichend ist, um abgebrochene Pfahlspitzen ohne Beschädigung der Gründungspfähle freizubaggern. Das führte zu beträchtlich geneigten Pfählen. Es sind Reibepfahlneigungen bis herab zur Neigung 5 : 1 ausgeführt worden.

Bei starken Neigungen besteht die Gefahr, daß das Schiff sich bei fallendem Wasserstand auf den Pfahl aufsetzt und ihn abknickt. Zu damaliger Zeit bestand diese Gefahr weniger, da die Schiffe eine stark gewölbte Kimm aufwiesen. Heute haben die Schiffe aber mittschiffs einen fast rechteckigen Querschnitt. Machte sich schon damals der große Abstand des Schiffes vom Kai bei Niedrigwasser störend bemerkbar, so trifft das heute wegen der rechteckigen Schiffsform in verstärktem Maße zu.

Die Reibepfähle dienten vielfach gleichzeitig als Poller. Zu diesem Zweck wurden sie bis über Oberkante Kai hinausgeführt. Die Verwendung der Pfähle als Poller erforderte eine zugfeste Verankerung mit dem Bauwerk. War der Kai nicht hochwasserfrei, so verhinderten sie außerdem das Aufsetzen des Schiffes auf den Kai. Bei den laufend gewachsenen Schiffsgrößen sind diese Pfähle jedoch heute als Poller und Aufsetzschutz nicht mehr stark genug. Sie sind abgebrochen oder wurden abgeschnitten und fortan nur noch bis Oberkante Kai geführt.

Wenn heute noch Kaimauern mit Reibepfählen ausgestattet werden, so will man dadurch ein weicheres Anlegen der Schiffe und eine Minderung der auftretenden Reibungskräfte zwischen Schiff und Bauwerk erreichen. Hinzu kommt noch, daß vielleicht ein gewisser Abstand des Schiffes vom Kai erwünscht ist. Reibepfähle werden auch dort verwendet, wo vor Bauwerken auf Pfahlrost Schwimmfender angeordnet werden sollen.

Der Reibepfahl braucht nur so weit in den Boden gerammt zu werden, daß eine gelenkige Lagerung am Fuß angenommen werden kann. Eine tiefergehende Rammung zur Erzielung eines Einspannmomentes hat keinen günstigen Einfluß auf die Wirkungsweise des Pfahles im oberen Bereich, in dem die meisten Schiffsstöße auftreten, und ist daher unwirtschaftlich. Der Pfahl ist in seinem oberen Teil meist starr gelagert. Dies ist besonders bei der Aufnahme der Kräfte längs zum Kai nachteilig.

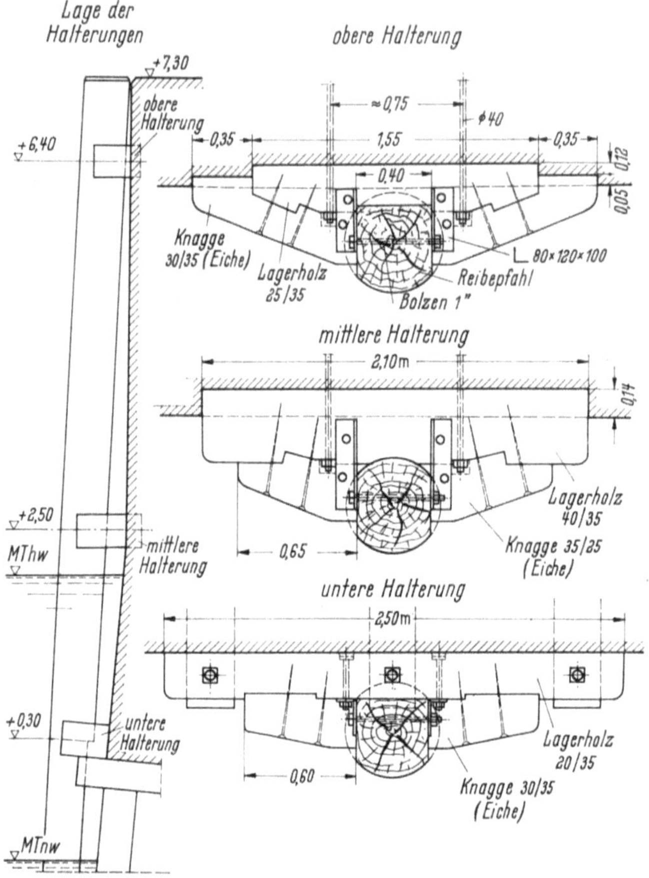

Abb. 35. Reibepfahllagerung (Hafen I, Bremen)

Reibepfähle werden beim Bau der Kaimauer meist in einer Länge von der Sohle bis zur Kaioberkante angeordnet. Auf jeden Fall sollte aber vorgesehen werden, daß später eine Zweiteilung in Höhe der Rostplatte möglich ist. Im Falle einer Beschädigung oder Zerstörung kann der obere Teil dann abgeschnitten und ersetzt und später leichter ausgewechselt werden. Von der Rostplatte bis hinab zur Sohle kann der Streichpfahl nicht mehr unterstützt werden; er wird hier auf Biegung beansprucht. Der obere Teil des Reibepfahles wird auf Druck beansprucht; er liegt in der natürlichen Zerstörungszone des Holzes und ist den stärksten Beanspruchungen ausgesetzt. Bei der Verwendung von Schwimmfendern vor den Reibepfählen konzentriert sich die mechanische Beanspruchung auf den Wasserwechselbereich. Dies ist bei der Bemessung der Reibepfähle zu beachten.

Je nach Konstruktion und Höhe des massiven Bauwerksteiles kann eine einfache oder mehrfache Abstützung vorgesehen werden. Der Abstand der Lagerungen ist von der zulässigen Beanspruchung des Reibepfahles zwischen den Halterungen und von der Größe der längs zum Kai wirkenden Kräfte abhängig. Die Lagerung der Reibepfähle bedarf besonderer Sorgfalt, damit bei einem etwaigen Losreißen die Schiffe nicht durch vorstehende Eisenteile gefährdet werden und die Reibepfahlaufsätze schnell ausgewechselt werden können.

Grundsätzlich ist darauf zu achten, daß alle für die Befestigung erforderlichen Eisenteile eine ausreichende Holzüberdeckung haben und auch bei der oft beträchtlichen Abnutzung der Reibepfähle keine Eisenteile in der Reibefläche freiliegen. Diese Forderungen führen zu der Lösung, daß die Befestigungsteile getrennt werden, und zwar in solche, die fest mit der Kaimauer verbunden sind und vor Beschädigungen geschützt werden müssen, da sie nur schwierig erneuert werden können, und solche, die den Schiffstößen ausgesetzt sind und leichter auswechselbar sein müssen.

Als Beispiel diene die Reibepfahllagerung im Hafen I in Bremen (Abb. 35). Das Lagerholz ist in die Kaimauer eingelassen und durch Mauerbolzen fest mit ihr verbunden. Zweckmäßig wäre es, die Köpfe der Mauerbolzen in das Lagerholz zu versenken. Der Reibepfahl wird auf dem Lagerholz durch Knaggen gehalten, die außer durch Spitzbolzen noch mit Versatz mit dem Lagerholz verbunden sind. Die Pfähle sind beiderseits ausgeklinkt, so daß sich die Knaggen gegen das dauerhafte Kernholz der Pfähle pressen. Außerdem wird der Reibepfahl noch durch seitlich auf dem Lagerholz und den Knaggen angeordnete Winkel gehalten [55].

Bei einer hamburgischen Ausführung [94] hat der waldrecht gerammte Streichpfahl aus einem in ganzer Länge durchgehenden Rundpfahl nur eine feste Lagerung eben über dem Pfahlrost; er wird dann in halber Höhe der Kaimauer nochmals abgestützt, ohne aber mit der Kaimauer befestigt zu werden. Da die Streichpfähle auf diese Weise „drehbar" gelagert sind, können sie bei Stößen im unteren Teil besser federn.

Freistehende Reibepfähle, die durch einen waagerechten von Knaggen unterstützten Holm verbunden sind und sich erst nach einem gewissen Stoßwege gegen das Bauwerk abstützen, werden in einigen Häfen als Gordungsgewand bezeichnet [110].

Die Reibepfähle bestehen meist aus Rundpfählen mit einem Durchmesser von 40 bis 50 cm. Als Hölzer kommen Eiche, Lärche und Kiefer in Betracht. Ihr Abstand wird so gewählt, daß die kleinen im Hafen verkehrenden Schiffe mindestens an zwei Reibepfählen anliegen. Die Reibepfähle erhalten dadurch einen Abstand von etwa 8 bis 10 m.

Die herkömmlichen Reibepfähle dienen weniger zur elastischen Stoßaufnahme als vielmehr zu Schutzzwecken für die Schiffswandung und für die vorspringenden Teile der Bauwerke und ihrer Ausrüstungsteile.

2. Streichbalken

Bei neuzeitlichen Kaimauern mit zurückliegender, vorderer, senkrechter Pfahlgründung können die Reibepfähle annähernd senkrecht geschlagen werden. Starr gelagerte Reibepfähle sind jedoch besonders bei den Kaimauern auf hohem Pfahlrost nicht mehr wirtschaftlich. Sie werden hier durch Streichbalken ersetzt, die nur bis etwa zur Niedrigwasserhöhe hinabreichen. Streichbalken sind auch vielfach neben den Streichpfählen zum Schutz der Ausrüstungsteile der Kaimauern verwendet worden. Sie werden in erster Linie auf Druck, Abrieb und Abreißen beansprucht.

Beim Streichbalken ist eine mindestens zweifache Lagerung erforderlich. Der Abstand der Halterungen ist so zu wählen, daß eine feste Verbindung des Streichpfahles mit der Kaimauer gegeben ist und die zulässige Beanspruchung des Streichbalkens zwischen den Halterungen bei Biegungsbeanspruchung nicht überschritten wird. Für die Ausbildung der Halterungen gelten ähnliche Gesichtspunkte wie bei den Reibepfählen.

Die Streichbalken müssen so weit hinuntergeführt werden, daß bei niedrigstem Wasserstand das mit geringstem Freibord den Kai benutzende Schiff noch sicher an diesen Hölzern liegt und nicht unterhaken kann. Das ist nicht immer leicht auszuführen, da die untere Halterung stets über mittlerem Niedrigwasser liegen wird und Kragarme nur geringe Stoßkräfte aufnehmen können. Ist das Bauwerk bis zur Sohle massiv ausgeführt, so besteht die Möglichkeit, den Streichbalken wenigstens unter Niedrigwasser noch abzustützen.

Streichbalken sind meist von rechteckigem Querschnitt. Ihre Stärke richtet sich nach den statischen Erfordernissen, der Abriebfestigkeit und nach der zum Schutz der Ausrüstungsteile des Kais erforderlichen Mindeststärke. Es sind besonders Materialien mit hoher Druck- und Abriebfestigkeit bei ausreichender Stoßweichheit geeignet. Es wird fast ausschließlich Holz, aber auch Gummi angewendet. Stahl eignet sich nicht für Streichbalken, da er bei Druckbeanspruchung zu hart wirkt. Im Kriege, als Holz knapp war, sind stählerne Streichbalken mit Holz verkleidet worden; sie haben sich aber nicht bewährt.

3. Reibeholzanlagen

Werden die Streichbalken enger angeordnet und durch waagerechte Hölzer ausgefacht, so spricht man von Reibeholzanlagen. Reibehölzer werden an den vollen Bauwerksflächen massiver Kaimauern, an den Stoßflächen der Schwerefender, an Anlegepontons und bei verschiedenen anderen Konstruktionen verwendet. Es soll in diesem Abschnitt davon ausgegangen werden, daß ebene Flächen verkleidet werden. Die Besonderheiten und Abweichungen bei gekrümmten Flächen, wie sie z. B. bei Schwerefendern auftreten, sind in dem entsprechenden Abschnitt dargelegt.

Reibeholzanlagen an Kaimauern werden hauptsächlich dort verwendet, wo Schiffe unter günstigen Anlegebedingungen überwiegend mit der Breitseite anlegen. Im Tidegebiet mit den periodisch steigenden und fallenden Wasserständen und bei Anlegebedingungen, bei denen ein Anlegen mit der Breitseite normal zur Kaimauer vorherrscht, werden die eigentlichen Reibehölzer lotrecht angeordnet und durch waagerechte, etwas zurückliegende Riegel seitlich gegeneinander abgestützt. Bei Seeschiffsanlagen sollte der Abstand der lotrechten Hölzer 5 m und der Abstand der Riegel 3 m nicht überschreiten.

Die stärkste Beanspruchung der Reibeholzanlagen tritt durch das Verholen der Schiffe entlang des Liegeplatzes auf. Wird eine Anlage auch von Schiffen mit gekrümmter Außenhaut (meist Schiffe mit Wallschiene) genutzt, so muß der Abstand der lotrechten Hölzer geringer gewählt werden, damit die Schiffe nicht unter die waagerechten Hölzer unterhaken können, oder die waagerechten Hölzer müssen einige Zentimeter hinter den lotrechten zurückliegen.

In abgeschleusten Häfen und in allen den Fällen, in denen mit auftretenden Längskräften gerechnet werden muß, werden die Reibehölzer waagerecht mit senkrechten Aussteifungen angeordnet. Dabei ist es zweckmäßig, die senkrechten und waagerechten Hölzer gleich stark auszubilden, damit an den waagerechten Hölzern entlanggleitende Schiffe die lotrechten Hölzer nicht abreißen und die Schiffe ungestört an den senkrechten Hölzern auf- und niedergleiten können. Ausschließlich waagerechte Reibehölzer werden nur zu untergeordneten Zwecken verwendet.

Reibeholzanlagen erfordern laufende Unterhaltungskosten. Die Reibehölzer werden wie die Streichbalken auf Druck, Abrieb und Abreißen beansprucht. Sie werden fast ausschließlich in Holz ausgeführt. Bei der Auswahl einer Holzart darf aber nicht übersehen werden, daß die Wahl eines Holzes für einen bestimmten Zweck durch andere als materialbedingte Eigenschaften beeinflußt werden kann. Hölzer, die oft abgerissen werden — wie die unten beschriebenen Scheuerbohlen — werden aus wirtschaftlichen Gründen nicht aus hochwertigem Holz hergestellt.

Die Befestigung der Hölzer bedarf auch hier besonderer Sorgfalt. Bei einer bewährten Befestigung und Anordnung der Reibehölzer im Hafen Bremen ist die Befestigung der senkrechten und waagerechten Hölzer in der Kaimauer mit Hülsenschrauben so ausgeführt, daß bei einer Beschädigung die Hölzer leicht ausgewechselt werden können. Die senkrechten Hölzer 20/25 aus Eichenholz stellen die eigentlichen Reibehölzer dar; sie gehen von Oberkante Kai bis etwa 1,5 m über Niedrigwasser in einem Stück durch und sind durch Eichenhölzer 20/25 waagerecht ausgesteift. Auf die senkrechten Hölzer sind Scheuerbohlen 8/20 genagelt, die mithin 8 cm vor den waagerechten Hölzern vorstehen. Die Scheuerbohlen bestehen aus Nadelhölzern und müssen laufend erneuert werden. Diese Scheuerbohlen sind versuchsweise in drei Abschnitten angebracht worden. Dabei hat sich gezeigt, daß der obere Abschnitt bei weitem am stärksten beansprucht wird. Eine Abhängigkeit des stärksten Verschleißes von der Lage zum Schiffsliegeplatz konnte nicht festgestellt werden.

F. Fenderpfähle

1. Allgemeines

Der moderne Fenderpfahl ist für die Fenderung von aufgelösten Pierkonstruktionen entwickelt worden und hat dabei mannigfache Anwendung gefunden. Er unterscheidet sich von dem herkömmlichen Reibepfahl besonders durch seine große Stützlänge und seine Energieaufnahme infolge Biegung.

Der Fenderpfahl ist an seinem oberen Ende elastisch abgestützt; er wird meist einzeln verwendet, kommt aber auch aus mehreren Kanthölzern zusammengesetzt und verbolzt vor; seine Abmessungen betragen zwischen 30/30 und 40/40 cm. Es ist auf jeden Fall anzustreben, daß die Fenderpfähle sowohl parallel als auch normal zum Pier gleiches Widerstands- und Trägheitsmoment aufweisen.

Bei senkrechten Fenderpfählen wird der Hauptstoß von größeren Schiffen meist im oberen Pfahlbereich stattfinden, da der Fenderpfahl sich beim ersten Anstoß in der Mitte durchbiegt. Abweichungen treten durch geneigte Fenderpfähle und krängende Schiffe ein. Bei Schiffen mit Wallschiene ist der Stoß auf die Höhenlage der Wallschiene festgelegt.

Der Abstand der Fenderpfähle ist bei aufgelösten Konstruktionen meist von dem Jochabstand abhängig. Ein durchgehender Schutz der Bauwerke durch Fenderpfähle ist unmöglich, der Pfahlabstand sollte aber bei schwierigeren Anlegebedingungen 3 m und in allen anderen Fällen 5 m nicht überschreiten.

Empfohlen wird, Fenderpfähle in Holz auszuführen. Hölzerne Pfähle haben den Vorteil, daß sie eine weiche Berührungsfläche zwischen Schiff und Fender abgeben. Mit den Vorteilen verbunden ist aber eine größere Abnutzung der Hölzer gegenüber Stahl. Um eine kostspielige Erneuerung des ganzen hochwertigen Holzes zu vermeiden, werden besondere Scheuerbohlen auf die Reibungsfläche aufgenagelt. Es ist der Wunsch der Schiffahrt, soweit Stahl verwendet wird, auch die Stahlprofile mit hölzernen Scheuerbohlen zu verkleiden. Das ist aber bei Stahlprofilen wegen der Befestigung der Scheuerbohlen mit Schwierigkeiten verbunden.

Um Längsstöße besser aufzufangen, werden Fenderpfähle oft zu Gruppen zusammengefaßt. Beim Ölpier in Fawley an der Themse [6, 24] besteht jede Fendergruppe aus mehreren in Kopfnähe elastisch gelagerten, stählernen Fenderpfählen, die durch einen vorgesetzten Stahlrahmen zu gemeinsamer Wirkung miteinander verbunden sind (Abb. 36). Auf diese Weise wurde ein 60%iger Schutz der Anlegefläche erzielt. Die Stoßfläche ist mit Holz verkleidet.

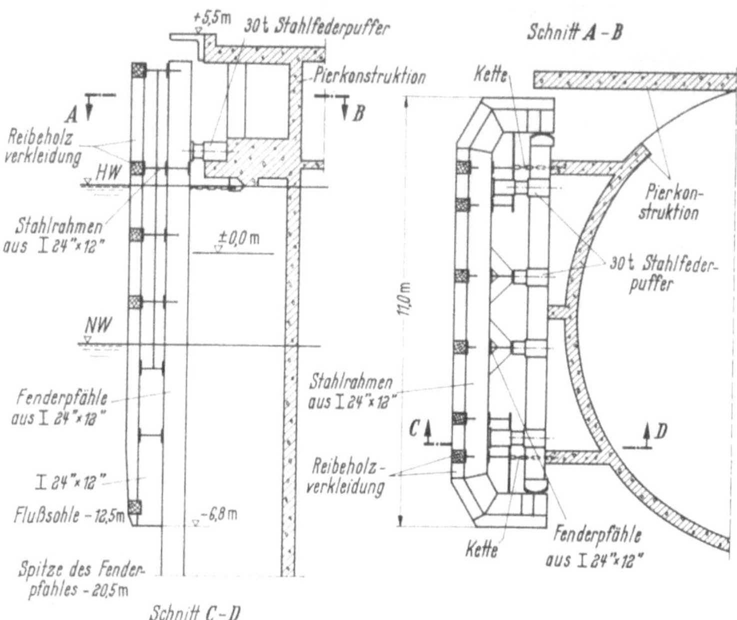

Abb. 36. Fenderung der Pierköpfe in Fawley [6]

Bei einer Anlegestelle für Tanker am Tyne [1] sind die beiden Anlegedalben durch eine Gruppe von fünf durch Gummipuffer elastisch gelagerte, miteinander fest verbundene, stählerne Fenderpfähle abgefendert. Das Besondere an dieser Anlegestelle ist, daß die Anlegedalben einen Teil der Stoßkräfte elastisch durch Streben auf je zwei Nebendalben übertragen.

Der Fenderpfahl hat gegenüber allen anderen Fenderarten den Vorteil, daß er einen Teil der in ihn eingeleiteten Schiffsstoßkräfte unmittelbar in den Grund einleitet; das Bauwerk braucht somit nicht die volle Kraft aufzunehmen.

Einen Schritt weiter in dieser Richtung geht der Fenderdalben, der vor den Kai gerammt wird und in seiner ersten Phase als Dalben wirkt, also als selbständiges Bauwerk, und erst in der zweiten Phase als Fender wirkt, indem er sich an den Kai legt und die Kräfte auf ihn überträgt. Da diese Streichdalben vor das eigentliche Bauwerk gerammt sind, zwingen sie zu einem unerwünscht großen Abstand des Schiffes vom Kai. Die im Jahre 1936 im Hafen von Malmö [97] verwendeten Stahldalben stehen mehrere Meter vor der Ufereinfassung und stützen sich über ein waagerechtes Trägersystem mit zehn Schraubenfedern elastisch gegen das Bauwerk ab.

Um eine größere zulässige Biegungsbeanspruchung der Fenderpfähle zu erreichen, können die Pfähle „vorgespannt" werden; sie werden in einer Neigung zum Wasser hin gerammt und der Kopf zum Pier hin angezogen [4].

2. Elastische Lagerung am Pfahlkopf

a) Theorie

Durch eine elastische Lagerung des Fenderpfahles am oberen Ende lassen sich beträchtliche Vorteile erzielen, weil dadurch das beim Fenderpfahl im Mittelteil vorhandene Arbeitsvermögen auch am Pfahlkopf erreicht werden kann, ohne daß übergroße Schiffsstoßendkräfte auftreten. In Abb. 37 ist die Schiffsstoßendkraft P und das Arbeitsvermögen A schematisch über der Pfahlhöhe aufgetragen, und zwar für die beiden Fälle der starren Kopflagerung (1) und der elastischen Kopflagerung (2) und unter den getroffenen Annahmen einer konstanten Schiffsstoßendkraft von der Größe P_{zul} aus der Biegungsbeanspruchung in halber Pfahlhöhe (a) und einer veränderlichen Schiffsstoßendkraft von der Größe P_{zul} aus der Biegungsbeanspruchung in der jeweiligen Pfahlhöhe (b). Vorausgesetzt ist, daß die Spannungen im Bereich der oberen Lagerung nicht überschritten werden.

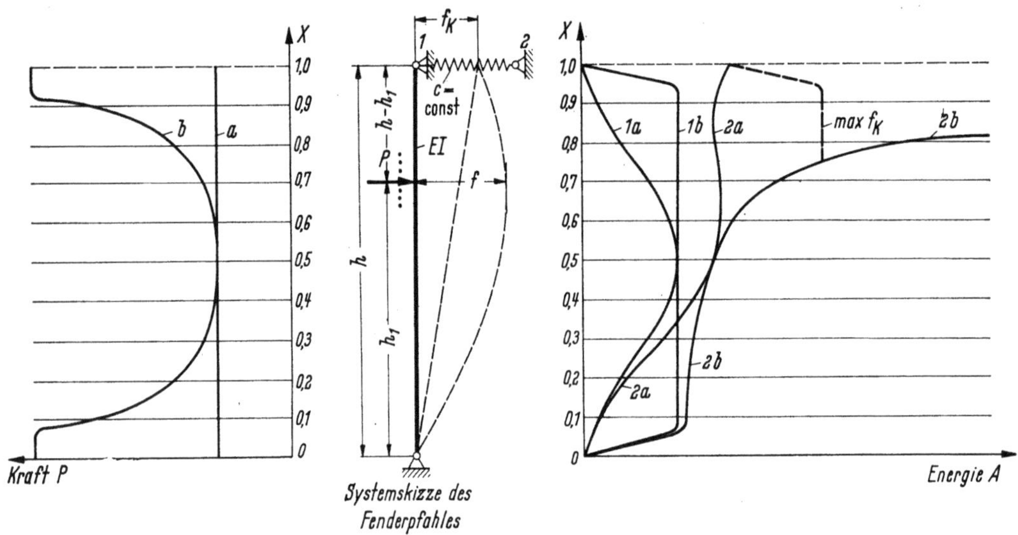

Abb. 37. Kraft- und Energieaufnahme eines Fenderpfahles in Abhängigkeit von der Höhe des Schiffsstoßes

Das in der jeweiligen Höhe vorhandene Arbeitsvermögen hängt wesentlich von der elastischen Lagerung ab. Es sind also Untersuchungen über die elastische Lagerung erforderlich. Wie hoch ist die Federkonstante der elastischen Abstützung zu wählen, damit in einem vorgegebenen Höhenbereich unter vernünftiger Begrenzung der Schiffsstoßendkraft und der Durchbiegung ein erforderliches Arbeitsvermögen erreicht wird?

Als elastisches Glied wird eine Feder angenommen, deren Kraft-Weg-Linie linear verläuft ($c = \text{const.}$). Die zulässige Schiffsstoßendkraft in der Stoßhöhe h_1 betrage

$$P = P_m \frac{1}{4\,(1-x)\cdot x},$$

wobei P_m die zulässige Belastung in der Mitte des Fenderpfahles und x das Verhältnis der Stoßhöhe h_1 zur freien Länge h des Fenderpfahles darstellt.

Bezeichnet man die Steifigkeit des Fenderpfahles mit EJ, so wird mit den Bezeichnungen der Abb. 37 der gesamte Weg der Stoßkraft P in der Höhe h_1

$$f = \frac{P}{c}\, x^2 \left[1 + \frac{ch^3}{3\,EJ}(1-x)^2 \right]$$

und das zugehörige Arbeitsvermögen

$$A = \frac{P\cdot f}{2} = \frac{P^2}{2c}\, x^2 \left[1 + \frac{ch^3}{3\,EJ}(1-x)^2 \right].$$

Mit $\quad c = k\dfrac{EJ}{h^3}$ und $K = \dfrac{P_m^2\, h^3}{2\,EJ}$ ergibt sich im Fall (a) ($P = P_m = \text{const.}$)

$$A_a = \frac{K}{k}\, x^2 \left[1 + \frac{k}{3}(1-x)^2 \right].$$

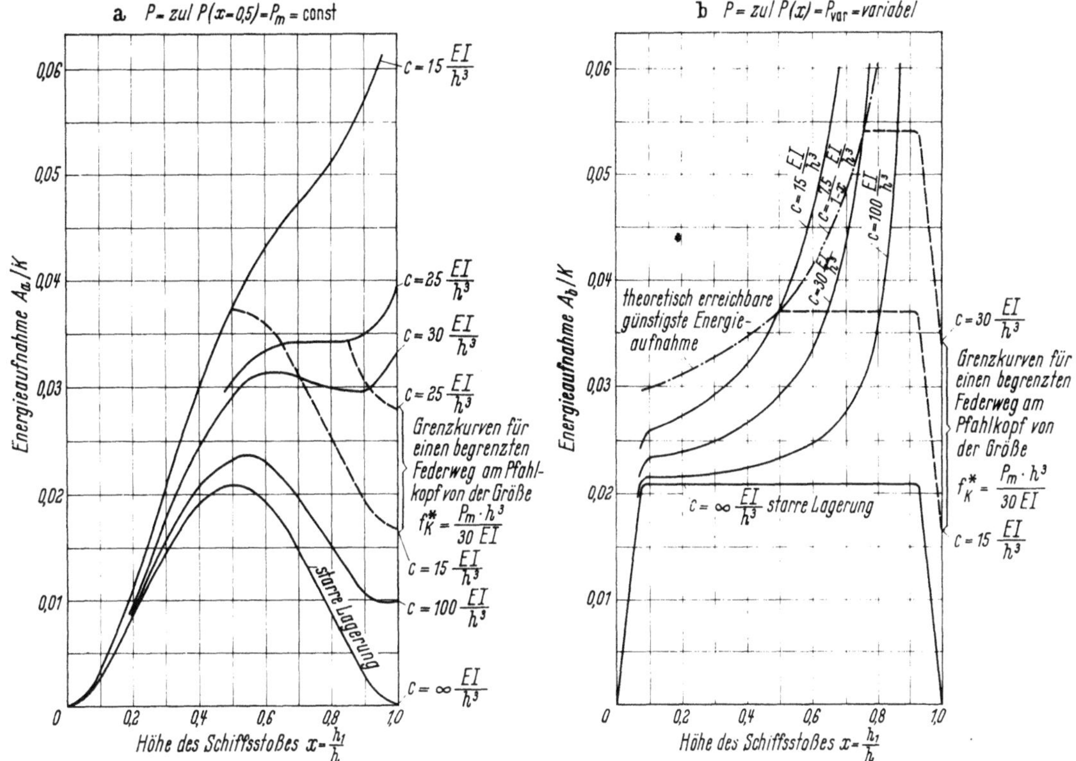

Abb. 38a u. b. Energieaufnahme eines Fenderpfahles in Abhängigkeit von der Federkonstanten der elastischen Lagerung und der Höhe des Schiffsstoßes

Der dimensionslose Wert A_a/K ist für verschiedene c-Werte in Abb. 38a graphisch aufgetragen. In den meisten Fällen ist ein etwa gleichbleibendes Arbeitsvermögen im oberen Pfahlbereich erwünscht; dies wird für einen c-Wert von der Größe $30 \, \dfrac{EJ}{h^3}$ etwa erreicht.

Für den Fall (b) $\left(P = P_m \dfrac{1}{4x\,(1-x)} = variabel\right)$ ergibt sich das Arbeitsvermögen zu

$$A_b = K \left(\frac{1}{16\,k\,(1-x)^2} + \frac{1}{48} \right).$$

Der dimensionslose Wert A_b/K ist für verschiedene c-Werte in Abb. 38b graphisch aufgetragen.

Durch die Wahl kleinerer Federkonstanten wird das Arbeitsvermögen in halber Pfahlhöhe verhältnismäßig wenig, am Pfahlkopf dagegen beträchtlich vergrößert. Im gleichen Maße nimmt aber auch der Federweg zu, eine Tatsache, die konstruktiv Schwierigkeiten hervorrufen kann. Es bleibt dann meist keine andere Wahl, als den Federweg durch einen Anschlag zu begrenzen; dadurch ergeben sich in der oberen Pfahlhälfte verminderte Arbeitsvermögen. Die nicht verminderten Kurvenwerte in Abb. 38 setzen voraus, daß die Zusammendrückung des elastischen Kopfgliedes mindestens

$$f_K = \frac{Ph^3}{k\,EJ} \text{ betragen kann.}$$

Wird die Zusammendrückung des elastischen Gliedes am Pfahlkopf auf den Wert $f_K^* = \dfrac{P_m\,h^3}{\varkappa\,EJ}$ begrenzt, so ergeben sich für den Fall (a) die verminderten Arbeitsvermögen zu

$$A_a^* = K \left[\frac{k}{\varkappa^2} + \frac{x^3}{3}\,(1-x)^2 \right], \text{ wobei } 1 > x > \frac{k}{\varkappa}$$

und für den Fall (b)

$$A_b^* = K \left(\frac{k}{\varkappa^2} + \frac{1}{48} \right).$$

Die reduzierten Arbeitsvermögen, die sich für den Fall $\varkappa = 30$ ergeben, sind in Abb. 38 dimensionslos aufgetragen.

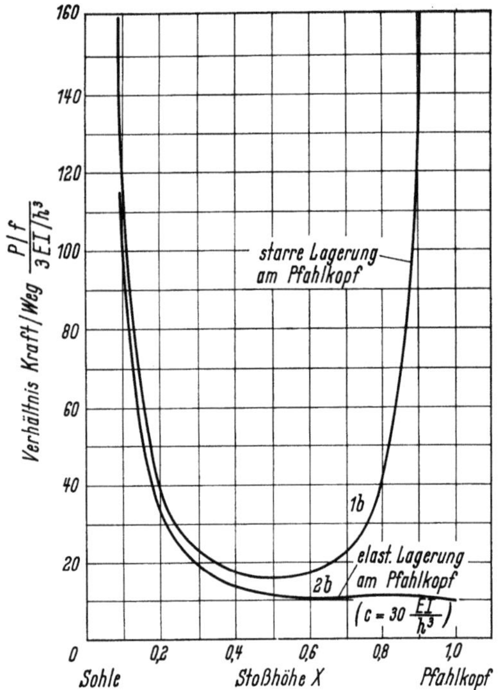

Abb. 39. Weichheit eines Fenderpfahls in Abhängigkeit von der Höhe des Schiffsstoßes

Der konstante Summand 1/48 stellt das Arbeits-vermögen bei starrer Lagerung am Pfahlkopf dar, d. h., daß das Arbeitsvermögen bei starrer Lagerung unabhängig von der Stoßhöhe ist. Das gilt jedoch nicht im Bereich der Lagerung. Ein starr gela-gerter Fenderpfahl wirkt von der halben Pfahlhöhe bis zur Lagerung immer härter. Das Verhältnis der Kraft zur Durchbiegung ist in Abhängigkeit von der Stoßhöhe in Abb. 39 Kurve (1 b) aufgetragen. Die Ver-hältnisse bei elastischer Lagerung sind für den Fall

$$c = 30 \, \frac{E J}{h^3} \text{ in Kurve (2 b) dargestellt.}$$

Aus Abb. 38b ist zu ersehen, daß mit größerer Ent-fernung vom Fußpunkt des Fenderpfahles, also mit wachsender Federkraft eine Zunahme der Federkon-stanten erwünscht ist. Die günstigste Federkonstante c in Abhängigkeit von der Stoßhöhe h_1 ergibt sich durch Gleichsetzen der beiden Gleichungen für A_b und A_b^* zu

$$c = \frac{\varkappa}{4 \, (1-x)} \, \frac{E J}{h^3} = \frac{P_m}{4 \, f_K^* \, (1-x)}$$

Das theoretisch erreichbare günstigste Arbeitsvermögen für einen Stoß in der Höhe h_1 ergibt sich dann zu

$$A_b = A_b^* = K \left[\frac{1}{4 \varkappa \, (1-x)} + \frac{1}{48} \right].$$

Die dimensionslose Auftragung für $\varkappa = 30$ ist in Abb. 38 b vorgenommen.

Bei den vorstehenden Betrachtungen wurde stets angenommen, daß jeder Fenderpfahl für sich am Kopf elastisch gelagert wird. Es ist jedoch, wie noch zu zeigen sein wird (vgl. S. 214), zweck-mäßig, die Fenderpfähle gegen einen durchlaufenden, elastisch gelagerten Balken abzustützen. Die Stützkräfte des Fenderpfahles am Kopf werden dann je nach Steifigkeit des Balkens und je nach Elastizität der Lagerungen auf eine verschieden große Länge des Balkens verteilt. Die Lagerkräfte sind umso geringer und die Biegemomente des Balkens umso größer, je weicher die elastischen Abstützungen und je größer die Steifigkeit des Balkens ist.

Die theoretische Untersuchung eines Durchlaufbalkens auf elastischen Lagerungen nach Ostenfeld [49] führt u. a. zu folgendem Ergebnis:

Der Durchlaufbalken habe die Steifigkeit $\overline{E J}$; er sei im Abstande l durch elastische Glieder mit der Federkonstanten c gelagert. Bei einem Kraftangriff P über einer Lagerung beträgt die maximale Lagerkraft

$$P_L = \frac{a + \text{}^1/_3}{a \cdot b} \cdot P \leqq P.$$

Wenn $\overline{k} = c \, \dfrac{l^3}{E J}$ ist $a = \sqrt{\dfrac{1 + 48/\overline{k}}{3}}$ und $b = \sqrt{\dfrac{4 + 2a}{3}}.$

Das größte Moment tritt in dem Balken auf, wenn die Kraft mittig zwischen zwei Lagerungen an-greift; es beträgt

$$M_{max} = \frac{1 + 2a}{8b} \, P \cdot l$$

Greift die größte Kraft über einer Unterstützung an, so beträgt das Moment

$$M_{St} = \frac{4}{\overline{k} \cdot a \cdot b} \, P \cdot l.$$

Die Kraft P_L und die Momente M_{max} und M_{St} sind in Abhängigkeit von $\overline{k} = c \, \dfrac{l^3}{E J}$ in Tab. 18 ein-getragen.

Die lastverteilende Wirkung des Kopfbalkens läßt sich bei der Berechnung der Fenderpfähle mit elastischer Kopflagerung dadurch berücksichtigen, daß man eine vergrößerte Federkonstante $\overline{c}$ in die Rechnung einführt. Es ist

$$\overline{c} = \frac{a \cdot b}{a + \text{}^1/_3} \, c.$$

Tabelle 18. *Lagerkräfte und Momente eines elastisch gelagerten Durchlaufbalkens für verschiedene $\bar{k}$-Werte*

$\bar{k} = c \cdot \dfrac{l^3}{E\,J}$	Lagerkraft P_L	Feldmoment M_{max}	Stützmoment M_{St}
0,1	0,33 P	1,07 $P \cdot l$	1,01 $P \cdot l$
0,5	0,46 P	0,67 $P \cdot l$	0,61 $P \cdot l$
1,0	0,54 P	0,56 $P \cdot l$	0,50 $P \cdot l$
2,0	0,62 P	0,47 $P \cdot l$	0,38 $P \cdot l$
5,0	0,73 P	0,38 $P \cdot l$	0,26 $P \cdot l$
10,0	0,82 P	0,32 $P \cdot l$	0,19 $P \cdot l$
20,0	0,93 P	0,29 $P \cdot l$	0,13 $P \cdot l$

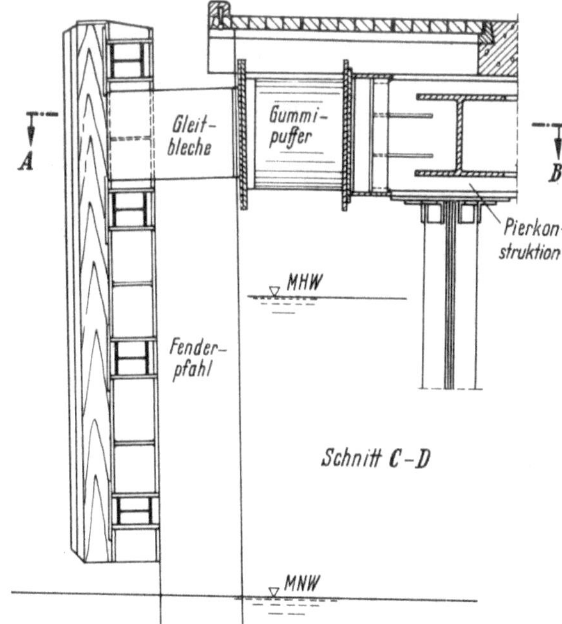

b) Möglichkeiten der elastischen Lagerung

Die gebräuchlichste Art der elastischen Lagerung von Fenderpfählen ist heute die durch Gummifenderelemente. Hierfür kommen fast alle Arten in Frage. Die auf Druck beanspruchten Gummifenderelemente können bei Einzelanordnung am Pfahlkopf keine Stöße parallel zur Anlegeflucht des Bauwerkes aufnehmen. Es ist dann ein starrer seitlicher Anschlag vorzusehen, bei dem mit dem Auftreten großer Kräfte zu rechnen ist — eine Tatsache, die dem Zweck einer Fenderung widerspricht. In Abb. 40 ist die Fenderung des Ölpiers des Hafens Aden [*93*] dargestellt. Jeweils vier Fenderpfähle sind zu einer in Längsrichtung gemeinsam wirkenden Gruppe zusammengefaßt. Jeder Fenderpfahl ist an seinem Kopf zwischen seitlichen Gleitblechen geführt und kann sich nur senkrecht zum Anlegebauwerk bewegen. Als elastische Lagerung dient ein Gummiblock von 81,5 cm Durchmesser und 81,5 cm Länge (Tab. 9, lfd. Nr. 4). Diese Gummipuffer sollen sich gut bewährt haben; es mußte nach sieben Jahren noch kein Gummipuffer ausgewechselt werden[1].

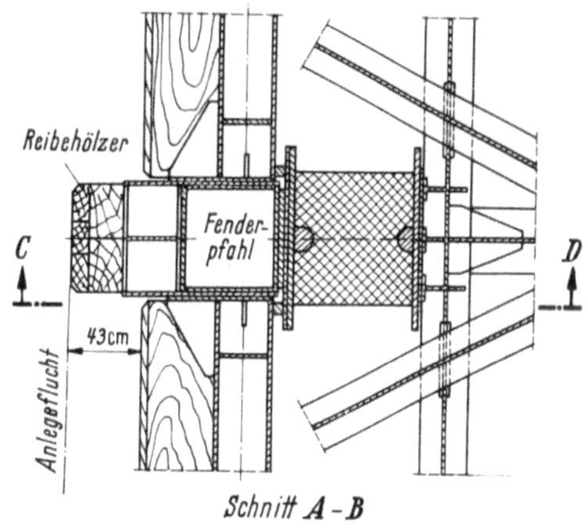

Abb. 40. Fenderung am Ölpier des Hafens Aden [*93*]

Eine seitliche Elastizität kann erzielt werden, wenn mehrere Druckpuffer auch seitlich vom Pfahl angeordnet werden (Abb. 41). Hierbei ist der Fenderpfahl in einer Nische der Kaimauer durch allseitig an Ketten aufgehängte Gummizylinder verschiedenen Durchmessers gelagert [*113, 114*].

Die Wahl radial oder axial auf Druck beanspruchter Gummifender der verschiedenen Formen und in verschiedenen Anordnungen ist von den vorhandenen Belastungswerten, der gewünschten Energieaufnahme und der konstruktiven Ausbildung der Fenderung abhängig und kann nicht allgemein festgelegt werden.

Schubeinheiten eignen sich ebenfalls für die elastische Lagerung von Fenderpfählen. Bei der Krafteinleitung in eine Schubeinheit ist dafür zu sorgen, daß die eingeleiteten Kräfte möglichst nur Schub und keine Torsion hervorrufen. Bei der in Abb. 42a dargestellten Ausführung der Pfahlkopflagerung lassen sich aber Torsionsspannungen nicht vermeiden, da das Reibeholz mindestens soweit vor der Kopfplatte der Einheit liegen muß, daß es auch am Ende des Federweges eine Berührung zwischen Schiff und Pierplatte ausschließt. Dieser Nachteil wird durch die in Abb. 42b dargestellte Pfahlkopflagerung vermieden [*76*]. Das Auftreten von Torsionsspannungen kann auch dadurch verhindert werden, daß der Pfahlkopf bei Drehung gegen seitlich angebrachte kleinere Gummielemente drückt [*113, 114*].

Da die Energieaufnahme einer einzelnen Einheit verhältnismäßig gering ist, wurden Lagerungen mit zwei Schubeinheiten übereinander ausgeführt. Es sind aber auch mehrere Schubeinheiten nebeneinander und hintereinander angeordnet worden. Bei der Konstruktion in Abb. 43 werden

---

[1] Nach Angaben von „The Leyland & Birmingham Rubber Co. Ltd.".

acht Einheiten verwendet; zwei Reihen hintereinander zu je vier Stück [76]. Die vier Paare werden
durch einen Rahmen zur gleichzeitigen Wirkung gebracht. Vor jedem Paar ist ein Fenderpfahl
angeordnet; der Abstand der Fenderpfähle beträgt 1,5 m. Bei einem zentralen Stoß geben die
Einheiten beider Reihen gleichzeitig und gleichmäßig nach. Der Weg der ersten Reihe ist durch einen
Anschlag begrenzt. Die in dem Beispiel genannten Einheiten haben bei einem Durchmesser von
53 cm und einer Höhe von 15 cm eine Arbeitsaufnahme von rd. 1,9 tm, das sind bei acht Einheiten
rd. 15 tm. Ein Stoß am Ende der Gruppe ruft eine Verdrehung hervor, die einzelnen Paare wirken
unterschiedlich; die Energieaufnahme wird auf etwa 60% abfallen.

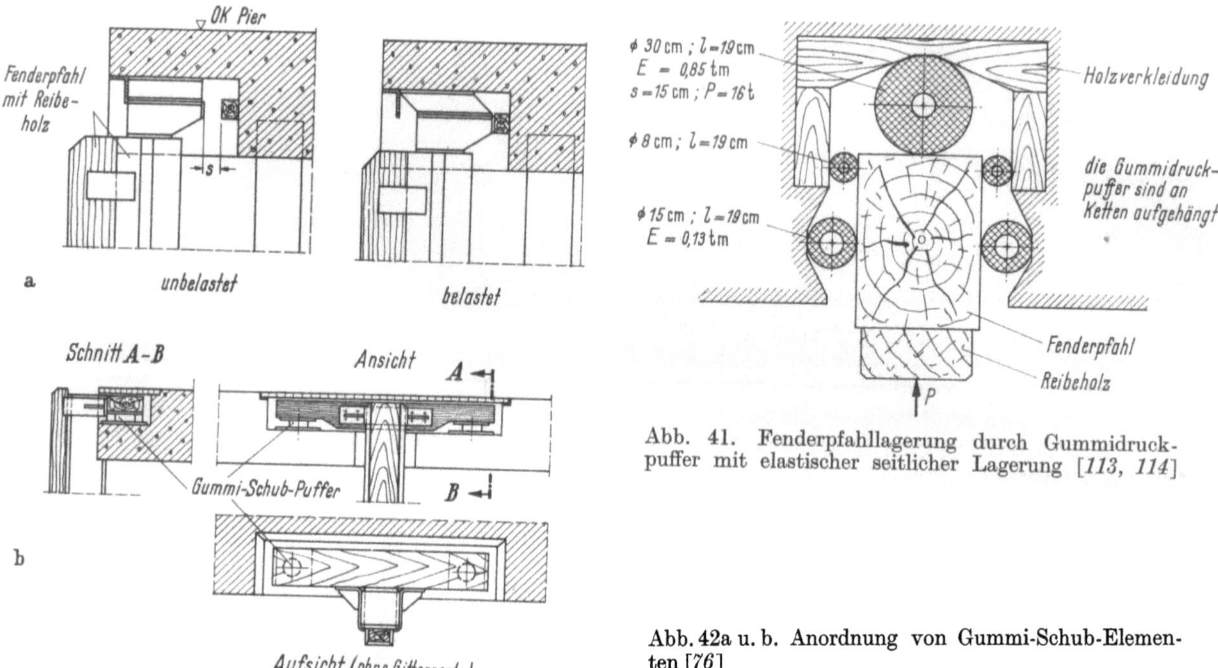

Abb. 41. Fenderpfahllagerung durch Gummidruckpuffer mit elastischer seitlicher Lagerung [113, 114]

Abb. 42a u. b. Anordnung von Gummi-Schub-Elemen-
ten [76]

Bei einer hamburgischen Streichbalkenlagerung, die sowohl Stöße normal zum Bauwerk als
auch in dessen Längsrichtung aufnehmen kann (Abb. 16), sind Metall-Gummi-Elemente in V-
förmige Konsolen der Kaimauer eingesetzt; sie tragen an ihrer Innenseite über ein Keilstück den
Streichbalken. Beim Stoß normal zum Kai werden die Einheiten einer Druck-Schub-Beanspruchung
und bei einem Kraftangriff längs zum Kai hauptsächlich einer Druckbeanspruchung ausgesetzt.
Gleichzeitig mit der Abfenderung wird eine Befestigung des Streichbalkens an der Kaimauer erzielt. Die gleiche Lagerung ist auch für Fenderpfähle geeignet.
   Auch die Raykin-Fenderelemente sind für die Abfenderung von Fenderpfählen entwickelt
worden. Wegen der geringeren Energieaufnahme in Längsrichtung des Bauwerkes ist eine Verbindung der Fenderpfähle erforderlich. Besonders geeignet sind die Raykin-Fender daher für die
auf Seite 214 vorgeschlagene Ausführung, bei der sich die Fenderpfähle gegen einen abgefe-
derten, waagerechten Kopfbalken abstützen.
   Bei der Fenderpfahllagerung durch Neidhart-Fender-Einheiten (Abb. 21) ist es möglich, eine
größere Zahl von Einheiten sowohl nebeneinander [80] als auch untereinander zusammenzufassen.
   Ein Fenderpfahl im Hafen von Dublin [40] besteht aus einem Stahlpfahl, auf dessen oberer
Hälfte, von Niedrigwasserhöhe bis Oberkante Kai, Autoreifen aufgezogen sind, die genau über den
Stahlpfahl passen. Der Pfahl ist entwickelt worden, um die hohen Unterhaltungskosten hölzerner
Fenderpfähle einzusparen. Der Stahlpfahl stützt sich an seinem oberen Ende auf etwa 2,0 m
Länge durch die Autoreifen elastisch gegen den Kai ab. Versuche haben ergeben, daß dieser Fender
die größte Energie aufnehmen kann, wenn die einzelnen Reifen durch Klammern an ihren Wulsten
fest zusammengehalten werden.
   Früher wurden die Fenderpfähle und die Fenderglieder vielfach durch Stahlfederpuffer elastisch
abgestützt; heute wird diese Lösung jedoch nur noch selten ausgeführt, wie z. B. am Ölpier in Fawley
[6]. Da Stahlfederpuffer nur Kräfte in Richtung der Federachse aufnehmen können, ist bei ihrer
Verwendung als elastische Kopfabstützung von Fenderpfählen eine Längsverbindung der Fenderpfähle unerläßlich. Die in Pierlängsrichtung auftretenden Kräfte können entweder durch eine
starre Lagerung aufgenommen werden, oder der Druck der Fenderpfähle auf die Federpuffer muß

mit Gleitplatten übertragen werden, die eine begrenzte seitliche Verschiebung des Fenderpfahles gegenüber dem Federpuffer zulassen [20, 22].

Eine weitere Möglichkeit der elastischen Lagerung von Fenderpfählen ist durch pneumatische, hydraulische und hydropneumatische Puffer gegeben. Der Einbau dieser Einheiten ist aber nur zu empfehlen, wenn für eine einwandfreie Wartung gesorgt ist. Die Abstützung einer Fenderpfahlreihe mit hydraulischen Puffern oder ähnlichem kann nicht empfohlen werden.

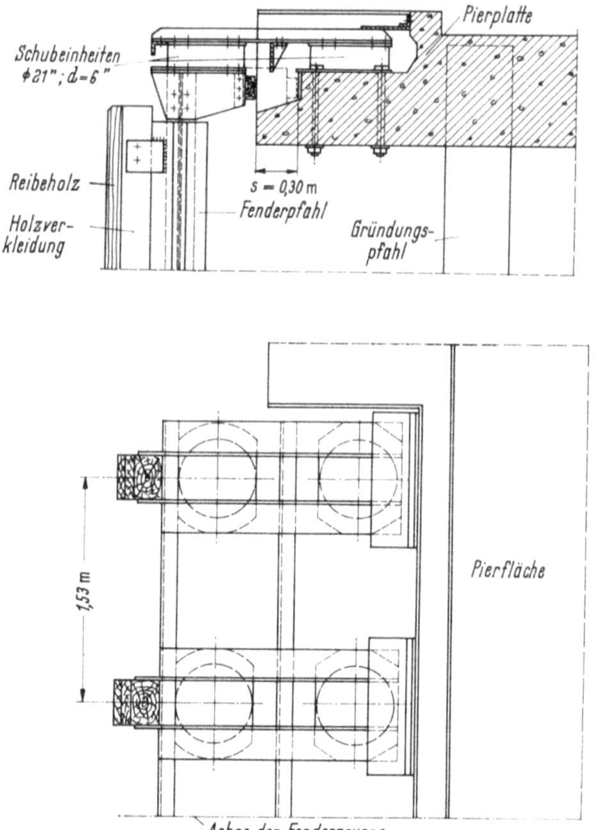

Abb. 43. Fenderpfahllagerung mit mehreren Schub-Einheiten [76]

Der Vollständigkeit halber muß an dieser Stelle das Weitwinkelanlegegerät [41] genannt werden. Das Gerät ist aus dem Gedanken heraus entstanden, bei Fenderpfählen eine wirksame Vorrichtung für die Aufnahme der normal und längs zum Pier wirkenden Anlegekräfte zu entwickeln. Es besteht aus einem waagerechten Balken mit zwei hydropneumatischen Pufferpaaren, die durch ein sinnreiches Hebelsystem verbunden sind. Die Puffer sind so angeschlossen und angeordnet, daß sie voneinander unabhängig oder zusammen wirken, je nach Stoßrichtung und Stoßstelle. Das Weitwinkelanlegegerät nimmt theoretisch Kräfte in allen Richtungen auf. Es stellt jedoch eine sehr feingliedrige Konstruktion dar, die für Fenderzwecke nicht kräftig genug ist und deshalb nicht empfohlen werden kann.

Tauwerkskissen und Buschfender sind für die elastische Lagerung von Fenderpfählen ungeeignet. Sie sind nur dort brauchbar, wo sie nicht fest eingebaut sind und wo sie durch Drehung und Beanspruchung in verschiedenen Richtungen „elastisch" gehalten werden.

3. Vorgeschlagene Ausführung

In den vorhergehenden Abschnitten wurden Untersuchungen über die zweckmäßige elastische Lagerung einzelner Fenderpfähle am Pfahlkopf angestellt und die Möglichkeiten hierzu untersucht. Danach gibt es für die elastische Lagerung am Pfahlkopf vier grundsätzliche Möglichkeiten.

a) Die Kraftwirkung normal zum Pier wird elastisch und die Kraftwirkung in Pierlängsrichtung in starren Halterungen aufgefangen.

b) Eine gewisse Nachgiebigkeit in Pierlängsrichtung ist dadurch gegeben, daß sich die Druckkörper auf Gleitplatten längs zum Bauwerk verschieben können.

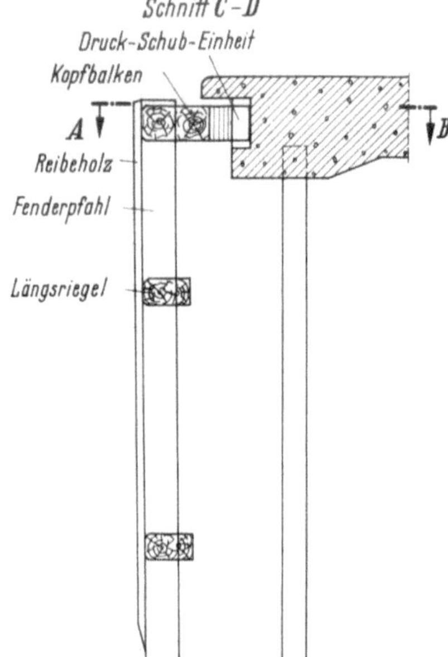

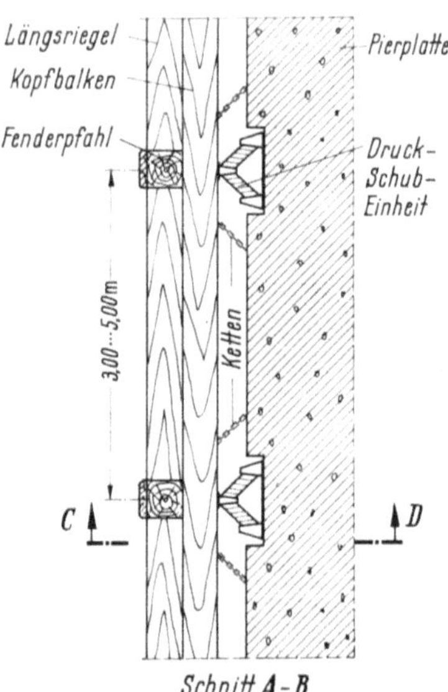

Abb. 44. Fenderpfähle mit elastisch gelagertem Kopfbalken

c) Es wird eine elastische Lagerung in allen Richtungen vorgesehen, die dann aber in Pierlängsrichtung schwächer ausfällt (Anordnung von seitlichen Druckkörpern).

d) Die allseitige elastische Lagerung ergibt in allen Richtungen eine geringere Energieaufnahme (Schubeinheiten). Die Anordnung mehrerer Einheiten erfordert verhältnismäßig hohen Aufwand.

In allen Fällen muß damit gerechnet werden, daß ein einzelner Fenderpfahl einen Großteil der Gesamtenergie aufnehmen muß. Stöße in Längsrichtung können nur unvollkommen aufgenommen werden.

Auf Grund dieser Darlegungen zeigt sich die Überlegenheit folgender Lösung:

Hölzerne Fenderpfähle, angeordnet im Abstande von 3 bis 5 m, stützen sich am Kopf gegen einen durchgehenden waagerechten Kopfbalken ab, der durch Druckpuffer oder Druck-Schub-Puffer im halben oder auch gleichen Abstand wie die Fenderpfähle gegen den Pier (Pierplatte) elastisch gelagert ist (Abb. 44).

Die Fenderpfähle werden zweckmäßig durch waagerechte, längs zum Pier verlaufende Riegel verbunden. Hierdurch wird ein besseres Zusammenwirken der Einzelpfähle erreicht, Längsstöße verteilen sich auf mehrere Pfähle. Die Anzahl und Höhenlage der Riegel ist von den örtlichen Verhältnissen (Schiffsgrößen, Anfahrmöglichkeiten, Tidehub, Wassertiefe usw.) abhängig. Auf jeden Fall sollte aber eine Verbindung etwas über dem mittleren Niedrigwasser liegen. Bei kleineren Anlagen kommt auch ein lastverteilender starker Querriegel in Höhe des Mittelwassers in Betracht [103].

Die in die Fenderpfähle eingeleiteten Kräfte werden teils in den Boden, teils in den Kopfbalken geleitet. Aus an anderer Stelle ausgeführten Gründen wird der Hauptstoß aber meist in Höhe des Kopfbalkens auftreten. Dem Kopfbalken und seiner elastischen Lagerung kommt demnach erhöhte Bedeutung zu. Es ist die Aufgabe des Kopfbalkens, die in ihn eingeleiteten Kräfte auf eine größere Länge des Piers und auch auf eine größere Länge des Schiffes zu übertragen. Das gilt sowohl für die Kräfte aus Stößen normal zum Pier als auch aus Längsstößen.

Ist der Kopfbalken zu steif, so verteilt sich der Stoß auf eine zu große Länge des Piers, wobei durch die große Zahl der mitwirkenden Puffer ein harter Stoß mit großen Kräften entsteht. Ist der waagerechte Balken zu weich, so vermag er die Kräfte nicht auf benachbarte Puffer zu übertragen. Die Folge ist, daß der beanspruchte einzelne Puffer die Schiffsenergie nicht aufnehmen kann. Der waagerechte Balken muß also so weich sein, daß sich seine Biegelinie der Schiffskrümmung anpassen kann. Diese Forderung läßt sich jedoch nur für größere Krümmungsradien erfüllen.

Der waagerechte Balken muß aber wiederum so bemessen sein, daß er die Stoßkräfte von den Fenderpfählen auf die Gummipuffer übertragen und darüber hinaus eine begrenzte Zahl von Puffern außerhalb der Kontaktfläche zur Energieaufnahme heranziehen kann.

Es ist zweckmäßig, die zulässige Druckkraft eines Puffers unter der zulässigen Punktbelastung der Schiffswandung zu wählen, da die lastverteilende Wirkung des Kopfbalkens eine größere Zahl von Puffern zur Wirkung heranzieht, wodurch die Gesamtkraftaufnahme und damit das Arbeitsvermögen wächst.

Der waagerechte Balken wird zweckmäßig durch im Grundriß unter 45° zum Pier verlaufende Ketten an der Pierkonstruktion gehalten, wodurch den Gummipuffern eine geringe Vorkompression gegeben werden kann und die Fenderpfähle dann fest am Pier anliegen. Durch die unter 45° verlaufenden Ketten wird ferner erreicht, daß die Längsbewegung des waagerechten Balkens bei Längsstößen in eine gleichgroße Zusammendrückung der Puffer umgewandelt wird. Die Längskräfte verteilen sich durch den waagerechten Balken auf eine große Pierlänge.

Auf diese Weise wird eine einfache und einwandfreie Energieaufnahme der Stöße sowohl normal zum Pier als auch in dessen Längsrichtung erreicht. Ähnliche Lösungen wurden bei einer

Kohlenverladeanlage am Tyne [*79*] und am Moturoa Pier im Hafen von Taranaki [*87*] ausgeführt.

Für den Moturoa Pier wurde eine interessante Untersuchung über die Stoßverteilung auf die Pierkonstruktion vorgenommen. Die Fenderpfähle haben einen Abstand von 3,6 m und die Druckpuffer von 1,8 m. Die Zusammendrückung und die Kraft- und Energieaufnahme der einzelnen Puffer beim Stoß eines Schiffes unter einem Winkel von 1,2° sind in Tab. 19 angegeben. Die Kraft-Weg-Kurve eines Puffers kann aus Abb. 14 unter Nr. 3 entnommen werden.

Tabelle 19. *Beteiligung mehrerer Gummipuffer an der Energieaufnahme eines Schiffsstoßes beim Moturoa Pier im Hafen von Taranaki* [*87*]

Puffer Nr.	Zusammen-drückung	Kraft	Energie
	cm	t	tm
1	8	11	0,4
2	13	18	1,2
3	20	30	3,1
4	31	44	6,7
5	36	52	9,4
6	41	70	12,5
7	38	55	10,5
8	33	48	8,0
9	29	43	6,3
10	25	37	4,7
11	22	31	3,4
12	18	26	2,3
13	14	20	1,4
14	10	15	0,8
15	6	9	0,3
16	3	4	0,1
		Σ 513	Σ 71,1

G. Elastisch gelagerte Streichbalken und flächenhafte Fendersysteme

1. Streichbalkenartige Systeme

Während beim Fenderpfahl die Energie hauptsächlich durch Biegung aufgenommen wird und eine elastische Lagerung am Pfahlkopf nur im oberen Bereich zu einer merklich größeren Energieaufnahme führt, hängt die Energieaufnahme eines Streichbalkens auf ganzer Höhe wesentlich von der elastischen Lagerung ab. Streichbalken sind von schlanker Ausführung und bestehen aus einem in ganzer Höhe durchlaufenden Materialprofil.

Für die Ausbildung der elastischen Lagerung der Streichbalken gelten ähnliche Gesichtspunkte wie für die elastische Lagerung der Fenderpfähle. Es sind je nach Länge des Streichbalkens mehrere, mindestens jedoch zwei Lagerungen übereinander erforderlich. Im Gegensatz zu den Fenderpfählen müssen diese Lagerungen aber auch das lotrecht wirkende Eigengewicht der Streichbalken aufnehmen.

Es ist anzustreben, die Streichbalken möglichst tief herabzuführen. Schwierigkeiten bereitet dabei die untere Lagerung unter dem Niedrigwasserspiegel. Bei massiven Kais mit Brunnen- oder Senkkastengründung kann eine zusätzliche untere Abstützung vorgesehen werden, die nach einem vorgegebenen Federweg normal zum Bauwerk anspricht. Die Aufnahme von Längskräften ist nicht möglich. Durch die Anordnung von Gummiprofilen an der unteren Abstützung des Streichbalkens kann auch diese Lagerung elastisch ausgebildet werden [*95*].

Die Fenderung der fast starren Pierköpfe für die Anlegestellen von Supertankern in Thames Haven [*36*] besteht aus elastisch gelagerten Streichbalken aus Greenheart 46/46 cm mit Reibehölzern aus Ulme. Die Streichbalken sind im Abstand von rd. 5,0 m über den ganzen Pierkopf

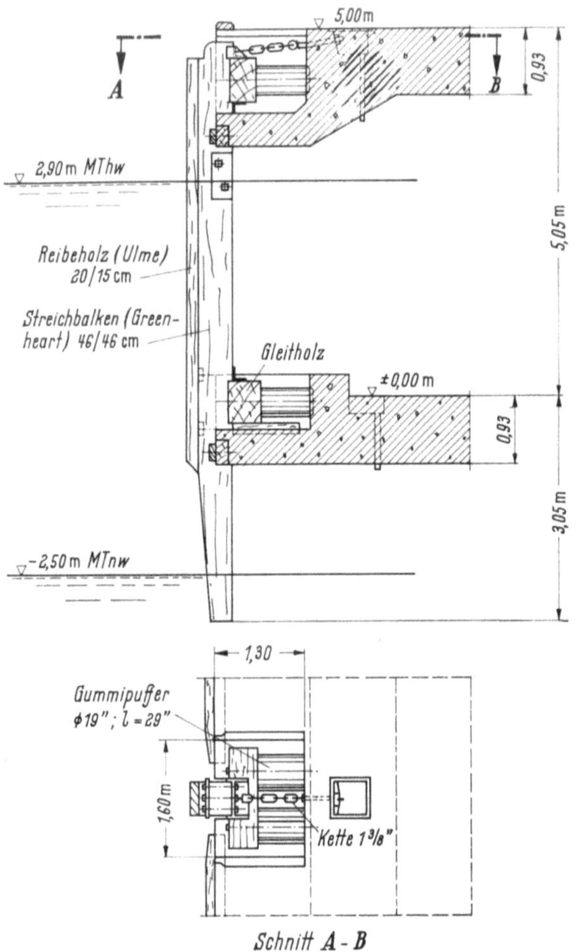

Abb. 45. Fenderung des Ölpiers von Thames Haven [36]

verteilt, wurden aber im Bereich der häufigsten und stärksten Stöße an den Enden des Pierkopfes enger angeordnet (2,7 m Abstand) und mit kräftigeren Lagern versehen. Jeder Streichbalken ist in zwei Ebenen gelagert (Abb. 45); jedes Lager besteht aus einem Querholz, das die Kräfte über zwei nebeneinanderliegende Gummidruckpuffer in die Konstruktion des Pierkopfes einleitet. Die Streichbalken sind in die Querhölzer eingelassen, Kräfte längs zum Bauwerk werden starr übertragen. Das Gewicht des Streichbalkens wird durch das untere Lager aufgenommen. Eine andere Lösung würde darin bestehen, die lotrechten Eigengewichtskräfte durch Ketten aufzunehmen.

Ist in den Bereichen stärkerer Stoßbeanspruchung eine bei jedem Stoß wirksame breitere Fenderfläche erwünscht und wegen der Größe der aufzunehmenden Energie erforderlich, so kann man die einzelnen Streichbalken unmittelbar aneinanderreihen, einen breiteren Fenderkörper in homogener Ausführung wählen oder aus mehreren Profilen fachwerkartig oder rahmenförmig zusammensetzen. Die Fläche, die mit der Schiffswandung in Berührung kommt, muß durch Reibehölzer verkleidet werden.

Ein gutes Beispiel für das Aneinanderreihen von elastisch gelagerten Streichbalken ist die Fenderung der Stahlbetonpontons der St.-Pauli-Landungsbrücken in Hamburg [43, 44, 86, 96]. Die ausgeführte Fenderung ist in Abb. 46 dargestellt. Sie besteht aus 1,57 m langen senkrechten eichenen Stoßbalken vom Querschnitt 25/27 je zwei zusammengebolzt in lückenloser Folge. Die Doppelhölzer werden oben und unten durch Bleche seitlich geführt; die Kräfte längs zum Ponton werden durch Reibung aufgenommen und starr übertragen. Normal zum Ponton ist jeder Doppelbalken durch zwei Reihen von vier übereinander angeordneten Gummipuffern abgefedert. Die Puffer haben einen Durchmesser von 13 cm und eine Länge von 14 cm, sie sind durch eine einvulkanisierte Stahlplatte „gehärtet". Die Doppelbalken tragen auf der Stoßseite eichene Scheuerbohlen. Die Wandungen des Pontons sind im Bereiche der Druckübertragung verstärkt.

Das Arbeitsvermögen der Fenderung beträgt 2,25 tm je lfdm Anlegefront. Auf einem Federweg von 7 cm tritt dabei eine Schiffsstoßendkraft von 65 t/lfdm auf. Die Fenderung hat sich im starken Betrieb gut bewährt. Schwierigkeiten sind auch im Winter bei Eisbildung nicht aufgetreten.

Die elastische Abstützung der streichbalkenartigen Fendersysteme besteht fast ausschließlich aus Gummipuffern. Als Material für die Fenderkörper wird Stahlbeton und Stahl verwendet.

Die Fenderkörper des Piers von Northfleet an der Themse [35] bestehen aus Stahlbeton. Sie sind in Nischen des Bauwerkes an Ketten aufgehängt und durch Gummipuffer so abgestützt, daß sie auch Kräfte längs zum Bauwerk elastisch aufnehmen können (Abb. 47). Je drei Fendereinheiten liegen so nahe beieinander, daß sie eine Gruppe bilden; die einzelnen Gruppen haben einen Mittenabstand von 17,5 m.

Die Fender am Skarvik Ölpier im Hafen von Göteborg [33] haben einen Abstand von 30 bis 35 m. Sie bestehen aus einem stählernen mit Holz verkleideten Rahmen von rd. 6,7 m Länge und 3,0 m Höhe; der Rahmen hat mit der Holzverkleidung eine Stärke von 0,8 m und wiegt 16 t. Die Fender liegen mit ihrer Unterkante 1,2 m über Niedrigwasser. Der Fenderrahmen ist gegen die Pierplatte durch 16 Gummipuffer abgefedert. Die Puffer sind an den Enden von zwei übereinander liegenden waagerechten und zwei lotrechten Kreuzen aus Stahlträgern angeordnet (Abb. 48). Das Arbeitsvermögen eines Fenders ist sehr hoch; es beträgt rd. 50 tm bei einer Schiffsstoßendkraft von rd. 215 t und einem Federweg von rd. 0,5 m.

Bemerkenswert ist die schwere Fenderung der Tankerlöschanlage für Supertanker von Finnart an der Westküste Schottlands [37]. Der starre Pierkopf ist durch zwei leichtere Fenderkonstruktionen mit rd. 45 tm Arbeitsvermögen in je 25 m Abstand von der Pierkopfachse und durch zwei schwere Fendereinheiten an den Enden des Pierkopfes mit rd. 140 tm Arbeitsvermögen ab-

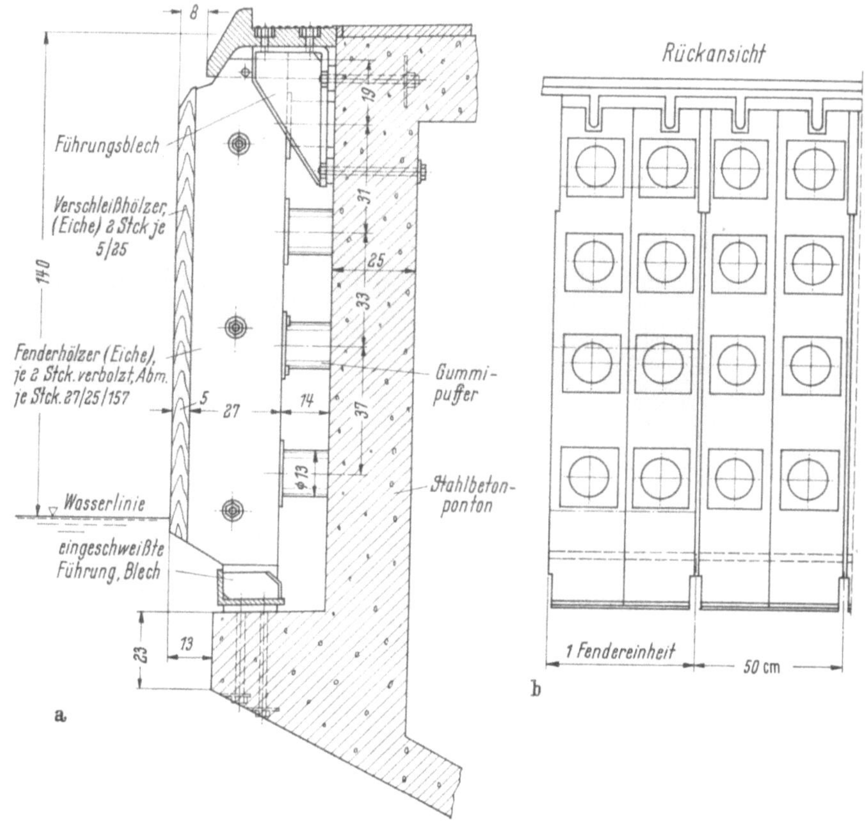

Abb. 46. Fenderung der St. Pauli Landungsbrücken (Hamburg) [*96*]

gefendert. Die Ausbildung aller vier Fendereinheiten ist im wesentlichen gleich. Abb. 49 zeigt Schnitte durch die schwere Fendereinheit (normal zum Pier geschnitten) im unbelasteten Zustand und bei der größtzulässigen Beanspruchung.

Der Fender besteht aus einem stählernen mit Holz verkleideten Fenderschild mit den Abmessungen 4,3 × 4,3 m, der sich mit vier axial auf Druck belasteten Gummizylindern von 51 cm Durchmesser und 51 cm Länge gegen einen Stahlkörper abstützt. Der Stahlkörper ist in seinem hinteren Teil waagerecht aufgeschlitzt. Er gleitet in Stützrahmen in der Pierkopfkonstruktion und gleichzeitig teleskopartig über einem durch den Schlitz geführten. schweren, waagerechten Stahlträger, der mit der Pierkopfkonstruktion fest verbunden ist. Gegen diesen Stahlträger stützt sich der vordere Teil des Stahlkörpers mit zwei hintereinander liegenden axial beanspruchten Gummidruckkörpern von 81,5 cm Durchmesser und 81,5 cm Länge elastisch ab.

Der Gesamtweg der Fendereinheit beträgt bei 60% Zusammendrückung der Druckkörper 115 cm. Dabei tritt eine Schiffsstoßendkraft von über 400 t auf. Durch am Fenderschild angebrachte Ketten wird der Fendereinheit eine dauernd vorhandene Zusammendrückung von 10 cm gegeben.

Die Fenderkonstruktion wird in seitlicher Richtung vollkommen starr geführt, eine begrenzte Winkelverdrehung ist nur durch die elastische Lagerung des Fenderschildes auf dem Stahlkörper gegeben. Ob diese Winkelverdrehung ausreichend ist, um die großen auftretenden Kräfte auf die gesamte Fläche des Fenderschildes zu verteilen und so eine tragbare Flächenpressung für die Schiffswand zu erreichen, müssen die Erfahrungen zeigen. Die Unterhaltung der Fendereinheiten wird nicht billig und die Wirkungsweise bei Eisbildung eingeschränkt sein.

Eine im Grundgedanken [*76*] ausgezeichnete Lösung für schwere Fenderungen ist in Abb. 50a dargestellt. Die Fenderung besteht aus einem Fenderkörper mit angesetzten V-förmigen Nasen,

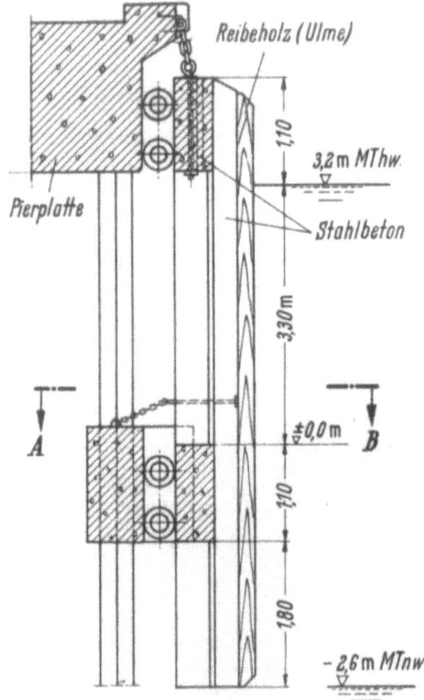

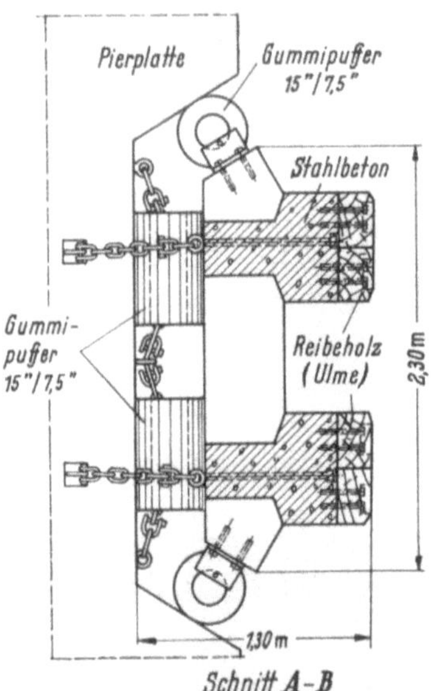

Abb. 47. Fenderung des Piers von
Northfleet [35]

die in ebenfalls V-förmige Aussparungen der Kaikonstruktion
fassen. Dazwischen sind als elastische Zwischenglieder Gummirundfender eingebaut. Der Fenderkörper selbst ist an Ketten
aufgehängt. Die Fenderung ist sowohl bei Stößen normal zum
Kai als auch bei Stößen unter spitzem Winkel wirksam. Bei
einseitiger Beanspruchung kann die am anderen Ende vorhandene Kette auf Zug beansprucht werden.

Als Grundvoraussetzung für diese Fenderung gilt, daß das
Widerlager entsprechend ausgebildet werden kann. Anzustreben
ist eine durchgehende Widerlagerfläche über der ganzen Fen-
derhöhe, weil die Kraft- und Energieaufnahme mit der Länge
der elastischen Rundfender zunimmt. Zumindest ist aber eine
Lagerung im unteren und oberen Viertel erforderlich. Da die
Fenderung für alle Stoßrichtungen in einem Halbkreis wirksam
sein soll, können als Puffer nur Einheiten verwendet werden, die
in der waagerechten Ebene allseitige Beanspruchungen aufnehmen können. Hierfür eignen sich die der Idee zugrunde liegenden, radial beanspruchten Gummirundfender, die aber nicht
nur auf Druck, sondern zusätzlich auf Schub beansprucht werden. Es ist daher zweckmäßig, sie nicht voll auf Druck zu
beanspruchen und nur etwa eine Zusammendrückung von 40%
zuzulassen.

Die Schubspannungen können wesentlich gemindert werden,
wenn die Kräfte normal zum Kai durch zusätzliche nur auf
Druck beanspruchte Fenderelemente aufgenommen werden
(Abb. 50b linke Hälfte). Als weitere Variante können Schub-
elemente aus Gummi eingebaut werden, die dann auf Druck
und Schub beansprucht werden (Druck-Schub-Einheit) (Abb. 50b
rechte Hälfte). Bei dieser Lösung sind nur kleine Wege möglich.

Der Fenderkörper kann aus Stahlbeton, Stahl oder Holz hergestellt werden. In den beiden ersten Fällen ist es erforderlich,
die Stoßfläche durch Reibehölzer zu verkleiden.

Nachteilig für diese Fenderart ist das große Gewicht, namentlich bei großen Wasserstandsunterschieden und die etwas auf-
wendige Auflagefläche des Fenders am Anlegebauwerk.

2. Nachgiebige Reibeholzanlagen

Bei Reibeholzanlagen sind zwei Wege beschritten worden, um
eine größere Energieaufnahme zu erzielen, und zwar in beiden
Fällen durch Vergrößerung des Kraftweges. Der eine Weg besteht
darin, die Reibeholzanlage elastisch durch Fenderelemente gegen
den Kai abzustützen. Die lotrechten Kräfte aus dem Eigengewicht der Reibeholzanlage können durch Ketten aufgenommen werden, oder aber der Balkenrost wird durch Pfähle getragen.

Von Rooke [105] wurde ein Vorschlag gemacht, bei dem die
Reibeholzausfachung der Felder zwischen elastisch gelagerten
Fenderpfählen auf Biegung beansprucht wird. Das Fendersystem
ist so ausgebildet, daß annähernd die gleiche Wirksamkeit an jeder Stoßstelle vorhanden ist. Die
Energieaufnahme dieses Systems ist im Vergleich zum Aufwand jedoch gering. Über den elastischen
Bereich hinaus treten schnell bleibende Verformungen und Zerstörungen der Reibeholzausfachung
auf. Eine elastische Reibeholzanlage sollte jenseits des elastischen Bereichs nicht auf Biegung,
sondern durch einen Anschlag auf Druck beansprucht werden. Es ist erforderlich, die Reibeholzausfachung selbst elastisch gegen das Bauwerk abzustützen.

Die auf Druck beanspruchten, elastisch abgestützten Reibeholzanlagen sind besonders bei
großen Wasserstandsunterschieden recht kostspielig; sie werden jedoch vielfach bei der Fenderung
von massiven Fährbettwandungen angewendet [7, 14, 116].

Die Reibeholzverkleidung der Senkkästen des Fährbettes II in Großenbrode [18] stützt sich in
zwei lotrechten Ebenen mit radial auf Druck beanspruchten quadratischen Gummifendern gegen
den Senkkasten ab. Die Fenderung der beiden Anstoßpfeiler des neuen Fährbettes in Großenbrode
[16, 17] besteht aus senkrechten Reibehölzern, die sich gegen stählerne unten gelenkig gelagerte

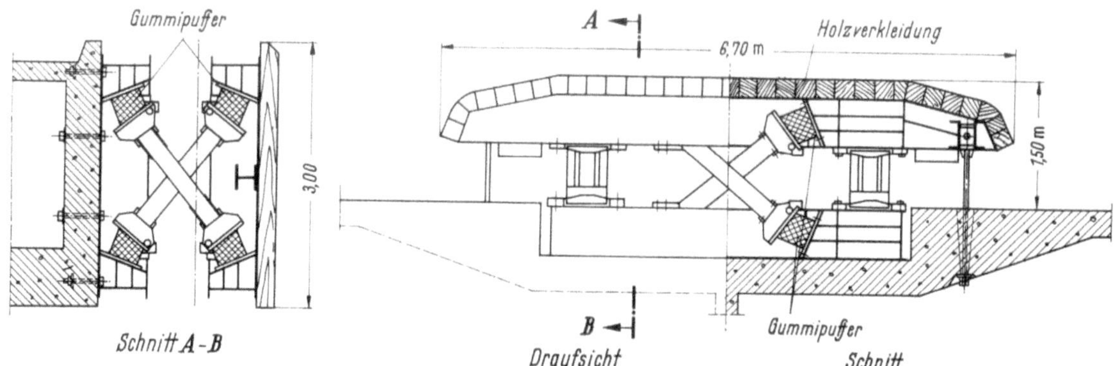

Abb. 48. Fenderung des Skarvik Ölpiers (Göteborg) [*33*]

Stiele abstützen und die Stoßkräfte über Ringfedern auf den Pfeiler übertragen. Zwischen Feder und Pfeiler sind Deformationsglieder angeordnet.

Bei den verkleideten Fährbettwänden treten Schäden immer wieder dadurch auf, daß die Reibehölzer durch Längskräfte abgerissen werden. Mit diesen Kräften muß aber bei Fährbetten auch beim normalen Anlegevorgang stets gerechnet werden. Die Reibeholzverkleidung muß sich daher feldweise in Längsrichtung bewegen können. Eine Beschränkung dieser Bewegung ist jedoch erforderlich; sie sollte aber stets elastisch sein. Hierfür ist die auf Seite 214 beschriebene elastische Lagerung geeignet.

Der zweite Weg zur Erzielung einer größeren Energieaufnahme durch das Reibeholzsystem wurde am Pier K des New York Naval Shipyard beschritten [*102*]. Er besteht darin, das Reibeholzsystem so anzubringen, daß es feldweise beim Stoß angehoben wird und sich dabei schräg nach

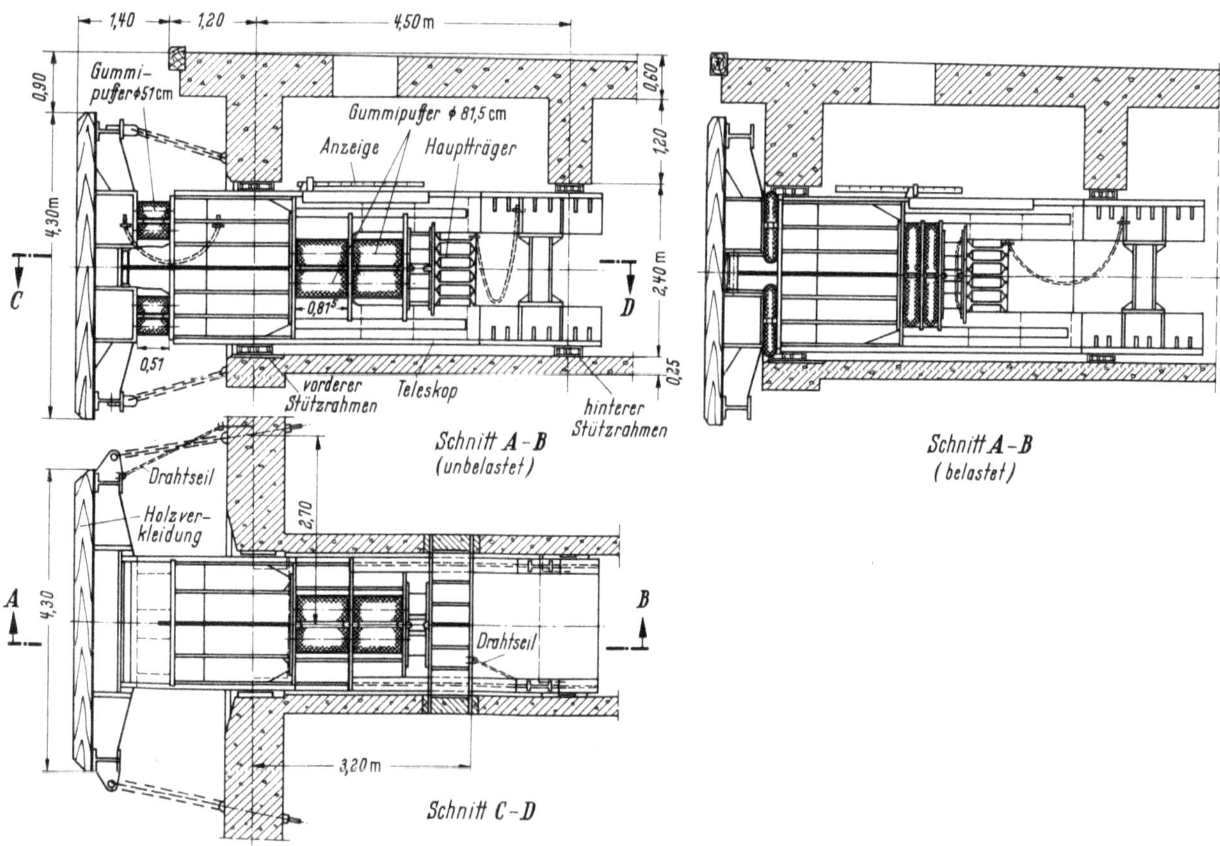

Abb. 49. Fenderung der Ölpiers von Finnart [*37*]

oben zum Kai hin bewegt. Das System ist nur bei geringen Wasserstandsunterschieden und nur
für kleine Schiffe geeignet. Kräfte längs zum Kai werden starr aufgenommen. Die Auswechslung
beschädigter Felder ist mit geringem Aufwand möglich.

Die gegenüber einer normalen Reibeholzanlage gewonnene Energieaufnahme im elastischen Bereich ist gering und wiegt nicht den Nachteil auf, daß am Ende des kurzen elastischen Weges die

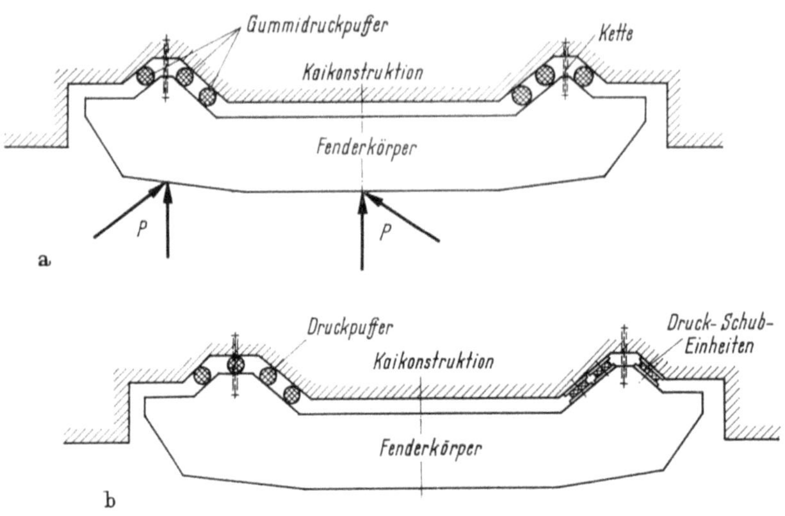

Abb. 50a u. b. Ein Ausführungsvorschlag [76]

waagerechten Hölzer auf Biegung beansprucht werden und dadurch leicht zerstört werden können.
Eine normale Reibeholzanlage wirkt zwar in dem Bereiche, der dem elastischen Bereiche dieser
Konstruktion entspricht, wesentlich härter und ungünstiger. Sie kann aber durch die linien-
(flächen-)förmige Belastung in der Endphase ohne bleibende Verformung wesentlich höhere Druckkräfte und damit eine größere Energie aufnehmen.

H. Schwimmfender

1. Allgemeines

Schwimmfender bestehen aus Materialien, die entweder gemäß ihrer Stoffeigenschaften oder
durch die ihnen gegebene Form schwimmen. Die Schwimmfender der ersten Gruppe bilden dabei
den Normalfall und werden weitaus am häufigsten verwendet. Als Material, von dessen Schwimmeigenschaften Gebrauch gemacht wird, kommt nur Holz zur Anwendung. Das hat seinen Grund
darin, daß Holz das einzige Material ist, das schwimmt und gleichzeitig die für Fenderzwecke erforderlichen Festigkeiten aufweist. Bei der Auswahl der Hölzer ist darauf zu achten, daß sie auch
bei längerer Wasserlagerung sich nicht vollsaugen und dann nicht mehr schwimmfähig sind. Für
Schwimmfender eignen sich daher nur Nadelhölzer. Die Forderung nach hoher Abnutzungsfestigkeit und Druckfestigkeit senkrecht zur Faser führt dazu, daß die Kiefer für derartige Zwecke am
besten geeignet ist.

Bei der Konstruktion der Schwimmfender werden zusätzlich Materialien mit einem Raumgewicht
größer als 1, wie z. B. Stahl und Gummi, verwendet. Deren Verwendung ist aber dadurch beschränkt, daß sie das Holz nicht zu sehr belasten dürfen.

Schwimmfender übertragen den Schiffsstoß jeweils in Höhe des Wasserspiegels. Dadurch eignen
sie sich, von gewissen Sonderausführungen abgesehen, nur für Schiffe mit glatter Außenhaut. Bei
Schiffen mit Wallschiene, es handelt sich vorwiegend um kleine Schiffe, wird der Schiffsstoß nicht
an der dafür vorgesehenen Stelle, der Wallschiene, sondern darunter übertragen, im Grenzfall
auch nur mit der unteren Kante der Wallschiene. Sind die Schwimmfender nicht breit genug,
geben sie also einen zu geringen Abstand vom Kai, so können sie für Schiffe mit Wallschiene auch
ohne jegliche Wirkung sein.

Es ist durch eine geeignete Ausbildung der Vorderfläche des Bauwerkes dafür zu sorgen, daß die
Schwimmfender mit dem Wasserstand einwandfrei an dem Bauwerk auf und nieder gleiten können;
dabei muß vom höchsten bis zum niedrigsten Wasserstand eine Druckübertragung auf das Bauwerk

möglich sein. Schwimmfender eignen sich wegen der am Bug und Heck nach unten eingezogenen Schiffsformen nicht an vorspringenden Bauwerksecken. Während in Schleusen und deren Einfahrten die Schwimmfender fast lückenlos aufeinanderfolgen, werden die Schwimmfender an den meisten Anlegebauwerken in größeren Abständen angeordnet.

Schwimmfender haben gegenüber Einzelfendern den Vorteil, daß sie die Schiffsstöße auf einer großen Länge übertragen können. Die Breite der Schwimmfender ist nach oben beschränkt durch die Art des Umschlages und die Reichweite der Kaikräne und nach unten durch den zum Schutz von Schiff und Bauwerk erforderlichen Mindestabstand. Der Mindestabstand wird bestimmt durch den wasserseitig geneigten vorderen Pfahlrost, durch eine geneigte vordere Abschlußspundwand oder durch die Forderung, daß die Schiffe bei Schlagseite nicht die Kaioberkante oder die Kräne beschädigen dürfen. Schwimmfender können leicht und schnell ausgewechselt werden.

2. Schwimmpfahlanlagen

Die einfachste Form eines Schwimmfenders wird in den Schwimmpfahlanlagen verwendet. Diese bestehen aus in Längsrichtung aneinandergereihten geraden Rundholzstämmen mit einem mittleren Durchmesser bei Seeschiffsanlagen von etwa 50 bis 70 cm. Es ist zweckmäßig bei einer Schwimmpfahlanlage nur Stämme von gleicher Länge zu verwenden, da dadurch eine wesentlich wirtschaftlichere Vorratshaltung betrieben werden kann. Zu empfehlen sind Pfahllängen zwischen 15 und 20 m oder auch zwei Pfahllängen auf eine Baublocklänge.

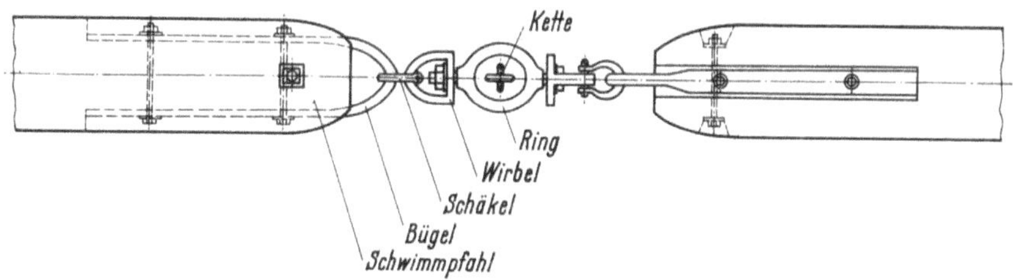

Abb. 51. Verbindung der Einzelpfähle einer Schwimmpfahlanlage

Die einzelnen Pfähle werden mit Bügeln, Schäkeln, Wirbeln und Ringen verbunden (Abb. 51). Das Kernstück der Verbindung besteht aus dem Ring mit den beiderseitigen Wirbeln, in die die Pfahlbügel eingeschäkelt werden. Die gesamte Schwimmpfahlanlage wird an den Verbindungsstellen der Einzelpfähle an durch den Ring gezogenen Ketten, die etwas unterhalb der Bauwerksoberkante im Bauwerk verankert und am unteren Ende mit einem Gewicht beschwert sind, am Bauwerk schwimmend gehalten. Bei Änderung des Wasserstandes gleiten die Pfähle mit dem Verbindungsring an der Kette auf und ab. Die Befestigung der Pfähle an dem Ring mit Wirbeln erlaubt es jedem einzelnen Schwimmpfahl, sich unabhängig von den benachbarten um seine Achse zu drehen, wodurch die Beanspruchung auf Abrieb wesentlich gemindert wird.

Während eine Schwimmpfahlanlage bei Beanspruchung normal zum Kai Bewegungsenergie nur unter großen Kraftwirkungen aufnimmt, verhält sie sich besonders vorteilhaft bei Kraftwirkungen parallel zum Kai. Sie ist also in den Fällen geeignet, wo ein Schiff beim Anlegen an einem Bauwerk entlanggleitet, wie z. B. beim Einfahren in Schleusenkammern. Hierbei wird ein Pfahl der Schwimmpfahlanlagen von der Schiffswandung erfaßt und dieser sowie durch die Verbindung der Pfähle noch weitere Pfähle mitgezogen. Die Kraftaufnahme in Längsrichtung ist also wegen des großen Weges verhältnismäßig gering.

Durch Reibung zwischen Schiffswandung, Pfahl und Bauwerk sowie in geringem Maße durch die Anhebung der Kettengewichte wird Energie vernichtet.

3. Floßartige Schwimmfender

Ist ein größerer Abstand des Schiffes vom Anlegebauwerk erwünscht oder ist aus konstruktiven Gründen der Abstand der seitlichen Auflagerungen am Bauwerk (bei Reibepfählen oder aufgelösten Konstruktionen) für einen 1-pfähligen Schwimmfender zu groß, so werden 4- und 6-pfählige Schwimmfender angeordnet. 2-pfählige Schwimmfender sind nicht geeignet, da diese sich bei der Druckübertragung auf die Kaimauer um 90° um ihre gemeinsame Achse drehen.

Meist bestehen die floßartigen Schwimmfender aus zwei übereinander angeordneten Längslagen von Kant- oder Rundhölzern, die durch in Abständen angeordnete Querhölzer voneinander getrennt sind. Werden zur Verbindung der Hölzer quer und senkrecht verlaufende Bolzen verwendet, so ist wichtig, daß die quer verlaufenden Bolzen mit ihren Enden tief in die Hölzer eingelassen werden, damit sie nicht freigescheuert werden und eine Gefahr für die Schiffe bilden. Eine nur senkrechte Verbolzung hat diese Nachteile nicht [108].

Die Pfähle eines Rundholz-Schwimmfenders werden zweckmäßig so angeordnet, daß an jedem Ende die Hälfte der Pfähle mit dem Zopfende und die andere Hälfte mit der Wurzel sich diagonal gegenüberliegen. Die Pfähle werden zimmermannsmäßig an jedem Ende und in Zwischenabständen von etwa dem zehnfachen mittleren Durchmesser des Einzelpfahles abgebunden. Zur Stabilisierung ihrer Schwimmlage können 4-pfählige Fender der Länge nach durch einen untergehängten Stahlträger belastet werden.

Werden mehrere dieser Fender aneinandergereiht, so ist eine Verbindung durch Wirbel nicht erforderlich, da sich diese floßartigen Schwimmfender nicht drehen sollen. Diese Schwimmfender werden ebenfalls durch mit einem Gewicht beschwerte Ketten geführt. Es ist unzweckmäßig, die Ketten durch mit Eisen verkleidete enge Bohrungen der Fender zu führen, da diese leicht einfrieren und das Ausbauen der Ketten erschweren. Am einfachsten wird die Festhaltekette einfach über die Verbindungskette der Fender gelegt oder durch einen zwischengeschalteten Ring gezogen.

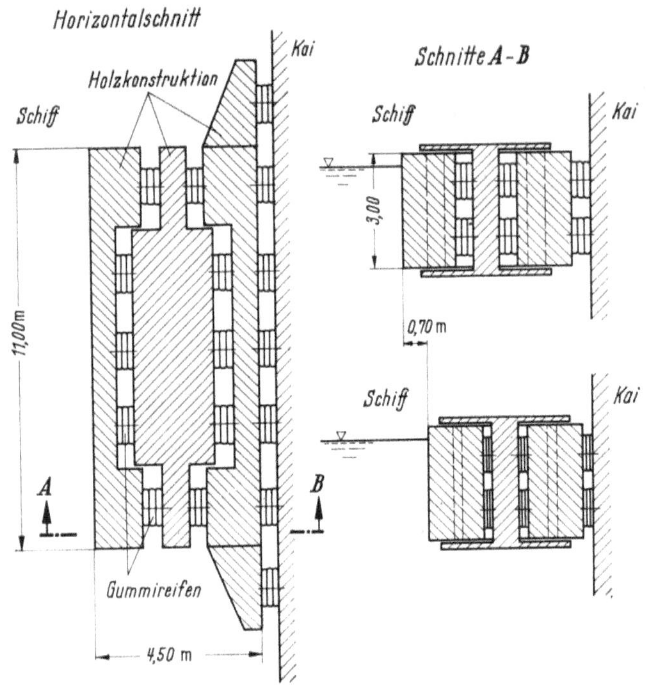

Abb. 52. Elastischer Schwimmfender

Eine Weiterentwicklung sind die aus Holz und elastischen Zwischengliedern bestehenden Schwimmfender (Abb. 52) [32]. Sie sind im Stoß weicher, haben ein wesentlich größeres Arbeitsvermögen und passen sich gut dem Umriß des Schiffes an. Die Fender bestehen aus drei Hauptteilen: dem kaiseitigen, einem mittleren und einem schiffsseitigen Holzrahmen. Die elastischen Glieder werden in den beiden Zwischenräumen der drei Einheiten angeordnet. Die Einheiten sind so miteinander verbunden, daß sie in der Höhe und in der Längsrichtung als eine Einheit wirken und in Querrichtung, also normal zum Anlegebauwerk, durch die Zusammendrückung der elastischen Zwischenglieder nachgiebig sind. Der Holzrahmen bewirkt die Schwimmfähigkeit, die Abstützung und den Schutz der elastischen Glieder. Die Energie nimmt der Fender durch die Zusammendrückung der elastischen Glieder und das Herausdrücken des Wassers auf. Das Herauspressen des Wassers wird durch die Holzdecke der Rahmen erschwert. Abstandshalter verhindern die Zerstörung der elastischen Glieder bei Überbeanspruchung. Sobald die Last wieder nachgibt, dehnt sich das Gummi aus, und der Fender geht in die Ausgangslage zurück.

Bei dem „Tweddell Compression Fender" (Abb. 53) werden als elastische Zwischenglieder Gummiröhren verwendet, die radial beansprucht werden [25]. Als Holz wird Douglastanne und englische Ulme verwendet. Der Fender liegt etwa vier Fünftel unter Wasser und ein Fünftel über Wasser. Einige gebräuchliche Abmessungen und das erreichbare Arbeitsvermögen sind aus Tab. 20

zu entnehmen. Die Arbeitsaufnahme der Fender ist sehr beachtlich. Die Fender sind dafür vorgesehen, zwischen Anlegebauwerk und Schiff schwimmend zu wirken, sie können aber auch bei aufgelösten Konstruktionen eingebaut werden.

Ähnliche Schwimmfender, „Dummies" genannt, werden im Hafen von Southampton verwendet [30]. Sie dienen hier unter anderem auch für die größten Passagierschiffe. Für jeden Schiffsliegeplatz sind zwei Schwimmfender vorgesehen. Als elastische Zwischenglieder dienen Puffer, die aus drei aufeinandergelegten Autoreifen bestehen und eine Rolle aus schwerem, $^3/_4$" starkem Preßluftschlauch enthalten. Der größte Teil der Arbeitsaufnahme erfolgt durch das Herauspressen des in den Reifen und dem Schlauch enthaltenen Wassers. Erst bei stärkerer Beanspruchung wird das Gummi der Reifen und des Schlauches zusammengepreßt. Um ein festes Anliegen an der Kaimauer zu gewährleisten, ist der kaiseitige Holzrahmen im Grundriß kragarmförmig verlängert. In Abb. 52 ist einer dieser Fender im Aufbau schematisch dargestellt. In einigen Fällen sind auch an den Außenseiten der Fender Reifen angebracht.

In einer Variante hierzu kann als elastisches Zwischenglied eine Art Reifen verwendet werden, der an der Innenseite an Stelle des bei Autoreifen üblichen durchgehenden Schlitzes in regelmäßigen Abständen Löcher hat [113, 114]. In Reifenmitte ist ein Gummipuffer angeordnet, der genau in den Reifen paßt. Bei der Zusammendrückung des gesamten elastischen Gliedes wird zunächst der Gummipuffer axial beansprucht. Dieser dehnt sich dabei aus und verhindert das Austreten des Wassers aus den Reifen. Hierdurch wird eine gute Energievernichtung erzielt.

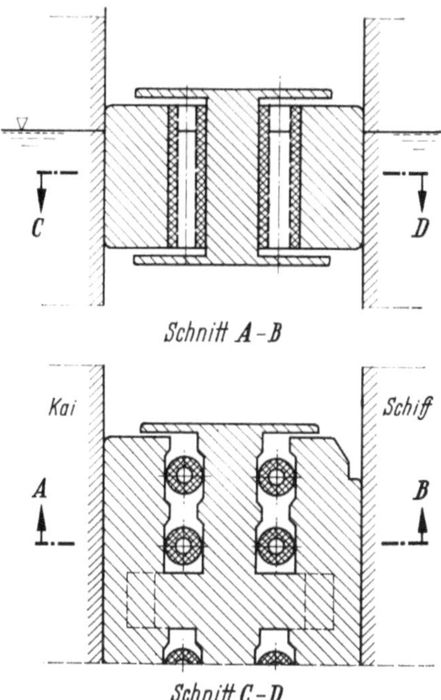

Abb. 53. „Tweddell Compression Fender" (nach World Fenders Ltd.)

Tabelle 20. *Abmessungen der „Tweddell Compression Fender 1958"*[1]

Typ	Länge	Breite	Tiefe	Gewicht	Größte Zusammendrückung	Energieaufnahme	Energieaufnahme je m Länge
	m	m	m	t	m	tm	tm/m
1	2	3	4	5	6	7	8
A 1	2,08	1,02	0,61	0,66	0,20	5,2	∼ 2,5
B 5	4,92	1,37	0,81	2,62	0,23	24,3	∼ 5
D 1	4,31	1,98	1,37	5,62	0,41	69,7	∼ 16
E 3	7,47	2,49	1,58	15,30	0,51	195	∼ 26
G 1	8,55	4,06	2,19	38,4	0,81	518	∼ 61
H 1	10,63	4,98	2,64	71,5	1,02	997	∼ 94

[1] Nach Angaben von „World Fenders Ltd.".

4. Schwimmfender als Verdrängungskörper

Bei dem „Floating Energy Absorbing Fender (Abb. 54) handelt es sich um ein englisches Patent [31]. Es ist unbekannt, ob ein derartiger Fender bereits ausgeführt ist. Die Wirkungsweise des Fenders besteht darin, daß ein schwimmender Verdrängungskörper durch den Stoß des Schiffes unter Wasser gedrückt wird. Die Verwendung dieses Fenders ist nur bei aufgelösten Konstruktionen möglich. Der Fender besteht aus einem zwischen zwei Pfahlreihen schwimmenden Ponton, der an seiner Vorderseite, also in der vorderen Flucht des Anlegebauwerkes, unten in zwei seitlich angeordneten Schienen geführt wird. Damit ist die seitliche Bewegung des Fenders unterbunden. Um zu vermeiden, daß durch Reibung seitlich gerichtete Kräfte auftreten, die nicht elastisch aufgenommen werden können, sind an der Vorderseite des Fenders Rollen angebracht. Der Ponton ist so ausgelastet, daß er vorne tiefer eintaucht als hinten. Die Kräfte werden oben in einen biegungssteif auf dem Ponton angeordneten Aufsatz eingeleitet. Durch den Stoß dreht sich der Ponton um die Lager in den Führungen. Die Kraftaufnahme des Fenders nimmt so lange etwa linear mit dem Wege zu, bis der Verdrängungskörper unter Wasser gedrückt ist, und ist dann annähernd konstant.

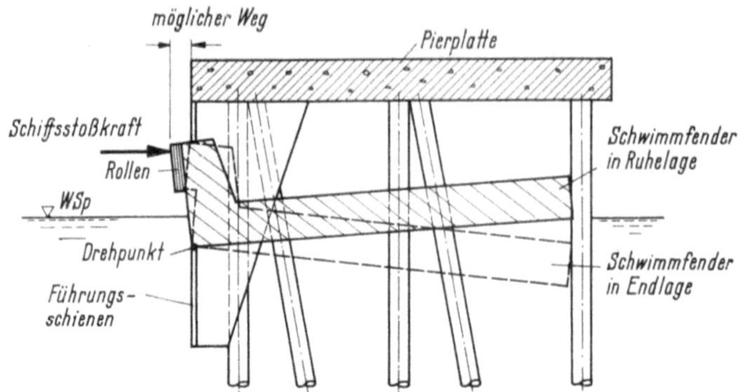

Abb. 54. Floating Energy Absorbing Fender [*31*]

J. Schwerefender

1. Allgemeines

Schwerefender im engeren Sinne bestehen aus großen Massen (Beton, Stahl usw.), die unterhalb der Deckfläche des Anlegebauwerkes aufgehängt werden und in der Ruhelage vor die Vorderflucht des Anlegebauwerkes vorstehen. Beim Anlegen der Schiffe werden diese Massen zurückgeschoben und durch die Art der Aufhängung angehoben. Dabei wird Energie vernichtet von der Größe des Produktes aus dem Gewicht des Fenders und der Höhe, um die die Schwerpunktslage angehoben wurde. Im geringen Maße wird auch ein Energieanteil bei der Aufwärtsbewegung des Fenders durch die Reibung zwischen seiner Vorderfläche und der Schiffswandung aufgenommen.

Mit diesen Schwerefendern können große Energiemengen aufgenommen werden. Sie sind daher für große Schiffe, besonders auch bei großen Wassertiefen, geeignet. Bei großen Wassertiefen werden meist offene, auf einem Pfahlwerk ruhende Landeanlagen erbaut; die Schwerefender können dann zwischen den Pfählen unter der Pierplatte aufgehängt werden. Der Gedanke der Schwerefender stammt von A. L. L. Baker. In England sind verschiedene Patente angemeldet.

Schwerefender liegen allgemein bei Niedrigwasser über dem Wasserspiegel und bei Hochwasser zumindest überwiegend unter Wasser. Unter der Annahme, daß der Schwerefender aus Beton mit dem Raumgewicht 2,2 t/m³ besteht, beträgt das Gewicht des Fenders unter Wasser und damit das Arbeitsvermögen bei Hochwasser nur 54,5% der Werte bei Niedrigwasser. Dieser Nachteil wird teilweise wieder dadurch ausgeglichen, daß nach den Untersuchungen von Grim die hydrodynamische Masse und damit die zu vernichtende Energie mit kleiner werdendem Verhältnis Schiffstiefgang zu Wassertiefe abnimmt.

Der Schwerefender nimmt die Energie auf einem langen Wege auf; hierdurch werden die Schiffsstoßendkräfte verhältnismäßig klein gehalten. Die Schwerefender haben aber ein außerordentlich hohes Eigengewicht, für dessen Aufnahme eine Verstärkung der Pierkonstruktion, vor allem bei geringen Deckslasten, erforderlich werden kann. Es kann aber auch der Fall eintreten, daß zur Vermeidung einer Zugbeanspruchung in der vorderen Pfahlreihe des Piers bei einem waagerechten Stoß ein zusätzliches Gewicht erwünscht ist.

Die Schwerefender sind wegen ihrer großen Gewichte schwer einzubauen und bringen Gefahr, wenn die Aufhängungen reißen sollten. Die Aufhängungen sollten daher entsprechend stark bemessen werden.

Bei sehr grober See müssen die normalen Schwerefender vertäut werden, da sie auf kleine Kräfte ansprechen und zu stark schwingen. Eine wirksame Abhilfe gegen die Schwingungen bei Wellengang besteht darin, daß die Schwerefender eine Art Vorspannung erhalten, indem sie durch Ketten ein geringes Maß aus ihrer Ruhelage ausgelenkt werden. Zu beachten ist aber, daß diese Ketten beim Rückschwingen des Fenders nach einem Schiffsstoß ruckartig beansprucht werden; es ist daher erforderlich, in die Ketten einen Puffer einzubauen.

Die Auswechslung beschädigter Schwerefender ist wegen der großen Masse nicht leicht. Es muß daher angestrebt werden, daß für die Fenderkörper kein Ortbeton, sondern Betonfertigteile benutzt werden, die eine schrittweise Demontage und Montage des Fenders zulassen. Schwerefender vereinigen den Vorteil eines hohen Arbeitsvermögens mit großer Robustheit. Es gibt Schwerefender, die nur normal zum Pier schwingen können und seitlich geführt werden, und andere, die frei beweglich aufgehängt sind. Bei den seitlich geführten Schwerefendern hat es sich erwiesen, daß das seitliche Spiel sehr gering sein muß [76]. Es kann sonst bei Wellengang zu fortwährenden harten Stößen gegen die Tragpfähle der Pierkonstruktion kommen, die zu deren allmählicher Zerstörung führen können. Hängt der Schwerefender an unbeweglichen starren Gliedern, so besteht weiter die Möglichkeit, daß er aus den Aufhängungen gehoben wird. Erwünscht ist daher eine bewegliche Aufhängung.

Die seitlich geführten Schwerefender fangen Stöße längs zum Pier sehr hart auf. Eine Energievernichtung in Längsrichtung kann dann nur durch Reibung stattfinden, wobei die Gefahr besteht, daß die Reibehölzer abgerissen werden. Die seitlichen Führungen sind entweder mit Holz zu verkleiden oder es ist besser noch eine Rollenführung vorzusehen, die ein ungehemmtes Schwingen des Fenders normal zum Anlegebauwerk gewährleistet.

Die frei beweglich aufgehängten Fender haben den Vorteil, daß sie sich in der Längsrichtung des Bauwerkes verschieben und sich beim Stoß drehen können. Dadurch werden die Größe der Längsstöße, die Reibungen an der Stoßfläche (Reibehölzer) und die Erschütterungen abgemindert. Es gibt keine mechanischen Teile, die sich im Augenblick des Stoßvorganges verklemmen können. Voraussetzung für die frei beweglich aufgehängten Schwerefender ist aber die Aufhängung an Ketten. Schwerefender sind möglichst an gleich langen Ketten aufzuhängen; das hat den Vorteil, daß ihre Stoßflächen beim Zurückweichen stets senkrecht bleiben. Eine Aufhängung an Seilen, die in der Aufhängungsebene durch Rollen in die Waagerechte umgeleitet und dann befestigt werden [76], hat sich nicht bewährt, da die Seile oft erneuert werden mußten und teuer in der Anschaffung sind.

Es ist vorgeschlagen worden, eine bessere Aufnahme der Längsstöße dadurch zu erreichen, daß die Fenderblöcke seitlich miteinander verbunden werden, um sie zu einer gemeinsamen Kraftaufnahme heranzuziehen. Das setzt dann aber voraus, daß alle Fender angemessenen seitlichen Spielraum haben. Die Verbindung muß so ausgebildet sein, daß bei Beanspruchung eines Fenders normal zum Anlegebauwerk keine Biegungsbeanspruchung auf die Längsverbindungen übertragen wird. Für einen biegesteifen Anschluß können die Längsverbindungen nicht wirtschaftlich bemessen werden. Es ist zu empfehlen, die Fender möglichst in der Nähe der Krafteinleitung, jedoch hinter der ersten Pfahlreihe des Anlegebauwerkes gelenkig miteinander zu verbinden; die Aussteifungen werden dann auf Zug und Druck beansprucht. Zu beachten ist, daß sie bei größeren Fenderentfernungen starken Knickbeanspruchungen ausgesetzt sind. Durch die Verbindung der Fender wird auch ein größerer Widerstand gegen den Wellenangriff erreicht.

Liegen mehrere Schwerefender dicht nebeneinander, so können sie durch einen davorgelegten Schwimmfender zu gemeinsamer Wirkung zusammengefaßt werden. Hierdurch wird auch in geringem Maße eine seitliche Nachgiebigkeit bei Längsstößen erzielt. Schwerefender lassen sich vorteilhaft auch in Dalben einbauen, wobei beträchtliche Arbeitsvermögen erzielt werden können [76].

Welche Anforderungen sind nun an die Stoßflächen der Schwerefender zu stellen? Während eine in der Waagerechten wie in der Lotrechten gewölbte Fläche den Stoß in der Achse der Fenderung vorteilhaft einzuleiten vermag, steht demgegenüber der große Nachteil, daß die Schiffswandung der Punktbelastung beim Stoß nicht gewachsen ist. Es muß also gefordert werden, daß die Schiffswandung entlang einer Linie mit dem Fender Berührung erhält. Zweckmäßig wird die Fenderfläche in der Waagerechten gekrümmt ausgeführt, da hierdurch eine Drehung des Fenders beim Stoß weitgehend vermieden wird.

Es ist erforderlich, die Stoßfläche zu verkleiden, da die nackte Fenderfläche zu starr und zu hart ist. Die Reibehölzer werden zweckmäßig senkrecht angeordnet, da sie dann beim Steigen und Fallen des Wassers durch das Schiff nur auf Reibung und nicht auf Abriß beansprucht werden. Zur Aufnahme der längs zum Anlegebauwerk und Fender auftretenden Reibungskräfte müssen die senkrechten Reibehölzer waagerecht durch etwa zurückstehende Hölzer ausgesteift werden.

Grundsätzlich kann man zwei Typen von Schwerefendern unterscheiden, den waagerecht aufgehängten und den lotrecht aufgehängten Schwerefender. Zu den Schwerefendern rechnen aber auch die Fender mit Gegengewicht, bei denen der Fenderteil, in den die Schiffsstoßkraft eingeleitet wird, von dem Teil, der die Energie aufnimmt, räumlich getrennt ist. Der waagerechte Weg des mit dem Schiff in Berührung kommenden Fenderkörpers wird durch ein Übertragungssystem in die Aufwärtsbewegung des Gewichtes umgelenkt, das somit die Energie aufnimmt. Daneben gibt es noch eine Reihe von Sonderkonstruktionen, von denen besonders der Glockendalben hervorzuheben ist.

2. Waagerecht aufgehängte Schwerefender

Die waagerecht aufgehängten Schwerefender sind nur bei geringeren Wasserstandsunterschieden geeignet, da der Fenderschild sonst eine zu große Höhe erhalten müßte und die bei Hoch- und Niedrigwasser in den Fenderschild eingeleiteten Stoßkräfte große Zusatzkräfte in den Aufhängungen hervorrufen würden. Die waagerechten Schwerefender haben aber den unbestreitbaren Vorteil, daß sämtliche Aufhängungen unterhalb der Pierplatte liegen und die meisten Unterhaltungsarbeiten unabhängig vom Wasserstand ausgeführt werden können. Sie sind deshalb bei geringen Wasserstandsunterschieden den lotrecht aufgehängten Schwerefendern vorzuziehen.

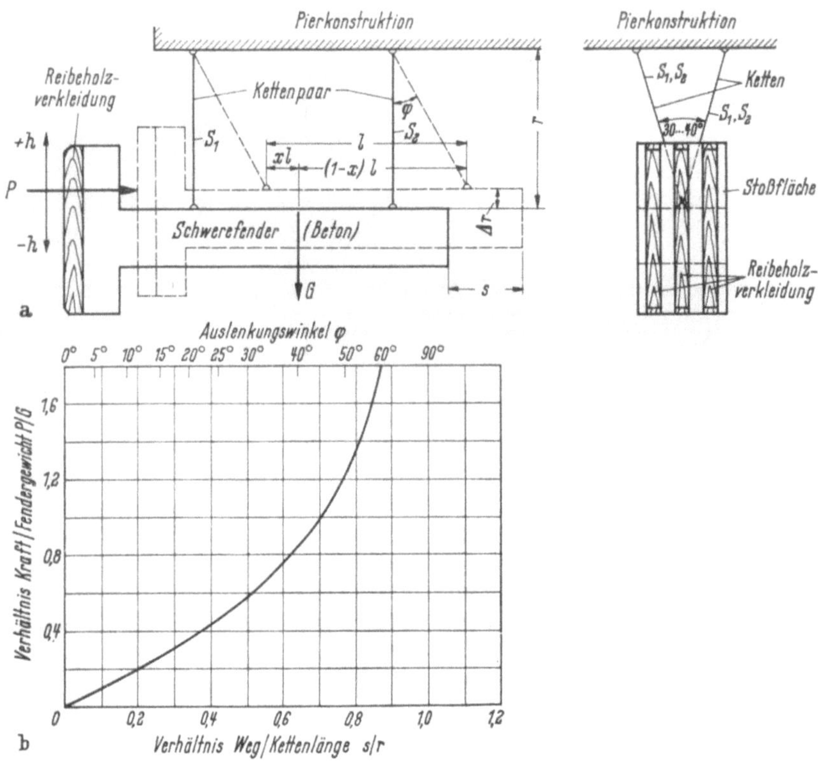

Abb. 55a u. b. Waagerecht aufgehängter Schwerefender
a Systemskizze, b Kraft-Weg-Kurve

Bei einem gemäß Abb. 55a aufgehängten waagerechten Schwerefender ergibt sich mit den Bezeichnungen der Abbildung die Kraftaufnahme des Fenders in Abhängigkeit vom Auslenkungswinkel zu

$$P = G \cdot \operatorname{tg} \varphi \,, \text{ wobei } \sin \varphi = \frac{s}{r} \text{ ist.}$$

Das Verhältnis P/G in Abhängigkeit von s/r, also die Kraft-Weg-Kurve, ist in Abb. 55b aufgetragen. Das Arbeitsvermögen des Fenders ergibt sich zu

$$A = G \cdot r \left(1 - \cos \varphi\right).$$

Wird angenommen, daß die Stoßkraft des Schiffes durch die Aufhängepunkte des Fenders geht, so betragen die Kräfte in den vorderen Ketten

$$S_1 = G \left(1-x\right) \sqrt{1 + tg^2 \varphi}$$

und in den hinteren Ketten

$$S_2 = G \cdot x \sqrt{1 + tg^2 \varphi} \,.$$

Kommt es zu einem Kraftangriff in einer anderen Höhe, so ergeben sich die Zusatzkräfte zu

$$\pm Z = G \cdot \frac{h}{l} \frac{\sin \varphi}{\cos^2 \varphi}$$

und damit die Gesamtkräfte in den Ketten zu

$$S_1 = G \ \sqrt{1 + tg^2\,\varphi} \ \left(1 - x - \frac{h}{l}\,tg\,\varphi\right)$$

und

$$S_2 = G \ \sqrt{1 + tg^2\,\varphi} \ \left(x + \frac{h}{l}\,tg\,\varphi\right).$$

Wegen der ungleichmäßigen Beanspruchung der einzelnen Ketten der vorderen oder hinteren Aufhängung sind die Kräfte S_1 und S_2 mit einem ausreichenden Sicherheitszuschlag auf die einzelnen Ketten zu verteilen.

Die waagerechten Schwerefender werden sowohl mit seitlicher Führung als auch allseits frei beweglich ausgeführt. Für die Ausführungen, die nur normal zum Pier schwingen können und deren seitliche Bewegung durch Führungen oder seitliche Anschläge unterbunden ist, werden 2- oder 4-Punkt-Aufhängungen verwendet. Die seitliche Führung hat jedoch die eingangs bei der allgemeinen Beschreibung der Schwerefender erwähnten Nachteile.

Für die frei beweglich aufgehängten, waagerechten Schwerefender ist am besten eine Aufhängung an Ketten geeignet. Dabei werden 2-, 3- und 4-Punkt-Aufhängungen gewählt. Die Ketten werden zweckmäßig V-förmig angeordnet, um bei Stößen in Längsrichtung des Bauwerkes oder aber auch bei schwerer See und schweren Stürmen die seitliche Bewegung der Fender zu mindern. Bei der 2-Punkt-Aufhängung (Abb. 55a) wird der Fender vorne und hinten von je zwei Ketten gehalten, die von einem gemeinsamen Auge am Fenderkörper V-förmig mit einem Spreizungswinkel von 30° bis 40° zu den Aufhängepunkten an der Unterseite der Pierplatte auseinandergehen [26]. Eine 4-Punkt-Aufhängung wurde im Hafen von Sunderland [100] ausgeführt (Abb. 56).

Besser ist jedoch die statisch bestimmte 3-Punkt-Aufhängung. Dabei wird der Fender vorne an 2 Punkten durch 2 paarweise V-förmig und hinten an einem Punkt durch 1 Paar V-förmig angeordnete Ketten gehalten. Bei der 3-Punkt-Aufhängung wird der Tatsache Rechnung getragen, daß die vorderen Ketten durch Stöße längs zum Anlegebauwerk stärker beansprucht werden als die hinteren Ketten. Diese Art der Aufhängung wurde bei den Schwerefendern des Yonderberry Point Pier im Hafen von Plymouth [77] gewählt (Abb. 57). Das Arbeitsvermögen der Fender beträgt 40 tm über Wasser. Sie sind in einem Abstand von 14 m angeordnet.

Bei Stößen normal zum Anlegebauwerk, die in Höhe der Aufhängung des Fenderkörpers wirken, werden alle Ketten gleich stark beansprucht. Erfolgt der Stoß unterhalb der Aufhängung,

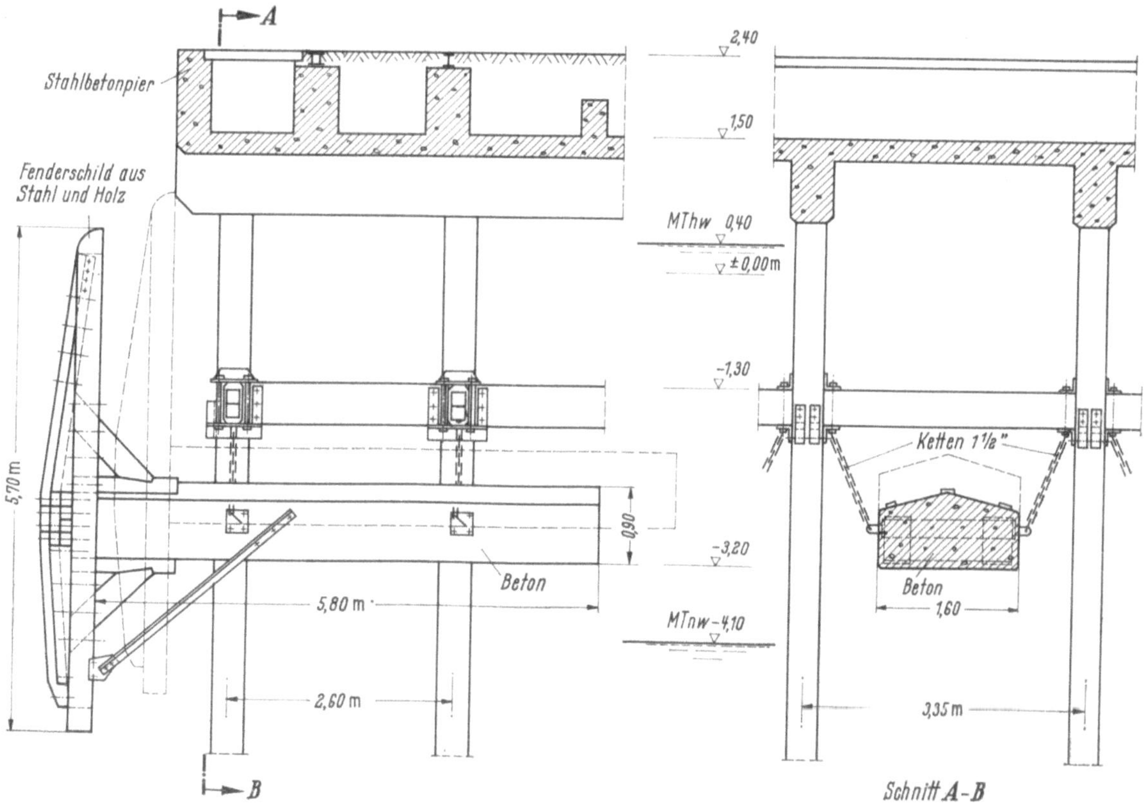

Abb. 56. Schwerefender im Hafen von Sunderland [100]

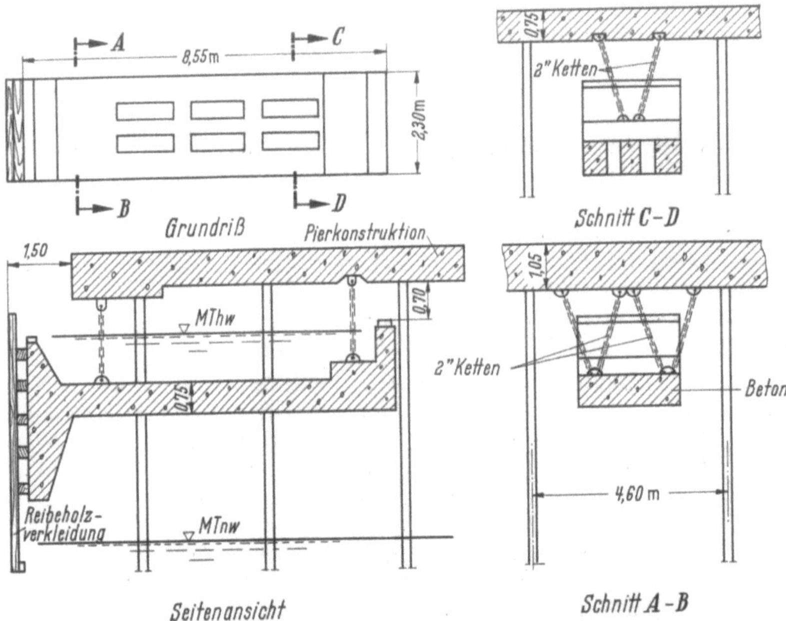

Abb. 57. Schwerefender des Yonderberry Point Pier (Devonport) [77]

so werden die hinteren Ketten entlastet. Das kann im äußersten Fall so weit gehen, daß die Ketten ganz schlaff werden. Es empfiehlt sich jedoch, diesen Zustand weitgehend dadurch zu vermeiden, daß man den Schwerpunkt des Fenders durch Formgebung oder durch Ballastgewichte möglichst weit nach hinten verlagert.

Bei Längsstößen, bei denen der Fender seitlich ausweicht, werden jeweils die in Richtung des Stoßes gelegenen V-Schenkel der Ketten entlastet und die anderen Ketten stärker angespannt. Beim Rückschwingen des Fenders kommen die beim Hinschwingen entlasteten Ketten plötzlich unter Spannung. Zur Vermeidung dieser ruckartigen Bewegungen in den Ketten, die zu großer Kraftentwicklung führen, können in die Ketten Zugpuffer eingebaut werden [77]. Diese Zugpuffer werden am besten so ausgebildet, daß der Zug innerhalb des Puffers in eine Druckbeanspruchung umgewandelt wird. Dies hat den Vorteil, daß bei Überbeanspruchungen des elastischen Gliedes eine starre Kraftübertragung stattfindet, für die das elastische Glied entsprechend stark bemessen werden kann. Der Einbau von elastischen Gliedern in die Kette ist auch von Vorteil für die Energievernichtung der normal zum Anlegebauwerk auftretenden Schiffsstöße, da das Arbeitsvermögen der Schwerefender dadurch erhöht wird.

Es empfiehlt sich nach Baker [6], die waagerechte Auslenkung der Fender so zu beschränken, daß die Neigung der Aufhängeketten nicht flacher als 1 : 3, bei schwereren Fendern nicht flacher als 1 : 2 werden kann; hierdurch ist die erforderliche Länge der Ketten gegeben. Es kann aus konstruktiven Gründen erforderlich sein, die Aufhängeketten vorne und hinten verschieden lang auszubilden. Dann ist zu empfehlen, die Stoßfläche in der Ruhelage leicht zu neigen, so daß sie bei der Auslenkung durch die lotrechte in die entgegengesetzt geneigte Lage schwingt. Hierdurch wird in der Endlage eine größere Kontaktfläche zwischen Schiffswand und Fenderfläche zur Übertragung der Schiffsstoßendkraft erzielt [76].

Erwähnenswert ist die Fenderung eines Stahlpontons im „Mulberry"-Hafen (England) [5, 6], die aus kleinen Schwerefendern besteht, die beinahe lückenlos unterhalb des auskragenden Pontondecks aufgehängt sind und durch zwei gelenkig angeschlossene Längsglieder zu einheitlicher Wirkung zusammengefaßt sind (Abb. 58). Das Arbeitsvermögen beträgt 1,2 tm/lfdm. Diese Fender können sich gut dem Schiffsumriß anpassen; sie sind jedoch nur bei schwimmenden Landeanlagen oder bei konstantem Wasserstand anzuwenden.

Baker [6] hat auf dem Internationalen Schiffahrtskongreß in Rom 1953 einen Schwerefender vorgeschlagen, bei dem der übliche Massenbeton durch ein Rahmenwerk aus Stahl- oder Spannbeton ersetzt ist. Das zur Energievernichtung erforderliche Gewicht wird durch im hinteren Teil des Fenders aufgebrachten Stahl-, Beton- oder Sandballast über dem Wasserspiegel erzielt. Nur der vordere Vertikalstab des Fenderrahmens kommt mit dem Schiffskörper in Berührung und kann entsprechend hergerichtet werden. Der Fender ist nur bei geringen Wasserstandsunterschieden geeignet; er bietet dem Wellen- und Strömungsangriff einen geringen Widerstand.

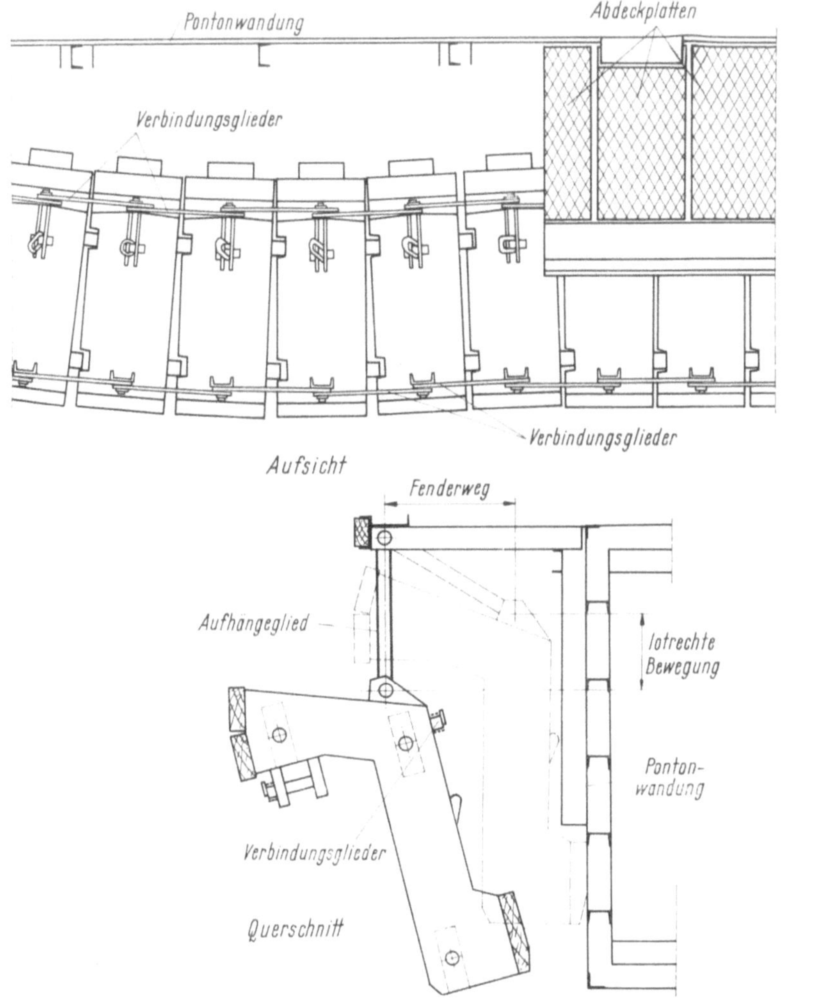

Abb. 58. Durchlaufende Verkleidung eines Schwimmpontons mit Schwerefendern [6]

3. Lotrecht aufgehängte Schwerefender

Lotrecht aufgehängte Schwerefender sind wegen ihrer großen Höhenausdehnung bei großen Wasserspiegelschwankungen geeignet. Sie sind immer an 4 Punkten aufgehängt, zwei Ketten oder Kettenglieder oben und zwei unten seitlich von dem Fenderkörper. Durch diese Art der Aufhängung ist es erforderlich, in Höhe der unteren Aufhängung einen Verband in die Pierkonstruktion einzubauen; oft ist jedoch dieser Verband aus Stabilitätsgründen ohnehin schon vorhanden. Durch diesen unteren Verband ist es bei den senkrechten Schwerefendern möglich, in jeder Höhe in Pierlängsrichtung angreifende Kräfte in die Pierkonstruktion einzuleiten. Diese Möglichkeit ist bei den waagerechten Fendern nicht gegeben. Eine starre Krafteinleitung ist jedoch unerwünscht. da dabei große Kräfte auftreten, die mit wirtschaftlichen Mitteln nicht beherrscht werden können. Es ist zu erwägen, ob eine elastische seitliche Kraftübertragung in der Höhe des unteren Verbandes nicht vorteilhaft ist. Nachteilig ist wieder dabei, daß die Fenderung zu feingliedrig wird. wo doch einer der Hauptvorteile der Schwerefender die Robustheit ist.

Es ist daher auch bei den lotrecht aufgehängten Schwerefendern eine frei bewegliche Aufhängung zu fordern. Liegen die Aufhängepunkte soweit auseinander, daß der Fender längs schwingen und sich drehen kann, so sind die Längsstöße weniger hart und die Reibehölzer besser geschützt. Bei den lotrecht aufgehängten Schwerefendern ist die Aufhängung sehr sorgfältig auszuführen. Besonders bei seitlich starrer Lagerung muß durch geeignete Maßnahmen gewährleistet sein. daß die einzelnen Aufhängungen gleiche Kraftanteile erhalten. Je frei beweglicher der Fender ist. desto weniger genau muß die Aufhängung sein. da die Lage des Fenders sich nach dem stabilen Gleichgewicht einstellt.

Für die Ermittlung der Kraft-Weg-Kurve eines Fenders, dessen Aufhängungen in seiner Schwerelinie liegen (Abb. 59a), sind dieselben Gleichungen wie bei dem horizontal aufgehängten Schwerefender anwendbar. Der mögliche waagerechte Weg des Fenders ist jedoch auf den Abstand „a" der
Vorderkante des Fenderkörpers einschließlich Reibehölzer zu der Schwerelinie des Fenders begrenzt, da bei größerer Auslenkung die Aufhängungspunkte an der Pierkonstruktion vor die

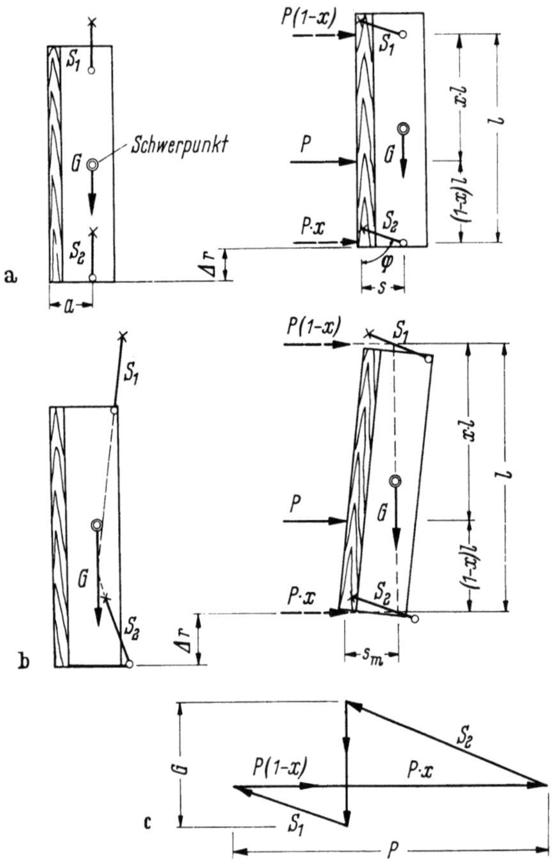

Abb. 59 a — c. Lotrecht aufgehängte Schwerefender

Vorderkante des Fenders treten würden. Bei Annahme einer zulässigen Neigung der Aufhängeglieder in der Endlage von 1 : 3 wird die größte Energieaufnahme des Fenders bei einer Länge
der Aufhängeglieder von 1,05 · a erzielt.

Bei der in Abb. 59b dargestellten Aufhängung liegen die Aufhängepunkte weiter rückwärts;
die Ketten hängen in der Ruhelage nicht senkrecht, sind aber so angeordnet, daß sich ihre Wirkungslinien auf der Schwerelinie des Fenderkörpers schneiden. Durch diese Anordnung wird erreicht, daß der Fender in der Ruhelage senkrecht hängt, mehr Freiheit zum Rückwärtsschwingen
hat, sich anfangs schneller hebt und dadurch ein größeres Arbeitsvermögen aufweist. Dabei muß
dann allerdings in Kauf genommen werden, daß der Fender sich bei der Auslenkung leicht schräg
stellt. Es muß angestrebt werden, daß die Wirkungslinien der Ketten in der Ruhelage sich möglichst weit unterhalb des Schwerpunktes des Fenders schneiden [6]. Dies ist erforderlich, damit
bei einem Kraftangriff am unteren Ende des Fenders dessen oberes Ende nicht zu weit zur Wasserseite ausschlägt. Die Größe der Kettenkräfte kann aus dem Kräftedreieck (Abb. 59c) entnommen
werden.

Lotrecht aufgehängte Schwerefender in kleinerer Ausführung wurden zuerst unter sehr ungünstigen Anlegebedingungen beim Heysham Jetty in England [4] verwendet (Abb. 60). Sie sind
danach in großer Zahl bei der Pieranlage von Mina al Ahmadi am Persischen Golf [51] verwendet
worden. Die Pierkonstruktion ist als sehr leicht zu bezeichnen und mußte im Bereich der Fender
verstärkt werden. Die Fender (Abb. 61) bestehen aus je drei nebeneinander angeordneten, mit
Beton gefüllten Stahlzylindern und haben bei einem Gewicht von 3 · 43 = 129 t ein Arbeitsvermögen von 3 · 26 = 72 tm; die Schiffsstoßendkraft beträgt dabei 3 · 74 = 222 t. Der Abstand
der Fender beträgt im Mittel 38 m.

Erfahrungen an der Pieranlage haben gezeigt, daß die die Schwerefender tragenden, vor dem Pier stehenden Joche großen, in Pierlängsrichtung wirkenden Kräften ausgesetzt sind. Bei etwa 1530 Anlegemanövern (meist mit Schleppern) wird mit einem Havariestoß gerechnet. Da die Fender in Längsrichtung fast starr wirken, ist die Beschädigung der senkrechten Reibehölzer der Fenderflächen verhältnismäßig häufig, nämlich ein Schadensfall auf 25 anlegende Tanker [51].

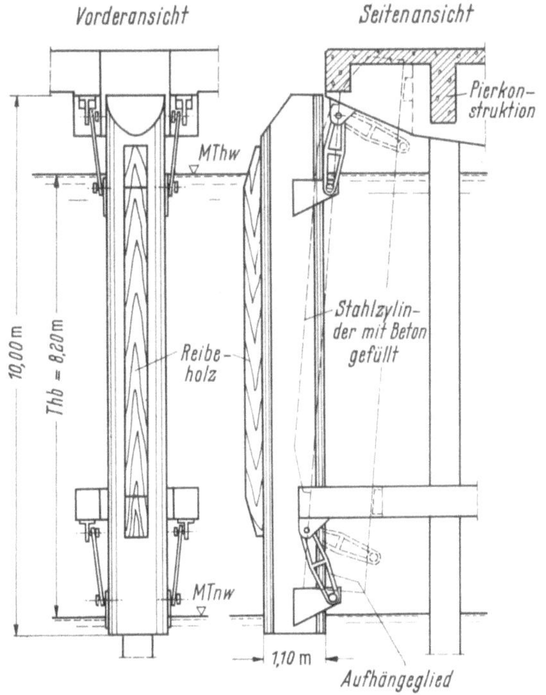

Abb. 60. Schwerefender am Pier von Heysham [85]

Abb. 61. Schwerefender des Ölpiers von Mina al Ahmadi
(Mit Genehmigung der Kuwait Oil Company Ltd.)

4. Sonstige Schwerefender

a) Fender mit Gegengewicht

Der Fender mit Gegengewicht besteht aus einem wasserseitigen Fenderkörper, in den die Schiffsstoßkräfte eingeleitet werden, und aus einem damit durch ein Übertragungsglied (Seil oder dergleichen) verbundenen Gegengewicht, durch dessen Anhebung Energie vernichtet wird. Diese Fender unterscheiden sich von den zuvor beschriebenen Schwerefendern also dadurch, daß der Schiffskörper nicht unmittelbar mit dem Gewicht in Berührung kommt. Da sich der vordere Fenderkörper annähernd waagerecht bewegt, hat dies den Vorteil, daß die Reibungskräfte zwischen Schiff und Fender im Gegensatz zu den Reibungskräften aus der Auf- und Abwärtsbewegung im Falle der Schwerefender auf ein geringes Maß beschränkt werden. Die Fender mit Gegengewicht haben aber alle den Nachteil gemeinsam, daß es unmöglich ist, mit ihnen Kräfte längs zum Anlegebauwerk elastisch aufzunehmen; sie bedürfen seitlich einer festen Führung.

Das Übertragungsglied zwischen dem Fenderkörper und dem Gegengewicht hat die Aufgabe, die waagerechte Bewegung des Fenderkörpers in die lotrechte Bewegung des Gegengewichtes umzuleiten. Durch eine entsprechende Wahl des Übertragungsgliedes kann die Kraft-Weg-Linie des Fenders beeinflußt werden. Eine progressiv verlaufende Kennlinie wird erzielt, wenn mit zunehmendem Horizontalweg das Verhältnis des Vertikalweges des Gewichtes zu dem Horizontalweg des Fenderkörpers zunimmt.

Ein Fender mit Gegengewicht, bei dem der Fenderkörper aus einem Schwimmponton besteht, wurde im Hafen von Tiko (British Kamerun) verwendet [29]. Der Schwimmponton ist zwischen zwei Pfahlreihen angeordnet und mit seitlichen Armen mit dem weiter hinten im Pier unter der Pierplatte drehbar angebrachten Gegengewicht verbunden. Durch den Stoß des anlegenden Schiffes wird der Ponton unter den Pier gedrückt und dadurch das Gegengewicht aus seiner Ruhelage herausgedreht. Der Ponton ist vorne und seitlich mit Holz verkleidet und leitet die auftretenden Längskräfte starr in die ebenfalls verkleideten seitlichen Führungen über. Auf diese Weise kann das Gegengewicht nur normal zum Pier bewegt werden. Der Einleitungspunkt der Kraft liegt stets an derselben Stelle, nur der Winkel der Krafteinleitung in der senkrechten Ebene ist vom Wasserstand

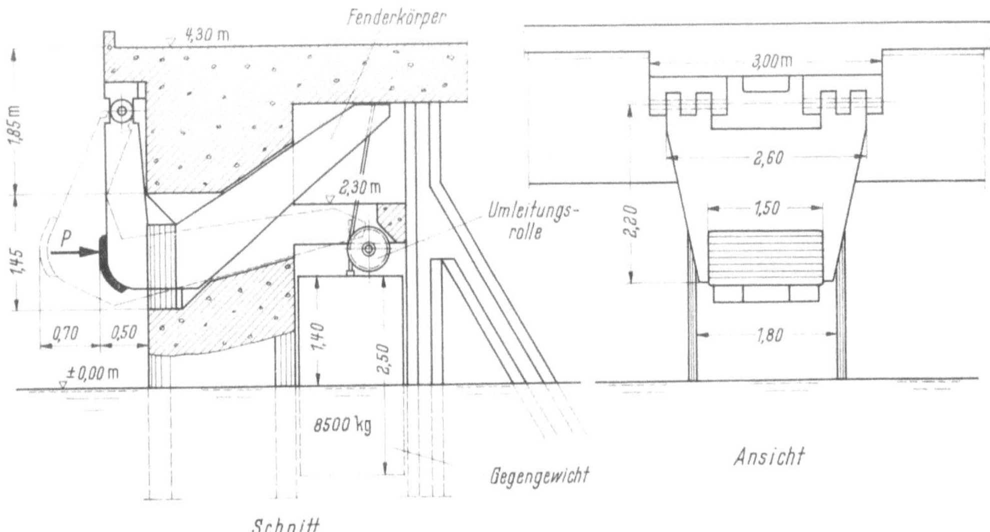

Abb. 62. Fender mit Gegengewicht im Hafen von Piombino [*116*]

abhängig. Daraus folgt, daß der Fender sich nicht bei größeren Wasserstandsunterschieden eignet. Die Größe der Gewichte unter der Pierplatte und damit das Arbeitsvermögen ist beschränkt.

Eine in dem italienischen Hafen Piombino im Jahre 1935 angewendete Ausführung [*116*] zeigt Abb. 62. Der Vertikalweg des Gegengewichtes beträgt mit 1,4 m das Doppelte des Horizontalweges des Fenderkörpers. Das Gegengewicht ist in der Ruhelage des Fenders unter Wasser, hebt sich bei Beanspruchung des Fenders aus dem Wasser heraus und wird dabei infolge Minderung des Auftriebes immer schwerer. Die Horizontalkraft beträgt zu Beginn der Bewegung rd. 7 t (der Fender spricht also hart an) und nimmt am Ende der Bewegung auf rd. 13 t zu. Das Arbeitsvermögen des Fenders beträgt 7 tm. Durch eine Umleitungsrolle wird erreicht, daß das Gewicht unabhängig von der Auslenkung des Fenderkörpers seine Grundrißlage nicht verändert. Die Ausführung ist einfach und robust, setzt aber einen annähernd konstanten Wasserstand voraus.

Bei einer Ausführung in dem italienischen Hafen Livorno [*116*] wird die Anhebung des Gegengewichtes dadurch gesteuert, daß die auf den Fenderkörper wirkenden Stoßkräfte in eine exzentrisch gelagerte Rolle eingeleitet werden, die durch Drehung die Seilführung zum Gegengewicht ändert und damit das Gewicht anhebt. Diese Art der Ausführung kann jedoch nicht empfohlen werden, da sie einen ziemlich großen mechanischen Aufwand erfordert. Sie wird im Betrieb bei starker Beanspruchung störanfällig sein und bedarf darüber hinaus einer dauernden guten Wartung.

Während die bisher erwähnten Fenderarten mit einem einzigen großen Gewichtsblock arbeiten, wurde von M. Schwartz [*112*] der stufenförmig wirkende Gegengewichtsfender entwickelt, bei dem durch ein Hebelsystem Einzelgewichte nacheinander angehoben werden (Abb. 63a). Der Fender besteht aus einem vor dem Pier hängenden senkrechten Rahmen zur Aufnahme der Schiffsstoßkräfte, dem Hebelsystem und den Gegengewichten.

Die Gewichte sind durch Ketten mit Spiel miteinander verbunden und heben sich beim Stoß nacheinander vom Stapel ab. Das Spiel zwischen den einzelnen Gewichten und die Größe der zuerst angehobenen Gewichte ist für die Weichheit des Fenders entscheidend. Die Gewichte können auf dem Grund liegen oder bei großen Wassertiefen auf einem Zwischenpodest und werden dann nacheinander hochgezogen (vom Stapel abgehoben), oder sie sind an der Pierplatte aufgehängt und werden dann nacheinander hochgedrückt (auf dem Hebelarm gestapelt).

Der vordere Stoßrahmen bleibt beim Zurückweichen in der lotrechten Lage. Die Rahmenkonstruktion ist von geringem Gewicht gegenüber den Hubgewichten; die Abminderung der vernichteten Energie durch die eintretende Abwärtsbewegung des Rahmens ist daher klein und kann vernachlässigt werden. Durch in die Außenfläche des Rahmens eingebaute Rollen soll erreicht werden, daß nur kleine Längskräfte in den Fender eingeleitet werden. Die Kraft-Weg-Kurve des Fenders ist in Abb. 63b dargestellt.

Diese Fenderart hat den Vorteil, daß die Stoßkräfte, die in den Pier eingeleitet werden, einen bestimmten vorgegebenen Wert nicht überschreiten, das Arbeitsvermögen aber trotzdem bei weiterer Auslenkung des Rahmens weiter anwächst. Die größte Schiffsstoßkraft tritt in dem Augenblick auf, wenn das letzte Gewicht angehoben wird. Die erforderlichen Hubgewichte selbst sind klein und zusammen noch wesentlich leichter als die üblichen Gewichte von Schwerefendern.

Die Gesamtheit aller durch den Fender auf den Pier wirkenden Kräfte ist also geringer, wodurch der Pier leichter und wirtschaftlicher konstruiert werden kann. Da der Fender aus leichten Einheiten zusammengesetzt ist, läßt er sich leicht einbauen. Der Fender spricht wesentlich härter an als die üblichen Schwerefender. Die Federkonstante beträgt das Vielfache der eines waagerecht aufgehängten Schwerefenders üblicher Konstruktion bei gleichem Arbeitsvermögen.

Der größte und entscheidende Nachteil des Fenders ist die Tatsache, daß er mit seinen mechanischen Teilen wenig robust ist. Kräfte, die unter einem Winkel von 20° bis 30° auf den Fenderrahmen wirken, lassen sich nicht allein durch die Rollen in tangentiale und normale Kräfte zerlegen. Der Fenderrahmen wird dann starken seitlichen Kräften ausgesetzt, die nicht unschädlich aufgenommen werden können. Bei Eisgang besteht die Möglichkeit, daß sich der gesamte Mechanismus verklemmt.

b) Schwerefender für Kaimauern

Drei für die Firma Christiani & Nielsen patentierte Schwerefendertypen [89] sind in Abb. 64 dargestellt. Der erste Fendertyp (Abb. 64a und b) besteht aus einem Zylinder, dessen waagerechte parallel zum Kai verlaufende Achswelle auf Rädern an beiden Enden gelagert ist. Beim Schiffsstoß wird der Zylinder auf Führungsschienen in einer Nische der Kaimauer schräg nach oben geführt. Dadurch wird Energie vernichtet. Die Kraft-Weg-Kurve wird durch die Krümmung der Führungsschienen beeinflußt. Damit der Zylinder bei der Kraftübertragung auf mindestens zwei senkrechte Schiffsspanten trifft, soll seine Mindestlänge 1.20 m betragen.

Nachteilig für diesen Fendertyp ist, daß die Längskräfte parallel zum Kai durch Reibung aufgenommen und starr in die Kaikonstruktion eingeleitet werden. Von Vorteil ist, daß lotrechte Reibungskräfte durch das Abrollen des Fenderzylinders auf der Schiffshaut nicht auftreten.

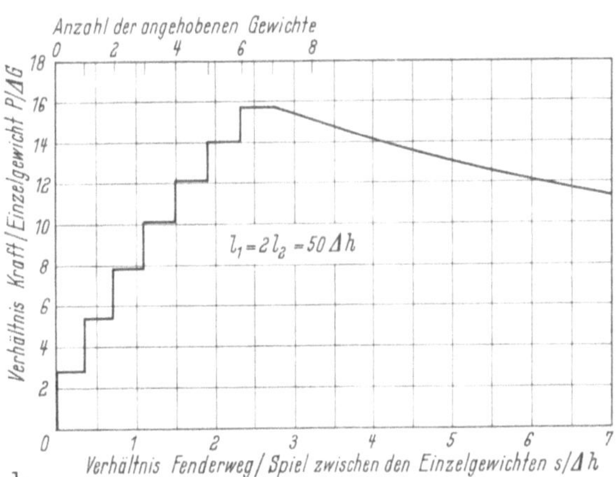

Abb. 63a u. b. Stufenförmiger Gegengewichtsfender [112]
a Systemskizze, b Kraft-Weg-Kurve

Der zweite Fendertyp (Abb. 64c bis e) besteht aus einem schweren glockenförmigen Körper, der auf einer lotrechten Achse drehbar angebracht ist. Er ist an seinem oberen Ende pendelförmig in einer Kaimauernische aufgehängt und wird unten entsprechend der Pendelbewegung normal zum Kai auf einem Kreise geführt. Durch die gekrümmte Oberfläche des Fenderkörpers rollt der Fender bei der durch den Stoß hervorgerufenen Pendelbewegung auf der Schiffshaut ab. Dadurch wandert die Stoßkraft nach oben, der Hebelarm wird kürzer und die Kraft größer. Nachteilig ist, daß bei diesem Fendertyp nur eine punktförmige Kraftübertragung stattfindet. Längskräfte werden vorteilhaft nur durch rollende Reibung übertragen.

Bei dem dritten Typ (Abb. 64f und g) wird ein zylindrischer Fenderkörper oben und unten auf gleichgekrümmten Führungsschienen geführt. Der Zylinder übt dann keine Pendelbewegung beim Stoß aus, sondern wird in seiner mehr oder weniger lotrechten Lage schräg nach oben in die Kaimauernische gehoben.

Durch die lotrechten Verschiebungen Schiff—Fender treten bei diesem zylindrischen Fender Reibungskräfte auf. Die von der Konstruktion aufzunehmenden Längskräfte anlegender Schiffe rühren nur aus der rollenden Reibung her.

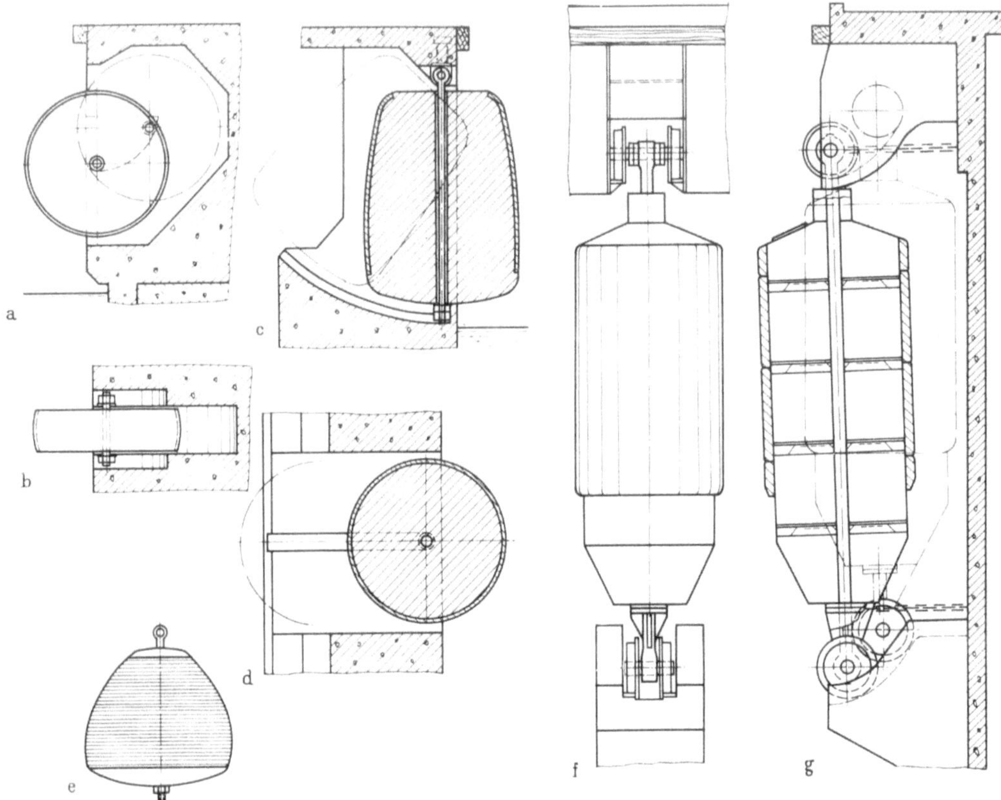

Abb. 64a—g. Schwerefender für Kaimauern [*89*]

Sämtliche Fendertypen sind vornehmlich für den Einbau in massive Kajen (massiv über Niedrigwasser) geeignet. Um eine Überbeanspruchung der Fender zu vermeiden, tritt nach einem vorgegebenen Weg der Fender eine Kraftübertragung durch an der Kaimauer angebrachte Reibehölzer ein. Bei größeren Wasserstandsschwankungen können mehrere Einheiten übereinander eingebaut werden. Eine Ausnahme bildet hier der zylindrische Typ mit lotrechter Achse, der am besten von Niedrigwasser bis Kaioberkante reicht. Bei großen Höhen ist es erforderlich, Zwischenführungen einzubauen.

Die Führungen sämtlicher beschriebener Fendertypen bewirken eine ruhige Lage der Fender bei schwerer See. Die Führungen der Fender, die seitliche Kräfte aufnehmen können, sind sehr starken Beanspruchungen ausgesetzt und müssen entsprechend bemessen werden, wenn sie nicht Anlaß zu fortwährenden Reparaturen sein sollen. In Gebieten, wo mit starker Eisbildung gerechnet werden muß, sind die geführten Fender wenig geeignet, da ihre Wirkungsweise durch das Eis — wenn nicht aufgehoben — so doch stark geschwächt wird.

c) Glockendalben

Glockendalben sind für schwere Fenderungen in allen Fällen geeignet, in denen mit „Vorkopf-Stößen" und starken Stößen in Längsrichtung des Anlegebauwerkes gerechnet werden muß.

Bei dem Glockendalben handelt es sich aber nicht um einen Dalben im üblichen Sinne des Wortes. Der Glockendalben [*4*] besteht aus einem starren Pfahlsystem von senkrechten und schrägen Pfählen, die einen zylindrischen Pfeiler mit einem nach einem Kugelsegment gewölbten Kopf tragen. Über diesen Pfeilerkopf ist als eigentlicher Fender eine schwere Glocke gestülpt (Abb. 65a). Der Radius der inneren Auflagerfläche der Glocke ist etwas größer als der Radius der Pfeilerkappe. Wenn ein Schiff gegen die Glocke stößt, verschiebt sich der Auflagerpunkt der Glocke von der Mitte zum Schiff hin; dadurch hebt sich der Schwerpunkt der Glocke.

Die Glocke ist drehbar um einen Zapfen gelagert. Dieser Zapfen hat weiter die Aufgabe, die Glocke nach der durch die Auslenkung eingetretenen Energieaufnahme wieder zu zentrieren. Er kann gleichzeitig als Poller ausgebildet werden.

Der Umriß der Glockenfläche ist zweckmäßig ein gleichseitiges Vieleck. Beim Stoß wird sich die Glocke so weit drehen, bis sie mit einer Fläche an der Schiffswand anliegt. Punktbelastungen, wie

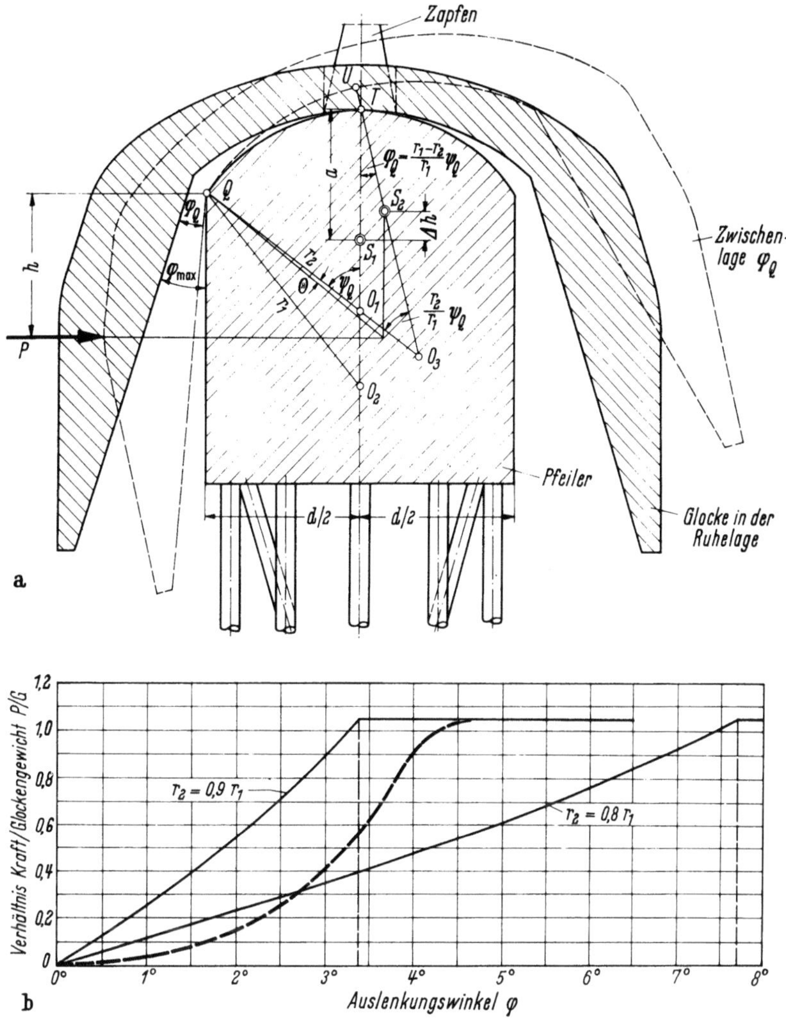

Abb. 65a u. b. Glockendalben
a Systemskizze, b Abhängigkeit der Kraftaufnahme vom Auslenkungswinkel

sie bei einer kreisrunden Glocke auftreten würden, werden so vermieden. Die Stoßflächen der Glocke werden mit Reibehölzern oder ähnlichem gefendert. Diese Fenderung kann leicht und ohne Behinderung durch die Schiffe unterhalten werden, da die der Anlegeseite abgewandte Fläche ausgebessert und dann durch Drehung der gesamten Glocke auf die Anlegeseite gedreht werden kann.

Durch die Formgebung der Glocke und durch die Fenderung muß dafür gesorgt werden, daß Schiffe nur in ausreichender Entfernung unterhalb des Punktes Q (Abb. 65a) an die Glocke stoßen können. Wird der Hebelarm der Schiffsstoßkraft zu klein, so können die Kräfte sehr groß werden. Um die Reibung zwischen dem Pfeilerkopf und der Glocke gering zu halten, ist nach Baker [6] bei der Konstruktion des Glockendalbens darauf zu achten, daß der Reibungswinkel Θ (Abb. 65a) bei allen möglichen Lagen der Stoßkraft möglichst klein gehalten wird.

Um ein Schwingen der Glocke bei Seegang zu vermeiden, muß sie, wenn keine Schiffe anlegen wollen, festgesetzt werden.

Auf der Innenseite der Glocke sind Puffer angebracht, die bei äußerster Belastung der Glocke ansprechen und zusätzliche Energie vernichten, bevor die Glocke mit dem Pfeilerkopf selbst in Berührung kommt. Bei schwersten Stößen kann sich die Glockenkonstruktion deformieren, bevor der gesamte Dalben umgestoßen wird. Mit den Bezeichnungen der Abb. 65 kann eine Überschlagsrechnung für die Kraftaufnahme der Glocke in Abhängigkeit vom Auslenkungswinkel φ aufgestellt werden. Das Ergebnis ist in Abb. 65b für die beiden Fälle $r_2 = 0{,}9r_1$ und $r_2 = 0{,}8r_1$ aufgetragen, wobei jedesmal $d = 2\,a = 2\,h = r_1$ angenommen wurde. Es ist zu erkennen, daß die Schiffsstoßkraft mit wachsendem Verhältnis r_2/r_1 schneller anwächst, ebenso nimmt auch die Arbeitsaufnahme schneller zu. Bei gleichem Auslenkungswinkel hat diejenige Glocke das größere Arbeitsvermögen, deren Radius sich nur wenig von dem Pfeilerkopfradius unterscheidet. Wird der Radius des Pfeiler-

kopfes veränderlich gewählt, und zwar derart, daß er an der Pfeilerkuppel am kleinsten ist und
nach außen hin zunimmt, so kann man die in Abb. 65b gestrichelt angegebene Kraftgröße in Abhängigkeit vom Auslenkungswinkel erhalten.

Glockendalben wurden bisher nur beim Heysham Jetty in England ausgeführt; sie haben dort
ein Arbeitsvermögen von 48 tm [4].

K. Sonstige Fender

1. Torsionsfender

Beim Torsionsfender System Minnich-Rehder [45, 66] wird eine steife Klappe aus Stahlblech
durch das anlegende Schiff um einen Winkel um ihre Aufhängungsachse verdreht (Abb. 66). Die
Fender sind am Steubenhöft in Cuxhaven eingebaut worden. Hier legen selbst größte Fahrgastschiffe unter spitzem Winkel zum Kai ohne Schlepperhilfe an.

Abb. 66. Torsionsfender am Steubenhöft in Cuxhaven

Die Stoßenergie wird in der ersten elastischen Phase durch die Torsion von Rundstählen auf-
genommen, die beiderseits der Fenderklappe mit ihrem einen Ende an der drehbar aufgehängten
Klappe und mit dem anderen Ende am Bauwerk angeschlossen sind. Nach diesem „elastischen"
Weg stützt sich die Fenderklappe auf einen Stempel ab, der vereint mit der Klappenlagerung und
dem Torsionsanschluß eine Kraft von 90 t aufnimmt, ohne daß dabei Energie vernichtet wird.
Wird diese Kraft überschritten, so gibt der Stempel durch Bruch eines Sicherungsgliedes die
Klappe wieder frei. In der dann folgenden zweiten elastischen Phase wird wieder Energie durch
Torsion vernichtet, danach erfolgen plastische Verformungen. Am Ende des elastischen Bereichs
beträgt die Arbeitsaufnahme 37 tm. Die Torsionsspannungen werden durch Biegespannungen überlagert. Eine Berechnung ist nur schrittweise für einen bestimmten Fall möglich.

Kräfte längs zum Bauwerk vermag der Fender nur starr aufzunehmen; das ist bei Anlegemanövern unter spitzem Winkel sehr nachteilig.

Die Fenderklappe ist so geformt, daß sie große Druckkräfte auf die Schiffswandung ausübt. Der
Bereich der stählernen Fenderklappe, der mit dem Schiff in Berührung kommt, bedarf einer be-

sonderen Fenderung, damit eine Reibung Stahl auf Stahl vermieden und der Anstrich der Schiffe geschützt wird. Die Form der Fenderklappe läßt hierfür nur die Verwendung eines stärkeren Gummibelages geeignet erscheinen.

Die Torsionsglieder sind das „Herz" der Torsionsfender; sie müssen daher gegen alle äußeren Einflüsse (Witterung, Salzwasser) besonders gut geschützt werden. Es hat sich gezeigt, daß einfache Schutzanstriche nicht ausgereicht haben, Korrosionsschäden zu verhindern. Die Unterhaltung ist dadurch behindert, daß die einzelnen Rundstähle nur am Außenumfang des Torsionsgliedes zugänglich sind. Torsionsglieder sollten daher möglichst nur aus einem starken Rundeisen oder wenigen Eisen mit entsprechend großem Zwischenraum bestehen. Zu empfehlen ist, das gesamte Torsionsglied mit einer wetterfesten dauerhaften Schutzummantelung zu versehen.

2. Pendelfender mit Hydraulik

Der Pendelfender mit Hydraulik wurde zum ersten Male im Jahre 1933 nach einem englischen Patent an der Mole du Verdon in dem französischen Hafen Bordeaux an der Mündung der Gironde ausgeführt [7, 8, 23, 38, 84]. Der Fender (Abb. 67) arbeitet nach dem Prinzip eines pendelnd aufgehängten Schwerefenders, wobei aber der wesentliche Teil der Energie durch einen hydraulischen Puffer aufgenommen wird. Der Fender hängt in besonderen Stahlbetonausbauten des Anlegebauwerkes und ist am Kopf um eine Welle drehbar gelagert. Er vermag nur die Stoßenergie der Stöße senkrecht zum Bauwerk aufzunehmen und wirkt in Längsrichtung vollkommen starr. Die seitlichen Stahlbetonwandungen müssen entsprechend bemessen sein. Sowohl die Seitenflächen des Fenders als auch die Innenflächen der Betonwandungen sind mit Hartholz verkleidet.

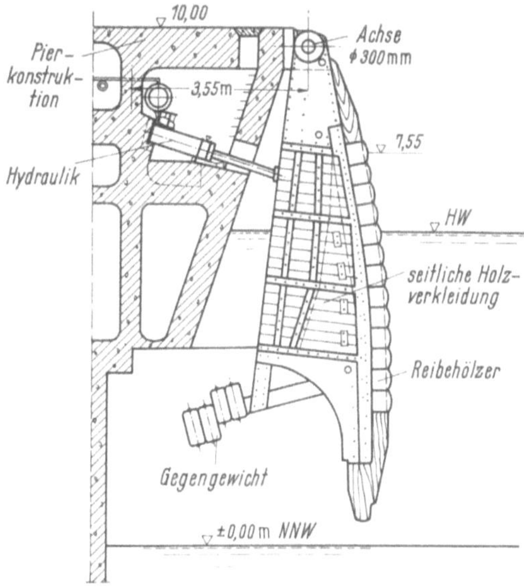

Der Fenderkörper selbst ist aus Stahl und wird durch Betongewichte in der gewünschten Lage gehalten. Die mit Holz verkleidete Stoßfläche des Fenders ist in der Senkrechten leicht gekrümmt, so daß der Stoßpunkt sich bei der Auslenkung nach oben verlagert und der Fender dadurch „härter" wird. Mit dem Fenderkörper verbunden ist der Kolben des hydraulischen Puffers.

Bei der Bewegung des Fenderkörpers normal zum Anlegebauwerk spricht die Hydraulik an. Die Hydraulik verleiht dem Fender eine große Stoßdämpfung. Die Energieaufnahme des Fenders kann durch Verstellen der Hydraulik in Abhängigkeit von den Anlegebedingungen und der Schiffsgröße eingestellt werden [57].

Abb. 67. Pendelfender mit Hydraulik am Verdon Pier (Bordeaux) [7]

Die Fender sind in einem Abstand von 15 bis 30 m angeordnet und liegen mit ihrer Stoßfläche in der Ruhelage 5,6 m vor der Vorderkante des Bauwerkes. Die Energieaufnahme eines Fenders beträgt maximal 69 tm auf einem Wege von 1,1 m und bei einer größten Kraftaufnahme von 125 t. Gleichartige Fender in Le Havre weisen bei einer Schiffsstoßendkraft von 175 tm ein Arbeitsvermögen von 122 tm auf [85].

Mit dieser Fenderart lassen sich also hohe Energiebeträge aufnehmen. Die Hydraulik des Fenders bedarf einer guten Wartung. Nachteilig ist die fehlende Energieaufnahme in Längsrichtung des Anlegebauwerkes.

3. Ringfender bei Dalben

Ringfender bei Dalben bestehen aus einer zylindrischen oder vieleckigen, seitlich geschlossenen Wand, die von einem Dalben im Mittelpunkt gehalten wird und fast ganz in das Wasser eintaucht (Abb. 68). Die Energie des Schiffsstoßes wird bei der Auslenkung der Ringfenderwand durch die Trägheit des Fenders und der von ihm umschlossenen Wassermasse und durch das der Bewegung widerstehende, die Fenderwand umschließende Wasser aufgenommen.

Der Ringfender wurde von Tiburtius [115] entwickelt. Sein Manteldalben besteht aus einem starren Betonkopfdalben und einem diesen als Fender umgebenden zylindrischen Mantel. Der Mantel ist mit Ketten an festen Armen, die von dem Betonkopf auskragen, aufgehängt. Die Kragarme liegen noch innerhalb des Umrisses des Betonkopfes und können nicht mit dem Schiff in Berührung kommen. Der Betonkopfdalben hat in der Höhe des ihn umgebenden Mantels eine geschlossene Oberfläche. Durch den inneren Wasserwiderstand in dem ringförmigen Raum zwischen dem festen Pfeiler und dem beweglichen Mantel wird zusätzlich zu der oben genannten Energieaufnahme des Ringfenders noch weitere Energie aufgenommen. Beim Stoßvorgang verkleinert sich der Raum an der Stoßseite, das Wasser wird unter Druck gesetzt, angestaut und strömt in den größer werdenden Raum an der dem Stoß entgegengesetzten Seite des Dalbens; hier wird im ersten Augenblick des Stoßes der Wasserstand abgesenkt.

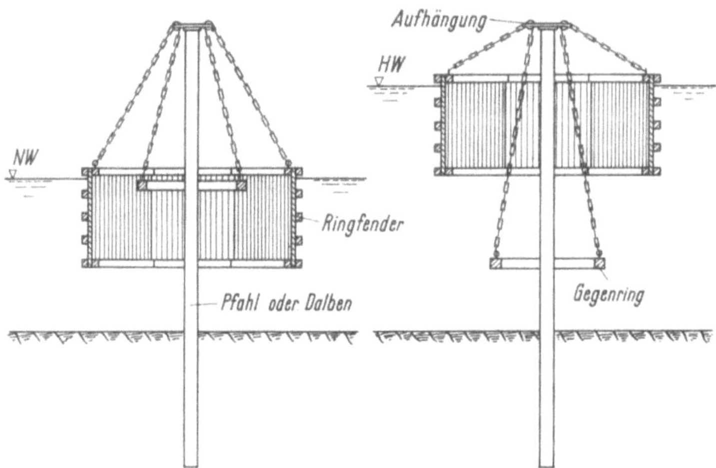

Abb. 68. Ringfender bei Dalben [121]

Tiburtius hat durch Versuche herausgefunden, daß durch den Manteldalben die sechsfache Energie wie bei einem normalen Betonkopfdalben aufgenommen werden kann. Die Größe der Energieaufnahme wächst mit der Stoßgeschwindigkeit.

Eine neuere Entwicklung [121] stellt die in Abb. 68 dargestellte schwimmende Ringfenderwand dar. Sie wird an Ketten an einem in ihrer Mitte stehenden neuzeitlichen, ein- oder auch mehrpfähligen Dalben gehalten. Die Ketten laufen über den Kopf des Dalbens zu einem Gegenring, der das Gewicht des Ringfenders soweit aufhebt, daß die Fenderwand schwimmt und sich selbsttätig den Wasserstandsänderungen anpassen kann.

Der Dalben wird in waagerechter Richtung nur durch Reibungskräfte belastet; die sich aus der geringen Durchbiegung des Dalbens ergebende Energieaufnahme ist gering. Die eigentliche Aufgabe des Dalbens ist die Aufnahme lotrechter Kräfte; er trägt den Fender.

Tabelle 21. *Energieaufnahme und größte Anfahrgeschwindigkeiten eines 850-t-Kahns bei einem Ringfender [121]*

| Fenderabmessungen | | Energie-aufnahme bei radialem Stoß | Größte Anfahrgeschwindigkeit bei Stoßrichtung | | | |
Durch-messer	Höhe		radial	2	3	tangen-tial
m	m	tm	m/s	m/s	m/s	m/s
1	2	3	4	5	6	7
6	1,3	2,1	0,22	0,39	0,50	0,56
7,5	1,3	12,0	0,53	1,20	1,56	1,86
7,5	2,3	19,6	0,68	1,39	2,17	2,85

Die Energieaufnahme des Ringfenders ist von der Wassertiefe und der Stoßhöhe fast unabhängig. Eine Veränderung der Schwerpunktslage des Ringfenders tritt nur kurzfristig ein und ist vernachlässigbar klein. Der Fender pendelt nach dem Stoß langsam wieder in die zentrische Lage zum Dalben zurück.

Die Wirkung und die Energieaufnahme des Ringfenders ist mathematisch nicht klar zu erfassen. Es wurde daher im Franzius-Institut der T. H. Hannover ein Modellversuch mit Binnenschiffstypen durchgeführt [121]. Es ergaben sich für einen 850-t-Kahn in Abhängigkeit von der Fendergröße die in Tab. 21 eingetragenen Werte für die Energieaufnahme bei radialen Stößen. In der

Tabelle sind weiter die Grenzgeschwindigkeiten für vier verschiedene Stoßrichtungen eingetragen, mit denen der Kahn gegen den Ringfender stoßen darf, ohne daß dieser gegen den Dalben drückt. Auffallend ist, daß die Energieaufnahme bei um 25% wachsendem Fenderdurchmesser um rd. 500% zunimmt, während sie mit zunehmender Tiefe des Fenders nur etwa linear zunimmt. Der Grund dafür dürften die „Scherkräfte" in der Fläche zwischen der mitgenommenen Wassermenge innerhalb des Fenders und dem unter dem Fender vorhandenen Wasser sein, weil nur eine Vergrößerung des Durchmessers eine Vergrößerung der Scherfläche bewirkt.

Die Fenderringwand wird aus Holzbohlen oder Stahlspundbohlen gebildet und mit ringförmig angeordneten waagerechten Spanten ausgesteift. Zur Erzielung eines Auftriebes können Luftkästen eingebaut werden. Der Gegenring muß entweder stets über oder stets unter Wasser liegen, da sonst das Gleichgewichtsverhältnis gestört wird; er muß einen genügend großen Durchmesser haben, damit er beim Kanten infolge Bewegung des Ringfenders beweglich bleibt. Es ist zweckmäßig, die Seilrollen auf dem Dalbenkopf auf einer drehbaren Kopfplatte zu lagern. Es wird dadurch erreicht, daß sich der Fenderring beim Stoß dreht und ohne gleitende Reibung an der Schiffswand abrollt. Die Kraftübertragung längs einer senkrechten Linie ist dabei ausreichend. Rein vom Stoßvorgang aus gesehen ist also ein kreisrunder Fenderring vorzuziehen; konstruktiv bietet aber das Vieleck Vorteile. Die drehbare Kopfplatte hat weiter den Vorteil, daß in den Ketten keine Zusatzkräfte

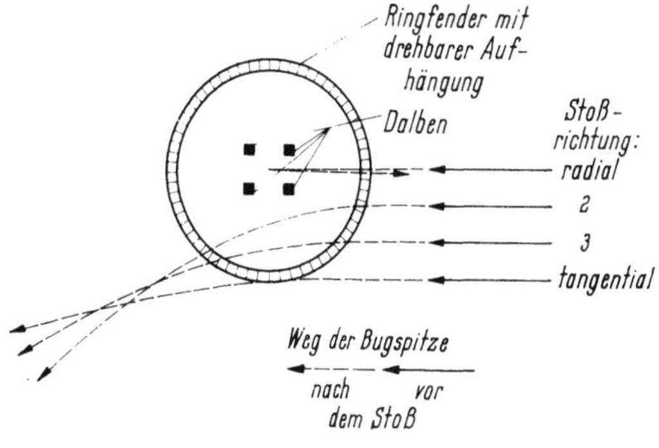

Zu Tabelle 21

auftreten. Nachteilig ist aber, daß der Fender bei vielen beweglichen Gliedern leicht störanfällig ist.

Ringfender wurden zuerst an den Elbschleusen des Nord-Ostsee-Kanals verwendet. Da der Fender bis auf wenige Dezimeter eintaucht, war für die Schiffahrt eine Kenntlichmachung seines Umrisses durch weißgestrichene Stäbe erforderlich. Als Kopf des Leitwerkes der Binnenschleuse Dörverden der Mittelweser wurde ebenfalls ein Ringfender eingebaut. Im Gegensatz zu den Ringfendern des Nord-Ostsee-Kanals ist hier kein Gegengewichtsring, sondern ein Gegengewichtskasten zwischen den Pfählen des Dalbens angeordnet.

IV. Zusammenfassung

Fenderungen sind zwischen Schiff und Bauwerk geschaltete Vorrichtungen, deren wesentliche Aufgabe es ist, die Bewegungsenergie anlegender Schiffe aufzunehmen und alle Kraftwirkungen gefahrlos für Schiff und Bauwerk in die Konstruktion der Anlegestelle einzuleiten.

Da das Massenverhältnis des Schiffes zum Bauwerk immer ungünstiger geworden ist, kommt den Fenderungen eine erhöhte Bedeutung zu.

Die von der Fenderung aufzunehmende Energie wird aus der Gleichung $A = \mu \frac{m}{2} v^2$ berechnet. Die für die Masse und die Geschwindigkeit einzusetzenden Werte sind mit großen Unsicherheitsfaktoren behaftet. Die beim Stoß wirksame Masse setzt sich aus der gegebenen Schiffsmasse und der in ihrer Größe umstrittenen hydrodynamischen Masse zusammen. Zweckmäßig wird für m die Schiffsmasse eingesetzt und der Einfluß der hydrodynamischen Masse durch Vergrößerung des Faktors μ erfaßt. Die Größe der Anlegegeschwindigkeit ist von der Schiffsgröße und den Anlegebedingungen abhängig. Für die anzusetzende Anlegegeschwindigkeit v werden Erfahrungswerte angegeben.

Die bei einem Schiffsstoß an die Fenderung abgegebene Energie beträgt in den meisten Fällen nur einen Teil der gesamten Anlegeenergie. Das erforderliche Arbeitsvermögen der Fenderung ist abhängig von dem Stoßwinkel, der Lage des Stoßpunktes zum Massenschwerpunkt des Schiffes, der Krümmung der Schiffswandung im Stoßbereich und der Stoßfläche des Fenders, den elastischen Eigenschaften von Fender, Bauwerk und Schiffskörper, dem Reibungsbeiwert zwischen Schiff und Fender, der Arbeitsaufnahme des Schiffskörpers und dem Widerstand des Wasserpolsters zwischen Schiff und Anlegebauwerk.

Über den Schiffsstoß sind verschiedene Versuche und theoretische Untersuchungen unter vereinfachenden Annahmen ausgeführt worden. Für die Kraft- und Energieaufnahme des Schiffskörpers werden Anhaltswerte gegeben. Für den praktischen Bedarf sind die theoretischen Untersuchungen jedoch zu umständlich. In der Arbeit werden Vorschläge gemacht, wie die verschiedenen

Einflüsse durch einen Stoßbeiwert berücksichtigt werden können. Die vorgeschlagenen Beiwerte μ liegen zwischen 0,25 und 0,80 und sind von der Anlegeart, der Schiffsform und der Konstruktion der Anlegestelle abhängig.

Eine Fenderung wird meist für die Energieaufnahme normal zum Anlegebauwerk bemessen. Da aber auch eine Komponente der Energie des Schiffsstoßes längs zum Anlegebauwerk auftritt, ist es wichtig, daß auch diese Energie und die resultierenden Stoßkräfte einwandfrei aufgenommen werden können. Die Zerstörung vieler Fender ist darauf zurückzuführen, daß diese Längskräfte nicht genug beachtet wurden.

Die erforderliche Energieaufnahme einer Fenderung wird für einen ungünstigen, aber nicht außergewöhnlichen Anlegevorgang festgelegt. Eine Fenderung kann nicht wirtschaftlich für einen Havariestoß bemessen werden.

Die Fenderung wird ebenfalls durch die Bewegungen und die Kraftwirkungen des am Bauwerk festgemachten Schiffes beansprucht. Das Schiff ist dem Kraftangriff von Wind, Strömung, Schwell und Sog und vom Wellengang ausgesetzt. Der statischen Windbelastung und der Beanspruchung im Wellengang sind besondere Aufmerksamkeit zu schenken. Der Einfluß der gefährlichen langperiodischen Wellen wurde untersucht; er kann nur durch Modellversuche im Einzelfall geklärt werden und bedarf auch noch umfangreicher theoretischer Untersuchungen.

Die an eine Fenderung zu stellenden Anforderungen in bezug auf Eigenschaften, Ausbildung, Anordnung und Verteilung über die Anlegefläche wurden behandelt. Dabei wurden die möglichen Anlegemanöver, die Bewegungen des Schiffes am Bauwerk und die technischen und wirtschaftlichen Gesichtspunkte berücksichtigt.

Die Energieaufnahme einer Fenderung ist eine Funktion des Produktes Kraft · Weg. Die Stoßkraft ist um so größer, je kleiner der Stoßweg ist, und umgekehrt. Die zulässige Größe der Stoßkraft ist durch die Kraftaufnahme des Bauwerkes und die zulässige Belastung der Schiffswandung gegeben. Die Weichheit der Fenderung ist entsprechend zu wählen.

Die Energieaufnahme einer Fenderung kann durch Reibung, durch stoff- oder formbedingte Verformung und durch die Umwandlung der Stoßenergie in potentielle Energie geschehen.

Die Eignung der Materialien Gummi, Holz, Stahl und Beton für Fenderzwecke wurde untersucht. In den letzten Jahren ist das Gummi sehr in den Vordergrund getreten. Mit ihm lassen sich große Energiebeträge aufnehmen. Gummi kann für die verschiedensten Zwecke in einem großen Formenreichtum hergestellt werden. Die Beanspruchungen auf Druck und Schub und die Vor- und Nachteile der verschiedenen Anwendungsformen wurden eingehend behandelt. Der Nachteil von Gummi liegt in seiner nicht sehr großen Alterungsbeständigkeit, besonders unter Lichteinfluß und Sonneneinstrahlung, und in seinen hohen Anschaffungskosten.

Stahlfederpuffer und hydraulische Puffer werden mehr und mehr durch Gummipuffer verdrängt.

Bei Biegungsbeanspruchung ist, abhängig von der Materialgüte, eine geringe Überlegenheit des Stahles gegenüber dem Holz vorhanden. Bei Beanspruchung auf Druck hingegen zeigt sich die Überlegenheit des Holzes. Holz ist auch bei Reibungsbeanspruchung — abgesehen von der stärkeren Abnutzung — dem Stahl vorzuziehen. Beton ist als Fenderelement mit elastischen Eigenschaften ungeeignet.

Zu den in dieser Arbeit behandelten Fendern gehören sowohl der einfache Reibeschutz als auch die Fender und Stoßdämpfer mit großer Arbeitsaufnahme.

Nur unter sehr günstigen Bedingungen kann auf einen Reibeschutz am Bauwerk ganz verzichtet werden. Soweit es erforderlich ist, werden die Fender dann vom Schiff aus vorgehalten.

Einen einfachen Reibeschutz, verbunden mit nur geringer Energieaufnahme, stellen die Reibepfähle, Streichbalken und Reibeholzanlagen vornehmlich älterer, massiver Bauwerke dar. Das gleiche gilt auch für die hölzernen Vorhängefender und die einfachen Schwimmfender. Bei Anlegemanövern unter günstigen äußeren Bedingungen mit Schlepperhilfe ist ein derartiger Reibeschutz ausreichend. Ein mit dem Bauwerk fest verbundener Reibeschutz erfordert aber einen ziemlich hohen Unterhaltungsaufwand.

Eine gegenüber dem hölzernen Reibeschutz erhöhte Arbeitsaufnahme wird durch vorgehängte Gummifender, entweder rein aus Gummi oder in Verbindung mit Holz, erzielt. Als Vorhängefender mit großer Energieaufnahme haben sich die wirtschaftlichen Buschfender besonders bei Großschiffsanlagen sehr gut bewährt. Etwa gleichwertig sind die aus Holz und elastischen Zwischengliedern aus Gummi bestehenden floßartigen Schwimmfender.

Bei Reibepfählen wird der Schiffsstoß fast starr auf den oberen Teil des Bauwerkes übertragen. Als Verbesserung wurde der am Kopf elastisch abgestützte Fenderpfahl entwickelt. In der Arbeit werden die Zusammenhänge zwischen der elastischen Kopfabstützung und der Arbeitsaufnahme des Fenderpfahles in verschiedenen Stoßhöhen untersucht und die günstigste Federkonstante der elastischen Stützung angegeben.

Die Möglichkeiten und die Vor- und Nachteile der verschiedenen elastischen Kopflagerungen der Fenderpfähle wurden untersucht. Am besten eignen sich die auf Druck-Schub und auf Druck beanspruchten Gummifenderelemente. Es wurde als zweckmäßig erkannt, die einzelnen Fenderpfähle am Kopf auf einem durchgehenden, elastisch gelagerten, waagerechten Kopfbalken zu lagern. Hierdurch wird eine bessere Verteilung des Stoßes und eine gute Aufnahme von Längsstößen erzielt.

Die Fenderpfähle haben den Vorteil, daß ein Teil des Schiffsstoßes unmittelbar in den Erdboden geleitet wird. Bei großen Wassertiefen wird die Stützlänge jedoch zu groß; hier eignen sich besser die elastisch gelagerten Streichbalken und flächenhaften Fendersysteme. Sie erfordern jedoch eine elastische Lagerung mindestens in zwei waagerechten Ebenen und üben deshalb großen konstruktiven Einfluß auf die Ausbildung des Anlegebauwerkes aus.

Bei den Schwerefendern wird durch Anheben eines Gewichtes die Stoßenergie in potentielle Energie umgewandelt. Zu unterscheiden sind die eigentlichen Schwerefender, die mit dem Schiffskörper selbst in Berührung kommen, und die Fender mit Gegengewicht, bei denen die Stoßeinleitung und die Energieaufnahme voneinander getrennt sind. Sämtliche Schwerefender haben den Vorteil, daß sie die Energie bei kleiner Kraftentwicklung auf einem langen Wege aufnehmen. Die frei schwingenden Fender sind vorzuziehen. Die Vor- und Nachteile zwischen den waagerecht und den lotrecht aufgehängten Schwerefendern werden erörtert. Bei den Fendern mit Gegengewicht sind nur Konstruktionen mit wenigen mechanischen Teilen geeignet.

Hohe Erstellungskosten erfordert der Glockendalben, der große Energiebeträge durch die Anhebung der Schwerpunktslage der Glocke aufnimmt.

Zu den mechanischen Stoßdämpfern zählt der Pendelfender mit Hydraulik, der die Energie des Schiffsstoßes normal zum Bauwerk bei großer Stoßdämpfung einwandfrei aufnimmt, aber längs zum Bauwerk starr wirkt. Der Torsionsfender ist nicht robust genug und ist besonders bei Stößen längs zum Bauwerk nicht geeignet.

Behandelt werden ferner die Ringfender für Dalben, bei denen von dem Widerstand Gebrauch gemacht wird, der bei der Bewegung der innerhalb der zylindrischen Ringfenderwand eingeschlossenen Wassermasse in der umgebenden Wassermasse entsteht.

Gefenderte massive Bauwerke sind den aufgelösten gefenderten Pierkonstruktionen technisch vorzuziehen; sie sind bei auftretenden Havariestößen wesentlich widerstandsfähiger als feingliedrige Konstruktionen.

Kann bei großen Wassertiefen ein massives Bauwerk wirtschaftlich auch unter Berücksichtigung der geringeren Fender- und Unterhaltungskosten nicht mehr vertreten werden, so wird man zu einer aufgelösten Pierkonstruktion kommen, wobei dann aber auf eine wirksame, kräftige und einfache Fenderung größter Wert gelegt werden muß. Die Fenderung hat hier als wesentliches Konstruktionselement entscheidenden Einfluß auf die Konstruktion des Pierbauwerkes. Fender und Bauwerk treten zueinander in Wechselbeziehung.

Die Vielzahl der verschiedenen Fenderarten und die Fülle der verschiedenen Bauwerkskonstruktionen zur Aufnahme des Schiffsstoßes zeigen, daß bisher für diese schwierige Aufgabe keine in jeder Hinsicht befriedigende Lösung gefunden wurde. Die Verschiedenheit der Verhältnisse und Bedingungen schließt eine allgemein gültige Lösung auch aus. Für die Beurteilung einer Fenderung werden neben den örtlichen technischen und wirtschaftlichen Gegebenheiten in vielen Fällen die Gewohnheiten, Gebräuche und persönlichen Ansichten oder Erfahrungen maßgebend sein.

V. Schrifttum

[1] Ancaios: Oil Tanker Cleaning Installation on the Tyne. The Dock and Harbour Authority 38 (1957/58), S. 294.
[2] Andresen, P.: Designing Piers on Piles to Resist Ship Impact. Engineering News Record 119 (1937), S. 822.
[3] Ayers, J. R., Stokes, R. C.: U. S. Amerikanischer Bericht zur Frage 2 der Abt. II — Seeschiffahrt — des XVIII. Internationalen Schiffahrtskongresses, Rom 1953. Secrétariat Général Association Internationale Permanente des Congrès de Navigation, Brüssel.
[4] Baker, A. L. L.: The Heysham Jetty. The Institution of Civil Engineers Maritime and Waterways Paper No. 9, London 1948.
[5] Baker, A. L. L.: Gravity Fenders. Hansa 90 (1953), S. 1498.
[6] Baker, A. L. L.: Englischer Bericht zur Frage 2 der Abt. II — Seeschiffahrt — des XVIII. Internationalen Schiffahrtskongresses, Rom 1953. Secrétariat Générale Association Internationale Permanente des Congrès de Navigation, Brüssel.

[7] Baumeister, F.: Ausrüstung der Ufereinfassungen in Seehäfen. Jahrbuch der Hafenbautechnischen Gesellschaft 14 (1934/35), S. 238.

[8] Blosset, M.: Théorie et Pratique des Travaux a la Mer, S. 293. Marc Eyrolles, Paris 1951.

[9] Bolle, A: Gesichtspunkte für den Wiederaufbau von Seehäfen. Zeitschrift des Vereins Deutscher Ingenieure 90 (1948), S. 271.

[10] Bolle, A.: Schiffsentwicklungen aus der Sicht der Häfen. Hansa 94 (1957), S. 1305.

[11] Bolle, A.: Konstruktive Gesichtspunkte beim Wiederaufbau des Hamburger Hafens. Der Bauingenieur 24 (1949), S. 33.

[12] Callet, M. P.: Französischer Beitrag zur Frage 2 der Abt. II — Seeschiffahrt — des XVIII. Internationalen Schiffahrtskongresses, Rom 1953; Secrétariat Général Association Internationale Permanente des Congrès de Navigation, Brüssel.

[13] Callet, M. P.: Les ports pétroliers. Hansa 94 (1957), S. 1372.

[14] Christensen, Th.: Die Hafenanlagen in Halsskov und Kundshoved. Hansa 95 (1958), S. 487.

[15] Ciesielski, H.: Die Eisenbahn-Fähranlage Großenbrode. Die Bautechnik 29 (1952), S. 272.

[16] Ciesielski, H.: Die Eisenbahn-Fähranlage Großenbrode II. Hansa 90 (1953), S. 1251.

[17] Ciesielski, H.: Die Erweiterung der Hochseefähranlage Großenbrode. Die Bautechnik 32 (1955), S. 289/376.

[18] Ciesielski, H.: Die baulichen Auswirkungen des neuen Fährschiffes „Theodor Heuss" auf die Fähranlage Großenbrode Kai. Schiff und Hafen 9 (1957), S. 995.

[19] Ciesielski, H.: Bautechnische Erfahrungen an der Fähranlage Großenbrode Kai. Hansa 96 (1959), S. 2554.

[20] Cornick, H. F.: Dock and Harbour Engineering, Vol. 2. The Design of Harbours: Impact on Piled Jetties, S. 195; Fender Systems, S. 203; Lateral Stability and Stresses in Piled Jetties, S. 211. Charles Griffin & Co. Ltd., London 1959.

[21] Costa, F. V.: Portugiesischer Bericht zur Frage 2 der Abt. II — Seeschiffahrt — des XVIII. Internationalen Schiffahrtskongresses, Rom 1953. Secrétariat Général Association Internationale Permanente des Congrès de Navigation, Brüssel.

[22] Deane, H. J.: The Jetty Works of the Ford Motor Company at Dagenham. Minutes of Proceedings of the Institution of Civil Engineers 234 (1931/32), S. 312.

[23] De Joly, G.: Travaux Maritime, S. 147. Dunod, Paris 1951.

[24] The Dock & Harbour Authority: The New Oil Refinery at Fawley. Jahrgang 32 (1951/52), S. 169.

[25] The Dock & Harbour Authority: New Type of Quayside Fender. Jahrgang 32 (1951/52), S. 182.

[26] The Dock & Harbour Authority: Jew Jetty for Oil Tanker at Thames Haven. Jahrgang 33 (1952/53), S. 203.

[27] The Dock & Harbour Authority: Dover Car Ferry Terminal. Jahrgang 34 (1953/54), S. 35.

[28] The Dock & Harbour Authority: New Oilport at the Isle of Grain. Jahrgang 35 (1954/55), S. 35.

[29] The Dock & Harbour Authority: New Wharf at Port of Tiko. Jahrgang 35 (1954/55), S. 242.

[30] The Dock & Harbour Authority: Floating Timber Dummies. Jahrgang 35 (1954/55), S. 319.

[31] The Dock & Harbour Authority: A New Type of Fender. Jahrgang 36 (1955/56), S. 153.

[32] The Dock & Harbour Authority: The Use of Rubber in Dock Fendering. Jahrgang 38 (1957/58), S. 118.

[33] The Dock & Harbour Authority: Skarvik Oil Jetty, Gothenburg. Jahrgang 39 (1958/59), S. 3.

[34] The Dock & Harbour Authority: The Raykin Fender. Jahrgang 39 (1958/59), S. 361.

[35] The Dock & Harbour Authority: Fendering on Jetty at Northfleet. Jahrgang 40 (1959/60), S. 78.

[36] The Dock & Harbour Authority: New Oil Jetties for Thames Haven. Jahrgang 40 (1959/60), S. 97.

[37] The Dock & Harbour Authority: Finnart Ocean Terminal. Jahrgang 40 (1959/60), S. 127.

[38] Du-Plat-Taylor, F. M.: The Design, Construction and Maintenance of Docks, Wharves and Piers, S. 187 ff. Eyre & Spottiswoode Publishers Ltd., 3. Auflage, London 1949.

[39] Eggink, A.: Holländischer Bericht zur Frage 2 der Abt. II — Seeschiffahrt — des XVIII. Internationalen Schiffahrtskongresses, Rom 1953. Secrétariat Général Association Internationale Permanente des Congrès de Navigation, Brüssel.

[40] Ennis, M. F.: Lead-In Jetty to New Graving Dock in Port of Dublin. The Dock & Harbour Authority 38 (1957/58), S. 173.

[41] Fitzjohn, A. P.: Wide Angle Berthing Gear. The Dock & Harbour Authority 34 (1953/54), S. 125.

[41a] Förster, K.: Kraftwirkungen an Stahldalben. Der Bauingenieur 27 (1952), S. 346/365.

[42] Förster, K.: Geschichte und Entwicklung der Stahldalben. Jahrbuch der Hafenbautechnischen Gesellschaft 22 (1952/54), S. 180.

[43] Förster, K.: Die St.-Pauli-Landungsbrücken. Schiff und Hafen 4 (1952), S. 331.

[44] Förster, K.: Die neuen St.-Pauli-Landungsbrücken. Schiff und Hafen 5 (1953), S. 452.

[45] Förster, K.: Schiffsstöße auf Kaimauern. Hansa 90 (1953), S. 1501.

[46] Förster, K., Lutz, R.: 2. Deutscher Bericht zur Frage 2 der Abt. II — Seeschiffahrt — des XVIII. Internationalen Schiffahrtskongresses, Rom 1953. Bundesverkehrsministerium, Bonn 1953.

[47] Förster, K.: Die Sicherheit der Hafenbauten. Hansa 92 (1955), S. 297.

[48] Förster, K.: Das Fenderproblem im Hafenbau grundsätzlich betrachtet. Schiff und Hafen 8 (1956), S. 881.

[49] Garde-Hansen, P.: Impact Stresses in Jetties, Wharves and Similar Structures. The Dock & Harbour Authority 26 (1945/46), S. 119/143.

[50] Göbel, E. F.: Berechnung von Federkennlinien von schräggestellten Gummischeibenfedern. Der Maschinenmarkt 65 (1959), Heft 28, S. 6.

[51] Mc. Gowan, C. W. N., Harvey, R. C., Lowdon, J. W.: Oil Loading and Cargo Handling Facilities at Mina al Ahmadi, Persian Gulf. Proceedings of the Institution of Civil Engineers, Part II, 1 (1952), S. 249.

[52] Graux, D.: Quelques appontements modernes. Travaux 38 (1954), S. 851.

[53] Grim, O.: Das Schiff und der Dalben. Schiff und Hafen 7 (1955), S. 535.

[54] Groß, S., Lehr, E.: Die Federn. VDI Verlag G.m.b.H., Berlin 1938.

[55] Hedde, P.: Erfahrungen mit Reibpfählen vor Kajemauern. Werft, Reederei, Hafen 17 (1936), S. 169.

[56] Hensen, W.: Modellversuche für eine Kaianlage für das neue Kraftwerk der HEW an der Unterelbe bei Schulau. Versuchsbericht der Hannoverschen Versuchsanstalt für Grundbau und Wasserbau, Franzius-Institut der Technischen Hochschule Hannover, Hannover 1958, nicht veröffentlicht.

[57] Home, A. J.: „Les pare-chocs marins Simec". Travaux 31 (1947), S. 293.

[58] Horsfield, H. T.: The Impact of a Vessel with a Pier. The Dock & Harbour Authority 29 (1948/49), S. 45.

[59] Horsfield, H. T.: The Measurement of the Impact of a Vessel with a Pier. The Dock & Harbour Authority 30 (1949/50), S. 146.

[60] Jamm, W., Ulpe, A.: Hochseetankerlöschanlage in der Adria. Hansa 94 (1957), S. 2545.

[61] Jörn, R., Lang, G.: Gummi als Federelement für Fender- und Landeanlagen. Schiff und Hafen 7 (1955), S. 776.
[62] Joglekar, D. V., Kulkarni, P. K.: Indischer Bericht zur Mitteilung 1 der Abt. II — Seeschiffahrt — des XIX. Internationalen Schiffahrtskongresses, London 1957. Secrétariat Général Association Internationale Permanente des Congrès de Navigation, Brüssel.
[63] Joosting, W. C. Q.: Bericht der Südafrikanischen Union zur Mitteilung 1 der Abt. II — Seeschiffahrt — des XIX. Internationalen Schiffahrtskongresses, London 1957; Secrétariat Général Association Internationale Permanente des Congrès de Navigation, Brüssel.
[64] Kinnemann, W. P.: The Trend to Better Wharf Fenders. World Ports and the Mariner, April 1959, S. 40.
[65] Kollmann, F.: Technologie des Holzes und der Holzwerkstoffe. Springer Verlag Berlin, Göttingen, Heidelberg, 2. Auflage 1951, Bd. 1. Auszug: Hütte, 27. Auflage Berlin 1949, Abschnitt IX, Holz S. 918.
[66] Kressner, B., Pfaffenholz, K.: Neubau des Steubenhöftes in Cuxhaven. Die Bautechnik 31 (1954), S. 169.
[67] Krug, A.: Überseeische Harthölzer im Wasserbau. Schiff und Hafen 11 (1959), H. 3.
[68] Lackner, E.: Technischer Jahresbericht 1952 des Arbeitsausschusses Ufereinfassungen (E 12). Die Bautechnik 29 (1952), S. 345.
[69] Lackner, E.: Technischer Jahresbericht 1955 des Arbeitsausschusses Ufereinfassungen (E 38, E 39, E 40). Die Bautechnik 32 (1955), S. 416.
[70] Lackner, E.: Technischer Jahresbericht 1956 des Arbeitsausschusses Ufereinfassungen (E 47). Die Bautechnik 33 (1956), S. 429.
[71] Lackner, E.: Entwurf und Baudurchführung der großen neuen Umschlagsbrücke in Wilhelmshaven. Jahrbuch der Hafenbautechnischen Gesellschaft 23/24 (1955/57), S. 161.
[72] Lackner, E.: Technischer Jahresbericht 1958 des Arbeitsausschusses Ufereinfassungen (E 60, E 61). Die Bautechnik 35 (1958), S. 482.
[73] Lackner, E.: Technischer Jahresbericht 1959 des Arbeitsausschusses Ufereinfassungen (E 62). Die Bautechnik 36. (1959), S. 468.
[74] Leimdörfer, P.: Schwedischer Bericht zur Frage 2 der Abt. II — Seeschiffahrt — des XIX. Internationalen Schiffahrtskongresses, London 1957. Secrétariat Général Association Internationale Permanente des Congrès de Navigation, Brüssel.
[75] Leimdörfer, P. The Oil Port of Stockholm. The Dock & Harbour Authority 38 (1957/58), S. 9.
[76] Little, D. H.: Some Designs for Flexible Fenders. Proceedings of the Institution of Civil Engineers, Part II, 2 (1953), S. 42; dazu: Correspondence, S. 532.
[77] Little, D. H.: Yonderberry Point Jetty, Devonport. The Dock & Harbour Authority 35 (1954/55), S. 271.
[78] Lütgens, O.: Versuche mit Gummifendern für Seeschiffskaimauern in Hamburg. Schiff und Hafen 11 (1959), S. 701.
[79] Marriott, G. B.: A Modern Coal-Loading Plant on the River Tyne. Proceedings of the Institution of Civil Engineers, Part II, 5 (1956), S. 432; dazu Correspondence, 6 (1957).
[80] Marsh, S. W.: The Use of Rubber in Heavy Engineering, aus: Proceedings of the Rubber in Engineering Conference. The Natural Rubber Development Board, London 1957.
[81] Minikin, R. R.: The Design of Jetties. The Dock & Harbour Authority 24 (1943/44), S. 124.
[82] Minikin, R. R.: Impact Stresses in Jetties. The Dock & Harbour Authority 27 (1946/47), S. 67; dazu: Correspondence, 28 (1947/48), S. 35.
[83] Minikin, R. R.: Fenders and Dolphins. The Dock & Harbour Authority 27 (1946/47), S. 225.
[84] Minikin, R. R.: Fenders and Jetties. The Dock & Harbour Authority 28 (1947/48), S. 48.
[85] Minikin, R. R.: Winds, Waves, and Maritime Structures. Charles Griffin & Co. Ltd., London 1950.
[86] Minikin, R. R.: The Port of Hamburg. The Dock & Harbour Authority 36 (1955/56), S. 3.
[87] Morrison, W. G.: The Port of Taranaki, New Zealand. The Dock & Harbour Authority 39 (1958/59), S. 137/186.
[88] Naunton, M. A.: What Every Engineer Should Know about Rubber. The Natural Rubber Development Board, 3. Auflage, London 1956.
[89] Nisssen, J.: Resilient Wharf Fenders. The Dock & Harbour Authority 33 (1952/53), S. 137.
[90] Packshaw, S.: Sheet-Piling in Maritime Works. The Dock & Harbour Authority 26 (1945/46), S. 257.
[91] Pages, M.: Influence de l'action du vent sur le mouvement des navires. Annales des Ponts et Chaussées 122 (1952), S. 178.
[92] Pages, M.: Etude mécanique du choc se produisant lors de l'accostage d'un navire a' un quai. Annales des Ponts et Chaussées 122 (1952), S. 205.
[93] Palmer, J. E. G., Scrutton, H.: The Design and Construction of Aden Oil Harbour. Proceedings of the Institution of Civil Engineers, Part I, 5 (1956), S. 348.
[94] Panum, M. H., Ehlers, H.: Die Kaimauern im Hamburger Hafen. Jahrbuch der Hafenbautechnischen Gesellschaft 2 (1919), S. 63.
[95] Pearson, D.: Reconstruction of Parkeston Quay. The Dock & Harbour Authority 35 (1954/55), S. 382.
[96] Pohle, W., Förster, K.: Die Bauwerke des Hamburger Hafens. Jahrbuch der Hafenbautechnischen Gesellschaft 20/21 (1950/51), S. 65.
[97] Rang, V.: Schiffsliegestelle aus Stahldalben neuer Ausführung im Hafen von Malmö. Die Bautechnik 14 (1936), S. 264.
[98] Reimer, O.: Berechnung und Konstruktion von Dalben unter besonderer Berücksichtigung des Kraftangriffs unter Wasser. Die Bautechnik 27 (1950), S. 298.
[99] Rettberg, W.: Wiederaufbauarbeiten im Hamburger Hafen — Grevenhofkai und Schuppen 19. Hansa 95 (1958), S. 153.
[100] Ridehalgh, H.: The Reconstruction of Greenwell's No. 1 Dry Dock and Ancillary Works at Sunderland. Proceedings of the Institution of Civil Engineers, Part II, 2 (1953), S. 321.
[101] Ridehalgh, H.: A Berthing Beam for Large Vessels. The Dock & Harbour Authority 36 (1955/56), S. 9.
[102] Roberts, P. W., Blancato, V.: A New Fender System. The Dock & Harbour Authority 36 (1955/56), S. 213.
[103] Robertson, A. M.: Reconstruction of Craighouse Pier. The Dock & Harbour Authority 33 (1952/53), S. 239.
[104] Robertson, A. M.: Fendering, Lead-In-Jetties and Dolphins. The Dock & Harbour Authority 34 (1953/54), S. 15; Diskussion hierzu S. 188.
[105] Rooke, G. W.: Improvement in Jetty Design with Particular Reference to System of Fendering. The Institution of Civil Engineers Maritime and Waterways Engineering Division Paper No. 14, London 1949/50.
[106] Russel, R. C. H.: A Study of the Movement of Moored Ships Subjected to Wave Action. Proceedings of the Institution of Civil Engineers 12 (1959), S. 379.

[107] Schauberger, H.: Über die Wirtschaftlichkeit der Teeröltränkung kieferner Dalben- und Reibepfähle nach dem Rüping-Verfahren. Die Bautechnik 11 (1933), S. 507/518.
[108] Schnelle, W.: Der Überseehafen in Bremerhaven. Jahrbuch der Hafenbautechnischen Gesellschaft 20/21 (1950/51), S. 198.
[109] Schulze, F. W. O.: Seehafenbau Bd. III, S. 23. Wilhelm Ernst & Sohn, Berlin 1936.
[110] Schulze, F. W. O.: Seehafenbau Bd. II, S. 223. Wilhelm Ernst & Sohn, 2. Auflage, Berlin 1937.
[111] Schultze, J.: Theorie des Schiffsstoßes. Die Bautechnik 4 (1926), S. 724.
[112] Schwartz, M.: New Type of Fender for Jetties and Wharves. The Dock & Harbour Authority 33 (1952/53), S. 84.
[113] Smee, A. R.: 1. Pier and Dockside Fenders. The Dock & Harbour Authority 35 (1954/55), S. 109/144/179. 2. Application of Rubber in Pier and Dockside Fenders. Civil Engineering and Public Works Review 49 (1954), S. 70/960.
[114] Smee, A. R.: Gummi für Fender an Hafenbauwerken. Hansa 92 (1955), S. 919.
[115] Tiburtius: Von Dalben und Fendern. Die Bautechnik 8 (1930), S. 545/766.
[116] Visioli, F., Gleieses, M., Gangemi, F., Strongoli, G.: Italienischer Bericht zur Frage 2 der Abt. II — Seeschiffahrt — des XVIII. Internationalen Schiffahrtskongresses, Rom 1953. Secrétariat Général Association Internationale Permanente des Congrès de Navigation, Brüssel.
[117] Walz, K.: Tellerfedern mit nichtlinearer Kennlinie. Der Maschinenmarkt 65 (1959), Heft 30/31, S. 79.
[118] Weinblum, G.: Über hydrodynamische Massen. Schiff und Hafen 3 (1951), S. 422.
[119] Wilson, B. W.: U. S. Amerikanischer Bericht zur Mitteilung 1 der Abt. II — Seeschiffahrt — des XIX. Internationalen Schiffahrtskongresses, London 1957. Secrétariat Général Association Internationale Permanente des Congrès de Navigation, Brüssel.
[120] Wöltinger, O.: Erfahrungen mit Stahldalben am Nord-Ostsee-Kanal. Die Bautechnik 31 (1954), S. 185.
[121] Wöltinger, O., Poppe, F.: Neuartiger Ringfender. Die Bautechnik 34 (1957), S. 245.

Register

I. Verfasser- und Namenverzeichnis

II. Orts- und Gewässerverzeichnis

III. Sachverzeichnis